EUROPA-FACHBUCHREIHE
für Metallberufe

J. Dillinger   U. Fischer   R. Kilgus   F. Näher   P. Schädlich   B. Schellmann   H. Tyroller

Rechenbuch Metall

Lehr- und Übungsbuch

29. neu bearbeitete Auflage

VERLAG EUROPA-LEHRMITTEL · Nourney, Vollmer GmbH & Co. KG

Düsselberger Straße 23 · 42781 Haan-Gruiten

Europa-Nr.: 10307

Autoren:

Dillinger, Josef	Studiendirektor	München
Fischer, Ulrich	Ing. (grad.), Studiendirektor	Reutlingen
Kilgus, Roland	Dipl.-Gwl., Oberstudiendirektor	Neckartenzlingen
Näher, Friedrich	Ing. (grad.), Oberstudiendirektor	Balingen
Schädlich, Peter	Dipl.-Ing., Studiendirektor	München
Schellmann, Bernhard	Oberstudienrat	Kißlegg
Tyroller, Hans	Oberstudiendirektor	München

Lektorat und Leitung des Arbeitskreises:
Roland Kilgus, Neckartenzlingen

Bildentwürfe: Die Autoren

Bildbearbeitung:
Zeichenbüro des Verlags Europa-Lehrmittel, Leinfelden-Echterdingen

Das vorliegende Buch wurde auf der **Grundlage der neuen amtlichen Rechtschreibregeln** erstellt.

29. Auflage 2002
Druck 5 4
Alle Drucke derselben Auflage sind parallel einsetzbar, da sie bis auf die Behebung von Druckfehlern untereinander unverändert sind.

ISBN 3-8085-1849-9

Umschlaggestaltung Michael M. Kappenstein, Frankfurt a.M. unter Verwendung eines Fotos (Getriebemotor) der Firma Bockwoldt, Bad Oldesloe

© 2002 by Verlag Europa-Lehrmittel, Nourney, Vollmer GmbH & Co. KG, 42781 Haan-Gruiten
http://www.europa-lehrmittel.de
Satz: Meis Grafik, 59469 Ense
Druck: Media Print Informationstechnologie, 33100 Paderborn

Vorwort

Das RECHENBUCH METALL ist ein Lehr- und Übungsbuch für die Ausbildung und die Weiterbildung im Berufsfeld Metalltechnik. Es vermittelt rechnerische Grund- und Fachkenntnisse und kann sowohl unterrichtsbegleitend als auch zum Selbststudium verwendet werden.

Im fachbezogenen Teil des Buches wurde der Inhalt nach den Lerngebieten der KMK-Lehrpläne geordnet.

Das Buch ist in folgende Hauptabschnitte gegliedert:

1 Taschenrechner	**6 Werkstofftechnik**
2 Grundlagen der technischen Mathematik	**7 Steuerungstechnik**
3 Maschinen- und Gerätetechnik	**8 Elektrotechnik**
4 Fertigungs- und Prüftechnik	**9 Aufgaben zur Wiederholung und Vertiefung**
5 Fertigungplanung	**10 Projektaufgaben**

Alle Stoffgebiete sind klar gegliedert und übersichtlich gestaltet. Im Text und bei den Bildern wurden die geltenden Normen berücksichtigt. Jeder Lernbereich bildet eine in sich geschlossene Einheit. Allen Lernbereichen liegt die gleiche methodische Gliederung zu Grunde. Nach der Angabe der Formeln folgt anhand von Musterbeispielen die konsequente Anwendung mit sinnvollen Umstellungen. Daran schließen sich Aufgaben an, die nach steigendem Schwierigkeitsgrad geordnet sind. Die schwierigen Aufgaben sind durch einen roten Punkt (•) gekennzeichnet.

Die Aufgaben zur Wiederholung und Vertiefung im hinteren Teil des Buches stellen einen Querschnitt durch alle Stoffgebiete dar und können zur Leistungskontrolle und zur **Prüfungsvorbereitung** verwendet werden. Darin sind Aufgaben enthalten, die mehrere Abschnitte des Rechenbuches umfassen und Aufgaben, bei denen die zur Lösung notwendigen Werte aus Tabellenbüchern entnommen werden müssen. Beide Arten der Aufgabenstellung kommen in der Praxis häufig vor.

Die zahlreichen Bilder zu den Aufgaben sind in Form eines **Klebeanhanges** erhältlich. Damit kann beim Lösen die Zeit für das Zeichnen von Skizzen eingespart werden. Die **„Methodischen Lösungswege"** zum Rechenbuch Metall ermöglichen nicht nur das Überprüfen der Ergebnisse, sie enthalten außerdem den Lösungsgang der Aufgaben. Die „Methodischen Lösungswege" erleichtern die Unterrichtsvorbereitung und sind beim Selbststudium eine wesentliche Hilfe.

Vorwort zur 29. Auflage

Der Inhalt des Rechenbuches wurde in der Darstellung gestrafft und der Entwicklung der Technik angepasst. Im einleitenden Bereich der Kapitel wurden für die Größen die in der Praxis üblichen Einheiten angegeben. Die Abschnitte **Statistik, Werkstoffprüfung, Fuzzy-Logik und Fuzzy-Regelung, temperaturabhängige Widerstände, Wechselspannung, Wechselstrom und Messfehler bei elektrischen Messgeräten** wurden erweitert oder neu aufgenommen. Das Buch eignet sich somit auch gut für die Fachklassen der **Mechatroniker**.

Die **Projektaufgaben** am Schluss des Buches wurden so erweitert, dass dem fächerübergreifenden Ansatz eine noch größere Bedeutung zugewiesen wird. Sie umfassen neben den fachmathematischen Aufgaben auch Fragen zur Technologie, Werkstofftechnik und Arbeitsplanung. Diese Projektaufgaben fördern damit besonders das Denken und Arbeiten in **Lernfeldern**.

Für Anregungen und kritische Hinweise sind wir dankbar.

Im Herbst 2002   Die Autoren

Inhaltsverzeichnis

Mathematische und physikalische Begriffe		
Begriffe	**Erklärung**	**Beispiele**
Physikalische Größen	Physikalische Größen sind objektiv messbare Eigenschaften von Zuständen und Vorgängen. Eine physikalische Größe ist das Produkt eines Zahlenwertes mit einer Einheit.	Länge einer Strecke, Temperatur eines Körpers. Bei der Länge $l = 3$ m ist 3 der Zahlenwert und m (Meter) die Einheit.
Basisgröße **Basiseinheit**	Man unterscheidet Basisgrößen und Basiseinheiten. Sie sind im SI-Einheitensystem festgelegt.	**Basisgröße** / **Formelzeichen** Länge — l Masse — m **Basiseinheit** / **Zeichen** Meter — m Kilogramm — kg
Abgeleitete Größen und deren Einheiten	Die abgeleiteten Größen und deren Einheiten setzen sich aus den Basisgrößen und deren Einheiten zusammen	Kraft = Masse · Beschleunigung $$1\,N = 1\,kg \cdot \frac{m}{s^2} = 1\,\frac{kg \cdot m}{s^2}$$
Gleichungen	Gleichungen beschreiben die Abhängigkeit mathematischer oder physikalischer Größen voneinander.	$16 + 9 = 100 - 75$ $3 \cdot 4 = 36 : 3$ $x + 15 = 25$
Einheitengleichungen	Einheitengleichungen stellen Beziehungen zwischen Einheiten dar.	$$1\,kg = 1\,kg \cdot \frac{1000\,g}{1\,kg} = 1000\,g$$ $1\,m^3 = 1000\,dm^3 = 1000\,l$
Konstanten	Konstanten sind gleich bleibende Zahlenwerte oder Größen bei Berechnungen in der Mathematik und Physik.	$\pi = 3{,}141592654\ldots$ (Kreiszahl) $c \approx 300\,000$ km/s (Lichtgeschwindigkeit im Vakuum)
Koeffizienten	Koeffizienten sind Größen, die den Einfluss einer Stoffeigenschaft auf einen physikalischen Vorgang kennzeichnen.	$\alpha = 0{,}000012$ 1/K (Längenausdehnungskoeffizient für Stahl)
Formelzeichen	Formelzeichen sind aus Buchstaben gebildete Zeichen für Größen. Sie ersetzen Wörter und dienen zum Rechnen mit Formeln.	m für Masse A für Fläche v für Geschwindigkeit
Formeln	Technische oder physikalische Gleichungen mit Formelzeichen bezeichnet man als Formeln.	$s = v \cdot t$ (Weg = Geschwindigkeit · Zeit)
Größengleichungen	Größengleichungen stellen Beziehungen zwischen physikalischen Größen dar. Sie sind unabhängig von der Wahl der Einheit und enthalten teilweise Zahlenwerte, z.B. π, mathematische Zeichen, z.B. $\sqrt{\ }$, und Formelzeichen. Formeln als angewandte Größengleichungen sind im vorliegenden Buch durch eine rote Umrandung gekennzeichnet.	$$d = \sqrt{\frac{4 \cdot A}{\pi}}$$ $W = P \cdot t$
Zahlenwertgleichungen	Bei diesen Gleichungen sind deren Zahlenwerte an vorgegebene Einheiten gebunden. Der Zahlenwert des Ergebnisses erhält die gewünschte Einheit nur dann, wenn alle Zahlenwerte der Gleichung in den jeweils vorgeschriebenen Einheiten eingesetzt werden. Formeln als angewandte Zahlenwertgleichungen sind im vorliegenden Buch durch eine schwarze Umrandung gekennzeichnet.	$$W = \frac{F_n \cdot H}{15}$$ $$P = \frac{Q \cdot p}{600}$$
Runden von Ergebnissen	Für das Auf- und Abrunden von Ergebnissen gelten die Regeln nach DIN 1333: Ist die über die angegebene Stellenzahl hinausgehende Ziffer 5 oder größer als 5, wird aufgerundet, ist die Ziffer kleiner als 5, wird abgerundet.	$25{,}5$ N ≈ 26 N $18{,}7$ kg ≈ 19 kg $164{,}4$ cm^3 ≈ 164 cm^3

1 | Taschenrechner

Elektronische Taschenrechner sind ein unentbehrliches Hilfsmittel bei technischen Berechnungen. An zwei verschiedenen Geräten sollen Handhabung und Aufbau vorgestellt werden.

1.1 | Aufbau und Tastenfeld eines Taschenrechners

Einfache Taschenrechner haben ein Bedien- und Anzeigenfeld. Das Bedienfeld besteht aus Zifferntasten und Rechentasten **(Bild 1)**.

Anzeige
Die eingegebenen Zahlen und die Rechenergebnisse können an der Anzeige abgelesen werden.

Zifferntasten
Die Anordnung der Zifferntasten ist international genormt und deshalb auf fast allen Rechnern gleich. Neben den Tasten für die Ziffern $\boxed{0}$ bis $\boxed{9}$ ist in diesem Feld die Kommataste $\boxed{\cdot}$ untergebracht.

Rechentasten
Für die Rechentasten gelten folgende Symbole:

$\boxed{+}$	Additionstaste	$\boxed{-}$	Subtraktionstaste
$\boxed{\times}$	Multiplikationstaste	$\boxed{\div}$	Divisionstaste
$\boxed{=}$	Ergebnistaste	$\boxed{C}$	Löschtaste

Bild 1: Einfacher Taschenrechner

Taschenrechner mit erweiterter Ausstattung haben im Bedienfeld zusätzliche **Funktions- und Speichertasten (Bild 2)**.

Beispiele:

$\boxed{\tfrac{1}{x}}$	Kehrwert	$\boxed{x^2}$	Quadrat
$\boxed{\sqrt{x}}$	Quadratwurzel	$\boxed{+/-}$	Vorzeichenwechsel
$\boxed{\%}$	Prozent	$\boxed{\pi}$	Konstante π (Pi)
$\boxed{INV}$	Inversion oder	$\boxed{sin}$	Sinus
	Umkehrfunktion	$\boxed{cos}$	Kosinus
		$\boxed{tan}$	Tangens
$\boxed{(}\ \boxed{)}$	Klammern	$\boxed{MIN}$	Eingabe in den
			Speicher [1]
$\boxed{EXP}$	Zehnerpotenz	$\boxed{M+}$	Addition zum
			Speicherinhalt
$\boxed{C}$	Löschtaste bei	$\boxed{M-}$	Subtraktion vom
	Eingabefehlern		Speicherinhalt
		$\boxed{MR}$	Rückruf des
$\boxed{AC}$	Gesamtlöschtaste		Speicherinhalts [2]

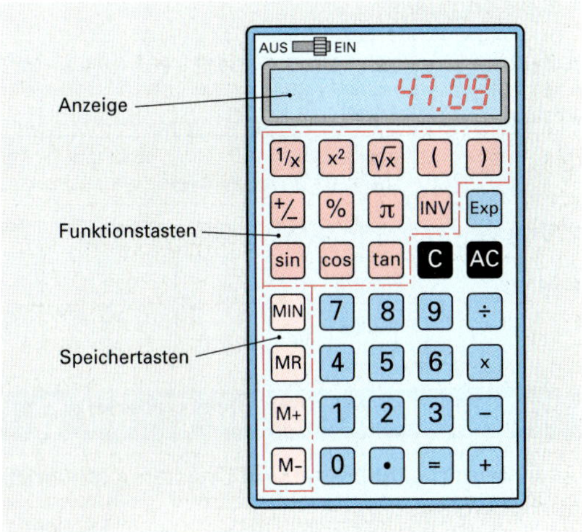

Bild 2: Funktions- und Speichertasten

Einige dieser zusätzlichen Funktions- und Speichertasten sind bei den verschiedenen Fabrikaten unterschiedlich gekennzeichnet, so kann z.B. $\boxed{RCL}$[2] oder $\boxed{RM}$ für Rückruf, $\boxed{STO}$[3] für Speicher, $\boxed{INV}$ in Verbindung mit $\boxed{x^2}$ für die Quadratwurzel oder $\boxed{EE}$ für die Zehnerpotenztaste stehen.

[1] engl. memory = Speicher;   [2] engl. recall = Rückruf;   [3] engl. store = Speicher

1.2 | Grundrechnungsarten mit dem Taschenrechner

Die elektronischen Taschenrechner arbeiten nach dem mathematischen Rechensystem, d.h. die Tastenfolge beim Eingeben entspricht der mathematischen Schreibweise.

1.2.1 | Eingabe von Zahlen

Die Ziffern der einzugebenden Zahl werden der Reihe nach so mit den Zifferntasten eingegeben, wie sie geschrieben werden. Es ist vorteilhaft, vor Beginn einer neuen Rechnung die Gesamtlöschtaste AC zu drücken, damit frühere Eingaben gelöscht werden.

Beispiel: Die Zahl 9742,45 soll in den Rechner eingegen werden.

Lösung: Die Eingabe der Zahl wird im **Bild 1** dargestellt.

Der Taschenrechner bietet in der Regel eine höhere Stellenzahl an, als für technische Aufgaben notwendig ist. Die Ergebnisse müssen dann sinnvoll gerundet werden, was bei manchen Rechnern auch einprogrammierbar ist. Dies ist in den folgenden Beispielen nicht geschehen, da die Funktion des Rechners erklärt werden soll.

Tastenbedienung	Anzeige
AC	0.
9	9.
7	97.
4	974.
2	9742.
•	9742.
4	9742.4
5	9742.45

Bild 1: Eingabe einer Zahl

1.2.2 | Addition ⊞ und ⊟ Subtraktion

Zur Ausführung einer **Addition** mit dem Taschenrechner benutzt man die Additionstaste ⊞. Sie weist den Rechner an, die zuerst eingegebene und angezeigte Zahl zu der anschließend eingegebenen Zahl zu addieren. Bei der **Subtraktion** betätigt man die Subtraktionstaste ⊟. Dadurch wird von der zuerst eingegebenen und angezeigten Zahl die anschließend eingegebene Zahl subtrahiert. Mit der Ergebnistaste ⊟ wird der vorgeschriebene Rechengang abgeschlossen und das Ergebnis angezeigt.

1. Beispiel: 62,23 + 27,11 + 25,032 = ?

Lösung:

Eingabe	AC	62,23	+	27,11	+	25,032	=
Anzeige	0	62.23	62.23	27.11	89.34	25.032	114.372

2. Beispiel: 923,8 − 23,42 − 11,02 = ?

Lösung:

Eingabe	AC	923,8	−	23,42	−	11,02	=
Anzeige	0	923.8	923.8	23.42	900.38	11.02	889.36

1.2.3 | Multiplikation ⊠ und ÷ Division

Auch beim Multiplizieren und Dividieren entspricht die Tastenfolge beim Eingeben der mathematischen Schreibweise.

Beim **Multiplizieren** wird zunächst der erste Faktor eingegeben. Dann wird die Multiplikationstaste ⊠ betätigt. Diese weist den Rechner an, die zuerst eingegebene und angezeigte Zahl mit der anschließend eingegebenen Zahl zu multiplizieren.

Zur **Division** verwendet man die Divisionstaste ÷. Sie weist den Rechner an, die zuerst eingegebene und angezeigte Zahl durch die anschließend eingegebene Zahl zu dividieren.

Durch Drücken der Ergebnistaste = wird der Rechenvorgang, Multiplikation oder Division, abgeschlossen und das Ergebnis wird angezeigt.

1. Beispiel: 23,7 · 0,07 · 74,2 = ?

Lösung:

Eingabe	AC	23,7	×	0,07	×	74,2	=
Anzeige	0	23.7	23.7	0.07	1.659	74.2	123.0978

2. Beispiel: $\dfrac{794}{0,34} = 794 : 0,34 = ?$

Lösung:

Eingabe	AC	794	÷	0,34	=
Anzeige	0	794	794	0.34	2335.2941

3. Beispiel: $\dfrac{320}{16,1 \cdot 5,4} = ?$

Lösung:

Eingabe	AC	320	÷	16,1	÷	5,4	=
Anzeige	0	320	320	16.1	19.8757764	5.4	3.6806993

4. Beispiel: $23,7 \cdot (-0,4) = ?$

Lösung:

Eingabe	AC	23,7	×	0,4	=
Anzeige	0	23.7	23.7	0.4	9.48

$- 9,48$

Die Zahlen können bei einfachen Rechnern nur positiv eingegeben werden. Für die richtige Lösung gelten die Vorzeichenregeln:
+ mal – gleich –

5. Beispiel: $\dfrac{320}{-12,3} = ?$

Lösung:

Eingabe	AC	320	÷	12,3	=
Anzeige	0	320	320	12.3	26.01626

$- 26,01626$

Die Zahlen werden positiv eingegeben. Nach den Vorzeichenregeln ergibt sich:
+ geteilt durch – gleich –

6. Beispiel: In das Flachstahlstück **Bild 1** sollen 8 Löcher in gleichen Abständen gebohrt werden. Die Randabstände werden mit $a = 40$ mm und $b = 30$ mm angegeben. die Teilung p ist zu berechnen.

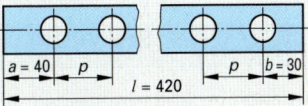

Bild 1: Flachstahlstück

Lösung: $p = \dfrac{l-(a+b)}{n-1} = \dfrac{420\,\text{mm} - (40\,\text{mm} + 30\,\text{mm})}{8-1} = ?$

1. Schritt: 40 mm + 30 mm

Eingabe	AC	40	+	30	=
Anzeige	0	40	40	30	70

Das Zwischenergebnis für die Summe des Klammerausdruckes muss bei einfachen Rechnern notiert werden.

2. Schritt: $\dfrac{420\,\text{mm} - 70\,\text{mm}}{7}$

Eingabe	AC	420	−	70	=	÷	7	=
Anzeige	0	420	420	70	350	350	7	50

7. Beispiel: $16 + 3 \cdot 4 - 7 = ?$

Lösung: Bei Taschenrechnern, die nicht „·" Punkt vor „–" Strich rechnen, ist dies bei der Eingabe zu berücksichtigen und die Lösung in zwei Schritten durchzuführen.

1. Schritt: 3 · 4

Eingabe	AC	3	×	4	=
Anzeige	0	3	3	4	12

2. Schritt: 16 + 12 − 7

Eingabe	AC	16	+	12	−	7	=
Anzeige	0	16	16	12	28	7	21

Aufgaben | Grundrechnungsarten mit dem Taschenrechner

Für die folgenden Aufgaben sind die Ergebnisse mit dem Taschenrechner zu ermitteln:

1. a) 31,2 + 24,7 b) 623,02 − 251,7 c) 75,34 − 21,09 + 4,36

2. a) 2,8 · 0,59 · 33 b) 0,187 : 41 c) 12,8 + 49,68 : 7,2 − 11,3

3. a) $\dfrac{95}{\pi \cdot 64}$ b) $\dfrac{60 \cdot 0,25 - 22 \cdot 0,3}{39 \cdot 0,03 - 15 \cdot 0,025}$ c) $2,67 \cdot \dfrac{6,30}{3} \cdot 16 - \dfrac{3,14}{2}$

1.3 | Berechnungen mit den Funktionstasten

1.3.1 | Kehrwerttaste $\frac{1}{x}$

Mit der Kehrwerttaste $\boxed{\frac{1}{x}}$ können von Zahlenwerten die Kehrwerte direkt berechnet werden. Dadurch lassen sich Brüche mit Summen oder Differenzen im Nenner auch ohne Setzen von Klammern lösen. Zwischenergebnisse müssen nicht mehr notiert werden.

Beispiel: $\dfrac{47,1 \cdot 7,2}{23,4 - 12,6} = ?$

Lösung: Durch Umformen des Bruches erhält man $\dfrac{1}{23,4 - 12,6} \cdot 47,1 \cdot 7,2$

Beim Arbeiten mit der Kehrwerttaste beginnt man mit der Rechnung im Nenner. Der Wert des Nenners wird nach dem Drücken der $\boxed{\frac{1}{x}}$ -Taste mit dem Zähler multipliziert.

Eingabe	AC	23,4	−	12,6	=	$\frac{1}{x}$
Anzeige	0	23.4	23.4	12.6	10.8	0.092592592

	×	47,1	×	7,2	=
0.092592593	47.1	4.36111	7.2	31.4	

1.3.2 | Klammern ( )

Aufgaben mit Klammerausdrücken können mit den Klammertasten $\boxed{(}$ $\boxed{)}$ in einem Schritt gelöst werden. Zwischenergebnisse müssen nicht mehr notiert werden.

1. Beispiel: $(23,7 + 98,4) : (103,4 - 77,2) = ?$

Lösung:

Eingabe	AC	(	23,7	+	98,4	)	÷	(	103,4	−	77,2	)	=
Anzeige	0	0	23.7	23.7	98.4	122.1	122.1	122.1	103.4	103.4	77.2	26.2	4.6603053

2. Beispiel: Die Fläche A eines Kreisringes mit $D = 16,2$ mm und $d = 13,1$ mm ist zu berechnen.

$A = \dfrac{\pi}{4} \cdot (D^2 - d^2) = \dfrac{\pi}{4} \cdot (16,2^2 \text{ mm}^2 - 13,1^2 \text{ mm}^2) = ?$

Lösung:

Eingabe	AC	π	÷	4	×	(	16,2	x^2	−
Anzeige	0	3.1415927	3.1415927	4	0.7853982	0.7853982	16.2	262.44	262.44

Mit dem Taschenrechner können nur Zahlenwerte berechnet werden. Die Einheiten müssen durch eine Nebenrechnung bestimmt werden.

A = 71,34 mm²

13,1	x^2	)	=
13.1	171.61	90.83	71.337715

1.3.3 | Speicher MIN M+ M− MR

Sind am Rechner **keine Klammertasten** vorhanden, oder man möchte z.B. Einzelergebnisse addieren, so benutzt man den Speicher. Damit wird das Notieren und eine nochmalige Eingabe der Zwischenergebnisse überflüssig.

Wenn eine Zahl im Speicher gespeichert ist, erscheint ein Symbol, häufig „M", in der Anzeige. Vor Beginn einer Rechnung mit Speichertasten ist der Speicher mit den Tasten $\boxed{AC}$ $\boxed{MIN}$ zu löschen.

Beispiel: Zu berechnen ist $V = \left(1,73 \text{ m} \cdot 1,24 \text{ m} + \dfrac{1,73 \text{ m} \cdot 0,85 \text{ m}}{2}\right) \cdot h$ für $h = 2,24$ m; 3,56 m; 7,80 m.

Lösung:

Eingabe	AC MIN	1,73	×	1,24	+	1,73	−
Anzeige	0	1.73	1.73	1.24	2.1452	1.73	1.73

0,85	÷	2	=	MIN	×	2,24	=
0.85	1.4705	2	2.88045	2.88045 M	2.88045 M	2.24 M	6.452208 M

$V = 6,45$ m³

Im Speicher befindet sich der Klammerwert; die weiteren Ergebnisse für die Berechnung von V können schnell mit der Speicherrückruftaste $\boxed{\text{MR}}$ errechnet werden.

Eingabe	$\boxed{\text{AC}}$	3,56	$\boxed{\times}$	$\boxed{\text{MR}}$	$\boxed{=}$	
Anzeige	0 m	3,56 m	3,56 m	2,88045 m	10,254402 m	$V = 10,25 \text{ m}^3$

Eingabe	$\boxed{\text{AC}}$	7,8	$\boxed{\times}$	$\boxed{\text{MR}}$	$\boxed{=}$	
Anzeige	0 m	7,8 m	7,8 m	2,88045 m	22,46751 m	$V = 22,47 \text{ m}^3$

1.3.4 | Wurzeln $\boxed{\sqrt{x}}$

Mit der Wurzeltaste $\boxed{\sqrt{x}}$ wird die Quadratwurzel aus der angezeigten Zahl gezogen.

1. Beispiel: $\sqrt{349,6} = ?$

Lösung:

Eingabe	$\boxed{\text{AC}}$	349,6	$\boxed{\sqrt{x}}$
Anzeige	0	349,6	18,697593

oder

Eingabe	$\boxed{\text{AC}}$	349,6	$\boxed{\text{INV}}$	$\boxed{x^2}$
Anzeige	0	349,6	349,6	18,697593

2. Beispiel: Der Durchmesser d eines Kreises ist aus der Fläche $A = 5627,3 \text{ mm}^2$ zu berechnen.

Lösung: $A = \dfrac{\pi \cdot d^2}{4}; \quad d = \sqrt{\dfrac{4A}{\pi}} = \sqrt{\dfrac{4 \cdot 5627,3 \text{ mm}^2}{\pi}} = ?$

Eingabe	$\boxed{\text{AC}}$	4	$\boxed{\times}$	5627,3	$\boxed{\div}$	$\boxed{\pi}$	$\boxed{=}$	$\boxed{\sqrt{x}}$
Anzeige	0	4	4	5627,3	22509,2	3,1415927	7164,9009	84,645738

1.3.5 | Winkelfunktionen $\boxed{\text{sin}}$ $\boxed{\text{cos}}$ $\boxed{\text{tan}}$

Mit den Tasten $\boxed{\text{sin}}$, $\boxed{\text{cos}}$, $\boxed{\text{tan}}$ und $\boxed{\text{INV}}$ kann sowohl aus dem Winkel der entsprechende Funktionswert, als auch aus dem Funktionswert der entsprechende Winkel berechnet werden.

1. Beispiel: Für folgende Winkel sind die Funktionswerte zu bestimmen:
a) sin 15° = ? b) cos 32,42° = ? c) tan 56,53° = ?

Lösung:

a)
Eingabe	$\boxed{\text{AC}}$	15	$\boxed{\text{sin}}$
Anzeige	0	15	0,2588191

sin 15° ≈ 0,259

b)
Eingabe	$\boxed{\text{AC}}$	32,42	$\boxed{\text{cos}}$
Anzeige	0	32,42	0,8441408

cos 32,42° ≈ 0,844

c)
Eingabe	$\boxed{\text{AC}}$	56,53	$\boxed{\text{tan}}$
Anzeige	0	56,53	1,5125553

tan 56,53° ≈ 1,513

2. Beispiel: Für folgende Funktionswerte sind die Winkel zu bestimmen:
a) sin α = 0,4019; α = ? b) cos β = 0,0464; β = ? c) tan γ = 3,5648; γ = ?

Lösung:

a)
Eingabe	$\boxed{\text{AC}}$	0,4019	$\boxed{\text{INV}}$	$\boxed{\text{sin}}$
Anzeige	0	0,4019	0,4019	23,69701

α ≈ 23,70°

b)
Eingabe	$\boxed{\text{AC}}$	0,0464	$\boxed{\text{INV}}$	$\boxed{\text{cos}}$
Anzeige	0	0,0464	0,0464	87,340521

β ≈ 87,34°

c)
Eingabe	$\boxed{\text{AC}}$	3,5648	$\boxed{\text{INV}}$	$\boxed{\text{tan}}$
Anzeige	0	3,5648	3,5648	74,330095

γ ≈ 74,33°

1.3.6 | Zehnerpotenzen EE EXP

Zahlen in Zehnerpotenzschreibweise können mit der EE-Taste, bzw. mit der EXP-Taste eingegeben werden.

Beispiele: a) $4{,}2 \cdot 10^6$ b) $4{,}2 \cdot 10^{-6}$

Lösung:

a) Eingabe	AC	4,2	EXP	6	=	
Anzeige	0	4.2	4.200	4.2 06	4200000	

b) Eingabe	AC	4,2	EXP	6	+/−	=
Anzeige	0	4.2	4.2 00	4.2 06	4.2 −06	0.0000042

Aufgaben | Berechnungen mit den Funktionstasten

1. Für die folgenden Aufgaben sind die Ergebnisse mit der Kehrwerttaste zu ermitteln.

a) $v = \dfrac{25\,000\ \frac{cm^3}{min}}{\frac{\pi}{4} \cdot (10^2\ cm^2 - 7^2\ cm^2)}$
b) $v = \dfrac{5\,000\ \frac{cm^3}{min} + 20\,000\ \frac{cm^3}{min}}{\frac{\pi}{4} \cdot (10\ cm)^2}$
c) $p_e = \dfrac{63\,000\ N}{\frac{\pi \cdot (12\ cm)^2}{4} \cdot 0{,}7}$

2. Für die folgenden Aufgaben sind die Ergebnisse mit der Klammertaste zu ermitteln.

a) $c = (37{,}24 - 29{,}4) \cdot (13{,}6 + 12{,}51)$
b) $d = 14 \cdot \pi \cdot 34 + \dfrac{\pi}{2} \cdot (14^2 + 4 \cdot 2{,}2^2)$

c) $F_3 = \dfrac{925{,}7 \cdot N \cdot \frac{\pi}{4} \cdot (90^2\ mm^2 - 70^2\ mm^2)}{\frac{\pi}{4} \cdot (6\ mm)^2} \cdot 0{,}7$
d) $A = 2 \cdot \left(\dfrac{8+6}{2} \cdot 12 - \dfrac{\pi \cdot 3^2}{4} \right)\ cm^2$

3. Für die folgenden Aufgaben sind die Ergebnisse mit den Speichertasten zu ermitteln.

a) $l_6 = \dfrac{250\ N \cdot 270\ mm + 450\ N \cdot 100\ mm + 120\ N \cdot 500\ mm - 350\ N \cdot 150\ mm - 100\ N \cdot 450\ mm}{300\ N}$

b) $F = (2 \cdot \pi \cdot 7\ mm + 2 \cdot 4\ mm + 24\ mm + 2 \sqrt{(12\ mm)^2 + (4\ mm)^2}) \cdot 0{,}8\ mm \cdot 176\ \dfrac{N}{mm^2}$

4. Für die folgenden Aufgaben sind die Ergebnisse mit der Wurzeltaste zu ermitteln.

a) $\sqrt{1{,}34}$
b) $1650 \cdot \sqrt{22}$
c) $0{,}2 \cdot \sqrt{7} \cdot \sqrt{21{,}3}$

d) $\dfrac{\sqrt{284 \cdot 11{,}2}}{0{,}45}$
e) $v = \sqrt{\dfrac{2 \cdot 294{,}3\ kg \cdot m^2}{20\ kg \cdot s^2}}$
f) $d = \sqrt{(30\ mm)^2 - \dfrac{4 \cdot 217\ mm^2}{\pi}}$

5. Für folgende Winkel sind die Funktionswerte zu bestimmen.

a) $\sin 84{,}43°$
b) $\cos 77{,}2°$
c) $\tan 87{,}41°$

6. Für folgende Funktionswerte sind die Winkel zu bestimmen.

a) $\sin \alpha = 0{,}9976$
b) $\cos \alpha = 0{,}8843$
c) $\tan \alpha = 0{,}0612$

7. Für die folgenden Aufgaben sind die Ergebnisse möglichst einfach zu berechnen.

a) $253{,}01 \cdot \dfrac{\sqrt{543{,}7}}{\sqrt{14{,}6}}$
b) $\sqrt{9{,}234^2\ mm^2 - 1{,}256^2\ mm^2}$

c) $\dfrac{16{,}2^2}{2} \cdot \left(\dfrac{\pi \cdot 43°}{180°} - \sin 43° \right)$
d) $\dfrac{\pi \cdot 23}{12} \cdot (47{,}7^2 + 31{,}4^2 + 47{,}7 \cdot 31{,}4)$

8. Die Ergebnisse folgender Aufgaben in Zehnerpotenzschreibweise sind mit dem Taschenrechner zu ermitteln.

a) $1{,}2 \cdot 10^{-6} + 2{,}7 \cdot 10^{-5}$
b) $\dfrac{1{,}5 \cdot 10^3 \cdot 10^{-3}}{9 \cdot 10^{-2}}$
c) $\dfrac{10^{-3} \cdot 3{,}8 \cdot 10^4}{0{,}2 \cdot 10^{-5}}$

2 | Grundlagen der technischen Mathematik

2.1 | Zahlenarten

Man unterscheidet positive und negative Zahlen, die an der Zahlengeraden dargestellt werden können (**Bild 1**). Bei positiven Zahlen weist der Pfeil nach rechts, bei negativen nach links. Auch Brüche und Dezimalbrüche sind entweder positive oder negative Zahlen.

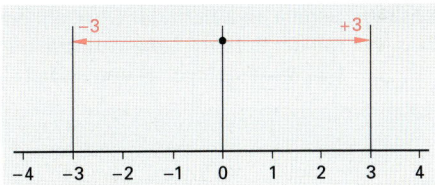

Bild 1: Zahlengerade

2.2 | Zahlensysteme

Bezeichnungen:

z_{10} Kurzzeichen für eine Dezimalzahl
z_2 Kurzzeichen für eine Dualzahl
z_{16} Kurzzeichen für eine Hexadezimalzahl

Im Allgemeinen wird das dezimale Zahlensystem verwendet. Die elektronische Datenverarbeitung (EDV) und die Steuerungstechnik bauen auf dem dualen und hexadezimalen Zahlensystem auf, weil die elektronischen Bauelemente nur binäre[1] Informationen (d.h. die Symbole 0 und 1) verarbeiten können.

2.2.1 | Dezimales Zahlensystem

Beim dezimalen Zahlensystem werden die Ziffern 0 bis 9 verwendet. Alle Zahlen können als Zehnerpotenzen geschrieben werden.

Beispiel:

z_{10} $= 8 \cdot 10^2 + 5 \cdot 10^1 + 7 \cdot 10^0$
$= 800 + 50 + 7 = \mathbf{857}$

Die Zehnerpotenzen werden nicht geschrieben, sondern nur die Faktoren (**Tabelle 1**).

2.2.2 | Duales (binäres) Zahlensystem

Beim dualen Zahlensystem werden lediglich die Ziffern „0" und „1" verwendet. Alle Zahlen werden als Potenzen der Basis 2 dargestellt (**Tabelle 1**).

Beispiel:

Die Dualzahl z_2 = 10 10 entspricht der Dezimalzahl
$z_{10} = 1 \cdot 2^3 + 0 \cdot 2^2 + 1 \cdot 2^1 + 0 \cdot 2^0$
$= 8 + 0 + 2 + 0 = \mathbf{10}$

■ Umwandlung von Dezimalzahlen in Dualzahlen

Beispiel:

Die Dezimalzahl z_{10} = 14 ist in eine Dualzahl umzuwandeln.
Lösung (Tabelle 2):
Die Dezimalzahl wird durch die höchstmögliche Zweierpotenz dividiert. Der verbleibende Rest wird wiederum durch die höchstmögliche Zweierpotenz dividiert, usw. Die Zweierpotenzen werden nicht geschrieben, sondern nur die Faktoren: z_2 = 11 10

[1] binär (lat.), aus 2 Einheiten bestehend

Tabelle 1: Dezimal- und Dualzahlen

Zahlen im Dezimalsystem			Zahlen im Dualsystem							
Zehnerpotenzen			Zweierpotenzen							
10^2	10^1	10^0	2^7	2^6	2^5	2^4	2^3	2^2	2^1	2^0
		0								0
		1								1
		2							1	0
		3							1	1
		4						1	0	0
		5						1	0	1
		6						1	1	0
		7						1	1	1
		8					1	0	0	0
		9					1	0	0	1
	1	0					1	0	1	0
	1	1					1	0	1	1
	1	2					1	1	0	0
	1	3					1	1	0	1
	1	4					1	1	1	0
	1	5					1	1	1	1
	1	6				1	0	0	0	0
Weitere Beispiele:										
	4	8			1	1	0	0	0	0
1	0	0	1	1	0	0	0	1	0	0

Tabelle 2: Umwandlung einer Dezimalzahl in eine Dualzahl

Rechenvorgang	2^3	2^2	2^1	2^0
$14 : 2^3 = 14 : 8 = 1$ (Rest 6)	1			
$6 : 2^2 = 6 : 4 = 1$ (Rest 2)		1		
$2 : 2^1 = 2 : 2 = 1$ (Rest 0)			1	
$0 : 2^0 = 0 : 1 = 0$ (Rest 0)				0
Ergebnis: z_2 = 11 10				

■ Umwandlung von Dualzahlen in Dezimalzahlen

Beispiel: Die Dualzahl z_2 = 110101110 ist in eine Dezimalzahl z_{10} umzuwandeln.

Lösung: Sämtliche Ziffern der Dualzahl erhalten unterschiedliche Zweierpotenzen. Die letzte Ziffer wird mit der Potenz 2^0, die vorletzte mit 2^1, die davor mit 2^2 usw. multipliziert. Danach werden die Potenzwerte berechnet und addiert (**Tabelle 1**).

Tabelle 1: Umwandlung einer Dualzahl z_2 in eine Dezimalzahl z_{10}

z_2	1	1	0	1	0	1	1	1	0
Zweierpotenz	$1 \cdot 2^8$	$1 \cdot 2^7$	$0 \cdot 2^6$	$1 \cdot 2^5$	$0 \cdot 2^4$	$1 \cdot 2^3$	$1 \cdot 2^2$	$1 \cdot 2^1$	$0 \cdot 2^0$
Potenzwert	256	128	0	32	0	8	4	2	0
z_{10} =	256 +	128 +	0 +	32 +	0 +	8 +	4 +	2 +	0
z_{10} =	**430**								

2.2.3 | Hexadezimalsystem

Bei Mikroprozessoren verwendet man, z.B. für die Adressierung der Speicherplätze, häufig auch das hexadezimale Zahlensystem. Bei diesem Zahlensystem werden neben den Ziffern 0 bis 9 auch die Buchstaben A bis F benützt. Die Zahlen werden in Potenzen der Basis 16 angegeben (**Tabelle 2**), z.B.: z_{16} = 1A

■ Umwandlung von Dezimalzahlen in Hexadezimalzahlen

Beipiel: Die Dezimalzahl z_{10} = 1989 ist in eine Hexadezimalzahl umzuwandeln.

Lösung: Die Dezimalzahl wird durch die höchstmögliche 16er-Potenz dividiert. Der verbleibende Rest wird wiederum durch die höchstmögliche 16er-Potenz dividiert usw. Ist der Rest schließlich nicht mehr ganzzahlig durch 16 teilbar, wird er in einer entsprechenden Hexadezimal-Ziffer ausgedrückt.

Rechenvorgang	16er-Potenzen		
	16^2	16^1	16^0
1989 : 16^2 = **7** (Rest 197)	7	–	–
197 : 16^1 = **12** (Rest 5)	–	C	–
5 : 16^0 = **5**	–	–	5
$(1989)_{10}$ = **(7C5)$_{16}$**			

■ Umwandlung von Hexadezimalzahlen in Dezimalzahlen

Beispiel: Die Hexadezimalzahl z_{16} = A2F in eine Dezimalzahl umzuwandeln.

Lösung: Sämtliche Ziffern der Hexadezimalzahlen erhalten unterschiedliche 16er-Potenzen gemäß **Tabelle 2**. Die letzte Ziffer wird mit der Potenz 16^0, die vorletzte mit der Potenz 16^1, die davor mit der Potenz 16^2 usw. multipliziert. Danach werden die Potenzwerte berechnet und addiert.

Hexadezimalzahl z_{16}	A	2	F
16er-Potenz	$10 \cdot 16^2$	$2 \cdot 16^1$	$15 \cdot 16^0$
Potenzwert	2560	32	15
Dezimalzahl z_{10}	2560 + 32 + 15 = **2607**		

Tabelle 2: Vergleich von Dezimal- und Hexadezimalzahlen

Dezimalzahlen z_{10}			Hexadezimalzahlen z_{16}		
10^2	10^1	10^0	16^2	16^1	16^0
		0			0
		1			1
		2			2
		3			3
		4			4
		5			5
		6			6
		7			7
		8			8
		9			9
	1	0			A
	1	1			B
	1	2			C
	1	3			D
	1	4			E
	1	5			F
	1	6		1	0
	1	7		1	1
	1	8		1	2
	1	9		1	3
	2	0		1	4
	2	1		1	5
	2	2		1	6
	2	3		1	7
	2	4		1	8
	2	5		1	9
	2	6		1	A
	2	7		1	B
	2	8		1	C
	2	9		1	D
	3	0		1	E
	3	1		1	F
	3	2		2	0
Weitere Beispiele:					
1	0	0		6	4
9	9	9	3	E	7

2.2.4 | BCD-Code

In der technischen Anwendung wird das binäre Zahlensystem häufig mit dem Dezimalsystem kombiniert. Bei dem binär codierten Dezimalcode (BCD) werden die einzelnen Ziffern von Dezimalzahlen durch die Zeichen 0 und 1 binär verschlüsselt.

Beim 8-4-2-1-BCD-Code entsprechen diese Ziffern Zweierpotenzen (**Tabelle 1**). Mit vier Binärstellen kann man jede Ziffer des Dezimalsystems von 0 bis 9 darstellen.

Tabelle 1: 8-4-2-1-BCD-Code

Ziffer	8	4	2	1
2er-Potenz	2^3	2^2	2^1	2^0

1. Beispiel: Die Zahl $z_{10} = 7$ ist im BCD-Code darzustellen.

Lösung: Die Zahl 7 setzt sich aus folgenden Zweierpotenzen zusammen (**Tabelle 2**):

$$0 \cdot 2^3 + 1 \cdot 2^2 + 1 \cdot 2^1 + 1 \cdot 2^0 = 7$$
$$0 \cdot 8 + 1 \cdot 4 + 1 \cdot 2 + 1 \cdot 1 = 7$$

BCD-Code = 0 1 1 1

Tabelle 2: Umwandlung einer Dezimalzahl in den BCD-Code

Ziffer	8	4	2	1
2er-Potenz	2^3	2^2	2^1	2^0
BCD-Code	0	1	1	1

Für die Darstellung einer dreistelligen Dezimalzahl benötigt man für die Hunderter, Zehner und Einer jeweils vier Binärstellen.

2. Beispiel: Die Zahl $z_{10} = 137$ ist im 8-4-2-1-BCD-Code darzustellen

Lösung: Die Dezimalzahl 137 wird in Summanden aus Hundertern, Zehnern und Einern zerlegt. Danach muss für jeden Summanden der BCD-Code ermittelt werden.

Dezimalzahl	137											
Dezimalstelle	Hunderter				Zehner				Einer			
Summanden	100				30				7			
Stellenwert	8	4	2	1	8	4	2	1	8	4	2	1
Wert	0·800	0·400	0·200	1·100	0·80	0·40	1·20	1·10	0·8	1·4	1·2	1·1
BCD-Code	0	0	0	1	0	0	1	1	0	1	1	1

Ergebnis: Die Dezimalzahl $z_{10} = 137$ wird im BCD-Code folgendermaßen dargestellt:
BCD = 0001 0011 0111

Aufgaben | Zahlensysteme

1. Umwandlung von Dezimalzahlen (Tabelle 3). Die Dezimalzahlen sind in Dualzahlen sowie in Hexadezimalzahlen umzuwandeln.

Tabelle 3	a	b	c	d	e	f	g	h	i
Dezimalzahl z_{10}	24	30	48	64	100	144	150	255	2000

2. Umwandlung von Dualzahlen (Tabelle 4). Wandeln Sie die Dualzahlen in Dezimalzahlen um.

Tabelle 4	a	b	c	d	e	f
Dualzahl z_2	100	1010	11111	110011	11110000	11111111

3. Umwandlung von Hexadezimalzahlen (Tabelle 1). Die Hexadezimalzahlen sind in Dezimalzahlen umzuwandeln.

Tabelle 1	a	b	c	d	e	f
Hexadezimalzahl z_{16}	68	A0	96	8F	ED	FF

4. Umwandlung von Dualzahlen (Tabelle 2). Wandeln Sie die Dualzahlen in Hexadezimalzahlen um.

Tabelle 2	a	b	c	d	e	f
Dualzahl z_2	101010	111000	11001100	11100011	10010010	10000111

5. Umwandlung in BCD-Code. Die folgenden Dezimalzahlen sind in den BCD-Code umzurechnen:

a) 35   b) 140   c) 755   d) 812

6. Umwandlung von BCD-Codierungen. Welchen Dezimalzahlen entsprechen die folgenden 8-4-2-1-BCD-Codierungen?

a) 0001 0110   b) 0101 0000 1001
c) 1001 0011   d) 0001 0001

7. Nockensteuerung (Bild 1). Mit Hilfe der Steuernocken und Mikroschalter werden Werkstücke nach dem BCD-Code identifiziert, bevor sie in einem flexiblen Fertigungszentrum bearbeitet werden.

a) Wie heißt die Werkstück-Identifikationsnummer, wenn in der ersten und vierten Nut ein Steuernocken angebracht ist?

b) Welche Nocken müssen für die Identifikationsnummer 7 befestigt werden?

8. Codierter Maßstab (Bild 2). Das Prinzip eines binär-dezimal codierten Maßstabes, der bei NC-Maschinen eingesezt werden kann, wird in Bild 2 veranschaulicht. Für die BCD-Codes der Spalten a bis g sind die Dezimalwerte zu ermitteln.

9. Umwandlung in BCD-Code. Für die Dezimalzahlen 301, 827 und 908 sind die BCD-Codes zu bestimmen und entsprechend Bild 2 zeichnerisch darzustellen.

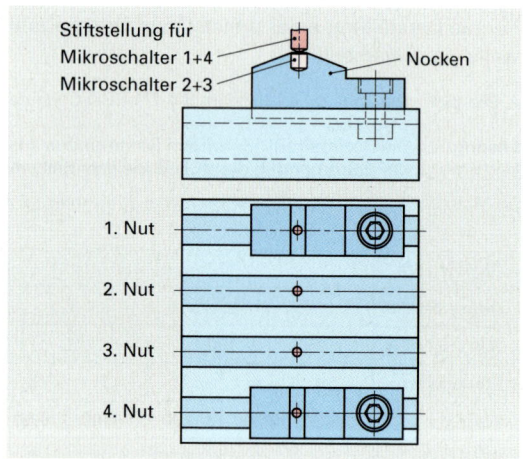

Bild 1: Nockensteuerung

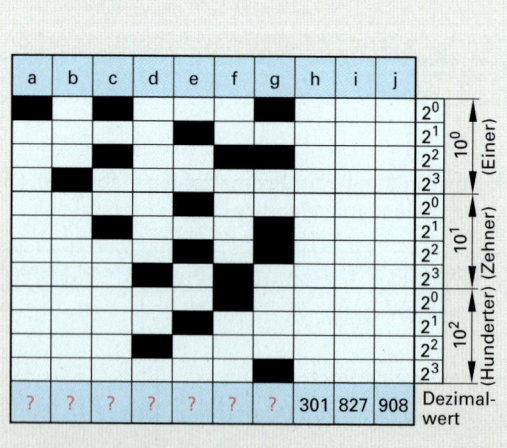

Bild 2: Binär codierter Maßstab

2.3 | Variable

In der Algebra werden Variable (Platzhalter) eingesetzt, die beliebige Zahlenwerte darstellen können (**Tabelle 1**). Als Variable werden meist Kleinbuchstaben verwendet.

Tabelle 1: Schreibweise von Variablen

Rechenregel	Beispiel
Multiplikationszeichen Das Multiplikationszeichen zwischen Zahl und Variable kann weggelassen werden	$3 \cdot a = 3a$ $a \cdot b = ab$
Faktor 1 Der Faktor 1 wird meist nicht geschrieben.	$1 \cdot b = b$

Bei technischen Berechnungen verwendet man für häufig vorkommende Größen bestimmte Buchstaben als Formelzeichen (**Tabelle 2**). Mit Hilfe von Formeln lassen sich mathematische und physikalische Berechnungen durchführen.

Tabelle 2: Formelzeichen und Formeln

Zeichen	Bedeutung	Beispiele für Formeln
l	Länge	$A = l \cdot b$
b	Breite	
A	Fläche	
P	Leistung	$P = \dfrac{F \cdot s}{t}$
F	Kraft	
s	Weg	
t	Zeit	

2.4 | Grundrechnungsarten

Zu den Grundrechnungsarten zählen Addition, Subtraktion, Multiplikation und Divison. Man unterscheidet dabei zwischen den Gruppen Strich- und Punktrechnungen (**Tabelle 3**).

Tabelle 3: Grundrechnungsarten

Rechnungsart	Rechnungsvorgang	Rechenzeichen	Gruppe
Addition	addieren, zusammenzählen	+ (plus)	Strichrechnung
Subtraktion	subtrahieren, abziehen	− (minus)	
Multiplikation	multiplizieren, vervielfachen	· (mal)	Punktrechnung
Division	dividieren, teilen	: (geteilt)	

2.4.1 | Strichrechnungen

■ Addition und Subtraktion
Bei Strichrechnungen werden durch Addition und Subtraktion Summen oder Differenzen gebildet. Die Regeln für Strichrechnungen können **Tabelle 4** entnommen werden.

Tabelle 4: Strichrechnungen

Rechenregel	Zahlenbeispiel	Algebraisches Beispiel
1. Summieren von Variablen Nur gleiche Variable können summiert werden.	–	$18a - 3a + 2b - 5b = 15a - 3b$
2. Kommutativgesetz Zahlen und Buchstaben können vertauscht werden (Vertauschungsgesetz)	$3 - 9 + 7 = 7 + 3 - 9 =$ $= -9 + 3 + 7 = -9 + 7 + 3$	$a - b + c = a + c - b$ $= -b + a + c = c + a - b$
3. Assoziativgesetz Einzelne Glieder können zu Teilsummen zusammengefasst werden.	$3 + 7 - 9 = (3 + 7) - 9$	$a + b - c = (a + b) - c$

■ Klammern

Mathematische Ausdrücke können mit Klammern zusammengefasst werden. Die in Klammern stehenden Werte müssen stets zuerst berechnet werden. Die Rechenregeln sind in **Tabelle 1** zusammengefasst.

Tabelle 1: Klammern

Rechenregel	Zahlenbeispiel	Algebraisches Beispiel
1. Pluszeichen vor der Klammer Klammern, vor denen ein Pluszeichen steht, können weggelassen werden. Die Vorzeichen der Glieder bleiben dann unverändert	$16 + (9 - 5)$ $= 16 + 9 - 5$ $= 20$	$a + (b - c)$ $= a + b - c$
2. Minuszeichen vor der Klammer Klammern, vor denen ein Minuszeichen steht, können nur aufgelöst (weggelassen) werden, wenn alle Glieder in der Klammer entgegengesetzte Vorzeichen erhalten.	$16 - (9 - 5)$ $= 16 - 9 + 5$ $= 12$	$a - (b - c)$ $= a - b + c$

2.4.2 | Punktrechnungen

Multiplikationen und Divisionen bezeichnet man als Punktrechnungen. Die Rechenregeln sind in **Tabelle 2** zusammengestellt.

Tabelle 2: Multiplikation

Rechenregel	Zahlenbeispiel	Algebraisches Beispiel
1. Berechnung eines Produktes Faktor · Faktor = Produkt	$2 \cdot 5 = 10$	$x \cdot y = z$
2. Vertauschungsgesetz (Kommunikativgesetz). Faktoren dürfen vertauscht werden.	$3 \cdot 4 \cdot 5 = 4 \cdot 3 \cdot 5$ $= 5 \cdot 3 \cdot 4 = 5 \cdot 4 \cdot 3$	$a \cdot b \cdot c = b \cdot a \cdot c$ $= c \cdot a \cdot b = c \cdot b \cdot a$
3. Assoziativgesetz Einzelne Faktoren dürfen zu Teilprodukten zusammengefasst werden.	$3 \cdot 4 \cdot 5 = (3 \cdot 4) \cdot 5$ $= 3 \cdot (4 \cdot 5)$	$a \cdot b \cdot c = (a \cdot b) \cdot c$ $= a \cdot (b \cdot c)$
4. Faktoren mit gleichen Vorzeichen Haben zwei Faktoren gleiche Vorzeichen, so wird das Produkt (Ergebnis) positiv. **+ mal + = +; − mal − = +**	$2 \cdot 5 = 10$ $(-2) \cdot (-5) = 10$	$a \cdot x = ax$ $(-a) \cdot (-x) = ax$
5. Faktoren mit ungleichen Vorzeichen Haben zwei Faktoren verschiedene Vorzeichen, so wird das Produkt (Ergebnis) negativ. **+ mal − = −; − mal + = −**	$3 \cdot (-8) = -24$ $(-3) \cdot 8 = -24$	$a \cdot (-x) = -ax$ $(-a) \cdot x = -ax$
6. Faktor mal Klammerausdruck Ein Klammerausdruck wird mit einem Faktor multipliziert, indem man jedes Glied der Klammer mit dem Faktor multipliziert. Wenn möglich, sollte man zuerst den Inhalt der Klammer zusammenfassen und dann den Wert der Klammer mit dem Faktor multiplizieren.	$7 \cdot (4 + 5)$ $= 7 \cdot 4 + 7 \cdot 5$ $= 63$ oder: $7 \cdot (4 + 5)$ $= 7 \cdot 9$ $= 63$	$a \cdot (b + 2b)$ $= ab + 2ab$ $= 3ab$ oder: $a \cdot (b + 2b) = a \cdot 3b$ $= 3ab$
7. Klammerausdruck mal Klammerausdruck Ein Klammerausdruck wird mit einem Klammerausdruck multipliziert, indem man jedes Glied der einen Klammer mit jedem Glied der anderen Klammer multipliziert. Bei Zahlen können auch erst die Klammerausdrücke berechnet und danach hieraus das Produkt gebildet werden.	$(3 + 5) \cdot (10 - 7)$ $= 3 \cdot 10 + 3 \cdot (-7) + 5 \cdot 10 + 5 \cdot (-7)$ $= 30 - 21 + 50 - 35 = 24$ oder: $(3 + 5) \cdot (10 - 7)$ $= 8 \cdot 3$ $= 24$	$(a + b) \cdot (c - d)$ $= ac - ad + bc - bd$ $(a + 2a) \cdot (b + c)$ $= 3a \cdot (b + c)$ $= 3ab + 3ac$

Die Rechenregeln für die Division sind in **Tabelle 1** zusammengefasst.

Tabelle 1 : Division		
Rechenregel	**Zahlenbeispiel**	**Algebraisches Beispiel**
1. Berechnung eines Quotienten Dividend (Zähler) : Divisor (Nenner) = Quotient	$10 : 2 = \dfrac{10}{2} = 5$	$a : b = \dfrac{a}{b} = c$
2. Klammerausdruck geteilt durch Wert Ein Klammerausdruck wird durch einen Wert (Zahl, Buchstabe, Klammerausdruck) dividiert, indem man jedes Glied in der Klammer durch diesen Wert dividiert. Man kann auch den Klammerausdruck berechnen und dann dividieren.	$(16 - 4) : 4$ $= 16 : 4 - 4 : 4$ $= 4 - 1 = 3$ oder: $(16 - 4) : 4$ $= 12 : 4 = 3$	$(a - b) : c = a : c - b : c$ $\dfrac{a-b}{b} = \dfrac{a}{b} - \dfrac{b}{b} = \dfrac{a}{b} - 1$ $\dfrac{a+b}{a-b} = \dfrac{a}{a-b} + \dfrac{b}{a-b}$
3. Beim Dividieren gilt das Kommutativgesetz nicht! Zähler und Nenner dürfen nicht vertauscht werden.	$\dfrac{21}{3} \ne \dfrac{3}{21}$	$\dfrac{16a}{3b} \ne \dfrac{3b}{16a}$
4. Der Bruchstrich entspricht einer Klammer Der Bruchstrich fasst Ausdrücke in gleicher Weise zusammen wie eine Klammer.	$\dfrac{3+4}{2} = (3 + 4) : 2 = 3{,}5$	$\dfrac{a+b}{2} \cdot h = (a + b) \cdot \dfrac{h}{2}$
5. Ausklammern von Faktoren Ist in einer Summe oder Differenz jedes Glied durch den gleichen Faktor teilbar, so kann dieser Faktor ausgeklammert werden.	$28 + 14$ $= 7 \cdot 4 + 7 \cdot 2$ $= 7 \cdot (4 + 2)$	$ax - ay = a \cdot (x - y)$
6. Kürzen Faktoren und Buchstaben können soweit als möglich gekürzt werden.	$\dfrac{15}{6} = \dfrac{5 \cdot 3}{2 \cdot 3} = \dfrac{5}{2}$	$\dfrac{36\,ab}{6bc} = \dfrac{6a}{c}$
7. Zähler und Nenner mit gleichen Vorzeichen Haben Zähler (Dividend) und Nenner (Divisor) gleiche Vorzeichen, so ist der Quotient positiv. **+ geteilt durch + = +** **– geteilt durch – = +**	$\dfrac{15}{3} = 15 : 3 = 5$ $\dfrac{-15}{-3} = (-15) : (-3) = 5$	$\dfrac{a}{b} = \dfrac{a}{b}$ $\dfrac{-a}{-b} = \dfrac{a}{b}$
8. Zähler und Nenner mit verschiedenen Vorzeichen Haben Zähler und Nenner unterschiedliche Vorzeichen, so ist der Quotient negativ. **+ geteilt durch – = –** **– geteilt durch + = –**	$\dfrac{-15}{3} = (-15) : 3 = -5$ $\dfrac{15}{-3} = (15) : (-3) = -5$	$\dfrac{a}{-b} = -\dfrac{a}{b}$ $\dfrac{-a}{b} = -\dfrac{a}{b}$

Aufgaben | Strich- und Punktrechnungen

1. Die gegebenen Ausdrücke sind soweit als möglich zusammenzufassen.

a) $6a - 13a$ b) $31b + b$ c) $c + c$ d) $31b - (17b - b)$ e) $0{,}8x + 1{,}2y + 2{,}15y + 13{,}8x - (6{,}4x - 2{,}25y)$

2. Die Klammerausdrücke sind zu multiplizieren.

a) $6 \cdot (a + b)$ b) $2a \cdot (5a + 3b)$ c) $(3x - 2y) \cdot a$ d) $(3x + 4y) \cdot (6a + 9b)$

e) $(a - 5) \cdot (6 + b)$ f) $(a + b) \cdot (a + b)$ g) $(a - b) \cdot (a - b)$ h) $(a + b) \cdot (a - b)$

3. Die gegebenen Ausdrücke sind zu dividieren.

a) $42a : 6$ b) $\dfrac{3a}{-b} : 4$ c) $\dfrac{-4ab}{\frac{1}{2}a}$ d) $\dfrac{-5x}{-y} : 3x$ e) $\dfrac{ab}{\frac{ad}{db}}$

4. Berechnen Sie die Ergebnisse der nachfolgenden Gleichungen für die Variablen a = 2,5; b = 3,6; c = 9,6; d = 22

a) $A = 2a + 3b - 4c - d$ b) $X = \dfrac{a \cdot b}{c + a} + 3da - 5cd$ c) $K = \dfrac{a + b}{b - d} \cdot (a - d) \cdot (c - d)$

2.4.3 | Gemischte Punkt- und Strichrechnungen

Bei Aufgaben, in denen Punkt– und Strichrechnungen vorkommen, ist die Reihenfolge der einzelnen Lösungsschritte zu beachten. Die Rechenregeln sind in **Tabelle 1** zusammengefasst.

Tabelle 1: Gemischte Punkt- und Strichrechnungen

Rechenregel	Zahlenbeispiel	Algebraisches Beispiel
1. Reihenfolge der Lösungsschritte Punktrechnungen müssen vor Strichrechnungen gelöst werden.	$8 \cdot 4 - 18 \cdot 3$ $= 32 - 54$ $= -22$	$4a \cdot b - c \cdot 3d$ $= 4ab - 3cd$
	$\dfrac{16}{4} + \dfrac{20}{5} - \dfrac{18}{3} = 4 + 4 - 6 = 2$	$\dfrac{16a}{4} - \dfrac{3b}{b} + \dfrac{6c}{2c}$ $= 4a - 3 + 3 = 4a$
2. Aufgaben mit Klammerausdrücken Sind in einer gemischten Punkt- und Strichrechnung auch Klammerausdrücke vorhanden, so werden, wenn möglich, zuerst die Klammern berechnet. Danach wird die Punkt- und dann die Strichrechnung durchgeführt.	$8 \cdot (3 - 2) + 4 \cdot (16 - 5)$ $= 8 \cdot 1 + 4 \cdot 11$ $= 8 + 44$ $= 52$	$a \cdot (3x - 5x) - b \cdot (12y - 2y)$ $= a \cdot (-2x) - b \cdot 10y$ $= -2ax - 10by$

Aufgaben | Gemischte Punkt- und Strichrechnungen

Die Ergebnisse der Aufgaben 1 bis 5 sind zu berechnen und auf 2 Dezimalstellen nach dem Komma zu runden.

1.   a) $217{,}583 - 27{,}14 \cdot 0{,}043 + 12$
     c) $7{,}1 + 16{,}27 + 14{,}13 \cdot 17{,}0203$
     e) $857 - 3{,}52 \cdot 97{,}25 - 16{,}386 + 1{,}1$

     b) $16{,}25 + 14{,}12 \cdot 6{,}21$
     d) $74{,}24 - 1{,}258 \cdot 12{,}8$
     f) $119{,}2 + 327{,}351 - 7{,}04 \cdot 7{,}36$

2.   a) $17{,}13 + 13{,}25 + 15{,}35 : 2$

     b) $34{,}89 + 241{,}17 : 21{,}35 - 12{,}46 : 2{,}2$

3.   a) $243 : 0{,}04 - 92{,}17 - 13{,}325 + 124{,}3 : 3{,}5$

     b) $507 : 0{,}05 - 261{,}17 - 114{,}325 + 142{,}3 : 18{,}4$

4.   a) $18 \cdot (-5) + (-3) \cdot (-7)$
     c) $\dfrac{-96}{16} + \dfrac{65}{-15}$

     b) $120 : (-6) - (-15) : 5$
     d) $\dfrac{148}{37} - \dfrac{-85}{17}$

5.   a) $\dfrac{24{,}75 + 15}{12{,}6} + \dfrac{38{,}7 - 2{,}08}{0{,}36} - \dfrac{44{,}2 \cdot 13{,}1}{20{,}05 - 1{,}7}$
     b) $34{,}2 \cdot \dfrac{23{,}4 - 8{,}6}{2{,}4} - \dfrac{13{,}8 + 22{,}7}{27 - 3{,}5} \cdot 20{,}6$

     c) $(23{,}7 - 2{,}8) \cdot \dfrac{15{,}1 - 3{,}7}{16{,}9}$
     d) $\dfrac{25 \cdot (20{,}1 - 16{,}58)}{(34{,}85 - 2{,}97) \cdot 4{,}6}$

Die Ergebnisse der Aufgaben 6 bis 8 sind zu berechnen.

6.   a) $3a \cdot 4b - 10a \cdot 2b$
     c) $-8m \cdot 2n + 7{,}5m \cdot (-2n)$

     b) $25x \cdot (-10y) + 13x \cdot (-5y)$
     d) $(-16a) \cdot (-5c) - (-5a) \cdot (-2c)$

7.   a) $\dfrac{30x}{10y} + \dfrac{15x}{2y}$
     c) $\dfrac{7{,}5x}{2{,}5y} + \dfrac{33x}{22y}$

     b) $\dfrac{12m}{15n} - \dfrac{30m}{1{,}5n}$
     d) $\dfrac{-2x}{-8y} - \dfrac{-15x}{-60y}$

8.   a) $-3a \cdot (8x - 5x) - 2a \cdot (20x - 12x)$

     b) $-3x \cdot (8x - 5x) + 3x \cdot (-12x - 33x)$

2.5 | Bruchrechnen

Der Bruchterm ist ein Zahlenverhältnis und besteht aus dem Zähler und dem Nenner. Der Nenner ist die Bezugsgröße und gibt die Gesamtheit der Teile an, der Zähler bezeichnet die Anzahl der Teile.

Bruchterm

$$\text{Bruchterm} = \frac{\text{Zähler}}{\text{Nenner}} = \frac{3}{4} = 0{,}75$$

Das Bruchrechnen wird z.B. bei Teilkopf-, Kegel- und Wechselräderberechnungen angewandt.

2.5.1 | Arten von Brüchen

Man unterscheidet gemeine Brüche und Dezimalbrüche. Gemeine Brüche können als Zähler und Nenner dargestellt werden. Dezimalbrüche werden mit einem Komma geschrieben. Die verschiedenen Arten von Brüchen sind in **Tabelle 1** zusammengestellt.

Tabelle 1: Arten von Brüchen

echter Bruch <1	unechter Bruch >1	gemischte Zahl	gleich-namige Brüche	ungleich-namige Brüche	Schein-bruch	Dezimal-bruch
$\dfrac{1}{3}$	$\dfrac{5}{4}$	$1\dfrac{1}{4}$	$\dfrac{1}{8}\quad\dfrac{3}{8}$	$\dfrac{1}{3}\quad\dfrac{1}{5}$	$\dfrac{2}{1}=2$	$0{,}75=\dfrac{75}{100}=\dfrac{3}{4}$
Zähler 1 kleiner als Nenner 3	Zähler 5 größer als Nenner 4	Ganze Zahl mit Bruch	Nenner gleich	Nenner ungleich	Nenner gleich 1	Dezimal-komma

2.5.2 | Erweitern und Kürzen von Brüchen

Brüche können erweitert oder gekürzt werden. Dabei bleibt ihr Wert unverändert **(Tabelle 2)**.

Tabelle 2: Erweitern und Kürzen von Brüchen

Rechenregel	Zahlenbeispiel	Algebraisches Beispiel
1. Erweitern Beim Erweitern werden Zähler und Nenner mit der gleichen Zahl multipliziert.	$\dfrac{1}{4} = \dfrac{1 \cdot 6}{4 \cdot 6} = \dfrac{6}{24}$	$\dfrac{a}{b} = \dfrac{a \cdot c}{b \cdot c}$
2. Kürzen Beim Kürzen werden Zähler und Nenner durch die gleiche Zahl dividiert.	$\dfrac{6}{24} = \dfrac{6 : 6}{24 : 6} = \dfrac{1}{4}$	$\dfrac{a \cdot c}{b \cdot c} = \dfrac{(a \cdot c) : c}{(b \cdot c) : c} = \dfrac{a}{b}$
3. Summen oder Differenzen Summen oder Differenzen sind vor dem Kürzen oder Erweitern zu berechnen.	$\dfrac{18 - 24}{260 + 20} = \dfrac{-6}{280} = -\dfrac{3}{140}$	$\dfrac{c - b}{c + b}$ kann nicht gekürzt werden.

2.5.3 │ Rechnen mit Brüchen

Brüche können addiert und subtrahiert (**Tabelle 1**), multipliziert (**Tabelle 2**) und dividiert (**Tabelle 3**) werden.

Tabelle 1: Addieren und Subtrahieren von Brüchen

Rechenregel	Zahlenbeispiel	Algebraisches Beispiel
1. Gleichnamige Brüche Sie werden addiert oder subtrahiert, indem man die Zähler addiert oder subtrahiert und den Nenner unverändert lässt.	$\dfrac{5}{8} + \dfrac{2}{8} - \dfrac{1}{8} = \dfrac{5+2-1}{8} = \dfrac{6}{8} = \dfrac{3}{4}$	$\dfrac{x}{a} + \dfrac{y}{a} - \dfrac{z}{a} = \dfrac{x+y-z}{a}$
2. Ungleichnamige Brüche Zuerst muss der Hauptnenner gebildet werden. Der Hauptnenner ist der kleinste gemeinsame Nenner, in dem die Nenner aller Brüche ganzzahlig enthalten sind. Die Brüche werden durch Erweitern auf den Hauptnenner gebracht. Danach wird wie bei den gleichnamigen Brüchen verfahren.	$\dfrac{1}{2} + \dfrac{2}{3} - \dfrac{3}{4}$ $\text{Hauptnenner} = 2 \cdot 2 \cdot 3 = 12$ $\dfrac{1 \cdot 6}{2 \cdot 6} + \dfrac{2 \cdot 4}{3 \cdot 4} - \dfrac{3 \cdot 3}{4 \cdot 3}$ $= \dfrac{6}{12} + \dfrac{8}{12} - \dfrac{9}{12}$ $= \dfrac{6+8-9}{12} = \dfrac{5}{12}$	$\dfrac{a}{b} + \dfrac{c}{d}$ $\text{Hauptnenner} = b \cdot d$ $\dfrac{a \cdot d}{b \cdot d} + \dfrac{c \cdot b}{d \cdot b} =$ $= \dfrac{a \cdot d + c \cdot b}{b \cdot d}$

Tabelle 2: Multiplizieren von Brüchen

Rechenregel	Zahlenbeispiel	Algebraisches Beispiel
1. Ganze Zahl multipliziert mit Bruch Eine ganze Zahl wird mit einem Bruch multipliziert, indem man den Zähler des Bruches mit der ganzen Zahl multipliziert. Der Nenner bleibt unverändert.	$4 \cdot \dfrac{2}{3} = \dfrac{4 \cdot 2}{1 \cdot 3} = \dfrac{8}{3} = 2\dfrac{2}{3}$	$6 \cdot \dfrac{a}{b} = \dfrac{6a}{b}$
2. Bruch multipliziert mit Bruch Ein Bruch wird mit einem anderen Bruch multipliziert, indem man Zähler mit Zähler und Nenner mit Nenner multipliziert.	$\dfrac{3}{5} \cdot \dfrac{2}{7} = \dfrac{3 \cdot 2}{5 \cdot 7} = \dfrac{6}{35}$	$\dfrac{a}{b} \cdot \dfrac{c}{d} = \dfrac{a \cdot c}{b \cdot d}$
3. Gemischte Zahl multipliziert mit gemischter Zahl Gemischte Zahlen werden miteinander multipliziert, indem man sie erst in unechte Brüche umwandelt und dann Zähler mit Zähler und Nenner mit Nenner multipliziert.	$2\dfrac{1}{3} \cdot 4\dfrac{1}{2} = \dfrac{7}{3} \cdot \dfrac{9}{2}$ $= \dfrac{7 \cdot 9}{3 \cdot 2} = \dfrac{63}{6} = 10\dfrac{3}{6} = 10\dfrac{1}{2}$	–

Tabelle 3: Dividieren von Brüchen

Rechenregel	Zahlenbeispiel	Algebraisches Beispiel
1. Bruch dividiert durch ganze Zahl Ein Bruch wird durch eine ganze Zahl dividiert, indem man den Nenner mit der ganzen Zahl multipliziert. Der Zähler bleibt unverändert.	$\dfrac{1}{4} : 3 = \dfrac{1}{4 \cdot 3} = \dfrac{1}{12}$	$\dfrac{a}{b} : c = \dfrac{a}{b \cdot c}$
2. Ganze Zahl dividiert durch Bruch Eine ganze Zahl wird durch einen Bruch dividiert, indem man sie mit dem Kehrwert des Bruches multipliziert. Den Kehrwert erhält man, indem man Zähler und Nenner vertauscht.	$5 : \dfrac{3}{4} = 5 \cdot \dfrac{4}{3} = \dfrac{20}{3} = 6\dfrac{2}{3}$	$z : \dfrac{x}{y} = z \cdot \dfrac{y}{x} = \dfrac{z \cdot y}{x}$
3. Bruch dividiert durch Bruch (Doppelbruch) Ein Bruch wird durch einen anderen Bruch dividiert, indem man den Bruch im Zähler mit dem Kehrwert des Bruches im Nenner mulitpliziert.	$\dfrac{3}{4} : \dfrac{3}{5} = \dfrac{\frac{3}{4}}{\frac{3}{5}} = \dfrac{3 \cdot 5}{4 \cdot 3} = \dfrac{5}{4}$	$\dfrac{a}{b} : \dfrac{c}{d} = \dfrac{\frac{a}{b}}{\frac{c}{d}} = \dfrac{a \cdot d}{b \cdot c}$

Brüche können in Dezimalbrüche umgewandelt werden und umgekehrt. In **Tabelle 1** sind die Rechenregeln zusammengestellt.

Tabelle 1: Umwandeln von Brüchen		
Rechenregel	**Zahlenbeispiel**	**Algebraisches Beispiel**
1. Bruch in Dezimalbruch Ein Bruch wird in einen Dezimalbruch verwandelt, indem man den Zähler durch den Nenner dividiert.	$\frac{3}{8} = 3 : 8 = 0{,}375$	–
2. Dezimalbruch in Bruch Ein endlicher Dezimalbruch wird in einen Bruch verwandelt, indem man in den Zähler alle Ziffern nach dem Komma schreibt. Der Nenner erhält eine 1 mit so viel Nullen wie der Zähler Stellen hat.	$0{,}48 = \frac{48}{100} = \frac{12}{25}$	–

Aufgaben | Bruchrechnen

1. Die folgenden Brüche sind zu addieren bzw. zu subtrahieren.

a) $\frac{1}{5} + \frac{5}{6} + \frac{4}{9} + \frac{3}{12} + \frac{5}{7}$ b) $\frac{3}{4} + \frac{4}{5} + \frac{3}{8} - \frac{7}{10}$

c) $3\frac{3}{4} - 5\frac{7}{8} - \frac{2}{3} + 9\frac{4}{5}$ d) $\frac{13{,}5 + 6{,}5}{42{,}8 - 12{,}8} - \frac{48 + 12}{50}$

2. Die folgenden Brüche sind zu multiplizieren.

a) $1\frac{3}{4}; 7\frac{2}{7}; 12\frac{1}{3}$ jeweils mit 5

b) $\frac{1}{6}; \frac{7}{16}; \frac{9}{23}$ jeweils mit $\frac{1}{3}$

3. Die folgenden Brüche sind zu dividieren.

a) $\frac{6}{7}; \frac{12}{15}; \frac{27}{35}$ jeweils durch 7

b) $7\frac{2}{5}; 8\frac{7}{9}; 14\frac{1}{6}$ jeweils durch $\frac{3}{5}$

4. Folgende Brüche sind auf 3 Kommastellen gerundet in Dezimalbrüche zu verwandeln.

a) $\frac{1}{4}; \frac{4}{15}; \frac{1}{3}; \frac{3}{7}; \frac{1}{6}$

b) $\frac{1}{21}; \frac{7}{29}; \frac{1}{125}; \frac{38}{45}; \frac{97}{12}$

5. Die folgenden Ausdrücke sind zu vereinfachen.

a) $4ab : \frac{1}{2}a$ b) $\frac{5x}{y} : 3x$

6. Die Doppelbrüche sind zu vereinfachen.

a) $\dfrac{\frac{18de}{5f}}{\frac{12d}{15fg}}$ b) $\dfrac{\frac{34a}{24d}}{\frac{51b}{60d}}$

7. Die Dezimalbrüche sind in Brüche zu verwandeln.

a) 0,9375   b) 0,375   c) 0,85

8. Berechnen Sie folgende Brüche

a) $\frac{1}{R_1} + \frac{1}{R_2}$ b) $\frac{x}{y} : \frac{r}{t}$ c) $\frac{a}{b} : c$

2.6 | Schlussrechnung (Dreisatzrechnung)

Mit der Schlussrechnung wird in drei Schritten die Lösung ermittelt.

Bezeichnungen:

A_m Ausgangsmenge $\qquad$ A_w Ausgangswert
E_m Endmenge $\qquad$ E_w Endwert

Schlussrechnung für direkt proportionale Verhältnisse
Zwei voneinander abhängige Größen verhalten sich im gleichen Verhältnis, d.h. direkt proportional, zueinander.

Beispiel: 25 Distanzplatten haben eine Masse m = 2800 g. Welche Masse haben 6 Distanzplatten **(Bild 1)**?

Grundaussage: Die Menge A_m = 25 Distanzplatten hat die Masse A_w = 2800 g.

Berechnung des Wertes für die Menge A = 1 Stück (St):

1 Distanzplatte hat die Masse $\dfrac{A_w}{A_m} = \dfrac{2800\ \text{g}}{25\ \text{St}} = 112\ \dfrac{\text{g}}{\text{St}}$

Berechnung des Endwertes E_w für die Endmenge E_m:

E_m = 6 Distanzplatten haben die Masse

$E_w = \dfrac{A_w}{A_m} \cdot E_m = \dfrac{2800\ \text{g}}{25\ \text{St}} \cdot 6\ \text{St} = \mathbf{672\ g}$

Schlussrechnung für indirekt proportionale Verhältnisse
Zwei voneinander abhängige Größen verhalten sich in umgekehrtem Verhältnis, d.h. indirekt proportional, zueinander.

Beispiel: Für die Montage von 12 Kettensägen benötigen 4 Mitarbeiter 3 Stunden. Wieviel Stunden benötigen 6 Mitarbeiter für die gleiche Anzahl Sägen **(Bild 2)**?

Grundaussage: Die Menge A_m = 4 Mitarbeiter benötigen die Zeit A_w = 3 Stunden.

Berechnung des Wertes für die Menge A = 1 Mitarbeiter:

1 Mitarbeiter benötigt $A_m \cdot A_w$ = 4 · 3 Stunden = **12 Stunden**

Berechnung des Endwertes E_w für die Endmenge E_m:

E_m = 6 Mitarbeiter benötigen die Zeit

$E_w = \dfrac{A_m \cdot A_w}{E_m} = \dfrac{4\ \text{Mitarbeiter} \cdot 3\ \text{h}}{6\ \text{Mitarbeiter}} = \mathbf{2\ h}$

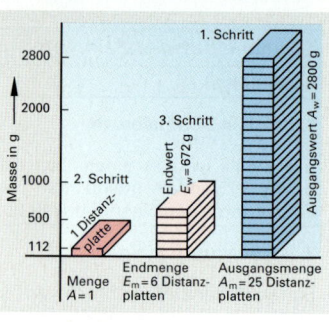

Bild 1: Distanzplatte

Endwert bei direkt proportionalem Verhältnis

$$E_w = \frac{A_w}{A_m} \cdot E_m$$

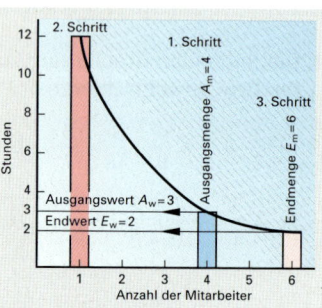

Bild 2: Arbeitsstunden

Endwert bei indirekt proportionalem Verhältnis

$$E_w = \frac{A_m \cdot A_w}{E_m}$$

Aufgaben | Schlussrechnung

1. **Werkstoffpreis.** Eine Gießerei berechnet für Stahlguss einen Preis von 1,08 EUR/kg. Wie viel kosten 185 Deckel mit einer Masse von je 1,35 kg?

2. **Schutzgasverbrauch.** Die Schweißnaht an einem Schiff ist 78 m lang. Nach 23 m geschweißter Naht wurde ein Schutzgasverbrauch von 640 l festgestellt. Wie viel l Schutzgas sind für die gesamte Fertigstellung der Naht erforderlich?

3. **Notstromaggregat.** Im 3-stündigen Betrieb verbrauchen 2 Notstromaggregate 120 Liter Kraftstoff. Wie lange können 3 Aggregate mit einem Treibstoffvorrat von 240 Liter betrieben werden?

4. **CuZn-Blech.** 4 m² eines 4 mm dicken Blechs aus CuZn37 haben eine Masse m = 136 kg. Welche Masse haben 10 m² Blech mit einer Blechdicke von 6 mm?

5. **Qualitätskontrolle.** In der Qualitätskontrolle benötigen 3 Prüfer 14 Stunden für einen Prüfvorgang. Wieviele Prüfer müssten eingesetzt werden, um die Kontrollarbeiten in etwa 8 Stunden zu schaffen?

6. **Rundstahl.** In einer Walzenstraße wird Rundstahl mit einem Durchmesser von 200 mm und einer Länge von 4500 cm hergestellt. Wie viel Meter Rundstahl erhält man, wenn bei gleicher Masse der Durchmesser auf 100 mm verkleinert wird?

2.7 | Prozentrechnung

Bei der Prozentrechnung wird der Prozentsatz eines Grundwerts berechnet und als Prozentwert angegeben.

Bezeichnungen:

P_s	Prozentsatz	%		E_w	Endwert	–
G_w	Grundwert	–		A_m	Ausgangsmenge	–
P_w	Prozentwert	–		E_m	Endmenge	–
				A_w	Ausgangswert 100 %	–

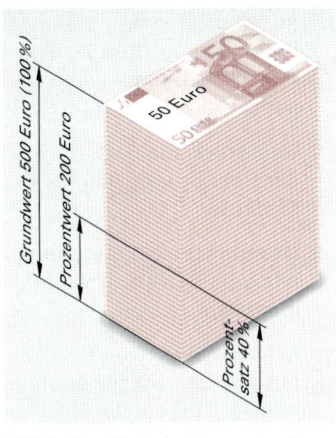

1. Beispiel: Wie groß ist der Prozentwert P_w in EUR für einen Grundwert $G_w = 500$ EUR bei einem Prozentsatz $P_s = 40\%$ (**Bild 1**)?

Lösung:

$$P_w = \frac{G_w}{100\,\%} \cdot P_s = \frac{500\ \text{EUR}}{100\,\%} \cdot 40\,\% = \textbf{200 EUR} \qquad \text{oder}$$

$$E_w = \frac{A_w}{A_m} \cdot E_m \ ; \qquad E_M = \frac{A_m}{A_w} \cdot E_w = \frac{500\ \text{EUR}}{100\,\%} \cdot 40\,\% = \textbf{200 EUR}$$

Bild 1: Begriffe beim Prozentrechnen

2. Beispiel: Von 600 gefertigten Zahnriemen sind 17 Ausschuss. Der Prozentsatz P_s für den Ausschuss ist zu berechnen.

Lösung:

$$P_w = \frac{G_w}{100\,\%} \cdot P_s ; \qquad P_s = \frac{100\,\%}{G_w} \cdot P_w = \frac{100\,\%}{600} \cdot 17 = \textbf{2,83 \%} \qquad \text{oder}$$

$$E_w = \frac{A_w}{A_m} \cdot E_m \ ; \qquad E_w = \frac{100\,\%}{600} \cdot 17 = \textbf{2,83 \%}$$

Prozentwert

$$\boxed{P_w = \frac{G_w}{100\,\%} \cdot P_s}$$

3. Beispiel: Ein schadhafter Behälter verlor 38,84 Liter Flüssigkeit, das sind 16 % der Flüssigkeit. Wieviel Liter Flüssigkeit enthielt der Behälter?

Lösung:

$$P_w = \frac{G_w}{100\,\%} \cdot P_s ; \qquad G_w = \frac{100\,\%}{P_s} \cdot P_w = \frac{100\,\%}{16\,\%} \cdot 38,84\ \text{l} = \textbf{242,75 l oder}$$

$$E_w = \frac{A_w}{A_m} \cdot E_m \ ; \qquad A_m = \frac{A_w}{E_w} \cdot E_m = \frac{100\,\%}{16\,\%} \cdot 38,84\ \text{l} = \textbf{242,75 l}$$

Endwert (Schlussrechnung)

$$\boxed{E_w = \frac{A_w}{A_m} \cdot E_m}$$

Aufgaben | Prozentrechnung

1. **Prozentwert.** Zu berechnen sind:
   a) 3% von 54 EUR
   b) 3,5% von 270,6 g
   c) 0,5% von 541m
   d) 4,5% von 132 min
   e) 0,2% von 234,3 bar
   f) 125 % von 240,25 EUR

2. **Festplatte.** Eine Bilddatei benötigt 80 MByte Speicherplatz auf einer Festplatte. Wie viel Prozent Festplattenspeicher werden für das Bild auf einer 10 GByte-Festplatte beansprucht?

3. **Scanzeit.** Ein Flachbettscanner benötigt für den Scanvorgang einer Fotografie 4 min. Das Nachfolgemodell des Scanners soll bei dem gleichen Arbeitsauftrag 24% schneller sein.
   Berechnen Sie die Scanzeit des neuen Scannermodells.

4. **Aktienfonds.** Vor mehr als einem Jahr wurden 15 Anteile eines Technologiefonds zu einem Preis von 135 EUR mit einem Ausgabeaufschlag von 5,25% gekauft. Der Fonds hat vom Kauftag bis heute eine Wertsteigerung von 45%.
   a) Welcher Gesamtbetrag musste für die 15 Anteile bezahlt werden?
   b) Welcher Gewinn wäre bei einem Verkauf zu erwarten?

5. **Rauchgasentschwefelung.** In den Rauchgasen eines Kraftwerkes lag der Anteil des Schwefeldioxids 62% unter dem zulässigen Grenzwert. Durch den Einbau einer zusätzlichen Rauchgasentschwefelungsanlage konnte der Wert auf 20% des Grenzwertes gesenkt werden. Um wie viel Prozent verringerte die Rauchgasentschwefelungsanlage den Ausstoß an Schwefeldioxid des Kraftwerkes?

6. Preiserhöhung (Bild 1). Wie viel Prozent beträgt die jeweilige Preiserhöhung, wenn folgende Preise um je 0,20 EUR steigen: 1,60 EUR; 3,75 EUR; 12,75 EUR; 17,45 EUR?

7. Preissenkung (Bild 2). Wie viel Prozent beträgt die jeweilige Preisermäßigung, wenn folgende Preise um je 0,18 EUR herabgesetzt werden: 3,00 EUR; 5,73 EUR; 2,50 EUR; 9,10 EUR?

8. Gussstück. Ein Gussstück wiegt nach der Bearbeitung 126 kg; der Rohling wog 150 kg. Wie groß ist die zerspante Menge in Prozent?

9. Dehnung. Eine 1,5 m lange Stange wird auf Zug beansprucht und verlängert sich dabei um 1 mm. Gesucht ist die Dehung in Prozent.

10. NC-Maschine. Eine NC-Drehmaschine wird für 87 500,00 EUR mit 15% Verlust gegenüber dem Anschaffungspreis verkauft. Wieviel EUR hat die Maschine ursprünglich gekostet?

11. Fertigungszeit. Durch Verbesserung des Arbeitsverfahrens wird die Fertigungszeit für ein Werkstück, für dessen Herstellung bisher 6,5 Stunden gebraucht wurden, um 22% verringert. Wie groß ist der Zeitgewinn in Stunden?

12. Lotherstellung. In einer Schmelze sollen 150 kg des Weichlotes L-Sn63Pb37 hergestellt werden. Berechnen Sie die Einzelmassen an Zinn und Blei in der Schmelze.

13. Verschnitt (Bild 3). Für die Herstellung von Blechdosen ist ein Zuschnitt von 160 cm^2 Stahlblech notwendig. Als Abfall ergeben sich 44 cm^2 Stahlblech. Gesucht ist der Zuschlag für Verschnitt in Prozent.

14. Zugfestigkeit. Durch Vergüten wurde die Zugfestigkeit eines Stahles um 42% auf 1250 N/mm^2 erhöht. Wie groß war die Zugfestigkeit des Werkstoffes vor der Wärmebehandlung?

15. Kreisschaubild (Bild 4). Die chemische Untersuchung eines Eisenerzes ergab die in dem Kreisschaubild dargestellten Prozentanteile. Wie viel kg jedes Stoffes enthalten 1630 kg dieses Erzes?

16. Gehäusegewicht. Um wie viel Prozent vermindert sich das Gewicht eines Gehäuses, das bisher aus 1 mm dickem Stahlblech (Dichte ϱ = 7,85 kg/dm^3) bestand und nun aus 2 mm dickem Aluminiumblech (Dichte ϱ = 2,7 kg/dm^3) hergestellt werden soll?

17. Rundstahl. Für Drehteile muss anstelle des fehlenden Rundstahles mit dem Durchmesser 25 mm ein Rundstahl mit 30 mm verarbeitet werden. Wie viel Prozent des Werkstoffes gehen durch die Vergrößerung des Durchmessers verloren?

18. Strommesser. Ein Strommesser der Genauigkeitsklasse 1,5 (Betriebsmessinstrument) hat einen Anzeigefehler von ± 1,5% vom Endausschlag.

a) Welcher Anzeigefehler ergibt sich, wenn der Messbereich 50 A beträgt?

b) Welche Grenzwerte des Stromes sind zulässig, wenn dieses Messgerät 12 A anzeigt?

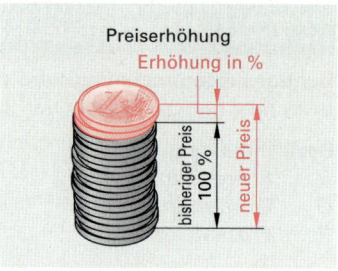

Bild 1: Preiserhöhung

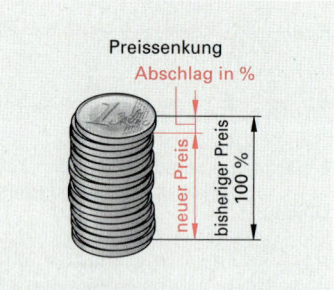

Bild 2: Preissenkung

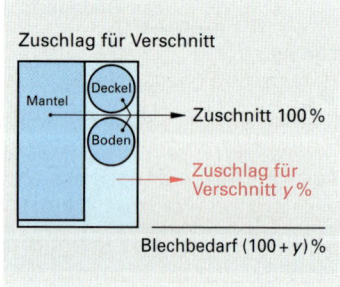

Bild 3: Verschnitt

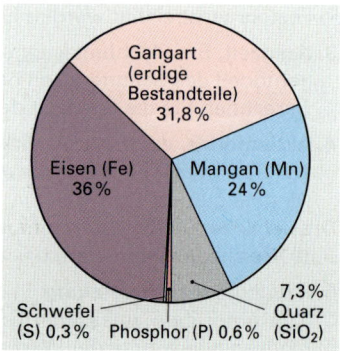

Bild 4: Kreisschaubild

2.8 | Potenzieren

Ein Produkt aus mehreren gleichen Faktoren kann abgekürzt geschrieben werden. Die abgekürzte Schreibweise nennt man Potenz; der Rechenvorgang wird als Potenzieren bezeichnet. Eine Potenz **(Bild 1)** besteht aus der Basis (Grundzahl) und dem Exponenten (Hochzahl). Der Exponent gibt an, wie oft die Basis mit sich selbst multipliziert werden muss.

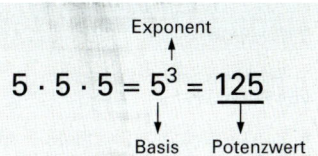

Bild 1: Potenz

Man unterscheidet Potenzen mit positiven und Potenzen mit negativen Exponenten.

Potenzen mit positiven Exponenten

Beispiele: Fläche des Quadrats $A = l \cdot l = l^2$
(Bild 2) $= 5 \text{ mm} \cdot 5 \text{ mm} = (5 \text{ mm})^2 = 25 \text{ mm}^2$

Volumen des Würfels $V = l \cdot l \cdot l = l^3$
(Bild 3) $= 5 \text{ mm} \cdot 5 \text{ mm} \cdot 5 \text{ mm} = (5 \text{ mm})^3$
$= 125 \text{ mm}^3$

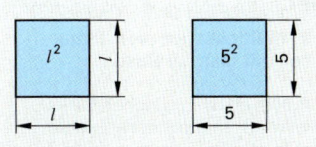

Bild 2: Quadrat

Auch Produkte, Brüche oder Klammerausdrücke können die Basis von Potenzen sein.

Beispiele: **Produkt:** $(5\,a)^2 = 5a \cdot 5a = 25a^2$

oder $(5\,a)^2 = 5^2 \cdot a^2 = 5 \cdot 5 \cdot a \cdot a = 25a^2$

Bruch: $\dfrac{3^3}{b^3} = \dfrac{3 \cdot 3 \cdot 3}{b \cdot b \cdot b} = \dfrac{27}{b^3}$

Klammer: $(a + b)^2 = (a + b) \cdot (a + b) = a^2 + 2ab + b^2$

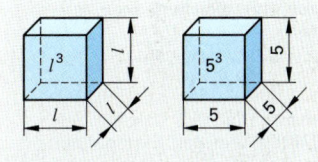

Bild 3: Würfel

Potenzen mit negativen Exponenten

Eine Potenz, die im Nenner steht, kann auch mit einem negativen Exponenten im Zähler geschrieben werden. Umgekehrt kann eine Potenz mit negativem Exponenten im Zähler als Potenz mit positivem Exponenten im Nenner geschrieben werden.

Beispiele: $\dfrac{1}{4^2} = 4^{-2}$; $15^{-3} = \dfrac{1}{15^3}$; $15 \text{ km} \cdot \text{h}^{-1} = 15 \dfrac{\text{km}}{\text{h}}$

$\dfrac{1}{a^n} = a^{-n}$; $\dfrac{1}{\min} = \min^{-1}$; $g \cdot (\text{kW} \cdot \text{h})\text{-}1 = \dfrac{g}{\text{kW} \cdot \text{h}}$

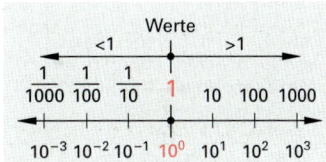

Bild 4: Zehnerpotenzen

Potenzen mit der Basis 10 (Zehnerpotenzen)

Potenzen mit der Basis 10 werden häufig als verkürzte Schreibweise für sehr kleine oder sehr große Zahlen verwendet. Werte größer 1 können als Vielfaches von Zehnerpotenzen mit positivem Exponenten, Werte kleiner 1 als Vielfaches von Zehnerpotenzen mit negativem Exponenten dargestellt werden **(Bild 4 und Tabelle 1)**.

Die Zahl vor der Zehnerpotenz wird meist im Bereich zwischen 1 und 10 angegeben.

Beispiele: $4\,200\,000 = 4{,}2 \cdot 1\,000\,000 = \mathbf{4{,}2 \cdot 10^6}$
$0{,}000\,004\,2 = 4{,}2 \cdot 0{,}000\,001 = \mathbf{4{,}2 \cdot 10^{-6}}$

Die Schreibweise $4{,}2 \cdot 10^6$ ist übersichtlicher als $0{,}42 \cdot 10^7$ oder $42 \cdot 10^5$.

Tabelle 1: Zehnerpotenzen		
	Schreibweise als	
ausgeschriebene Zahl	Zehnerpotenz	Vorsatz bei Einheiten
1 000 000	10^6	Mega (M)
100 000	10^5	–
10 000	10^4	–
1 000	10^3	kilo (k)
100	10^2	hekto (h)
10	10^1	deka (da)
1	10^0	–
0,1	10^{-1}	deci (d)
0,01	10^{-2}	centi (c)
0,001	10^{-3}	milli (m)
0,000 1	10^{-4}	–
0,000 01	10^{-5}	–
0,000 001	10^{-6}	mikro (μ)

Beim Rechnen mit Potenzen gelten besondere Regeln **(Tabelle 1)**:

Tabelle 1 : Potenzieren			
Rechenregel	**Zahlenbeispiel**	**Algebraisches Beispiel**	**Formel**
1. Addition und Subtraktion von Potenzen Potenzen dürfen nur dann addiert oder subtrahiert werden, wenn sie sowohl denselben Exponenten als auch dieselbe Basis haben.	$2 \cdot 5^2 + 4 \cdot 5^2 =$ $= 5^2 \cdot (2 + 4) = 5^2 \cdot 6$ $\dfrac{2}{3^2} - \dfrac{1}{3^2} = \dfrac{1}{3^2} = 3^{-2}$	$a^3 + a^3 = 2a^3$ $\dfrac{7}{d^n} - \dfrac{4}{d^n} = \dfrac{3}{d^n} = 3 \cdot d^{-n}$	$ax^n + bx^n$ $\dfrac{a}{x^n} + \dfrac{b}{x^n} = \dfrac{a+b}{x^n}$ $= (a + b) \cdot x^{-n}$
2. Multiplikation von Potenzen mit gleicher Basis Potenzen mit gleicher Basis werden multipliziert, indem man die Exponenten addiert und die Basis beibehält.	$3^2 \cdot 3^3 = 3 \cdot 3 \cdot 3 \cdot 3 \cdot 3$ $= 3^5$ oder: $3^2 \cdot 3^3 = 3^{(2-3)} = 3^5$	$x^4 \cdot x^2 = x \cdot x \cdot x \cdot x \cdot x \cdot x$ $= x^6$ oder: $x^4 \cdot x^2 = x^{(4-2)} = x^6$	$x^m \cdot x^n = x^{m+n}$
3. Multiplikation von Potenzen mit gleichem Exponenten Potenzen mit gleichem Exponenten werden multipliziert, indem man ihre Basen multipliziert und den Exponenten beibehält.	$4^2 \cdot 6^2 = (4 \cdot 6)^2 = 24^2$ $= 576$	$6x^2 \cdot 3y^2 = 18\,x^2 y^2$ $= 18\,(x \cdot y)^2$	$x^n \cdot y^n = (xy)^n$
4. Division von Potenzen mit gleicher Basis Potenzen mit gleicher Basis werden dividiert, indem man ihre Exponenten subtrahiert und die Basis beibehält.	$\dfrac{4^3}{4^2} = \dfrac{4 \cdot 4 \cdot 4}{4 \cdot 4} = 4$ oder: $4^3 : 4^2 = 4^{3-2} = 4^1 = 4$	$\dfrac{m^3}{m^2} = \dfrac{m \cdot m \cdot m}{m \cdot m} = m$ oder: $m^3 : m^2 = \dfrac{m^3}{m^2} = m^3 \cdot m^{-2}$ $= m^{3-2} = m^1 = m$	$\dfrac{x^m}{x^n} = x^m \cdot x^{-n}$ $= x^{m-n}$
5. Division von Potenzen mit gleichen Exponenten Potenzen mit gleichen Exponenten werden dividiert, indem man ihre Basen dividiert und den Exponenten beibehält.	$\dfrac{15^2}{3^2} = \left(\dfrac{15}{3}\right)^2 = 5^2$ $= 25$	$\dfrac{a^3}{b^3} = \left(\dfrac{a}{b}\right)^3$	$\dfrac{a^n}{b^n} = \left(\dfrac{a}{b}\right)^n$
6. Multiplikation von Potenzen mit einem Faktor Werden Potenzen mit einem Faktor multipliziert, so muss zuerst der Wert der Potenz berechnet werden.	$6 \cdot 10^3 = 6 \cdot 1000$ $= 6000$ $7 \cdot 10^{-2} = \dfrac{7}{100} = 0{,}07$	–	–
7. Potenzwert mit dem Exponenten Null Jede Potenz mit dem Exponenten Null hat den Wert 1.	$\dfrac{10^4}{10^4} = 10^{4-4} = 10^0 = 1$	$(m + n)^0 = 1$	$a^0 = 1$ $a \neq 0$

Aufgaben | Potenzieren

1. Potenzschreibweise.

Die Ausdrücke der Aufgaben a bis f sind in Potenzform zu schreiben.

a) $4a \cdot 2a \cdot a$　　　　　b) $16\,\text{dm} \cdot 2\,\text{dm} \cdot 4\,\text{dm}$　　　　c) $2,5\,\text{m} \cdot 6\,\text{m} \cdot 1,3\,\text{m}$

d) $\dfrac{6a}{2} \cdot \dfrac{5b}{3a} \cdot \dfrac{1}{5}\,b$　　e) $0,5\,\text{cm} \cdot \dfrac{1}{10}\,\text{cm} \cdot \dfrac{3}{4}\,\text{cm}$　　f) $16\,\text{m}^2 : 8\,\text{m}$

2. Potenzwert.

Die Potenzen sind auszurechnen.

a) $2^2; 2^3; 2^4; 2^5; 2^8$　　　b) $3^2; 3^3; 4^2; 4^3; 5^2; 5^3$　　　　c) $10^1; 10^3; 0,5^2; 0,1^2; 0,3^3$

3. Zehnerpotenzen.

Die Zahlen sind in Zehnerpotenzen zu verwandeln.

a) 100; 1000; 0,01; 0,001; 1 000 000; 1/1 000 000　　　b) 55 420; 1 647 978; 356 763; 33 200
c) 0,033; 0,756; 0,0021; 0,000 02; 0,000 000 1　　　d) 1/10; 5/100; 7/1000; 33/100; 321/1000

4. Verwandlung von Einheiten.

Die folgenden Abmessungen sind in μm umzuwandeln.

a) Durchmesser eines Atomkerns $d = 10^{-12}\,\text{cm}$
b) Gitterabstand von Ferritkristallen $l = 286 \cdot 10^{-12}\,\text{m}$
c) Durchmesser eines Atomkerns $d = 3 \cdot 10^{-8}\,\text{cm}$
d) Wellenlänge eines CO_2-Laser $\lambda = 1,06 \cdot 10^{-3}\,\text{cm}$

5. Potenzschreibweise.

Die folgenden Zahlen sind in Zehnerpotenzen umzuformen.

a) Lichtgeschwindigkeit $c = 299\,790\,000$ m/s
b) Umfang des Äquators $U = 40\,076\,594$ m
c) Mittlerer Abstand der Erde von der Sonne $R = 149,5$ Millionen km
d) Oberflächen der Erde $O = 510\,100\,933\ \text{km}^2$

6. Addition und Subtraktion.

Die Potenzen sind zu addieren bzw. zu subtrahieren.

a) $5b^3 + 7b^3 + 3b^3$　　　　　b) $9m^3 - 9n^3 + 12n^3 - 5m^3 - n^3$
c) $15x^4y - 3x^2y^3 - 5x^4y$　　　d) $2,6a^2 + 5,9a^3 - 3,1a^3 + 19,7a^2 - a^3$

7. Multiplikation und Division.

Die Potenzen sind zu multiplizieren bzw. zu dividieren.

a) $4^2 \cdot 4^3$　　　b) $a^5 \cdot a^4$　　　c) $2x^2 \cdot 4x \cdot 5x^3$　　　d) $0,5b^3 \cdot 1,3b^2$　　　e) $441x^6 : 21x^2$

f) $51a^4b^3 : 17a^2b^3$　　g) $\dfrac{49^3}{7^3}$　　　h) $\dfrac{57^2}{19^2}$　　　i) $\dfrac{6,8a^2}{0,17a^2}$　　　k) $\dfrac{(4a)^x}{a^x}$

8. Rechnen mit Potenzen.

Die folgenden Potenzen sind zu vereinfachen.

a) $a^7 \cdot a^{-6}$　　b) $x^{-5} \cdot x^6$　　　c) $z^{-3} \cdot z^{-2}$　　d) $\dfrac{x^2}{x^{-4}}$　　　e) $\dfrac{y^{-3}}{y^5}$　　　f) $\dfrac{x^{-m}}{x^{-n}}$

2.9 | Radizieren (Wurzelziehen)

Das Radizieren[1] oder Wurzelziehen ist die Umkehrung des Potenzierens. Eine Wurzel besteht aus dem Wurzelzeichen, dem Radikanden und dem Wurzelexponenten (**Bild 1**). Der Radikand steht unter dem Wurzelzeichen; aus dieser Zahl wird die Wurzel gezogen. Der Wurzelexponent steht über dem Wurzelzeichen und gibt an, in wie viel gleiche Faktoren der Radikand aufgeteilt werden soll.

Eine Wurzelrechnung kann auch in Potenzschreibweise dargestellt werden. Der Radikand erhält im Exponenten einen Bruch. Der Zähler entspricht dem Exponenten des Radikanden, der Nenner entspricht dem Wurzelexponenten.

Beispiel: $\sqrt{9} = \sqrt[2]{9^1} = 9^{\frac{1}{2}}$

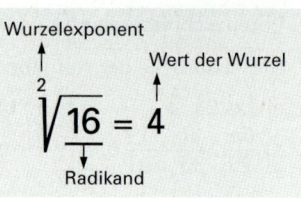

Bild 1: Darstellung einer Wurzel

■ Quadratwurzel

$\sqrt{16}$ (sprich Quadrat-Wurzel aus 16 oder Wurzel aus 16) bedeutet, man sucht eine Zahl, die mit sich selbst multipliziert den Wert 16 ergibt.

Beispiel: $\sqrt{16} = 4$, denn $4 \cdot 4 = 16$

Der Wurzelexponent 2 bei der Quadratwurzel wird meist weggelassen.

Beispiel: $\sqrt[2]{16} = \sqrt{16} = 4$ $\sqrt[2]{4^2} = \sqrt{4 \cdot 4} = \sqrt{16} = 4$

■ Kubikwurzel

$\sqrt[3]{27}$ (sprich 3. Wurzel aus 27 oder Kubikwurzel aus 27) bedeutet, dass man eine Zahl sucht, die dreimal mit sich selbst multipliziert den Wert 27 ergibt.

Beispiel: $\sqrt[3]{27} = 3$, denn $3 \cdot 3 \cdot 3 = 27$

Schreibweisen einer Wurzel

$$\sqrt[n]{a} = \sqrt[n]{a^1} = a^{\frac{1}{2}}$$

Quadratwurzel

$$\sqrt[2]{a^2} = a^{\frac{2}{2}} = a^1 = a$$

Kubikwurzel

$$\sqrt[3]{a^3} = a^{\frac{3}{3}} = a^1 = a$$

Tabelle 1 : Radizieren			
Rechenregel	**Zahlenbeispiel**	**Algebraisches Beispiel**	**Formel**
1. Addition und Subtraktion von Wurzeln Wurzeln dürfen nur dann addiert oder subtrahiert werden, wenn sie gleiche Exponenten und Radikanden haben. Man addiert (subtrahiert) die Faktoren und behält die Wurzel bei.	$2\sqrt{6} + 3\sqrt{6}$ $= (2+3)\sqrt{6}$ $= 5\sqrt{6}$	$8\sqrt{m} - 3\sqrt{m}$ $= (8-3)\sqrt{m}$ $= 5\sqrt{m}$	$a\sqrt{m} + b\sqrt{m}$ $= (a+b)\sqrt{m}$
2. Radizieren eines Produktes Ist der Radikand ein Produkt, so kann die Wurzel entweder aus dem Produkt oder aus jedem einzelnen Faktor gezogen werden.	$\sqrt{9 \cdot 16} = \sqrt{144} = 12$ oder $\sqrt{9 \cdot 16} = \sqrt{9} \cdot \sqrt{16}$ $= 3 \cdot 4 = 12$	$\sqrt[3]{a \cdot b} = \sqrt[3]{a} \cdot \sqrt[3]{b}$	$\sqrt[n]{ab} = \sqrt[n]{a} \cdot \sqrt[n]{b}$
3. Radizieren einer Summe oder Differenz Ist der Radikand eine Summe oder eine Differenz, so kann nur aus dem Ergebnis die Wurzel gezogen werden.	$\sqrt{9+16} = \sqrt{25} = 5$ oder $\sqrt{5^2 - 4^2} = \sqrt{25 - 16}$ $= \sqrt{9} = 3$	$\sqrt[3]{a-b} = \sqrt[3]{(a-b)}$	$\sqrt[n]{a-b} = \sqrt[n]{(a-b)}$
4. Radizieren eines Quotienten Ist der Radikand ein Quotient (Bruch), so kann die Wurzel aus dem Quotienten oder aus Zähler und Nenner getrennt gezogen werden.	$\sqrt{\dfrac{9}{25}} = \sqrt{0,36} = 0,6$ oder $\sqrt{\dfrac{9}{25}} = \dfrac{\sqrt{9}}{\sqrt{25}} = \dfrac{3}{5} = 0,6$	$\sqrt[4]{\dfrac{a}{b}} = \dfrac{\sqrt[4]{a}}{\sqrt[4]{b}}$	$\sqrt[n]{\dfrac{a}{b}} = \dfrac{\sqrt[n]{a}}{\sqrt[n]{b}}$

[1] radix (lateinisch) Wurzel

Aufgaben | Radizieren (Wurzelziehen)

1. Berechnung von Wurzeln.

Folgende Wurzeln sind zu berechnen bzw. vereinfacht zu schreiben.

a) $\sqrt{49}$ $\sqrt{100}$; $\sqrt{121}$; $\sqrt{169}$; $\sqrt[3]{1000}$; $\sqrt{1{,}21}$; $\sqrt{0{,}36}$; $\sqrt[3]{0{,}008}$

b) $\sqrt{a^2}$ $\sqrt{9a^4}$; $a \cdot \sqrt[3]{8m^3}$; $\sqrt{(a+b)^2}$; $\sqrt{\dfrac{25}{49}}$; $\sqrt{\dfrac{225}{16}}$; $\sqrt{\dfrac{a^2}{b^2}}$; $\sqrt{\dfrac{9c^2}{4b^2}}$

2. Wurzeln mit Variablen.

Wie groß ist $\sqrt{x^2 + y^2}$ für die folgenden Werte?

a) $x = 8$; $y = 6$ b) $x = 10\,\text{m}$; $y = 7{,}5\,\text{m}$ c) $x = 0{,}48\,\text{cm}$; $y = 0{,}36\,\text{cm}$

Wie groß ist $\sqrt{c^2 - b^2}$ für die folgenden Werte?

a) $c = 15$; $b = 12$ b) $c = 2{,}5\,\text{m}$; $b = 1{,}5\,\text{m}$ c) $c = 0{,}2\,\text{dm}$; $b = 0{,}16\,\text{dm}$

3. Addition und Subtraktion

Die Wurzeln sind zu addieren bzw. zu subtrahieren.

a) $\sqrt{a} + \sqrt{a}$ b) $2\sqrt{m} + 7\sqrt{m}$ c) $2m\sqrt{b} + 3n\sqrt{b}$ d) $5\sqrt{9} - 3\sqrt{9}$ e) $c\sqrt{c} - 2\sqrt{c}$

4. Zusammenfassen von Wurzeln.

Die Ausdrücke sind teilweise zu radizieren und dann zusammenzufassen.

a) $2\sqrt{a} + 3\sqrt{a} + 5\sqrt{3a} - 4\sqrt{5a} - \sqrt{27a} + 2\sqrt{45a}$

b) $7 \cdot \sqrt[3]{54} + \sqrt[3]{16} + \sqrt[3]{2} - 5\sqrt[3]{128} + 8\sqrt[3]{192}$

c) $4\sqrt{\dfrac{3}{16}} + 14\sqrt{\dfrac{75}{49}} - 5\sqrt{12} - 10\sqrt{\dfrac{3}{4}} - \sqrt{147} + \sqrt{192} - 45\sqrt{\dfrac{3}{25}}$

5. Multiplikation und Division.

Die Ausdrücke sind zu multiplizieren bzw. zu dividieren.

a) $\sqrt{4} \cdot \sqrt{9}$ b) $\sqrt{42} \cdot \sqrt{7}$ c) $\sqrt{5a} \cdot \sqrt{20a}$ d) $\sqrt{16 \cdot 49}$

e) $\sqrt{4x^2 \cdot y^2}$ f) $\sqrt{81m^4 \cdot n^2}$ g) $\sqrt{32} : \sqrt{8}$ h) $\sqrt{7ax} : \sqrt{7a}$

i) $3\sqrt{6} : 2\sqrt{3}$ k) $\sqrt[3]{81} : \sqrt[3]{3}$ l) $\sqrt{28a} : \sqrt{7a^2}$ m) $\dfrac{\sqrt{42x}}{\sqrt{7x}}$

n) $\dfrac{\sqrt{48x}}{\sqrt{6x}} : \dfrac{\sqrt{48x}}{\sqrt{24x}}$ o) $\sqrt{\dfrac{a}{b}} \cdot \sqrt{a}$ p) $\sqrt[3]{ab^2} : \sqrt[3]{a^2b}$ q) $\sqrt[3]{16} \cdot \sqrt[3]{4}$

6. Rechnen mit Wurzeln.

Die Wurzelausdrücke sind zu berechnen.

a) $\sqrt{\dfrac{a^3x}{b}} \cdot \sqrt{\dfrac{c^3x}{a}}$ b) $\sqrt[3]{a^3x} : \sqrt{\dfrac{x^6}{a^2}}$ c) $\sqrt[3]{a^2b} \cdot \sqrt[3]{ab^2}$ d) $\sqrt{(a+b)^3} : \sqrt{a+b}$

e) $\sqrt{\dfrac{4x^2}{9} - \dfrac{9y^2}{16}}$ f) $\sqrt[3]{4} \cdot 2a \cdot \sqrt[3]{2}$ g) $\sqrt[3]{20} : \sqrt[3]{\dfrac{5}{2}}$ h) $\sqrt{\dfrac{4 \cdot 21\,313\,\text{mm}^2}{\pi}}$

i) $\sqrt{(0{,}9\,\text{m})^2 + \left(\dfrac{0{,}7\,\text{m} - 0{,}26\,\text{m}}{2}\right)^2}$ k) $\sqrt{\left(6{,}3\,\dfrac{\text{m}}{\text{min}}\right)^2 + \left(19\,\dfrac{\text{m}}{\text{min}}\right)^2}$ l) $\sqrt[3]{\dfrac{32 \cdot 17\,750\,\text{mm}^3}{\pi}}$

2.10 | Gleichungen und Formeln

Mathematische und naturwissenschaftliche Gesetze und Zusammenhänge lassen sich durch Gleichungen und Formeln darstellen.
In Formeln verwendet man für häufig vorkommende Größen bestimmte Buchstaben als Formelzeichen **(vgl. Seite 35)**.

2.10.1 | Gleichungen

Tabelle 1: Gleichungsarten

Gleichungsart	Beispiel
Größengleichungen (Formeln) stellen die Beziehungen zwischen Größen dar.	$v = \pi \cdot d \cdot n$
Zahlenwertgleichungen geben die Beziehungen von Zahlenwerten und Größen wieder. Sie sollten nur in besonderen Fällen verwendet werden.	$P = \dfrac{Q \cdot p_e}{600}$ gilt nur für: Q Volumenstrom in l/min p_e Druck in bar P Leistung in kW
Bestimmungsgleichungen sind algebraische Gleichungen, bei denen der Wert einer Variablen zu berechnen ist.	$x + 3 = 8$ $\lvert -3$ $x = 8 - 3$ $x = 5$ Der Wert von x ist durch die übrigen Größen 3 und 8 eindeutig bestimmt.

■ Aufbau von Gleichungen

Man kann eine Gleichung mit einer Waage im Gleichgewicht vergleichen **(Bild 1)**.

Jede Gleichung besteht aus drei Teilen:

- der linken Seite,
- dem Gleichheitszeichen,
- der rechten Seite.

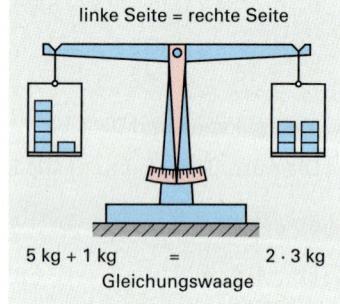

linke Seite = rechte Seite

5 kg + 1 kg   =   2 · 3 kg
Gleichungswaage

Bild 1: Balkenwaage

■ Umstellen von Gleichungen

Die Waage bleibt im Gleichgewicht, wenn die Inhalte der rechten und der linken Waagschale vertauscht werden.
Wird der Inhalt einer Waagschale verändert, so bleibt die Waage nur dann im Gleichgewicht, wenn der Inhalt der anderen Waagschale ebenso verändert wird. Daraus ergeben sich für das Lösen von Gleichungen folgende Regeln:

- Die Seiten einer Gleichung können vertauscht werden.
- Verändert man eine Seite der Gleichung, so muss man auch die andere Seite um den gleichen Wert verändern.
- Soll die in einer Gleichung enthaltene Unbekannte berechnet werden, formt man die Gleichung so um, dass die gesuchte Größe allein auf der linken Seite im Zähler steht und positiv ist.
- Stellt man eine Größe einer Gleichung von der einen Seite der Gleichung auf die andere Seite, so erhält sie das entgegengesetzte Rechenzeichen.

Tabelle 1 : Umformen von Gleichungen			
Rechenart	**Zahlenbeispiel**	**Algebraisches Beispiel**	**Anwendungsbeispiele**
Addieren	$x + 7 = 18$ $x + 7 = 18$ $\vert -7$ $x + 7 - 7 = 18 - 7$ $x = 18 - 7$ $x = \mathbf{11}$	$x + a = b$ $x + a = b$ $\vert - a$ $x + a - a = b - a$ $x = b - a$ $x = \boldsymbol{b - a}$	**Addieren, Subtrahieren** $x - 27 + 3x = 6x - 22 - 3x$ $x + 3x - 27 = 6x - 3x - 22$ $4x - 27 = 3x - 22$ $\vert -3x$ $4x - 3x - 27 = 3x - 3x - 22$ $x - 27 = -22$ $\vert + 27$ $x - 27 + 27 = 22 + 27$ $x = \mathbf{5}$
Subtrahieren	$y - 5 = 9$ $y - 5 = 9$ $\vert + 5$ $y - 5 + 5 = 9 + 5$ $y = 9 + 5$ $y = \mathbf{14}$	$y - c = d$ $y - c = d$ $y - c = d$ $\vert + c$ $y - c + c = d + c$ $y = d + c$ $y = \boldsymbol{d + c}$	$-x + 2 = 13$ $\vert \cdot (-1)$ $(-x) \cdot (-1) + 2 \cdot (-1) = (-13) \cdot (-1)$ $+ x - 2 = + 13$ $\vert + 2$ $x - 2 + 2 = 13 + 2$ $x = \mathbf{15}$
Multiplizieren	$6 \cdot x = 23$ $6 \cdot x = 23$ $\vert : 6$ $\dfrac{6 \cdot x}{6} = \dfrac{23}{6}$ $x = \dfrac{23}{6}$ $x = \mathbf{3\dfrac{5}{6}}$	$a \cdot x = b$ $a \cdot x = b$ $\vert : a$ $\dfrac{a \cdot x}{a} = \dfrac{b}{a}$ $x = \dfrac{\boldsymbol{b}}{\boldsymbol{a}}$	**Multiplizieren** $\dfrac{9}{x} = 3$ $\dfrac{9}{x} = 3$ $\vert \cdot x$ $\dfrac{9}{x} \cdot x = 3 \cdot x$ $9 = 3x$ $3x = 9$ $\vert : 3$ $\dfrac{3x}{3} = \dfrac{9}{3}$ $x = \mathbf{3}$
Dividieren	$\dfrac{y}{3} = 7$ $\dfrac{y}{3} = 7$ $\vert \cdot 3$ $\dfrac{y \cdot 3}{3} = 7 \cdot 3$ $y = 7 \cdot 3$ $y = \mathbf{21}$	$\dfrac{y}{c} = d$ $\dfrac{y}{c} = d$ $\vert \cdot c$ $\dfrac{y \cdot c}{c} = d \cdot c$ $y = d \cdot c$ $y = \boldsymbol{d \cdot c}$	
Potenzieren	$\sqrt{x} = 12$ $\sqrt{x} = 12$ $\vert (\,)^2$ $\left(\sqrt{x}\right)^2 = (12)^2$ $x = \mathbf{144}$	$\sqrt{x} = m$ $\sqrt{x} = m$ $\vert (\,)^2$ $\left(\sqrt{x}\right)^2 = (m)^2$ $x = \boldsymbol{m^2}$	**Radizieren** $\sqrt{15 - x} = \sqrt{3 + x}$ $\vert \cdot (\,)^2$ $\left(\sqrt{15 - x}\right)^2 = \left(\sqrt{3 + x}\right)^2$ $15 - x = 3 + x$ $\vert + x$ $15 - x + x = 3 + x + x$ $15 = 3 + 2x$ $\vert - 3$ $15 - 3 = 3 - 3 + 2x$ $12 = 2x$ $\vert : 2$ $\dfrac{12}{2} = \dfrac{2x}{2}$ $6 = x$ $x = \mathbf{6}$
Radizieren	$x^3 = 64$ $x^3 = 64$ $\vert \sqrt[3]{}$ $\sqrt[3]{x^3} = \sqrt[3]{4^3}$ $x^{\frac{3}{3}} = 4^{\frac{3}{3}}$ $x = \mathbf{4}$	$x^3 = c^3$ $x^3 = c^3$ $\vert \sqrt[3]{}$ $\sqrt[3]{x^3} = \sqrt[3]{c^3}$ $x^{\frac{3}{3}} = c^{\frac{3}{3}}$ $x = \boldsymbol{c}$	

Aufgaben | Gleichungen

Die nachstehenden Bestimmungsgleichungen sind nach der Unbekannten x aufzulösen.

1. a) $x + 25 = 40$

b) $79 + x = 130$

c) $12 + x = 21$

d) $27x - 21 = 27 + 3x$

e) $112{,}06 = x + 62\frac{3}{4}$

f) $3\frac{4}{5} + x = 39\frac{1}{2}$

2. a) $x - 7 = 16$

b) $x - 175{,}2 = 24{,}08$

c) $8 - x = 7$

d) $8x - 17 = 7x - 20$

e) $7{,}5 = x - 13{,}1$

f) $3 = 10x - 7$

3. a) $x \cdot 9 = 45$

b) $13 \cdot x = 5{,}2$

c) $8{,}5x = 59{,}5$

d) $7{,}3x = 87{,}6$

e) $x \cdot b = a$

f) $2397 = 51x$

g) $163{,}54 = x \cdot 14{,}8$

h) $145\frac{1}{2} = 11{,}64x$

i) $-30 = 7{,}5x$

k) $c = d \cdot x$

l) $6\frac{1}{2} = 1{,}3x$

m) $15x = 4{,}5a$

4. a) $\dfrac{x}{5} = 17$

b) $\dfrac{x}{12} = 0{,}4$

c) $\dfrac{7x}{3} = 14$

d) $\dfrac{x}{3} = -6$

e) $\dfrac{x + 16}{3} = 40$

f) $15 = \dfrac{x}{12}$

5. a) $\dfrac{(2x - 3) \cdot 3}{7} = 3$

b) $\dfrac{2 \cdot (50x - 4)}{7} = 6$

c) $\dfrac{4 \cdot (17 + 20x)}{11} = 8$

d) $\dfrac{6 \cdot (13 + 10x)}{5} = 18$

e) $7 = \dfrac{14 \cdot (5 - 3x)}{9}$

f) $4 = \dfrac{2 \cdot (41 - 7x)}{17}$

g) $9 = \dfrac{3 \cdot (35 - 8x)}{11}$

h) $12 = \dfrac{4 \cdot (41 - 12x)}{13}$

i) $\dfrac{6 \cdot (x + 7)}{17 \cdot (x - 4)} = 1$

6. a) $\dfrac{x}{36} = \dfrac{320}{256}$

b) $\dfrac{500}{300} = \dfrac{x}{15}$

c) $\dfrac{3}{4}x = \dfrac{48}{2}$

d) $\dfrac{15\,ac}{x} = \dfrac{9\,bc}{6\,bd}$

e) $\dfrac{x - 4}{9} = \dfrac{x}{10}$

f) $\dfrac{x - 9}{x} = \dfrac{4}{5}$

7. a) $19 = \dfrac{57}{x}$

b) $\dfrac{100}{x} = 20$

c) $\dfrac{97{,}5}{x} = 32{,}5$

d) $\dfrac{a^2 bc}{0{,}2\,x} = c$

e) $\dfrac{4}{x} = \dfrac{2}{3}$

f) $\dfrac{15\,a^2 b^2}{2\,x} = 10\,ab$

8. a) $\dfrac{4x}{5} - \dfrac{3}{4} = \dfrac{2x + 3}{4} + 6$

b) $\dfrac{11x + 7}{20} - \dfrac{9x - 7}{5} = -2$

c) $\dfrac{2x}{7} + \dfrac{3x + 1}{84x - 7} = \dfrac{14x + 2}{49}$

9. a) $3x^2 - 7 = 41$

b) $(x + 3)^2 = (x - 1)^2$

c) $x^3 - 122 = 3$

10. a) $7 + 4\sqrt{x + 7} = 23$

b) $\sqrt{x^2 - 5x + 2} = x - 3$

c) $\sqrt{x + 1} - 2 = \sqrt{x - 11}$

2.10.2 | Formeln

Formeln sind Gleichungen, die technische oder naturwissenschaftliche Zusammenhänge beschreiben. Für die Umformung gelten die gleichen Regeln wie bei den Gleichungen:

- Auf beiden Seiten müssen immer die gleichen Veränderungen vorgenommen werden.
- Die gesuchte Größe muss bei der Lösung allein auf der linken Seite im Zähler stehen und muss positiv sein.

1. Beispiel: Die Formel $\dfrac{n_1}{n_2} = \dfrac{z_2}{z_1}$ soll nach z_1 umgestellt werden.

$$\frac{n_1}{n_2} = \frac{z_2}{z_1} \qquad | \cdot n_2 \cdot z_1$$

$$\frac{n_1 \cdot n_2 \cdot z_1}{n_2} = \frac{z_2 \cdot n_2 \cdot z_1}{z_1}$$

$$n_1 \cdot z_1 = z_2 \cdot n_2 \qquad | : n_1$$

$$\frac{n_1 \cdot z_1}{n_1} \cdot \frac{z_2 \cdot n_2}{n_1}$$

$$z_1 = \frac{z_2 \cdot n_2}{n_1}$$

2. Beispiel: Die Formel $C = \dfrac{D-d}{L}$ soll nach d umgestellt werden.

$$C = \frac{D-d}{L} \qquad | \cdot L$$

$$C \cdot L = \frac{(D-d) \cdot L}{L}$$

$$C \cdot L = D - d \qquad | + d$$

$$C \cdot L + d = D - d + d$$

$$C \cdot L + d = D \qquad | - C \cdot L$$

$$C \cdot L - C \cdot L + d = D - C \cdot L$$

$$d = D - C \cdot L$$

Aufgaben | Formeln

Die Formeln sind nach den einzelnen Größen umzustellen.

1. a) $L = l + l_a$
b) $F_1 = F_2 + F_3$
c) $F_A = F_1 - F_B$
d) $L = l + l_a + l_u$
e) $d_a = d + 2m$
f) $d_f = d_a - 2h$

2. a) $U = \pi \cdot d$
b) $U = l \cdot n$
c) $m = V \cdot \varrho$
d) $V = A \cdot h$
e) $F = A \cdot p$
f) $d = m \cdot z$
g) $A_M = \pi \cdot d \cdot h$
h) $V = \pi \cdot d \cdot n$
i) $V = l \cdot b \cdot h$
k) $F = \dfrac{G}{n}$
l) $m = \dfrac{p}{\pi}$
m) $p = \dfrac{25{,}4}{g}$
n) $A = \dfrac{l_1 + l_2}{2} \cdot b$
o) $\dfrac{z_t}{z_g} = \dfrac{z_1 \cdot z_3}{z_2 \cdot z_4}$
p) $A = \dfrac{\pi \cdot D \cdot d}{4}$
q) $t_h = \dfrac{L \cdot i}{f \cdot n}$
r) $\sin \alpha = \dfrac{a}{c}$
s) $\tan \alpha = \dfrac{a}{b}$
t) $A = \dfrac{2}{3} \cdot l \cdot b$
u) $\tan \dfrac{\alpha}{2} = \dfrac{D-d}{2 \cdot l}$
v) $v = \dfrac{s}{t}$

3. a) $\dfrac{n_t}{n_g} = \dfrac{z_g}{z_t}$
b) $\dfrac{P}{P_L} = \dfrac{z_t}{z_g}$
c) $\dfrac{P}{P_L} = \dfrac{z_1 \cdot z_3}{z_2 \cdot z_4}$
d) $F \cdot s = G \cdot h$
e) $F_1 \cdot l_1 = F_2 \cdot l_2$
f) $F_1 \cdot a = F_2 \cdot b$

4. a) $F_B = (F_1 + F_2) - F_A$
b) $U = 2 \cdot (l + b)$
c) $A_O = 2A + A_M$
d) $i = T \cdot n_K + \dfrac{z_t}{z_g}$
e) $Q = c \cdot m \cdot (t_2 - t_1)$
f) $a = \dfrac{m \cdot (z_1 + z_2)}{2}$
g) $l_m = \dfrac{l_1 + l_2}{2}$
h) $\dfrac{z_t}{z_g} = n_K \cdot (T' - T)$
i) $Q = V \cdot (p_1 - p_2)$
k) $C = \dfrac{D-d}{L}$
l) $d_a = m \cdot (z + 2)$
m) $U = \pi \cdot \dfrac{D+d}{2}$

2.11 | Lehrsatz des Pythagoras

Sind im rechtwinkligen Dreieck zwei Seiten bekannt, so kann mit dem Lehrsatz des Pythagoras[1] die unbekannte dritte Seite berechnet werden.

Bezeichnungen (Bild 1):

c Hypotenuse, die dem rechten Winkel gegenüberliegende, längste Seite

$a; b$ Katheten, die den rechten Windel einschließenden Seiten

In Bild 1 ist
das Quadrat über der Kathete a $a^2 = 4^2 = 16$
das Quadrat über der Kathete b $b^2 = 3^2 = 9$
das Quadrat über der Hypothenuse c $c^2 = 5^2 = 25$
Aus diesem Beispiel ergibt sich folgender Zusammenhang:
$a^2 + b^2 = 16 + 9 = \mathbf{25 = c^2}$

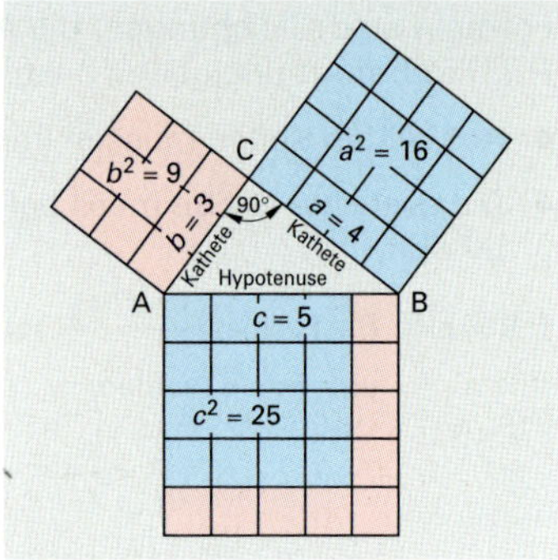

Lehrsatz des Pythagoras: In jedem rechtwinkligen Dreieck ist das Quadrat über der Hypotenuse flächengleich der Summe der Quadrate über den beiden Katheten.

Beispiel: In einem rechtwinkligen Dreieck ist die Kathete $a = 85$ mm, die Hypotenuse $c = 160$ mm. Wie groß ist die Kathete b?

Lösung: $c^2 = a^2 + b^2$

$b^2 = c^2 - a^2$

$b = \sqrt{c^2 - a^2} = \sqrt{(160\ \text{mm})^2 - (85\ \text{mm})^2} = \mathbf{135,6\ mm}$

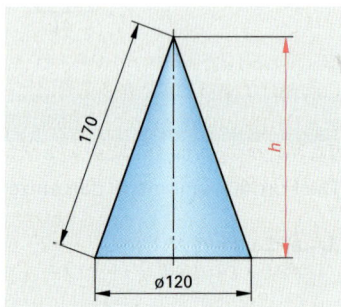

Bild 1: Lehrsatz des Pythagoras

Lehrsatz des Pythagoras

$$c^2 = a^2 + b^2$$

Aufgaben | Lehrsatz des Pythagoras

1. **Rechtwinklige Dreiecke.** Zwei Seiten rechtwinkliger Dreiecke sind jeweils gegeben. Die unbekannten Seiten der Dreiecke a bis f in **Tabelle 1** sind zu berechnen.

Tabelle 1	a	b	c	d	e	f
Seite a	120 mm	80 mm	8,3 cm			13,5 km
Seite b	160 mm		40 cm	6,4 dm	0,02 m	
Seite c		170 mm		8,2 dm	0,12 m	20,2 km

2. **Rahmen.** Ein rechteckiger Rahmen 750 mm x 1200 mm wird diagonal versteift. Wie lang muss die Versteifungsstrebe sein?

3. **Kegel (Bild 2).** Wie hoch ist der Kegel?

4. **Strebe.** Eine schräge Strebe von 9,20 m Länge soll bis zu einer Höhe von 7,5 m reichen. Gesucht ist der waagrechte Abstand der Strebe.

5. **Zylinder (Bild 3).** Ein Zylinder wird angefräst. Welche Breite x hat die entstehende Fläche?

6. **Platte (Bild 4).** Auf der Platte sollen die Mittelpunkte der vier Bohrungen angerissen werden. Wie groß ist der Abstand x?

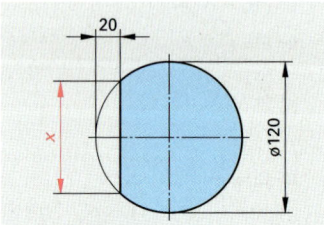

Bild 2: Kegel

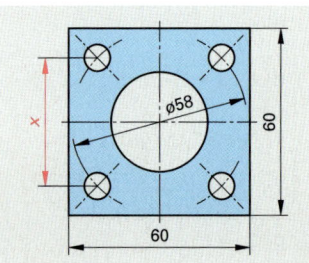

Bild 3: Zylinder

Bild 4: Platte

[1] Pythagoras, griechischer Mathematiker (etwa 570 v. Chr.)

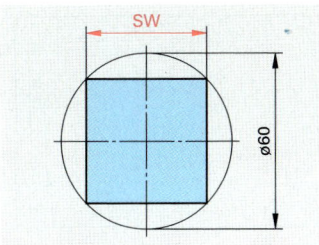

Bild 1: Vierkant

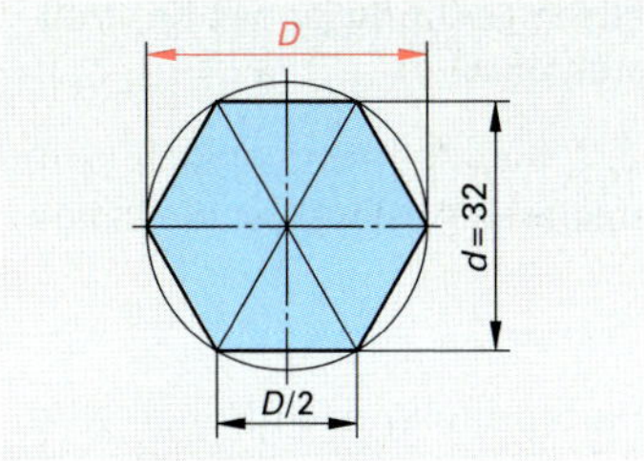

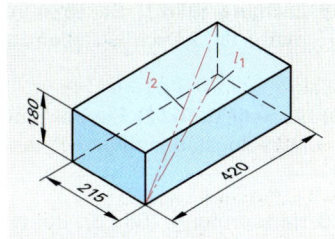

Bild 2: Sechskant

Bild 3: Quader

7. **Vierkant (Bild 1).** Wie groß ist die Schlüsselweite SW des Vierkants, das an einen Bolzen mit dem Durchmesser $d = 60$ mm angefräst wird?

8. **Sechskant (Bild 2).** An einen Bolzen soll ein Sechskant mit der Schlüsselweite 32 mm angefräst werden. Auf welchen Durchmesser muss der Bolzen gedreht werden?

9. **Quader (Bild 3).** Für den Quader sind die Diagonalen l_1 und l_2 zu berechnen.

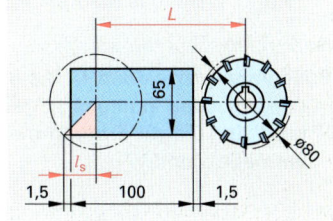

Bild 4: Anschnitt

10. **Anschnitt (Bild 4).** Wie groß ist der Anschnitt l_s und der Vorschubweg L des Planfräsers?

11. **Kugelpfanne (Bild 5).** Wie groß ist bei der Kugelpfanne das Kontrollmaß x?

12. **Treppenwange (Bild 6).** Die Treppenwange wird mit einem Plasmaschneidgerät aus einer Blechtafel ausgeschnitten. Wie groß ist das Maß L?

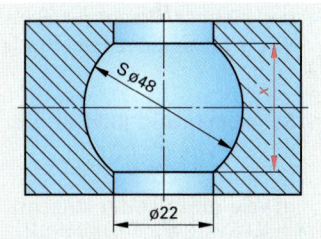

Bild 5: Kugelpfanne

13. **Lehre (Bild 7).** Wie groß ist das Kontrollmaß x der Lehre?

14. **Zahntrieb (Bild 8).** Für einen Zahntrieb sind auf einem Bohrwerk die Lagerbohrungen herzustellen. Wie groß ist der Abstand x?

15. **Portalkran (Bild 9).** Der Portalkran bewegt eine Last gleichzeitig senkrecht nach oben und in waagrechter Richtung. Die Hubgeschwindigkeit beträgt 1,3 m/s, die Geschwindigkeit in waagrechter Richtung 1,9 m/s. Wie groß ist die Geschwindigkeit der Last?

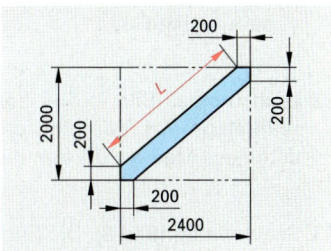

Bild 6: Treppenwange

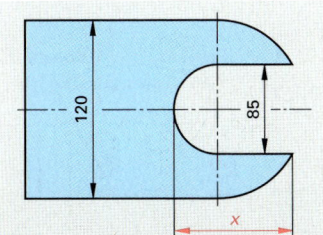

Bild 7: Lehre

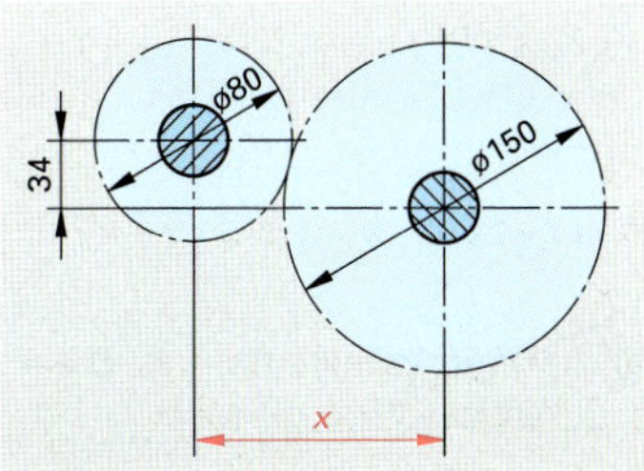

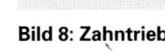

Bild 8: Zahntrieb

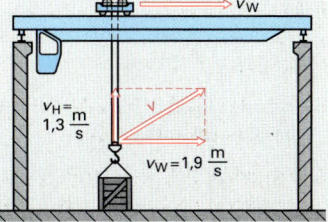

Bild 9: Portalkran

16. Lochung. (Bild 1). Bei einer versetzten Lochung ist das Kontrollmaß x auf 2 Dezimalstellen zu berechnen.

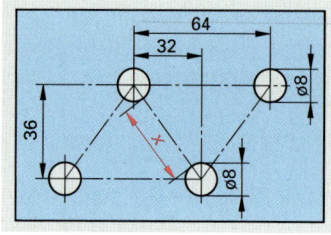

Bild 1: Lochung

17. Ausleger. (Bild 2). Für den schwenkbaren Ausleger ist die Länge l des Zugstabes zu berechnen.

18. Härteprüfung. (Bild 3). Bei der Härteprüfung nach Brinell wird eine Kugel in die Werkstückprobe eingedrückt und der Durchmesser d des entstandenen Kugeleindrucks gemessen. Wie groß ist die Eindrucktiefe h bei einem Kugeldurchmesser von 10 mm, wenn das Maß $d = 4{,}30$ mm beträgt?

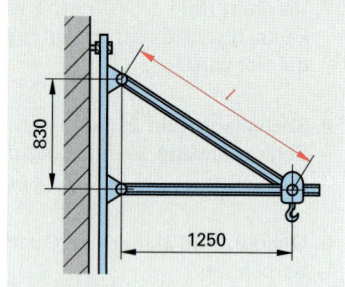

Bild 2: Ausleger

19. Segmentplatte. (Bild 4). Die Bohrungen der Segmentplatte werden auf einer numerisch gesteuerten Maschine gebohrt. Wie groß sind die zur Programmerstellung erforderlichen Koordinatenmaße x und y?

20. Kräfte beim Drehen. (Bild 5). Beim Drehen entsteht bei der Spanabnahme die Schnittkraft $F_c = 8900$ N und die Vorschubkraft $F_f = 1700$ N. Sie ist der Vorschubrichtung entgegengesetzt und steht senkrecht zur Schnittkraft.
Wir groß ist die resultierende Aktivkraft F_a?

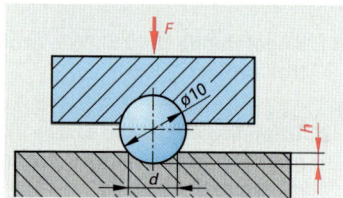

Bild 3: Härteprüfung

21. Scheibenfräser. (Bild 6). Der Scheibenfräser hat einen Durchmesser von $d = 80$ mm.

a) Wie groß ist der Anschnitt l_s, wenn die Frästiefe $a = 6$ mm ist?

● b) Welche Berechnungsformel lässt sich für den Anschnitt l_s in Abhängigkeit vom Fräserdurchmesser d und von der Frästiefe a aufstellen?

22. Lochstempel (Bild 7). Der Lochstempel wird als Knabberwerkzeug eingesetzt. Wie groß darf der Vorschub f höchstens sein, damit das Maß $a = 0{,}1$ mm nicht überschritten wird?

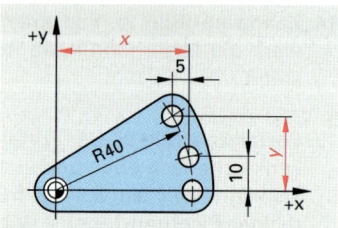

Bild 4: Segmentplatte

23. Seewölbung (Bild 8). Die Entfernung Konstanz-Bregenz beträgt
● 46 km. Wie groß ist die Bogenhöhe (Seewölbung) h, wenn der Erdradius 6365 km beträgt?

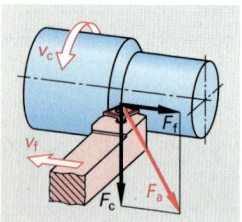

Bild 5: Kräfte beim Drehen

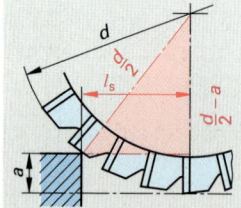

Bild 6: Scheibenfräser

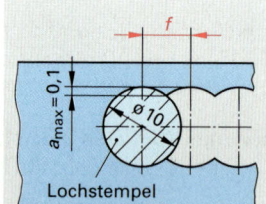

Bild 7: Lochstempel

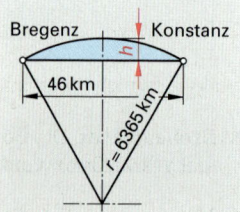

Bild 8: Seewölbung

2.12 | Zeitberechnungen

Die Zeit wird in den Einheiten Sekunde, Minute, Stunde und Tag angegeben **(Tabelle 1)**.
Bei Auftrags- und Fertigungszeiten ist die dezimale Angabe der Zeit üblich. In den meisten Fällen erfolgt die Berechnung von Zeiten mit Hilfe der Uhr. Die Uhrzeit wird auf unterschiedliche Weise angegeben:
7.45 Uhr oder 7^{45} Uhr oder 07:45 Uhr.

Beispiel: Bei einem Marathonlauf benötigte der beste Läufer eine Zeit von 2h, 9 Minuten und 14 Sekunden. Die Zeit soll in Minuten umgerechnet werden.

Lösung:

$$2\,h = 2 \cdot 60\,min \qquad = 120{,}0\,min$$
$$9\,min \qquad\qquad\qquad = 9{,}0\,min$$
$$14\,s = \frac{14}{60}\,min \qquad\quad = 0{,}23\,min$$

$$\overline{2\,h\;09\,min\;14\,s \qquad = 129{,}23\,min}$$

Aufgaben | Zeitberechnungen

1. **Arbeitsaufträge (Tabelle 2).** Für die in den Aufgaben a bis c genannten Zeitangaben ist die jeweilige Dauer der Arbeitsaufträge zu berechnen.

2. **Stundenumrechnung.** Die folgenden Zeiten sind in Stunden umzurechnen:
   a) 2 h 46 min   b) 6 h 30 min 15 s
   c) 34 min   d) 576 s

3. **Zeitangabe (Tabelle 3).** Die Zeiten sind in Stunden, Minuten und Sekunden umzurechnen.

4. **Zeitumrechnung (Tabelle 4).** Die Zeiten sind in Minuten umzurechnen.

Tabelle 1: Einheiten der Zeit

Einheiten-name	Einheiten-zeichen	Umrechnung
Sekunde	s	–
Minute	min	1 min = 60 s
Stunde	h	1 h = 60 min
Tag	d	1 d = 24 h

Tabelle 2: Arbeitsaufträge

	a	b	c
Arbeitsbeginn	8.22 Uhr	7.15 Uhr	6.28 Uhr
Arbeitsende	10.05 Uhr	11.35 Uhr	9.02 Uhr

Tabelle 3: Zeitangabe

a	b	c	d	e
0,8 h	0,15 h	0,76 h	8,55 h	2,36 h

Tabelle 4: Zeitumrechnung

a		b	
7 h 35 min 24 s		8 h 20 min 2 s	
c		d	e
220 s		6,5 s	1 h 22 s

5. **Werkstücke.** Sechs gleichartige Werkstücke werden in 2,4 h gefertigt. Welche Zeit in Minuten wurde für ein Werkstück gebraucht?

6. **Fahrzeit.** Sie fahren um 8.35 Uhr zu einer Besprechung, bei der Sie um 14.00 Uhr erwartet werden. Die reine Fahrzeit beträgt 4 h 38 min. Am Vormittag machen Sie eine Pause von 5 min 20 s und zum Mittag eine von 36 min.
   a) Zu welcher Uhrzeit treffen Sie am Besprechungsort ein?
   b) Welche Zeit in Stunden, Minuten und Sekunden waren Sie insgesamt unterwegs?

7. **Schichtzeit.** In einem Betrieb ist die Schichtzeit von 6.15 Uhr bis 15.40 Uhr festgesetzt. Es sind zwei Pausen vorgesehen von 9.15 Uhr bis 9.35 Uhr und von 12.15 Uhr bis 13.20 Uhr.
   Wie lang ist die tatsächliche Arbeitszeit?

8. **Drehautomat.** Die Bearbeitungszeit für ein Werkstück beträgt auf einem Drehautomaten 1,40 min. Wie viel Werkstücke werden in einer Stunde gefertigt?

9. **Montagezeit.** Für die Montage eines Gerätes werden 5 min 25 s benötigt. In welcher Zeit wird eine Kleinserie mit 25 Geräten montiert?

2.13 │ Winkelberechnungen

In der Technik werden Winkelangaben in Grad und überwiegend als Dezimalbruch angegeben, weil damit einfacher gerechnet und programmiert werden kann. Winkelmaße können auch in Grad, Minute und Sekunde ermittelt und mit dem Faktor 60 umgerechnet werden (**Tabelle 1**).

Tabelle 1: Einheiten der Winkel

Einheitenname	Einheitenzeichen	Umrechnung	Umrechnungsfaktoren
Grad	°	$1° = 60' = 3600''$	Grad in Minute: 60 Grad in Sekunde: $60 \cdot 60 = 3600$
Minute	′	$1' = 60'' = \frac{1}{60}°$	Minuten in Sekunde: 60 Minuten in Grad $\frac{1}{60}$
Sekunde	″	$1'' = \frac{1}{60}{}' = \frac{1}{3600}°$	Sekunde in Minute: $\frac{1}{60}$ Sekunden in Grad: $\frac{1}{60 \cdot 60} = \frac{1}{3600}$

1. Beispiel: Ein Kegelwinkel beträgt 2° 51′ 40″. Wie groß ist der Wert des Winkels als Dezimalbruch?

Lösung:

$2°$	$= 2,00°$
$51' = \dfrac{51°}{60}$	$= 0,85°$
$40'' = \dfrac{40°}{60 \cdot 60}$	$= 0,011°$
$2° \ 51' \ 40''$	$= \mathbf{2,861°}$

2. Beispiel: Die Winkelangabe $\alpha = 15,71°$ ist in Grad, Minuten und Sekunden umzurechnen (**Bild 1**).

Lösung:

$15°$	$= 15°$	
$0,71° = 0,71 \cdot 60'$	$=$	$42,6'$
$0,6' = 0,6 \cdot 60''$	$=$	$36''$
$15,71°$	$= \mathbf{15° \ 42' \ 36''}$	

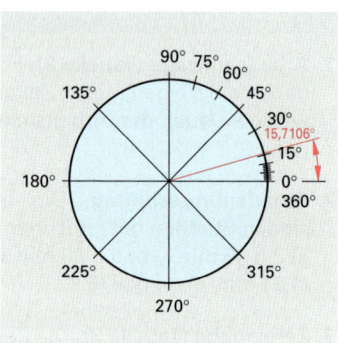

Bild 1: Dezimale Winkelangabe

■ Winkelarten

Für Winkel an Parallelen und sich schneidenden Geraden bestehen durch ihre Lage bestimmte geometrische Zusammenhänge (**Bild 2**).

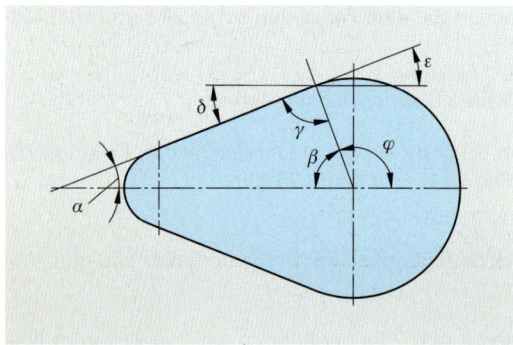

Bild 2: Winkelarten

Nebenwinkel an Geraden

$$\beta + \varphi = 180°$$

Scheitelwinkel an Geraden

$$\varepsilon = \delta$$

Stufenwinkel an Parallelen

$$\alpha = \varepsilon$$

Winkelsumme im Dreieck

$$\alpha + \beta + \gamma = 180°$$

Aufgaben | Winkelberechnungen

1. **Umrechnungen.** Die folgenden Winkel sollen in Grad und in Minuten angegeben werden: 27,5°; 62,67°; 38,23°.

2. **Minutenumrechnung.** Rechnen Sie folgende Angaben um:
   a) In Grad und Minuten: 362'; 89'; 582', 1324'.
   b) In Minuten und Sekunden: 16,42', 49,6'; 0,06'.

3. **Platte (Bild 1).** Die Winkel α, β, γ und δ der Platte sind zu berechnen.

4. **Winkel im Dreieck (Bild2).** Wie groß ist jeweils der dritte Dreieckswinkel, wenn gegeben sind:
   a) $\alpha = 17°$; $\beta = 47°$
   b) $\gamma = 72°$; $\beta = 31°$
   c) $\alpha = 121°$; $\gamma = 56°41'$

5. **Mittelpunktswinkel.** Wie groß sind jeweils der Mittelpunktswinkel α und der Eckenwinkel β im regelmäßigen Sechs-, Acht- und Zehneck?

6. **Flansch.** Auf dem Lochkreis eines Flansches sind 5 Bohrungen gleichmäßig verteilt. Wie groß ist der Mittelpunktswinkel zwischen je zwei Bohrungen?

7. **Drehmeißel.** Von einem Drehmeißel sind folgende Winkel bekannt: Freiwinkel $\alpha = 17°$, Spanwinkel $\gamma = 15°$.
   Wie groß ist der Keilwinkel β?

8. **Wagenheber (Bild 3).** Die maximale Höhe eines Wagenhebers beträgt $h = 400$ mm. Die Schere hat dann oben einen Öffnungswinkel von $\delta = 50°$.
   Wie groß sind die Winkel α und β?

9. **Schablone (Bild 4).** Die Winkel α, β und γ der Schablone sind zu berechnen.

10. **Stirling-Motor (Bild 5).** Für $\beta = 77,85°$ erhält man den größten Wert für den Winkel α. Wie groß ist α in Grad und Winkelminuten?

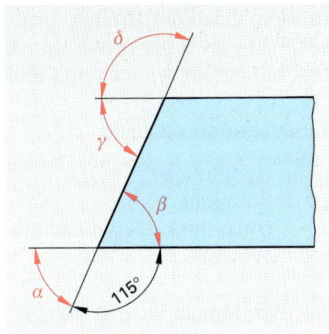

Bild 1: Platte

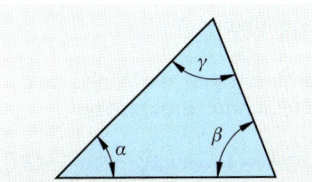

Bild 2: Winkel im Dreieck

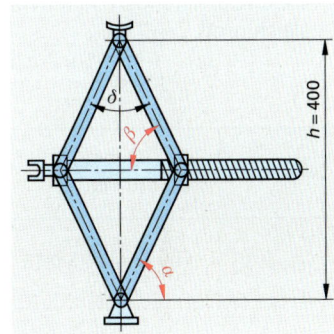

Bild 3: Wagenheber

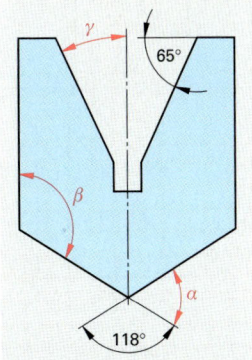

Bild 4: Schablone

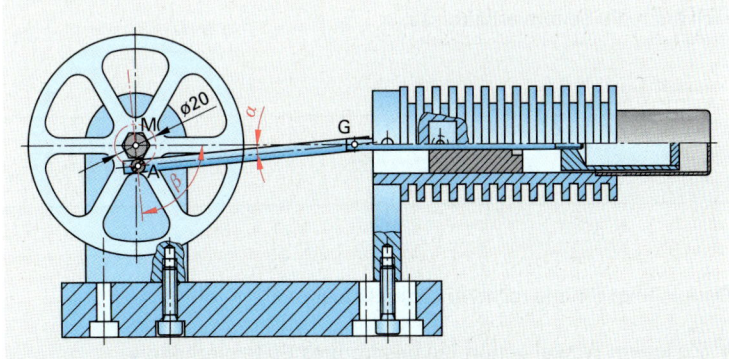

Bild 5: Stirling-Motor[1]

[1] Verbrennungskraftmaschine benannt nach ihrem Erfinder Robert Stirling

2.14 | Winkelfunktionen im rechtwinkligen Dreieck

Im rechtwinkligen Dreieck sind den Winkeln bestimmte Verhältnisse von Seitenlängen zugeordnet. Damit gibt es Funktionen zwischen diesen Größen, mit denen Winkel und Seiten berechnet werden können.

Bezeichnungen (Bild 1):

c	Hypotenuse	mm	sin	Sinus	–
a,b	Katheten	mm	cos	Kosinus	–
	(Ankathete, Gegenkathete)		tan	Tangens	–
α, β	Winkel	°			

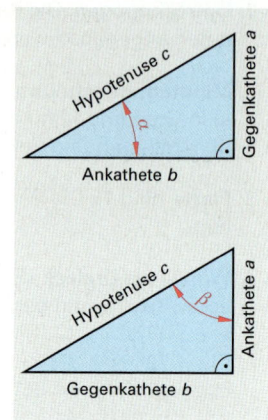

Die **Hypotenuse** ist die längste Seite im rechtwinkligen Dreieck. Sie liegt dem rechten Winkel gegenüber. Bei den Katheten wird zwischen **Ankathete** und **Gegenkathete** unterschieden. Die Ankathete schließt mit der Hypotenuse den betreffenden Winkel ein. Die Gegenkathete liegt diesem Winkel gegenüber.

Vergleicht man die Winkel und Seiten der Dreiecke in **Bild 2**, so kommt man zu folgenden Ergebnissen:

- Die rechtwinkligen Dreiecke ① und ② sind ähnlich.

- Ihre Winkel sind gleich groß.

- Die entsprechenden Seitenverhältnisse in diesen Dreiecken sind gleich groß.

Bild 1: Bezeichnungen im rechtwinkligen Dreieck

Dreieck ①	$\dfrac{a}{b} = \dfrac{30\ mm}{40\ mm} = 0{,}75$	$\dfrac{a}{c} = \dfrac{30\ mm}{50\ mm} = 0{,}6$	$\dfrac{b}{c} = \dfrac{40\ mm}{50\ mm} = 0{,}8$
Dreieck ②	$\dfrac{a}{b} = \dfrac{45\ mm}{60\ mm} = 0{,}75$	$\dfrac{a}{c} = \dfrac{45\ mm}{75\ mm} = 0{,}6$	$\dfrac{b}{c} = \dfrac{60\ mm}{75\ mm} = 0{,}8$

Bei Veränderung eines Winkels, z.B. des Winkels α im Dreieck ③, ändern sich auch die Seitenverhältnisse:

Dreieck ③	$\dfrac{a}{b} = \dfrac{70\ mm}{60\ mm} = 1{,}1667$	$\dfrac{a}{c} = \dfrac{70\ mm}{92{,}2\ mm} = 0{,}7592$

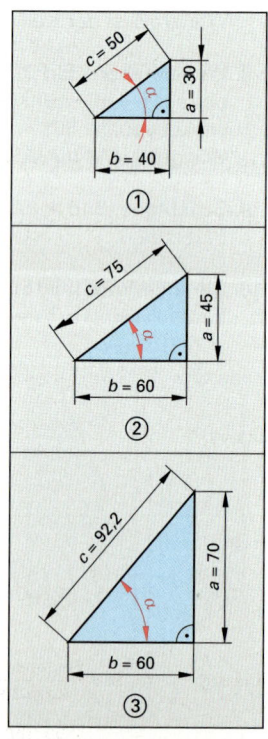

Daraus folgt für alle rechtwinkligen Dreiecke:

- Zu jedem Winkel gehört ein bestimmtes Seitenverhältnis.

- Jedem Seitenverhältnis entspricht ein bestimmter Winkel.

- Das Seitenverhältnis ist eine **Funktion** des Winkels.

Bild 2: Seitenverhältnisse im rechtwinkligen Dreieck

Bei den Winkelfunktionen unterscheidet man den Sinus (sin), Kosinus (cos) und Tangens (tan).

Mit dem Taschenrechner kann man für einen Winkel den Funktionswert der gewünschten Winkelfunktion oder für einen Funktionswert den entsprechenden Winkel berechnen (vgl. Seite 11).

In der Grundeinstellung des Taschenrechners wird mit dem Dezimalbruch eines Winkels gerechnet. Der Funktionswert sollte mindestens vierstellig eingegeben werden, weil sonst große Rundungsfehler auftreten können.

Definition der Winkelfunktion

Sinus	$= \dfrac{\text{Gegenkathete}}{\text{Hypotenuse}}$
Kosinus	$= \dfrac{\text{Ankathete}}{\text{Hypotenuse}}$
Tangens	$= \dfrac{\text{Gegenkathete}}{\text{Ankathete}}$

1. Beispiel: Zu den Werten in der folgenden Tabelle sind die Funktionswerte des Sinus, Kosinus und Tangens zu berechnen

Lösung:

Winkel	Funktionswert		
α	$\sin \alpha$	$\cos \alpha$	$\tan \alpha$
10°	0,1736	0,9848	0,1763
20° 30′	0,3502	0,9367	0,3739
35,6°	0,5821	0,8131	0,7159

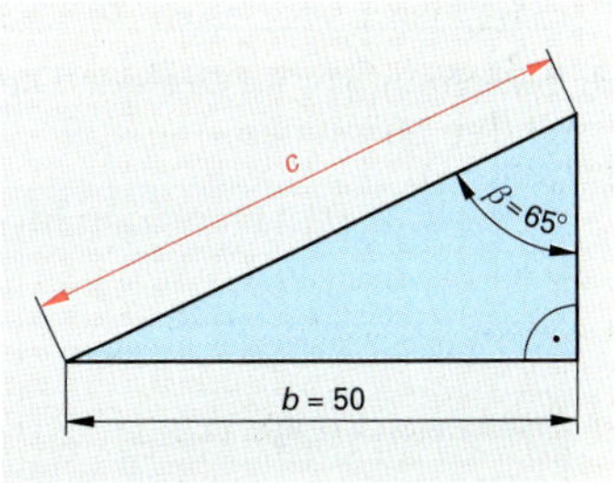

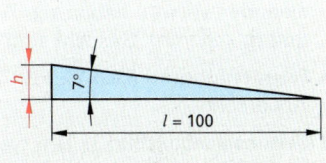

Bild 1: Dreieck

2. Beispiel: Zu den Funktionswerten in der folgenden Tabelle sind die Winkel zu berechnen.

Lösung:

Funktionswert	Winkel
$\sin \alpha = 0{,}1564$	$\alpha = 9°$
$\cos \beta = 0{,}8723$	$\beta = 29{,}17° = 29°10′$
$\tan \gamma = 1{,}3500$	$\gamma = 53{,}47° = 53°28′$

3. Beispiel: **Dreieck (Bild 1).** Wie lang ist die Hypotenuse c?

Lösung:

$$\sin \beta = \frac{\text{Gegenkathete}}{\text{Hypotenuse}} = \frac{b}{c}$$

$$c = \frac{b}{\sin \beta} = \frac{50 \text{ mm}}{\sin 65°} = \frac{50 \text{ mm}}{0{,}9063} = \mathbf{55{,}17 \text{ mm}}$$

Bild 2: Keil

4. Beispiel: **Keil (Bild 2).** Wie groß ist die Höhe h des Keiles?

Lösung:

$$\tan \alpha = \frac{\text{Gegenkathete}}{\text{Ankathete}} = \frac{h}{l}$$

$$h = l \cdot \tan \alpha = 100 \text{ mm} \cdot \tan 7° = 100 \text{ mm} \cdot 0{,}1228$$

$$= \mathbf{12{,}28 \text{ mm}}$$

5. Beispiel: **Scheibe (Bild 3).** Wie groß ist der Winkel α der Scheibe?

Lösung:

$$\tan \alpha = \frac{\text{Gegenkathete}}{\text{Ankathete}} = \frac{\dfrac{130 \text{ mm} - 75 \text{ mm}}{2}}{25 \text{ mm}}$$

$$= \frac{55 \text{ mm}}{2 \cdot 25 \text{ mm}} = 1{,}1000$$

$$\alpha = \mathbf{47{,}72° = 47° \ 43′ \ 35″}$$

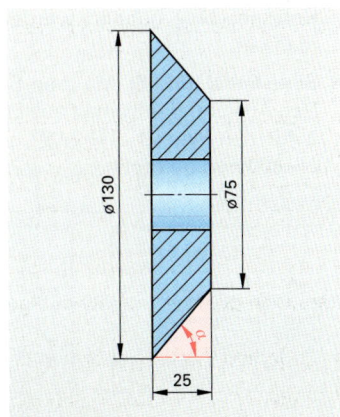

Bild 3: Scheibe

Aufgaben | Winkelfunktionen im rechtwinkligen Dreieck

1. Funktionswerte. Für die folgenden Winkel sind die Funktionswerte für sin, cos und tan zu berechnen:

10°; 48°; 3°40′; 29°10′; 65°50′; 8,2°; 142,15°

2. Winkel. Für die gegebenen Funktionswerte sind die Winkel zu berechnen:

Tabelle 1: Berechnung von Winkeln

	a	b	c	d	e
$\sin \alpha$	0,1045	0,1478	0,6406	0,9387	0,9993
$\cos \alpha$	0,9996	0,9843	0,7790	0,5995	0,0872
$\tan \alpha$	0,0875	0,4663	2,8770	68,7501	343,7737

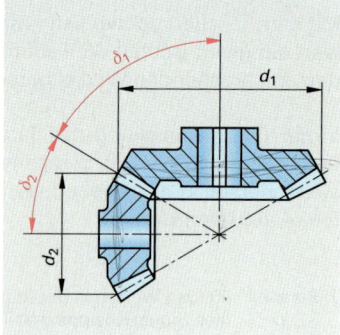

Bild 1: Kegelräder

3. Berechnungen im Dreieck. Die fehlenden Werte in der **Tabelle 2** sind zu berechnen.

Tabelle 2: Berechnungen im Dreieck

	a	b	c	d	e
Hypotenuse c in mm	62		350	784	
Kathete a in mm		30			760
Kathete b in mm		40			
$\sphericalangle \alpha$	55°				42°40′
$\sphericalangle \beta$			50°	17,67°	

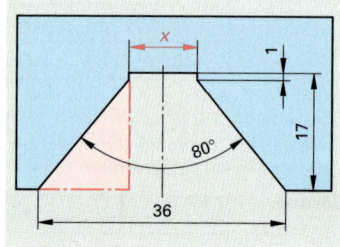

Bild 2: Prismenführung

4. Kegelräder (Bild 1). Zwei Kegelräder, deren Achsen senkrecht aufeinander stehen, haben die Teilkreisdurchmesser d_1 = 160 mm und d_2 = 88 mm. Gesucht sind die Teilkreiswinkel δ_1 und δ_2.

5. Prismenführung (Bild 2). Für die Prismenführung ist das Maß x zu berechnen.

6. Seitenschieber (Bild 3). Um welchen Weg x wird der Seitenschieber nach rechts verschoben, wenn sich der Keilstempel um a = 5 mm nach unten bewegt?

7. Bohrlehre (Bild 4). In einer Bohrlehre sollen 3 Löcher gebohrt werden. Berechnen Sie die Lochabstände b und c.

8. Befestigungsplatte (Bild 5). Die Stiftlöcher sollen auf einer NC-Bohrmaschine gebohrt werden. Die Maße x und y sind zu berechnen.

9. Sinuslineal (Bild 6). Mit dem Sinuslineal werden Winkel geprüft. Den Abstand E setzt man aus Endmaßen zusammen. Wie groß ist E für den Winkel α = 24,5°, wenn die Länge des Sinuslineals L = 100 mm beträgt?

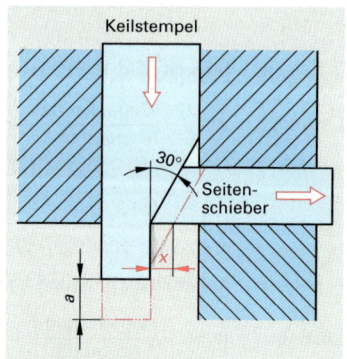

Bild 3: Seitenschieber

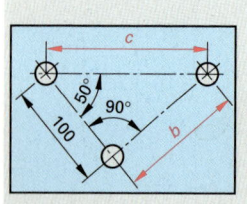

Bild 4: Bohrlehre

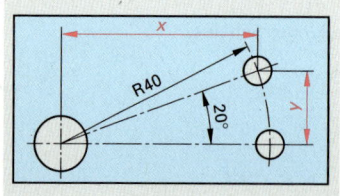

Bild 5: Befestigungsplatte

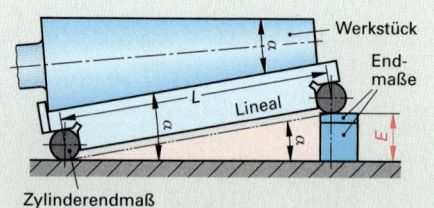

Bild 6: Sinuslineal

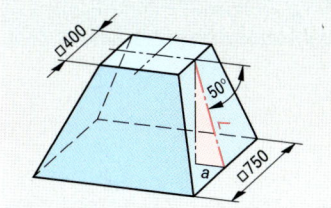

Bild 1: Blechhaube

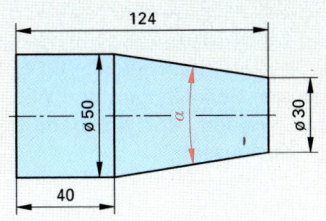

Bild 2: Drehteil

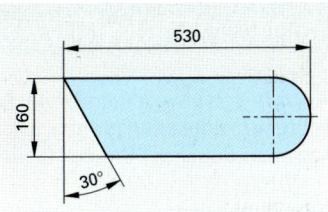

Bild 3: Abdeckblech

10. Blechhaube (Bild 1).
Zur Ermittlung des Zuschnitts ist die Länge *L* zu berechnen.

11. Drehteil (Bild 2).
Wie groß ist bei dem Drehteil der Kegelwinkel α?

12. Abdeckblech (Bild 3). Das Abdeckblech soll mit einem Schneidbrenner aus einer Blechtafel ausgeschnitten werden. Wie lang ist der Gesamtumfang?

13. Reibradgetriebe (Bild 4). Wie groß muss bei dem Reibradgetriebe die Höhe *h* des kegeligen Teils der Antriebsscheibe sein?

14. Trägerkonstruktion (Bild 5). Die Längen der 4 Stäbe *d* bis *g* sind zu berechnen.

15. Profilplatte (Bild 6). Die Außenkontur der Profilplatte wird in einem Schnitt auf einer numerisch gesteuerten Maschine gefräst. Für die Konturpunkte P1 bis P8 sind die X- und die Y-Koordinaten zu berechnen.

16. Rundstab (Bild 7). An dem Stab von 50 mm Durchmesser sollen 3 gleichbreite Flächen angefräst werden, so dass die verbleibenden Abschnittslängen jeweils 12 mm betragen.
Wie groß muss die Frästiefe *t* sein?

17. Vierkant (Bild 8). An einem Rundstab mit 40 mm Durchmesser soll ein Vierkant mit 32 mm Schlüsselweite angefräst werden. Wie breit ist die verbleibende Fase *b*?

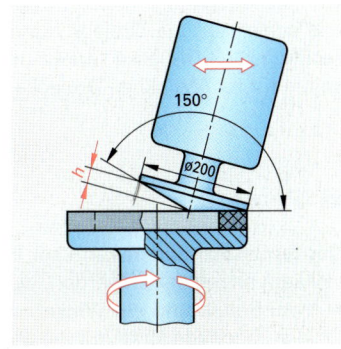

Bild 4: Reibradgetriebe

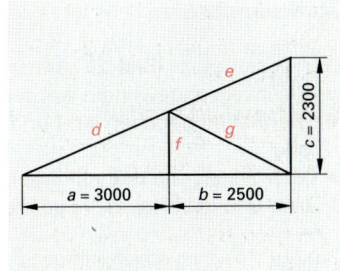

Bild 5: Trägerkonstruktion

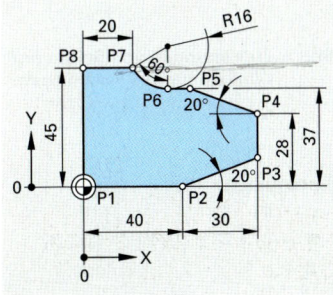

● Bild 6: Profilplatte

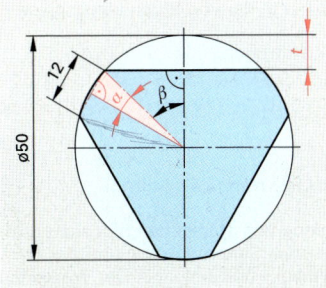

● Bild 7: Rundstab

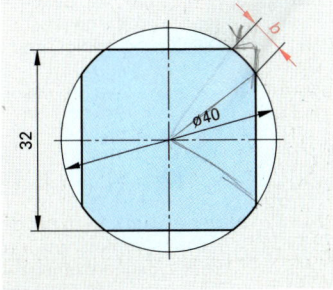

● Bild 8: Vierkant

2.15 │ Winkelfunktionen im schiefwinkligen Dreieck

Auch in schiefwinkligen Dreiecken können Seitenlängen und Winkel über Winkelfunktionen berechnet werden. Zur Anwendung kommen dabei der **Sinussatz** oder der **Kosinussatz**.

Bezeichnungen:

a,b,c	Seitenlängen	mm
α, β, γ	Winkel, die jeweils den Seiten	
	a, b, c gegenüber liegen	°

Um die entsprechenden Formeln mathematisch abzuleiten, wird das schiefwinklige Dreieck durch Einzeichnen einer Höhe in zwei rechtwinklige Dreiecke zerlegt und dann werden die Gesetzmäßigkeiten für rechtwinklige Dreiecke angewendet.

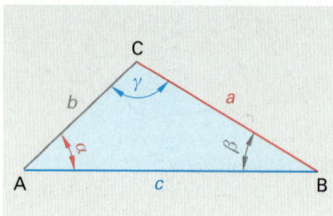

Bild 1: Zuordnung von Seiten und Winkeln für den Sinussatz

■ Sinussatz

Der Sinussatz **(Bild 1)** kann zur Berechnung von Seitenlängen und Winkeln angewendet werden, wenn
- zwei Seiten und ein Winkel, der einer dieser Seiten gegenüberliegt, gegeben sind und die anderen Winkel gesucht sind,
- eine Seite und zwei Winkel gegeben sind und die anderen Seiten gesucht sind.

Sinussatz

$$\frac{a}{\sin \alpha} = \frac{b}{\sin \beta} = \frac{c}{\sin \gamma}$$

■ Kosinussatz

Der Kosinussatz **(Bild 2)** kann zur Berechnung von Seitenlängen und Winkeln angewendet werden, wenn
- drei Seiten gegeben sind und die anderen Winkel gesucht sind, oder
- zwei Seiten und der von ihnen eingeschlossene Winkel gegeben sind und die dritte Seite gesucht ist.

Beispiel: In einem schiefwinkligen Dreieck mit den Bezeichnungen entsprechend Bild 1 sind gegeben:
Die Seiten $a = 35$ mm und $b = 50$ mm sowie der Winkel $\gamma = 65°$.

a) Wie lang ist die Seite c?
b) Wie groß sind die Winkel α und β?

Lösung: a) Es sind die zwei Seiten a und b und der von ihnen eingeschlossene Winkel γ gegeben.
⇒ Die Lösung erfolgt über den Kosinussatz.

$$c^2 = a^2 + b^2 - 2 \cdot a \cdot b \cdot \cos \gamma$$

$$c = \sqrt{a^2 + b^2 - 2 \cdot a \cdot b \cdot \cos \gamma}$$

$$= \sqrt{(35^2 + 50^2 - 2 \cdot 35 \cdot 50 \cdot \cos 65°)\ \text{mm}^2} = \textbf{47,4 mm}$$

b) Der Winkel α kann mit der Lösung von a) über den Sinussatz berechnet werden, weil nun die zwei Seiten a und c und der der Seite c gegenüberliegende Winkel γ bekannt sind. Der Winkel α kann auch, allerdings mit mehr Rechenaufwand, über den Kosinussatz berechnet werden.

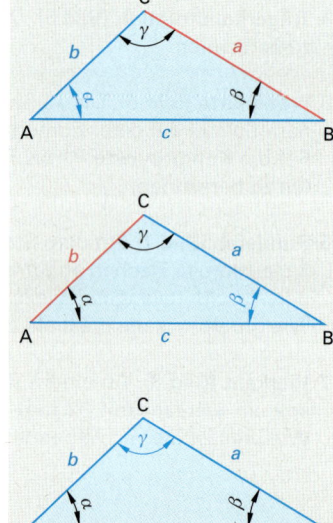

Bild 2: Zuordnungen von Seiten und Winkeln für den Kosinussatz

Kosinussatz

$$a^2 = b^2 + c^2 - 2 \cdot b \cdot c \cdot \cos \alpha$$
$$b^2 = a^2 + c^2 - 2 \cdot a \cdot c \cdot \cos \beta$$
$$c^2 = a^2 + b^2 - 2 \cdot a \cdot b \cdot \cos \gamma$$

Berechnung des Winkels α über den Sinussatz:

$$\frac{a}{\sin \alpha} = \frac{c}{\sin \gamma}$$

$$\sin \alpha = \frac{a \cdot \sin \gamma}{c} = \frac{5 \text{ mm} \cdot \sin 65^\circ}{47,4 \text{ mm}} = 0,6692$$

$\alpha = \mathbf{42,0^\circ}$

Berechnung des Winkels α über den Kosinussatz:

$$a^2 = b^2 + c^2 - 2 \cdot b \cdot c \cdot \cos \alpha$$

$$\cos \alpha = \frac{b^2 + c^2 - a^2}{2 \cdot b \cdot c} = \frac{(50^2 + 47,4^2 - 35^2) \text{ mm}^2}{2 \cdot 50 \cdot 47,4 \text{ mm}^2} = 0,7430$$

$\alpha = \mathbf{42,0^\circ}$

Der Winkel β wird über die Winkelsumme 180° berechnet.

$\beta = 180^\circ - \alpha - \gamma = 180^\circ - 42^\circ - 65^\circ = \mathbf{73^\circ}$

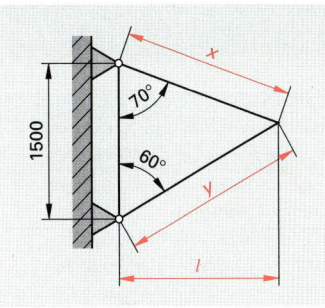

Bild 1: Ausleger

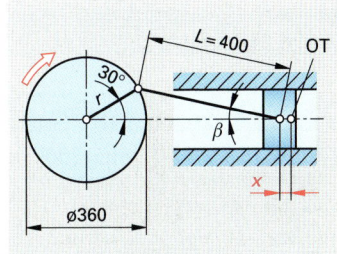

Bild 2: Kurbeltrieb

Aufgaben | Winkelfunktionen im schiefwinkligen Dreieck

1. **Schiefwinklige Dreiecke.** Bei schiefwinkligen Dreiecken mit den Bezeichnungen nach Bild 1, Seite 46, sind die folgenden Größen gegeben:

   a) $\alpha = 75^\circ$ $\beta = 45^\circ$ $b = 75$ mm
   b) $\gamma = 60,5^\circ$ $b = 45$ mm $c = 43$ mm
   c) $\gamma = 59^\circ\,30'$ $a = 50$ mm $b = 36$ mm
   d) $a = 57$ mm $b = 39$ mm $c = 45$ mm

   Die fehlenden Seitenlängen und Winkel sind zu berechnen.

2. **Ausleger (Bild 1).** Für den Ausleger sind zu berechnen

   a) die Längen x und y der Träger,
   b) die Länge l des Auslegers.

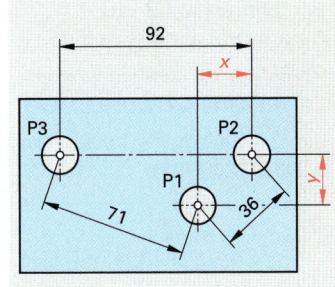

Bild 3: Grundplatte

3. **Kurbeltrieb (Bild 2).** Der Kurbeltrieb hat einen Kurbelradius von 180 mm und eine Kurbelstangenlänge von 400 mm. Für einen Kurbelwinkel von 30° sind zu berechnen

   a) der Winkel β an der Kurbelstange,
   b) der restliche Weg x, den die Kurbelstange bis zum oberen Totpunkt (OT) noch zurücklegt.

4. **Grundplatte (Bild 3).** Wie groß sind die Koordinatenmaße x und y für die drei Bohrungen in der Grundplatte?

5. **Fachwerk (Bild 4).** Berechnen Sie für das Fachwerk die Stablänge a.

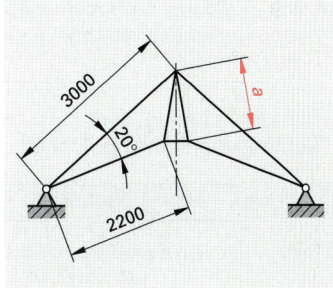

Bild 4: Fachwerk

2.16 | Umrechnungen von Einheiten und Größen

Vergrößernde Vorsätze			Verkleinernde Vorsätze		
Vorsatz	Bedeutung	Beispiel	Vorsatz	Bedeutung	Beispiel
da = Deka-	10fach 1	daN = 10N	d = Dezi-	10 tel	1 dm = 1/10 m
h = Hekto-	100fach 1	hl = 100 l	c = Zenti-	100stel	1 cm = 1/100 m
k = Kilo-	1 000fach 1	kW = 1 000 W	m = Milli-	1 000stel	1 mV = 1/1 000 V
M = Mega-	1 000 000fach 1	MN = 1 000 000 N	μ = Mikro-	1 000 000stel	1 μm = 1/1 000 000 m
					= 0,001 mm

2.16.1 | Umrechnung von Einheiten

Länge

$1 \text{ m} = 10 \text{ dm} = 100 \text{ cm} = 1000 \text{ mm}$

m   dm   cm   mm

1 Stelle   1 Stelle   1 Stelle

$1 \text{ m} = 10^1 \text{ dm} = 10^2 \text{ cm} = 10^3 \text{ mm}$

10 kleine Einheiten geben die nächst größere Einheit. Bei den Längenmaßen ist die Umrechnungszahl 10.

Bei Umrechnung der Längenmaße rückt das Komma von Einheit zu Einheit um eine Stelle.

Fläche

$1 \text{ m}^2 = 100 \text{ dm}^2 = 10\,000 \text{ cm}^2 = 1\,000\,000 \text{ mm}^2$

m²   dm²   cm²   mm²

2 Stellen   2 Stellen   2 Stellen

$1 \text{ m}^2 = 10^2 \text{ dm}^2 = 10^4 \text{ cm}^2 = 10^6 \text{ mm}^2$

100 kleine Einheiten geben die nächst größere Einheit. Bei den Flächenmaßen ist die Umrechnungszahl 100.

Bei Umrechnung der Flächenmaße rückt das Komma von Einheit zu Einheit um zwei Stellen.

Volumen

$1 \text{ m}^3 = 1\,000 \text{ dm}^3 = 1\,000\,000 \text{ cm}^3 =$
$1\,000\,000\,000 \text{ mm}^3$

m³   dm³   cm³   mm³

3 Stellen   3 Stellen   3 Stellen

$1 \text{ m}^3 = 10^3 \text{ dm}^3 = 10^6 \text{ cm}^3 = 10^9 \text{ mm}^3$

1 000 kleine Einheiten geben die nächst größere Einheit. Bei den Volumenmaßen ist die Umrechnungszahl 1 000.

Bei Umrechnung der Volumenmaße rückt das Komma von Einheit zu Einheit um drei Stellen.

Masse

$1 \text{ t} = 1\,000 \text{ kg} = 1\,000\,000 \text{ g} = 1\,000\,000\,000 \text{ mg}$

t   kg   g   mg

3 Stellen   3 Stellen   3 Stellen

$1 \text{ t} = 10^3 \text{ kg} = 10^6 \text{ g} = 10^9 \text{ mg}$

1 000 kleine Einheiten geben die nächst größere Einheit. Bei diesen Maßen ist die Umrechnungszahl 1 000.

Bei Umrechnung dieser Maße rückt das Komma von Einheit zu Einheit um drei Stellen.

Hohlmaß

Den Inhalt von Gefäßen misst man in Litern.
$1 \text{ l} = 1 \text{ dm}^3$ $1 \text{ dl} = 0,1 \text{ dm}^3$ $1 \text{ cl} = 0,01 \text{ dm}^3$
$1 \text{ ml} = 0,001 \text{ dm}^3 = 1 \text{ cm}^3$

Kraft

$1 \text{ MN} = 1\,000 \text{ kN} = 1\,000\,000 \text{ N}$
$= 1\,000\,000\,000 \text{ mN}$
$1 \text{ MN} = 10^3 \text{ kN} = 10^6 \text{ N} = 10^9 \text{ mN}$

Beispiele für die Umrechnung von Einheiten		
Größen	Umrechnung in größere Einheiten	Umrechnung in kleinere Einheiten
Länge	$185,4$ mm = ? cm $185,4$ mm = $18,54$ cm ← 1 Stelle	1 Stelle → $67,5$ m = ? dm $67,5$ m = 675 dm
Fläche	$185,4$ mm^2 = ? cm^2 $185,4$ mm^2 = $1,854$ cm^2 ← 2 Stellen	2 Stellen → $67,5$ m^2 = ? dm^2 $67,5$ m^2 = 6750 dm^2
Volumen	$185,4$ mm^3 = ? cm^3 $185,4$ mm^3 = $0,1854$ cm^3 ← 3 Stellen	3 Stellen → $67,5$ m^3 = ? dm^3 $67,5$ m^3 = $67\,500$ dm^3

Umrechnung von Zollmaßen $1 \text{ inch} = 1 \text{ Zoll} = 25,4 \text{ mm}; \quad 1 \text{ mm} = \frac{1}{25,4} \text{ inch}$

1. Beispiel: $3\frac{1}{4}$ inches = ? mm

Lösung: 1 inch   = $25,4$ mm

$3\frac{1}{4}$ inches = $\frac{13}{4}$ inches

$= \frac{25,4 \text{ mm} \cdot 13}{4}$

$= \mathbf{82,55}$ **mm**

2. Beispiel: 127 mm   = ? inches

Lösung: $25,4$ mm   = 1 inch

1 mm $= \frac{1}{25,4}$ inch

127 mm $= \frac{127 \cdot 1}{25,4}$ inches

$= \mathbf{5}$ **inches**

Aufgaben | Umrechnung von Einheiten

In den Aufgaben 1 bis 5 sind die angegebenen Einheiten umzurechnen.

1. a) in m:
100 cm; 75 mm; 31 dm; 17,5 cm; 9 mm;
6,5 km; 152 mm; 19,6 dm; 1 mm; 2565 mm

b) in dm:
19,8 m; 235 cm; 13 mm; 4,031 m; 317 mm;
0,7 cm; 1316 mm; 5 mm; 23,5 m; 26,7 cm

c) in cm:
3,7 m; 39,6 dm; 16,5 mm; 2,04 dm;
13,007 m; 0,3 m; 14 dm; 0,75 dm; 632 mm

d) in mm:
1,75 m; 3,6 cm; 19 dm; 37 μm; 0,03 dm;
1,005 m; 639 μm; 300 μm; 7,58 dm; 18,3 cm

2. a) in μm:
0,3 mm; 0,405 mm; 0,04 mm; 1,75 mm;
0,035 mm; 1,52 mm; 0,72 mm; 3,06 mm

b) in μm:
0,001 mm; 0,5 mm; 0,60 mm; 0,305 mm;
1,625 mm; 2,003 mm; 0,078 mm

3. a) in m^3:
115 cm^3; 63 mm^3; 1957 mm^3; 13,5 dm^3;
12 856,3 cm^3; 0,785367 dm^3; 125 450 mm^3

b) in dm^3:
3 mm^3; 16 715 cm^3; 10,753 927 m^3;
129 865 mm^3; 17,5 cm^3; 0,343 cm^3; 1,4 m^3

c) in cm^3:
10 m^3; 29,5 dm^3; 41,000250 m^3;
16 7 925 mm^3; 125 mm^3; 37,4 dm^3; 5 mm^3

d) in mm^3:
2 cm^3; 15 dm^3; 127 m^3; 28,350 cm^3;
397,249 m^3; 13,6 cm^3; 0,5 dm^3; 0,725 m^3

4. a) in dm^2 und cm^2:
1,45 m^2; 0,265 m^2; 14,70 m^2; 2,05205 m^2;
0,056 m^2; 0,09 m^2; 3103 mm^2; 9 mm^2

b) in cm^2 und mm^2:
2,40 dm^2; 0,308 dm^2; 21,31 dm^2;
30,07317 dm^2; 0,042 dm^2; 0,07 dm^2

5. a) in m^2:
175 dm^2; 2670 dm^2; 90 dm^2; 61,50 dm^2;
24405 dm^2; 70 cm^2; 6,009 cm^2; 0,81 dm^2

b) in dm^2:
61 720 cm^2; 5468 cm^2; 307 cm^2; 23 cm^2;
430 mm^2; 26 mm^2; 0,8 mm^2; 920 mm^2

2.16.2 | Rechnen mit physikalischen Größen

Jede physikalische Größe ist das Produkt aus Zahlenwert und Einheit. Für das Rechnen gelten die im Kapitel 2.4 behandelten Regeln.

1. Beispiel: Ein Werkstück hat die Länge l = 120 mm.

l	120	mm
Größe	Zahlenwert	Einheit

2. Beispiel: Ein Werkstück hat die Temperatur t = 800 °C.

t	800	°C
Größe	Zahlenwert	Einheit

Tabelle 1: Rechnen mit physikalischen Größen	
Rechenregel	**Beispiel**
1. Addieren und Subtrahieren physikalischer Größen Physikalische Größen können nur addiert bzw. subtrahiert werden, wenn die Einheiten gleich sind. Man addiert bzw. subtrahiert die Zahlenwerte und behält die Einheit bei.	$2\,m + 8\,m - 5\,m$ $= (2 + 8 - 5)\,m$ $= \mathbf{5\,m}$
2. Multiplizieren und Dividieren physikalischer Größen Physikalische Größen werden multipliziert bzw. dividiert, indem man die Zahlenwerte und Einheiten jeweils miteinander multipliziert bzw. dividiert.	$40\,N \cdot 5\,m$ $= 40 \cdot 5 \cdot N\,m = 200\,N \cdot m$ $\dfrac{750\,mm}{250\,\dfrac{mm}{min}} = \dfrac{750\,mm \cdot min}{250\,mm} = \mathbf{3\,min}$
3. Potenzieren und Radizieren physikalischer Größen Physikalische Größen werden potenziert bzw. radiziert, indem man die Zahlenwerte und Einheiten jeweils potenziert bzw. radiziert.	$(2cm)^3 = 2^3 \cdot cm^3 = 8\,cm^3$ $\sqrt{9\,m^2} = \sqrt{9} \cdot \sqrt{m^2} = \mathbf{3\,m}$

Aufgaben | Rechnen mit physikalischen Größen

In den Aufgaben 1 bis 3 sind Zahlenwerte und Einheiten soweit wie möglich zu vereinfachen und zusammenzufassen.

1. a) $15\,\dfrac{N}{mm^2} \cdot 25\,mm^2$

b) $\dfrac{20\,mm \cdot 16}{80\,\dfrac{mm}{min}}$

c) $\dfrac{2795\,\dfrac{N \cdot m}{s}}{2 \cdot \pi \cdot \dfrac{18}{60\,s}}$

d) $\dfrac{1000\,kg \cdot 3\,\dfrac{m}{s^2}}{4400\,\dfrac{kg \cdot m}{s^2}}$

2. a) $\dfrac{\pi \cdot 180\,mm \cdot 22,5°}{360°}$

b) $\dfrac{40\,l \cdot (125\,bar - 93\,bar)}{1\,bar}$

c) $\left(\dfrac{1,6\,m}{30\,\dfrac{m}{min}} + \dfrac{1,6\,m}{60\,\dfrac{m}{min}} \right) \cdot \dfrac{192\,mm}{1,2\,mm}$

3. a) $\sqrt{\dfrac{12 \cdot 2\,094\,mm^3}{\pi \cdot 125\,mm}}$

b) $\sqrt{\dfrac{8\,cm^3 \cdot 6}{2\,cm}}$

c) $\sqrt[3]{38\,197\,m^3}$

d) $\sqrt{(0,9\,m)^2 + \left(\dfrac{1,15\,m - 0,48\,m}{2} \right)^2}$

2.17 | Längen

2.17.1 | Teilung gerader Längen

Gesamtlängen werden durch Sägeschnitte, Gitterstäbe oder Bohrungen in Teillängen unterteilt.

Bezeichnungen:

l	Gesamtlänge, Stablänge mm	p	Teilung	mm
l_R	Restlänge mm	a,b	Randabstände	mm
l_s	Teillänge beim Trennen mm	n	Anzahl der Teilelemente,	–
s	Sägeschnittbreite mm		z.B. Sägeschnitte, Stäbe, Bohrungen	

Man unterscheidet drei Fälle:

■ Randabstand gleich der Teilung

Die Gesamtlänge l des Gitters **(Bild 1)** wird durch $n = 5$ Füllstäbe in 6 gleiche Felder mit der Teilung p aufgeteilt.

Beispiel: Wie groß ist die Teilung p der Füllstäbe **Bild 2**, wenn in das $l = 2375$ mm lange Zaunelement $n = 18$ Stäbe eingesetzt werden?

Lösung: $p = \dfrac{l}{n+1} = \dfrac{2375\ \text{mm}}{18+1} = \mathbf{125\ mm}$

■ Randabstand ungleich der Teilung

Sind die Randabstände a und b verschieden groß und nicht gleich der Teilung p, so erhält man nach **Bild 3** die Teilung p, indem die Länge $l - (a + b)$ in $(n - 1)$ Teile aufgeteilt wird.

Beispiel: In ein Flachstahlstück **Bild 4** sollen 14 Löcher in gleichen Abständen gebohrt werden. Die Randabstände sind mit $a = 30$ mm und $b = 10$ mm angegeben. Die Teilung p ist zu berechnen.

Lösung: $p = \dfrac{l-(a+b)}{n-1} = \dfrac{1600\ \text{mm} - (30\ \text{mm} + 10\ \text{mm})}{14-1} = \mathbf{120\ mm}$

■ Trennen in Teileelemente

Beim Trennen einer Gesamtlänge l durch Sägen muss die Sägeschnittbreite s berücksichtigt werden. Man erhält n Teilstücke und meist noch eine Restlänge l_R.

Beispiel: Von einem $l = 6$ m langem Messingrohr werden $l_s = 185$ mm lange Stücke abgeschnitten. Die Schnittbreite der Säge beträgt $s = 1,2$ mm.
a) Wie viele Stücke können abgeschnitten werden?
b) Wie lang ist das Reststück?

Lösung: a) $n = \dfrac{l}{l_s + s} = \dfrac{6000\ \text{mm}}{185\ \text{mm} + 1,2\ \text{mm}} = 32,2 = \mathbf{32\ Stücke}$

b) $l_R = l - (l_s + s) \cdot n = 6000\ \text{mm} - (185\ \text{mm} + 1,2\ \text{mm}) \cdot 32$

$= \mathbf{41,6\ mm}$

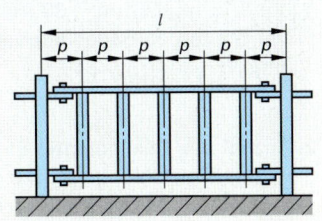

Bild 1: Gitter

Teilung,
wenn Randabstand = Teilung

$$p = \frac{l}{n+1}$$

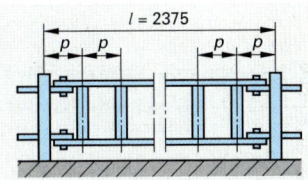

Bild 2: Zaunelement

Teilung,
wenn Randabstand ≠ Teilung

$$p = \frac{l-(a+b)}{n-1}$$

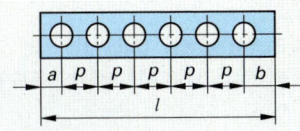

Bild 3: Lochblech

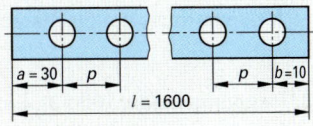

Bild 4: Flachstahlstück

Trennen in Teileelemente

$$n = \frac{l}{l_s + s}$$

Restlänge

$$l_R = l - (l_s + s) \cdot n$$

Aufgaben	Teilung gerader Längen

1. Restlänge. Von einem 6 m langen Flachstahl werden nacheinander 0,75 m; 87 mm; 1,30 m; 1540 mm; 625 mm abgeschnitten. Die Breite des Sägeblattes ist 1,5 mm. Wie groß ist die Restlänge?

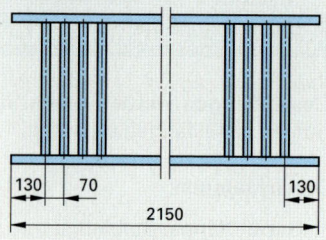

Bild 1: Schutzgitter

2. Anzahl der Teilelemente. Ein Sechskantstahl von 3,4 m Länge wird in 5 gleichlange Stücke geteilt.
a) Wie oft wird der Stab durchgesägt?
b) Wie lang sind die Teile, wenn eine Schnittbreite von 2 mm angenommen wird?

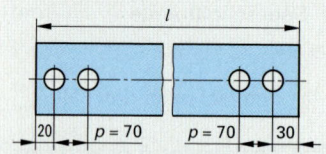

Bild 2: Obergurt

3. Teilung. In einen Flachstahl von 300 mm Länge sollen 6 Löcher gebohrt werden. Wie groß ist
a) die Teilung, wenn Rand- und Lochabstände gleich groß werden,
b) die Teilung bei je 44,5 mm Randabstand?

4. Anreißen von Löchern. Ein Flachstab von 800 mm Länge soll 16 Löcher in gleichem Abstand erhalten. Der Mittelpunkt der Randlöcher soll 25 mm von den Stabenden entfernt sein. Es sind die Maße für das Anreißen der Löcher zu ermitteln.

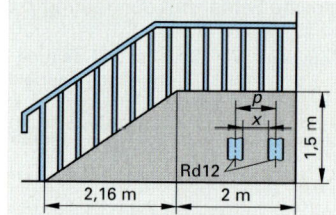

Bild 3: Treppengeländer

5. Teilung. Ein Schutzgitter, das aus zwei waagrechten und 15 senkrechten Stäben besteht, soll für eine Fensterbreite von 2 m angefertigt werden. Es ist die waagrechte Teilung p zu berechnen, wenn die Abstände von der Wand zur Mitte des ersten Stabes und die Abstände der Stäbe untereinander von Mitte zu Mitte gleich groß sein sollen.

6. Schutzgitter (Bild 1). Für das Schutzgitter ist die Anzahl der senkrechten Stäbe bei gleicher Teilung zu berechnen.

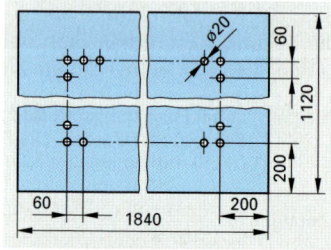

● Bild 4: Blechtafel

7. Obergurt (Bild 2). In den Obergurt eines Gitters sollen 9 Bohrungen für die Füllstäbe gebohrt werden. Die Teilung ist $p = 70$ mm. Wie lang muss der Flachstahl abgesägt werden?

8. Treppengeländer (Bild 3). Für ein Treppengeländer sind die Anzahl der Geländerstäbe und der Zwischenabstand x für eine Teilung $p = 80$ mm, ohne Anfangsstab, zu berechnen.

9. Blechtafel (Bild 4). In die Blechtafel sind in Abständen von jeweils 60 mm, mit einem Randabstand von 200 mm, ringsum Löcher zu bohren. Wie groß ist die Anzahl der Bohrungen?

10. Klingelschild (Bild 5). Für das Klingelschild aus Messingblech CuZn40 sind die Abstände x und y zu berechnen.

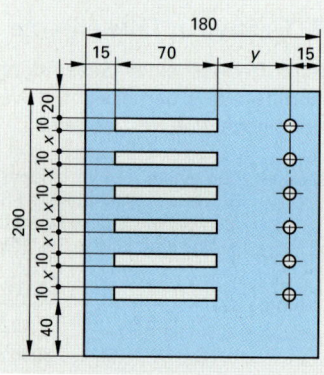

● Bild 5: Klingelschild

2.17.2 | Kreisumfänge und Kreisteilungen

Bei Werkstücken mit ganz oder teilweise runder Form müssen oft der Umfang U, die Kreisbogenlänge l_B oder die Sehnenlänge l berechnet werden.

Bezeichnungen:

d	Durchmesser	mm	α	Mittelpunktswinkel	°
U	Kreisumfang	mm	l	Sehnenlänge	mm
r	Radius	mm	l_B	Kreisbogenlänge	mm
p	Teilung	mm	n	Anzahl der Teilelemente	–

Beispiel: Für den Kreis **Bild 1** mit dem Durchmesser d = 70 mm sind zu berechnen
a) der Kreisumfang U,
b) die Bogenlänge l_B für die Mittelpunktswinkel α = 110°.

Lösung: a) $U = \pi \cdot d = \pi \cdot 70 \text{ mm} = 219{,}9 \text{ mm} \approx$ **220 mm**

b) $l_B = \dfrac{\pi \cdot d \cdot \alpha}{360°} = \dfrac{\pi \cdot 70 \text{ mm} \cdot 110°}{360°} =$ **67 mm**

Weitere Formeln für die Kreisbogenlänge und die Sehnenlänge können Tabellenbüchern entnommen werden.

Aufgaben | Kreisumfänge und Kreisteilungen

1. **Kreisumfang.** Zu ermitteln sind die Kreisumfänge für folgende Durchmesser: d = 7,3 mm; 13 mm; 19,5 mm; 20,5 mm; 78,9 mm; 115,7 mm.

2. **Durchmesser.** Zu den folgenden Kreisumfängen sind die Durchmesser zu ermitteln. U = 62,8 mm; 15,7 mm; 31,4 mm, 219,8 mm; 84,78 mm, 392,5 mm.

3. **Bandsäge (Bild 2).** Wie lang muss das unverlötete Sägeblatt für die Bandsäge sein, wenn der Rollendurchmesser 600 mm und der Rollenabstand 1250 mm betragen? Die Sägeblätter werden stumpf gelötet.

4. **Schnittteile.** Zu berechnen sind die Längen der äußeren und inneren Umrisslinien der Schnittteile Segment **(Bild 3)**, Flansch **(Bild 4)** und Dichtung **(Bild 5)**.

5. **Haltegitter (Bild 6).** Für ein Staubfilter soll ein Haltegitter angefertigt werden. Wieviele Stäbe werden benötigt, wenn der als Sehne gemessene Mittenabstand der Stäbe 72 mm sein soll?

6. **Teilung.** Die Teilung des Segmentes (Bild 3) ist zu berechnen, wenn auf dem vollen Kreisring 16 Bohrungen herzustellen sind.

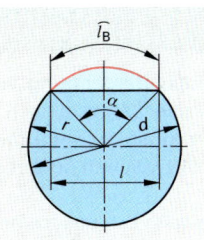
Bild 1: Kreis

Kreisumfang

$$U = \pi \cdot d$$

Kreisteilung

$$P \ \frac{U}{n} = \frac{\pi \cdot d}{n}$$

Kreisbogenlänge

$$l_B = \frac{\pi \cdot d \cdot \alpha}{360°}$$

Sehnenlänge

$$l = 2 \cdot r \cdot \sin \frac{\alpha}{2}$$

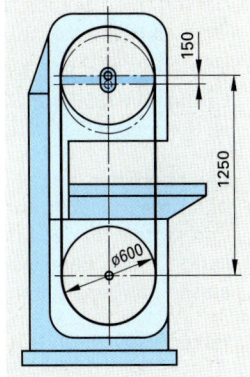
Bild 2: Bandsäge

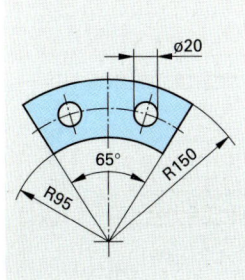
Bild 3: Segment

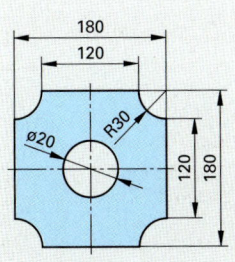
Bild 4: Flansch

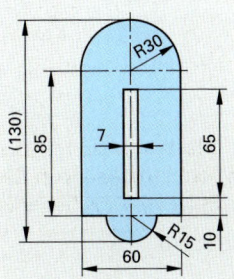
Bild 5: Dichtung

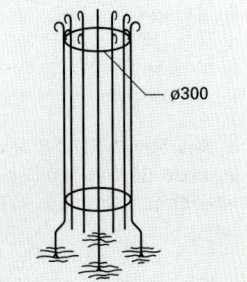
Bild 6: Haltegitter

2.17.3 │ Gestreckte und zusammengesetzte Längen

Bei der Berechnung von Biegeteilen ist zu beachten, dass die gestreckte Länge dieser Teile gleich der Länge der neutralen Faser sein muss. Für symmetrische Teile liegt die neutrale Faser in der Mitte zwischen äußerem und innerem Durchmesser.

Hinweis: Bei unsymmetrischen Biegeteilen mit sehr kleinen Biegeradien siehe Seite 160.

Bezeichnungen:

l	gestreckte Länge	mm	α	Biegewinkel	°
$l_1, l_2, l_3 \ldots$	Teillängen	mm	D	Außendurchmesser	mm
L	zusammenge-		d	Innendurchmesser	mm
	setzte Länge	mm	d_m	mittlerer	
s	Dicke	mm		Durchmesser	mm

Beispiel: Die gestreckte Länge des Kreisringes **Bild 1** ist zu berechnen.

Lösung: $l = \pi \cdot d_m$
$d_m = d + s = 180\ \text{mm} + 14\ \text{mm} = 194\ \text{mm}$
$l = \pi \cdot 194\ \text{mm} = 609{,}46\ \text{mm} \approx \mathbf{609\ mm}$

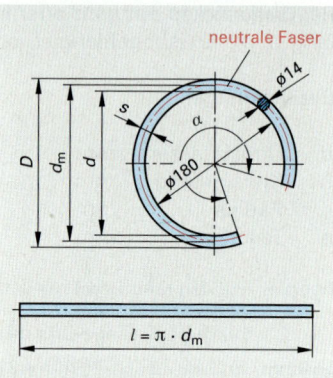

Bild 1: Gestreckte Länge

Gestreckte Länge beim Kreisring

$$l = \pi \cdot d_m \cdot \frac{\alpha}{360°}$$

Mittlerer Durchmesser

$$d_m = \frac{D + d}{2}$$

$$d_m = D - s$$

$$d_m = d + s$$

Zusammengesetzte Länge

$$L = l_1 + l_2 + l_3 + \ldots$$

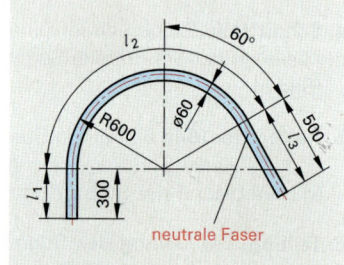

Bild 2: Handlauf

Aufgaben │ Gestreckte und zusammengesetzte Längen

1. **Handlauf (Bild 2).** Gesucht ist die gestreckte Länge des Handlaufes.

2. **Kreisring.** Ein Rundstahl mit 12 mm Durchmesser und einer Länge von 1058 mm wird zu einem Kreisring gebogen. Wie groß ist der innere Durchmesser des Ringes?

3. **Blechbehälter.** Ein zylindrischer Blechbehälter mit dem Außendurchmesser 900 mm erhält zur Verstärkung am Umfang oben und unten Ringe aus 20 mm dickem Flachstahl. Auf welche Länge muss der Flachstahl abgesägt werden, wenn die Ringe außen am Behälter angeschweißt werden?

4. **Haken (Bild 3).** Berechnen Sie die gestreckte Länge des Hakens.

5. **Rohrschelle (Bild 4) und Griff (Bild 5).** Die gestreckten Längen der Rohrschelle und des Griffes sind zu berechnen.

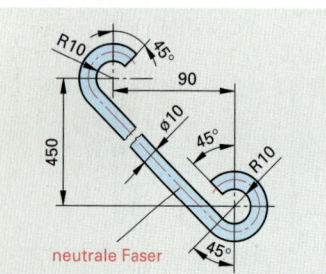

Bild 3: Haken

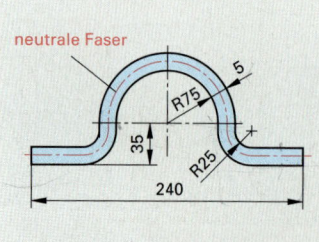

Bild 4: Rohrschelle

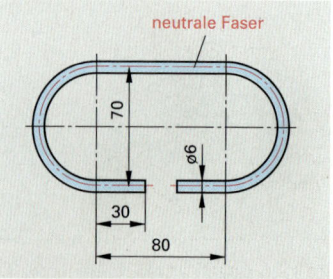

Bild 5: Griff

2.18 | Flächen

Bezeichnungen:

A	Fläche	mm²	D	Umkreisdurchmesser	mm
l	Länge (Seite, Sehne)	mm	d	Inkreisdurchmesser	mm
b	Breite, Höhe	mm	α	Mittelpunktswinkel	°
l_m	mittlere Länge	mm	n	Anzahl der Ecken	-

2.18.1 | Geradlinig begrenzte Flächen

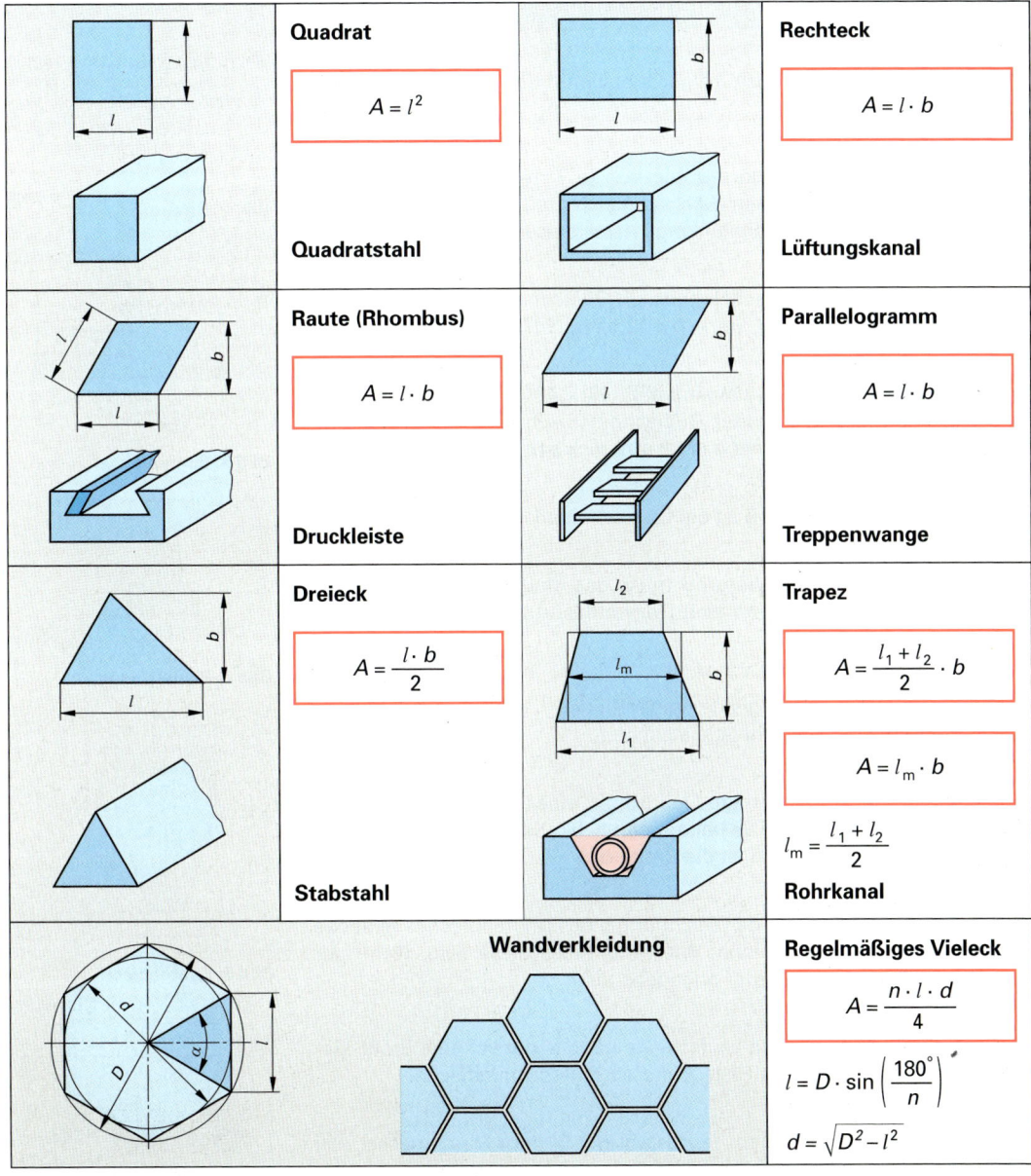

Quadrat

$$A = l^2$$

Quadratstahl

Rechteck

$$A = l \cdot b$$

Lüftungskanal

Raute (Rhombus)

$$A = l \cdot b$$

Druckleiste

Parallelogramm

$$A = l \cdot b$$

Treppenwange

Dreieck

$$A = \frac{l \cdot b}{2}$$

Stabstahl

Trapez

$$A = \frac{l_1 + l_2}{2} \cdot b$$

$$A = l_m \cdot b$$

$$l_m = \frac{l_1 + l_2}{2}$$

Rohrkanal

Wandverkleidung

Regelmäßiges Vieleck

$$A = \frac{n \cdot l \cdot d}{4}$$

$$l = D \cdot \sin\left(\frac{180°}{n}\right)$$

$$d = \sqrt{D^2 - l^2}$$

Im regelmäßigen Sechseck ist: $A \approx 0{,}649 \cdot D^2 \approx 0{,}866 \cdot d^2$; $D \approx 1{,}155 \cdot d$
Formeln für Vielecke mit anderer Eckenzahl können Tabellenbüchern entnommen werden.

Zusammengesetzte Flächen

Beispiel: Der Flächeninhalt des Transformatorbleches **Bild 1** ist zu berechnen.

Lösung: Gesamtfläche $A = A_1 - 2\,A_2$

$A = 80\ \text{mm} \cdot 50\ \text{mm} - 2 \cdot (10\ \text{mm} \cdot 20\ \text{mm})$

$= 4000\ \text{mm}^2 - 400\ \text{mm}^2 = 3600\ \text{mm}^2 = \mathbf{36\ cm^2}$

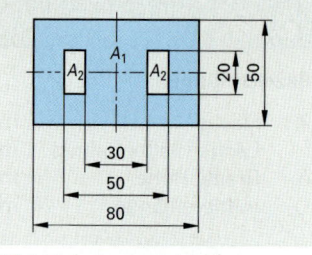

Bild 1: Transformatorblech

Aufgaben │ Geradlinig begrenzte Flächen

1. **Strebe (Bild 2).** Der kreuzförmige Querschnitt der Strebe ist in cm² zu berechnen.

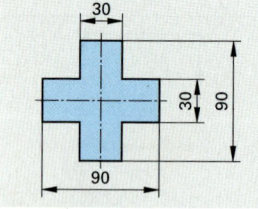

Bild 2: Strebe

2. **Quadratstahl.** Zwei Quadratstähle von je 7 mm Seitenlänge sollen durch einen quadratischen Stab mit gleich großer Querschnittsfläche ersetzt werden. Welche Seitenlänge muss dieser haben?

3. **Flachstahl.** Für einen Flachstahl ist ein Querschnitt von 175 mm² notwendig. Wie groß wird *l*, wenn *b* = 12,5 mm ist?

4. **Stütze.** Eine Stütze aus Quadratstahl 48 x 48 mm soll durch einen Flachstahl mit gleich großer Querschnittsfläche ersetzt werden. Wie breit muss dieser sein, wenn er 32 mm dick ist?

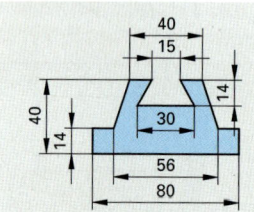

Bild 3: Führung

5. **Führung (Bild 3)** wie groß ist die Querschnittsfläche der Führung?

6. **Pleuelstange (Bild 4).** Wie groß muss das Maß *x* im Pleuelstangenquerschnitt werden, wenn eine Gesamtfläche von 42,9 cm² erreicht werden soll?

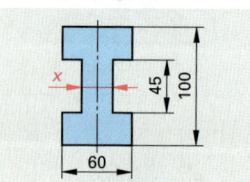

Bild 4: Pleuelstange

7. **Trapez.** Ein Trapez hat folgende Abmessungen: l_1 = 200 mm; *b* = 120 mm und *A* = 210 cm². Gesucht ist die Länge l_2.

8. **Stahlstab.** Der trapezförmige Querschnitt eines Stahlstabes hat eine Fläche von 289,5 mm². Die beiden parallelen Seiten sind 23 mm und 25,25 mm lang. Wie groß ist die Breite *b*?

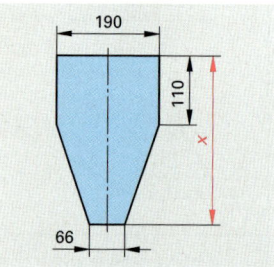

Bild 5: Knotenblech

9. **Knotenblech (Bild 5).** In der Zeichnung eines Knotenbleches fehlt das Maß *x* für die Gesamthöhe. Wie groß muss diese sein, wenn der Flächeninhalt mit 3,825 dm² angegeben ist?

10. **Laufschiene (Bild 6).** Eine Laufschiene hat das gezeichnete Profil. Gesucht sind die Länge der Seite *x* und die Querschnittsfläche.

11. **Schlüsselweite.** Aus einem Rundstahl mit 64 mm Durchmesser soll der größtmögliche Sechskant ohne Fase gefräst werden.
    a) Berechnen Sie die Schlüsselweite und die Frästiefe.
    b) Wie groß ist die Fläche des Sechskants.

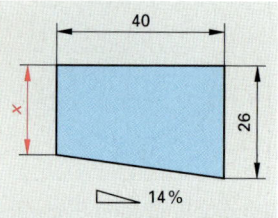

Bild 6: Laufschiene

2.18.2 | Kreisförmig begrenzte Flächen

Bezeichnungen:

A	Fläche	mm²	D, d	Durchmesser	mm
l	Sehnenlänge	mm	r	Halbmesser, Radius	mm
b	Breite, Dicke	mm	d_m	mittlerer Durchmesser beim Kreisring	mm
l_b	Bogenlänge	mm	α	Mittelpunktswinkel	°

Kreis

$$A = \frac{\pi \cdot d^2}{4}$$

$$A \approx 0{,}785 \cdot d^2$$

$$d = \sqrt{\frac{4 \cdot A}{\pi}}$$

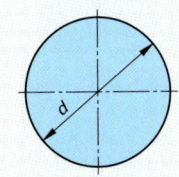
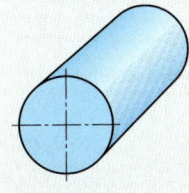

Stabstahl

Kreisring

$$A = \frac{\pi \cdot D^2}{4} - \frac{\pi \cdot d^2}{4}$$

$$A = \frac{\pi}{4} \cdot (D^2 - d^2)$$

$$A = \pi \cdot d_m \cdot b$$

$$d_m = \frac{D + d}{2} \qquad b = \frac{D - d}{2}$$

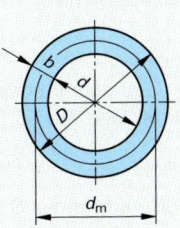

Stahlrohr

Kreisausschnitt

$$A = \frac{l_B \cdot r}{2}$$

$$A = \frac{\pi \cdot d^2}{4} \cdot \frac{\alpha}{360°}$$

$$l_B = \frac{\pi \cdot r \cdot \alpha}{180°}$$

$$l = 2 \cdot r \cdot \sin \frac{\alpha}{2}$$

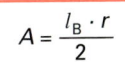
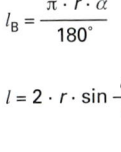

Fassadenecke

Kreisabschnitt

$$A = \frac{l_B \cdot r - l \cdot (r - b)}{2}$$

$$A = \frac{\pi \cdot d^2}{4} \cdot \frac{\alpha}{360°} - \frac{l \cdot (r - b)}{2}$$

$$b = r \left(1 - \cos \frac{\alpha}{2} \right)$$

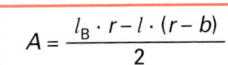

Scheibenfeder

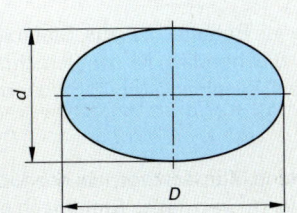
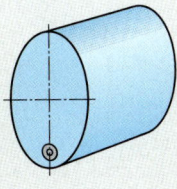

Fass

Ellipse

$$A = \frac{\pi \cdot D \cdot d}{4}$$

Die angegebene Formel gilt auch für Oval und Korbbogen.

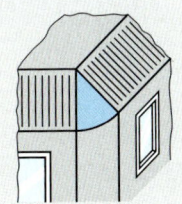
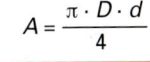

Aufgaben | Kreisförmig begrenzte Flächen

1. **Kreisflächen.** Für folgende Durchmesser sind die Kreisflächen zu berechnen: d = 63 mm; 275 mm; 4800 mm, 12,8 cm; 0,034 m; 7 cm; 0,97 dm; 8,7 m; 5,75 m; 0,008 m.

2. **Durchmesser.** Für folgende Kreisflächen sind die Durchmesser zu berechnen: A = 56,75 cm^2; 363,1 mm^2; 1353 dm^2; 43,01 cm^2; 0,5931 m^2.

3. **Querschnittsfläche.** Welche Querschnittsflächen haben Rundstähle mit 7, 13, 24, 32, 48, 56, 64, 70, 85, 105, 110, 125 mm Durchmesser?

4. **Fußplatte.** Die kreisrunde Fußplatte einer Säule aus Gusseisen hat 0,64 m Durchmesser. Wie groß ist die Auflagefläche der Fußplatte?

5. **Rohre.** Rohre haben folgende Innendurchmesser: $\frac{3}{8}$ inch, $\frac{1}{2}$ inch, $\frac{3}{4}$ inch, 1 inch, 1 $\frac{1}{4}$ inches, 1 $\frac{1}{2}$ inches, 2 inches.
   a) Wie groß ist der Durchgangsquerschnitt dieser Rohre in mm^2?
   b) Wie oft ist der Durchgangsquerschnitt des Rohres mit $\frac{1}{2}$ inch Durchmesser im Querschnitt des Rohres mit 2 inches enthalten?

6. **Nennweiten.** Ein Rohr von 1 $\frac{1}{2}$ inches Nennweite soll sich auf drei gleich große Rohre verzweigen lassen, die zusammen etwa den gleichen Durchgangsquerschnitt wie das große Rohr haben. Welcher Durchmesser für die Zweigrohre ist aus den Nennweiten 20, 25 oder 32 mm auszuwählen, wenn der Gesamtdurchgangsquerschnitt ungefähr gleich bleiben soll?

7. **Scheiben.** Eine Auswahl von Scheiben hat folgende Außendurchmesser: 14; 22; 36; 98; 135 mm, bei den zugehörigen Innendurchmessern: 6; 10; 21; 54; 78 mm. Wie groß ist jeweils die Kreisringfläche?

8. **Abdeckblech (Bild 1).** Der Blechbedarf für das Abdeckblech ist zu berechnen.

9. **Kreisringausschnitt (Bild 2).** Die Fläche des Kreisringausschnittes ist gesucht.

10. **Profil (Bild 3).** Die Querschnittsfläche des Profiles ist zu berechnen.

11. **Behälter (Bild 4).** Ein oben offener Behälter ist aus Stahlblech herzustellen. Der erforderliche Blechbedarf ist zu berechnen, wenn für Falze und Verschnitt ein Zuschlag von 18 % benötigt wird.

12. **Übergangsbogen (Bild 5).** Für eine Klimaanlage ist der Übergangsbogen herzustellen. Wie viel m^2 verzinktes Stahlblech sind dafür notwendig? Der Kanal ist unten und vorne offen. Die Blechdicke ist nicht zu berücksichtigen.

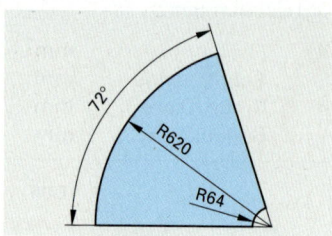

Bild 1: Abdeckblech

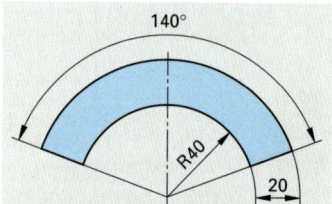

Bild 2: Kreisringausschnitt

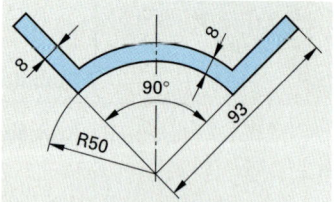

Bild 3: Profil

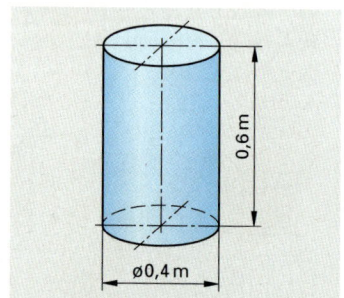

Bild 4: Behälter

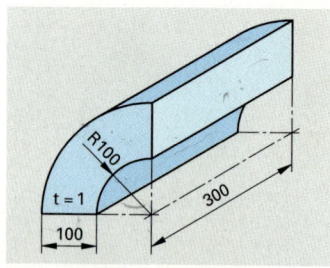

● **Bild 5: Übergangsbogen**

2.18.3 | Zusammengesetzte Flächen

Zusammengesetzte Flächen werden aus ihren Teilflächen berechnet.

Beispiel: Der Flächeninhalt des Schließbleches **Bild 1** ist zu berechnen.

Lösung: $A = A_1 + A_2 - 2 \cdot A_3 - A_4 - A_5$

$$= \frac{\pi \cdot 12^2 \text{ mm}^2}{4} + 34 \text{ mm} \cdot 12 \text{ mm} - 2 \cdot \frac{\pi \cdot 6{,}4^2 \text{ mm}^2}{4}$$

$$- \frac{\pi \cdot 6^2 \cdot \text{ mm}^2}{4} - 19 \text{ mm} \cdot 6 \text{ mm}$$

$$= 113{,}1 \text{ mm}^2 + 408 \text{ mm}^2 - 64{,}3 \text{ mm}^2 - 28{,}3 \text{ mm}^2 - 114 \text{ mm}^2$$

$$= 314{,}5 \text{ mm}^2$$

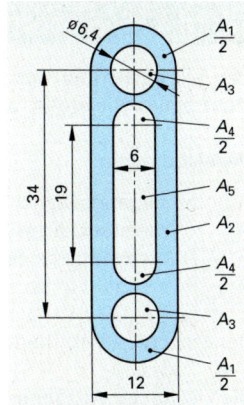

Bild 1: Schließblech

Aufgaben | Zusammengesetzte Flächen

1. **Platte (Bild 2) und Versteifungsblech (Bild 3).** Gesucht ist der Flächeninhalt in mm^2 und in cm^2
   a) der Platte,
   b) des Versteifungsbleches.

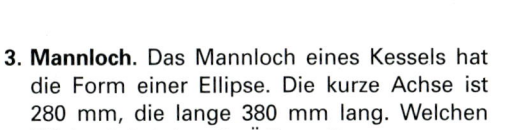

Bild 2: Platte   **Bild 3: Versteifungsblech**

2. **Schutzhaube (Bild 4).** Gesucht ist der Blechbedarf
   a) für die Schutzhaube A bei 25 % Verschnitt,
   b) für die Schutzhaube B bei 30 % Verschnitt.

3. **Mannloch.** Das Mannloch eines Kessels hat die Form einer Ellipse. Die kurze Achse ist 280 mm, die lange 380 mm lang. Welchen Flächeninhalt hat die Öffnung?

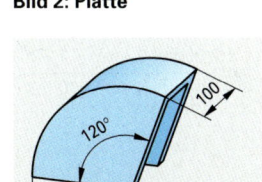
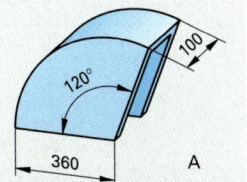
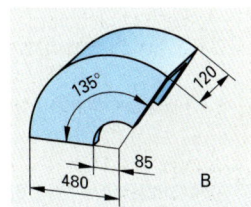

Bild 4: Schutzhaube

4. **Riemenschutz (Bild 5).** Gesucht ist der Blechbedarf für die beiden Seitenflächen
   a) des Riemenschutzes A bei 20 % Zuschlag für Verschnitt,
   b) des Riemenschutzes B bei 25 % Zuschlag für Verschnitt.

5. Wie groß ist der Flächeninhalt
   a) der **Dichtung (Bild 6)**,
   b) der **Schablone (Bild 7)**,
   c) des **Dichtungsringes (Bild 8)**?

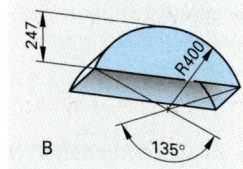

● **Bild 5: Riemenschutz**

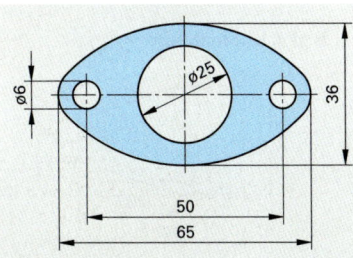
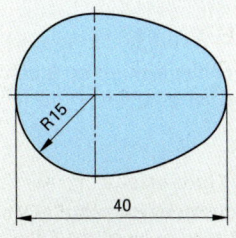
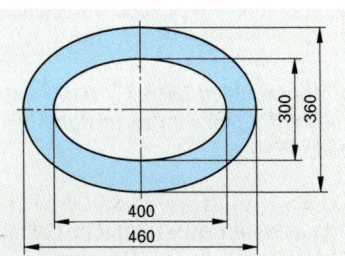

● **Bild 6: Dichtung**   ● **Bild 7: Schablone**   ● **Bild 8: Dichtungsring**

2.18.4 | Verschnitt

Die Teile eines Rohteiles, z.B. einer Blechtafel, die nicht für das Werkstück benötigt werden, werden als Verschnitt bezeichnet (**Bild 1**).

Bezeichnungen:

A_{Ges}	Ausgangsfläche, Fläche des Rohteiles	mm^2
A_W	Werkstückfläche	mm^2
A_V	Verschnitt, Fläche des Verschnittes	mm^2
$A_{V\%}$	Verschnitt in %	%

Der Verschnitt wird häufig in Prozent der Ausgangsfläche angegeben.
Die Fläche der Ausgangsfläche entspricht dabei 100 %.

Beispiel: Aus einer Blechtafel 1000 mm x 2000 mm soll das Knotenblech **Bild 1** hergestellt werden. Der Verschnitt ist in mm^2 und in Prozent zu berechnen.

Lösung: $A_V = A_{Ges} - A_W$

$A_{Ges} = 1\,000\ mm \cdot 2\,000\ mm = 2\,000\,000\ mm^2$

$A_W = \dfrac{1\,100\ mm \cdot 1\,000\ mm}{2} + \dfrac{700\ mm + 1\,000\ mm}{2} \cdot 800\ mm$

$A_W = 1\,230\,000\ mm^2$

$A_V = 2\,000\,000\ mm^2 - 1\,230\,000\ mm^2 = \mathbf{770\,000\ mm^2}$

$A_{V\%} = \dfrac{A_{Ges} - A_W}{A_{Ges}} \cdot 100\ \% = \dfrac{2\,000\,000\ mm^2 - 1\,230\,000\ mm^2}{2\,000\,000\ mm^2} \cdot 100\ \%$

$A_{V\%} = \mathbf{38,5\ \%}$

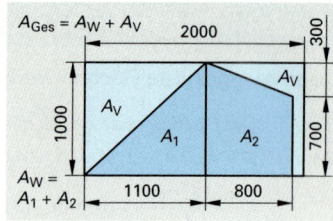

$A_{Ges} = A_W + A_V$

Bild 1: Knotenblech

Verschnitt

$$A_V = A_{Ges} - A_W$$

Verschnitt in %

$$A_{V\%} = \frac{A_{Ges} - A_W}{A_{Ges}} \cdot 100\ \%$$

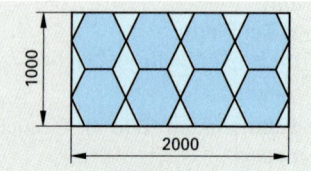

Bild 2: Blechabdeckung

Aufgaben | Verschnitt

1. Blechabdeckung (Bild 2). Aus einer Blechtafel sollen acht 6-eckige Blechabdeckungen mit jeweils einer Fläche von A_W = 21,65 dm^2 ausgeschnitten werden. Der Verschnitt ist in dm^2 und in Prozent zu berechnen.

2. Abschreckbehälter (Bild 3). Die Abdeckung eines Abschreckbehälters aus Cu-Blech ist aus 12 Segmenten gefertigt. Der Verschnitt ist in mm^2 und in Prozent zu berechnen, wenn aus einer Tafel von 1000 mm x 2000 mm zwei Segmente geschnitten werden.

3. Knotenblech (Bild 4). Das Knotenblech ist aus einer Blechtafel 200 mm x 500 mm zu fertigen. Wie groß ist der Verschnitt in dm^2 und in Prozent?

4. Verbindungsblech (Bild 5). Drei Verbindungsbleche sind aus einer vorhandenen Blechtafel 500 mm x 1000 mm auszuschneiden. Der anfallende Verschnitt ist in cm^2 und in Prozent zu berechnen.

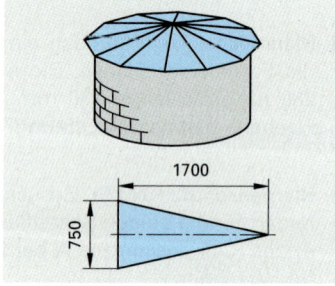

Bild 3: Abschreckbehälter

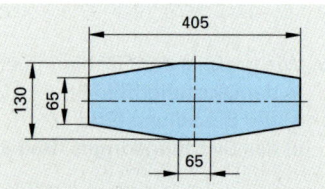

Bild 4: Knotenblech

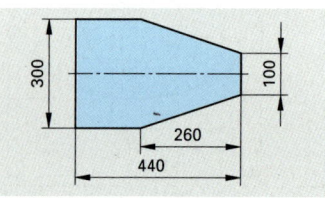

Bild 5: Verbindungsblech

2.19 | Volumen und Masse

2.19.1 | Volumen und Oberfläche

Geometrische Körper werden in gleichdicke, spitze und abgestumpfte Körper sowie in Kugeln eingeteilt.

Bezeichnungen:

V	Volumen, Gesamtvolumen	mm^3		A, A_1	Grundflächen	mm^2
V_1, V_2	Volumen der Teilkörper	mm^3		A_2	Deckfläche	mm^2
A_M	Mantelfläche	mm^2		h	Höhe	mm
A_O	Oberfläche	mm^2				

Grundformen	Volumen, Oberfläche
Gleichdicke Körper	

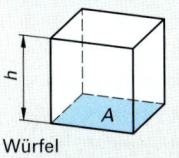 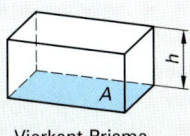 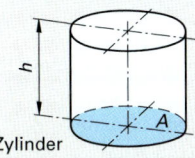

Würfel · Vierkant-Prisma · Zylinder

Volumen
$$V = A \cdot h$$

Oberfläche
$$A_O = 2 \cdot A + A_M$$

Spitze Körper

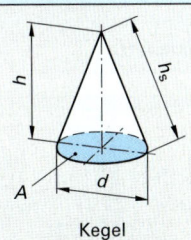 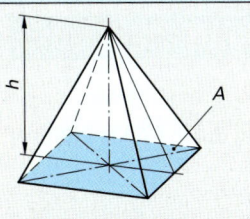

Kegel · Vierkant-Pyramide

Volumen
$$V = \frac{A \cdot h}{3}$$

Mantelfläche beim Kegel
$$A_M = \frac{\pi \cdot d \cdot h_s}{2}$$

Oberfläche
$$A_O = A + A_M$$

Abgestumpfte Körper

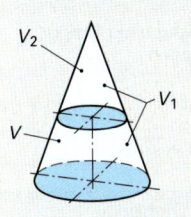 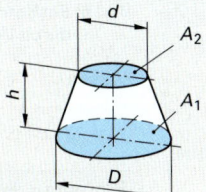 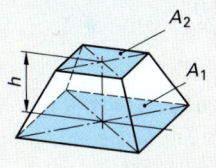

allgemein · Kegelstumpf · Pyramidenstumpf

Volumen
$$V = V_1 - V_2$$

Kegelstumpf-Volumen
$$V = \frac{\pi \cdot h}{12} \cdot (D^2 + d^2 + D \cdot d)$$

Pyramidenstumpf-Volumen
$$V = \frac{h}{3} \cdot (A_1 + A_2 + \sqrt{A_1 \cdot A_2})$$

Oberfläche
$$A_M = A_1 + A_2 + A_M$$

Kugel und Kugelabschnitt

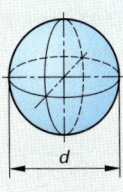 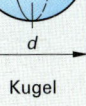 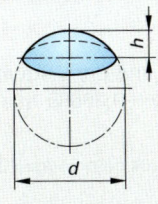

Kugel · Kugelabschnitt

Kugel: Volumen   **Oberfläche**
$$V = \frac{\pi \cdot d^3}{6} \qquad A_O = \pi \cdot d^2$$

Kugelabschnitt:
Volumen   **Mantelfläche**
$$V = \pi \cdot h^2 \cdot \left(\frac{d}{2} - \frac{h}{3} \right) \qquad A_M = \pi \cdot d \cdot h$$

Zusammengesetzte Körper	**vgl. Beispiel Bild 3, Seite 62**

Beispiele: Welches Volumen haben die Körper der Bilder 1 bis 3?

Lösungen:

Achse (Bild 1): Gleichdicker zylindrischer Körper

$$V = A \cdot h = \frac{\pi \cdot d^2}{4} \cdot h$$

$$V = \frac{\pi \cdot (12 \text{ mm})^2}{4} \cdot 30 \text{ mm} = 3393 \text{ mm}^3 = \textbf{3,4 cm}^3$$

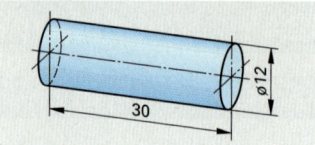

Bild 1: Achse

Behälter (Bild 2): Kegelstumpf

$$V = \frac{\pi \cdot h}{12} \cdot (D^2 + d^2 + D \cdot d)$$

$$= \frac{\pi \cdot 20 \text{ cm}}{12} \cdot (12^2 \text{ cm}^2 + 8^2 \text{ cm}^2 + 12 \text{ cm} \cdot 8 \text{ cm})$$

$$V = \textbf{1591,7 cm}^3$$

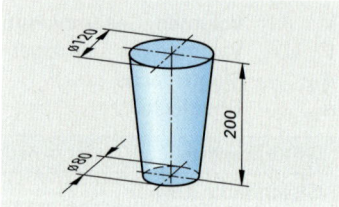

Bild 2: Behälter

Spannpratze (Bild 3): Zusammengesetzter Körper

$$V = V_1 + V_2 - V_3$$
$$= A_1 \cdot h + A_2 \cdot h - A_3 \cdot h = (A_1 + A_2 - A_3) \cdot h$$
$$= \left(38 \text{ mm} \cdot 25 \text{ mm} + \frac{22 \text{ mm} \cdot 25 \text{ mm}}{2} - \frac{\pi \cdot (15 \text{ mm})^2}{4}\right) \cdot 12 \text{ mm}$$
$$= (950 \text{ mm}^2 + 275 \text{ mm}^2 - 176,7 \text{ mm}^2) \cdot 12 \text{ mm}$$
$$V = 12580 \text{ mm}^3 \approx \textbf{12,6 cm}^3$$

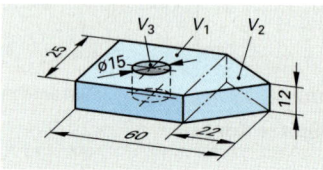

Bild 3: Spannpratze

2.19.2 | Masse und Gewichtskraft

■ Masse

Die Masse (Stoffmenge) eines Körpers kann durch Wiegen **(Bild 4)** oder durch Berechnen bestimmt werden.

Bezeichnungen:

V	Volumen	dm³	m	Masse	kg
$\varrho^{1)}$	Dichte	kg/dm³	g	Fallbeschleunigung	m/s²
G	Gewichtskraft	N			

Die Masse m eines Körpers hängt ab von
- dem Volumen V und
- der Dichte ϱ.

Die Dichte kann Tabellen entnommen werden **(Tabelle 1)**.

Beispiel: Wie groß ist die Masse einer 120 mm langen Stange aus quadratischem Stahl mit 50 mm Kantenlänge?

Lösung: $V = A \cdot h = (0,5 \text{ dm}^2) \cdot 1,2 \text{ dm} = 0,3 \text{ dm}^3$
$m = V \cdot \varrho = 0,3 \text{ dm}^3 \cdot 7,85 \text{ kg/dm}^3 = \textbf{2,355 kg}$

■ Gewichtskraft

Die Gewichtskraft G eines Körpers hängt ab von
- der Masse m und
- von der Fallbeschleunigung g.

Da die Fallbeschleunigung zwischen den Polen und dem Äquator schwankt, wird allgemein mit dem Normwert $g = 9,80665 \text{ m/s}^2 \approx$ 9,81 m/s² gerechnet.

Beispiel: Wie groß ist die Gewichtskraft der Stange aus dem vorigen Beispiel?

Lösung: $G = m \cdot g = 2,355 \text{ kg} \cdot 9,81 \text{ m/s}^2 = 23,1 \text{ kg} \cdot \text{m/s}^2 = \textbf{23,1 N}$

---

1) ϱ griechischer Kleinbuchstabe rho

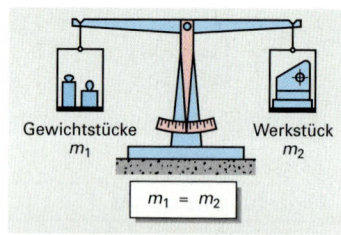

Bild 4: Bestimmung einer Masse durch Wiegen

Masse

$$m = V \cdot \varrho$$

Einheiten der Dichte
feste Stoffe und Flüssigkeiten: 1 g/cm³ = 1 kg/dm³ = 1 t/m³
Gase: 1 g/dm³ = 1 kg/m³

Tabelle 1: Dichte ϱ einiger Stoffe in kg/dm³			
Stoff	Dichte	Stoff	Dichte
Stahl	7,85	Aluminium	2,7
Gusseisen	7,25	Kupfer	8,9
Blei	11,3	Titan	4,5
Gold	19,3	Wasser	1,0

Gewichtskraft

$$G = m \cdot g$$

Aufgaben | Gleichdicke Körper

1. Zylinderstift (Bild 1). Für Zylinderstifte ø 20 x 80 aus Stahl sollen berechnet werden

a) das Volumen eines Stiftes,
b) die Masse von 100 Stiften.

Bei der Berechnung soll das Volumen der Fasen vernachlässigt werden.

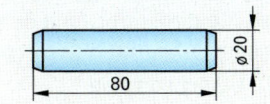

Bild 1: Zylinderstift

2. Gefäß (Bild 2). Ein zylindrisches Gefäß hat einen lichten Durchmesser von 126 mm und eine Füllhöhe von 180 mm.

a) Wie viel Liter fasst das Gefäß?
b) Wie viel m² Blech sind für 12 Gefäße notwendig, wenn für die Bördelung am oberen Rand 15 % zugegeben werden?

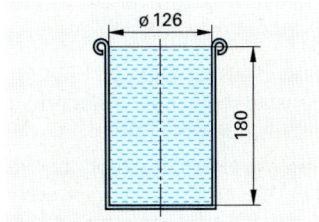

Bild 2: Gefäß

3. Motor (Bild 3). Die vier Zylinder eines Motorrad-Motors in Boxer-Bauweise haben einen Durchmesser von je 75 mm und einen Hub von 68 mm.

Zu berechnen sind
a) der Hubraum des Motors,
b) der restliche Hub des Kolbens bis zum oberen Totpunkt (OT) bei der Zündung 30° vor OT.

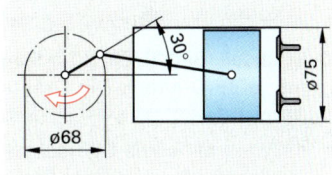

Bild 3: Motor

4. Sägeabschnitte. Von einer 1 m langen Flachstahlstange 45 x 5 werden Werkstücke mit je 150 mm Länge abgesägt.

a) Welches Volumen und welche Masse hat ein Werkstück?
b) Wie viel Werkstücke erhält man, wenn für jeden Sägeschnitt 2 mm berücksichtigt werden müssen?
c) Wie groß ist die Restlänge?

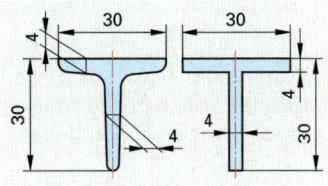

Bild 4: Profile für Gitterrost

5. Gitterrost (Bild 4). Für den Gitterrost einer Waschanlage werden 24 m des gleichschenkligen T-Profils EN 10055 – T30 aus Stahl benötigt.

a) Berechnen Sie die Masse des Profils T30 mithilfe von Profil-Tabellen.
b) Um wie viel Prozent wäre ein scharfkantiges Stahl-Profil (Bild 4) mit gleichen Außenmaßen leichter?

6. Hydraulikzylinder (Bild 5). Für den Hydraulikzylinder einer Presse (Kolbendurchmesser 140 mm, Kolbenstangendurchmesser 100 mm, Hub 500 mm) sind zu berechnen:

a) das für einen Hub beim Ausfahren notwendige Ölvolumen,
b) das Ölvolumen für den Rückhub,
c) das Ölvolumen in l/min, wenn der Kolben dauernd arbeitet und für einen Doppelhub 8 s benötigt.

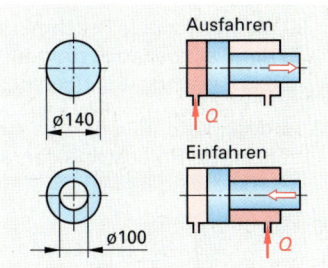

Bild 5: Hydraulikzylinder

7. Führungsschiene (Bild 6). Die obere Schiene der Wälzführung einer Flachschleifmaschine besteht aus gehärtetem Stahl. Sie ist 1200 mm lang und wird durch 12 Schrauben befestigt.

Wie groß ist die Masse der Schiene
a) ohne Schraubenbohrungen,
b) wenn die Schraubenbohrungen berücksichtigt werden?

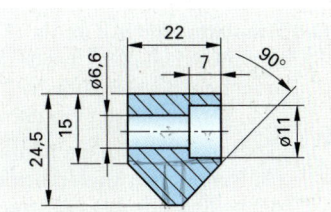

Bild 6: Führungsschiene

8. Achse (Bild 1). Die Achsen zur Lagerung von Laufrädern werden von 105 mm dicken Rundstäben aus C45 abgesägt und danach auf die Fertigmaße d = 100 mm und l = 400 mm bearbeitet. Für die Bearbeitung der beiden Planseiten werden beim Absägen je 1,5 mm zugegeben.

Zu berechnen sind
a) das Volumen des Rohteiles,
b) das Volumen und die Masse des Fertigteiles,
c) der Werkstoffverlust in Prozent des Fertigteiles, wenn auch der 4 mm breite Sägeschnitt berücksichtigt wird.

9. Gliederkette (Bild 2). Eine 15 m lange Rundstahlkette besteht aus 48 mm langen Gliedern, die aus 8 mm dickem Draht hergestellt wurden.

a) Wie viele Glieder bilden diese Kette?
b) Wie groß ist die gestreckte Länge eines Kettengliedes? Bei der Berechnung soll angenommen werden, dass die neutrale Faser in der Mitte des Drahtes liegt.
c) Welche Masse und welche Gewichtskraft besitzt die gesamte Kette?

10. Stahlseil (Bild 3). Ein 20 m langes Stahlseil besteht aus 6 Litzen mit je 19 Drähten. Die Drähte haben einen Durchmesser von 1,6 mm.

a) Wie groß ist die Querschnittsfläche aller Drähte zusammen?
b) Welche Masse hat das Seil ohne Berücksichtigung der Seele?

Bei dieser Rechnung soll berücksichtigt werden, dass durch den Drall des Seiles die Drähte etwa 3% länger sind als die angegebene Seillänge.

11. Napf. Beim Tiefziehen eines Napfes ist die Fläche der runden Blechscheiben genau so groß wie die Summe der Mantel- und Bodenfläche des gezogenen Napfes.

Für einen Napf aus 2 mm dickem Aluminiumblech mit einem Innendurchmesser von 64 mm und einer Höhe von 90 mm sind zu ermitteln

a) der notwendige Durchmesser der runden Blechscheibe,
b) der Blechbedarf in dm^2 und kg,
c) das Fassungsvermögen des Napfes.

12. Abdeckplatte (Bild 4). Aus 4 mm dicken Stahlblechtafeln werden durch Brennschneiden Abdeckplatten herausgeschnitten und beidseitig lackiert.

Wie groß sind
a) die Länge der Schneidkante,
b) die Fläche der Abdeckplatten ohne Schnittfläche,
c) die Masse und die Gewichtskraft von 16 Abdeckplatten?

13. Formplatte (Bild 5). Für die 18 mm dicke Formplatte einer Zahnradpumpe (Seite 282) aus Stahl soll die Masse ermittelt werden. Berechnen Sie vereinfacht die Masse der Formplatte. Dabei sollen vernachlässigt werden

– die Bohrungen für die Schrauben und Stifte,
– die Rundungen an den beiden unteren Ecken,
– die beiden Anschlussstutzen,
– die Bohrungen des Saug- und Druckanschlusses.

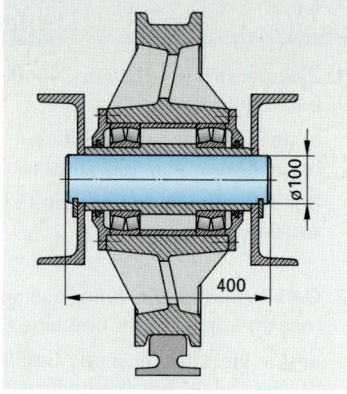

Bild 1: Achse

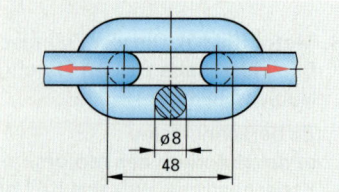

Bild 2: Gliederkette

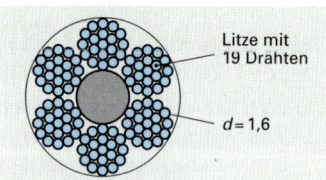

Bild 3: Stahlseil

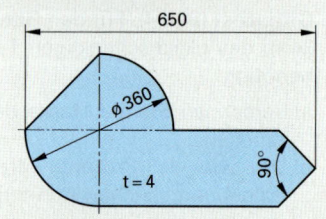

Bild 4: Abdeckplatte

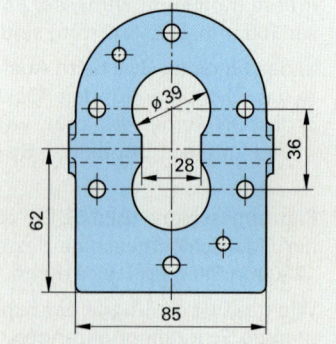

Bild 5: Formplatte

Aufgaben	Längen- und flächenbezogene Masse bei gleichdicken Körpern

Bei der Berechnung der Masse von Stäben, Profilen, Rohren, Drähten und Blechen können Werte aus Tabellen verwendet werden, welche die längenbezogene Masse m' in kg/m bzw. die flächenbezogene Masse m'' in kg/m^2 enthalten.

Bezeichnungen (Bild 1 und Bild 2):

m	Masse	kg	m'	längenbezogene Masse	kg/m
l	Länge	m	m''	flächenbezogene Masse	kg/m^2
A	Fläche	m^2			

Beispiel: Welche Masse hat ein 6,3 m langer Rundstab mit 22 mm Durchmesser aus Stahl?

Lösung: Nach **Tabelle 1** ist m' = 2,98 kg/m
$m = m' \cdot l$ = 2,98 kg/m · 6,3 m = 18,774 kg ≈ **18,8 kg**

1. **Standregal (Bild 3).** Auf einem einseitigen Standregal mit drei Ständern liegen verschiedene Stäbe, Profile und Rohre. Die Belastung der Ebenen 1 bis 4 ist zu berechnen **(Tabelle 1)**.

Tabelle 1: Masseberechnung von Stäben, Profilen, Rohren

Ebene	Bezeichnung	Werkstoff	Stablänge mm	Längenbezog. Masse kg/m	Anzahl Stäbe
1	Rund 22	Stahl	3200	2,98	6
2	Rohr 60 x 3	Stahl	2500	4,22	10
3	Rohr 25 x 1	Kupfer	4000	0,67	60
4	L 60 x 30 x 4	AlMgSi1	2000	0,95	20

2. **Draht.** Um die Länge aufgewickelter Drähte festzustellen, wird die Masse der Drähte durch Wiegen festgestellt **(Tabelle 2)**. Außerdem müssen der Werkstoff und der Durchmesser der Drähte bekannt sein.

Berechnen Sie aus den Werten der Tabelle 2 die Länge der Drähte in den einzelnen Bunden 1 bis 4.

Tabelle 2: Berechnung von Runddrähten

Bund Nr.	Durchmesser in mm	Werkstoff	Masse in kg	m' in kg/1000 m
1	2,5	Stahl	92	38,5
2	0,8	Kupfer	55	4,5
3	1,6	CuZn	12	17,1
4	6,3	Stahl	645	245,0

3. **Verkleidung einer Fräsmaschine (Bild 4).** Für die Verkleidung einer Fräsmaschine wurden die folgenden Werkstoffe verwendet:
2,4 m^2 Stahlblech, 1,5 mm dick
5,8 m^2 Aluminiumblech, 2,0 mm dick
3,2 m^2 PMMA (Plexiglas), 4,0 mm dick

Zu berechnen sind
a) die flächenbezogene Masse von PMMA mithilfe der Dichte ϱ = 1,18 kg/dm^3, wenn keine Tabelle mit dem Wert der flächenbezogenen Masse zur Verfügung steht,
b) die Masse der einzelnen Werkstoffe.

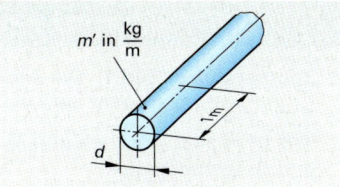
Bild 1: Längenbezogene Masse

Längenbezogene Masse

$$m = m' \cdot l$$

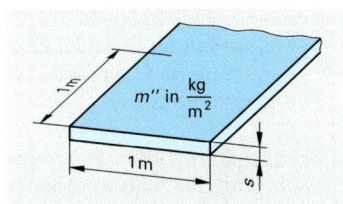
Bild 2: Flächenbezogene Masse

Flächenbezogene Masse

$$m = m'' \cdot A$$

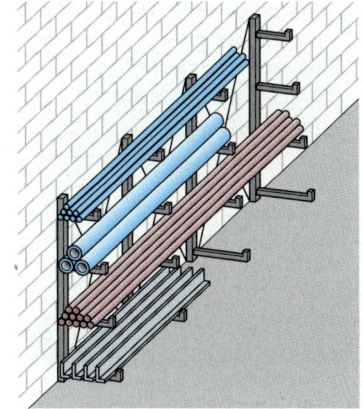
Bild 3: Standregal

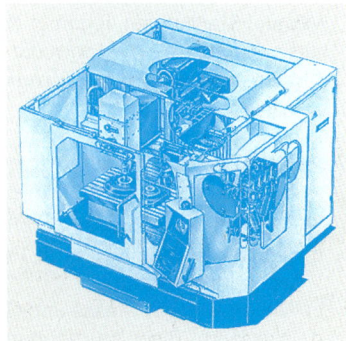
Bild 4: Fräsmaschine

Aufgaben | Spitze und abgestumpfte Körper

1. Zentrierspitze (Bild 1). Die Zentrierspitze für den Reitstock einer Drehmaschine besteht aus Werkzeugstahl.

Wie groß sind Volumen und Masse
a) des Zentrierkegels,
b) des Aufnahmekegels?

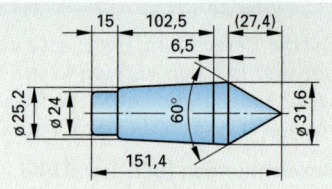

Bild 1: Zentrierspitze

2. Einfülltrichter (Bild 2). Der Einfülltrichter einer Spritzgießmaschine zur Aufnahme der Formmasse besteht aus dem zylindrischen Aufsatz, dem kegeligen Trichter und dem Zuführrohr.

a) Welches Volumen hat der Einfülltrichter, wenn der zylindrische Aufsatz frei bleiben soll?
b) Welche Masse Granulat kann mit dem berechneten Volumen aufgenommen werden, wenn dieses eine Dichte von 0,9 kg/dm³ besitzt?

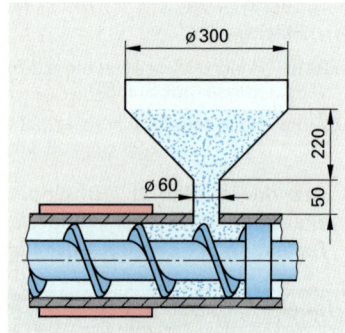

Bild 2: Einfülltrichter

3. Spritzgießform (Bild 3). Die Spritzgießform für eine Reflektorplatte wird durch Senkerodieren hergestellt. Die Platte erhält 120 Formnester (Vertiefungen), wobei jeweils 6 Vertiefungen gleichzeitig mit der Elektrode abgetragen werden.

a) Welches Volumen hat ein solches Formnest?
b) Wie lange dauert das Erodieren aller Vertiefungen, wenn die Abtragleistung der Erodiermaschine 80 mm³/min beträgt?

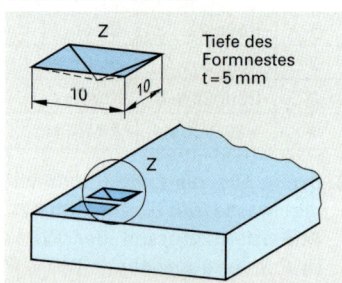

Bild 3: Spritzgießform

4. Kippmulde (Bild 4). Eine Kippmulde zur Aufnahme von Stahlspänen besteht aus 5 mm dickem Stahlblech. Zwei gegenüberliegende Wände sind geneigt, die anderen beiden stehen senkrecht auf der Bodenfläche.

a) Berechnen Sie das Füllvolumen bis zum oberen Rand.
b) Welche Masse hat das Blech der Mulde?

5. Zylinderstift (Bild 5). Gesucht sind die Masse und die Gewichtskraft von 200 Zylinderstiften ISO 2338 – 20 x 100 – St.

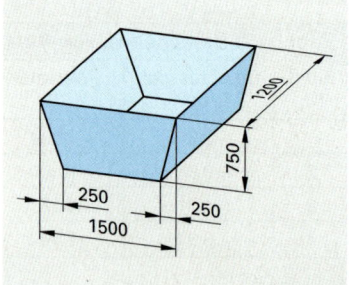

Bild 4: Kippmulde

Aufgaben | Kugeln

6. Wälzlagerkugeln. Bei Wälzlagerkugeln kann, wie bei vielen anderen Kleinteilen auch, eine bestimmte Stückzahl durch Wiegen bestimmt werden.

Wieviel Stahlkugeln liegen in der Waagschale, wenn
a) bei Kugeln mit d = 4 mm die Masse m = 1263 g,
b) bei Kugeln mit d = 1,6 mm die Masse m = 8,6 g angezeigt wird?

7. Gasbehälter. Ein kugelförmiger Gasbehälter hat eine Volumen von 20000 m³.

a) Wie groß ist sein Innendurchmesser?
b) Wieviel m² Stahlblech mit 19 mm Dicke werden für die Kugelwandung benötigt?
c) Wie groß ist die Masse und Gewichtskraft der Kugelwandung?
d) Wieviel m² Blech würde man für einen würfelförmigen Behälter mit gleichem Inhalt benötigen?

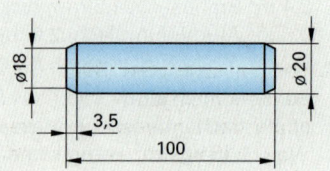

Bild 5: Zylinderstift

Aufgaben | Zusammengesetzte Körper

1. Gleitlagerbuchse (Bild 1). Die abgebildete Gleitlagerbuchse mit Bund besteht aus dem Gleitlagerwerkstoff CuSn10P. Dieser hat die Dichte ϱ = 8,7 kg/dm³. Bei der folgenden Berechnung sollen die Fasen und der Freistich nicht berücksichtigt werden.

Wie groß sind
a) das Volumen der Buchse,
b) die Masse von 10 Buchsen?

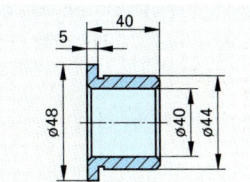

Bild 1: Gleitlagerbuchse

2. Befestigungsleiste. Aus blankem Flachstahl 65 x 15 werden 200 mm lange Befestigungsleisten hergestellt. Für die Bearbeitung der Stirnseiten wird beim Absägen 1 mm je Seite zugegeben. Die Leiste erhält 5 Bohrungen mit je 18 mm Durchmesser und eine rechteckige Aussparung 25 x 35 mm.

Zu berechnen sind
a) das Volumen des Rohteiles,
b) die Masse der fertigen Leiste,
c) der Werkstoffverlust in % des Fertigteiles.

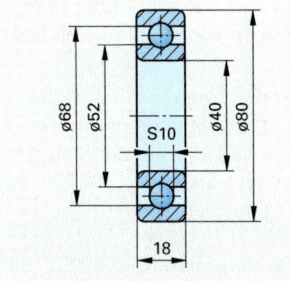

3. Wälzlager (Bild 2). Das Wälzlager DIN 625 – 6208 aus Wälzlagerstahl (ϱ = 7,85 kg/dm³) besteht aus den beiden Laufringen, den Kugeln und dem Käfig. Bei der Berechnung der Masse des Lagers sollen die Radien, die Laufrillen und der Käfig vernachlässigt werden.

Welche Masse haben
a) der Außenring,
b) der Innenring,
c) die 13 Kugeln?

Bild 2: Wälzlager

4. Deckel (Bild 3). Der abgebildete Deckel eines Pneumatikzylinders aus der Aluminium-Knetlegierung EN AW-AlMg2 wird aus einem 14 mm dicken quadratischen Abschnitt 105 x 105 mm spanend hergestellt.

a) Welche Masse haben Rohteil und Fertigteil?
b) Wieviel Prozent weniger Werkstoffverlust würde sich ergeben, wenn ein Strangpressprofil 100 x 100 mit den fertigen Radien R15 zur Verfügung stehen würde?

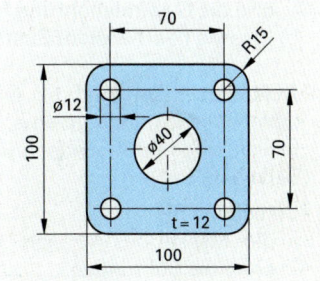

Bild 3: Deckel

5. Gabelkopf (Bild 4). Der Gabelkopf eines Hydraulikzylinders wird aus blankem Vierkantstahl □ 20 mm hergestellt.
Zu berechnen sind

a) das Volumen und die Masse des Rohteiles, wenn für die Bearbeitung der beiden Stirnseiten zur Länge von 45 mm je 1 mm zugegeben wird,
b) das Volumen und die Masse des fertigen Gabelkopfes. Bei dieser Berechnung sollen die beiden Fasen vernachlässigt werden.

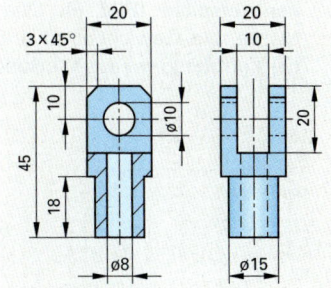

Bild 4: Gabelkopf

6. Verschlussstopfen (Bild 5). Stopfen zum Verschließen von Gewindebohrungen werden aus Rundstahlabschnitten ohne Werkstoffverlust gepresst und anschließend mit Gewinde versehen. Welche Länge muss der Rundstahl-Abschnitt mit 21 mm Durchmesser haben? Alle Abrundungen sollen vernachlässigt werden.

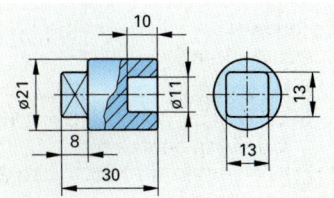

Bild 5: Verschlussstopfen

7. Ventil (Bild 1). Beim Fließpressen von Ventilen tritt kein Werkstoffverlust ein.

a) Welches Volumen hat das Ventil?
b) Wie lang muss das runde Ausgangsstück mit 42 mm Durchmesser sein?

8. Laufrolle (Bild 2). Wie groß ist die Masse der Rolle aus Stahl ohne Berücksichtigung der Gewindebohrungen, Fasen und Freistiche?

9. Hülse (Bild 3). Für die Hülse soll der Werkstoffbedarf bei spanender Fertigung mit der beim Fließpressen verglichen werden.

Dazu sind zu berechnen
a) das Volumen des Rohteiles (ø 66 x 67) für die spanende Fertigung,
b) das Volumen der fließgepressten Hülse,
c) die Länge des runden Rohteiles (ø 45) für das Fließpressen.

10. Spannpratze (Bild 4). Für die Spannpratze aus
● C55E soll die Masse berechnet werden
a) ohne die Nut 10 x 37, die Ausfräsung 14 x 48 und die Gewindebohrung M12,
b) in fertig bearbeitetem Zustand.

11. Aufspannwinkel (Bild 5). Die Elemente fle-
● xibler Vorrichtungssysteme, z.B. Aufspannwinkel, sind mit Gewinde- und Passbohrungen versehen.

Berechnen Sie
a) die Masse des Winkels aus EN-GJL-250 ohne die Bohrungen,
b) die Masse des Winkels mit Bohrungen.

12. Zentrierspitze (Bild 6). Wie groß sind die
● Masse, die Gewichtskraft und die Oberfläche der Zentrierspitze aus Werkzeugstahl?

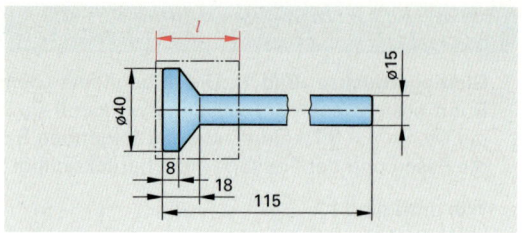

Bild 1: Ventil

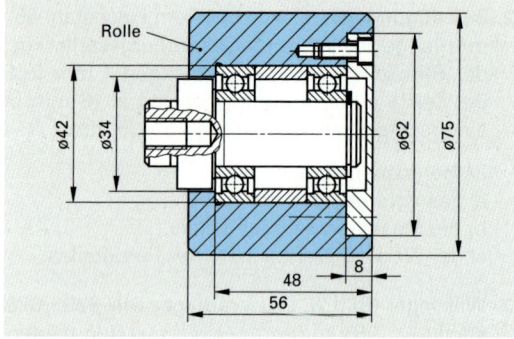

Bild 2: Laufrolle

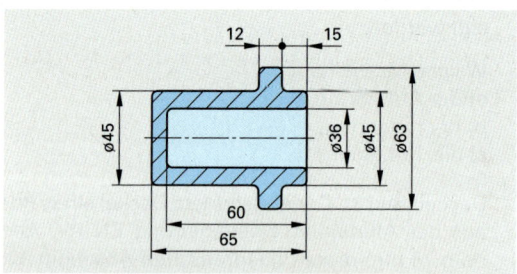

Bild 3: Fließgepresste Hülse

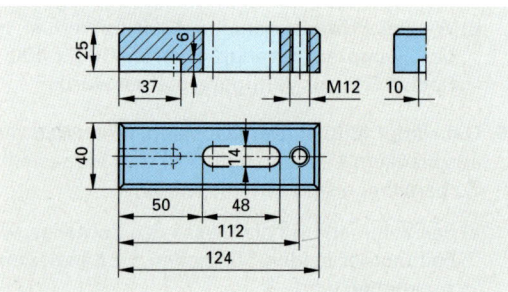

● **Bild 4: Spannpratze**

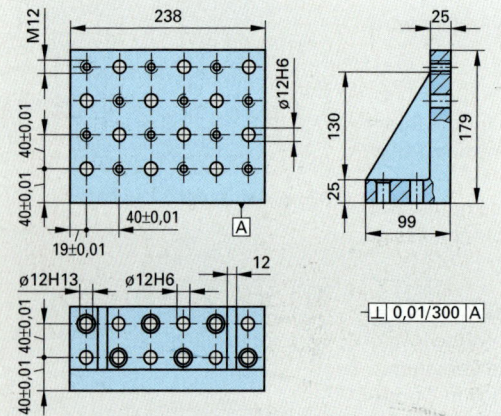

● **Bild 5: Aufspannwinkel**

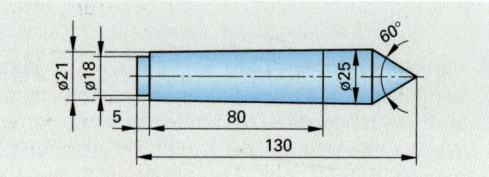

● **Bild 6: Zentrierspitze**

2.20 | Schaubilder

Mit Schaubildern können z.B. zeitliche Änderungen einer Größe, prozentuale Aufteilungen oder Funktionen anschaulich dargestellt werden. Man unterscheidet dabei im Wesentlichen Flächenstreifen-Schaubilder, Kreis-Schaubilder und Liniendiagramme.

2.20.1 | Flächenstreifen-Schaubild

Durch Flächenstreifen-Schaubilder können besonders die zeitlichen Änderungen wirtschaftlicher Größen verdeutlicht werden.

Beispiel: Die monatliche Motorenproduktion einer Firma über ein Jahr ist im Flächenstreifen-Schaubild **Bild 1** dargestellt.

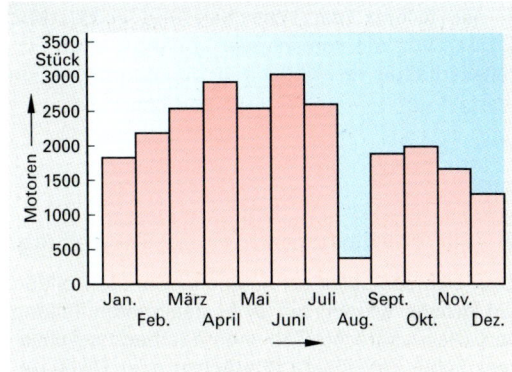

Bild 1: Flächenstreifen-Schaubild

2.20.2 | Kreis – Schaubild

Kreis-Schaubilder eignen sich vor allem zur übersichtlichen Darstellung der Aufteilung eines Ganzen in seine Anteile **(Bild 2)**.

1. Beispiel: Die Legierungsbestandteile eines Schnellarbeitsstahles sind im Kreis-Schaubild darzustellen. Dabei sind Fe = 67,35 %, W = 10 %, Co = 10 %, Mo = 4 %, Cr = 4 %, V = 3 %, C = 1,25 %, Si = 0,4 %.

Lösung: Die Größe der Kreissektoren muss entsprechend den gegebenen Prozentsätzen ermittelt werden.

Dabei entsprechen
100 % Bestandteile 360°

1 % Bestandteile $\dfrac{360°}{100}$

67,35 % Bestandteile $\dfrac{360° \cdot 67,35}{100} = 242,5°$

Entsprechend ergeben sich für die anderen Legierungselemente die folgenden Zentriwinkel:

W	10 % ≙ 36°	V	3 % ≙ 10,8°
Co	10 % ≙ 36°	C	1,25 % ≙ 4,5°
Mo	4 % ≙ 14,4°	Si	0,4 % ≙ 1,44°
Cr	4 % ≙ 14,4°		

2. Beispiel: Die Anteile der an der Erzeugung elektrischer Energie der Bundesrepublik Deutschland beteiligten Energieträger sind in einem Kreis-Schaubild darzustellen. Dabei entfallen auf Öl 43,3 %, auf Steinkohle 20,1 %, auf Erdgas 14,9 %, auf Kernkraft 10,1 %, auf Braunkohle 8,6 % und auf Wasserkraft, Windkraft und Solarenergie 3,0 %.

Lösung: **Bild 3.**

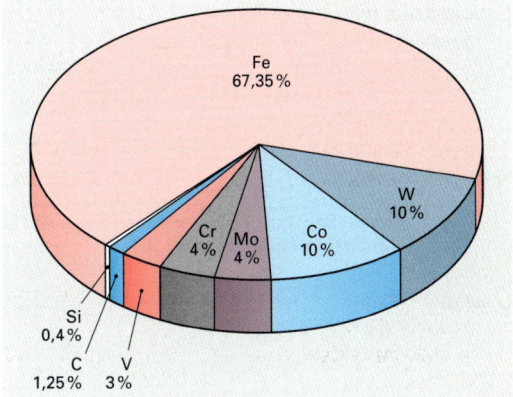

Bild 2: Kreis-Schaubild

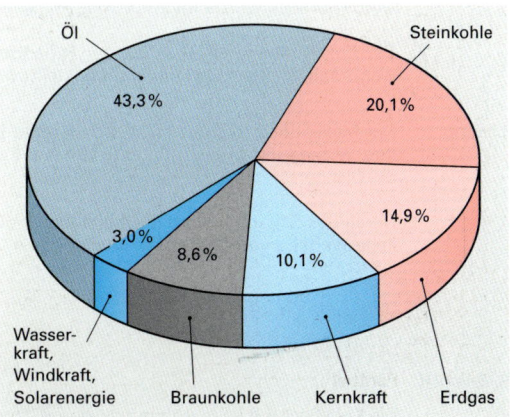

Bild 3: Energieträger

2.20.3 | Grafische Darstellungen von Funktionen

In der Technik, der Wirtschaft und in der Mathematik kommen Größen vor, die voneinander abhängig sind. Für dieses Abhängigkeitsverhältnis verwendet man den Begriff der **Funktion**.

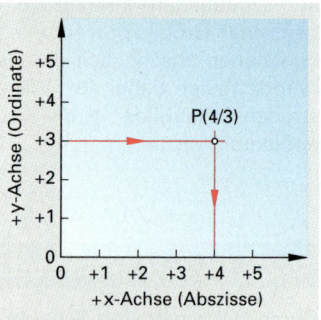

Bild 1: Koordinatensystem

■ Das Koordinatensystem zur Darstellung von Funktionen

Zwei sich senkrecht schneidende Geraden bilden ein **Achsenkreuz**. Die Achsen werden mit einer geeigneten Teilung (Maßstab) versehen. Die waagrechte Zahlengerade heißt **x-Achse** oder **Abszisse**, die senkrechte Zahlengerade **y-Achse** oder **Ordinate**. Beide zusammen bilden das **Koordinatensystem (Bild 1)**. Der Schnittpunkt der Achsen ist der Koordinatenanfang, man bezeichnet ihn auch als Nullpunkt oder Ursprung. Die Lage eines Punktes im rechtwinkligen Koordinatensystem ist durch zwei Werte (Koordinaten) eindeutig bestimmt. Der x-Wert wird zuerst genannt, der y-Wert folgt durch einen Schrägstrich getrennt.

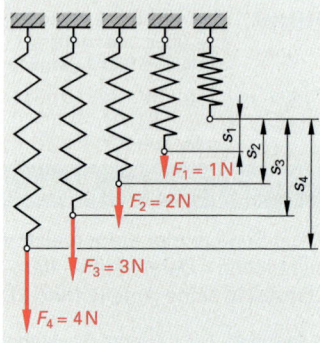

Bild 2: Federweg

1. Beispiel: P (4/3)

Der Punkt P hat von der y-Achse einen Abstand x = 4 und von der x-Achse einen Abstand y = 3.

Lösung: **Bild 1**

Tabelle 1: Messreihe			
Bezeichnung der Punkte	Federkraft F in N	Federweg s in mm	Koordinaten der Punkte
P_0	0	0	(0/0)
P_1	1,0	33	(1/33)
P_2	2,0	66	(2/66)
P_3	3,0	99	(3/99)
P_4	4,0	132	(4/132)

2. Beispiel: **Gerade**

Bei einer Schraubenfeder ist der Federweg s von der dehnenden Federkraft F abhängig **(Bild 2)**.

Durch Versuch wurde folgende Messreihe ermittelt **(Tabelle 1)**:

Der Zusammenhang zwischen der Federkraft F und dem Federweg s soll in einem Schaubild dargestellt werden.

Lösung: Die Messpunkte werden in das Schaubild **Bild 3** eingezeichnet. Ihre Verbindungslinie ergibt eine Gerade. F bildet die Abszisse, s die Ordinate.

Durch das Schaubild wird die Abhängigkeit (Proportionalität) des Federweges s von der Federkraft F deutlich.

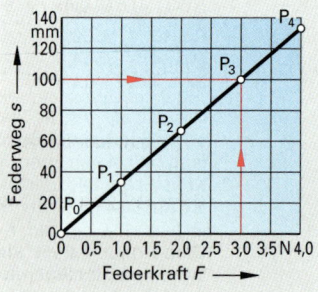

Bild 3: Federkennlinie

3. Beispiel: **Parabel**

Die Kreisfläche A ist in Abhängigkeit vom Durchmesser d grafisch darzustellen.

Lösung: Für verschiedene Werte für den Durchmesser d berrechnet man die zughörige Kreisfläche $A = \frac{\pi}{4} \cdot d^2$ **(Tabelle 1)**.

Setzt man z.B. für d den Wert 1 mm ein, so erhält man:

$$A = \frac{\pi \cdot 1^2 \, mm^2}{4} = 0{,}785 \, mm^2 \approx 0{,}8 \, mm^2.$$

Dem Durchmesser $d = 1$ mm ist die Fläche $A = 0{,}8 \, mm^2$ zugeordnet. Durch das Wertepaar (1/0,8) ist der Punkt P_2 im Koordinatensystem festgelegt **(Bild 1)**.

A und d bilden bei diesem Beispiel die beiden Koordinatenachsen. Wenn man die eingezeichneten Punkte verbindet, erhält man als Schaubild der Funktion

$A = \frac{\pi}{4} \cdot d^2$ eine Parabel.

In der Technik müssen häufig Werte aus Schaubildern abgelesen werden.

4. Beispiel: Für den Durchmesser $d = 2{,}6$ mm ist der Wert für die Kreisfläche A aus dem Bild 1 abzulesen.

Lösung: Man zieht im Abstand $d = 2{,}6$ mm eine Parallele zur Ordinate. Durch den so gefundenen Schnittpunkt mit der Parabel zieht man eine Parallele zur Abszisse und liest auf der y-Achse den zugehörigen Wert **$A = 5{,}3 \, mm^2$** ab.

5. Beispiel: Für die Kreisfläche $A = 27{,}5 \, mm^2$ ist der zugehörige Durchmesser d aus dem Bild 1 zu bestimmen.

Lösung: Man sucht den Punkt $A = 27{,}5 \, mm^2$ auf der y-Achse und legt durch ihn eine Parallele zur x-Achse. Durch den Schnittpunkt mit der Parabel zieht man eine Parallele zur y-Achse und erhält auf der x-Achse den zugehörigen Wert **$d = 5{,}9$ mm**.

6. Beispiel: **Hyperbel**

4 Facharbeiter erledigen einen Auftrag in 300 Stunden. Beim Einsatz von mehr Facharbeitern verringert sich die Zeit. In einem Schaubild ist die Auftragszeit in Abhängigkeit von der Zahl der Facharbeiter dazustellen.

Lösung: Die einzelnen Zeiten werden nach folgendem Ansatz errechnet:

1 Facharbeiter braucht $300 \, h \cdot 4 = 1200 \, h$

6 Facharbeiter brauchen $\frac{300 \, h \cdot 4}{6} = 200 \, h$

Wenn man die errechneten Wertepaare in das Koordinatensystem einzeichnet und miteinander verbindet, erhält man eine Hyperbel **(Bild 2)**.

Tabelle 1: Kreisfläche A in Abhängigkeit vom Durchmesser d

Punkte	P_1	P_2	P_3	P_4	P_5	P_6	P_7
d in mm	0	1	2	3	4	5	6
A in mm^2	0	0,8	3,1	7,1	12,6	19,6	28,3

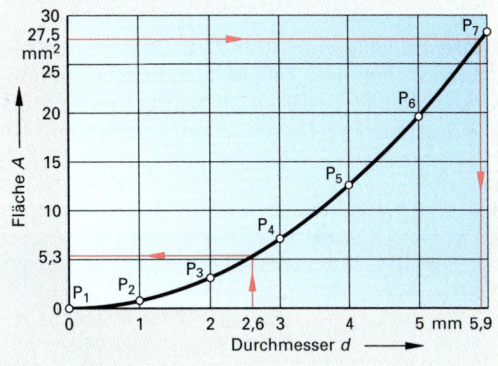

Bild 1: Parabel

Tabelle 2: Auftragszeit in h

Anzahl der Facharbeiter	1	2	3	4	5	6	7	8	9	10
Auftragszeit	1200	600	400	300	240	200	171	150	133,3	120

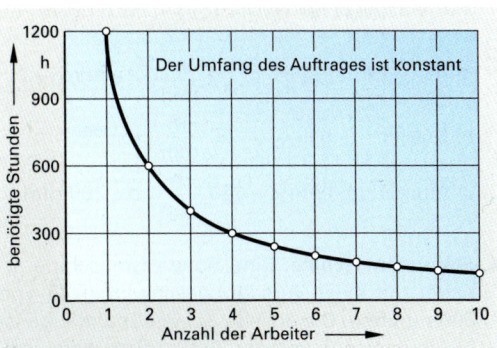

Bild 2: Hyperbel

Hyperbeltafeln finden wenig Anwendung, weil ihre Aufstellung zeitraubend und umständlich ist. Durch die Verwendung logarithmisch geteilter Achsen wird die Hyperbel zu einer Linie gestreckt (**Bild 1**).

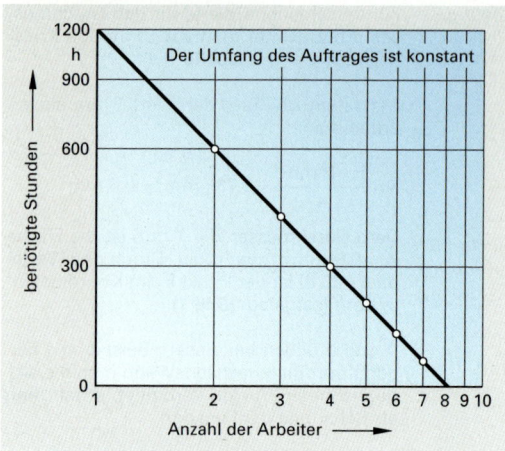

Bild 1: Logarithmisch geteilte Achsen

Aufgaben | Grafische Darstellungen von Funktionen

1. **Drehzahldiagramm (Bild 2).** In Bauteile aus den Werkstoffen nach **Tabelle 1** sind Löcher zu bohren. Mithilfe des Drehzahldiagramms sind die einzustellenden Drehzahlen zu bestimmen.

Tabelle 1: Drehzahlbestimmung		
Werkstoff	Durch-messer d	Schnittge-schwindigkeit v_c
Baustahl	15 mm	$35 \frac{m}{min}$
CuZn	20 mm	$60 \frac{m}{min}$
Gusseisen	60 mm	$25 \frac{m}{min}$
Thermoplaste	20 mm	$32 \frac{m}{min}$

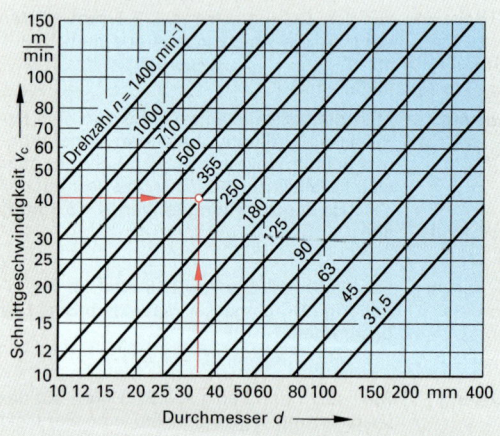

Bild 2: Drehzahldiagramm

2. **Kreisumfang.** Der Kreisumfang $U = \pi \cdot d$ ist grafisch für den Durchmesserbereich $d = 0$ mm bis $d = 50$ mm darzustellen.

3. **Drehzahl (Bild 3).** An einer Werkzeugmaschine ist das Schaubild angebracht. Für die Werkstoffe a) bis c) ist die Drehzahl n abzulesen.

a) Baustahl   bei $v_c = 30 \frac{m}{min}$, $d = 100$ mm

b) Kupfer   bei $v_c = 60 \frac{m}{min}$, $d = 25$ mm

c) Aluminium bei $v_c = 120 \frac{m}{min}$, $d = 100$ mm

4. **Schweißmaschine.** Eine Schweißmaschine arbeitet mit einer Vorschubgeschwindigkeit von 300 mm/min. Die erzielte Schweißnahtlänge ist in Abhängigkeit von der Zeit grafisch darzustellen.

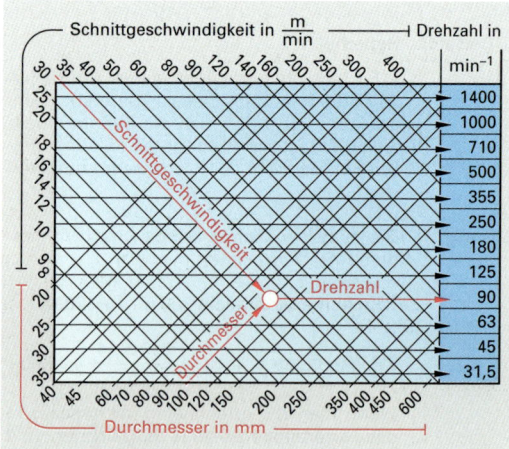

Bild 3: Schaubild

3 | Maschinen- und Gerätetechnik

3.1 | Bewegungslehre

Bewegungen unterscheiden sich in ihrer Richtung und in der Art ihrer Geschwindigkeit. Die Richtung der Bewegung kann geradlinig oder kreisförmig, die Geschwindigkeit gleichförmig (konstant) oder ungleichförmig (beschleunigt) sein.

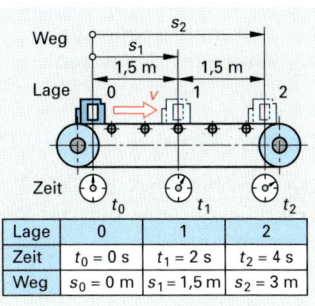

Lage	0	1	2
Zeit	$t_0 = 0$ s	$t_1 = 2$ s	$t_2 = 4$ s
Weg	$s_0 = 0$ m	$s_1 = 1,5$ m	$s_2 = 3$ m

Bild 1: Förderband

3.1.1 | Gleichförmige Bewegung

Geradlinige konstante Bewegung

Bezeichnungen:

v Geschwindigkeit m/s
s Weg m
t Zeit s

Die auf einer Transferstraße bearbeiteten Motorblöcke werden mit einem Förderband abtransportiert (**Bild 1**). Der Bewegungsablauf wird mit einem Schreiber in einem Weg-Zeit-Diagramm (**Bild 2**) aufgezeichnet. In gleichen Zeitabständen werden jeweils gleiche Wege zurückgelegt. Die Bewegung ist gleichförmig.
Die Geschwindigkeit v ist der in einer Zeiteinheit t zurückgelegte Weg s. Sie ist für die gesamte Bewegung konstant (**Bild 3**).

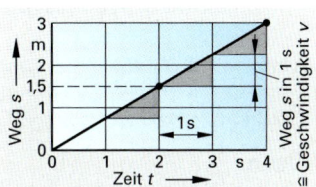

Bild 2: Weg-Zeit-Schaubild

Beispiel: Aus den Weg- und Zeitangaben in **Bild 1** ist die Geschwindigkeit zu berechnen.

Lösung: $v = \dfrac{s}{t}$; $v = \dfrac{s_1}{t_1} = \dfrac{1,5 \text{ m}}{2 \text{s}} = 0,75 \; \dfrac{\text{m}}{\text{s}}$

oder:

$v = \dfrac{s_2}{t_2} = \dfrac{3,0 \text{ m}}{4 \text{ s}} = 0,75 \; \dfrac{\text{m}}{\text{s}}$

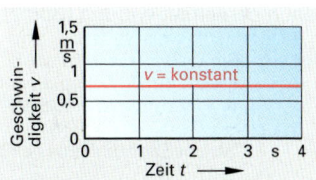

Bild 3: Geschwindigkeits-Zeit-Schaubild

Geschwindigkeit, Durchschnittsgeschwindigkeit

$$v = \frac{s}{t}$$

■ Durchschnittsgeschwindigkeit

Die meisten Bewegungsabläufe haben keine konstante Geschwindigkeit. Sie sind ungleichförmig. Zur Vereinfachung der Rechnung und für den praktischen Gebrauch genügt es oft, den Verlauf einer solchen Bewegung als gleichförmig anzunehmen und mit einer Durchschnittsgeschwindigkeit zu rechnen (**Bild 4**).

Einheiten

$$1\frac{\text{m}}{\text{s}} = 60 \; \frac{\text{m}}{\text{min}} = 3,6 \; \frac{\text{km}}{\text{h}}$$

Beispiel: Ein Auszubildender fährt mit seinem Leichtkraftrad von der Ausbildungsstelle nach Hause. Dabei hat sich der Kilometerstand von 5621,1 km auf 5645,4 km erhöht. Für den zurückgelegten Weg benötigte er eine Fahrtzeit von 26 Minuten. Welche Durchschnittsgeschwindigkeit erreichte der Auszubildende bei seiner Heimfahrt (**Bild 4**)?

Lösung: $v = \dfrac{s}{t} = \dfrac{5645400 \text{ m} - 5621100 \text{ m}}{26 \cdot 60 \text{ s}} = \dfrac{24300 \text{ m}}{1560 \text{ s}}$

$= 15,58 \; \dfrac{\text{m}}{\text{s}} = \mathbf{56 \; \dfrac{\text{km}}{\text{h}}}$

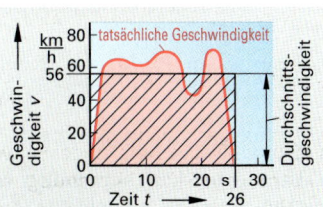

Bild 4: Durchschnittsgeschwindigkeit

■ Vorschubgeschwindigkeit

Bezeichnungen:

v_f Vorschubgeschwindigkeit   mm/min f Vorschub   mm
f_z Vorschub je Schneide   mm n Drehzahl   1/min
z Anzahl der Schneiden   - P Steigung   mm

Drehen, Bohren, Senken, Reiben

Die Vorschubgeschwindigkeit v_f in mm/min ergibt sich aus dem Vorschub f in mm, den das Werkzeug oder das Werkstück je Umdrehung zurücklegt und aus der eingestellten Drehzahl n in 1/min **(Bild 1)**.

Beispiel: An einer Drehmaschine sind der Vorschub f = 0,3 mm und die Spindeldrehzahl n = 450/min eingestellt. Wie groß ist die Vorschubgeschwindigkeit v_f des Drehmeißels?

Lösung: $v_f = n \cdot f = 450\,\dfrac{1}{min} \cdot 0{,}3\;mm = \mathbf{135}\;\dfrac{\mathbf{mm}}{\mathbf{min}}$

Fräsen

Beim Fräsen kann die Vorschubgeschwindigkeit v_f auch aus dem Vorschub f_z je Schneide, der Anzahl z der Schneiden und der Drehzahl n berechnet werden **(Bild 2)**.

Beispiel: Ein Walzenfräser mit z = 8 Zähnen ist bei einem Vorschub f_z = 0,2 mm je Schneide und mit einer Vorschubgeschwindigkeit v_f = 72 mm/min eingesetzt.

Welche Drehzahl muss eingestellt werden?

Lösung: $v_f = n \cdot f_z \cdot z;$

$$n = \frac{v_f}{f_z \cdot z} = \frac{72\,\dfrac{mm}{min}}{0{,}2\;mm \cdot 8} = \mathbf{45}\;\dfrac{\mathbf{1}}{\mathbf{min}}$$

Gewindespindel

Bei Antrieben über eine Gewindespindel errechnet sich die Vorschubgeschwindigkeit v_f aus der Steigung P des Gewindes und der Drehzahl n **(Bild 3)**.

Beispiel: An einer Werkzeugmaschine wird der Universaltisch durch einen Kugelgewindetrieb bewegt. Die Kugelgewindespindel hat eine Steigung P = 8 mm und eine Drehzahl n = 70/min. Welche Vorschubgeschwindigkeit v_f erhält der Tisch?

Lösung: $v_f = n \cdot P = 70 \cdot \dfrac{1}{min} \cdot 8\;mm = \mathbf{560}\;\dfrac{\mathbf{mm}}{\mathbf{min}}$

Vorschubgeschwindigkeit beim Zahnstangentrieb, siehe Seite 87.

Während bei konventionellen Maschinen die Vorschubgeschwindigkeit durch die eingestellte Drehzahl n und die Steigung der Gewindespindel bestimmt wird, kann sie bei NC-Maschinen häufig direkt im Programm vorgeschrieben werden.

**Vorschubgeschwindigkeit
Drehen, Bohren, Senken, Reiben**

$$v_f = n \cdot f$$

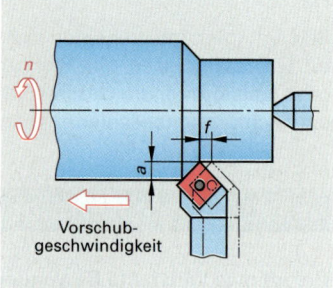

Bild 1: Drehen

**Vorschubgeschwindigkeit
Fräsen**

$$v_f = n \cdot f_z \cdot z$$

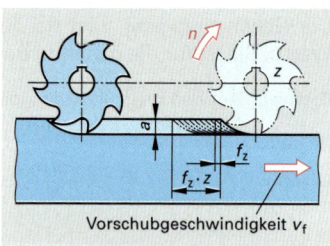

Bild 2: Fräsen

**Vorschubgeschwindigkeit
Gewindespindel**

$$v_f = n \cdot P$$

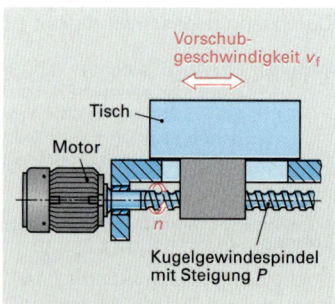

Bild 3: Gewindespindel

Aufgaben | Gleichförmige Bewegung

1. Hubgeschwindigkeit. Die Hebebühne einer Reparaturwerkstatt hebt einen Pkw in 11 s auf 1,80 m Höhe. Wie groß ist die Hubgeschwindigkeit der Hebebühne?

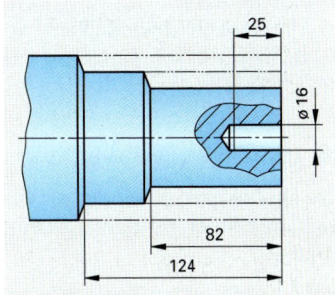

2. Höhenunterschied. Der Personenaufzug in einem Hochhaus fährt mit einer Geschwindigkeit v = 204 m/min. Welchen Höhenunterschied legt er in 13,6 s zurück?

3. Welle (Bild 1). Die Welle soll auf eine Länge von 124 mm und auf eine Länge von 82 mm in je einem Schnitt mit f = 0,8 mm bei einer Drehzahl n = 280/min geschruppt werden. Anschließend wird die Bohrung mit v_c = 8 m/min und n = 160/min gerieben. Wie groß sind

a) die Vorschubgeschwindigkeit beim Schruppen,
b) die Gesamtzeit für die beiden Schruppvorgänge,
c) die Vorschubgeschwindigkeit beim Reiben mit f = 0,4 mm?

Bild 1: Welle

4. Kastenprofil (Bild 2). Auf einem Schweißautomaten werden U-Profile DIN 1026 U 80 mit v_f = 0,3 m/min zu einem Kastenprofil verschweißt. Die Wege zwischen den Schweißnähten werden im Eilgang mit v_f = 5 m/min überbrückt.
Wie lange benötigt der Schweißautomat zur Fertigstellung einer Profilseite?

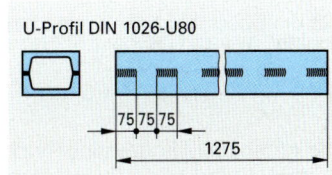

Bild 2: Kastenprofil

5. Drehzahlberechnung. Ein Fräser mit 8 Zähnen arbeitet mit einer Drehzahl n = 240/min. Er wird durch einen anderen Fräser mit 6 Zähnen ersetzt. Der Vorschub je Schneide mit f_z = 0,08 mm und die Vorschubgeschwindigkeit sollen gleich bleiben.
Welche Drehzahl muss für den Fräser eingestellt werden?

6. Grundlochbohrung (Bild 3). An einer Bohrmaschine werden folgende Werte eingestellt: Drehzahl 710/min, Vorschub 0,12 mm.

a) Wie groß ist die Vorschubgeschwindigkeit in mm/min?
b) Welche Zeit wird zum Bohren einer 63 mm tiefen Grundlochbohrung benötigt, wenn für den Anschnitt l_s = 3 mm und für den Anlauf l_a = 2 mm berücksichtigt werden sollen?
c) Wie viele Bohrungen können in einer Stunde hergestellt werden, wenn für Rückweg, Spannen und sonstige Nebenzeiten 15 % Zeitzuschlag angesetzt werden?

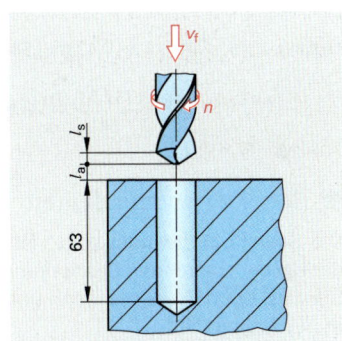

Bild 3: Grundlochbohrung

7. Laufkran (Bild 4). Ein Laufkran bewegt eine Last senkrecht nach oben und gleichzeitig in waagerechter Richtung. Die Hubgeschwindigkeit beträgt v_H = 6,3 m/min, die Geschwindigkeit in waagerechter Richtung v_W = 19 m/min.

a) Wie groß ist die resultierende Geschwindigkeit v, mit der die Last bewegt wird?
b) Welchen Weg legt die Last in 24 s zurück?
c) Unter welchem Winkel α zur Horizontalen bewegt sich die Last nach oben?

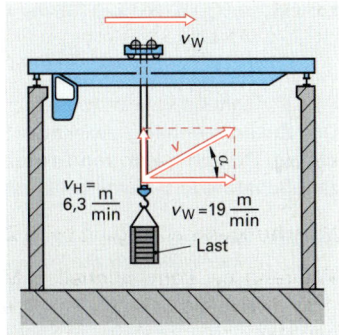

● **Bild 4: Laufkran**

Kreisförmige Bewegung

Bezeichnungen:

d Durchmesser   m z Anzahl der
v Umfangsgeschwindigkeit   m/s   Umdrehungen   –
v_c Schnittgeschwindigkeit   m/min n Drehzahl   1/min

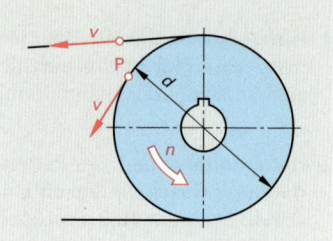

Bild 1: Umfangsgeschwindigkeit

■ Umfangsgeschwindigkeit

Die Umfangsgeschwindigkeit v ist der Weg s, den ein Punkt P eines sich drehenden Körpers, z.B. einer Scheibe, in der Zeit t zurücklegt **(Bild 1)**.

Bei gleichförmigen Bewegungen gilt für die Geschwindigkeit $v = \dfrac{s}{t}$

Umfangsgeschwindigkeit

$$v = \pi \cdot d \cdot n$$

Der Weg s eines Umfangspunktes ist
- bei einer Umdrehung: $s = U = \pi \cdot d$
- bei z Umdrehungen: $s \cdot z = \pi \cdot d \cdot z$
Für die Geschwindigkeit v gilt bei z Umdrehungen

$$v = \frac{\pi \cdot d \cdot z}{t} = \pi \cdot d \cdot \frac{z}{t} = \pi \cdot d \cdot n$$

Die Anzahl der Umdrehungen z in der Zeiteinheit t bezeichnet man als Drehzahl n.

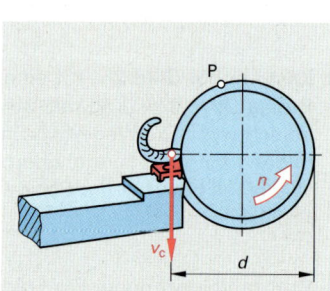

Bild 2: Schnittgeschwindigkeit

Beispiel: Eine Riemenscheibe mit d = 420 mm Durchmesser hat eine Drehzahl n = 540 / min.
Wie groß ist die Umfangsgeschwindigkeit in m/s?

Lösung: $v = \pi \cdot d \cdot n = \pi \cdot 0,42 \text{ m} \cdot 540 \dfrac{1}{\text{min}} = 712,51 \dfrac{\text{m}}{\text{min}}$

$$= \frac{712,51}{60} \frac{\text{m}}{\text{s}} = \mathbf{11,88} \frac{\text{m}}{\text{s}}$$

■ Schnittgeschwindigkeit

Die Schnittgeschwindigkeit v_c ist die Umfangsgeschwindigkeit, mit der bei der spanenden Bearbeitung die Spanabnahme erfolgt **(Bild 2)**. Sie wird beim Drehen, Fräsen und Bohren in m/min, beim Schleifen in m/s angegeben.

Schnittgeschwindigkeit

$$v_c = \pi \cdot d \cdot n$$

Beispiel: Ein Rundstahl mit 35 mm Durchmesser wird mit 1200/min überdreht. Wie groß ist die Schnittgeschwindigkeit in m/min?

Lösung: $v_c = \pi \cdot d \cdot n = \pi \cdot 0,035 \text{ m} \cdot 1200 \dfrac{1}{\text{min}}$

$$= 132 \frac{\text{m}}{\text{min}}$$

Der Zusammenhang zwischen Schnittgeschwindigkeit, Durchmesser und Drehzahl kann in Drehzahl-Schaubildern dargestellt werden **(Bild 3)**.

Beispiel: Welche Drehzahl nach Bild 3 ist zum Drehen einer Welle von d = 70 mm Durchmesser bei einer Schnittgeschwindigkeit v_c = 40 m/min erforderlich?

Lösung: Aus dem Schaubild abgelesene Drehzahl
n = 180 / min.

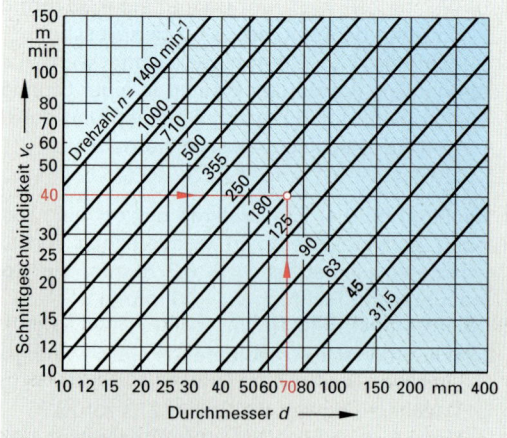

Bild 3: Drehzahl-Schaubild

Aufgaben | Kreisförmige Bewegung

1. **Winkelschleifer (Bild 1).** Die Trennscheibe eines Winkelschleifers hat einen Durchmesser $d = 230$ mm und eine Drehzahl $n = 6000 / min$.
Wie groß ist die Geschwindigkeit am Umfang der Scheibe?

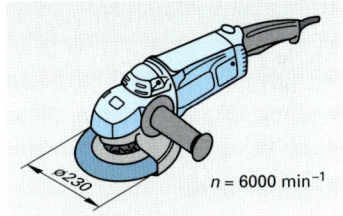

Bild 1: Winkelschleifer

2. **Drehzahlen aus Schaubild.** Welche Drehzahlen sind nach dem Drehzahl-Schaubild **Bild 3 Seite 76** zum Längsdrehen der Durchmesser $d = 25; 40; 80; 150$ mm bei $v_c = 70$ m/min erforderlich?

3. **Riemenscheibe (Bild 2).** Wie groß ist die Umfangsgeschwindigkeit der Riemenscheibe eines Elektromotors, wenn die Scheibe einen Durchmesser $d = 90$ mm hat und mit $n = 2800/min$ umläuft?

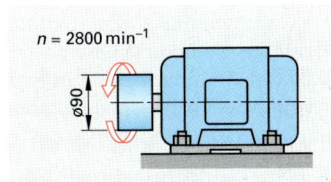

Bild 2: Riemenscheibe

4. **Maximale Drehzahl.** Für eine Schleifscheibe ist als höchstzulässige Umfangsgeschwindigkeit 25 m/s bei Zustellung von Hand und 35 m/s bei maschineller Zustellung angegeben.
Welche Drehzahl darf eine Schleifscheibe mit 180 mm Durchmesser in beiden Fällen höchstens haben?

5. **Schleifscheibe (Bild 3).** Eine Schleifscheibe mit 45 mm Durchmesser soll mit einer Schnittgeschwindigkeit von 18 m/s arbeiten.
Welche Drehzahl ist dafür notwendig?

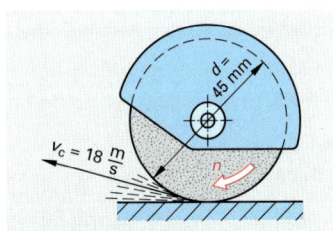

Bild 3: Schleifscheibe

6. **Bohrer (Bild 4).** Ein Bohrer mit 18 mm Durchmesser arbeitet mit einer Drehzahl von 355 / min.
Berechnen Sie die Schnittgeschwindigkeit.

7. **Drehzahlberechnung.** Ein Schaftfräser mit 6 mm Durchmesser soll mit einer Schnittgeschwindigkeit von 33 m/min arbeiten.
Welche Drehzahl ist erforderlich?

8. **Durchmesserberechnung.** Welchen Durchmesser muss die Antriebsrolle eines Transportbandes haben, wenn bei der Drehzahl $n = 315/min$ eine Transportgeschwindigkeit von 40 m/min erreicht werden soll?

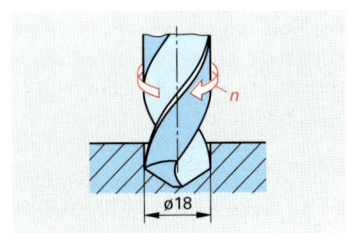

Bild 4: Bohrer

9. **Walzendurchmesser.** Welcher größte Walzendurchmesser kann auf einer Drehmaschine mit einer niedrigsten Drehzahl von 14/min noch bearbeitet werden, wenn die Schnittgeschwindigkeit nicht höher als 24 m/min sein darf?

10. **Seiltrommel (Bild 5).** Eine Seiltrommel kann mit zwei Drehzahlen angetrieben werden.
   a) Mit welcher Geschwindigkeit v_1 wird das Seil bei der Drehzahl $n_1 = 30/min$ eingeholt?
   b) Wie groß muss die Drehzahl n_2 sein, wenn das Seil mit $v_2 = 70$ m/min ablaufen soll?

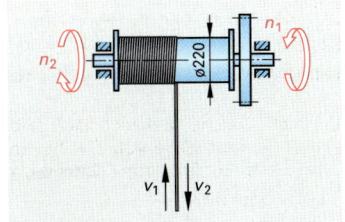

● **Bild 5: Seiltrommel**

3.1.2 │ Ungleichförmige Bewegung

■ Geradlinig beschleunigte Bewegung

Alle Bewegungen werden durch Beschleunigung eingeleitet und durch Verzögerungen abgebremst bzw. zum Stillstand gebracht.

Bezeichnungen:

a	Beschleunigung, Verzögerung	m/s^2
v	Geschwindigkeit	m/s
t	Beschleunigungszeit, Verzögerungszeit	s
s	Beschleunigungsweg, Verzögerungsweg	m

Das Geschwindigkeit-Zeit-Schaubild (**Bild 1**) zeigt den Bewegungsablauf des Kolbens in einem Pneumatikzylinder.
Während der Beschleunigungszeit von 2 Sekunden nimmt die Geschwindigkeit in gleichen Zeitabschnitten um den gleichen Betrag zu. Bei der Verzögerung nimmt die Geschwindigkeit entsprechend ab.

■ Beschleunigung und Verzögerung

Die Geschwindigkeitsänderung in der Zeit t ist die Beschleunigung bzw. Verzögerung a.

Beispiel: Ein Gabelstabler beschleunigt in der Zeit $t = 3$ s eine Last auf die Geschwindigkeit $v = 0,48$ m/s (**Bild 2**).
Mit welcher Beschleunigung wird die Last angehoben?

Lösung: $a = \dfrac{v}{t} = \dfrac{0,48 \frac{m}{s}}{3\,s} = \mathbf{0,16\ \dfrac{m}{s^2}}$

■ Beschleunigungsweg

Verwendet man für die Berechnung des bei der Beschleunigung zurückgelegten Weges (**Bild 3**) die mittlere Geschwindigkeit $v_m = \frac{v}{2}$, so gelten die Formeln der gleichförmig geradlinigen Bewegung:

$s = v_m \cdot t$ und damit für den Beschleunigungsweg $s = \dfrac{v}{2} \cdot t$.

Setzt man für $v = a \cdot t$,   gilt $s = \dfrac{a \cdot t}{2} \cdot t = \dfrac{a \cdot t^2}{2}$,

setzt man für $t = \dfrac{v}{a}$,   gilt $s = \dfrac{v}{2} \cdot \dfrac{v}{a} = \dfrac{v^2}{2 \cdot a}$.

Beispiel: Ein Pkw fährt mit einer Geschwindigkeit $v = 54$ km/h. Das Fahrzeug wird in 6 s zum Stand abgebremst.

a) Wie groß ist die Verzögerung?
b) Wie groß ist der Verzögerungsweg (Bremsweg)?

Lösung: a) $v = 54\ \dfrac{km}{h} = 15\ \dfrac{m}{s}$; $a = \dfrac{v}{t} = \dfrac{15 \frac{m}{s}}{6s} = \mathbf{2,5\ \dfrac{m}{s^2}}$

b) $s = \dfrac{v}{2} \cdot t = \dfrac{15 \frac{m}{s}}{2} \cdot 6s = \mathbf{45\ m}$

oder $s = \dfrac{a \cdot t^2}{2} = \dfrac{2,5 \frac{m}{s^2} \cdot 36\ s^2}{2} = \mathbf{45\ m}$

oder $s = \dfrac{v^2}{2 \cdot a} = \dfrac{225 \frac{m^2}{s^2}}{2 \cdot 2,5 \frac{m}{s^2}} = \mathbf{45\ m}$

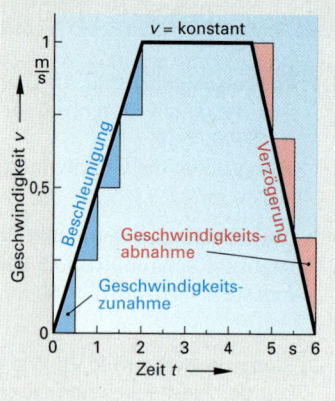

Bild 1: Geschwindigkeits-Zeit-Schaubild

Beschleunigung und Verzögerung

$$a = \frac{v}{t}$$

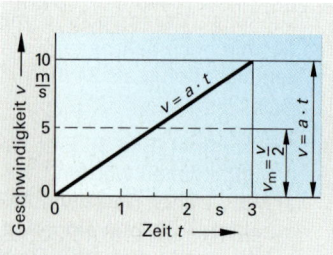

Bild 2: Gabelstapler

Beschleunigungs- und Verzögerungsweg

$$s = \frac{v}{2} \cdot t$$

$$s = \frac{a \cdot t^2}{2}$$

$$s = \frac{v^2}{2 \cdot a}$$

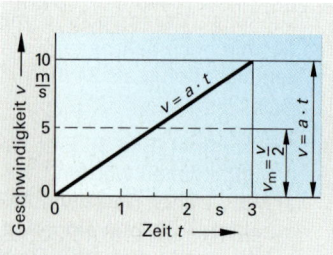

Bild 3: Mittlere Geschwindigkeit

Aufgaben | Geradlinig beschleunigte Bewegung

1. Tabelle 1: Für die Aufgaben a bis d sind die fehlenden Werte zu berechnen.

2. Rennwagen. Ein Rennwagen beschleunigt in 2,4 s von 0 auf 100 km/h. Berechnen Sie

a) die Beschleunigung a,
b) den Beschleunigungsweg s.

Tabelle 1: Beschleunigte Bewegung

Größen	a	b	c	d
v	54 m/s		36 m/min	
s		120m		18 mm
t	18 s			0,5 s
a		5 m/s^2	1,5 m/s^2	

3. Geschwindigkeits-Zeit-Diagramm (Bild 1). Das Geschwindigkeits-Zeit-Diagramm zeigt die Beschleunigung von zwei Fahrzeugen. Ermitteln Sie mithilfe des Schaubilds die Beschleunigung.

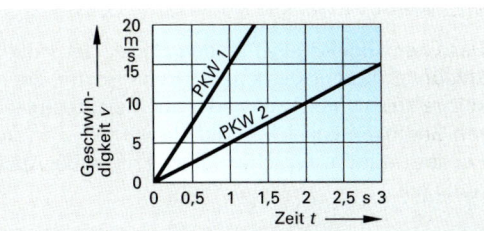

Bild 1: Geschwindigkeits-Zeit-Diagramm

4. Bremsversuche (Bild 2). Bei Bremsversuchen wurde ein Fahrzeug aus verschiedenen Geschwindigkeiten bis zum Stillstand abgebremst.

Berechnen Sie mit den aus dem Geschwindigkeits-Zeit-Schaubild entnommenen Werten die Bremswege.

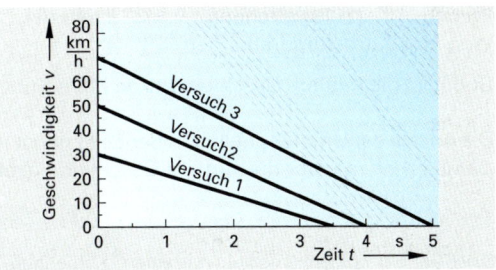

Bild 2: Bremsversuche

5. Werkzeugschlitten. Ein Werkzeugschlitten soll mit einer Verzögerung $a = 2$ m/s^2 aus einer Vorschubgeschwindigkeit $v_f = 16$ m/min zum Stillstand abgebremst werden.

Welche Verzögerungszeit und welchen Verzögerungsweg benötigt der Schlitten?

6. Maschinentisch (Bild 3). Auf einer Langhobelmaschine werden Werkstücke mit $l = 1600$ mm Länge mit einer Schnittgeschwindigkeit $v_c = 30$ m/min bearbeitet. Der Anlauf $l_a = 125$ mm und der Überlauf $l_u = 100$ mm dienen zur Beschleunigung bzw. Verzögerung des Maschinentisches.

Berechnen Sie die Gesamtzeit für einen Arbeitshub.

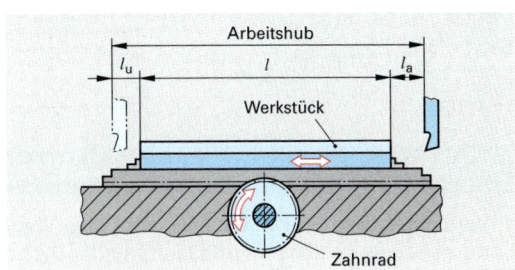

Bild 3: Maschinentisch

7. Bohreinheit (Bild 4). Die Bohreinheit einer flexiblen Fertigungszelle hat zwischen Startpunkt und Bohrposition folgenden Bewegungsablauf:

- Beschleunigung auf Eilgangsgeschwindigkeit $v = 0,2$ m/s,
- Weiterfahrt mit $v = 0,2$ m/s,
- Verzögerung zum Stillstand.

Wie groß ist die Gesamtzeit des Bewegungsablaufes, wenn die Beschleunigung und die Verzögerung mit $a = 2,2$ m/s^2 erfolgen?

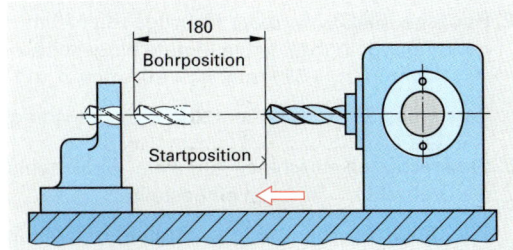

Bild 4: Bohreinheit

■ Mittlere Geschwindigkeit bei Kurbeltrieben

Der Kurbeltrieb dient z.B. bei Hubsägen, Exzenterpressen, Kolben-
pumpen und Kolbenverdichtern bzw. bei Otto- und Dieselmotoren
zur Umwandlung einer Drehbewegung in eine geradlinige Hubbewegung.

Bezeichnungen:

v_m	Mittlere Geschwindigkeit	m/s
s	Hublänge, Kolbenhub	m
n	Drehzahl, Anzahl der Doppelhübe je Minute	1/min
z	Anzahl der Umdrehungen	-
t	Zeit	s

Bei einer Bügelsäge ist an den Enden des Hubes die Geschwindigkeit $v = 0$ (Totpunkte bzw. Umkehrpunkte), sie nimmt etwa bis zur
Hubmitte zu und dann wieder ab. meist rechnet man mit der mittleren Geschwindigkeit v_m **(Bild 1)**.
Für die mittlere Geschwindigkeit v_m einer gleichförmigen Bewegung gilt

$$v_m = \frac{s}{t}$$

Beim Kurbeltrieb ist der
Weg für 1 Kurbelumdrehung $= 2 \cdot s$ und der
Weg für z Kurbelumdrehungen $= 2 \cdot s \cdot z$.

Somit ist die mittlere Geschwindigkeit beim Kubeltrieb $v_m = \dfrac{2 \cdot s \cdot z}{t}$

Die Anzahl der Umdrehungen z in der Zeit t nennt man die Drehzahl n.
Damit erhält man für die mittlere Geschwindigkeit beim Kurbeltrieb

$$v_m = 2 \cdot s \cdot \frac{z}{t} = 2 \cdot s \cdot n.$$

Beispiel: Ein Kolbenverdichter mit einem Kolbenhub $s = 39$ mm hat eine
Drehzahl $n = 4200$ / min. Wie groß ist die mittlere Kolbengeschwindigkeit in m/s?

Lösung: $v_m = 2 \cdot s \cdot n = 2 \cdot 0{,}039 \text{ m} \cdot 4200 \dfrac{1}{\text{min}} = 327{,}6 \dfrac{\text{m}}{\text{min}}$

$$= \frac{327{,}6}{60} \frac{\text{m}}{\text{s}} = \mathbf{5{,}46} \frac{\text{m}}{\text{s}}$$

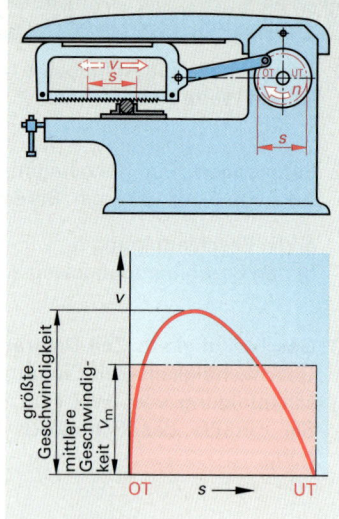

Bild 1: Bügelsäge

Mittlere Geschwindigkeit

$$v_m = 2 \cdot s \cdot \frac{z}{t}$$

$$v_m = 2 \cdot s \cdot n$$

Aufgaben | Mittlere Geschwindigkeit bei Kurbeltrieben

1. Verdichter (Bild 2). Die Kurbelwelle eines Verdichters hat einen
Kurbelradius $r = 250$ mm und läuft mit der Drehzahl $n = 400$ / min.

a) Welchen Hub macht der Kolben?
b) Wie groß ist die mittlere Kolbengeschwindigkeit?

2. Hubsäge (Bild 3). An einer Hubsäge mit 120 mm Hub können folgende Doppelhubzahlen je Minute eingestellt werden:
$n_1 = 40$ / min; $n_2 = 59$ / min; $n_3 = 80$ / min; $n_4 = 115$ / min.

Berechnen Sie jeweils die mittlere Geschwindigkeit in m/min.

3. Senkrechtstoßmaschine. An einer Senkrechtstoßmaschine ist
die Drehzahl $n = 75$ / min eingestellt.

Wie groß ist die mittlere Stößelgeschwindigkeit (Schnittgeschwindigkeit) jeweils für die Hublängen $s_1 = 50$ mm, $s_2 = 100$
mm; $s_3 = 200$ mm?

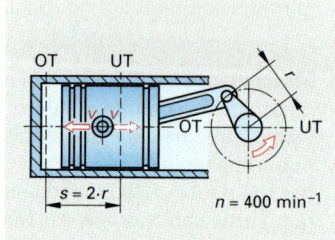

Bild 2: Verdichter

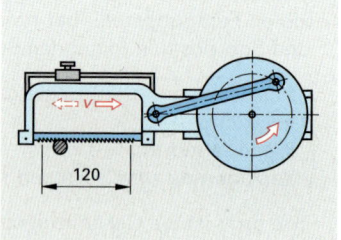

Bild 3: Hubsäge

3.2 | Berechnungen am Zahnrad

Zahnräder übertragen Bewegungen und Drehmomente formschlüssig und mit konstanter Übersetzung.

3.2.1 | Zahnradmaße außen- und innenverzahnter Stirnräder mit Geradverzahnung

Bezeichnungen:

d	Teilkreisdurchmesser	mm	h	Zahnhöhe	mm	p	Teilung	mm
d_a	Kopfkreisdurchmesser	mm	h_a	Zahnkopfhöhe	mm	z	Zähnezahl	–
d_f	Fußkreisdurchmesser	mm	h_f	Zahnfußhöhe	mm	c	Kopfspiel	mm
m	Modul	mm						

Bei Zahnrädern bezeichnet man als Teilung p die Bogenlänge, von Zahnmitte zu Zahnmitte, gemessen auf dem Teilkreis.

Für die Zähnezahl z ist die Teilung $p = \dfrac{\pi \cdot d}{z}$.

Das Verhältnis $\dfrac{p}{\pi}$ wird als Modul m bezeichnet.

Durch Umformen und Einsetzen erhält man $\dfrac{p}{\pi} = \dfrac{d}{z} \Rightarrow m = \dfrac{d}{z}$.

- Der Modul m ist nach DIN 780 genormt und ist die bestimmende Größe für die Zahnradmaße. Er ist für zwei kämmende Zahnräder gleich groß.

- Durch die Rundungen am Zahnfuß ist ein Kopfspiel c notwendig.
  $c = (\,0{,}1 \ldots 0{,}3\,) \cdot m$

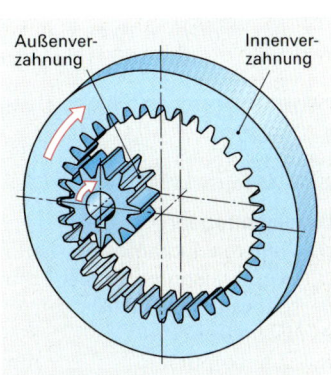

Außenver-zahnung · Innenver-zahnung

Bild 1: Außen- und innenverzahntes Zahnrad

Tabelle 1: Zahnradmaße geradverzahnter Zahnräder			
	Teilkreisdurchmesser $$d = m \cdot z$$ **Zahnfußhöhe** $$h_f = m + c$$		**Teilung** $$p = \pi \cdot m$$ **Zahnkopfhöhe** $$h_a = m$$ **Zahnhöhe** $$h = h_a + h_f$$
	Kopfkreisdurchmesser Außenverzahnung $$d_a = d + 2 \cdot h_a$$		**Kopfkreisdurchmesser Innenverzahnung** $$d_a = d - 2 \cdot h_a$$
	Fußkreisdurchmesser Außenverzahnung $$d_f = d - 2 \cdot h_f$$		**Fußkreisdurchmesser Innenverzahnung** $$d_f = d + 2 \cdot h_f$$

1. Beispiel: Ein außenverzahntes Zahnrad hat $z = 15$ Zähne und einen Modul $m = 1,5$ mm. Das Kopfspiel beträgt $c = 0,167 \cdot m$. Zu berechnen sind

a) der Teilkreisdurchmesser d,   b) die Teilung p,   c) die Zahnfußhöhe h_f,
d) die Zahnhöhe h,   e) der Kopfkreisdurchmesser d_a,   f) der Fußkreisdurchmesser d_f.

Lösung: a) $d = m \cdot z = 1,5$ mm $\cdot$ 15 = **22,5 mm**
b) $p = \pi \cdot m = \pi \cdot 1,5$ mm = **4,712 mm**
c) $h_f = m + c = 1,5$ mm + 0,167 $\cdot$ 1,5 mm = **1,75 mm**
d) $h = m + m + c = 2 \cdot m + c = 2 \cdot 1,5$ mm + 0,167 $\cdot$ 1,5 mm = **3,251 mm**
e) $d_a = m \cdot (z + 2) = 1,5$ mm $\cdot$ (15 + 2) = 1,5 mm $\cdot$ 17 = **25,5 mm**
f) $d_f = d - 2 \cdot h_f = 22,5$ mm $-$ 2 $\cdot$ 1,75 mm = **19 mm**

2. Beispiel: Ein Zahnrad mit Innenverzahnung soll 40 Zähne erhalten. Der Modul beträgt $m = 1,5$ mm und das Kopfspiel $c = 0,167 \cdot m$. Zu berechnen sind

a) der Kopfkreisdurchmesser d_a b) der Fußkreisdurchmesser d_f.

Lösung: a) $d = m \cdot z = 1,5$ mm $\cdot$ 40 = **60 mm**; $d_a = d - 2 \cdot h_a = 60$ mm $-$ 2 $\cdot$ 1,5 mm = **57 mm**
b) $d_f = d + 2 \cdot h_f$
$d_f = d + 2 \cdot (m + c) = 60$ mm + 2 $\cdot$ (1,5 mm + 0,167 $\cdot$ 1,5 mm) = 60 mm + 2 $\cdot$ 1,75 mm = **63,5 mm**

3.2.2 | Zahnradmaße außenverzahnter Stirnräder mit Schrägverzahnung

Bezeichnungen:

d	Teilkreisdurchmesser	mm		p_n	Normalteilung	mm	
d_a	Kopfkreisdurchmesser	mm		p_t	Stirnteilung	mm	
β	Schrägungswinkel	°		m_n	Normalmodul	mm	
z	Zähnezahl	-		m_t	Stirnmodul	mm	
h_a	Zahnkopfhöhe	mm		c	Kopfspiel	mm	
h_f	Zahnfußhöhe	mm					

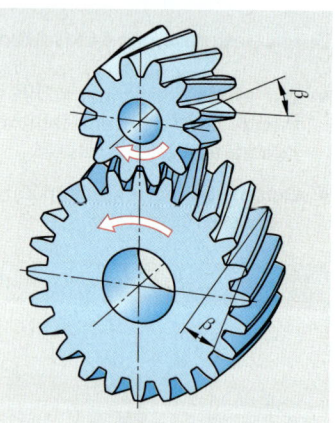

Bild 1: Schrägverzahnung

Bei Zahnrädern mit Schrägverzahnung liegen Normalteilung p_n und Normalmodul m_n in einer Ebene senkrecht zur Verzahnungsrichtung. Stirnteilung p_t und Stirnmodul m_t liegen in Umfangsrichtung. Sie werden an der Stirnfläche gemessen **(Tabelle 1)**.
Das Profil der Werkzeuge zur Herstellung von Stirnrädern mit Schrägverzahnung entspricht dem Normalprofil. Bei einem Zahnradpaar ist ein Zahnrad rechtssteigend und das andere Zahnrad linkssteigend. Beide Räder haben den gleichen Schrägungswinkel β **(Bild 1)**.

Tabelle 1: Zahnradmaße schrägverzahnter Stirnräder

$p_t = \pi \cdot m_t$	**Stirnmodul** $$m_t = \frac{m_n}{\cos \beta}$$ **Stirnteilung** $$p_t = \frac{p_n}{\cos \beta}$$ **Normalteilung** $$p_n = \pi \cdot m_n$$	**Teilkreisdurchmesser** $$d = m_t \cdot z$$ **Kopfkreisdurchmesser** $$d_a = d + 2 \cdot h_a$$ $$h_a = m_n$$ **Fußkreisdurchmesser** $$d_f = d - 2 \cdot h_f$$ $$h_f = m_n + c$$

Beispiel: Für die Herstellung eines schrägverzahnten Stirnrades **(Bild 1)** ist die Zähnezahl $z = 36$, der Normalmodul $m_n = 2$ mm, das Kopfspiel $c = 0,25 \cdot m_n$ und der Schrägungswinkel $\beta = 10°$ gegeben. Alle nicht aufgeführten Maße sind gleich wie bei den geradverzahnten Zahnrädern. Zu berechnen sind

a) der Stirnmodul m_t,
b) die Stirnteilung p_t,
c) der Teilkreisdurchmesser d,
d) der Kopfkreisdurchmesser d_a und
e) der Fußkreisdurchmesser d_f.

Lösung:

a) $m_t = \dfrac{m_n}{\cos \beta} = \dfrac{2 \text{ mm}}{\cos 10°} = \mathbf{2,03 \text{ mm}}$

b) $p_t = \dfrac{p_n}{\cos \beta} = \dfrac{\pi \cdot m_n}{\cos \beta} = \dfrac{\pi \cdot 2 \text{ mm}}{\cos 10°} = \mathbf{6,38 \text{ mm}}$

c) $d = m_t \cdot z = 2,03 \text{ mm} \cdot 36 = \mathbf{73,08 \text{ mm}}$

d) $d_a = d + 2 \cdot h_a = 73,08 \text{ mm} + 2 \cdot 2 \text{ mm} = \mathbf{77,08 \text{ mm}}$

e) $d_f = d - 2 \cdot h_f = d - 2 \cdot (m_n + c)$
$d_f = 73,08 \text{ mm} - \cdot (2 \text{ mm} + 0,25 \cdot 2 \text{ mm}) = \mathbf{68,08 \text{ mm}}$

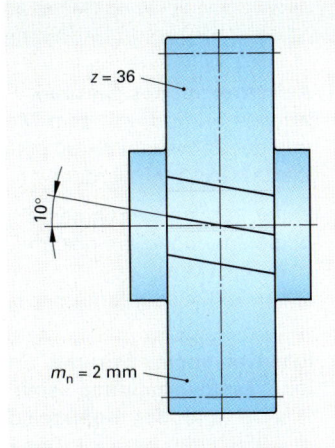

Bild 1: Schrägverzahntes Stirnrad

3.2.3 | Achsabstand bei Zahnrädern

Bezeichnungen:

a Achsabstand   mm m Modul   mm

Treibendes Rad: Getriebenes Rad:
d_1 Teilkreisdurchmesser mm d_2 Teilkreisdurchmesser mm
z_1 Zähnezahl   – z_2 Zähnezahl   –

Der Achsabstand bei außenverzahnten Stirnrädern **(Bild 2)** ist gleich der Summe der Teilkreishalbmesser, bei innenverzahnten Stirnrädern **(Bild 1, Seite 81)** gleich der Differenz der Teilkreishalbmesser.

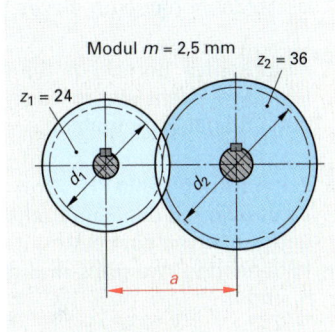

Bild 2: Achsabstand

1. Beispiel: Zwei geradverzahnte Zahnräder mit $z_1 = 24$, $z_2 = 36$ Zähnen und dem Modul $m = 2,5$ mm arbeiten zusammen **(Bild 1)**. Wie groß ist der Achsabstand a?

Lösung: $a = \dfrac{m \cdot (z_1 + z_2)}{2} = \dfrac{2,5 \text{ mm} \cdot (24 + 36)}{2} = \mathbf{75 \text{ mm}}$

2. Beispiel: Bei einem innenverzahnten Antrieb soll das Antriebsrad einen Teilkreisdurchmesser $d_1 = 60$ mm haben. Das getriebene Rad hat $z_2 = 175$ Zähne und einen Modul $m = 2,5$ mm. Wie groß sind
a) der Teilkreisdurchmesser d_2 und
b) der Achsabstand a?

Lösung: a) $d_2 = m \cdot z_2 = 2,5 \text{ mm} \cdot 175 = \mathbf{437,5 \text{ mm}}$

b) $a = \dfrac{d_2 - d_1}{2} = \dfrac{437,5 \text{ mm} - 60 \text{ mm}}{2} = \mathbf{188,75 \text{ mm}}$

Hinweis: Für Schrägverzahnungen ist bei der Berechnung des Achsabstandes der **Stirnmodul** m_t anstelle des Normalmoduls m_n einzusetzen.

**Achsabstand
bei Außenverzahnung**

$$a = \frac{d_1 + d_2}{2}$$

$$a = \frac{m \cdot (z_1 + z_2)}{2}$$

**Achsabstand
bei Innenverzahnung**

$$a = \frac{d_2 - d_1}{2}$$

$$a = \frac{m_t \cdot (z_2 - z_1)}{2}$$

Aufgaben | Zahnradmaße und Achsabstände

1. Außenverzahntes Stirnrad. Für ein geradverzahntes Stirnrad mit dem Modul $m = 1{,}5$ mm und der Zähnezahl $z = 50$ sollen die folgenden Werte berechnet werden:

a) der Kopfkreisdurchmesser d_a,
b) die Zahnhöhe h (Frästiefe) für ein Kopfspiel $c = 0{,}167 \cdot m$,
c) der Teilkreisdurchmesser d.

2. Innenverzahntes Stirnrad. Bei einem Stirnrad mit Geradverzahnung sind die Zähnezahl $z = 75$ und der Kopfkreisdurchmesser mit $d_a = 255{,}5$ mm bekannt. Das Kopfspiel beträgt $c = 0{,}2 \cdot m$. Wie groß sind

a) der Fußkreisdurchmesser d_f
b) die Zahnhöhe h für dieses Stirnrad?

3. Zahnradpaar. Berechnen Sie den Achsabstand a für zwei Zahnräder mit dem Modul $m = 1{,}25$ mm und den Zähnezahlen $z_1 = 48$ und $z_2 = 72$.

4. Zahnradtrieb (Bild 1). Drei außenverzahnte Zahnräder mit den Zähnezahlen $z_1 = 64$, $z_2 = 24$ und $z_3 = 40$ mit einem Modul $m = 2$ mm laufen miteinander. Wie groß sind die Achsabstände a_1 und a_2?

5. Innenverzahnung (Bild 2). Bei einer Innenverzahnung mit dem Modul $m = 1{,}5$ mm und einem Kopfspiel $c = 0{,}25 \cdot m$ soll das treibende Rad 28 Zähne und das getriebene Rad 80 Zähne erhalten. Berechnen Sie:

a) die Teilkreisdurchmesser d_1 und d_2,
b) die Kopfkreisdurchmesser d_{a1} und d_{a2},
c) die Fußkreisdurchmesser d_{f1} und d_{f2},
d) die Zahnhöhe h,
e) den Achsabstand a.

6. Wanduhr (Bild 3). Der Stundenzeiger einer Wanduhr wird über ein Stirnrad mit $z_2 = 96$ Zähne angetrieben. Der Teilkreisdurchmesser beträgt $d_2 = 72$ mm. Das Antriebsritzel hat die Zähnezahl $z_1 = 12$. Das Kopfspiel beträgt $c = 0{,}2 \cdot m$. Unter vereinfachten Bedingungen sollen folgende Werte berechnet werden:

a) der Modul,
b) der Teilkreisdurchmesser und die Frästiefe für das Ritzel,
c) der Achsabstand des Ritzels vom Zahnrad,
d) die Anzahl der Umdrehungen des Ritzels für eine volle Umdrehung des Stundenzeigers.

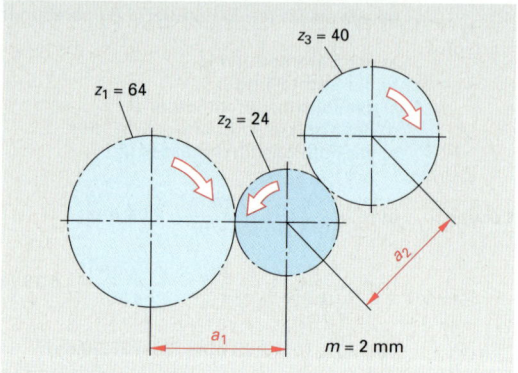

Bild 1: Zahnradtrieb

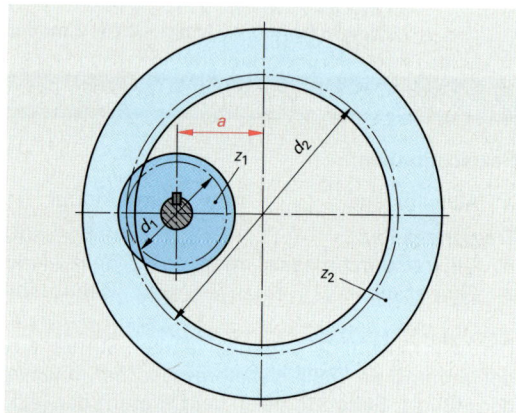

Bild 2: Innenverzahnung

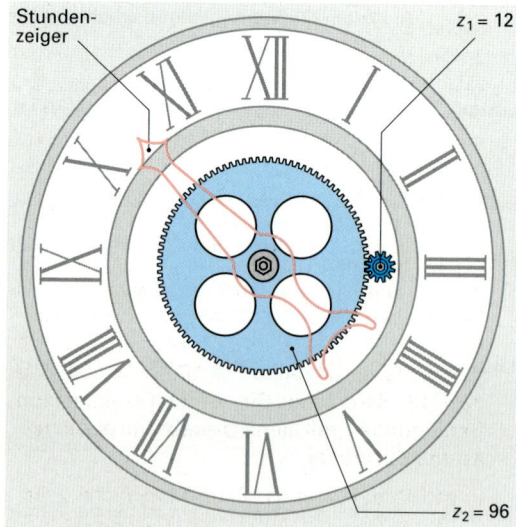

Bild 3: Wanduhr

7. Zahnradpaar. Das Antriebsrad eines Zahnradpaares hat $z_1 = 40$ Zähne und den Modul $m = 2,5$ mm.

Welche Zähnezahl z_2 muss das getriebene Zahnrad besitzen, wenn ein Achsabstand $a = 240$ mm eingehalten werden soll?

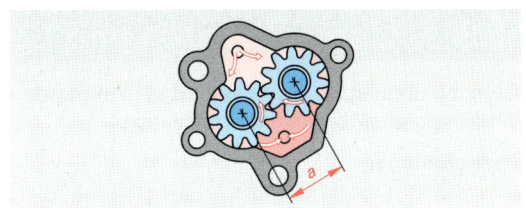

Bild 1: Zahnradpumpe

8. Zahnradpumpe (Bild 1). Die beiden Zahnräder der Zahnradpumpe haben je 11 Zähne und einen Kopfkreisdurchmesser $d_a = 32,5$ mm. Wie groß ist der Achsabstand a?

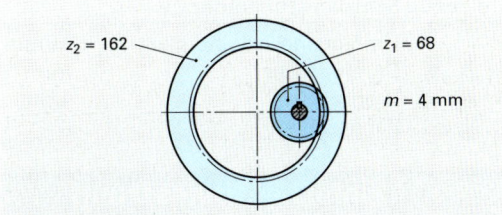

Bild 2: Rädertrieb

9. Rädertrieb (Bild 2). Das innenverzahnte Zahnrad des Rädertriebes wird durch ein außenverzahntes Ritzel mit $z_1 = 68$ Zähnen angetrieben. Die beiden geradverzahnten Zahnräder haben einen Modul $m = 4$ mm und ein Kopfspiel $c = 0,25 \cdot m$.

Wie groß sind
a) die Kopfkreiskreisdurchmesser d_{a1} und d_{a2},
b) die Fußkreisdurchmesser d_{f1} und d_{f2} sowie
c) der Achsabstand a?

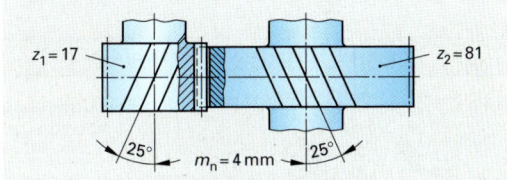

● Bild 3: Schrägverzahntes Zahnradpaar

10. Schrägverzahntes Zahnradpaar (Bild 3). Für
● ein schrägverzahntes Zahnradpaar mit den Zähnezahlen $z_1 = 17$ und $z_2 = 81$, dem Kopfspiel $c = 0,2 \cdot m_n$ und dem Normalmodul $m_n = 4$ mm sind zu berechnen:

a) Die Kopfkreisdurchmesser d_{a1} und d_{a2},
b) die Stirnteilung p_t und
c) die Zahnhöhe h.

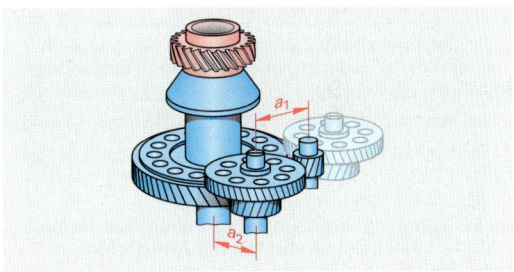

● Bild 4: Tischantrieb

11. Tischantrieb (Bild 4). Ein Maschinentisch
● wird über einen Elektromotor und ein Getriebe mit schrägverzahnten Zahnrädern angetrieben. Die Zahnräder haben die Zähnezahlen $z_1 = 26$ Zähne und $z_2 = 130$ Zähne mit dem Modul $m_{n1} = 1,75$ mm und $z_3 = 34$ Zähne und $z_4 = 136$ Zähne mit dem Modul $m_{n2} = 2,75$ mm. Gesucht sind die Achsabstände a_1 und a_2 bei einem Schrägungswinkel $\beta = 10°$.

12. Messuhr (Bild 5). Über eine Zahnstange und
● ein Zahnritzel z_1 wird die Bewegung des Messbolzens in eine Drehbewegung übersetzt. Die Zahnräder der Messuhr haben folgende Zähnezahlen: $z_1 = 16$, $z_2 = 100$ und $z_3 = 10$. Berechnen Sie, unter vereinfachten Bedingungen mit den Formeln für geradverzahnte Stirnräder,

a) den Modul m für das Zahnstangenritzel z_1 bei einem Kopfkreisdurchmesser $d_a = 3,6$ mm,
b) den Achsabstand zwischen z_2 und z_3.

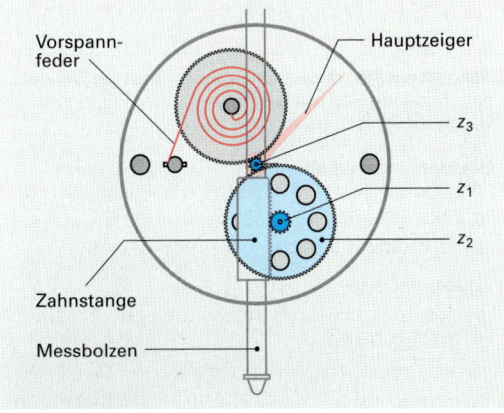

● Bild 5: Messuhr

3.3 | Übersetzungen und Getriebe

Getriebe übersetzen Drehzahlen und Drehmomente durch Zahnräder oder Riemen. Man unterscheidet einfache und mehrfache Übersetzungen.

Bezeichnungen:

i	Übersetzungsverhältnis	–		m	Modul	mm
d_a	Kopfkreisdurchmesser	mm		d_w	Wirkdurchmesser	mm

Treibende Scheiben/Zahnräder:			Getriebene Scheiben/Zahnräder:		
v_1	Umfangsgeschwindigkeit	m/min	v_2	Umfangsgeschwindigkeit	m/min
d_1, d_3, d_5	Durchmesser	mm	d_2, d_4, d_6	Durchmesser	mm
n_1, n_3, n_5	Drehzahlen	1/min	n_2, n_4, n_6	Drehzahlen	1/min
z_1, z_3, z_5	Zähnezahlen	–	z_2, z_4, z_6	Zähnezahlen	---

3.3.1 | Einfache Übersetzung

Bei einfachen Übersetzungen wird die Eingangsdrehzahl und das Eingangsdrehmoment durch zwei Riemenscheiben bzw. zwei Zahnräder einmal geändert.

Zahnrad-, Zahnriemen-, Kettentrieb	**Riementrieb**
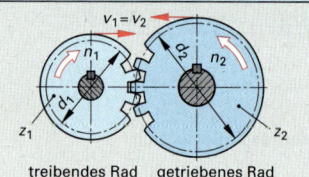 Die Umfangsgeschwindigkeiten v_1 und v_2 sind gleich groß: $$v_1 = v_2$$ $$n_1 \cdot \pi \cdot d_1 = n_2 \cdot \pi \cdot d_2$$ $$\boxed{n_1 \cdot d_1 = n_2 \cdot d_2}$$ treibendes Rad getriebenes Rad	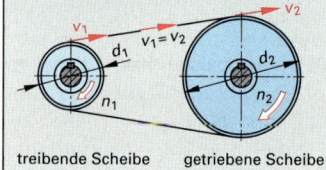 treibende Scheibe getriebene Scheibe
Setzt man beim Zahnrad für $d_1 = m \cdot z_1$ und für $d_2 = m \cdot z_2$, dann ergibt sich folgende Beziehung: $$n_1 \cdot m \cdot z_1 = n_2 \cdot m \cdot z_2$$ $$\boxed{\frac{n_1}{n_2} = \frac{z_2}{z_1}}$$ Bei Zahnradübersetzungen verhalten sich die Drehzahlen umgekehrt wie die Zähnezahlen.	Beim Flachriemen gelten folgende Beziehungen: $$n_1 \cdot d_1 = n_2 \cdot d_2$$ $$\boxed{\frac{n_1}{n_2} = \frac{d_2}{d_1}}$$ Bei Riemenübersetzungen verhalten sich die Drehzahlen umgekehrt wie die Durchmesser.
Übersetzungsverhältnisse: $$\boxed{i = \frac{n_1}{n_2}} \quad \boxed{i = \frac{d_2}{d_1} = \frac{z_2}{z_1}}$$	$i < 1$: Übersetzung ins Schnelle $i > 1$: Übersetzung ins Langsame $i = 1$: keine Drehzahländerung

Schneckentrieb: Beim Schneckentrieb ist die Schnecke das treibende Rad mit der Zähnezahl z_1. Für z_1 wird die Gangzahl der Schnecke eingesetzt.

Übersetzungsverhältnis:

$$\boxed{i = \frac{n_1}{n_2}} \quad \boxed{i = \frac{z_2}{z_1}}$$

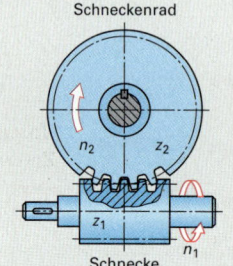

Schneckenrad

n_2 z_2

z_1

n_1

Schnecke

Keilriementrieb: Zur Berechnung des Übersetzungsverhältnisses wird der Wirkdurchmesser d_w der Scheiben eingesetzt.

Übersetzungsverhältnis:

$$\boxed{i = \frac{n_1}{n_2}} \quad \boxed{i = \frac{d_{w2}}{d_{w1}}}$$

Wirkdurchmesser:
$$d_w = d_a - 2 \cdot c$$

(Korrekturwert c aus Tabellen)

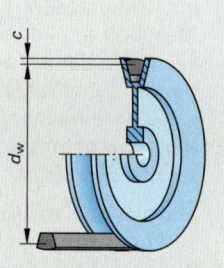

1. Beispiel: Von zwei Zahnrädern hat das treibende Rad $z_1 = 32$ Zähne und eine Drehzahl $n_1 = 440$ min^{-1}. Wie groß sind n_2 und i, wenn das getriebene Rad $z_2 = 80$ Zähne hat?

Lösung: $n_1 \cdot z_1 = n_2 \cdot z_2 \qquad n_2 = \dfrac{n_1 \cdot z_1}{z_2} = \dfrac{440 \text{ min}^{-1} \cdot 32}{80} = \textbf{176 min}^{-1}$

$$i = \frac{n_1}{n_2} = \frac{440 \text{ min}^{-1}}{176 \text{ min}^{-1}} = \textbf{2,5} \qquad \text{oder } i = \frac{z_2}{z_1} = \frac{80}{32} = \textbf{2,5}$$

2. Beispiel: Bei einem Keilriementrieb mit Schmalkeilriemen beträgt die Drehzahl der treibenden Scheibe $n_1 = 600$ min^{-1} und der Wirkdurchmesser $d_{w1} = 112$ mm. Die getriebene Scheibe hat eine Drehzahl $n_2 = 900$ min^{-1}.
a) Wie groß ist der Wirkdurchmesser d_{w2} der getriebenen Scheibe?
b) Wie groß ist das Übersetzungsverhältnis i?

Lösung: a) $n_1 \cdot d_{w1} = n_2 \cdot d_{w2} \qquad d_{w2} = \dfrac{n_1 \cdot d_{w1}}{n_2} = \dfrac{600 \text{ min}^{-1} \cdot 112 \text{ mm}}{900 \text{ min}^{-1}} = \textbf{74,67 mm}$

b) $i = \dfrac{n_1}{n_2} = \dfrac{600 \text{ min}^{-1}}{900 \text{ min}^{-1}} = \textbf{0,67} \qquad \text{oder } i = \dfrac{d_2}{d_1} = \dfrac{74,67 \text{ mm}}{112 \text{ mm}} = \textbf{0,67}$

■ Zahnradtrieb mit Zwischenrad (Bild 1)

Zwischenräder ändern die Drehrichtung, jedoch nicht das Übersetzungsverhältnis und das Drehmoment. Das getriebene Rad dreht sich bei einem Zwischenrad in die gleiche Richtung wie das treibende Zahnrad.

■ Zahnstangentrieb

Bezeichnungen:

v_f	Vorschubgeschwindigkeit	m/min		m	Modul	mm
s	Weg der Zahnstange	mm		n	Drehzahl	1/min
α	Drehwinkel Zahnrad	°		p	Teilung	mm
d	Teilkreisdurchmesser	mm		z	Zähnezahl	–

Die Teilung $p = \pi \cdot m$ ist am Zahnrad und an der Zahnstange gleich (**Bild 2**). Bei einer vollen Umdrehung des Zahnrades entspricht der Weg $s = z \cdot p$ der Zahnstange dem Umfang $s = \pi \cdot d$ oder $s = \pi \cdot m \cdot z$ auf dem Teilkreis des Zahnrades.

Die Umfangsgeschwindigkeit auf dem Teilkreis des Zahnrades entspricht der Vorschubgeschwindigkeit der Zahnstange.

$$v = v_f = \pi \cdot d \cdot n = \pi \cdot m \cdot z \cdot n = p \cdot z \cdot n$$

Beispiel: Ein Zahnrad mit 48 Zähnen und $m = 4$ mm treibt mit der Drehzahl $n = 15$ min^{-1} eine Zahnstange an. Wie groß sind

a) der Teilkreisdurchmesser d des Zahnrades,
b) die Teilung p der Verzahnung,
c) der Hub s der Zahnstange, wenn sich das Zahnrad um den Winkel $\alpha = 35°$ dreht,
d) die Vorschubgeschwindigkeit v_f der Zahnstange?

Lösung: a) $d = m \cdot z = 4 \text{ mm} \cdot 48 = \textbf{192 mm}$
b) $p = \pi \cdot m = \pi \cdot 4 \text{ mm} = \textbf{12,57 mm}$

c) $s = z \cdot p \cdot \dfrac{\alpha}{360°} = 48 \cdot 12,57 \text{ mm} \cdot \dfrac{35°}{360°} = \textbf{58,66 mm}$

d) $v_f = \pi \cdot d \cdot n = \pi \cdot 192 \text{ mm} \cdot 15 \dfrac{1}{\text{min}} = 9047,8 \dfrac{\text{mm}}{\text{min}} \approx \textbf{9} \dfrac{\textbf{m}}{\textbf{min}}$

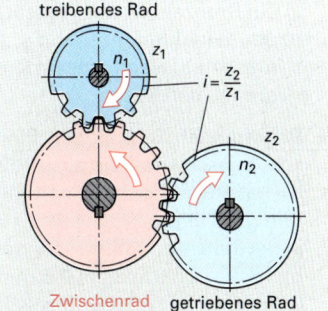

treibendes Rad

n_1 z_1

$i = \dfrac{z_2}{z_1}$

z_2

n_2

Zwischenrad getriebenes Rad

Bild 1: Zwischenrad

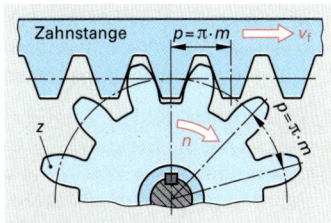

Zahnstange $\qquad p = \pi \cdot m \qquad$ v_f

z $\qquad n \qquad$ $p = \pi \cdot m$

Bild 2: Zahnstangentrieb

Zahnstangenweg für beliebige Drehwinkel

$$s = z \cdot p \cdot \frac{\alpha}{360°}$$

Vorschubgeschwindigkeit der Zahnstange

$$v_f = n \cdot z \cdot p$$
$$v_f = \pi \cdot d \cdot n$$

Aufgaben | Einfache Übersetzungen

1. Rädertrieb. Das Übersetzungsverhältnis zweier Zahnräder beträgt $i = 1,2$. Das treibende Rad hat $z_1 = 80$ Zähne. Der Teilkreisdurchmesser des getriebenen Rades ist $d_2 = 120$ mm. Berechnen Sie
a) die Zähnezahl z_2 des getriebenen Rades
b) den Achsabstand a beider Räder.

2. Zahnstange. Das Zahnrad eines Zahnstangentriebes hat 16 Zähne und einen Modul $m = 2$ mm.
Wie groß ist der Zahnstangenweg, wenn das Zahnrad um 180° gedreht wird?

3. Riementrieb (Bild 1). Die Wasserpumpe und die Lichtmaschine eines Kfz-Motors werden über einen Schmalkeilriemen angetrieben. Die Riemenbreite beträgt $b_o = 9,7$ mm, der Korrekturwert $c = 2$ mm.
Berechnen Sie
a) die Drehzahl n_2 der Wasserpumpe,
b) den Wirkdurchmesser d_{w3} der Keilriemenscheibe an der Lichtmaschine, wenn diese mit einer Drehzahl von $n_3 = 1200$ min^{-1} drehen soll.

4. Bohrspindel (Bild 2). Die Pinole der Bohrspindel soll eine Vorschubgeschwindigkeit $v_f = 162$ mm/min erhalten. Das Antriebsritzel hat 18 Zähne und einen Modul $m = 4$ mm.
Wie groß sind
a) der Teilkreisdurchmesser und die Drehzahl des Antriebsritzels,
b) der Vorschubweg in 0,6 min
c) der Drehwinkel des Ritzels für den berechneten Vorschubweg?

5. Schneckenrad (Bild 3). Das Schneckenrad eines Kleinlastkrans hat 60 Zähne. Schneckenrad mit Seiltrommel werden von einer zweigängigen Schnecke mit 900 min^{-1} angetrieben.
a) Wie groß ist die Drehzahl des Schneckenrades?
b) Mit welcher Geschwindigkeit wird eine Last hochgezogen, wenn die Seiltrommel einen Durchmesser $d = 200$ mm hat?

6. Tischantrieb (Bild 4). Die Gewindespindel eines Fräsmaschinentisches hat die Steigung $P = 5$ mm. Sie wird durch einen Elektromotor über einen Zahnriementrieb oder über die Handkurbel mit Zahnradgetriebe angetrieben. Im Eilgang arbeitet der Elektromotor mit einer Drehzahl $n_1 = 600$ min^{-1}.
a) Wie lange dauert es, bis der Tisch, angetrieben durch den Elektromotor, eine Strecke von 200 mm zurückgelegt hat?
b) Wie viele Kurbelumdrehungen werden für dieselbe Strecke benötigt?

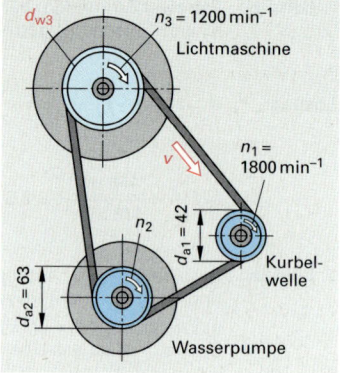

Bild 1: Riementrieb

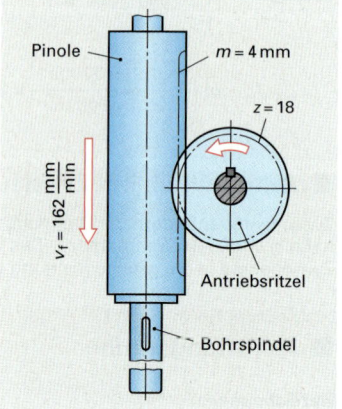

Bild 2: Bohrspindel

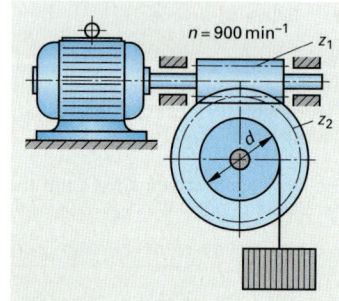

Bild 3: Schneckenrad

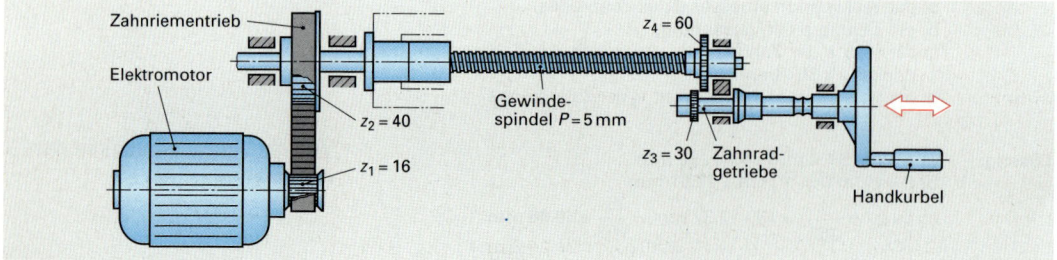

Bild 4: Tischantrieb

3.3.2 | Mehrfache Übersetzungen

Bezeichnungen:

n_a	Anfangsdrehzahl	1/min
n_e	Enddrehzahl	1/min
i	Gesamtübersetzungsverhältnis	–
$i_1, i_2, \ldots$	Einzelübersetzungsverhältnis	–

Bei mehrfachen Übersetzungen werden die Eingangsdrehzahl und das Eingangsdrehmoment durch mehrere Zahnrad- bzw. Riemenscheibenpaare mehrfach geändert. Mehrfache Übersetzungen entstehen durch Verknüpfungen von Einzelübersetzungen. Zahnräder bzw. Riemenscheiben (**Bild 1 und Bild 2**), die auf einer Achse sitzen, haben gleiche Drehzahl und es gilt $n_2 = n_3$. Das Gesamtübersetzungsverhältnis i wird aus der Anfangsdrehzahl n_a und der Enddrehzahl n_e berechnet.

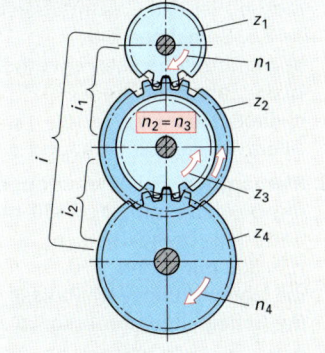

Bild 1: Mehrfache Übersetzung mit Zahnrädern

Aus den Einzelübersetzungsverhältnissen ergibt sich für das Gesamtübersetzungverhältnis i:

$$i = \frac{n_a}{n_e}; \quad i_1 = \frac{n_1}{n_4} \qquad i_1 = \frac{n_1}{n_2}; \quad i_2 = \frac{n_3}{n_4}$$

$$i = i_1 \cdot i_2 \qquad\qquad i = \frac{n_1 \cdot n_3}{n_2 \cdot n_4}$$

Das Gesamtübersetzungsverhältnis kann darüber hinaus bei Zahnrad- und Zahnriementrieben über die Zähnezahlen, bei Flachriementrieben über die Außendurchmesser und bei Keilriementrieben über die Wirkdurchmesser berechnet werden.

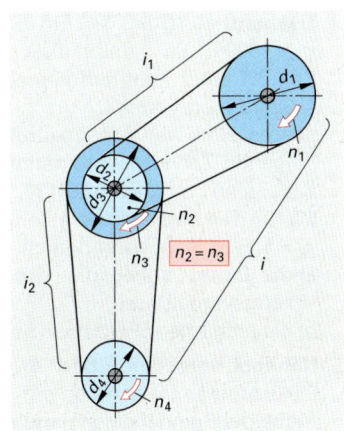

Bild 2: Mehrfache Übersetzung mit Riemen

1. Beispiel: Zahnradtrieb mit doppelter Übersetzung
$n_a = 630 \text{ min}^{-1}$; $z_1 = 50$; $z_2 = 75$; $z_3 = 35$; $z_4 = 104$ Zähne
Zu berechnen sind i_1, i_2, i, n_e.

Lösung: $i_1 = \dfrac{z_2}{z_1} = \dfrac{75}{50} = \dfrac{1{,}5}{1} = \textbf{1,5} \qquad i_2 = \dfrac{z_4}{z_3} = \dfrac{105}{35} = \dfrac{3}{1} = \textbf{3}$

$i = i_1 \cdot i_2 = 1{,}5 \cdot 3 = \textbf{4,5}$

$i = \dfrac{n_a}{n_e}$; $\quad n_e = \dfrac{n_a}{i} = \dfrac{630 \text{ min}^{-1}}{4{,}5} = \textbf{140 min}^{-1}$ oder

$n_e = \dfrac{n_a \cdot z_1 \cdot z_3}{z_2 \cdot z_4} = \dfrac{630 \text{ min}^{-1} \cdot 50 \cdot 35}{75 \cdot 105} = \textbf{140 min}^{-1}$

2. Beispiel: Riementrieb mit doppelter Übersetzung
$d_1 = 375 \text{ mm}$; $d_2 = 125 \text{ mm}$; $d_3 = 160 \text{ mm}$; $d_4 = 80 \text{ mm}$;
$n_a = 240 \text{ min}^{-1}$.
Zu berechnen sind i_1, i_2, i, n_e.

Lösung: $i_1 = \dfrac{d_2}{d_1} = \dfrac{125 \text{ mm}}{375 \text{ mm}} = \dfrac{1}{3} \qquad i_2 = \dfrac{d_4}{d_3} = \dfrac{80 \text{ mm}}{160 \text{ mm}} = \dfrac{1}{2} = \textbf{0,5}$

$i = i_1 \cdot i_2 = \dfrac{1}{3} \cdot \dfrac{1}{2} = \dfrac{1}{6} = \textbf{0,17}$

$i = \dfrac{n_a}{n_e}$; $\quad n_e = \dfrac{n_a}{i} = \dfrac{240 \text{ min}^{-1}}{\frac{1}{6}} = 240 \text{ min}^{-1} \cdot 6 = \textbf{1440 min}^{-1}$

Gesamtübersetzungsverhältnis

$$i = \frac{n_a}{n_e}$$

$$i = i_1 \cdot i_2 \ldots$$

$$i = \frac{z_2 \cdot z_4 \ldots}{z_1 \cdot z_3 \ldots}$$

$$i = \frac{d_2 \cdot d_4 \ldots}{d_1 \cdot d_3 \ldots}$$

$i > 1$: Übersetzung ins Langsame
$i < 1$: Übersetzung ins Schnelle

Aufgaben | Mehrfache Übersetzungen

1. Zahnradtrieb (Bild 1). Bei dem doppelten Zahnradtrieb ist das Gesamtübersetzungsverhältnis $i = 7,5$. Berechnen Sie
a) die Einzelübersetzungverhältnisse i_1 und i_2.
b) die Zähnezahl z_4,
c) die Drehzahl n_4,
d) die Achsabstände a_1 und a_2.

2. Riementrieb. Bei einem doppelten Riementrieb mit $d_1 = 200$ mm, $d_2 = 480$ mm, $d_4 = 360$ mm und den Drehzahlen $n_a = 2880$ min^{-1} und $n_e = 300$ min^{-1} sind
die Übersetzungsverhältnisse i, i_1 und i_2,
der Scheibendurchmesser d_3 zu berechnen.

3. Schneckentrieb (Bild 2). Für den einfachen Zahntrieb mit Schneckentrieb sind zu berechnen
a) das Gesamtübersetzungsverhältnis i,
b) die Drehzahl n_4.

4. Tischantrieb (Bild 3). Ein Elektromotor mit $n_1 = 6000$ min^{-1} treibt über ein Getriebe die Spindel einer Zahnradfräsmaschine an. Durch Austauschen von vier verschiedenen Zahnradpaaren sind vier Abtriebsdrehzahlen möglich. Folgende Zahnradkombinationen für das Paar z_1/z_2 sind möglich: 26/130; 40/120; 44/110; 52/104. Die zweite Übersetzung mit $z_3 = 34$ und $z_4 = 136$ ist nicht veränderlich. Berechnen Sie
a) die Einzel- sowie die vier Gesamtübersetzungsverhältnisse,
b) die möglichen Drehzahlen am Maschinentisch.

5. Handbohrmaschine (Bild 4). Ein stufenloser Elektromotor treibt über ein zweistufiges Getriebe die Spindel einer Handbohrmaschine an. Die Stirnräder haben die Zähnezahlen $z_1 = 10$, $z_2 = 52$, $z_3 = 24$, $z_4 = 36$, $z_5 = 16$ und $z_6 = 44$. An der Spindel stehen zwei Drehzahlbereiche zur Verfügung.
Berechnen Sie
a) die Übersetzungsverhältnisse i_1 und i_2 der Getriebestufen,
b) die maximale Spindeldrehzahl, wenn der Elektromotor eine Drehzahl von 6000 min^{-1} besitzt.

6. Stirnradgetriebe. Zur Übersetzung von Drehzahlen kommt eine doppelte Zahnradübersetzung mit gleichen Achsabständen ($a_1 = a_2$) zum Einsatz. Die Anfangsdrehzahl beträgt $n_a = 600$ min^{-1}, die Zähnezahlen $z_1 = 18$, $z_2 = 48$. Der Modul der Zahnräder ist $m = 1,5$ mm.
Bestimmen Sie
a) den Achsabstand a für beide Zahnradpaare,
b) die Zähnezahlen z_3 und z_4, wenn $d_4 = 67,5$ mm ist,
c) die Übersetzungsverhältnisse i_1, i_2, i,
d) die Drehzahl n_e am Abtrieb.

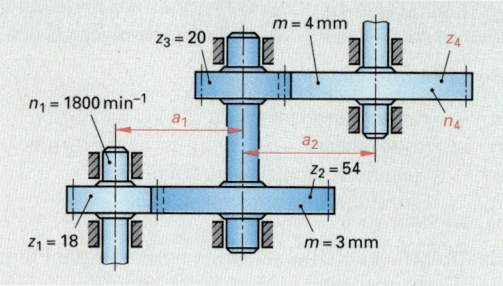

Bild 1: Zahnradtrieb

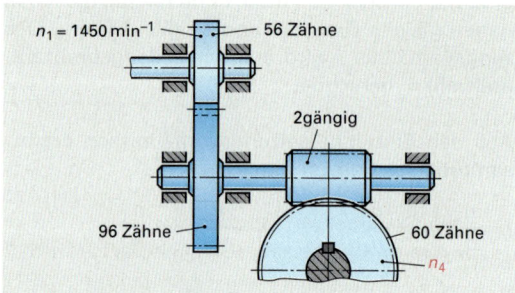

Bild 2: Schneckentrieb

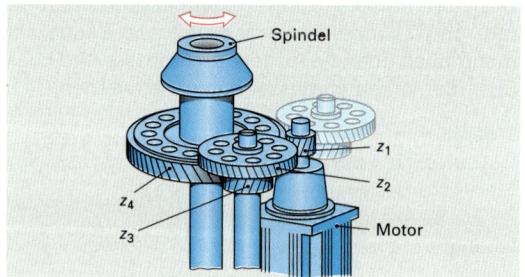

Bild 3: Tischantrieb

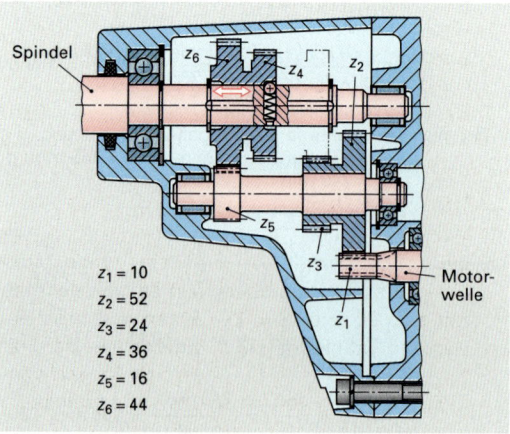

Bild 4: Handbohrmaschine

7. Schaltgetriebe (Bild 1). Ein Elektromotor treibt ein Getriebe mit der Drehzahl $n_1 = 1350$/min an. Berechnen Sie
a) die größte und kleinste Gesamtübersetzung,
b) die größte und kleinste Drehzahl und
c) die Achsabstände a_1 und a_2 bei einem Modul $m = 1,5$ mm.

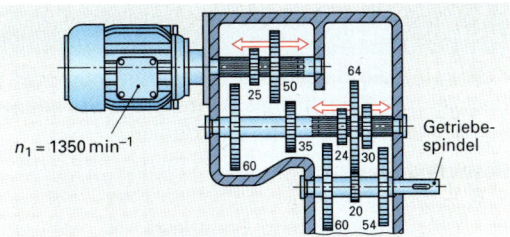

Bild 1: Schaltgetriebe

8. Doppelte Übersetzung. In einem Getriebe mit einer doppelten Übersetzung sollen die Achsabstände $a_1 = 90$ mm und $a_2 = 54$ mm eingehalten werden. Die Übersetzungen betragen $i_1 = 1,4$ und $i_2 = 2,6$. Der Modul ist bei allen Zahnrädern $m = 1,5$ mm.
a) Welche Zähnezahlen müssen die Zahnräder besitzen, damit die Achsabstände eingehalten werden?
b) Wie groß ist die Abtriebsdrehzahl n_e, wenn ein Elektromotor mit $n_a = 910$ min^{-1} antreibt?

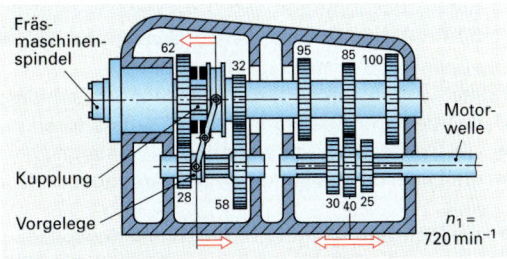

Bild 2: Getriebe

9. Getriebe (Bild 2). Ein Flanschmotor treibt über ein Getriebe eine Fräsmaschinenspindel mit einer Drehzahl $n_1 = 720$/min an.
a) Wie groß ist das Übersetzungsverhältnis i des Vorgeleges?
b) Wieviel Spindeldrehzahlen sind einstellbar?
c) Wie groß sind die größte und kleinste einstellbare Spindeldrehzahl?

10. Tischantrieb (Bild 3). Die Gewindespindel eines Fräsmaschinentisches wird durch einen Elektromotor über einen Stirn- und Kegeltrieb angetrieben. Der Elektromotor hat eine Drehzahl $n_1 = 355$ /min.
Zu berechnen sind
a) das Gesamtübersetzungsverhältnis,
b) die Drehzahl der Spindelmutter,
c) die Hubgeschwindigkeit des Tisches.

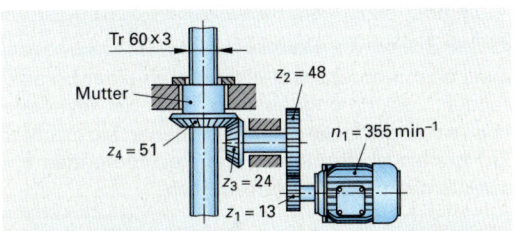

Bild 3: Tischantrieb

11. Stufenloses Getriebe (Bild 4). Die Spindel einer Ständerbohrmaschine wird über einen stufenlosen Riementrieb mit anschließendem Schaltgetriebe angetrieben. Der Motor arbeitet mit einer Drehzahl $n_1 = 1400$ min^{-1}. Das Übersetzungsverhältnis des Riementriebs ins Langsame beträgt $i_g = 7$, ins Schnelle $i_k = 0,7$. Berechnen Sie die kleinste und größte Drehzahl für beide Stufen, wenn das Schaltgetriebe ein Übersetzungsverhältnis $i_1 = 1,6$ bzw. $i_2 = 0,32$ besitzt.

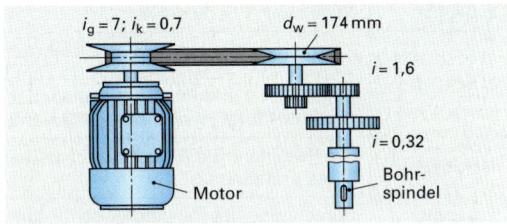

Bild 4: Stufenloses Getriebe

12. Werkzeugantrieb (Bild 5). Im Werkzeugrevolver einer CNC-Maschine wird ein Fräser von einem Elektromotor über einen Zahnriementrieb mit $z_1 = 20$ und $z_2 = 45$ Zähnen und anschließendem Zahnradgetriebe angetrieben. Der Fräser mit $d = 12$ mm soll mit der Schnittgeschwindigkeit $v_c = 32$ m/min zerspanen. Wie groß ist
a) das Gesamtübersetzungsverhältnis?
b) die Antriebsdrehzahl n_a des Elektromotors?

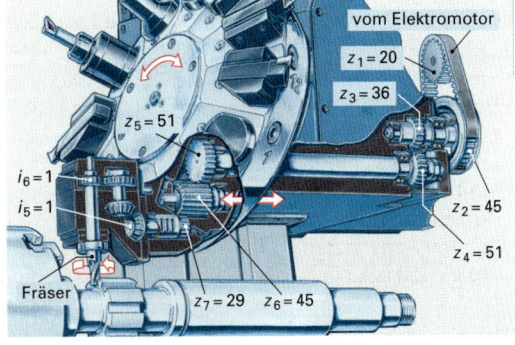

Bild 5: Werkzeugantrieb

3.4 | Kräfte

Kräfte sind die Ursache für die Verformung oder die Bewegungsänderung eines Körpers. So sind zum Beispiel zum Biegen eines Rohres, zum Spannen einer Feder, zum Beschleunigen oder Verzögern eines Fahrzeuges jeweils Kräfte erforderlich.

Bezeichnungen:

$F, F_1, F_2, \dots$	Kräfte	N	ΣF	Summe aller Teilkräfte	N	A	Anfangspunkt
F_r	Resultierende, Ersatzkraft	N	M_k	Kräftemaßstab	N/mm	E	Endpunkt
G, F_G	Gewichtskraft	N	$l, l_1, l_2, \dots$	Pfeillängen	mm		

3.4.1 | Darstellen von Kräften

Die Einheit der Kraft ist das Newton (N).
Kräfte werden durch Pfeile (Vektoren) grafisch dargestellt **(Bild 1)**.
Zur eindeutigen Festlegung einer Kraft gehören:

- **die Größe**, dargestellt durch die Pfeillänge l
- **die Lage**, dargestellt durch den Anfangspunkt und die Wirkungslinie
- **die Richtung**, dargestellt durch die Pfeilspitze.

Die zur grafischen Darstellung erforderliche Pfeillänge l wird aus der Kraft F und dem Kräftemaßstab M_k berechnet.

3.4.2 | Zusammensetzen von Kräften

Zwei oder mehrere Kräfte können zu einer Ersatzkraft, der Resultierenden, zusammengefasst werden. Die Resultierende hat die gleiche Wirkung wie die Kräfte, aus denen sie ermittelt wurde.
Zur grafischen Ermittlung der Resultierenden F_r sind die Arbeitsschritte nach **Tabelle 1** erforderlich.

Tabelle 1: Arbeitsschritte zur Ermittlung der Resultierenden

1. Schritt	Geeigneten Kräftemaßstab M_k festlegen
2. Schritt	Pfeillängen l berechnen
3. Schritt	Kräfteplan erstellen **(Bild 3)**. Die einzelnen Kraftpfeile werden vom Anfangspunkt A bis zum Endpunkt E nach Lage, Größe und Richtung aneinander gefügt. Auf ein Kraftende folgt jeweils ein Kraftanfang.
4. Schritt	Die Resultierende F_r liegt zwischen den Punkten A und E des Kräfteplanes.
5. Schritt	Berechnung der Resultierenden F_r aus l_r und M_k

■ Kräfte auf gleicher Wirkungslinie

Beispiel: Am Kolben des Spannzylinders **Bild 2** wirkt die Kraft $F_1 = 320$ N. Welche Spannkraft F_r wirkt auf das Werkstück, wenn die Rückholfeder mit $F_2 = 80$ N gespannt ist?

Lösung: 1. Schritt: Gewählter Kräftemaßstab $M_k = 8$ N/mm

2. Schritt: Pfeillänge $l_1 = \dfrac{F_1}{M_k} = \dfrac{320\ \text{N}}{8\ \text{N/mm}} = 40$ mm

$l_1 = \dfrac{F_2}{M_k} = \dfrac{80\ \text{N}}{8\ \text{N/mm}} = 10$ mm

3. Schritt: Kräfteplan nach **Bild 3**
4. Schritt: Siehe Kräfteplan Bild 3
5. Schritt: Pfeillänge der Resultierenden $l_r = 30$ mm
$F_r = l_r \cdot M_k = 30$ mm $\cdot\ 8$ N/mm = **240 N**

Wirken mehrere Kräfte auf der gleichen Wirkungslinie, so ist die Resultierende gleich der Summe der Einzelkräfte.

Einheit der Kraft

$$1\ \text{N} = 1 \cdot \frac{\text{kg} \cdot \text{m}}{\text{s}^2}$$

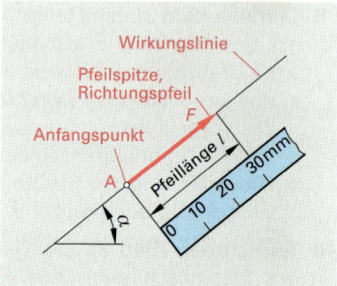

Bild 1: Darstellung der Kraft

Länge des Kraftpfeiles

$$l = \frac{F}{M_k}$$

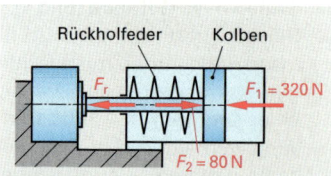

Bild 2: Spannzylinder

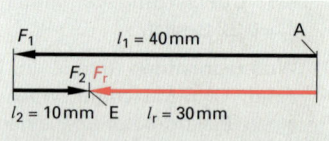

Bild 3: Kräfteplan

Resultierende, Ersatzkraft

$$F_r = \Sigma F$$

■ Kräfte auf sich schneidenden Wirkungslinien

Die grafische Ermittlung der Resultierenden F_r erfolgt nach den Arbeitsschritten der **Tabelle 1 Seite 92**

Beispiel: Die Spannseile eines Zeltdaches sind nach **Bild 1** verankert und übertragen die Kräfte F_1 = 80 kN und F_2 = 100 kN.
a) Wie groß ist die Resultierende F_r?
b) In welcher Richtung wird die Verankerung belastet?

Lösung: a) 1. Schritt: Gewählter Kräftemaßstab M_k = 2 kN/mn

2. Schritt: Pfeillänge $\quad l_1 = \dfrac{F_1}{M_k} = \dfrac{80 kN}{2\ kN/mm} = 40\ mm$

$$l_2 = \dfrac{F_2}{M_k} = \dfrac{100\ kN}{2\ kN/mm} = 50\ mm$$

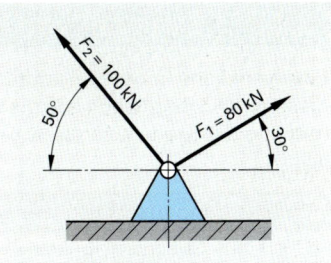

Bild 1: Spannseile

3. Schritt: Kräfteplan nach **Bild 2**
4. Schritt: siehe Kräfteplan Bild 2. Die Form des Kräfteplanes bezeichnet man als **Krafteck**.
5. Schritt: Pfeillänge der Resultierenden l_r = 58,4 mm
$F_r = l_r \cdot M_k$ = 58,4 mm · 2 kN/mm = **116,8 kN**

b) Die Verankerung wird in Richtung der Resultierenden F_r belastet. Winel α_r = 87,5°, gemessen aus Bild 2.

Die Resultierende F_r und entsprechende Winkel können unmittelbar aus dem Krafteck oder über rechtwinklige Hilfsdreiecke nach **Tabelle 1** berechnet werden.

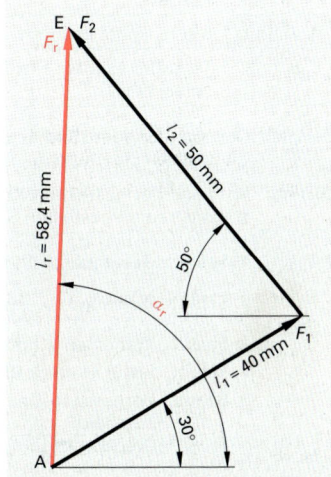

Bild 2: Kräfteplan, Krafteck

Tabelle 1: Berechnung der Resultierenden F_r	
Form des Kraftecks	anzuwendende Winkelfunktion
rechtwinkliges Dreieck	Sinus, Kosinus, Tangens
schiefwinkliges Dreieck	Sinussatz, Kosinussatz

Beispiel: Die Spannseile eines Zeltdaches sind nach **Bild 1** verankert und übertragen die Kräfte F_1 = 80 kN und F_2 = 100 kN.
a) Wie groß ist die Resultierende F_r?
b) In welcher Richtung wird die Verankerung belastet?

Lösung: a) Das skizzierte Krafteck **Bild 3** hat die Form eines schiefwinkligen Dreieckes. Die Resultierende F_r wird über den Kosinussatz berechnet.

$$F_r^2 = F_1^2 + F_2^2 - 2 \cdot F_1 \cdot F_2 \cdot \cos \gamma$$

γ = 50° + β; β = 30° (Wechselwinkel an Parallelen)
γ = 50° + 30° = 80°

$$F_r^2 = (80\ kN)^2 + (100\ kN)^2 - 2 \cdot 80\ kN \cdot 100\ kN \cdot \cos 80°$$
$$= 6400\ kN^2 + 10000\ kN^2 - 2778,371\ kN^2 = 13621,629\ kN^2$$

$$F_r = \sqrt{13621,629\ kN^2} = \textbf{116,712 kN}$$

b) Die Resultierende F_r belastet die Verankerung unter dem Winkel α_r.

α_r = 30° + δ (Der Winkel δ wird über den Sinussatz ermittelt)

$$\frac{F_2}{\sin \delta} = \frac{F_r}{\sin \gamma}$$

$$\sin \delta = \frac{F_2 \cdot \sin \gamma}{F_r} = \frac{100\ kN \cdot \sin 80°}{116,712\ kN} = 0,844;\ \delta = 57,5°$$

$$\alpha_r = 30° + 57,5° = \textbf{87,5°}$$

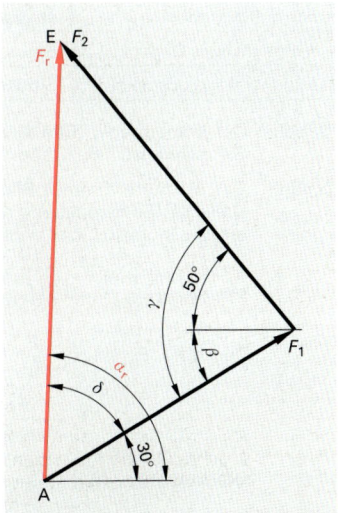

Bild 3: Krafteck-Skizze

3.4.3 │ Zerlegen von Kräften

Eine Kraft kann in zwei Teilkräfte zerlegt werden, welche zusammen dieselbe Wirkung haben wie die unzerlegte Kraft. Zur grafischen Ermittlung der Kräfte sind die Arbeitsschritte nach **Tabelle 1** erforderlich.

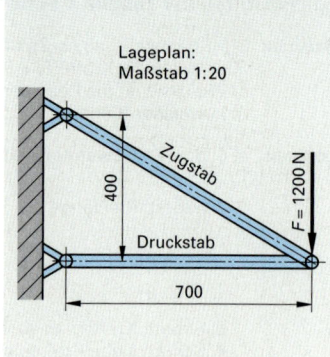

Lageplan:
Maßstab 1:20

Bild 1: Kranausleger

Tabelle 1: Arbeitsschritte zur grafischen Zerlegung von Kräften	
1. Schritt	Geeigneten Kräftemaßstab M_k festlegen
2. Schritt	Berechnung der Pfeillänge l der bekannten Kraft
3. Schritt	Kräfteplan erstellen (**Bild 2**). Die bekannte Kraft F liegt zwischen den Punkten A und E. Die Wirkungslinien der gesuchten Kräfte werden durch die Punkte A bzw. E gelegt. Sie schneiden sich im Punkt S. Der Linienzug ASE bildet das **Krafteck**.
4. Schritt	Die Teilkräfte liegen zwischen AS und SE.
5. Schritt	Teilkräfte aus den Pfeillängen l und dem Kräftemaßstab M_k berechnen

Beispiel: Der Kranausleger (**Bild 1**) wird mit F = 1200 N belastet. Ermitteln Sie grafisch die Kräfte im Zug- und im Druckstab.

Lösung: Die Lage der gesuchten Kräfte entspricht den im Lageplan maßstabsgetreu dargestellten Stabrichtungen.

1. Schritt: Gewählter Kräftemaßstab M_k = 60 N/mm

2. Schritt: Pfeillänge $l = \dfrac{F}{M_k} = \dfrac{1200\ \text{N}}{60\ \text{N/mm}} = 20\ \text{mm}$

3. Schritt: Kräfteplan (Krafteck) nach **Bild 2**

4. Schritt: Siehe Krafteck Bild 4

5. Schritt: Gemessene Pfeillängen l_z = 40,3 mm; l_d = 35 mm
Zugkraft $F_z = l_z \cdot M_k$ = 40,3 mm · 60 N/mm = **2418 N**
Druckkraft $F_d = l_d \cdot M_k$ = 35 mm · 60 N/mm = **2100 N**

Die Teilkräfte und entsprechende Winkel können unmittelbar aus dem Krafteck oder über rechtwinklige Hilfsdreiecke nach **Tabelle 2** berechnet werden.

Tabelle 2: Rechnerische Zerlegung von Kräften	
Form des Kraftecks	anzuwendende Winkelfunktion
rechtwinkliges Dreieck	Sinus, Kosinus, Tangens
schiefwinkliges Dreieck	Sinussatz, Kosinussatz

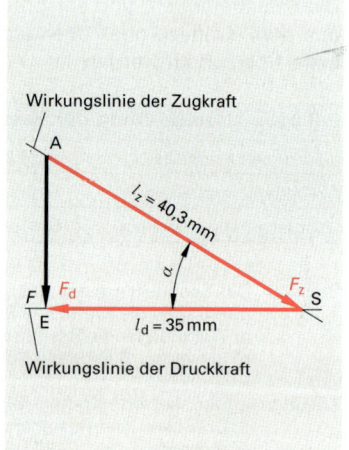

Bild 2: Kräfteplan, Krafteck

Beispiel: Der Kranausleger (**Bild 1**) wird mit F = 1200 N belastet. Ermitteln Sie rechnerisch die Kräfte im Zug- und Druckstab.

Lösung: Das skizzierte Krafteck **Bild 3** hat die Form eines rechtwinkligen Dreiecks. Die Berechnung der Kräfte erfolgt über die Tangens- und die Sinusfunktion. Der Winkel α wird aus Bild 1 ermittelt.

$$\tan \alpha = \frac{400\ \text{mm}}{700\ \text{mm}} = 0,571;\ \alpha = 29,7°$$

Zugkraft F_z: $\sin \alpha = \dfrac{F}{F_z}$

$$F_z = \frac{F}{\sin \alpha} = \frac{1200\ \text{N}}{\sin 29,7°} = \textbf{2422 N}$$

Druckkraft F_d: $\tan \alpha = \dfrac{F}{F_d}$

$$F_d = \frac{F}{\tan \alpha} = \frac{1200\ \text{N}}{\tan 29,7°} = \textbf{2103,8 N}$$

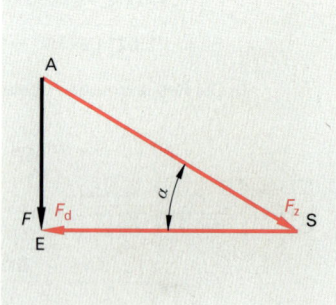

Bild 3: Krafteck-Skizze

Aufgaben | Kräfte

1. Freileitungsmast (Bild 1). Der Freileitungsmast wird durch zwei waag-rechte Drähte mit den Spannkräften $F_1 = 800$ N und $F_2 = 1200$ N belastet.
a) Wie groß ist die Resultierende F_r der beiden Spannkräfte?
Gewählter Kräftemaßstab $M_k = 20$ N/mm
b) Ein Spannseil soll die Biegung des Mastes verhindern. In welcher Richtung ist es anzubringen?

2. Seilrolle (Bild 2). Eine Last $F_1 = 1500$ N wird über die Seilrolle hochgezo-gen. Wie groß ist die resultierende Kraft F_r auf die Achse?
Gewählter Kräftemaßstab $M_k = 50$ N/mm

3. Dieselmotor (Bild 3). Auf den Kolben eines Dieselmotors wirkt die Kraft $F = 42$ kN. Wie groß sind ohne Berücksichtigung der Reibungskräfte
a) die Kraft F_N, mit welcher der Kolben auf die Zylinderwand drückt,
b) die Kraft F_P in der Pleuelstange?

4. Hubseil (Bild 4). Ein Hubseil, das eine Tragkraft $F = 10$ kN besitzt, wird zum Anheben von Behältern eingesetzt.
a) Wie groß ist die jeweils zulässige Gewichtskraft F_G bei den Lastzug-winkeln $\alpha = 30°$, $60°$, $90°$ und $120°$?
b) Die zulässigen Gewichtskräfte F_G sind in Abhängigkeit der Lastzug-winkel α in einem Schaubild darzustellen.

5. Werkzeugmaschinenführung (Bild 5). Die V-Führung wird durch den Schlitten mit einer senkrechten Kraft $F = 3,5$ kN belastet.
Wie groß sind die Normalkräfte F_{N1} und F_{N2} auf die Gleitflächen?

6. Schrägstirnrad (Bild 6). Die Verzahnung des Schrägstirnrades ist mit ei-nem Schrägungswinkel $\beta = 15°$ hergestellt. Auf die Zahnflanken wirkt eine Normalkraft $F_N = 140$ N.
Wie groß sind die Umfangskraft F_u und die Axialkraft F_a?

7. Keilspanner (Bild 7). Mit dem Keilspanner werden bei der Montage von Transferstraßen einzelne Baugruppen in der Höhe justiert.
Wie groß sind für die Gewichtskraft $F_G = 25$ kN ohne Berücksichtigung der Reibungseinflüsse
a) die Normalkräfte F_{NA} und F_{NB},
b) die Normalkraft F_{NC} und die Zugkraft F in der Schraube?

8. Wagenheber (Bild 8). Beim Anheben eines Fahrzeuges wird der Wagen-heber mit der Gewichtskraft $F_G = 13,5$ kN belastet. Wie groß sind
a) die Kräfte in den Streben 1 und 2,
b) die Zugkraft in der Gewindespindel und die Kräfte in den Streben 3 und 4,
c) die Normalkraft F_N auf den Boden?

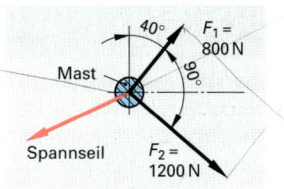

Bild 1: Freileitungsmast

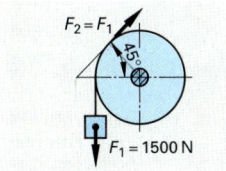

Bild 2: Seilrolle

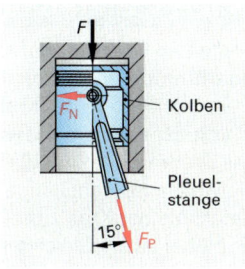

Bild 3: Dieselmotor

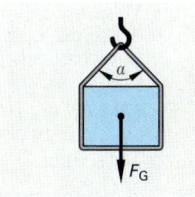

Bild 4: Hubseil

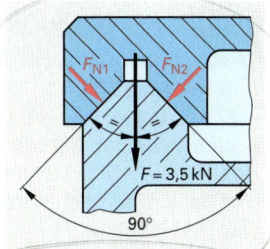

Bild 5: Werkzeug-maschinenführung

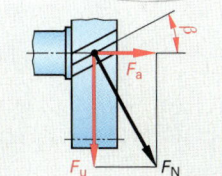

Bild 6: Schrägstirnrad

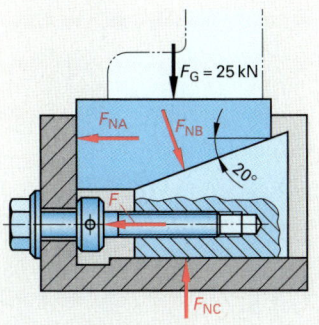

● Bild 7: Keilspanner

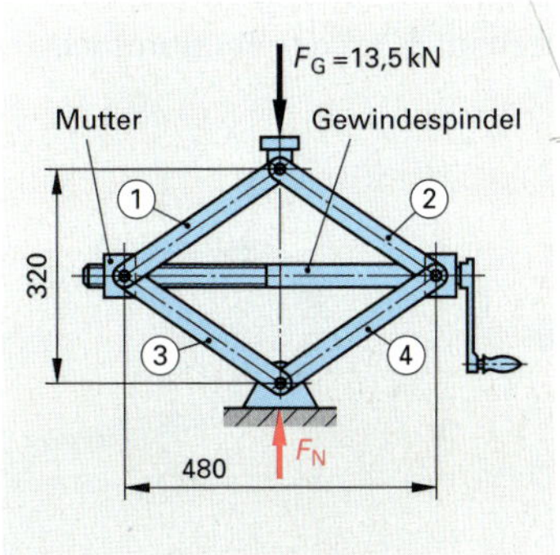

● Bild 8: Wagenheber

3.5 │ Hebel

Zur Änderung der Kraftrichtung und zur Kraftübersetzung werden Hebel verwendet. Auf der Hebelwirkung beruhen zum Beispiel Zangen, Scheren, Zahnräder, Schraubenschlüssel. Man unterscheidet einseitige Hebel, zweiseitige Hebel und Winkelhebel (**Bild 1**).

Bezeichnungen:

F, F_1, F_2 ...	Kräfte	N
$l, l_1, l_2,$ ...	wirksame Hebellängen	mm
G, F_G	Gewichtskraft	N
$M, M_1, M_2,$ ...	Drehmomente	N·m
M_l	linksdrehendes Moment	N·m
M_r	rechtsdrehendes Moment	N·m
ΣM	Summe aller Drehmomente	N·m

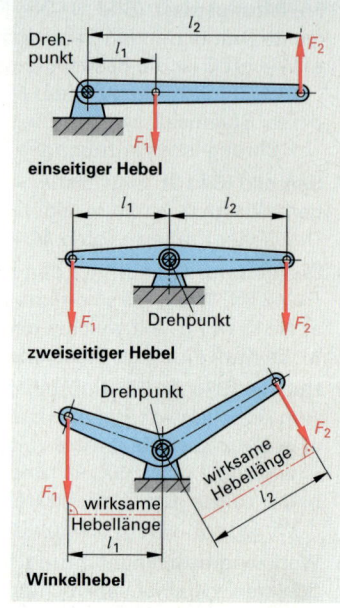

Bild 1: Hebel

3.5.1 │ Drehmoment, Hebelgesetz

Greifen an einem Hebel Kräfte an, so bewirken sie Drehmomente. Ein Drehmoment hängt ab
● von der Größe der Kraft
● von der wirksamen Hebellänge

Das Drehmoment hat die Einheit N·m.

Die wirksame Hebellänge l ist der senkrechte Abstand von der Wirkungslinie der Kraft zum Drehpunkt (Bild 1).

Ein Hebel ist im Gleichgewicht, wenn die Summe aller linksdrehenden Momente gleich der Summe aller rechtsdrehenden Momente ist.

Beispiel: Am Winkelhebel **Bild 2** greift die Kraft $F_1 = 250$ N an.
　　　a) Welches Drehmoment entsteht in den Lagen a und b?
　　　b) Wie groß muss die Kraft F_2 in der Lage a sein, um den Gleichgewichtszustand herzustellen?

Lösung: a) Lage a: $M = F_1 \cdot l_1 = 250$ N $\cdot$ 0,2 m 　**= 50 N·m**
　　　　　Lage b: $M = F_1 \cdot l_1 = 250$ N $\cdot$ 0 m 　**= 0 N·m**

　　　b) $\Sigma M_l = \Sigma M_r$
　　　　$F_1 \cdot l_1 = F_2 \cdot l_2$
　　　　$F_2 = \dfrac{F_1 \cdot l_1}{l_2} = \dfrac{250 \text{ N} \cdot 200 \text{ mm}}{250 \text{ mm}} = \textbf{200 N}$

Drehmoment

$$M = F \cdot l$$

Hebelgesetz

$$\Sigma M_l = \Sigma M_r$$

$$F_1 \cdot l_1 = F_2 \cdot l_2$$

Aufgaben │ Drehmoment und Hebelgesetz

1. **Kettentrieb (Bild 3).** Das Kettenrad überträgt ein Drehmoment $M = 144$ N·m. Wie groß ist die Zugkraft F in der Kette?
2. **Winde (Bild 4).** Mit der Handwinde wird eine Last $F_2 = 800$ N angehoben. Wie groß sind
　　a) das erforderliche Drehmoment M an der Seiltrommel,
　　b) die Handkraft F_1 ?

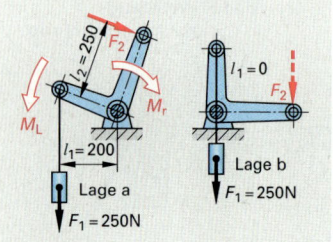

Bild 2: Winkelhebel

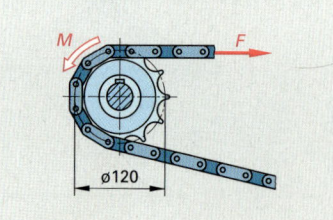

Bild 3: Kettentrieb

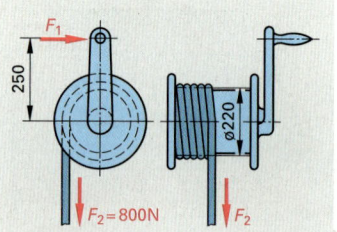

Bild 4: Winde

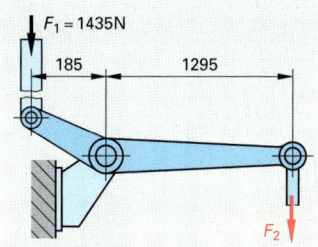

Bild 1: Kipphebel

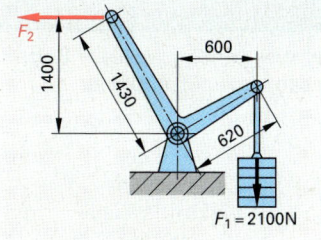

Bild 2: Winkelhebel

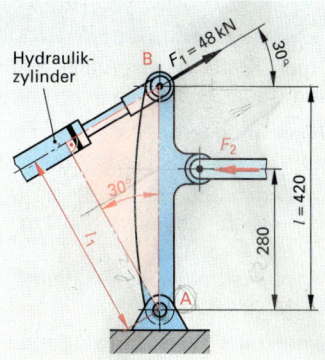

Bild 3: Umlenkhebel

3. **Kipphebel (Bild 1).** Am Kipphebel wird die Kraft F_1 = 1435 N. Wie groß ist die Kraft F_2 ?

4. **Winkelhebel (Bild 2).** Die am Winkelhebel angreifende Last F_1 = 2100 N wird durch die Kraft F_2 im Gleichgewicht gehalten.
a) Wie groß ist F_2 ?
b) Wie groß wird F_2 , wenn F_1 = 800 N beträgt?

5. **Umlenkhebel (Bild 3).** Der Umlenkhebel eines Baggers wird hydraulisch bewegt. Der Hydraulikkolben drückt mit der Kraft F_1 = 48 kN. Wie groß sind
a) die Hebellänge l_1,
b) die Kraft F_2 die am Gestänge wirkt?

6. **Pressvorrichtung (Bild 4).** Welche Kraft F_2 entsteht an der Pressvorrichtung, wenn die Kraft F_1 = 80 N beträgt und die Gewichtskraft F_G = 50 N im Schwerpunkt S des Hebels angreift?

7. **Spanneisen (Bild 5).** Ein Werkstück wird über ein Spanneisen und eine Schraube auf den Maschinentisch gespannt.
Mit welcher Kraft F_2 wird das Werkstück auf den Tisch gepresst, wenn die Spannkraft der Schraube F_1 = 12 kN beträgt?

8. **Auswerfer (Bild 6).** Am Auswerfer soll die Kraft F_1 = 2,2 kN wirken. Welche Kraft F_2 ist erforderlich, wenn die Druckfeder auf F_3 = 180 N vorgespannt ist?

9. **Spannrolle (Bild 7).** Die Spannrolle drückt mit der Kraft F_N = 850 N auf das Werkstück.
Wie groß ist die erforderliche Kolbenkraft F_2 am Spannzylinder?

10. **Gestänge (Bild 8).** Für das Gestänge sind die Zugkraft F_3 und die Kraftübersetzung $i = F_1 / F_3$ zu berechnen.

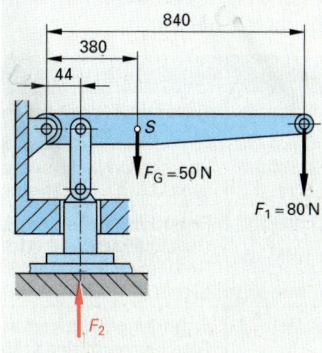

Bild 4: Pressvorrichtung

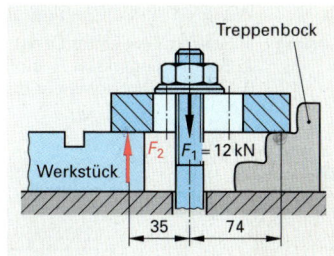

Bild 5: Spanneisen

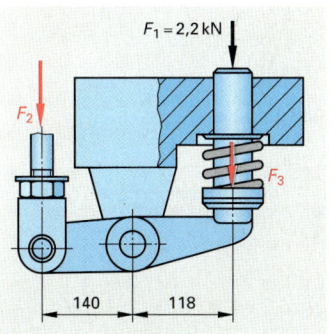

Bild 6: Auswerfer

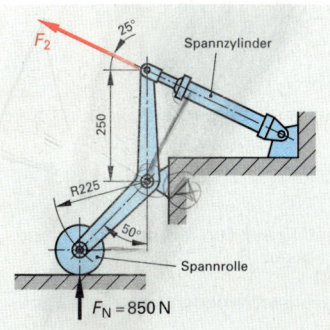

Bild 7: Spannrolle

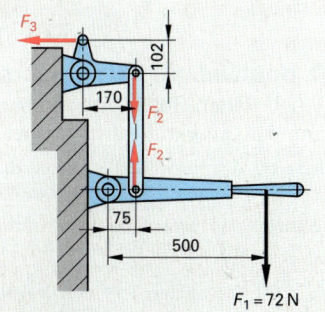

Bild 8: Gestänge

3.5.2 | Lagerkräfte

Durch Kräfte beanspruchte Bauteile, wie Achsen, Wellen, Bolzen und Träger, werden in ihren Lagerstellen abgestützt **(Bild 1)**.

Bezeichnungen:

F_A	Lagerkraft im Lager A	N	l	Abstand der	mm
F_B	Lagerkraft im Lager B	N		Lagerstellen	
M_l	linksdrehendes	N·m	$l_1, l_2, l_3, \dots$	wirksame Hebel-	mm
	Moment			längen der Kräfte	
M_r	rechtsdrehendes	N·m	$F, F_1, F_2 \dots$	Kräfte am Bauteil	N
	Moment				

Lagerkräfte heben die an Bauteilen angreifenden Kräfte und deren Momentenwirkungen auf.

■ Bauteile mit zwei Lagerstellen

Die Ermittlung der Lagerkräfte erfolgt über ein- und zweiarmige Hebel nach **Tabelle 1**.

Tabelle 1: Arbeitsschritte zur Ermittlung von Lagerkräften	
1. Schritt	Wahl eines geeigneten Lagerpunktes als Hebeldrehpunkt, z.B. Punkt A.
2. Schritt	Im anderen Lagerpunkt wird die gesuchte Lagerkraft angesetzt, z.B. F_B im Lagerpunkt B.
3. Schritt	**Ermittlung der ersten Lagerkraft.** **Gleichgewicht der Momente**, bezogen auf den gewählten Drehpunkt: Summe der linksdrehenden Momente = Summe der rechtsdrehenden Momente
4. Schritt	**Ermittlung der zweiten Lagerkraft** **Gleichgewicht der Kräfte:** $F_A + F_B = F_1 + F_2 + \dots$

Beispiel: Die Getriebewelle **Bild 1** wird mit den Zahnkräften $F_1 = 2$ kN und $F_2 = 3{,}1$ kN belastet. Wie groß sind die Lagerkräfte F_A und F_B?

Lösung: 1. Schritt: Gewählter Drehpunkt A **(Bild 2)**.
2. Schritt: Lagerkraft F_B eintragen (Bild 2)
3. Schritt: Gleichgewicht der Momente

$$\Sigma M_l = \Sigma M_r$$
$$F_B \cdot l = F_1 \cdot l_1 + F_1 \cdot l_2$$
$$F_B = \frac{F_1 \cdot l_1 + F_2 \cdot l_2}{l}$$
$$= \frac{2\,\text{kN} \cdot 210\,\text{mm} + 3{,}1\,\text{kN} \cdot 380\,\text{mm}}{560\,\text{mm}} = \textbf{2,854 kN}$$

4. Schritt: Gleichgewicht der Kräfte
$$F_A + F_B = F_1 + F_2$$
$$F_A = F_1 + F_2 - F_B = 2\,\text{kN} + 3{,}1\,\text{kN} - 2{,}854\,\text{kN}$$
$$= 2{,}245\,\text{kN} \approx \textbf{2,25 kN}$$

■ Bauteile mit einer Lagerstelle

Hebel, Räder, Rollen usw. haben nur eine Lagerstelle. Die Ermittlung der Lagerkräfte erfolgt über das Gleichgewicht der Kräfte.

Beispiel: Am Hebel **Bild 3** greifen die Kräfte $F_1 = 2{,}5$ kN und $F_2 = 1{,}7$ kN an. Wie groß ist die Lagerkraft F_A?

Lösung: Das Lager A hebt die Kräfte F_1 und F_2 auf. Die Teilkraft F_{Ax} wirkt gegen F_1 und die Teilkraft F_{Ay} wirkt gegen F_2.
$F_{Ax} = F_1 = 2{,}5$ kN; $F_{Ay} = F_2 = 1{,}7$ kN
Die beiden Teilkräfte werden zur resultierenden Lagerkraft F_A zusammengefasst **(Bild 4)**.

$$F_A = \sqrt{F_{Ax}^2 + F_{Ay}^2} = \sqrt{2{,}5^2 + 1{,}7^2}\ \text{kN} = \textbf{3,023 kN}$$

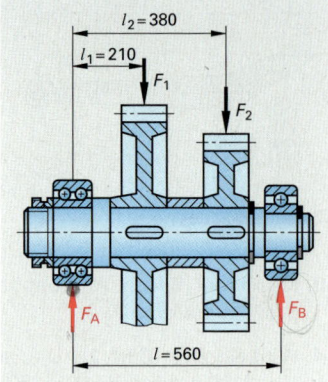

Bild 1: Getriebewelle

Gleichgewicht der Momente

$$\Sigma M_l = \Sigma M_r$$

Gleichgewicht der Kräfte

$$F_A + F_B = F_1 + F_2 + \dots$$

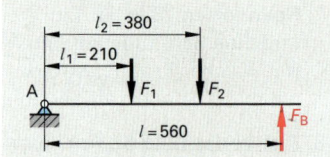

Bild 2: Lagerkraft F_B

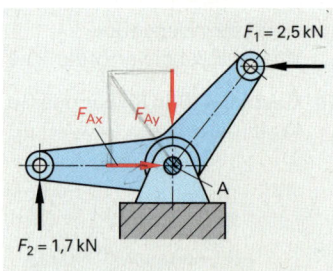

Bild 3: Hebel

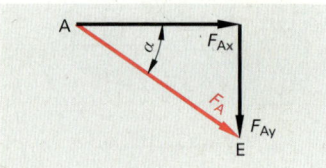

Bild 4: Lagerkraft F_A

Aufgaben | Lagerkräfte

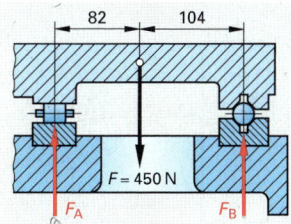

Bild 1: Wälzführung

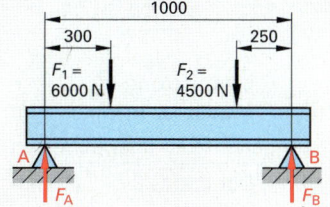

Bild 2: Träger

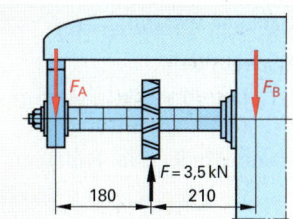

Bild 3: Fräsmaschine

1. **Wälzführung (Bild 1).** Der Schlitten einer Werkzeugmaschine ist in Wälzführungen gelagert. Im Betriebszustand tritt eine Gesamtbelastung $F = 450$ N auf.
Wie groß sind die Belastungen F_A und F_B der Wälzführungen?

2. **Träger (Bild 2).** Der Träger wird durch die Kräfte $F_1 = 6000$ N und $F_2 = 4500$ N belastet. Wie groß sind die Lagerkräfte F_A und F_B ohne Berücksichtigung der Gewichtskraft des Trägers?

3. **Fräsmaschine (Bild 3).** Der Fräsdorn wird durch die Kraft $F = 3,5$ kN belastet.
Wie groß sind die Kräfte in den Lagern A und B?

4. **Umlenkrolle (Bild 4).** Das Zugseil einer Förderanlage wird über eine Rolle umgelenkt und ist mit $F = 1500$ N belastet.
a) Wie groß ist die Belastung F_A der Rollenachse?
b) Unter welchem Winkel α stellt sich die Pendelstange ein?

5. **Hebel (Bild 5).** Am Hebel greift die Kraft $F_1 = 2,8$ kN an.
Wie groß sind
a) die Kraft F_2, wenn die Feder mit $F_3 = 180$ N gespannt ist,
b) die Belastung F_A des Hebellagers?

6. **Getriebewelle (Bild 6).** Die Getriebewelle wird durch die Zahnkraft $F_1 = 2$ kN, $F_2 = 5$ kN und $F_3 = 3$ kN belastet.
Wie groß sind die Lagerkräfte F_A und F_B?

7. **Containerfahrzeug (Bild 7).** Ein Fahrzeug mit der Gewichtskraft $F_1 = 35$ kN transportiert Container mit $F_2 = 20$ kN.
Wie groß sind die Belastungen der Räder beim Anheben des Containers?

8. **Laufkran (Bild 8).** Der Kran hebt eine Last $F_1 = 12$ kN. Die Kranbrücke besitzt die Gewichtskraft $F_2 = 60$ kN und die Laufkatze $F_3 = 20$ kN. Wie groß sind die Lagerkräfte F_A und F_B für die gezeichneten Lagen der Laufkatze?

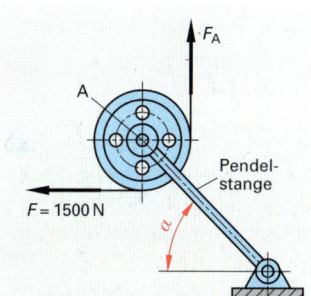

Bild 4: Umlenkrolle

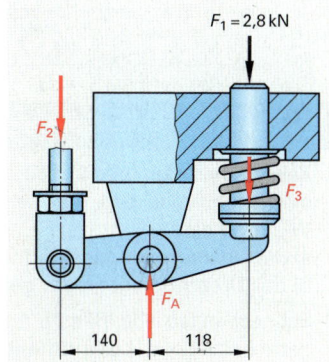

Bild 5: Hebel

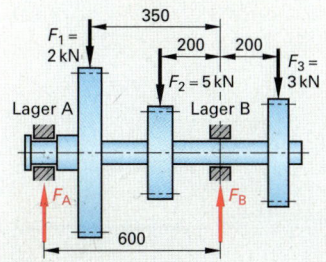

Bild 6: Getriebewelle

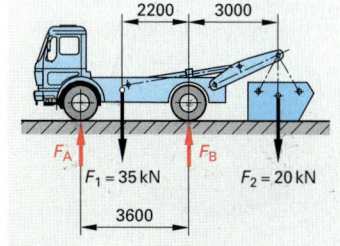

Bild 7: Containerfahrzeug

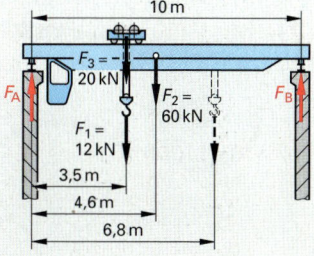

● **Bild 8: Laufkran**

3.5.3 │ Umfangskraft und Drehmoment

Zahnrad-, Riemen- und Kettentriebe übersetzen neben den Drehzahlen auch Drehmomente.

Bezeichnungen:

d	Durchmesser	mm	i	Übersetzung	–
F_u	Umfangskraft	N	m	Modul	mm

treibende Räder oder Scheiben			getriebene Räder oder Scheiben		
d_1	Durchmesser	mm	d_2	Durchmesser	mm
z_1	Zähnezahl	–	z_2	Zähnezahl	–
M_1	Drehmoment	N·m	M_2	Drehmoment	N·m

Das Antriebsdrehmoment M_1 des Zahnradgetriebes **Bild 1** wird durch die Umfangskraft F_u vom Zahnrad z_1 auf das Zahnrad z_2 übertragen. Ohne Berücksichtigung des Wirkungsgrades η gilt:

$$M_1 = \frac{F_u \cdot d_1}{2} = \frac{F_u \cdot m \cdot z_1}{2}; \quad M_2 = \frac{F_u \cdot d_2}{2} = \frac{F_u \cdot m \cdot z_2}{2}$$

$$\frac{M_2}{M_1} = \frac{\dfrac{F_u \cdot m \cdot z_2}{2}}{\dfrac{F_u \cdot m \cdot z_1}{2}} = \frac{F_u \cdot m \cdot z_2 \cdot 2}{F_u \cdot m \cdot z_1 \cdot 2} = \frac{z_2}{z_1}. \text{ Mit } i = \frac{z_2}{z_1} = \frac{d_2}{d_1} = \frac{n_1}{n_2} \text{ gilt:}$$

Die Drehmomente verhalten sich wie die Zähnezahlen (Durchmesser), aber umgekehrt wie die Drehzahlen.

Beispiel: Das Getriebe Bild 1 wird mit einem Drehmoment M_1 = 135 N·m angetrieben. Wie groß sind
a) die Umfangskraft F_u am Zahnrad z_1, wenn die Zähne mit dem Modul m = 3 mm hergestellt sind,
b) das Drehmoment M_2 am Zahnrad z_2?

Lösung: a) $M_1 = \dfrac{F_u \cdot m \cdot z_1}{2}; F_u = \dfrac{2 \cdot M_1}{m \cdot z_1} = \dfrac{2 \cdot 135000 \text{ N} \cdot \text{mm}}{3 \text{ mm} \cdot 17} = \textbf{5294 N}$

b) $\dfrac{M_2}{M_1} = \dfrac{z_2}{z_1}; M_2 = \dfrac{M_1 \cdot z_2}{z_1} = \dfrac{135 \text{ N} \cdot \text{m} \cdot 58}{17} = \textbf{460,6 N} \cdot \textbf{m}$

Aufgaben │ Umfangskraft und Drehmoment

1. **Zahnriementrieb (Bild 2).** Die Zahnriemenscheibe z_1 = 15 wird mit dem Drehmoment M_1 = 240 N·m angetrieben.
Wie groß sind
a) die Übersetzung des Zahnriementriebes,
b) das Drehmoment an der getriebenen Scheibe mit z_2 = 35?

2. **Schneckengetriebe (Bild 3).** An der Abtriebswelle des Schneckengetriebes ist das Drehmoment M_2 = 80 N · m erforderlich.
Wie groß sind
a) die Drehzahl n_2 bei der Motordrehzahl n_1 = 1440/min,
b) das Drehmoment M_1 des Motors?

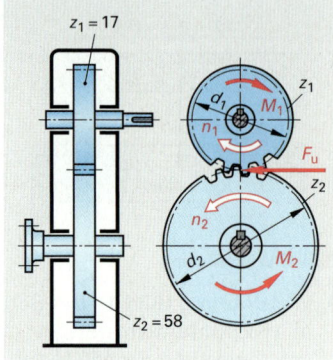

Bild 1: Zahnradgetriebe

Drehmoment

$$M = \frac{F_u \cdot d}{2}$$

$$M = \frac{F_u \cdot m \cdot z}{2}$$

Übersetzung der Drehmomente

$$\frac{M_2}{M_1} = \frac{d_2}{d_1}$$

$$\frac{M_2}{M_1} = \frac{z_2}{z_1}$$

$$\frac{M_2}{M_1} = \frac{n_1}{n_2}$$

$$M_2 = i \cdot M_1$$

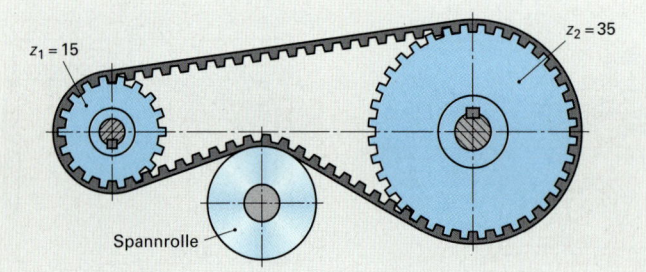

Bild 2: Zahnriementrieb

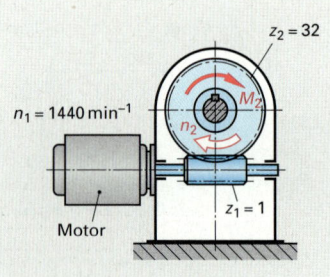

Bild 3: Schneckengetriebe

3. Montagepresse (Bild 1). An der Pinole einer Montagepresse ist eine Kraft $F = 1,5$ kN erforderlich. Sie wird über zwei Zahnräder angetrieben. Wie groß sind
a) das Drehmoment M_2,
b) das Drehmoment M_1 des Antriebsrades mit der Zähnezahl $z_1 = 22$ und dem Modul $m = 2,5$ mm?

4. Kolbenkompressor (Bild 2). Ein luftgekühlter Kolbenkompressor wird über Keilriemen angetrieben. Der Motor gibt ein Drehmoment $M_1 = 48$ N·m ab. Wie groß sind
a) die Zugkraft F im Keilriemen,
b) das Drehmoment am Kompressor?

5. Räderwinde (Bild 3). Mit der Räderwinde soll eine Last $G = 2$ kN gehoben werden. Wie groß sind
a) das Drehmoment M_2 an der Seiltrommel,
b) das Drehmoment M_1 an der Antriebswelle bei einem Übersetzungsverhältnis $i = 3,3$,
c) die Umfangskraft F_u an den Zahnflanken bei einem Modul $m = 3$ mm und der Zähnezahl $z_1 = 30$,
d) die aufzubringende Handkraft F_1?

6. PKW-Antrieb (Bild 4). Der Motor eines Personenkraftwagens gibt
• sein maximales Drehmoment $M = 220$ N·m bei einer Drehzahl $n = 4200$/min ab. Am Motor ist ein Schaltgetriebe mit Übersetzungen nach **Tabelle 1** angeflanscht, das Ausgleichsgetriebe besitzt die Übersetzung $i_A = 3,38$.

Tabelle 1: Schaltgetriebe – Übersetzungen					
Gang	1.	2.	3.	4.	5.
i	$i = 4,12$	$i_1 = 2,85$	$i_2 = 1,95$	$i_3 = 1,38$	$i_4 = 1,09$

Wie groß sind
a) die Gesamtübersetzungen in den Gängen 1 bis 5,
b) die maximale Umfangskraft je Hinterrad in den Gängen 1 bis 5 bei einem Rollradius $r_R = 295$ mm,
c) die erreichbare Höchstgeschwindigkeit v bei einer Motorhöchstdrehzahl $n = 6200$/min?

7. Hubwerk (Bild 5). Die Seiltrommel eines Hubwerkes wird über
• ein zweistufiges Zahnradgetriebe angetrieben. Das Getriebe besitzt die Zähnezahlen $z_1 = 17$, $z_2 = 57$, $z_3 = 21$ und $z_4 = 65$. Mit dem Hubwerk werden Höchstlasten von $G = 3$ kN gehoben.
Zu berechnen sind
a) die Drehzahl der Seiltrommel,
b) die Hubgeschwindigkeit der Last,
c) das Drehmoment an der Seiltrommel,
d) das Drehmoment am Motor.

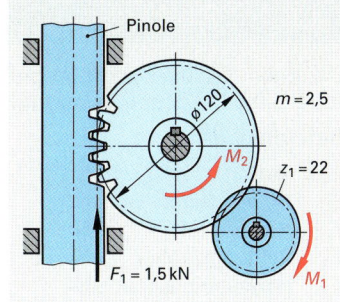

Bild 1: Montagepresse

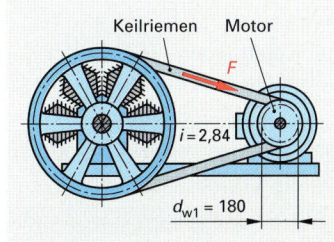

Bild 2: Kolbenkompressor

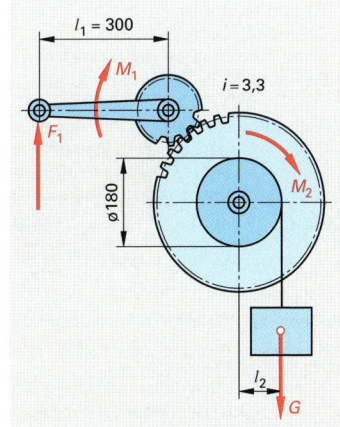

Bild 3: Räderwinde

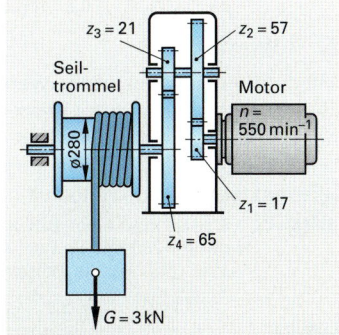

● **Bild 5: Hubwerk**

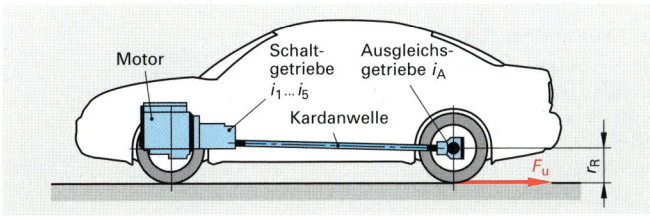

● **Bild 4: PKW-Antrieb**

3.6 | Reibung

Zwischen Gleitflächen, z.B. bei Lagern, Führungen, Gewinden, Kupplungen, treten Reibungskräfte auf.

Bezeichnungen:

F	Kraft	N	$\mu^{1)}$	Reibungszahl	–
G	Gewichtskraft	N	d	Durchmesser	mm
F_N	Normalkraft	N	r	Radius, Halbmesser	mm
F_R	Reibungskraft	N	M_R	Reibungsmoment	N·m
F_H	Hangabtriebskraft	N	f	Rollreibungszahl	mm

Man unterscheidet Haft-, Gleit- und Rollreibung.

■ Haftreibung, Gleitreibung

Haftreibung liegt vor, wenn zwischen den Gleitflächen keine Bewegung stattfindet, z.B. bei einer Kupplung. Gleitreibung tritt zwischen bewegten Körpern auf, z.B. bei Gleitlagern.

Die Haftreibungskraft ist größer als die Gleitreibungskraft.
Die Reibungskraft wirkt gegen die Bewegungsrichtung **(Bild 1)**. Ihre Einflussgrößen zeigt **Tabelle 1**.

Tabelle 1: Einflussgrößen auf die Reibungskraft

Einflussgröße	Berücksichtigung durch
Belastung der Gleitfläche	Normalkraft F_N
Werkstoffpaarung Schmierzustand Oberflächenqualität der Gleitflächen Reibungsart (Haft-, Gleitreibung)	Reibungszahl μ

1. Beispiel: Die Tellerfedern der Rutschkupplung **Bild 2** sind mit $F_N = 2{,}4$ kN vorgespannt. Wie groß sind
a) die Reibungskraft F_R bei einer Reibungszahl $\mu = 0{,}67$,
b) das übertragbare Drehmoment M am Kettenrad?

Lösung: a) $F_R = \mu \cdot F_N = 0{,}67 \cdot 2400$ N = **1608 N**

b) $M = 2 \cdot M_R$ (zwei Reibflächen)

$M = 2 \cdot F_R \cdot r = 2 \cdot 1608$ N $\cdot$ 80 mm = 257280 N·mm $\approx$ **257 N · m**

2. Beispiel: Auf einem Förderband **(Bild 3)** werden Pakete mit der Gewichtskraft $G = 120$ N nach oben transportiert.
Wie groß sind
a) die Normalkraft F_N,
b) die Reibungskraft F_R bei einer Reibungszahl $\mu = 0{,}6$?

Lösung: a) $\cos \alpha = \dfrac{F_N}{G}$; $F_N = G \cdot \cos \alpha = 120$ N $\cdot$ cos 25° = **108,8 N**

b) $F_R = \mu \cdot F_N = 0{,}6 \cdot 108{,}8$ N = **65,3 N**

■ Rollreibung

Mit der Rollreibungskraft F_R werden die elastischen Verformungen zwischen einem rollenden Körper, z.B. einem Kranlaufrad, und seiner Unterlage überwunden **(Bild 4)**.
Die Rollreibungskraft F_R hängt ab von der Normalkraft F_N, der Rollreibungszahl f und dem Radius r der Rolle.

Beispiel: Das Laufrad eines Brückenkranes (Bild 4) hat einen Durchmesser $d = 280$ mm und wird mit $F_N = 38$ kN belastet.
Wie groß ist die Reibungskraft F_R bei einer Rollreibungszahl $f = 0{,}5$ mm?

Lösung: $F_R = \dfrac{f \cdot F_N}{r} = \dfrac{0{,}5 \text{ mm} \cdot 38 \text{ kN}}{140 \text{ mm}} = 0{,}136$ kN = **136 N**

$^{1)}$ μ griech. Kleinbuchstabe my

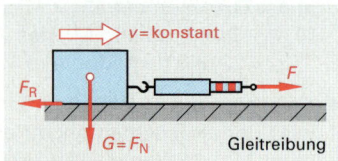

Bild 1: Haftreibung, Gleitreibung

Reibungskraft

$$F_R = \mu \cdot F_N$$

Reibungsmoment

$$M_R = F_R \cdot r$$

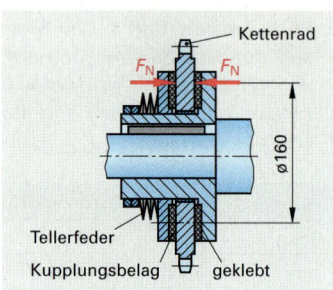

Bild 2: Rutschkupplung

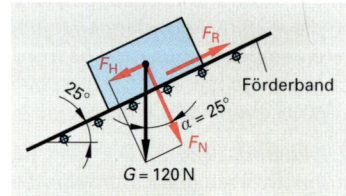

Bild 3: Förderband

Rollreibungskraft

$$F_R = \frac{f \cdot F_N}{r}$$

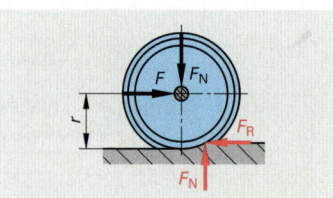

Bild 4: Kranlaufrad

Aufgaben | Reibung

1. Ladestation (Bild 1). In einer Ladestation werden Werkstücke auf Paletten gespannt und anschließend in die Fertigunglinie eingeschleust. Wie groß sind für die Gesamtlast G = 3500 N
a) die notwendige Kraft zum Anschieben der Palette aus der Ruhe bei μ = 0,15,
b) die Kraft zum Weiterschieben der Palette bei μ = 0,08?

2. Kupplung (Bild 2). Ein Lüftergebläse wird über eine elektromagnetische Kupplung zu- und abgeschaltet. Wie groß sind für die Normalkraft F_N = 125 N und die Reibungszahl μ = 0,62
a) die Reibungskraft F_R,
b) das Reibungsmoment M_R?

3. Maschinenschlitten (Bild 3). Der Schlitten einer Werkzeugmaschine ist auf Wälzkörpern gelagert.
Wie groß sind bei einer Gewichtskraft F = 450 N des Schlittens
a) die Lagerkräfte F_A und F_B,
b) die Verschiebekraft des Schlittens bei μ = 0,005?

4. Schweißmaschine (Bild 4). Die Elektroden einer Rollennaht-Schweißmaschine werden mit der Kraft F_N = 2 kN auf die zu verschweißenden Bleche gedrückt. Wie groß sind
a) die Reibungskräfte F_R bei der Rollreibungszahl f = 0,6 cm,
b) das Antriebsmoment M, wenn die untere Elektrode angetrieben wird?

5. Schraubenverbindung (Bild 5). Flachstäbe 80 x 12 werden mit F = 3,2 kN auf Zug beansprucht. Wie groß ist bei einer Reibungszahl μ = 0,2 die Mindestspannkraft F_N je Schraube, wenn die Zugkraft nur durch Reibung übertragen werden soll?

6. Bohreinheit (Bild 6). Die Bohreinheit mit der Gewichtskraft G = 1500 N ist Bestandteil eines flexiblen Fertigungssystems. Beim Bohren tritt die Vorschubkraft F_f = 1800 N auf. Wie groß sind
a) die Umfangskraft am Zahnrad bei einer Reibungszahl μ = 0,07,
b) das notwendige Antriebsmoment am Zahnrad?

7. Getriebewelle (Bild 7). Die Zwischenwelle eines Großgetriebes T ist in Gleitlagern gelagert. Wie groß sind für die resultierenden Zahnradkräfte F_1 = 18 kN und F_2 = 13,5 kN
a) die Lagerkräfte F_A und F_B
b) die Reibungskräfte in den Lagern A und B bei einer Reibungszahl μ = 0,06,
c) das Gesamtreibungsmoment?

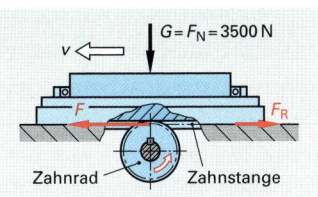

Bild 1: Ladestation

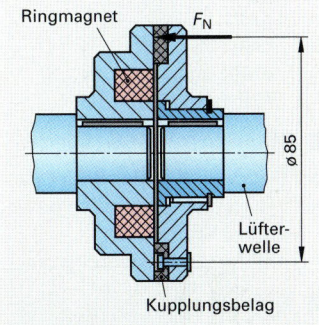

Bild 2: Kupplung

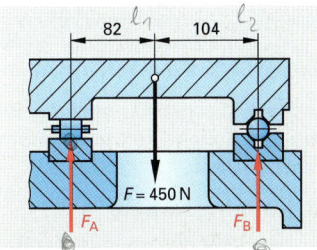

Bild 3: Maschinenschlitten

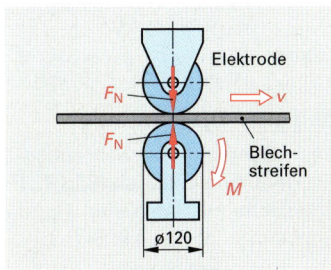

Bild 4: Schweißmaschine

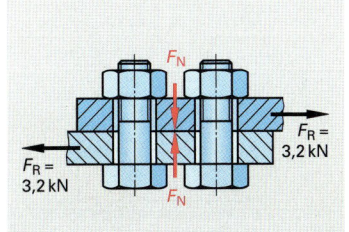

Bild 5: Schraubenverbindung

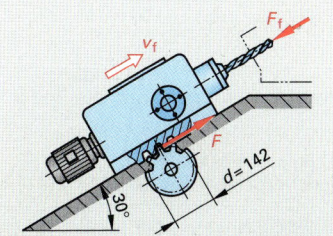

● **Bild 6: Bohreinheit**

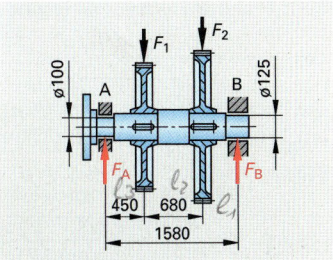

● **Bild 7: Getriebewelle**

3.7 │ Arbeit, Energie, Leistung, Wirkungsgrad

3.7.1 │ Mechanische Arbeit

In der Technik kommt die mechanische Arbeit z.B. als Hubarbeit, Reibungsarbeit oder Feder-Spannarbeit vor.

Bezeichnungen:

W	Arbeit	$N \cdot m$	μ	Reibungszahl	–
F	Kraft	N	s	Kraftweg	m
G	Gewichtskraft	N	h	Hubhöhe	m
F_R	Reibungskraft	N	R	Federrate	N/mm
F_N	Normalkraft	N	g	Fallbeschleunigung	m/s²

■ Mechanische Arbeit

Der Hydraulikzylinder **Bild 1** verrichtet Arbeit, wenn er die Bohreinheit um den Vorschubweg bewegt. Mechanische Arbeit W hängt ab
- von der Kraft F und
- vom Weg s, in Richtung dieser Kraft.

■ Hubarbeit

Bei der Hubarbeit entspricht der Kraft F die Gewichtskraft G und dem Kraftweg s die Hubhöhe h.

Beispiel: Ein Gussstück mit 2000 N Gewichtskraft wird 1,5 m hoch gehoben. Welche Arbeit ist hierfür aufzuwenden?

Lösung: $W = G \cdot h = 2\,kN \cdot 1,5\,m = 3\,kN \cdot m = 3\,kW \cdot s = \textbf{3 kJ}$

In der grafischen Darstellung **Bild 2** ist die rechteckige Fläche, die aus den Seiten Kraft und Weg gebildet wird, ein Maß für die verrichtete Arbeit.

■ Reibungsarbeit

Bei der Reibungsarbeit ist die Reibungskraft $F_R = \mu \cdot F_N$ maßgebend.

Beispiel: Ein Maschinentisch mit der Masse $m = 300$ kg wird um 1,50 m verschoben. Wie groß ist die Reibungsarbeit, wenn die Reibungszahl $\mu = 0,08$ beträgt?

Lösung: $G = F_N = m \cdot g = 300\,kg \cdot 9,81\,m/s^2 = 2943\,N$
$W = \mu \cdot F_N \cdot s = 0,08 \cdot 2943\,N \cdot 1,50\,m = \textbf{353,2 N} \cdot \textbf{m}$

■ Feder-Spannarbeit

Beim Spannen von Schrauben-Druckfedern wächst die Federkraft mit dem Weg linear an **(Bild 3)**. Die Spannarbeit wird durch die Dreiecksfläche mit den Seiten F und s dargestellt.
Sie beträgt im Beispiel Bild 3:

$$W = \frac{F \cdot s}{2} = \frac{150\,N \cdot 60\,mm}{2} = 4500\,N \cdot mm = \textbf{4,5 N} \cdot \textbf{m}$$

Setzt man für $F = R \cdot s$, so ergibt sich

$$W = \frac{F \cdot s}{2} = \frac{R \cdot s \cdot s}{2} = \frac{R \cdot s^2}{2}.$$

Die Federrate R gibt die Kraft an, die notwendig ist, um die Feder um 1 mm zusammen zu drücken.

Beispiel: Welche Spannarbeit ist zu verrichten, wenn eine Feder mit der Federrate $R = 9,25$ N/mm um 25 mm vorgespannt wird?

Lösung: $W = \dfrac{R \cdot s^2}{2} = \dfrac{9,25\,N \cdot 25^2\,mm^2}{mm \cdot 2} = 2890,6\,N \cdot mm = \textbf{2,9 N} \cdot \textbf{m}$

[1] Joule, englischer Physiker (1818 bis 1889)

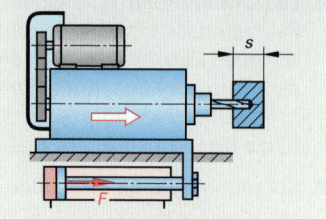

Bild 1: Hydraulische Bohreinheit

Mechanische Arbeit

$$W = F \cdot s$$

Einheiten für die Arbeit

$$1\,N \cdot m = 1\,J^{1)} = 1\,W \cdot s$$
$$1\,kN \cdot m = 1\,kJ = 0,000278\,kW \cdot h$$
$$1\,kW \cdot h = 3,6\,MJ = 3,6\,MW \cdot s$$

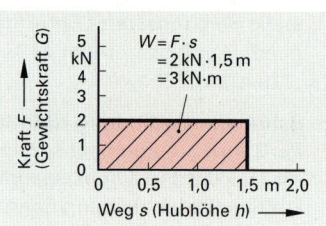

Bild 2: Mechanische Arbeit

Hubarbeit

$$W = G \cdot h$$

Reibungsarbeit

$$W = \mu \cdot F_N \cdot s$$

Feder-Spannarbeit

$$W = \frac{R \cdot s^2}{2}$$

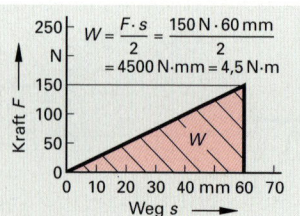

Bild 3: Feder-Spannarbeit

3.7.2 | Mechanische Energie

Energie ist gespeicherte Arbeit, d.h. es ist die Fähigkeit eines Systems, Arbeit zu verrichten. Man unterscheidet potentielle und kinetische Energie.

Bezeichnungen:

W_p	Potentielle Energie	$N \cdot m$	W_k	Kinetische Energie	$N \cdot m$
F	Kraft	N	m	Masse	kg
s	Weg	m	v	Geschwindigkeit	m/s

■ Potentielle Energie (Energie der Lage)

Potentielle Energie ist die Fähigkeit einer Masse Arbeit zu verrichten. Sie kann in Bewegungsenergie umgewandelt werden. Massen, die potentielle Energie enthalten, sind z.B. schwebende Lasten, Druckluft, gespannte Federn oder Wasser in Speicherseen.

Beispiel: Das Uhrengewicht **Bild 1** hat eine Gewichtskraft von 45 N. Wie groß ist seine potentielle Energie, wenn das Gewicht auf 1,60 m hochgezogen wurde?

Lösung: $W_p = G \cdot s = 45\ N \cdot 1{,}60\ m = \textbf{72 N} \cdot \textbf{m}$

■ Kinetische Energie (Energie der Bewegung)

Kinetische Energie ist in jeder bewegten Masse vorhanden, z.B. im fahrenden Auto, im fallenden Gegenstand oder in der sich drehenden Schleifscheibe. Die kinetische Energie wächst mit der Masse und dem Quadrat der Geschwindigkeit **(Bild 2)**.

Beispiel: Der Riemenfallhammer **Bild 3** erreicht eine Aufprallgeschwindigkeit von 6 m/s. Dabei wird die gesamte potentielle Energie in kinetische Energie umgewandelt.
a) Wie groß ist seine kinetische Energie im Augenblick des Aufpralls, wenn seine Masse $m = 250$ kg beträgt?
b) Wie groß war die Verformungskraft, wenn ein Verformungsweg von 5 mm am Schmiedestück erreicht wurde?

Lösung: a) $W_k = \dfrac{m \cdot v^2}{2} = \dfrac{250\ kg \cdot \left(6\ \frac{m}{s}\right)^2}{2} = 4500\ \dfrac{kg \cdot m}{s^2} \cdot m = \textbf{4500 N} \cdot \textbf{m}$

b) $W = F \cdot s;\ F = \dfrac{W}{s} = \dfrac{4500\ N \cdot m}{0{,}005\ m} = 900000\ N = \textbf{900 kN}$

Aufgaben | Mechanische Arbeit und Energie

■ Mechanische Arbeit

1. **Aufzug.** Ein Aufzug fördert eine Maschine mit der Gewichtskraft 11200 N auf eine Höhe von 12,5 m. Welche Hubarbeit ist aufzuwenden?

2. **Betonpumpe (Bild 4).** Durch die Betonpumpe werden 5 m³ Beton der Dichte $\varrho = 2{,}45$ kg/dm³ auf eine Höhe von 11,5 m gefördert. Wie groß ist die hierfür aufzuwendende Hubarbeit?

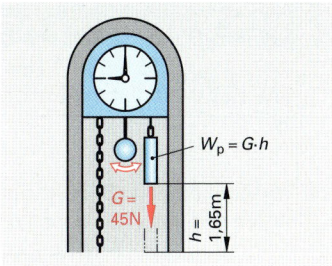

Bild 1: Standuhr

Potentielle Energie

$$W_p = G \cdot s$$

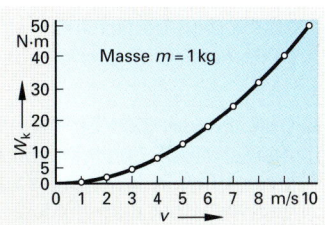

Bild 2: Kinetische Energie

Kinetische Energie

$$W_{kin} = \frac{m \cdot v^2}{2}$$

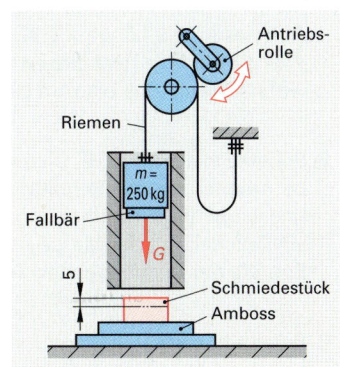

Bild 3: Riemenfallhammer

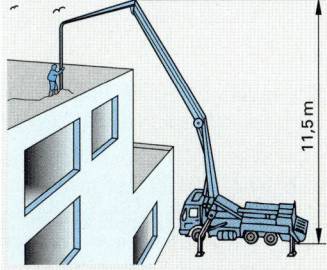

Bild 4: Betonpumpe

3. Werkstück. Ein zylindrisches Werkstück ist 1,5 m lang und hat 435 mm Durchmesser. Die Dichte des Werkstücks aus Gusseisen beträgt 7,25 kg/dm³. Das Werkstück soll mit einem Kran auf eine Höhe von 0,8 m gehoben werden. Wie groß ist die Hubarbeit in kN · m?

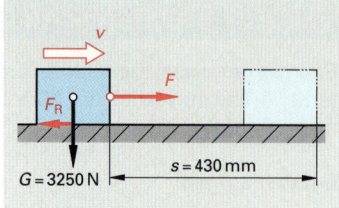

Bild 1: Vorschubeinheit

4. Vorschubeinheit (Bild 1). Eine Vorschubeinheit einer Transferstraße mit einer Gewichtskraft von 3250 N legt einen Weg von 430 mm zurück. Die Reibungszahl der Führung beträgt $\mu = 0,08$.

a) Welche Reibungskraft muss überwunden werden?
b) Wie groß ist die Reibungsarbeit.

5. Druckfeder. Eine Druckfeder hat eine Federrate $R = 24,5$ N/mm. Sie wird ohne Vorspannung eingebaut.

a) Wie groß ist die Federkraft bei einem Federweg $s = 23$ mm?
b) Berechnen Sie die Spannarbeit.

6. Drehversuch (Bild 2). Bei einem Drehversuch wird am Drehmeißel eine Schnittkraft von 650 N gemessen. Welche mechanische Arbeit in $W \cdot h$ muss zum Überdrehen einer 425 mm langen Welle mit dem mittleren Durchmesser $d = 85$ mm und einem Vorschub $f = 0,5$ mm aufgewendet werden?

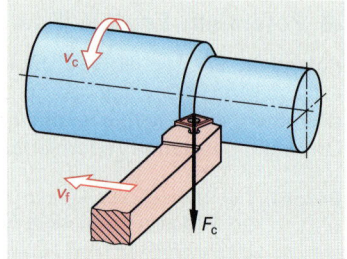

Bild 2: Drehversuch

Potentielle und kinetische Energie

7. Pumpspeicherwerk. Das Oberbecken eines Pumpspeicherwerks hat einen annähernd prismatischen Querschnitt und folgende Abmessungen: Länge = 0,32 km; Breite = 85 m; Tiefe = 16,5 m. Wie groß ist die gespeicherte Energie in kW · h und in MW · h, wenn die Fallhöhe bis zum Unterbecken 283 m beträgt?

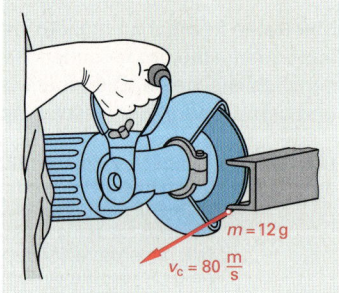

Bild 3: Schleifscheibe

8. Schleifscheibe (Bild 3). Die Hochgeschwindigkeits-Schleifscheibe arbeitet mit der Schnittgeschwindigkeit $v_c = 80$ m/s. Durch unsachgemäße Handhabung löst sich vom Umfang der Scheibe ein Teilchen mit der Masse $m = 12$ g. Wie groß ist die kinetische Energie des wegfliegenden Teilchens?

9. Personenwagen. Ein Pkw mit der Masse 1200 kg wird bis zum Stillstand abgebremst. Wie groß ist die aufzuwendende Bremsarbeit

a) bei der Anfangsgeschwindigkeit $v_1 = 60$ km/h,
b) bei der Anfangsgeschwindigkeit $v_2 = 120$ km/h?

10. Pendelschlagwerk (Bild 4). Der Hammer des Pendelschlagwerks hat eine Masse von 21,735 kg. Er wird 1407 mm hoch angehoben.

a) Wie groß ist seine potentielle Energie?
b) Wie groß ist die Geschwindigkeit des Hammers beim Auftreffen auf die Werkstoffprobe?
c) Wie groß ist die verbrauchte Schlagarbeit, wenn das Pendel nach dem Durchschlagen der Probe bis zu der Steighöhe $s_2 = 220$ mm durchschwingt?

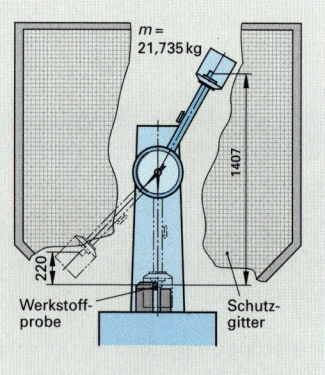

Bild 4: Pendelschlagwerk

3.7.3 | Mechanische Leistung

Unter Leistung versteht man die verrichtete Arbeit pro Zeiteinheit (**Bild 1**). Je kürzer die benötigte Zeit für eine bestimmte Arbeit ist, desto größer ist die Leistung.

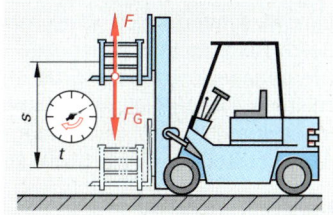

Bild 1: Gabelstapler

Bezeichnungen:

P	Leistung	$W^{1)}$; $\frac{J}{s}$ $^{2)}$	s	Weg	m
W	Arbeit	$N \cdot m$	v	Geschwindigkeit	m/s
t	Zeit	s	n	Drehzahl	1/s
F	Kraft	N	d	Durchmesser	m
G	Gewichtskraft	N	M	Drehmoment	$N \cdot m$

Wird in der Gleichung $P = \dfrac{W}{t}$ für $W = F \cdot s$ eingesetzt, so erhält man $P = \dfrac{F \cdot s}{t}$. Ersetzt man $\dfrac{s}{t}$ durch v, so ergibt sich die Formel $P = F \cdot v$.

Die Einheit der Leistung ist das Watt. 1 Watt ist gleich groß wie 1 Joule/s oder wie 1 N · m/s.
Wird eine Masse mit der Gewichtskraft von 1 Newton in 1 Sekunde 1 Meter hoch gehoben, so wird dabei eine Leistung von 1 Watt verrichtet.

Beispiel: Eine Kiste mit der Gewichtskraft G = 500 N wird 3 m hoch gehoben. Wie groß ist die erforderliche Leistung, wenn ein Gabelstapler für diese Arbeit 5 s braucht?

Lösung: $P = \dfrac{F \cdot s}{t} = \dfrac{500 \, N \cdot 3 \, m}{5 \, s} = 300 \, \dfrac{N \cdot m}{s} = $ **300 W**

Mechanische Leistung

$$P = \frac{W}{t}$$

$$P = \frac{F \cdot s}{t}$$

$$P = F \cdot v$$

Umrechnung der Einheiten

$$1 \, W = 1 \, \frac{J}{s} = 1 \, \frac{N \cdot m}{s}$$

$$1000 \, W = 1 \, kW = 1 \, \frac{kJ}{s} = 1 \, \frac{kN \cdot m}{s}$$

■ Leistung bei gleichförmiger Drehbewegung

Bei der Drehbewegung gilt für die Leistung ebenfalls die Formel $P = F \cdot v$ (**Bild 2**). Ersetzt man in der Gleichung $P = F \cdot v$ die Kraft F durch $2 \cdot M/d$ und die Geschwindigkeit v durch $v = \pi \cdot d \cdot n$,

dann erhält man $P = \dfrac{2 \cdot M}{d} \cdot \pi \cdot d \cdot n = 2 \cdot \pi \cdot n \cdot M$

In der Praxis wird häufig mit der Zahlenwertgleichung

$P = \dfrac{M \cdot n}{9549}$ gerechnet.

Dabei muss beachtet werden, dass nur die folgenden Einheiten benutzt werden: P in kW, M in N · m und n in 1/min. Die Einheiten können im Rechengang weggelassen werden.

Beispiel: Auf einem Motoren-Leistungsprüfstand wird bei einer Drehzahl von 5300/min ein Drehmoment von 117 N · m ermittelt. Wie groß ist die Motorleistung bei dieser Drehzahl?

a) Lösung mit Gößengleichung:

$$P = 2 \cdot \pi \cdot M \cdot n = 2 \cdot \pi \cdot 117 \, N \cdot m \cdot \frac{5300}{60 \, s} = 64936,7 \, \frac{N \cdot m}{s} = \textbf{64,9 kW}$$

b) Lösung mit Zahlenwertgleichung:

$$P = \frac{M \cdot n}{9549} = \frac{117 \cdot 5300}{9549} \, kW = \textbf{64,9 kW}$$

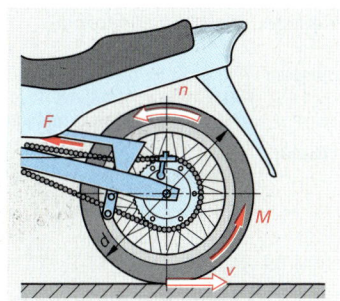

Bild 2: Motorradantrieb

Leistung bei gleichförmiger Drehbewegung

$P = 2 \cdot \pi \cdot n \cdot M$	
$P = \dfrac{M \cdot n}{9549}$	P in kW
	M in N · m
	n in 1/min

[1] Watt, engl. Ingenieur (1736 bis 1819)

[2] Joule engl. Physiker (1818–1889)

3.7.4 | Wirkungsgrad

Eine Maschine nimmt stets mehr Leistung auf, als sie abgibt, da durch Reibung und ungenutzte Wärme Verluste entstehen **(Bild 1)**. Die abgegebene Leistung ist also stets kleiner als die zugeführte Leistung. Das Verhältnis von abgegebener Leistung P_2 zu zugeführter Leistung P_1 wird als Wirkungsgrad $\eta^{1)}$ bezeichnet. Der Wirkungsgrad ist stets kleiner als 1 bzw. kleiner als 100%.

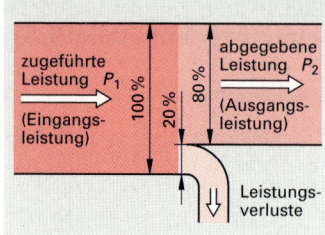

Bild 1: Leistungsdiagramm

Bezeichnungen:

$\eta^{1)}$	Wirkungsgrad, (Gesamtwirkungsgrad)	–
η_1, η_2	Einzel- oder Teilwirkungsgrade	–
P_1	zugeführte Leistung	W, kW
P_2	abgegebene Leistung	W, kW

Beispiel: Welchen Wirkungsgrad hat ein Elektromotor, dem eine Leistung von 4,5 kW zugeführt wird, wenn die am Wellenstumpf abgegebene Leistung 4,0 kW beträgt?

Lösung: $\eta = \dfrac{P_2}{P_1} = \dfrac{4,0\ kW}{4,5\ kW} = 0,89 = \dfrac{89}{100} = 89\ \%$

Wirkungsgrad

$$\eta = \frac{P_2}{P_1}$$

■ Gesamtwirkungsgrad

Bei einem Förderband mit Antriebseinheit **(Bild 2)** haben Motor und Getriebe jeweils einen anderen Wirkungsgrad. Da die vom Motor abgegebene Leistung P_{M2} gleich groß ist wie die vom Getriebe aufgenommen Leistung P_{G1}, gilt:

$$\eta = \frac{P_2}{P_1} = \frac{P_{G2}}{P_{M1}} = \frac{P_{M2}}{P_{M1}} \cdot \frac{P_{G2}}{P_{G1}} = \eta_1 \cdot \eta_2$$

Den Gesamtwirkungsgrad erhält man aus dem Produkt der Einzelwirkungsgrade. Der Gesamtwirkungsgrad ist stets kleiner als der kleinste Einzelwirkungsgrad.

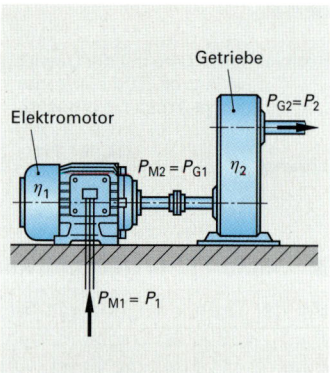

Bild 2: Antriebseinheit

Beispiel: Wie groß ist bei der Hydraulikanlage **Bild 3** die Leistungsaufnahme des Elektromotors, wenn der Hydraulikzylinder 3 kW Leistung abgibt? Die Einzelwirkungsgrade betragen: $\eta_1 = 0,8$; $\eta_2 = 0,7$; $\eta_3 = 0,9$

Lösung:

a) Berechnung mit den Einzelwirkungsgraden

$$\eta_3 = \frac{P_{Z2}}{P_{Z1}}; P_{Z1} = \frac{P_{Z2}}{\eta_3} = \frac{3\ kW}{0,9} = 3,33\ kW = P_{P2}$$

$$\eta_2 = \frac{P_{P2}}{P_{P1}}; P_{P1} = \frac{P_{P2}}{\eta_2} = \frac{3,333\ kW}{0,7} = 4,761\ kW = P_{M2}$$

$$\eta_1 = \frac{P_{M2}}{P_{M1}}; P_{M1} = \frac{P_{M2}}{\eta_1} = \frac{4,761\ kW}{0,8} = 5,95\ kW$$

b) Berechnung mit dem Gesamtwirkungsgrad

$$\eta = \frac{P_{Z2}}{P_{M1}}; P_{M1} = \frac{P_{Z2}}{\eta} = \frac{3\ kW}{0,8 \cdot 0,7 \cdot 0,9} = 5,95\ kW$$

Gesamtwirkungsgrad

$$\eta = \eta_1 \cdot \eta_2 \cdot \eta_3 \cdot \ldots$$

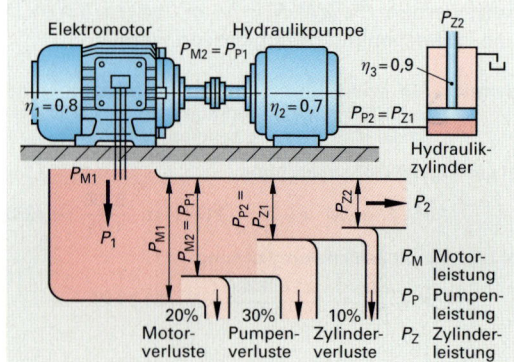

Bild 3: Hydraulikanlage

1) griech. Kleinbuchstabe eta

Aufgaben | Mechanische Leistung und Wirkungsgrad

■ Mechanische Leistung (ohne Verluste)

1. **Kran.** Ein Kran verrichtet in einer halben Minute eine Hubarbeit von 15 kN · m. Wie groß ist die Leistung in kW?

2. **Hebebühne (Bild 1).** Die Hebebühne hebt einen Pkw mit der Gewichtskraft 11 500 N in 5,5 s auf ein Höhe von 1,80 m. Wie groß ist die Leistung?

3. **Hubstapler (Bild 2).** Der Hubstapler hebt eine 6550 N schwere Last in ein 1,65 m hohes Regal. Welche Leistung muss der Antriebsmotor abgeben, wenn die Hubzeit 2,5 s beträgt?

4. **Aufzug.** Ein Aufzug ist für eine Leistung von 7,5 kW ausgelegt. Wie groß darf die Belastung werden, wenn die Hubgeschwindigkeit 1,5 m/s beträgt und aus Sicherheitsgründen 75% der Hubleistung ausgenutzt werden soll?

5. **Stabhochspringer (Bild 3).** Der Stabhochspringer mit der Gewichtskraft 760 N springt in 1,2 s über die 6,14 m hohe Latte. Welche durchschnittliche Leistung hat er damit vollbracht?

6. **Riementrieb.** Ein Elektromotor treibt über einen Riemen eine Maschine an. Seine Leistung beträgt 7,4 kW, seine Drehzahl 1450/min. Wie groß ist die Zugkraft im Riemen, wenn die Riemenscheibe einen Durchmesser von $d = 355$ mm hat?

7. **Hydraulikmotor.** Welche Leistung hat ein Hydraulikmotor, der bei einer Drehzahl $n = 720$/min ein Drehmoment $M = 67,5$ N · m abgibt?

8. **Elektromotor.** Wie groß ist das Drehmoment eines Elektromotors, der bei einer Drehzahl $n = 1400$/min eine Leistung $P = 1,8$ kW abgibt?

9. **Bandförderer (Bild 4).** Mit Hilfe des Bandförderers sollen Kisten mit der Geschwindigkeit $v = 35$ m/min auf ein 4,80 m höheres Stockwerk transportiert werden. Wie groß darf die Gewichtskraft aller Kisten höchstens werden, damit der Antriebsmotor mit einer Leistung von 3,8 kW nicht überlastet wird?

10. **Pumpspeicherwerk (Bild 5).** Die Pumpe des Pumpenspeicherwerks fördert Wasser in das 283 m höher liegende Oberbecken. Die zur Verfügung stehende Pumpenleistung beträgt 34 MW. Welche Wassermenge kann pro Sekunde gefördert werden?

11. **Aufzug (Bild 6).** Das Seil des Aufzugs ist für eine Höchstlast von 50 kN ausgelegt. Das Gegengewicht wiegt 38 kN, die Hubgeschwindigkeit beträgt 2,3 m/s.
    a) Wie groß ist die Antriebsleistung der Seilrolle?
    b) Wie groß ist das Drehmoment der Seiltrommel, wenn diese einen Durchmesser $d = 450$ mm hat?

12. **Langstreckenflugzeug.** Die Leistung eines Langstreckenflugzeuges beträgt 160 MW bei einer mittleren Reisegeschwindigkeit von 886 km/h. Wie groß ist hierbei die Schubkraft der Triebwerke?

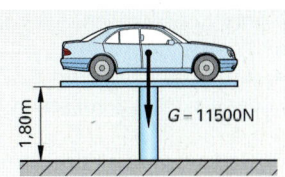

Bild 1: Hebebühne

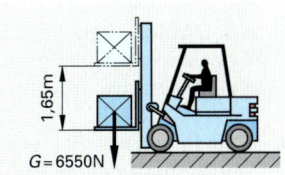

Bild 2: Hubstapler

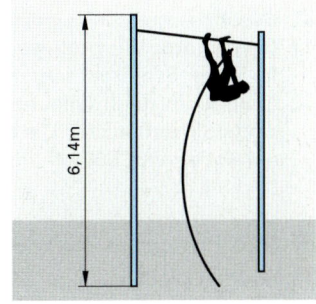

Bild 3: Stabhochspringer

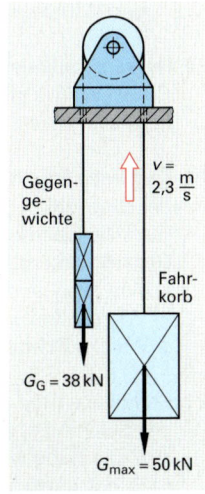

● Bild 6: Aufzug

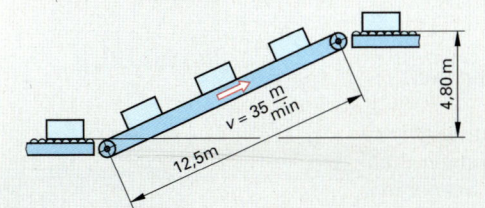

Bild 4: Bandförderer

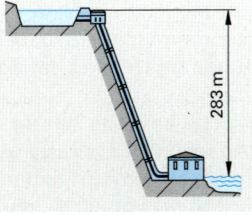

● Bild 5: Pumpspeicherwerk

■ Wirkungsgrad

13. Elektromotor (Bild 1). Für den Elektromotor ist der Wirkungsgrad zu berechnen.

14. Antriebseinheit (Bild 2). Wie groß ist der Gesamtwirkungsgrad der elektrohydraulischen Antriebseinheit?

15. Werkzeugmaschine. An einer Werkzeugmaschine werden die folgenden Leistungsdaten ermittelt: vom Motor aufgenommene Leistung 12,5 kW; vom Motor an das Getriebe abgegebene Leistung 9,8 kW; vom Getriebe an die Arbeitsspindel abgegebene Leistung 7,2 kW.
Wie groß sind
a) der Wirkungsgrad des Elektromotors,
b) der Wirkungsgrad des Getriebes,
c) der Gesamtwirkungsgrad?

16. Triebwagenzug. Bei einem dieselelektrischen Antrieb eines Triebwagenzuges nimmt der Generator vom Dieselmotor eine Leistung von 972 kW auf und gibt eine Leistung von 816 kW an den Elektromotor ab, der einen Wirkungsgrad von 85 % hat.
a) Welche Leistung gibt der Elektromotor ab?
b) Wie groß ist der Gesamtwirkungsgrad?

17. Dieselmotor. Wie groß ist der Wirkungsgrad eines Dieselmotors
● für einen Schiffsantrieb, der bei einem Probelauf 160 kW Leistung abgibt und dabei in einer halben Stunde 20,18 l Dieselkraftstoff verbraucht? Die Energie in einem Liter Dieselkraftstoff beträgt rund 37 000 kJ.

■ Leistung und Wirkungsgrad

18. Hydraulikkolben. Beim Strangpressen eines Profils muss der Hydraulikkolben eine Kraft von 120 kN bei einer Geschwindigkeit von 12,5 m/min aufbringen. Zu berechnen sind:
a) die Leistung des Zylinders,
b) die notwendige Leistung der Hydraulikpumpe, wenn diese einen Wirkungsgrad von 84 % hat.

19. Hydraulikzylinder. Der Hydraulikzylinder einer Presse leistet $P_1 = 9$ kW. Wie groß kann die Druckkraft werden, wenn die Kolbengeschwindigkeit 7 m/min und der Wirkungsgrad 88 % betragen?

20. Kaltkreissäge (Bild 3). Das Sägeblatt der Kaltkreissäge läuft mit der Drehzahl $n = 18$/min und hat einen Durchmesser $d = 630$ mm. Der Antriebsmotor entnimmt dem Netz 4,3 kW Leistung. Der Gesamtwirkungsgrad der Kaltkreissäge beträgt 0,65.
a) Wie groß ist die Leistung am Sägeblatt?
b) Wie groß ist das Drehmoment am Sägeblatt?
c) Welche Schnittkraft tritt am Umfang des Sägeblattes auf?

21. Seilwinde (Bild 4). Welche Leistung nimmt der Antriebsmotor der Seilwinde beim Anheben einer Masse von 5 Tonnen Stahl auf? Die Hubgeschwindigkeit beträgt 1,5 m/min, der Schneckentrieb hat einen Wirkungsgrad von 80 %, der Elektromotor von 86 %.

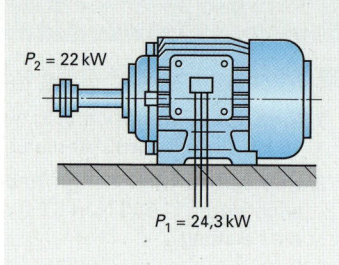

Bild 1: Elektomotor

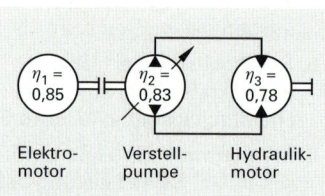

Bild 2: Antriebseinheit

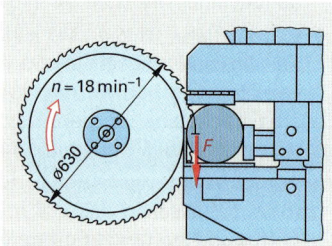

Bild 3: Kaltkreissäge

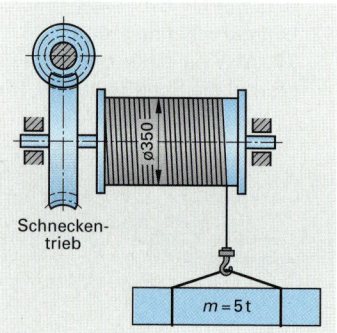

Bild 4: Seilwinde

22. Schlepplift (Bild 1). Der Schlepplift befördert Skifahrer mit einer Geschwindigkeit von 3,5 km/h. Die Zugkraft im Seil beträgt 30 kN.

a) Welche Leistung muss der Motor aufnehmen, wenn der Getriebewirkungsgrad 84 % und der Motorwirkungsgrad 88 % betragen?

b) Wie groß ist das vom Motor abgegebene Drehmoment bei einem Übersetzungsverhältnis des Getriebes i = 110 : 1?

23. Wasserturbine. Einer Wasserturbine werden
● je Minute 144 m³ Wasser aus einer Höhe von 37 m zugeführt. Welche Leistung gibt die Turbine bei einem Wirkungsgrad von 0,85 ab?

24. Dieselmotor. Ein Pkw-Dieselmotor hat bei der
● Drehzahl n = 4200/min seine höchste Leistung P = 105 kW.

a) Welches Drehmoment git er an der Kurbelwelle ab?

b) Das höchste Drehmoment M = 315 N · m gibt der Motor bei der Drehzahl n = 2200/min ab. Wie groß ist bei dieser Drehzahl die Leistung?

c) Wie groß wird die Antriebskraft des Hinterrades im ersten Gang bei einem Gesamtübersetzungsverhältnis von 13,515 zwischen Kurbelwelle und Hinterrad? Das Drehmoment an der Kurbelwelle beträgt 300 N · m, der wirksame Reifendurchmesser 616 mm, der Gesamtwirkungsgrad der Kraftübertragung 0,9.

25. Kreiselpumpe (Bild 2). Die Kreiselpumpe fördert
● 66 l Wasser je Sekunde auf eine Höhe von 51 m. Wie groß sind

a) die notwendige Förderleistung der Pumpe,

b) die vom Motor an die Pumpe abzugebende Leistung, wenn der Pumpenwirkungsgrad 0,75 beträgt,

c) die vom Motor aufgenommene Leistung bei einem Motorwirkungsgrad von 85 %,

d) der Gesamtwirkungsgrad?

26. Wasserwirbelbremse (Bild 3). Die Wasserwirbelbremse des Motorenprüfstandes verwandelt Bewegungsenergie in Wärmeenergie. Das Gehäuse wird vom Motor angetrieben und versetzt das Wasser in eine Drehbewegung. Das feststehende Schaufelrad bremst die rotierenden Wassermassen ab. Das hierfür notwendige Drehmoment wird über ein Hebelgestänge auf ein Kraftmessgerät geleitet. Auf Anzeigegeräten können die Kraft F in Newton und die Drehzahl n in 1/min abgelesen werden. Die Leistung P in kW wird nach der Formel P = F · n/10 000 berechnet. Wie lang muss der Hebel r sein, damit der Faktor 1/10 000 zustande kommt?

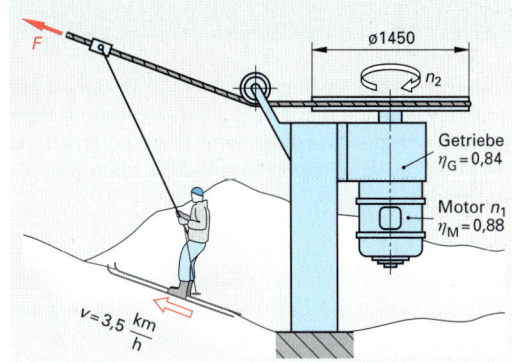

Bild 1: Schlepplift

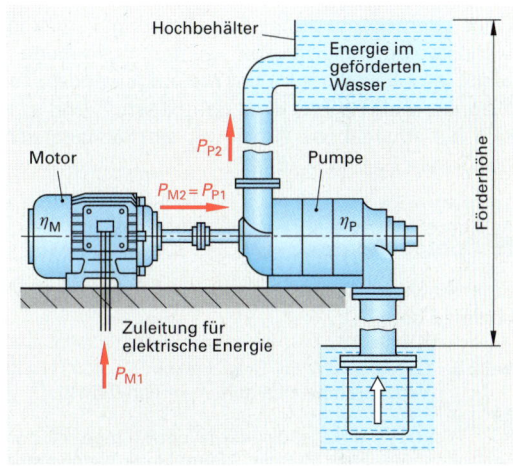

● **Bild 2: Kreiselpumpe**

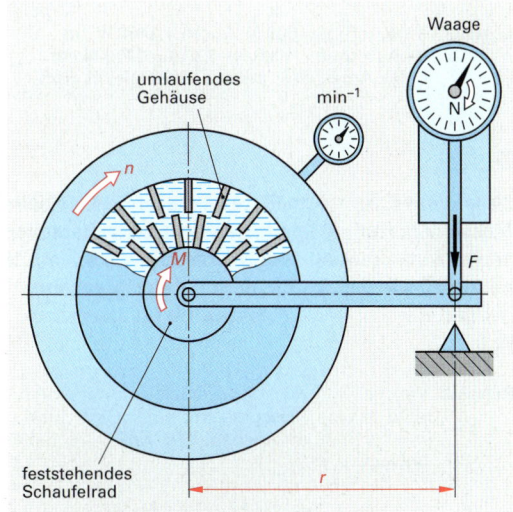

● **Bild 3: Wasserwirbelbremse**

3.7.5 | Einfache Maschinen

Elemente einfacher Maschinen sind z.B. die schiefe Ebene, der Keil, die Schraube und die lose Rolle. Mit diesen Geräten kann Kraft eingespart werden. Allerdings wird der Weg entsprechend größer. Dieses physikalische Gesetz nennt man auch die „Goldene Regel der Mechanik".

Bezeichnungen:

W_1	aufgewendete Arbeit	N · m		W_2	abgegebene Arbeit	N · m
F_1	aufgewendete Kraft	N		F_2	abgegebene Kraft	N
s_1	Weg der Kraft F_1	m		s_2	Weg der Kraft F_2	m
G	Gewichtskraft	N		P	Gewindesteigung	mm
h	Hub	m		n	Anzahl der tragenden	–
η	Wirkungsgrad	–			Seilstränge bzw.	
					Anzahl der Rollen	

Ohne Berücksichtigung von Reibungsverlusten ist die aufgewendete Arbeit gleich groß wie die abgegebene Arbeit. Die Arbeit bleibt jeweils konstant. Wird die aufgewendete Arbeit W_1 in einem Diagramm als Rechteck mit den Seiten F_1 und s_1 dargestellt, ergibt sich die abgegebene Arbeit W_2 ein flächengleiches Rechteck mit den Seiten F_2 und s_2 **(Bild 1)**.

■ Schiefe Ebene

Eine Anwendung der „Goldenen Regel der Mechanik" ist die schiefe Ebene.

Beispiel: Ein Ölfass mit der Gewichtskraft $G = 1000$ N soll auf die 1,4 m hohe Verladerampe angehoben werden **(Bild 2)**.

a) Wie groß ist die hierfür notwendige mechanische Arbeit, wenn das Fass über die 2,80 m lange Verladerampe gerollt wird? Die Reibungsverluste bleiben unberücksichtigt.
b) Wie groß ist die mechanische Arbeit, wenn das Fass durch einen Hubstapler senkrecht angehoben wird?
c) Vergleichen Sie beide Ergebnisse.

Lösung: a) $W_1 = F \cdot s = 500$ N · 2,8 m = **1400 N · m**
b) $W_2 = G \cdot h = 1000$ N · 1,4 m = **1400 N · m**
c) Die Arbeit ist in beiden Fällen **gleich groß**.

■ Keil

Keile dienen zum Anheben schwerer Lasten beim Ausrichten von Maschinen, zum Befestigen von Maschinenteilen (z.B. Kegelstift) sowie zum Trennen von Werkstoffen bei der Zerspanung. Auch beim Keil gilt die „Goldene Regel der Mechanik". Bei den nachfolgenden Berechnungen werden Reibungsverluste nicht berücksichtigt.

Beispiel: Welche Kraft F ist erforderlich, um mit einem einseitigen Stellkeil **(Bild 3)** eine Maschine mit einer Gewichtskraft $G = 1\,800$ N um $h = 20$ mm anzuheben? Der Keil wird dabei um $s = 120$ mm bewegt.

Lösung: $F \cdot s = G \cdot h$; $F = \dfrac{G \cdot h}{s} = \dfrac{1800 \text{ N} \cdot 20 \text{ mm}}{120 \text{ mm}} =$ **300 N**

Goldene Regel der Mechanik

> Was an Kraft gewonnen wird, geht an Weg verloren.

**Aufgewendete Arbeit
= abgegebene Arbeit**

$$W_1 = W_2$$

$$F_1 \cdot s_1 = F_2 \cdot s_2$$

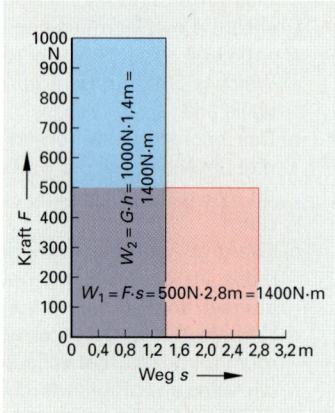

Bild 1: Kraft-Weg-Diagramm

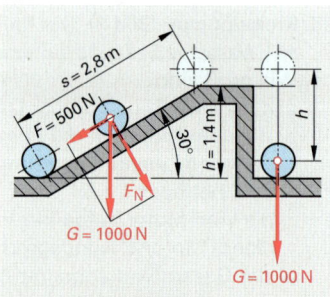

Bild 2: Verladerampe

Schiefe Ebene und Keil

$$F \cdot s = G \cdot h$$

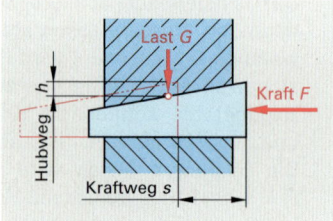

Bild 3: Stellkeil

■ Schraube

Der Gewindegang einer Schraube entspricht einer schiefen Ebene, die um einen Zylinder gewickelt ist. Die Handarbeit (aufgewendete Arbeit) beim Anziehen der Mutter ist gleich dem Produkt aus Handkraft und Umfang (Kraftweg). Die Spannarbeit (abgegebene Arbeit) ergibt sich aus Spannkraft multipliziert mit der Gewindesteigung. Nach der „Goldenen Regel der Mechanik" entspricht beim Anziehen der Mutter der Handarbeit W_1 bei einer Umdrehung des Schraubenschlüssels die Spannarbeit W_2 in der Schraubenachse (**Bild 1**). Die Reibungsverluste bleiben unberücksichtigt.

Handarbeit (aufgewendete Arbeit) $W_1 = F_1 \cdot \pi \cdot d$
Spannarbeit (abgegebene Arbeit) $W_2 = F_2 \cdot P$

Beispiel: Die Mutter (Bild 1) mit der Gewindesteigung $P = 1{,}75$ mm wird mit einem Schraubenschlüssel angezogen. Die wirksame Hebellänge beträgt 140 mm und die Handkraft $F_1 = 60$ N. Wie groß ist die in der Schraubenachse wirkende Kraft F_2, wenn die Reibungsverluste unberücksichtigt bleiben?

Lösung: $F_1 \cdot \pi \cdot d = F_2 \cdot P$

$$F_2 = \frac{F_1 \cdot \pi \cdot d}{P} = \frac{60 \text{ N} \cdot \pi \cdot 280 \text{ mm}}{1{,}75 \text{ mm}}$$

$$= \mathbf{30159 \ N}$$

■ Rollen und Rollenflaschenzüge

Rollenflaschenzüge werden zum Heben von Lasten verwendet. Sie bestehen aus festen und losen Rollen. Die **feste Rolle (Bild 2)** dient nur zur Änderung der Kraftrichtung. Kraft wird mit ihr nicht eingespart. Bei der **losen Rolle (Bild 3)** verteilt sich die Last auf zwei Stränge des Seiles. Jeder Strang trägt die halbe Last, also ist $F_1 = G/2$. Der Kraftweg dagegen ist doppelt so groß wie der Lastweg, $s_1 = 2 \cdot h$.
Beim Rollenflaschenzug verteilt sich die Last auf die Anzahl der tragenden Stränge bzw. auf die Anzahl der Rollen. Die Kraft F_1 wird um so kleiner je mehr tragende Stränge bzw. Rollen am Flaschenzug vorhanden sind. Der Kraftweg wird entsprechend größer.

Beispiel: Eine Last $G = 960$ N soll durch einen Rollenflaschenzug mit zwei losen Rollen (**Bild 4**) auf eine Höhe von $h = 0{,}9$ m angehoben werden.
a) Welche Kraft F_1 ist hierfür notwendig?
b) Berechnen Sie den Kraftweg s_1.

Lösung: a) $F_1 = \dfrac{G}{n} = \dfrac{960 \text{ N}}{4} = \mathbf{240 \ N}$

b) $s_1 = n \cdot h = 4 \cdot 0{,}9 \text{ m} = \mathbf{3{,}6 \ m}$

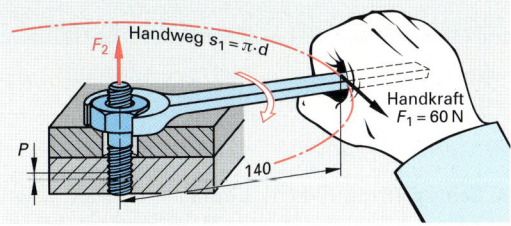

Bild 1: Spannkraft einer Mutter

Kräfte an der Schraubverbindung ohne Berücksichtigung des Wirkungsgrades

$$F_1 \cdot \pi \cdot d = F_2 \cdot P$$

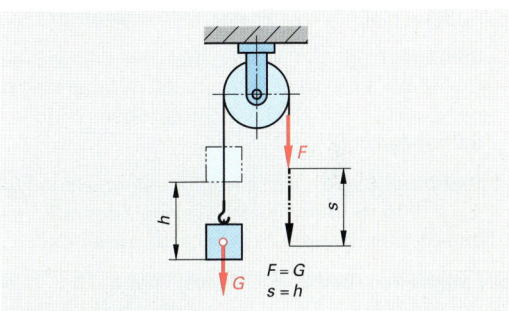

Bild 2: Feste Rolle

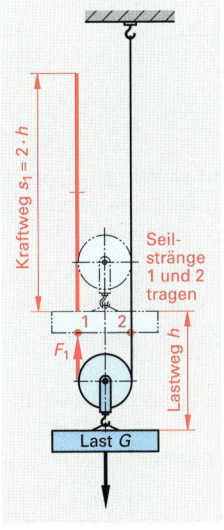

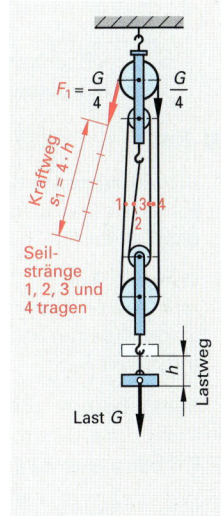

Bild 3: Lose Rolle   **Bild 4: Rollenflaschenzug**

Handkraft am Rollenflaschenzug

$$F_1 = \frac{G}{n}$$

Kraftweg am Rollenflaschenzug

$$s_1 = n \cdot h$$

Aufgaben | Einfache Maschinen

Reibungsverluste sind nur zu berücksichtigen, wenn sie in der Aufgabe angegeben sind.

Schiefe Ebene

1. **Schrägaufzug (Bild 1).** Eine Last G = 600 N wird mit Hilfe eines Schrägaufzuges auf einer Weglänge s = 7,5 m um die Hubhöhe h = 4 m gehoben. Wie groß muss die Zugkraft F sein?

2. **Rampe.** Eine Last von 3,6 kN wird auf 8 m langen Gleitschienen auf eine 2,8 m hohe Rampe gezogen.

   a) Welche Zugkraft ist hierzu notwendig?
   b) Wie lang müssen die Gleitschienen sein, wenn die zur Verfügung stehende Kraft nur 1000 N beträgt?

3. **Schrägaufzug.** Ein Wagen hat mit Ladung eine Gewichtskraft G = 45 kN. Er wird auf einem 300 m langen Schrägaufzug mit einer Zugkraft F = 1000 N hochgezogen. Welche Hubhöhe hat der Schrägaufzug?

4. **Steigung (Bild 2).** Auf einer Fahrstrecke s = 3,5 km ist eine Höhe h = 210 m zu überwinden. Welche Zugkraft F ist erforderlich, um den 65 kN schweren Lkw bergauf zu ziehen?

5. **Ladebalken (Bild 3).** Ein Kessel wird auf 4,8 m langen Ladebalken
   ● mit 650 N Zugkraft auf die 1,2 m hohe Ladefläche eines Güterwagens gerollt.

   a) Wie groß ist die Gewichtskraft des Kessels?
   b) Die am Kessel wirkende Normalkraft F_N und Gewichtskraft G sind rechnerisch mit Hilfe der Winkelfunktionen und zeichnerisch zu ermitteln.

Keil

6. **Biegewerkzeuge (Bild 4 und 5).** Wie groß sind die in den Seitenschiebern der Biegewerkzeuge auftretenden Kräfte F_2, wenn auf den Keilstempel eine Kraft F_1 = 2400 N wirkt?

7. **Querkeil (Bild 6).** Zwei Werkstücke werden durch einen einseitigen Querkeil (Neigung 1 : 40) miteinander verbunden. Der Widerstand F_1 gegen das Eintreiben beträgt 420 N. Wie groß ist die Anpresskraft F_2?

8. **Keiltriebpresse (Bild 7).** Wie groß ist die Stößelkraft F_2 der Keil-
   ● triebpresse, wenn die Kraft F_1 = 12,5 kN, der Winkel α = 30° und die Reibungsverluste 60 % betragen?

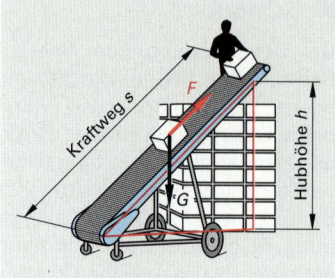

Bild 1: Schrägaufzug

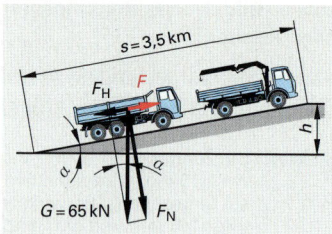

Bild 2: Steigung

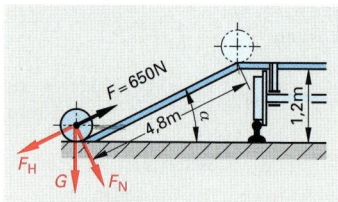

Bild 3: Ladebalken

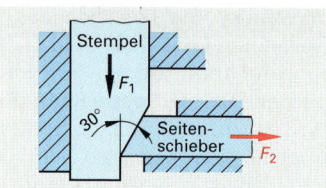

Bild 4: Biegewerkzeug mit einfachem Seitenschieber

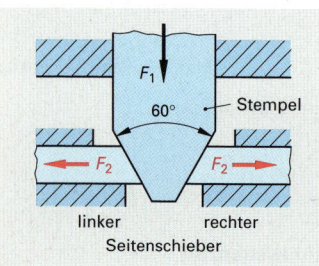

Bild 5: Biegewerkzeug mit doppelten Seitenschiebern

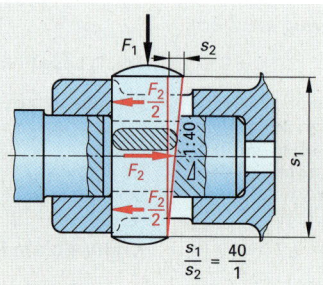

Bild 6: Querkeil

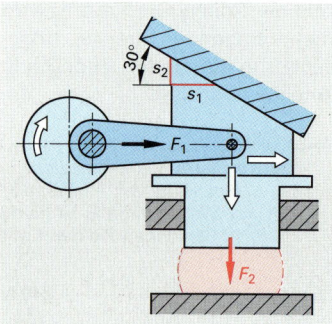

● **Bild 7: Keiltriebpresse**

■ Schraube

1. Abzieher (Bild 1). Die Spindel des Abziehers hat ein Gewinde M 36 x 1,5 und wird durch einen Knebel mit einer Länge von 220 mm und je einer Handkraft F_1 = 95 N betätigt. Welche Zugkraft wird mit dem Abzieher ausgeübt?

2. Schraubstock (Bild 2). Mit welcher Handkraft F_1 muss der Spannhebel des Schraubstocks gedreht werden, damit eine Spannkraft von 12 kN erreicht wird? Die Reibungsverluste betragen 70 %.

3. Spindelpresse. Eine Spindelpresse hat ein Handrad von 400 mm Durchmesser und eine Spindel mit 10 mm Steigung. Das Handrad wird mit der Kraft von 96 N gedreht.
a) Welche theoretische Presskraft wird erreicht?
b) Mit welcher Kraft muss das Handrad gedreht werden, um eine Presskraft von 15 700 N zu erhalten? Die Reibungsverluste bleiben hierbei unberücksichtigt.
c) Wie groß ist die Handkraft bei 65 % Reibungsverlusten?

4. Gewindestütze (Bild 3). Mit Hilfe der Gewindestütze soll ein Getriebe der Gewichtskraft G = 4,5 kN bei der Montage angehoben werden. Zu berechnen ist die erforderliche Länge des Hebels bei einer Handkraft von 150 N. Die Reibungsverluste betragen 64 %.

5. Wagenheber (Bild 4). Der Wagenheber wird über eine Kurbel mit dem Halbmesser r = 125 mm betätigt.
a) Mit Hilfe des Kraftecks sind für die Last G = 10 kN die Stangenkräfte F_I und F_{II} sowie die Kraft F_2 in der Schraubenachse zeichnerisch zu ermitteln.
b) Welche Handkraft F_1 ist an der Kurbel aufzubringen bei 65 % Reibungsverlusten?

■ Rolle und Flaschenzug

6. Lose Rolle (Bild 5). Mit Hilfe der losen Rolle, die eine Gewichtskraft von 40 N hat, ist ein 4750 N schwerer Träger hochzuheben.
a) Welche Kraft ist aufzuwenden?
b) Wie groß ist der Hub h bei einem Kraftweg s_1 = 1,75 m?

7. Flaschenzug (Bild 6). Eine Last von 1780 N soll mit Hilfe des Flaschenzuges angehoben werden.
a) Welche Zugkraft muss aufgebracht werden, wenn das Gewicht der Unterflasche 60 N beträgt?
b) Wie groß ist der Kraftweg bei einem Hub von 2 500 mm?

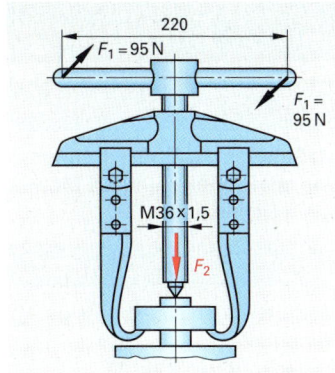

Bild 1: Abzieher

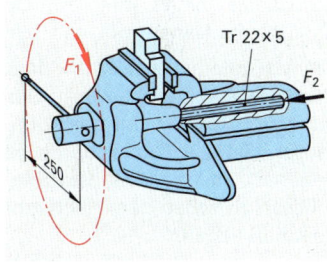

Bild 2: Schraubstock

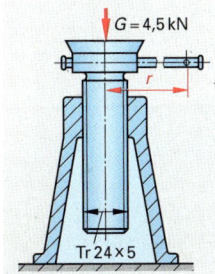

Bild 3: Gewindestütze

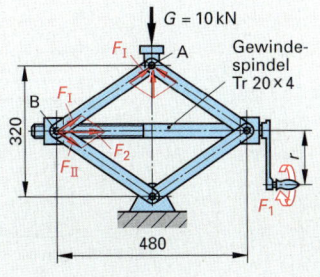

● **Bild 4: Wagenheber**

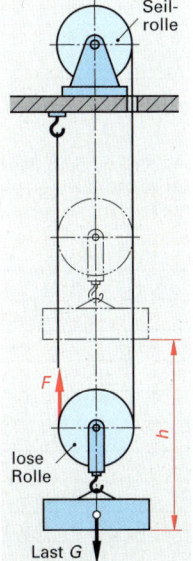

Bild 5: Lose Rolle

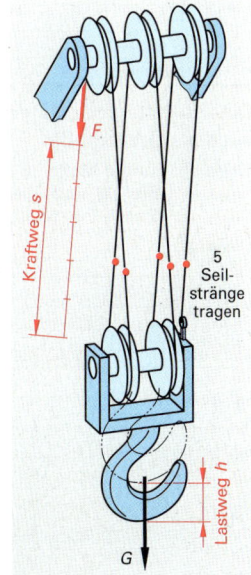

Bild 6: Flaschenzug

4 | Fertigungs- und Prüftechnik

4.1 | Maßtoleranzen und Passungen

Maßtoleranzen und Passungen sollen die Funktion der Produkte und die Montierbarkeit von Bauteilen sicherstellen.

4.1.1 | Maßtoleranzen

Maßtoleranzen sind zulässige Abweichungen vom Nennmaß.

Bezeichnungen (Bild 1)

Bohrungen			Wellen		
N	Nennmaß	mm	N	Nennmaß	mm
T_B	Maßtoleranz	mm	T_W	Maßtoleranz	mm
G_{oB}	Höchstmaß	mm	G_{oW}	Höchstmaß	mm
G_{uB}	Mindestmaß	mm	G_{uW}	Mindestmaß	mm
ES	Oberes Abmaß	mm	es	Oberes Abmaß	mm
EI	Unteres Abmaß	mm	ei	Unteres Abmaß	mm

Die Maßtoleranzen werden durch das obere und das untere Abmaß begrenzt. Die Abmaße können entweder frei gewählt oder durch Allgemeintoleranzen **(Tabelle 1)** oder durch ISO-Toleranzen angegeben werden. Die Istmaße der Werkstücke müssen zwischen dem Höchstmaß und dem Mindestmaß liegen.

Tabelle 1: Allgemeintoleranzen für Längen-
maße nach DIN ISO 2768

Toleranzklasse		Grenzabmaße in mm für Nennmaßbereiche			
Kurz-zeichen	Benen-nung	0,5 bis 3	über 3 bis 6	über 6 bis 30	über 30 bis 120
f	fein	± 0,05	± 0,05	± 0,1	± 0,15
m	mittel	± 0,1	± 0,1	± 0,2	± 0,3
c	grob	± 0,2	± 0,3	± 0,5	± 0,8
v	sehr grob	–	± 0,5	± 1	± 1,5

Die Höchst- und Mindestmaße bezeichnet man auch als Grenzmaße.

Beispiel: Für die Maße 16 + 0,1, 20H7 und 50 der Leiste **(Bild 2)** sind die Maßtoleranzen sowie die Höchst- und Mindestmaße in mm zu berechnen.

Lösung:

Toleriertes Maß		16+0,1	20H7	50
Oberes Abmaß	ES		+ 0,021	
	es	+ 0,1		+ 0,3
Unteres Abmaß	EI		0	
	ei	0		– 0,3
Maßtoleranz	$T_B = ES - EI$		0,021	
	$T_W = es - ei$	0,1		0,6
Höchstmaß	$G_{oB} = N + ES$		20,021	
	$G_{oW} = N + es$	16,1		50,3
Mindestmaß	$G_{uB} = N + EI$		20,000	
	$G_{uW} = N + ei$	16,0		49,7

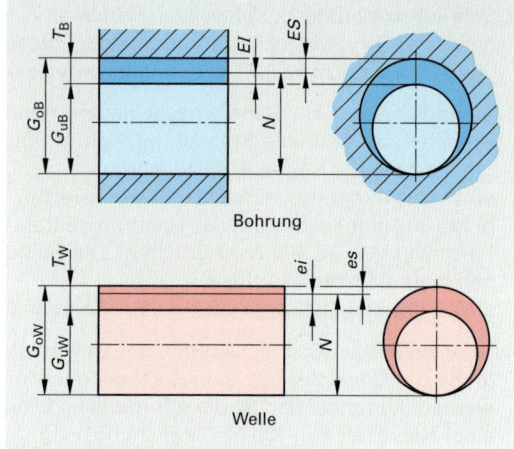

Bild 1: Bezeichnungen bei Maßtoleranzen

Höchstmaß der Bohrung

$$G_{oB} = N + ES$$

Höchstmaß der Welle

$$G_{oW} = N + es$$

Mindestmaß der Bohrung

$$G_{uB} = N + EI$$

Mindestmaß der Welle

$$G_{uW} = N + ei$$

Maßtoleranz der Bohrung

$$T_B = G_{oB} - G_{uB}$$

$$T_B = ES - EI$$

Maßtoleranz der Welle

$$T_W = G_{oW} - G_{uW}$$

$$T_W = es - ei$$

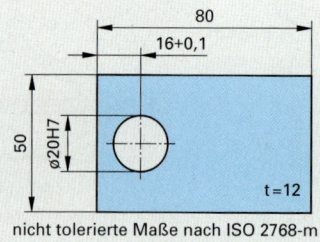

nicht tolerierte Maße nach ISO 2768-m

Bild 2: Leiste

Aufgaben | Maßtoleranzen

1. **Maßtoleranzen (Tabelle 1).** Für die in der Tabelle angegebenen Maße sind die Maßtoleranzen sowie die Höchst- und Mindestmaße zu berechnen.

2. **Buchse (Bild 1).** Die Durchmesser der Buchse sind nach ISO, die Längen frei toleriert. Zu bestimmen sind die Höchst- und Mindestmaße sowie die Maßtoleranzen.

3. **Lehre (Bild 2).** Alle Abmessungen der Lehre sind frei toleriert.
   Wie groß sind für die Längen *a* und *b* Höchstmaß, Mindestmaß und Maßtoleranz?

4. **Anschlagleiste (Bild 3).** Die Anschlagleiste wird mit zwei Schrauben befestigt. Die Bohrungen sind mit ø 6,5 + 0,2, ihr Abstand mit 26 ± 0,1 toleriert. Welches Höchstmaß G_O und Mindestmaß G_U kann das Kontrollmaß *x* annehmen?

5. **Welle (Bild 4).** In eine Welle wird eine Passfedernut gefräst. Die Frästiefe wird mit Hilfe eines Parallelendmaßes kontrolliert, das in die Nut eingelegt wird.
   Zwischen welchen Grenzmaßen G_O und G_U muss das Kontrollmaß *x* liegen?

6. **Gehäuse (Bild 5).** Im Prüfprotokoll **Tabelle 2** für das Gehäuse sollen die Abmaße ergänzt werden. Außerdem ist zu entscheiden, ob die Istmaße zwischen den Höchst- und Mindestmaßen liegen.

Tabelle 1: Maßtoleranzen

a	b	c	d	e
+ 0,05 80 + 0,02	5 ± 0,15	28 – 0,08	120 j6	50 k7

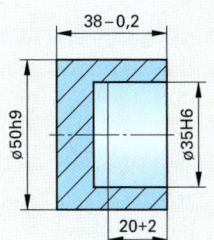

Bild 1: Buchse

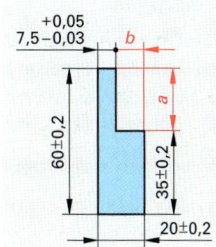

Bild 2: Lehre

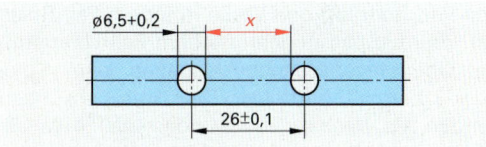

Bild 3: Anschlagleiste

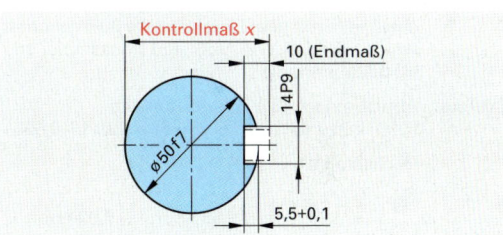

Bild 4: Welle mit Passfedernut

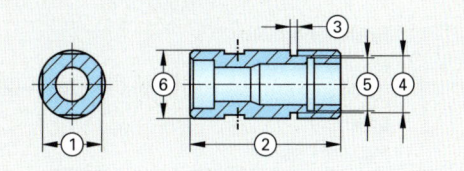

Bild 5: Gehäuse

Tabelle 2: Prüfplan für Gehäuse

Prüf-schritt	Prüfmerkmal	Anforde-rung maß mm	Abmaße ES, es, EL, ei mm		Istmaß mm
1	Schlüsselweite	27 ± 0,1			27,05
2	Gesamtlänge	65 ± 0,15			64,85
3	Einstichbreite	2,5H11			2,52
4	Durchmesser	25h9			24,95
5	Flanken-ø	M20 x 1,5	+ 0,22	+ 0,03	20,20
6	Durchmesser	30 ± 0,03			29,99

7. **Antriebseinheit (Bild 6).** Beim Zusammenbau
● summieren sich die Maßtoleranzen der einzelnen Teile. Bei der Antriebseinheit soll die Distanzhülse den linken Absatz der Welle um 0,1 mm überragen. Damit die Toleranzen der Längenmaße von Welle und Zahnrad nicht zu klein gehalten werden müssen, wird die Länge der Distanzhülse bei Montage angepasst.
   Welche Werte *x* können für diese Länge auftreten?

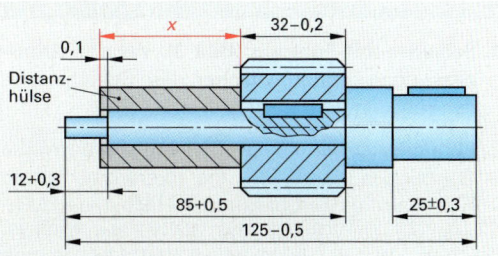

● **Bild 6: Antriebseinheit**

4.1.2 Passungen

Als Passung bezeichnet man den Unterschied zwischen dem Maß der Bohrung und dem Maß der Welle. Dabei können Spiel oder Übermaß auftreten.

Bezeichnungen (Bild 1):

Bohrungen		**Wellen**	
ES	Oberes Abmaß mm	es	Oberes Abmaß mm
EI	Unteres Abmaß mm	ei	Unteres Abmaß mm
G_{oB}	Höchstmaß mm	G_{oW}	Höchstmaß mm
G_{uB}	Mindestmaß mm	G_{uW}	Mindestmaß mm

Passungen zwischen Bohrung und Welle

P_{SH}	Höchstspiel mm	P_{SM}	Mindestspiel mm
$P_{ÜH}$	Höchstübermaß mm	$P_{ÜM}$	Mindestübermaß mm

Bei Spielpassungen entsteht beim Zusammenfügen von Bohrung und Welle in jedem Fall Spiel, bei Übermaßpassungen in jedem Fall Übermaß. Bei Übergangspassungen dagegen kann Spiel oder Übermaß auftreten. Die Grenzpassungen werden als Höchst- und Mindestspiel bzw. als Höchst- und Mindestübermaß bezeichnet.

Beispiel: Ein Zahnrad mit der Bohrung 50H7 soll auf eine Welle mit dem Durchmesser 50j6 montiert werden **(Bild 2)**. Wie groß sind Höchstspiel und Höchstübermaß?

Lösung: Abmaße nach ISO-Toleranztabellen:
50H7 = 50 + 0,025/0   50j6 = 50 + 0,011/– 0,005

Höchstspiel:

$P_{SH} = G_{oB} - G_{uW}$
= 50,025 mm – 49,995 mm = **+0,030 mm**

oder

$P_{SH} = ES - ei$
= + 0,025 mm – (–0,005 mm) = **+0,030 mm**

Höchstübermaß:

$P_{ÜH} = G_{uB} - G_{oW}$
= 50,000 mm – 50,011 mm = **– 0,011 mm**

oder

$P_{ÜH} = EI - es$
= 0 mm – (+ 0,011 mm) = **– 0,011 mm**

Aufgaben | Passungen

1. **Schieber mit Führung (Bild 3).** Welche Grenzpassungen können zwischen dem Schieber und der Führung auftreten?

2. **Rundpassungen.** Wie groß sind die Grenzmaße G_{oB}, G_{uB}, G_{oW} und G_{uW}, die Toleranzen T_B und T_W sowie die Grenzpassungen Höchst- und Mindestspiel bei Werkstücken, die mit den tolerierten Durchmessern ø100H8/ø100f7 hergestellt wurden?

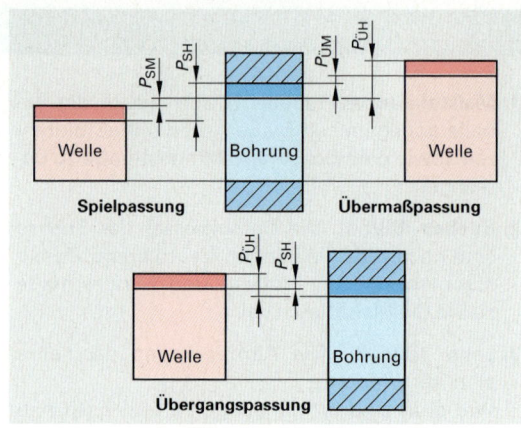

Bild 1: Bezeichnungen bei Passungen

Höchstspiel

$$P_{SH} = G_{oB} - G_{uW}$$

$$P_{SH} = ES - ei$$

Mindestspiel

$$P_{SM} = G_{uB} - G_{oW}$$

$$P_{SM} = EI - es$$

Höchstübermaß

$$P_{ÜH} = G_{uB} - G_{oW}$$

$$P_{ÜH} = EI - es$$

Mindestübermaß

$$P_{ÜM} = G_{oB} - G_{uW}$$

$$P_{ÜM} = ES - ei$$

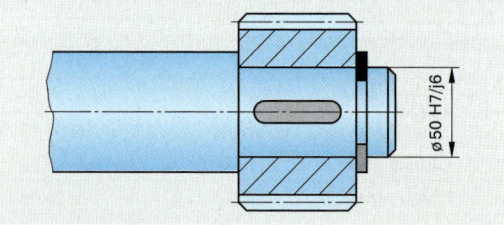

Bild 2: Welle mit Zahnrad

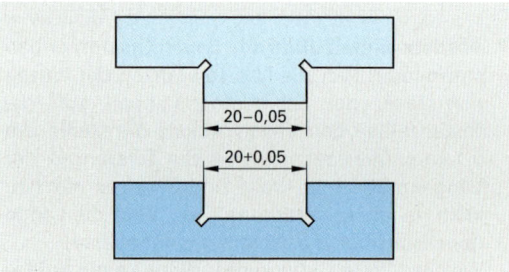

Bild 3: Schieber mit Führung

3. Passungen (Tabelle 1). Die Bohrungen und Wellen (ø 50, ø 100, ø 10 und ø 25) werden mit den angegebenen Toleranzen hergestellt.
Berechnen Sie die Grenzmaße und die Grenzpassungen.

4. Gleitlager. Wellenzapfen, die mit der Toleranz f7 gefertigt werden, laufen in Lagerbuchsen mit der Bohrungstoleranz H8.

Wie groß sind für Bohrung und Welle beim Nennmaß 200 mm
a) die Maßtoleranzen,
b) Höchstmaße und Mindestmaße,
c) Höchstspiel und Mindestspiel?

5. Schwenklager (Bild 1). Der Hydraulikzylinder eines Baggers wird am Deckel in einem gabelförmigen Lagerbock drehbar befestigt. Das Auge des Deckels ist mit einer wartungsfreien Buchse versehen. Die Buchse ist eingepresst, damit sie sich beim Schwenken nicht mitdreht. Auch der Bolzen soll sich nicht im Lager drehen.

Zu bestimmen sind geeignete ISO-Toleranzen
a) für die Bohrung der Lagerbuchse, wenn der Bolzen mit g6-Toleranz gefertigt wird,
b) für die Bohrungen im Lagerbock,
c) für die Bohrung im Zylinderdeckel, welche die Gleitlagerbuchse aufnimmt, wenn die Buchse außen die Toleranz r6 aufweist.
d) Die frei gewählten Tolerierungen 20 +0,2 und 20 −0,2/−0,5 sollen durch ISO-Toleranzen ersetzt werden. Ermitteln Sie die Toleranzklassen, die den vorgegebenen Toleranzen am nächsten kommen.

6. Passungen beim Einbau verschiedener Normteile (Bild 2). Welche Grenzpassungen ergeben sich im Passungssystem „Einheitsbohrung", wenn in Bohrungen ø 20H7 eingefügt werden
a) Zylinderstifte ISO 2338,
b) Zylinderstifte ISO 8734,
c) Bolzen ISO 2340,
d) Bohrbuchsen DIN 179?

Erstellen Sie bei der Lösung eine Grafik entsprechend Bild 2, in der zunächst die Toleranzfelder der Bohrung und der Normteile („Wellen") und anschließend die Grenzpassungen maßstäblich eingetragen werden.

7. Bestimmung einer Wellentoleranz (Bild 3). Eine
● Kupplung mit der Bohrung ø 35H7 wird auf eine Welle montiert. Dabei sollen das Höchstspiel P_{SH} = +0,008 mm und das Höchstübermaß $P_{\ddot{U}H}$ = − 0,033 mm betragen.
Welche ISO-Toleranzklasse muss dann für die Welle gewählt werden?

Tabelle 1: Berechnung von Passungen

Durchmesser in mm		50	100	10	25
Toleranzklasse	Bohrung	H7	+ 0,05	F7	K6
	Welle	g6	− 0,05	m6	h5

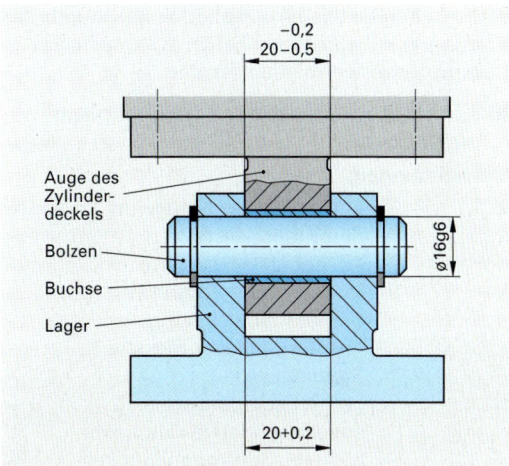

Bild 1: Schwenklager eines Hydraulikzylinders

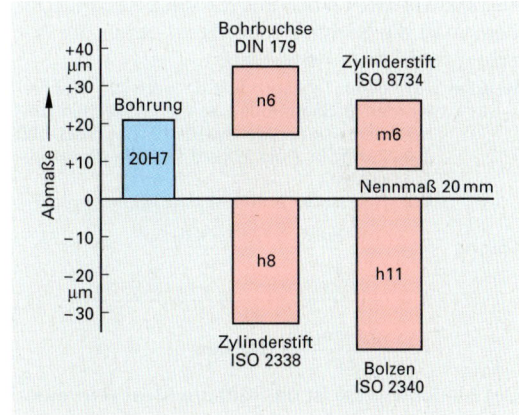

Bild 2: Passungen beim Einbau verschiedener Normteile

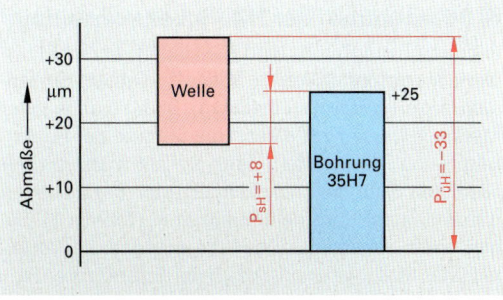

● **Bild 3: Bestimmung einer Wellentoleranz**

4.2 | Qualitätskontrolle

4.2.1 | Grundlagen der Statistik

Mit Hilfe der Statistik werden Daten aller Art planmäßig erfasst, geordnet und ausgewertet. In der statistischen Qualitätskontrolle können durch die Prüfung von Stichproben Fehler während des Arbeitsprozesses vermieden werden.

■ Qualitätsprüfung nach Stichprobenverfahren

Bezeichnungen:

$\bar{x}$	arithmetischer Mittelwert	–
$x_1, x_2, \dots x_n$	Einzelmesswerte	–
n	Anzahl der Messwerte	–
$\tilde{x}$	Median- oder Zentralwert	–
s	Standardabweichung	–
x_{max}, x_{min}	größter, kleinster Messwert	–
R	Spannweite	–
$\bar{R}$	gemittelte Spannweite	–
n_j, h_j	absolute, relative Häufigkeit	%
G_j, F_j	abs., rel. Summenhäufigkeit	%

■ Arithmetischer Mittelwert, Medianwert

Der arithmetische Mittelwert $\bar{x}$ wird aus den Einzelmesswerten n einer Stichprobe berechnet, indem man die Summe aller Werte durch die Anzahl n der Messwerte dividiert.

Beispiel: Aus einer Tagesproduktion von 400 Blechen wurden 8 Stichproben mit je 5 Blechen entnommen und die Messwerte für das Maß 1,00 ± 0,02 mm in einer Urliste **(Tabelle 1)** zusammengefasst.
Wie groß ist der arithmetische Mittelwert $\bar{x}$?[1]

Lösung:
$$\bar{x} = \frac{x_1 + x_2 + x_3 + x_4 + \dots + x_n}{n}$$

$$\bar{x} = \frac{(1 \cdot 0{,}97 + 3 \cdot 0{,}98 + \dots + 4 \cdot 1{,}03)\ \text{mm}}{40}$$

$$\bar{x} = \frac{40{,}24\ \text{mm}}{40} = \textbf{1,006 mm}$$

Der Medianwert $\tilde{x}$ ist der mittlere Messwert einer Stichprobe, z.B. bei der Stichprobe 4: $\tilde{x}$ = 1,01 **(Tabelle 1)**. Über und unter $\tilde{x}$ liegt die gleiche Anzahl an Messwerten 0,99; 1,00; 1,01; 1,02; 1,03

■ Histogramm der Häufigkeitsverteilung

In einem Histogramm wird die Häufigkeit der Messwerte als absoluter Wert n_j oder als relativer (prozentualer) Wert h_j dargestellt **(Bild 1)**. Bildet man in jeder Messwertklasse j fortlaufend die Summe der Häufigkeiten von Messwerten, dann spricht man von der absoluten Summenhäufigkeit G_j oder der relativen (prozentualen) Summenhäufigkeit F_j **(Tabelle 2)**. Sie gibt einen Aufschluss über die prozentuale Verteilung der Messwerte außerhalb der Toleranzgrenzen.

[1] Mehrmaliges Auftreten von gleichen Messwerten wird über einen entsprechenden Faktor berücksichtigt.

Tabelle 1: Urliste

Prüfmerkmal: Blechdicke 1,00 ± 0,02

Stichproben: 8

	1	2	3	4	5	6	7	8
x_1	0,97	1,01	0,98	1,03	1,00	1,03	1,03	1,03
x_2	0,98	0,98	0,99	0,99	1,01	1,01	1,02	1,02
x_3	0,99	0,99	1,01	1,02	0,99	1,02	1,02	1,00
x_4	1,00	1,02	1,00	1,00	1,02	1,00	1,00	1,02
x_5	1,00	1,00	1,01	1,01	1,01	1,01	1,01	1,01
$\bar{x}$	0,988	1,00	0,998	1,01	1,006	1,014	1,016	1,016
$\tilde{x}$	0,99	1,00	1,00	1,01	1,01	1,02	1,02	1,02
R	0,03	0,04	0,03	0,04	0,03	0,03	0,03	0,03

Arithmetischer Mittelwert

$$\bar{x} = \frac{x_1 + x_2 + x_3 + x_4 + \dots + x_n}{n}$$

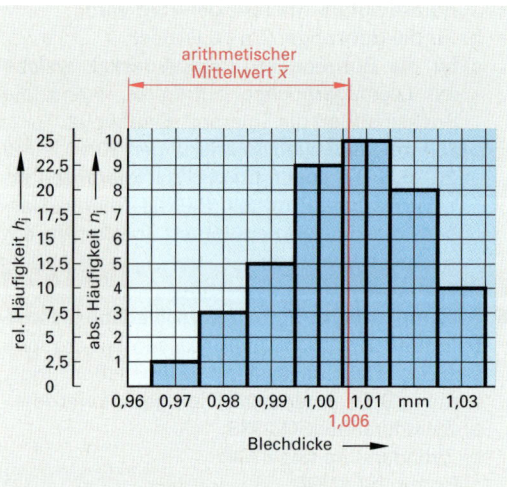

Bild 1: Histogramm der Häufigkeitsverteilung

Relative Häufigkeit

$$h_j = \frac{n_j}{n} \cdot 100\,\%$$

Tabelle 2: Summenhäufigkeit

Mess-werte	0,97	0,98	0,99	1,00	1,01	1,02	1,03
h_j in %	2,5	7,5	12,5	22,5	25	20	10
F_j in %	2,5	10	22,5	45	70	90	100

■ Standardabweichung, Spannweite

Werden die Häufigkeitsverteilungen verschiedener Messreihen miteinander verglichen, so fällt auf, dass sie einen ähnlichen Kurvenverlauf besitzen. Die Verteilung hat häufig einen glockenförmigen Verlauf, die so genannte Gaußsche[1] Normalverteilung (**Bild 1**). Sie tritt nach den Regeln der Wahrscheinlichkeit in Folge der zufälligen Einflüsse bei der Fertigung auf. Die Lage der Glockenkurve wird durch den Mittelwert $\bar{x}$ bestimmt.

Die **Standardabweichung s** besagt, dass 68,26 % aller Messwerte innerhalb der Grenzen von ± s um den Mittelwert $\bar{x}$ liegen (**Bild 1**). Die Werte von + s und – s liegen in den Wendepunkten der Glockenkurve.

Die **Spannweite R** ist die Differenz zwischen dem größten und dem kleinsten Messwert einer Stichprobe.

Die Standardabweichung s und die Spannweite R sind ein Maß für die Streuung der Merkmalswerte, d. h. für die Breite der Glockenkurve. Wenn der Mittelwert $\bar{x}$, die Standardabweichung s und die Summenhäufigkeit einer Stichprobe bekannt sind, ist eine ausreichend sichere Aussage über den Fehleranteil im gesamten Prüflos möglich.

Beispiel: Für die Messwerte der Stichprobenprüfung von Blechen (**Tabelle 1, S. 120**) sind folgende Werte zu bestimmen:

a) Standardabweichung s
b) Spannweite R
c) Schätzen Sie den prozentualen Anteil der Messwerte ab, der innerhalb von ± s liegt.
d) Wie viel Prozent der Messwerte liegen außerhalb der Toleranz?

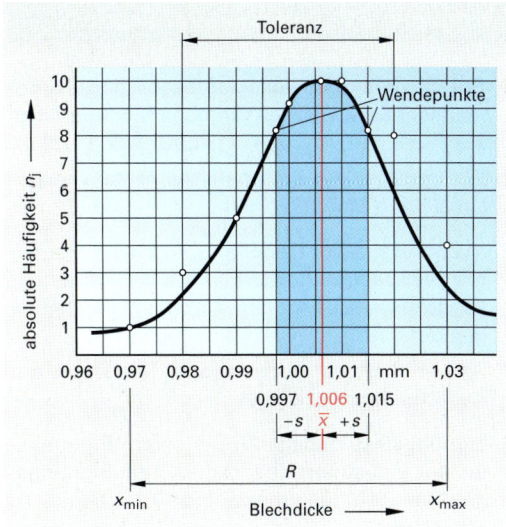

Bild 1: Gaußsche Normalverteilung

Standardabweichung, Stichprobenprüfung

$$s = \sqrt{\frac{\sum (x_i - \bar{x})^2}{n-1}}$$

Spannweite

$$R = x_{max} - x_{min}$$

gemittelte Spannweite

$$\bar{R} = \frac{R_1 + R_2 + R_3 + \dots + R_n}{n}$$

Standardabweichung, näherungsweise

$$s = 0,4 \cdot \bar{R}$$

Lösung: a) $s = \sqrt{\dfrac{\sum (x_i - \bar{x})^2}{n-1}}$; Mehrmaliges Auftreten von gleichen Messwerten werden über einen entsprechenden Faktor berücksichtigt.

$$= \sqrt{\frac{[(0,97-1,006)^2 + (0,98-1,006)^2 \cdot 3 + (0,99-1,006)^2 \cdot 5 + (1-1,006)^2 \cdot 9 + (1,01-1,006)^2 \cdot 10 + (1,02-1,006)^2 \cdot 8 + (1,03-1,006)^2 \cdot 4)] \, mm^2}{40-1}}$$

$$= \sqrt{\frac{0,00896 \, mm^2}{39}} = \sqrt{0,00023 \, mm^2} = \mathbf{0,015 \, mm}$$

$s = 0,4 \cdot \bar{R} = 0,4 \cdot 0,0325 \, mm = \mathbf{0,013 \, mm}$

b) $R = x_{max} - x_{min} = 1,03 \, mm - 0,97 \, mm = \mathbf{0,06 \, mm}$

c) Die absoluten Häufigkeiten 8, 9 und 10 liegen innerhalb ± s. Dies entspricht einer prozentualen Häufigkeit
$h_j = 20 \, \% + 22,5 \, \% + 25 \, \% = 67,5 \, \%$.

d) Es liegen **5 Werte** außerhalb der Toleranz, das entspricht **12,5 %**.

[1] Gauß, deutscher Mathematiker und Astronom, 1777–1855

Aufgaben | Grundlagen der Statistik

Tabelle 1: Ausschussstücke

Tag	Mo	Di	Mi	Do	Fr
Häufigkeit n_j	50	34	32	40	44

1. Unfälle. Während eines Jahres werden die Betriebsunfälle statistisch für jeden Monat erfasst: 15; 7; 2; 8; 9; 1; 1; 0; 2; 4; 11; 13 Unfälle gezählt.

Wie groß ist der arithmetische Mittelwert der Unfälle pro Monat?

2. Ausschussstücke (Tabelle 1). In einem Betrieb mit Fließbandproduktion wurde die Anzahl der Ausschussstücke an den einzelnen Wochentagen gezählt.

Wie groß ist der arithmetische Mittelwert der Ausschussstücke je Tag?

Tabelle 2: Eignungstest

Eignungs-grad	0	2	4	6	8	10
Häufigkeit n_j	2	16	21	19	8	3

3. Eignungstest (Tabelle 2). Bei einem Eignungstest für Industriemechaniker war ein Eignungsgrad von 0 (ungenügend) bis 10 (sehr gut) zu erreichen.

Wie groß sind:

a) der arithmetische Mittelwert $\bar{x}$

b) der Medianwert $\tilde{x}$,

c) die Häufigkeit h_j in % und

d) die Standardabweichung s.

Tabelle 3: Wellendurchmesser

Messwerte in mm	14,999	15,000	15,001	15,002	15,003
Häufigkeit n_j	1	2	3	2	1

4. Wellendurchmesser (Tabelle 3). Die Stichprobenmessungen des Durchmessers einer Welle mit einem Sollwert $d = 15 \pm 0,01$ mm ergaben die Werte der Tabelle.

a) Wie groß ist der arithmetische Mittelwert $\bar{x}$?

b) Zeichnen Sie ein Balkendiagramm der relativen Häufigkeitsverteilung in %.

Tabelle 4: Widerstände

Widerstand in Ω	98	99	100	101	102	103
Häufigkeit n_j	22	33	39	45	41	20

5. Widerstände (Tabelle 4). Bei der Messung von 200 Widerständen ergaben sich die in der Tabelle dargestellten Werte.

Zu berechnen sind:

a) der arithmetische Mittelwert $\bar{x}$ und

b) die Spannweite R.

c) Zeichnen Sie das Histogramm für die absolute Verteilung der gemessenen Werte.

6. Lochkreisdurchmesser (Bild 1). Gegeben ist die Häufigkeitsverteilung der Stichprobe für einen Lochkreis mit $d = 10 \pm 0,5$ mm. Für die 120 Messwerte sind zu berechnen:

a) der arithmetische Mittelwert $\bar{x}$,

b) die Spannweite R,

c) die Standardabweichung s.

d) Wie viel Prozent der Messwerte liegen innerhalb der Standardabweichung?

e) Ermitteln Sie die relative Häufigkeitsverteilung h_j und die Summenhäufigkeit F_j.

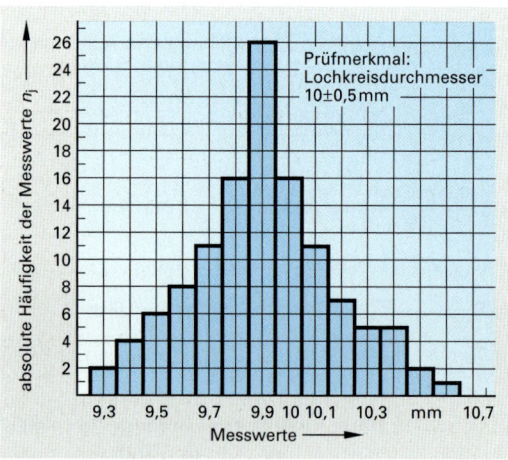

Bild 1: Lochkreisdurchmesser

4.2.2 │ Statistische Prozesslenkung mit Qualitätsregelkarten

Bei der Prozesslenkung wird in regelmäßigen Abständen eine Stichprobe mit einer bestimmten Anzahl Werkstücke aus der laufenden Fertigung entnommen und geprüft.

Bezeichnungen:

OEG	Obere Eingriffsgrenze	UEG	Untere Eingriffsgrenze
OWG	Obere Warngrenze	UWG	Untere Warngrenze
$\tilde{x}$	Medianwert (Zentralwert)	$\bar{x}$	arithmetischer Mittelwert
R	Spannweite	R	gemittelte Spannweite
s	Standardabweichung	n	Anzahl der Stichproben

■ Qualitätsregelkarte (Bild 1)

Die Messwerte werden auf der senkrechten Achse, die Prüfzeit oder Nummer der Stichprobe auf der waagerechten Achse abgetragen.
Die Qualitätsregelkarte zeigt den Istzustand der Qualität sowie das Auftreten systematischer Störungen auf. Die Kurve wird durch die Warn- und Eingriffsgrenzen eingeschlossen.

- Die Eingriffsgrenzen umfassen den Bereich aller zulässigen Werte (Toleranz).
- Die Warngrenzen schließen 95 % aller Messwerte bei störungsfreier Fertigung ein.

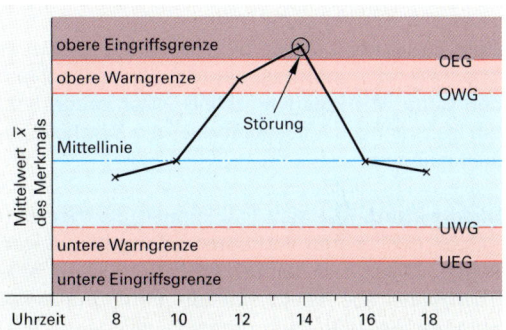

Bild 1: Qualitätsregelkarte

■ Urwertkarte (Bild 2, Seite 125)

Die Messwerte einer Stichprobe werden nach der Prüfung zunächst in einer Urliste **(Tabelle 1, Seite 124)** festgehalten. Um einen ersten Einblick über die Verteilung zu erhalten, werden die Messwerte in eine Urwertkarte übertragen. Dabei werden gleiche Messwerte mit einer Häufigkeitszahl versehen. Die Urwertkarte stellt die Lage der Messwerte und die Streuung innerhalb einer Stichprobe dar.

■ Medianwert-Spannweiten-Karte, $\tilde{x}$-R-Karte

(Bild 2). Der Medianwert (Zentralwert) $\tilde{x}$ ist der mittlere Wert der Messwerte einer Stichprobe. Die Spannweite R ist die Differenz aus dem höchsten und dem niedrigsten Messwert einer Messreihe. Beide Werte geben Aufschluss über die Streuung der Fertigung.

■ Mittelwert-Standardabweichungskarte, $\bar{x}$-s-Karte (Bild 1, Seite 124)

Der Mittelwert $\bar{x}$ und die Standardabweichung s werden mit der $\bar{x}$-s-Karte erfasst. Mit diesem meist rechnerunterstützten Verfahren lassen sich auch Veränderungen und Abweichungen im Fertigungsprozess über einen längeren Zeitraum überwachen.

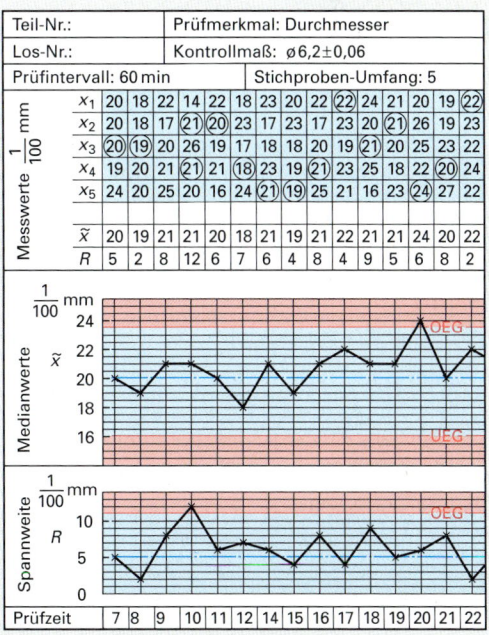

Bild 2: $\tilde{x}$-R-Karte

■ Prozessbewertung

Durch systematische Störungen im Fertigungsprozess, z.B. durch Verschleiß der Werkzeugschneide, streuen die Mittelwerte der Stichprobe nicht mehr zufällig um die Mittellage. Die Lage der aufeinander folgenden Messwerte kennzeichnen einen Trend, einen Run oder ein Middle Third (**Bild 2**).

Trend: Es steigen oder fallen 7 Werte hintereinander. Die Ursache ist beispielsweise der Werkzeugverschleiß oder eine fehlerhafte Maschineneinstellung.

Run: Es liegen 7 Werte hintereinander entweder oberhalb oder unterhalb der Mittellinie. Die Ursache kann Werkzeugverschleiß, Werkzeugbruch, ein klemmendes Messgerät oder ein falsches Einstellmaß sein.

Middle Third: In einem Fall können die Werte zu nah an den oberen und unteren Eingriffsgrenzen liegen. Dies lässt darauf schließen, dass eine Stichprobe aus verschiedenen Fertigungslinien entnommen oder mit unterschiedlichen Messgeräten geprüft wurde. Im anderen Fall liegen die Werte zu nah am Prozessmittelwert. Dieser Fall tritt dann auf, wenn die Eingriffsgrenzen nicht richtig festgelegt wurden.

Beispiel: Bei der Fertigung von Wellen wird pro Stunde eine Stichprobe mit 5 Werkstücken entnommen und die Messwerte in einer Urliste für den Durchmesser d = 40f7 festgehalten (**Tabelle 1**).

     a) Ermitteln Sie den arithmetischen Mittelwert $\bar{x}$, den Medianwert $\tilde{x}$, die Spannweite R und die Standardabweichung s.

     b) Erstellen Sie die Urwertkarte. Tragen Sie darin die Eingriffsgrenzen OEG = 39,975 mm und UEG = 39,950 mm sowie die Warngrenzen OWG = 39,970 mm und UWG = 39,955 mm ein.

     c) Zeichnen Sie je ein Histogramm mit der absoluten (n_j) und relativen (h_j) Häufigkeit sowie mit der Summe der absoluten (G_j) und relativen (F_j) Häufigkeit.

     d) Stellen Sie die Messergebnisse in der $\tilde{x}$-R-Karte und der $\bar{x}$-s-Karte dar.

     e) Beurteilen Sie den Fertigungsprozess.

Lösung: a) Die Werte in **Tabelle 1** werden mit Formeln von Seite 120/121 berechnet:

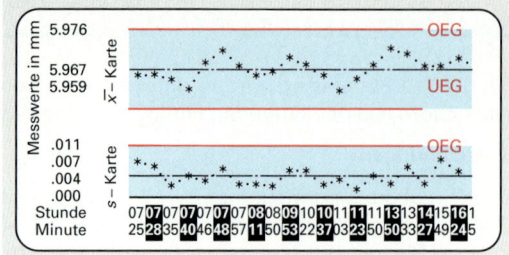

Bild 1: $\bar{x}$-s-Karte

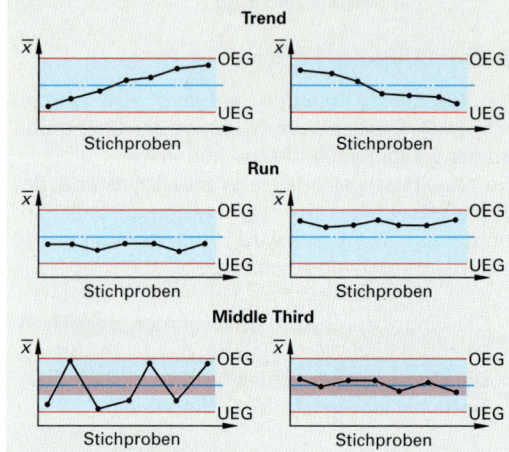

Bild 2: Prozessbewertung

Tabelle 1: Urliste				
Prüfmerkmal: Durchmesser 40f7				
Stichproben: 8 / Stichprobenumfang: 5				
	1	**2**	**3**	**4**
x_1	39,952	39,968	39,965	39,954
x_2	39,947	**39,962**	39,952	39,957
x_3	39,962	39,954	**39,957**	39,965
x_4	**39,957**	39,957	39,954	39,968
x_5	39,962	39,965	39,962	**39,962**
$\bar{x}$	39,956	39,961	39,958	39,961
$\tilde{x}$	39,957	39,962	39,957	39,962
R	0,015	0,014	0,013	0,01

Urliste (Fortsetzung)				
	5	**6**	**7**	**8**
x_1	39,968	**39,974**	39,968	39,979
x_2	39,965	39,982	**39,974**	39,987
x_3	39,974	39,968	39,979	39,974
x_4	39,979	39,965	39,982	39,987
x_5	**39,968**	39,979	39,974	**39,982**
$\bar{x}$	39,971	39,974	39,975	39,982
$\tilde{x}$	39,968	39,974	39,974	39,982
R	0,014	0,017	0,014	0,013

Lösung: Die Standardabweichung wird näherungsweise über die gemittelte Spannweite $\bar{R}$ berechnet:

$$s = 0,4 \cdot \bar{R} = 0,4 \cdot \frac{R_1 + R_2 + \ldots + R_8}{8} = 0,4 \cdot 0,014 = \mathbf{0,006}$$

b) Urwertkarte **(Bild 2)**

c) Histogramm der Häufigkeit **(Bild 1)**.

d) $\bar{x}$-s-Karte **(Bild 3)** und $\tilde{x}$-R-Karte **(Bild 4)**

e) Der arithmetische Mittelwert sollte etwa in der Toleranzmitte liegen, er wandert jedoch nach oben aus. Der Wellendurchmesser wird im Verlauf der Fertigung größer, der Trend ist ansteigend. Die Ursache liegt im Verschleiß der Werkzeugschneide.

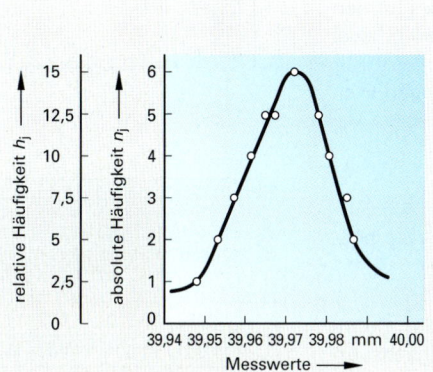

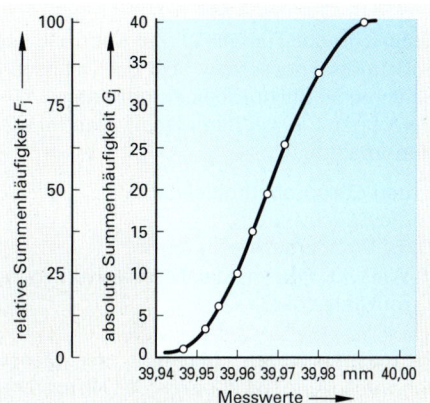

Bild 1: Histogramme der Häufigkeit

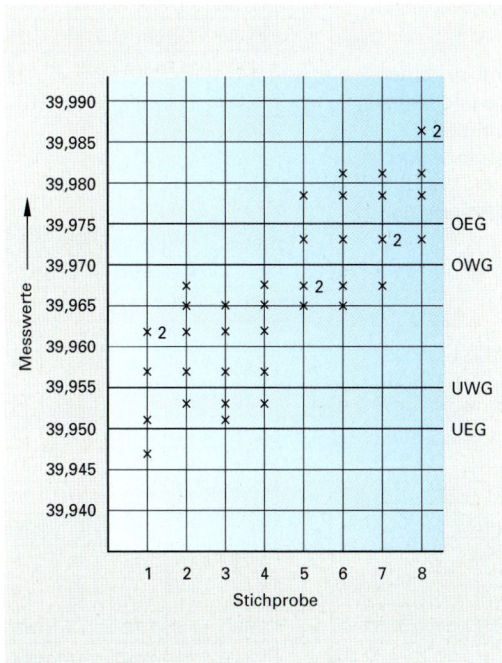

Bild 2: Urwertkarte

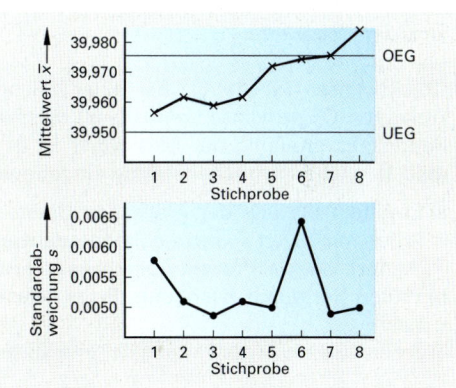

Bild 3: $\bar{x}$-s-Karte

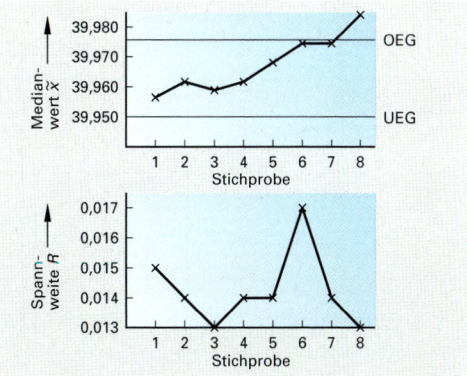

Bild 4: $\tilde{x}$-R-Karte

Aufgaben │ Statistische Prozesslenkung mit Qualitätsregelkarten

1. Bohrungen (Tabelle 1). Bei der Qualitätskontrolle von 50 Bohrungen mit $d = 30H7$ wurden die Abweichungen vom Nennmaß in einer Strichliste zusammengefasst. Der arithmetische Mittelwert aller Stichproben beträgt $\bar{x} = 30{,}008$ mm.

a) Stellen Sie in einem Diagramm die absolute und relative Häufigkeitsverteilung der Messwerte jeder Messwertklasse dar.
b) Bewerten Sie die Entwicklung des Fertigungsprozesses.

2. Dehnschraube (Tabelle 2). Zur Kontrolle des Nennmaßes für den Schaftdurchmesser $d = 11k6$ der Dehnschraube werden in zwei Schichten 8 Stichproben entnommen.
Berechnen Sie mit den Messwerten für die Abweichungen vom Nennmaß

a) den Stichprobenmittelwert $\bar{x}$,
b) die Spannweite R,
c) die Standardabweichung s.
d) Wie viel Prozent der Messwerte liegen außerhalb des Toleranzbereiches?

3. Prozessregelkarten. Mit Hilfe der Messwerte für die Dehnschraube (Aufgabe 2) sollen das Histogramm der Häufigkeitsverteilung, die Spannweitenkarte ($\tilde{x}$-R-Karte) und die Mittelwertkarte ($\bar{x}$-s-Karte) erstellt werden. Interpretieren Sie die Entwicklung der Messwerte.

4. Objektivlinse (Tabelle 3). Bei einer Stichprobenkontrolle der
● Dicke von Objektivlinsen wurden 50 Messwerte gemessen. Die Häufigkeitsverteilung der Messwerte ist in dem Auswerteblatt **(Bild 1)** in logarithmischer Teilung eingetragen.

a) Ermitteln Sie aus der grafischen Darstellung den arithmetischen Mittelwert $\bar{x}$ und die Standardabweichung s und stellen Sie fest, wie viel Prozent Ausschuss zu erwarten sind.
b) Prüfen Sie durch Rechnung die abgelesenen Werte $\bar{x}$ und s nach.
c) Stellen Sie die Messwerte in der $\bar{x}$-s-Karte und $\tilde{x}$-R-Karte dar.

Tabelle 1: Bohrungen (Histogramm)

KL	von	bis	Anzahl der Messwerte	
1	−15	−10	I	((1))
2	−10	−05	II	((2))
3	−05	0	IIII	((4))
4	0	+05	IIIIIIIIIII	((11))
5	05	10	IIIIIIIIIIIIIIII	((16))
6	10	15	IIIIIIII	((8))
7	15	20	IIIIII	((6))
8	20	25	II	((2))
9	25	30		((0))

Tabelle 2: Dehnschraube (Urliste)

Stichproben: 8 / Stichprobenumfang: 5

	1	2	3	4
x_1	10,999	10,999	11,003	11,004
x_2	11,001	11,001	11,001	11,003
x_3	11,003	11,006	11,004	11,006
x_4	11,004	11,004	11,006	11,008
x_5	11,003	11,003	11,004	11,006
	5	**6**	**7**	**8**
x_1	11,004	11,006	11,011	11,013
x_2	11,006	11,008	11,008	11,008
x_3	11,008	11,008	11,011	11,012
x_4	11,011	11,011	11,012	11,013
x_5	11,006	11,006	11,008	11,012

● Tabelle 3: Objektivlinse (Urliste)

Stichproben : 10 / Stichprobenumfang: 5

	1	2	3	4	5
x_1	1,80	1,74	1,65	1,73	1,82
x_2	1,70	1,75	1,74	1,73	1,74
x_3	1,78	1,72	1,77	1,72	1,73
x_4	1,74	1,84	1,74	1,68	1,71
x_5	1,71	1,75	1,76	1,77	1,70
	6	**7**	**8**	**9**	**10**
x_1	1,73	1,70	1,74	1,74	1,75
x_2	1,72	1,77	1,84	1,74	1,68
x_3	1,68	1,73	1,72	1,73	1,75
x_4	1,71	1,73	1,73	1,68	1,74
x_5	1,74	1,68	1,74	1,74	1,74

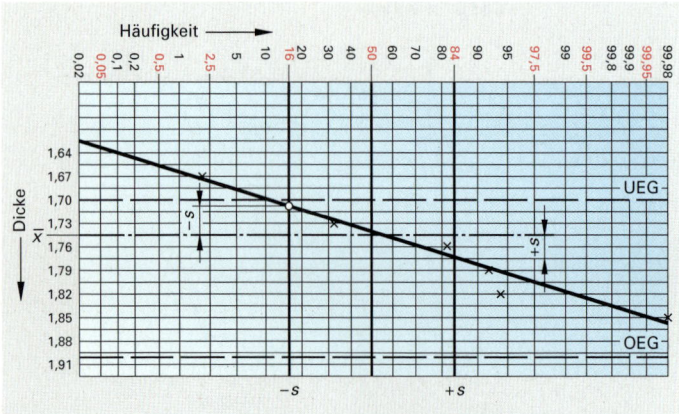

● **Bild 1: Objektivlinse (Logarithmisches Auswerteblatt)**

4.3 │ Kräfte und Leistungen beim Zerspanen

4.3.1 │ Kräfte beim Zerspanen

Die Schnittkraft F_c ist die Kraft auf die Schneide in Richtung der Schnittgeschwindigkeit **(Bild 1)**. Sie hat entscheidenden Einfluss auf die Standzeit der Werkzeuge und auf die Schnittleistung.

■ Schnittkraft

Bezeichnungen:

F_c	Schnittkraft	N	f	Vorschub	mm
k_c	spezifische Schnittkraft	N/mm²	A	Spanungs-	mm²
k	Tabellenwert der			querschnitt	
	spezifischen Schnittkraft	N/mm²	C_1	Korrekturfaktor für die	–
v_c	Schnittgeschwindigkeit	m/min		Schnittgeschwindigkeit	
h	Spanungsdicke	mm	C_2	Korrekturfaktor für das	–
a	Schnitttiefe	mm		Fertigungsverfahren	

Die Einflussgrößen auf die Schnittkraft F_c und ihre Berücksichtigung bei der Berechnung zeigt **Tabelle 1**.

Tabelle 1: Einflussgrößen auf die Schnittkraft F_c

Einflussgrößen	Berücksichtigung durch
Werkstoff des Werkstücks, Spanungsdicke h, Schneidstoff, Schneidengeometrie, Kühlschmierung	Tabellenwert k der spezifischen Schnittkraft k_c
Schnitttiefe a, Vorschub f	Spanungsquerschnitt A
Schnittgeschwindigkeit v_c Fertigungsverfahren	Korrekturfaktor C_1 Korrekturfaktor C_2 **(Tabelle 2)**

Die Tabellenwerte k der spezifischen Schnittkraft werden in Versuchen ermittelt **(Tabelle 3)**.

Tabelle 3: Tabellenwerte k der spezifischen Schnittkraft

Werkstoff	Tabellenwert k der spezifischen Schnittkraft k in N/mm² für die Spanungsdicke h in mm							
	0,1	0,16	0,2	0,25	0,31	0,5	0,8	1,0
E295	2995	2600	2430	2275	2130	1845	1605	1500
C35, C45	2700	2300	2240	2110	1990	1750	1540	1450
9S20	2105	1935	1855	1785	1715	1575	1445	1390
16MnCr5	2795	2425	2270	2120	1990	1725	1495	1400
42CrMo4	2850	2520	2380	2245	2120	1875	1660	1565
EN-GJL-200	1765	1410	1405	1250	1215	1035	890	825

Die spezifische Schnittkraft k_c ist erforderlich, um einen Span mit dem Spanungsquerschnitt $A = 1$ mm² abzutrennen.

Der **Spanungsquerschnitt A** und die **Spanungsdicke h** sind für jedes Fertigungsverfahren gesondert zu ermitteln.

■ Drehen

Bezeichnung:

A	Spanungsquerschnitt	mm²	h	Spanungsdicke	mm
a	Schnitttiefe	mm	b	Spanungsbreite	mm
f	Vorschub	mm	$\varkappa$[1]	Einstellwinkel	°

Nach **Bild 2** ergeben sich folgende Zusammenhänge:

$$A = b \cdot h; \qquad b = \frac{a}{\sin \varkappa}; \, h = f \cdot \sin \varkappa; \qquad A = \frac{a \cdot f \cdot \sin \varkappa}{\sin \varkappa} = a \cdot f$$

[1] $\varkappa$ griechischer Kleinbuchstabe kappa

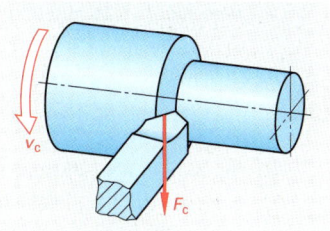

Bild 1: Schnittkraft

Tabelle 2: Korrekturfaktoren C_1 und C_2

Schnittgeschwindigkeit v_c in m/min	C_1
10 … 30	1,3
31 … 80	1,1
81 … 400	1,0
> 400	0,9
Fertigungsverfahren	C_2
Drehen	1,0
Bohren	1,2

Schnittkraft

$$F_c = A \cdot k_c$$

Spezifische Schnittkraft

$$k_c = k \cdot C_1 \cdot C_2$$

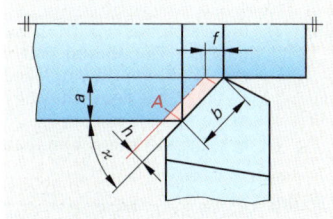

Bild 2: Spanungsquerschnitt beim Drehen

Spanungsquerschnitt beim Drehen

$$A = a \cdot f$$

Spanungsdicke beim Drehen

$$h = f \cdot \sin \varkappa$$

Beispiel: Die Welle **Bild 1** aus C45 wird in einem Schnitt von $d_1 = 50$ mm auf $d = 40$ mm abgedreht.

Wie groß sind für die Schnittgeschwindigkeit $v_c = 380$ m/min, den Vorschub $f = 0,35$ mm und den Einstellwinkel $\varkappa = 60°$

a) die Schnitttiefe a,
b) die Spanungsdicke h,
c) die spezifische Schnittkraft k_c,
d) die Schnittkraft F_c ?

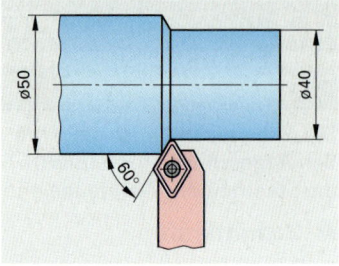

Bild 1: Welle

Lösung: a) $a = \dfrac{d_1 - d}{2} = \dfrac{50 \text{ mm} - 40 \text{ mm}}{2} = \mathbf{5\ mm}$

b) $h = f \cdot \sin \varkappa = 0,35 \text{ mm} \cdot \sin 60° = 0,303 \text{ mm} \approx \mathbf{0,31\ mm}$

c) $k_c = k \cdot C_1 \cdot C_2$; $k = 1990$ N/mm² **(Tabelle 3 Seite 127)**,
$C_1 = 1,0$ und $C_2 = 1,0$ **(Tabelle 2 Seite 127)**,
$k_c = 1,0 \cdot 1,0 \cdot 1990$ N/mm² $= \mathbf{1990\ N/mm^2}$

d) $F_c = A \cdot k_c$; $A = a \cdot f = 5$ mm $\cdot$ 0,35 mm $= 1,75$ mm²
$F_c = 1,75$ mm² $\cdot$ 1990 N/mm² $= \mathbf{3483\ N}$

■ Bohren

Bezeichnungen:

d	Bohrerdurchmesser	mm	
$\sigma^{1)}$	Spitzenwinkel	°	
f_z	Vorschub je Schneide	mm	
f	Vorschub je Umdrehung	mm	
F_c	Schnittkraft	N	

A_z Spanungsquerschnitt je Schneide mm²
A Spanungsquerschnitt mm²
M_c Schnittmoment N · m

Beim Bohren ins Volle **(Bild 2)** wird der Spanungsquerschnitt A_z je Schneide ähnlich berechnet wie beim Drehen.

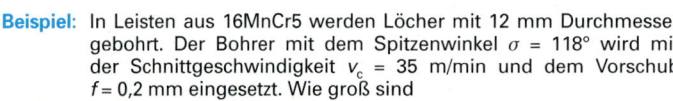

$$A_z = b \cdot h; \quad b = \dfrac{d}{2 \cdot \sin \dfrac{\sigma}{2}}; \quad h = f_z \cdot \sin \dfrac{\sigma}{2}; \quad A_z = \dfrac{d \cdot f_z \cdot \sin \dfrac{\sigma}{2}}{2 \cdot \sin \dfrac{\sigma}{2}} = \dfrac{d \cdot f_z}{2}$$

Beim Bohren sind gleichzeitig zwei Schneiden im Eingriff.

Dann ist $f_z = \dfrac{f}{2}$ und $A = 2 \cdot A_z$. Damit erhält man $A = 2 \cdot \dfrac{d \cdot f}{2 \cdot 2} = \dfrac{d \cdot f}{2}$

Bild 2: Bohren

Nach Bild 2 wird das Schnittmomtent $M_c = 2 \cdot \left(\dfrac{F_c}{2} \cdot \dfrac{d}{4} \right) = \dfrac{F_c \cdot d}{4}$

Beispiel: In Leisten aus 16MnCr5 werden Löcher mit 12 mm Durchmesser gebohrt. Der Bohrer mit dem Spitzenwinkel $\sigma = 118°$ wird mit der Schnittgeschwindigkeit $v_c = 35$ m/min und dem Vorschub $f = 0,2$ mm eingesetzt. Wie groß sind
a) die Spanungsdicke h, c) die Schnittkraft F_c,
b) die spezifische Schnittkraft k_c, d) das Schnittmoment M_c?

Spanungsquerschnitt beim Bohren

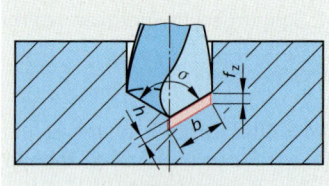

$$A = \dfrac{d \cdot f}{2}$$

Lösung: a) $h = \dfrac{f}{2} \cdot \sin \dfrac{\sigma}{2} = \dfrac{0,2 \text{ mm}}{2} \cdot \sin 59° = 0,09 \text{ mm} \approx \mathbf{0,1\ mm}$

b) $k_c = k \cdot C_1 \cdot C_2$; $k = 2795$ N/mm² **(Tabelle 3 Seite 127)**,
$C_1 = 1,1$ und $C_2 = 1,2$ **(Tabelle 2 Seite 127)**,
$k_c = 2795$ N/mm² $\cdot 1,1 \cdot 1,2 = \mathbf{3689\ N/mm^2}$

Spanungsdicke beim Bohren

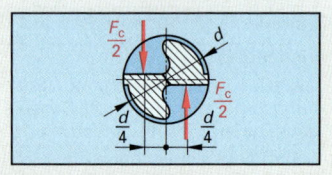

$$h = \dfrac{f}{2} \cdot \sin \dfrac{\sigma}{2}$$

c) $F_c = A \cdot k_c$; $A = \dfrac{d \cdot f}{2} = \dfrac{12 \text{ mm} \cdot 0,2 \text{ mm}}{2} = 1,2$ mm²

$F_c = 1,2$ mm² $\cdot 3689$ N/mm² $= \mathbf{4427\ N}$

d) $M_c = \dfrac{F_c \cdot d}{4} = \dfrac{4427 \text{ N} \cdot 12 \text{ mm}}{4} = 13281,84$ N $\cdot$ mm $\approx \mathbf{13,3\ N \cdot m}$

Schnittmoment beim Bohren

$$M_c = \dfrac{F_c \cdot d}{4}$$

---

1) σ griechischer Kleinbuchstabe sigma

4.3.2 │ Schnittleistung, Antriebsleistung

Beim Einsatz spanender Werkzeugmaschinen sind die Spanungsgrößen, zum Beispiel die Schnittgeschwindigkeit v_c, die Vorschubgeschwindigkeit v_f und die Schnitttiefe a_p, so zu wählen, dass die Antriebsleistung P_1 der Maschine nicht überschritten wird **(Bild 1)**.

Bezeichnungen:

P_1	Antriebsleistung	N · m/s	M_c	Schnittmoment	N · m
P_c	Schnittleistung	N · m/s	v_c	Schnittgeschwindigkeit	m/min
P_f	Vorschubleistung	N · m/s	v_f	Vorschubgeschwindigkeit	mm/min
P_R	Reibleistung	N · m/s	d	Durchmesser	mm
F_c	Schnittkraft	N	η	Wirkungsgrad	–
F_f	Vorschubkraft	N	n	Drehzahl	1/s

Die Antriebsleistung P_1 setzt sich aus mehreren Teilleistungen zusammen **(Tabelle 1)**.

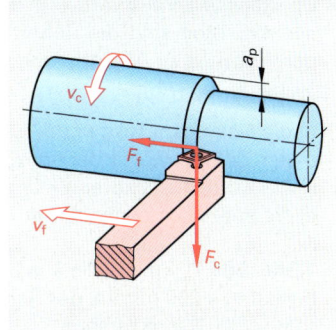

Bild 1: Spanungsgrößen und Kräfte beim Drehen

Tabelle 1: Einflussgrößen auf die Antriebleistung P_1

Teilleistung	Ermittlung, Bemerkungen
Schnittleistung P_c	$P_c = F_c \cdot v_c$. Größte Teilleistung. Sie bildet die Grundlage zur Berechnung der Antriebsleistung
Vorschubleistung P_f	$P_f = F_f \cdot v_f$. Die Vorschubleistung P_f ist viel kleiner als die Schnittleistung P_c. Bei der Berechnung der Antriebsleistung P_1 wird sie durch den Wirkungsgrad η berücksichtigt.
Reibleistung P_R	Leistungsverluste durch Reibung, zum Beispiel in Lagern und Führungen. Berücksichtigung durch den Wirkungsgrad η.

Die Antriebsleistung erhält man aus $P_1 = P_c / \eta$.

Beim **Drehen (Bild 1)** wird die Schnittleistung aus $P_c = F_c \cdot v_c$ ermittelt.

Beim **Bohren (Bild 2)** greifen die Schnittkräfte jeweils in der Mitte der Hauptschneiden an. Für die Schnittleistung gilt dann entsprechend $P_c = F_c \cdot v_c / 2$. Erfolgt die Berechnung der Schnittleistung P_c über das Schnittmoment M_c, so gilt:

$$P_c = F_c \frac{v_c}{2} = F_c \frac{\pi \cdot d \cdot n}{2} \text{ mit } d = \frac{4 \cdot d}{4} \text{ wird } P_c = \frac{F_c \cdot d \cdot 4 \cdot \pi \cdot n}{4 \cdot 2}$$

Mit $M_c = \dfrac{F_c \cdot d}{4}$ wird die Schnittleistung $P_c = M_c \cdot 2 \cdot \pi \cdot n$.

Antriebsleistung

$$P_1 = \frac{P_c}{\eta}$$

Schnittleistung beim Drehen

$$P_c = F_c \cdot v_c$$

Schnittleistung beim Bohren

$$P_c = \frac{F_c \cdot v_c}{2}$$

$$P_c = M_c \cdot 2 \cdot \pi \cdot n$$

Beispiel: Eine Platte aus 16MnCr5 erhält eine Bohrung mit $d = 16$ mm Durchmesser. Für die Schnittkraft $F_c = 5820$ N, die Schnittgeschwindigkeit $v_c = 22$ m/min und den Wirkungsgrad $\eta = 0{,}75$ sind zu bestimmen
a) die Schnittleistung P_c,
b) die Antriebsleistung P_1 der Bohrmaschine.

Lösung: a) $P_c = \dfrac{F_c \cdot v_c}{2} = \dfrac{5820 \text{ N} \cdot 22 \text{ m}}{2 \cdot 60 \text{ s}} = 1067 \dfrac{\text{N} \cdot \text{m}}{\text{s}} = \mathbf{1{,}07 \text{ kW}}$

oder: $P_c = M_c \cdot 2 \cdot \pi \cdot n$

$M_c = \dfrac{F_c \cdot d}{4} = \dfrac{5820 \text{ N} \cdot 16 \text{ mm}}{4} = 23{,}28 \text{ N} \cdot \text{m}$

$n = \dfrac{v_c}{\pi \cdot d} = \dfrac{22 \text{ m}}{\pi \cdot 0{,}016 \text{ m} \cdot \text{min}} = 437{,}68 \dfrac{1}{\text{min}}$

$P_c = 23{,}28 \text{ N} \cdot \text{m} \cdot 2 \cdot \pi \cdot 437{,}68 \dfrac{1}{\text{min}} \cdot \dfrac{\text{min}}{60 \text{ s}} = 1067 \dfrac{\text{N} \cdot \text{m}}{\text{s}} = \mathbf{1{,}07 \text{ kW}}$

b) $P_1 = \dfrac{P_c}{\eta} = \dfrac{1{,}07 \text{ kW}}{0{,}75} = \mathbf{1{,}43 \text{ kW}}$

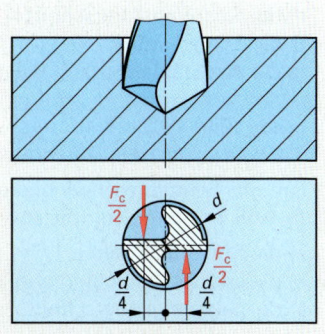

Bild 2: Kräfte beim Bohren

Aufgaben | Kräfte und Leistungen beim Zerspanen

1. Spezifische Schnittkraft. Für das Längs-Runddrehen von Bolzen aus 42CrMo4 sind die Schnittgeschwindigkeit v_c = 210 m/min, der Vorschub f = 0,25 mm und der Einstellwinkel $\varkappa$ = 60° bekannt.

Zu bestimmen sind

a) die Spanungsdicke h,
b) der Tabellenwert k der spezifischen Schnittkraft,
c) die Korrekturfaktoren C_1 und C_2,
d) die spezifische Schnittkraft k_c.

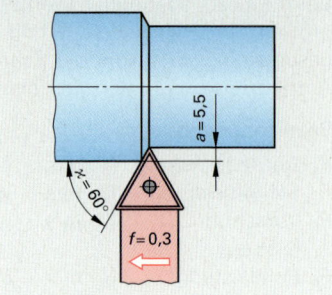

Bild 1: Welle

2. Welle (Bild 1). Eine Welle aus E295 wird mit der Schnittgeschwindigkeit v_c = 290 m/min, der Schnitttiefe a = 5,5 mm und dem Vorschub f = 0,3 mm zerspant.

Wie groß sind für den Einstellwinkel $\varkappa$ = 60°

a) der Spanungsquerschnitt A,
b) die Spanungsdicke h,
c) die spezifische Schnittkraft k_c,
d) die Schnittkraft F_c,
e) die Schnittleistung P_c,
f) die Antriebsleistung bei einem Wirkungsgrad η = 0,75?

3. Grundplatte (Bild 2). Die Gewindebohrungen in der Grundplatte aus EN-GJL-200 werden mit der Schnittgeschwindigkeit v_c = 70 m/min und dem Vorschub f = 0,25 mm gebohrt.

Für den Spitzenwinkel σ = 118° sind zu bestimmen

a) der Spanungsquerschnitt A,
b) die Spanungsdicke h,
c) die spezifische Schnittkraft k_c,
d) die Schnittkraft F_c,
e) das Schnittmoment M_c,
f) die Schnittleistung P_c.

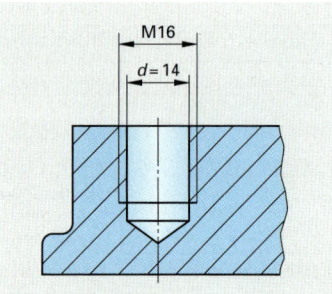

Bild 2: Grundplatte

4. Wellenende (Bild 3). Die Lagerzapfen der Welle aus 16MnCr5 werden in zwei Schnitten mit gleicher Schnitttiefe vorgedreht.

Wie groß sind für die Schnittgeschwindigkeit v_c = 210 m/min und den Vorschub f = 0,3 mm

a) die Schnitttiefe a,
b) der Einstellwinkel $\varkappa$,
c) die Spanungsdicke h,
d) die spezifische Schnittkraft k_c,
e) der Spanungsquerschnitt A,
f) die Schnittkraft F_c,
g) die Antriebsleistung P_1 bei einem Wirkungsgrad η = 0,7?

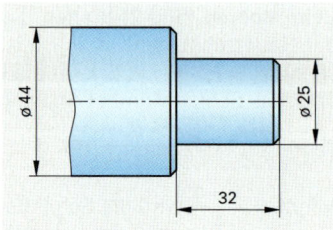

Bild 3: Wellenende

5. Leiste (Bild 4). Die Bohrungen d_1 = 8 mm der Leiste aus EN-GJL-200 werden auf den Durchmesser d = 20 mm aufgebohrt.

Für die Schnittgeschwindigkeit v_c = 22 m/min, den Vorschub f = 0,35 mm und den Spitzenwinkel σ = 118° sind zu bestimmen

a) die Spanungsdicke h,
b) die spezifische Schnittkraft k_c,
c) der Spanungsquerschnitt A,
d) das Schnittmoment M_c,
e) die Antriebsleistung P_1 bei η = 0,8.

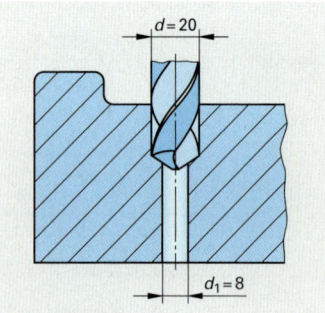

● **Bild 4: Leiste**

4.4 | NC-Technik

NC-gesteuerte Maschinen stellen Werkstücke aufgrund eines Programms selbsttätig her. Die geometrische Form des Werkstücks wird durch Weginformationen festgelegt. Die Weginformationen werden als Koordinatenmaße aus der Werkstückzeichnung entnommen oder berechnet.

4.4.1 | Geometrische Grundlagen

Zum Erstellen von NC-Programmen müssen fehlende Konturpunkte durch Hilfsdreiecke berechnet werden (**Bild 1**). Dazu werden die Winkelfunktionen, der Lehrsatz von Pythagoras, die Gesetzmäßigkeiten über die Winkel im rechtwinkligen Dreieck und der Strahlensatz benötigt.

Bezeichnungen:

a, b, c	Seiten im Dreieck	mm
P1, P2, P3 …	Konturpunkte	–
A, B, C	Ecken im Dreieck	–
g_1, g_2, g_3	Geraden	–
α, β, γ	Winkel	°

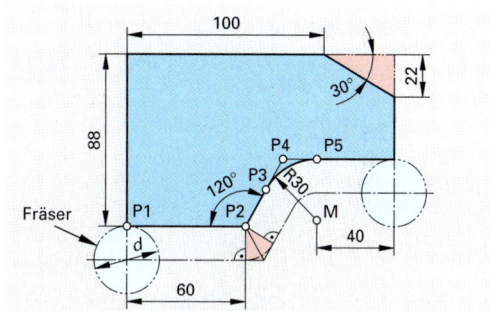

Bild 1: Fräserbahn mit Hilfsdreiecken

■ Winkelarten

Aus der Lage von Winkeln zueinander ergeben sich folgende Beziehungen (**Bild 2**):

- Haben die Winkel denselben Scheitelpunkt, so entstehen die Scheitelwinkel β und δ und liegen die Winkel nebeneinander, dann entstehen die Nebenwinkel α und γ.

- Stufenwinkel sind gleich groß. Die Nebenwinkel α und γ ergänzen sich zu 180°.

- Die Gerade g_1 schneidet die Parallelen g_2 und g_3. Die Stufenwinkel α und β sind gleich groß.

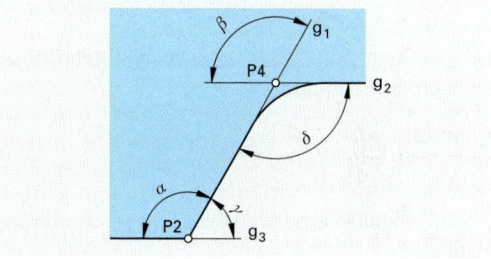

Bild 2: Winkelarten

Stufenwinkel	Scheitelwinkel	Nebenwinkel
$\alpha = \beta$	$\beta = \delta$	$\alpha + \gamma = 180°$

■ Winkelsumme im Dreieck

Legt man durch den Punkt B des Dreiecks in **Bild 3** eine Parallele zur Seite b, so bilden die Winkel α und γ jeweils Stufenwinkel. Die Winkel α, β und γ ergeben zusammen 180°.

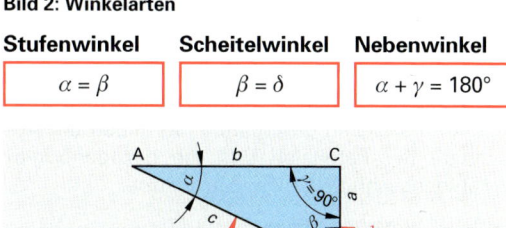

Bild 3: Winkelsumme im Dreieck

1. Beispiel: Berechnen Sie den Winkel δ des Nockens wenn $\beta = 21°$ beträgt (**Bild 4**).

Lösung: β erscheint als Stufenwinkel im roten, rechtwinkligen Dreieck:

$$\alpha + \beta + \gamma = 180°$$

$$\alpha = 180° - \beta - \gamma = 180° - 21° - 90° = 69°$$

α und $\delta/2$ sind Nebenwinkel:

$$\alpha + \delta/2 = 180°$$

$$\delta/2 = 180° - \alpha = 180° - 69° = 111°$$

$$\delta = 2 \cdot \delta/2 = 2 \cdot 111° = \mathbf{222°}$$

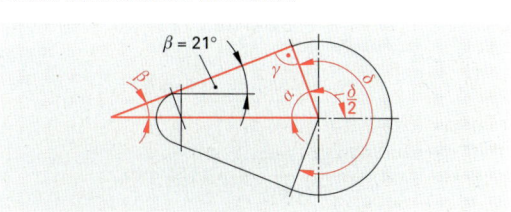

Bild 4: Nocken

2. Beispiel: Wie groß sind die Winkel β und γ im **Bild 1**?

Lösung: Zwischen dem Konturpunkt P2 und der Bahn des Fräsermittelpunktes (Äquidistante) ergeben sich die Hilfsdreiecke P2 P6 P7 und P2 P7 P8.

Beide Dreiecke sind deckungsgleich.

$\beta = \alpha = \mathbf{120°}$

$\gamma = \dfrac{\beta}{2} = \dfrac{120°}{2} = \mathbf{60°}$

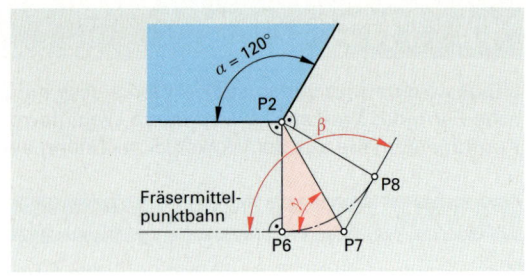

Bild 1: Fräsermittelpunktsbahn

3. Beispiel: Zur Berechnung der Konturpunkte P3 und P5 **(Bild 2)** sind zu bestimmen

a) die Hilfsdreiecke,

b) die Winkel.

Lösung:
a) Hilfsdreiecke P3 M P4 und Hilfsdreieck P4 M P5 **(Bild 2)**.

b) β ist Stufenwinkel zum Winkel α:
$\beta = \mathbf{120°}$

γ ist Scheitelwinkel zum Winkel β:
$\gamma = \mathbf{120°}$

$\delta = \dfrac{\gamma}{2} = \dfrac{120°}{2} = \mathbf{60°}$

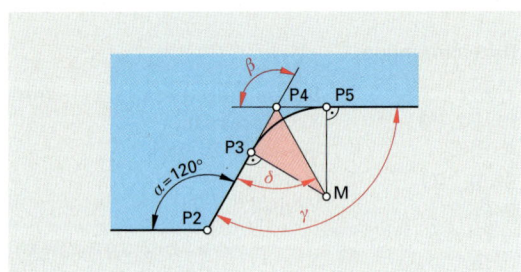

Bild 2: Kontur

■ Strahlensatz

Besitzen zwei Dreiecke gleiche Winkel **(Bild 3)**, so gilt nach dem Sinussatz

$$\frac{\sin \alpha}{\sin \beta} = \frac{a}{b} = \frac{a_1}{b_1}$$

Durch Umstellen erhält man die Formel des Strahlensatzes:

$$\frac{a}{a_1} = \frac{b}{b_1}$$

Werden zwei von einem Punkt ausgehende Strahlen von Parallelen geschnitten, so bilden die Abschnitte der Parallelen und die dazugehörigen Strahlenabschnitte gleiche Verhältisse.

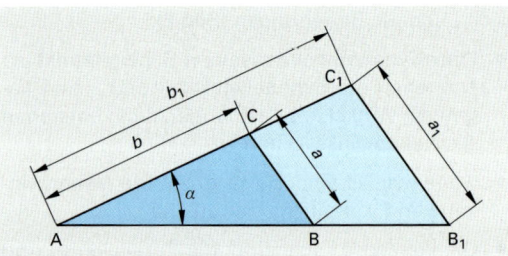

Bild 3: Strahlensatz

Strahlensatz

$$\frac{a}{a_1} = \frac{b}{b_1} \qquad \text{oder} \qquad \frac{a}{b} = \frac{a_1}{b_1}$$

Beispiel: Der Kegel **(Bild 4)** wird im 1. Schnitt mit der Schnitttiefe $a = 4$ mm vorgedreht. Wie groß ist das Maß x?

Lösung:
$\dfrac{a}{a_1} = \dfrac{b}{b_1}; \qquad b = \dfrac{a \cdot b_1}{a_1}$

$a_1 = \dfrac{D - d}{2} = \dfrac{50 \text{ mm} - 26 \text{ mm}}{2} = 12 \text{ mm}$

$b = \dfrac{4 \text{ mm} \cdot 55 \text{ mm}}{12 \text{ mm}} = 18,33 \text{ mm}$

$x = b_1 - b = 55 \text{ mm} - 18,33 \text{ mm} = \mathbf{36,67 \text{ mm}}$

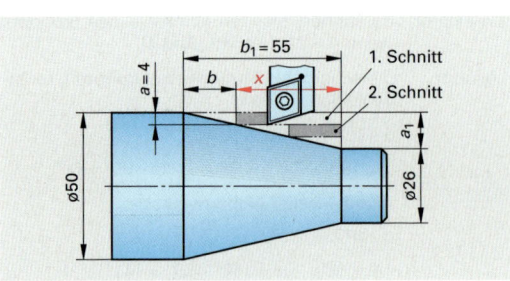

Bild 4: Kegel

Aufgaben | Geometrische Grundlagen

1. Formplatte (Bild 1). Wie groß sind die Winkel α, β, γ und δ im jeweiligen Hilfsdreieck der Formplatte?

2. Nocken (Bild 2). Zu bestimmen sind die Winkel in den Hilfsdreiecken des Nockens.

3. Hülse (Bild 3). Der Innenkegel der Hülse wird in $i = 3$ Schritten mit jeweils gleicher Schnitttiefe vorgedreht.

Wie groß sind

a) das Maß x_1 für den ersten Schnitt,

b) das Maß x_2 für den zweiten Schnitt?

4. Welle (Bild 4). Der Lagerzapfen einer Welle erhält einen kegeligen Übergang.

Zu bestimmen sind

a) das Hilfsdreieck zur Berechnung des Konturpunktes P,

b) die Winkel im Hilfsdreieck.

5. Schneidplatte (Bild 5). Der Durchbruch in der Schneidplatte wird auf einer NC-gesteuerten Drahterodiermaschine herausgeschnitten.

Zu bestimmen sind

a) die Hilfsdreiecke zur Berechnung der Konturpunkte P1 und P2,

b) das Hilfsdreieck zur Berechnung des Punktes P3,

c) die Winkel in den Dreiecken.

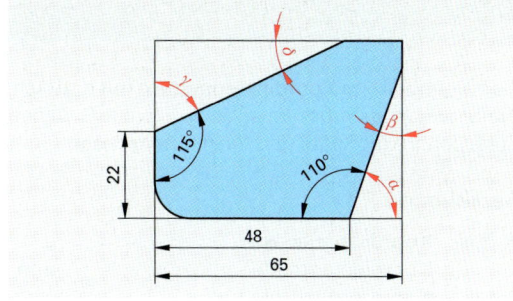

Bild 1: Formplatte

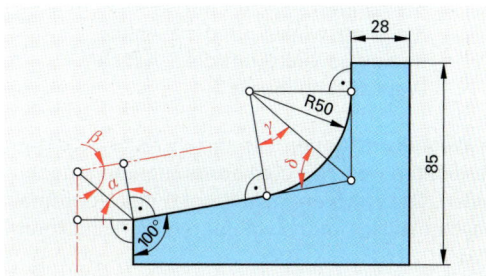

Bild 2: Nocken

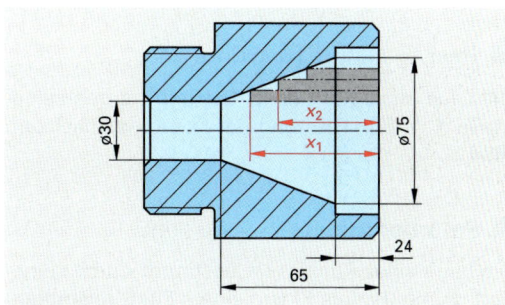

Bild 3: Hülse

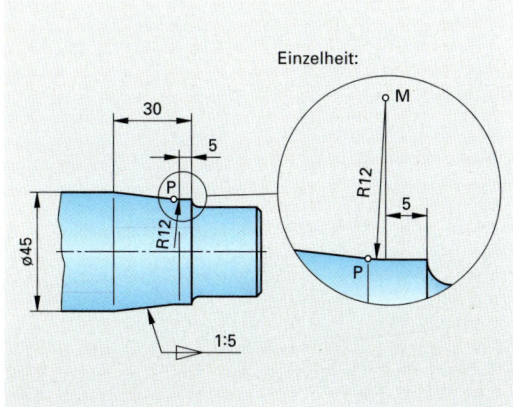

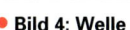

● **Bild 4: Welle**

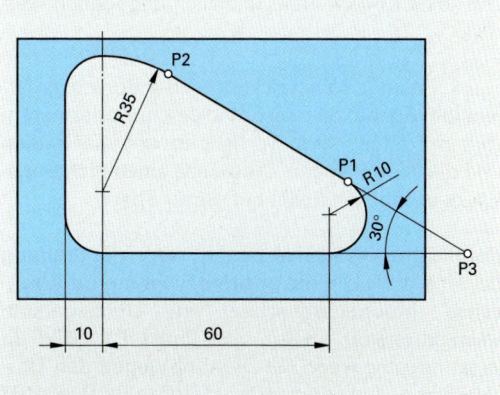

● **Bild 5: Schneidplatte**

4.4.2 | Koordinatenmaße

Das rechtwinklige Koordinatensystem mit den Achsen X und Y lässt nur Zielangaben in der Ebene zu. Für Zielangaben im Raum muss es durch eine 3. Achse, die Z-Achse, ergänzt werden **(Bild 1)**. Die Achsen entsprechen in der Regel den Maschinenachsen.

Bezeichnung:

X, Y, Z	Koordinatenachsen, Koordinatenmaße	mm
I, J, K	Koordinatenmaße für Kreismittelpunkte und Hilfspunkte	mm
R	Radius, Entfernung vom Pol	mm
A	Richtungswinkel um die X-Achse	°
B	Richtungswinkel um die Y-Achse	°
C	Richtungswinkel um die Z-Achse	°
W	Werkstücknullpunkt	–

Die Weginformationen können in rechtwinkligen Koordinaten oder in Polarkoordinaten angegeben werden. Der Ursprung (Nullpunkt) des Koordinatensystems liegt im frei wählbaren Werkstücknullpunkt W.

In einem Programm kann zwischen beiden Koordinatenangaben gewechselt werden.

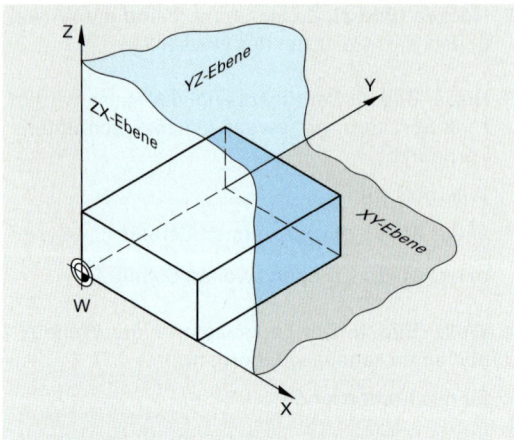

Bild 1: Rechtwinkliges Koordinatensystem

■ Rechtwinklige Koordinaten

Die Lage eines Punktes ist bestimmt durch seine Maße X, Y, Z in Richtung der Koordinatenachsen **(Bild 2)**.

■ Polarkoordinaten

Die Lage eines Punktes ist bestimmt durch seine Entfernung (Radius R) von einem Pol (Kreismittelpunkt) und dem Richtungswinkel A, B oder C.

Liegt der Pol nicht im Werkstücknullpunkt, müssen seine Koordinaten zusätzlich angegeben werden.

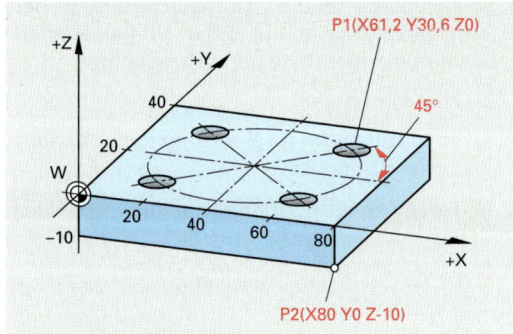

Bild 2: Rechtwinklige Koordinaten

Durch Polarkoordinaten können nur Punkte in derjenigen Ebene des rechtwinkligen Koordinatensystems angegeben werden, in der die Radien und die Winkel liegen. Die Achse eines Richtungswinkels steht senkrecht auf dieser Ebene.

Der Richtungswinkel ist positiv, wenn die Drehung bei einem Blick in die positive Richtung der Drehachse (Koordinatenachse) im Uhrzeigersinn (rechtsdrehend) erfolgt, z.B. Punkt P1, **(Bild 3)**. Er ist negativ, wenn die Drehung gegen den Uhrzeigersinn (linksdrehend) erfolgt, z.B. Punkt P2 **(Bild 3)**.

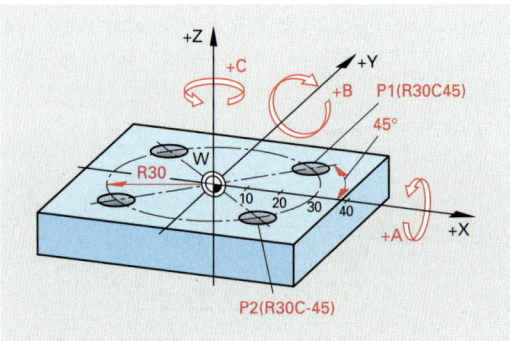

Bild 3: Polarkoordinaten

Im rechtwinkligen Koordinatensystem und im Polarkoordinatensystem ist eine Bemaßung in Absolutmaßen und in Kettenmaßen möglich. Die Kettenmaße werden auch als inkrementale oder relative Maße bezeichnet.

■ Absolutmaße

Rechtwinkliges Koordinatensystem:
Die Koordinatenmaße werden immer vom Nullpunkt aus gemessen **(Bild 1)**.

Polarkoordinatensystem:
Die Radien beziehen sich auf einen Pol **(Bild 2)**. Die Winkel werden von der entsprechenden Koordinatenachse oder, wenn der Pol nicht auf dieser Achse liegt, von einer Parallelen zu dieser Achse durch den Pol angegeben.

■ Kettenmaße

Rechtwinkliges Koordinatensystem
Die Koordinatenmaße eines neuen Punkts (Zielpunkts) werden immer vom vorhergehenden Punkt (Startpunkt) aus gemessen **(Bild 3)**.

Polarkoordinatensystem
Die Koordinatenmaße eines neuen Pols werden vom vorhergehenden Pol aus angegeben. Der Drehwinkel ist auf die Achse bezogen, die parallel zur entsprechenden Koordinatenachse durch den neuen Pol geht **(Bild 4)**.

■ Kreisbögen

Kreisbögen am Werkstück können dadurch programmiert werden, dass die Koordinaten des Kreisbogen-Endpunkts und des Kreismittelpunkts als Hilfspunkte festgelegt werden. Der Startpunkt ist aus dem vorhergehenden Programmsatz bekannt.
Die Koordinaten des Kreisbogen-Endpunktes können nach den oben beschriebenen Verfahren angegeben werden. Der Kreismittelpunkt wird meistens inkremental auf den Anfangspunkt des Kreisbogens bezogen und mit den Koordinaten I in der X-Richtung, J in der Y-Richtung und K in der Z-Richtung programmiert **(Bild 5)**.
Erlaubt die Steuerung eine direkte Radiusprogrammierung, werden nur die Koordinaten des Zielpunktes und der Radius des Kreisbogens angegeben **(Bild 6)**.

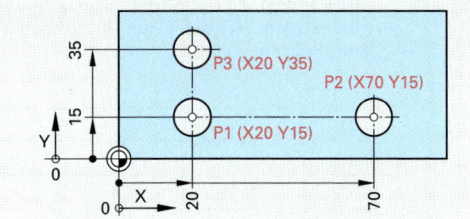

Bild 1: Absolutmaße im rechtwinkligen Koordinatensystem

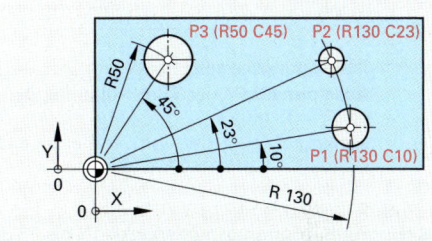

Bild 2: Absolutmaße im Polarkoordinatensystem

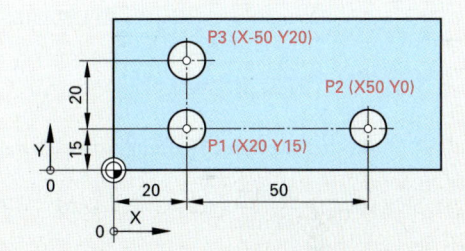

Bild 3: Kettenmaße im rechtwinkligen Koordinatensystem

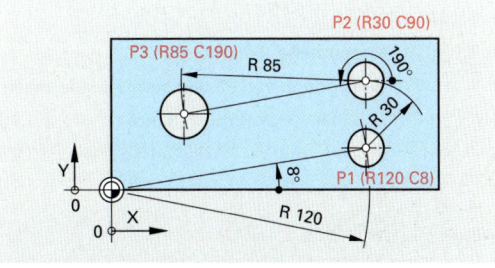

Bild 4: Kettenmaße im Polarkoordinatensystem

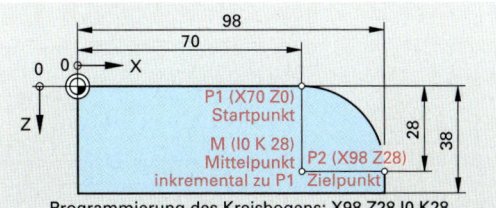

Programmierung des Kreisbogens: X98 Z28 I0 K28

Bild 5: Inkrementale Programmierung des Kreisbogens

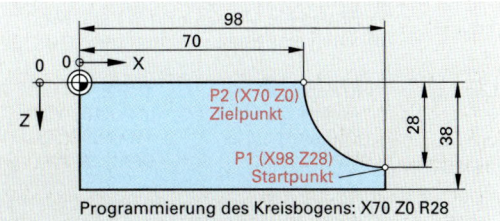

Programmierung des Kreisbogens: X70 Z0 R28

Bild 6: Radius-Programmierung des Kreisbogens

1. Beispiel: Für die Punkte P1 bis P6 der Passplatte **(Bild 1)** sind die Koordinatenmaße in rechtwinkligen Koordinaten als Absolut- und als Kettenmaße anzugeben.

Lösung:

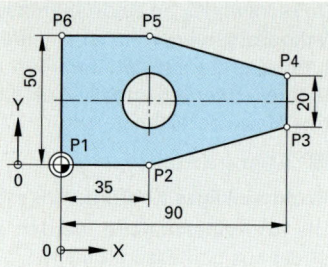

Bild 1: Passplatte

Punkt	Absolutmaß		Kettenmaß	
P1	X 0	Y 0	X 0	Y 0
P2	X 35	Y 0	X 35	Y 0
P3	X 90	Y 15	X 55	Y 15
P4	X 90	Y 35	X 0	Y 20
P5	X 35	Y 50	X-55	Y 15
P6	X 0	Y 50	X-35	Y 0

Berechnungsbeispiel für P4:

Absolutmaß: P4 hat vom Nullpunkt die Abstände X = 90 mm und Y = 35 mm.

Kettenmaße: P4 hat vom vorhergehenden Punkt P3 die Abstände X = 0 mm und Y = 20 mm.

2. Beispiel: Für die Bohrungsmittelpunkte P1 bis P3 der Grundplatte **(Bild 2)** sind die Polarkoordinaten als Absolut- und als Kettenmaße anzugeben.

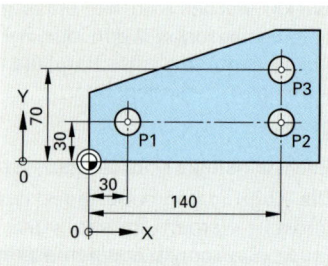

Bild 2: Grundplatte

Lösung: **Absolutmaße (Bild 3):**

$$R_1 = \sqrt{(30\text{ mm})^2 + (30\text{ mm})^2} = 42{,}426\text{ mm}$$

$$\tan C_1 = \frac{30\text{ mm}}{30\text{ mm}} = 1;\ C_1 = 45° \qquad \textbf{P1 (R 42,426 C 45)}$$

$$R_2 = \sqrt{(140\text{ mm})^2 + (30\text{ mm})^2} = 143{,}178\text{ mm}$$

$$\tan C_2 = \frac{30\text{ mm}}{140\text{ mm}} = 0{,}2143;\ C_2 = 12{,}09° \qquad \textbf{P2 (R 143,178 C 12,09)}$$

$$R_3 = \sqrt{(140\text{ mm})^2 + (70\text{ mm})^2} = 156{,}525\text{ mm}$$

$$\tan C_3 = \frac{70\text{ mm}}{140\text{ mm}} = \frac{1}{2};\ C_3 = 26{,}57° \qquad \textbf{P3 (R 156,525 C 26,57)}$$

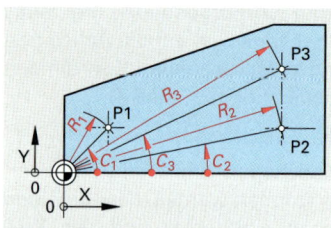

Bild 3: Absolutmaße

Kettenmaße (Bild 4):

Berechnung von P1 wie beim Absolutmaß   **P1 (R 42,426 C 45)**

$R_2 = (140 - 30)$ mm $= 110$ mm

$C_2 = 0°$ **P2 (R 110 C 0)**

$R_3 = (70 - 30)$ mm $= 40$ mm

$C_3 = 90°$ **P3 (R 40 C 90)**

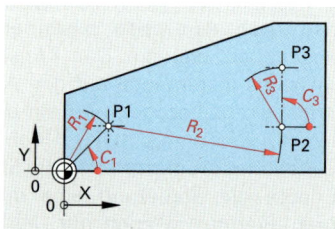

Bild 4: Kettenmaße

3. Beispiel: Für das Schild **(Bild 5)** sind die Kreisbögen festzulegen
a) durch die Anfangspunkte P1 und P3, die Endpunkte P2 und P4 und die Mittelpunkte M1 und M2,
b) durch eine Radiusprogrammierung.

Lösung:

a)
Kreisbogen	 P1P2:	P3P4:
Anfangspunkt	P1 (X100 Y30)	P3 (X20 Y50)
Endpunkt	P2 (X80 Y50)	P4 (X0 Y30)
Mittelpunkt	M1 (I-20 J0)	M2 (I0 J-20)

b) Die Koordinaten der Punkte P1 bis P4 sind dieselben wie bei a). Es entfällt die Angabe der Kreismittelpunkte. Stattdessen wird der Radius der Kreisbögen angegeben: **Radius R20.**

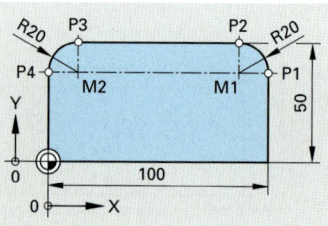

Bild 5: Schild

Aufgaben | Koordinatenmaße

1. **Distanzplatte (Bild 1).** Bei der Distanzplatte sollen die Nut und die Bohrungen auf einer NC-Fräsmaschine hergestellt werden.
Welche rechtwinkligen Koordinaten haben die Punkte P1 bis P6
   a) als Absolutmaße,
   b) als Kettenmaße?

2. **Flansch (Bild 2).** In einen Flansch sollen vier Bohrungen gefertigt werden.
Wie groß sind die Koordinaten der Bohrungsmittelpunkte als Absolutmaße
   a) im rechtwinkligen Koordinatensystem,
   b) im Polarkoordinatensystem, wenn der Mittelpunkt des Lochkreises der Pol ist und die Winkel auf eine Parallele zur X-Achse durch den Pol bezogen werden?

3. **Schablone (Bild 3).** Um die Kontur einer Schablone festzulegen, müssen im rechtwinkligen Koordinatensystem folgende Werte bestimmt werden:
   a) Die Koordinaten der Punkte P1 bis P8 im Absolutmaß.
   b) Die Koordinaten der Punkte P1 bis P8 im Kettenmaß.
   c) Die für die Kreisbögen $\overset{\frown}{P1P2}$ und $\overset{\frown}{P3P4}$ erforderlichen Koordinaten, wenn die Konturpunkte absolut und die Kreismittelpunkte inkremental angegeben werden.

4. **Ventilplatte (Bild 4).** Die Ventilplatte wird auf einer NC-Fräsmaschine gergestellt.
Welche Koordinaten besitzen, jeweils als Absolut- und als Kettenmaß,
   a) im rechtwinkligen Koordinatensystem die Punkte P1 bis P5,
   b) im Polarkoordinatensystem die Bohrungsmittelpunkte P6 bis P8, wenn der Werkstücknullpunkt der Pol ist?

5. **Grundplatte (Bild 5).** Die Grundplatte eines Stirling-Motors wird auf einer NC-Fräsmaschine gefertigt.
   a) Geben Sie die Koordinaten der Punkte P1 bis P8 im rechtwinkligen Koordinatensystem als Absolutmaße und Kettenmaße an.
   b) Legen Sie die Bohrungsmittelpunkte und die Konturpunkte für die Langlöcher als Kettenmaße fest.

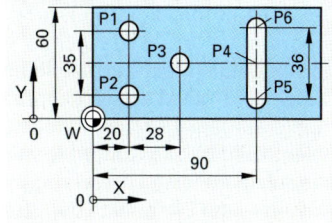

Bild 1: Distanzplatte

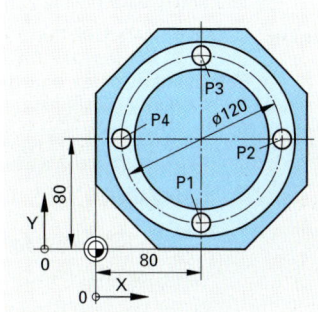

Bild 2: Flansch

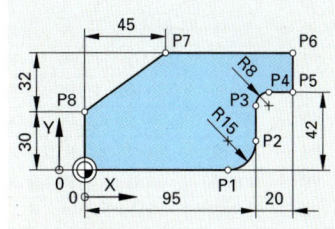

Bild 3: Schablone

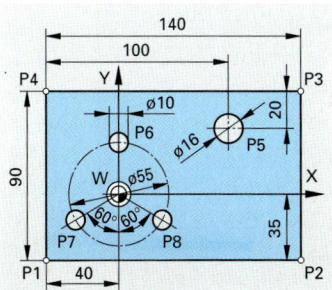

● **Bild 4: Ventilplatte**

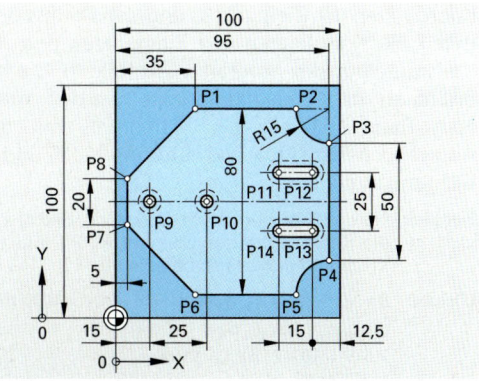

● **Bild 5: Grundplatte**

4.4.3 │ Werkstücke mit geradlinigen und kreisbogenförmigen Konturen

■ Geradlinige Konturen

Bei der Konturprogrammierung entsprechen die programmierten Wege genau der Außen- oder der Innenform des herzustellenden Werkstückes. Dabei wird die Werkstückkontur in einzelne Elemente aufgeteilt und ein Werkstücknullpunkt festgelegt (**Bild 1**). Die Konturelemente bestehen hier aus achsparallelen und schrägen Strecken. Für die Anfangs- und Endpunkte der Strecken müssen die Koordinaten festgelegt werden.

Beispiel: Für die Punkte P1 bis P11 der Lehre (**Bild 1**) sind die Koordinaten im Absolutmaß zu ermitteln und in eine Tabelle einzutragen.

Lösung: Die Koordinaten der Punkte P1 bis P7 sowie P9 und P10 werden mit Hilfe der Maße in der Zeichnung ermittelt und die Koordinaten von P8 mit den Winkelfunktionen (**Bild 2**) berechnet.

$$\sin \beta = \frac{a}{c}; \; a = c \cdot \sin \beta = 42 \text{ mm} \cdot \sin 20°$$
$$= \mathbf{14{,}365 \text{ mm}}$$

$$\sin \alpha = \frac{y}{a}; \; y = a \cdot \sin \alpha = 14{,}365 \text{ mm} \cdot \sin 70°$$
$$= \mathbf{13{,}499 \text{ mm}}$$

$$\cos \alpha = \frac{x}{a}; \; x = a \cdot \cos \alpha = 14{,}365 \text{ mm} \cdot \cos 70°$$
$$= \mathbf{4{,}913 \text{ mm}}$$

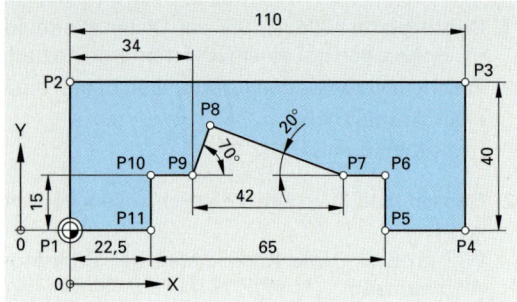

Bild 1: Lehre

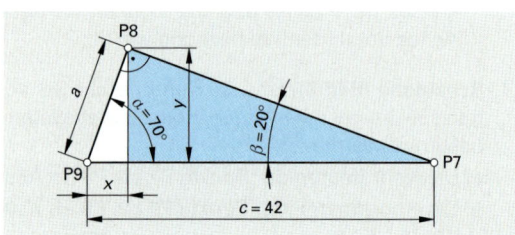

Bild 2: Hilfsdreieck

Punkt	Koordinatenmaße X-Achse	Y-Achse	Punkt	Koordinatenmaße X-Achse	Y-Achse
P1	X 0	Y 0	P7	X 76	Y 15
P2	X 0	Y 40	P8	X 38,913	Y 28,499
P3	X 110	Y 40	P9	X 34	Y 15
P4	X 110	Y 0	P10	X 22,5	Y 15
P5	X 87,5	Y 0	P11	X 22,5	Y 0
P6	X 87,5	Y 15			

■ Kreisbogenförmige Konturen

Kreisbogenförmige Konturen werden durch die Koordinaten des Zielpunktes und den Radius oder durch die Koordinaten des Zielpunktes und des Kreismittelpunktes programmiert (**Bild 3**). Die Koordinaten der Kreismittelpunkte werden meist vom Startpunkt aus als Kettenmaß mit den Adressbuchstaben I, J und K für die X-, Y- und Z-Richtung angegeben.

Beispiel: Für den Kreisbogen am Werkstück (**Bild 4**) sind die Koordinaten des Zielpunktes P4 und des Kreismittelpunktes zu berechnen.

Lösung: $b = \sqrt{c^2 - a^2} = \sqrt{(10 \text{ mm})^2 - (8 \text{ mm})^2} = \mathbf{6{,}00 \text{ mm}}$

Koordinaten von P4:
$x = (7 + 10 - 6) \text{ mm} = \mathbf{11 \text{ mm}}$
$y = 25 \text{ mm}$
Koordinaten von M: I = **10 mm**; J = **0 mm**

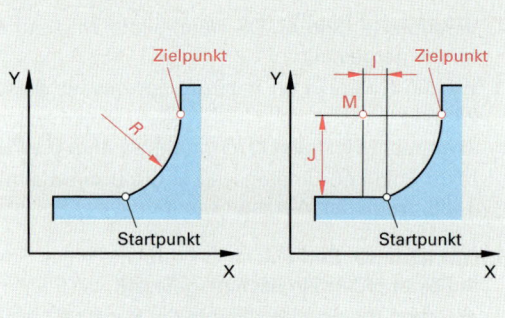

Bild 3: Kreisbogenprogrammierung

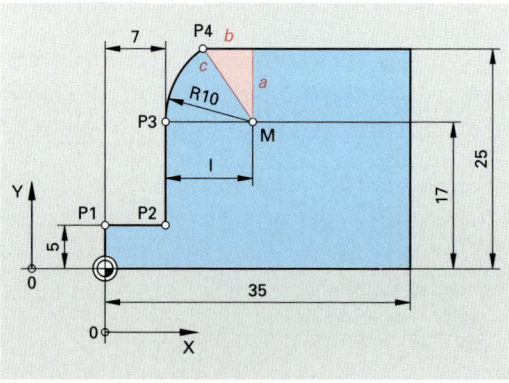

Bild 4: Kreisbogen-Koordinaten

Aufgaben | Werkstücke mit geradlinigen und kreisbogenförmigen Konturen

■ Geradlinige Konturen

1. **Führungsnut (Bild 1).** In die Platte soll eine Führungsnut gefräst werden. Für den Punkt P2 sind die Koordinaten als Absolutmaß und als Kettenmaß von P1 aus zu ermitteln.

2. **Abdeckblech (Bild 2).** Das Abdeckblech aus S235J2G3 wird auf einer numerisch gesteuerten Brennschneidemaschine ausgeschnitten. Die Koordinaten der Punkte P1 und P6 sind im Absolutmaß zu beechnen und in eine Tabelle einzutragen.

3. **Bolzen (Bild 3).** Um eine Gratbildung zu vermeiden, fährt der Drehmeißel bei der Bearbeitung der Bolzen über den Punkt P2 bis zum Punkt P3 in Verlängerung der Strecke $\overline{P1P2}$ hinaus. Gesucht sind die Koordinaten der Punkte P1 bis P3 im Absolutmaß. Hinweis: Die Berechnung der Koordinate X des Punktes P3 soll mit Hilfe des Strahlensatzes erfolgen.

4. **Welle (Bild 4).** An der Welle soll eine Fase gedreht werden. Für die Punkte P1 und P2 sind die Koordinaten im Absolutmaß zu berechnen.

5. **Schneidplatte (Bild 5).** Der Durchbruch der Schneidplatte wird auf einer numerisch gesteuerten Drahterodiermaschine gefertigt. Wie groß sind die Koordinaten der Punkte P2 und P3 im Absolutmaß?

6. **Dichtscheibe (Bild 6).** Die Werkstückinnenkontur soll durch Erodieren hergestellt werden. Die Koordinaten der Punkte P1 bis P17 sind als Absolutmaße zu bestimmen.

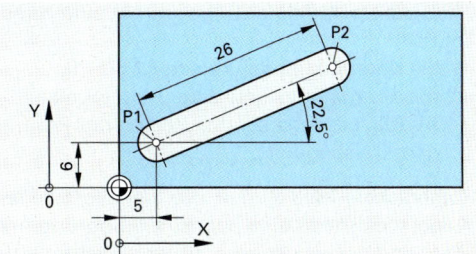

Bild 1: Führungsnut

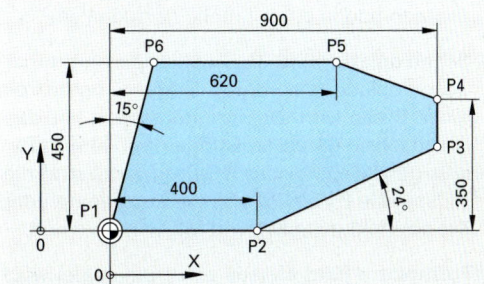

Bild 2: Abdeckblech

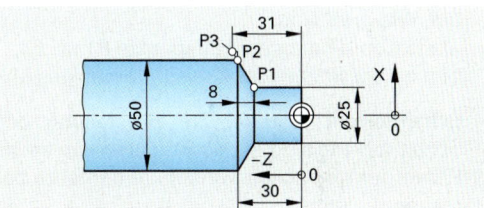

Bild 3: Bolzen

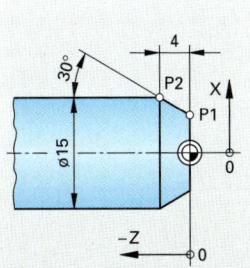

Bild 4: Welle

Bild 5: Schneidplatte

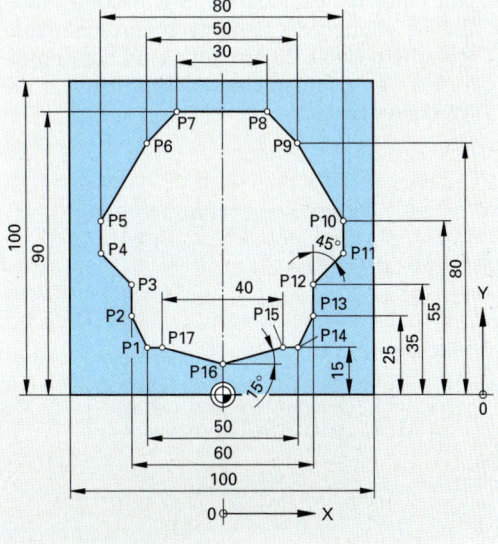

● **Bild 6: Dichtscheibe**

■ Kreisbogenförmige Konturen

7. Nut (Bild 1). In die Platte wird die dargestellte Nut gefräst. Für das NC-Programm sind zu ermitteln
a) die Koordinaten der Punkte P1 bis P6,
b) die Koordinaten I und J der Mittelpunkte M1 bis M3, bezogen auf den Beginn des jeweiligen Kreisbogens.

8. Lagerschale (Bild 2). Für die Innenkontur der Lagerschale sind eine abgestufte Bohrung mit Fase und ein kreisbogenförmiger Übergang zu fertigen. Die Koordinaten der Hilfspunkte P0 bis P4 und des Kreismittelpunktes sind zu berechnen und in einer Tabelle darzustellen.

9. Schneidplatte (Bild 3). Die Aussparung in der Schneidplatte wird durch Drahterodieren mit einer Breite von 28 mm hergestellt. In den Ecken ist sie durch Kreisbögen mit 10 mm Radius gerundet. Für das NC-Programm sind die Hilfspunkte P1 bis P6 und die Koordinaten der Kreismittelpunkte M1 und M2 zu berechnen.

10. Formplatte (Bild 4). Aus einer Blechtafel wird durch Knabberschneiden die durch die Punkte P1 bis P4 angegebene Kontur herausgeschnitten. Wie groß sind
a) die Koordinaten der Hilfspunkte P1 bis P4,
b) die Koordinaten des Kreismittelpunktes M?

11. Schaltnocken (Bild 5). Zur Herstellung des Schaltnockens sind die Koordinaten von sechs Konturpunkten absolut und inkremental zu berechnen.

12. Kastenträger (Bild 6). Durch Brennschneiden auf einer NC-gesteuerten Brennschneidemaschine werden die Seitenteile von Kastenträgern hergestellt. Zu ermitteln sind die Koordinaten der erforderlichen Hilfspunkte für die Werkstückkontur.

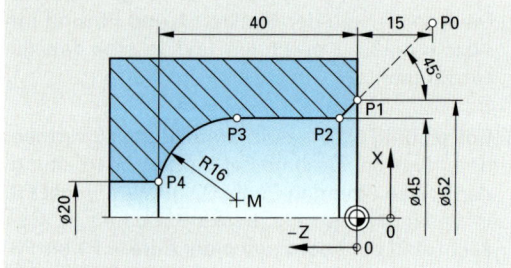

Bild 1: Nut

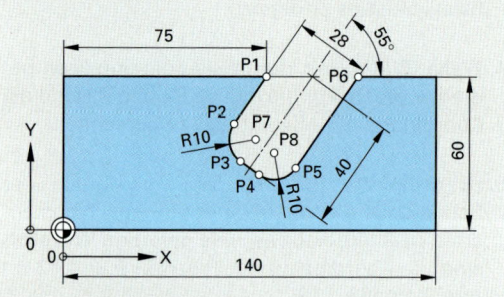

Bild 2: Lagerschale

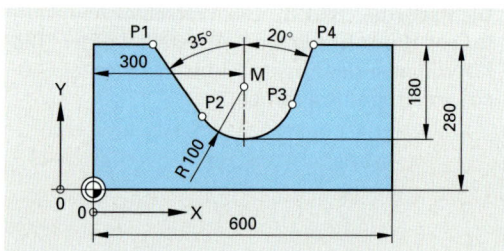

Bild 3: Schneidplatte

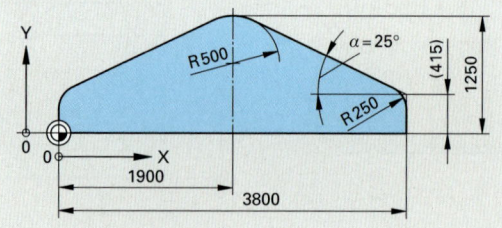

Bild 4: Formplatte

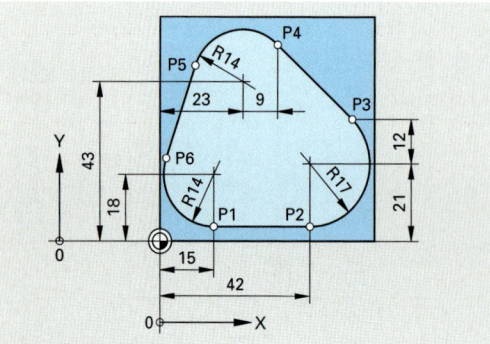

● **Bild 5: Schaltnocken**

● **Bild 6: Kastenträger**

4.5 | Kegeldrehen

Kegel können auf Drehmaschinen durch Einstellen des Oberschlittens, durch Verstellen des Reitstockes und durch Nachformdrehen oder NC-Formdrehen hergestellt werden.

Bezeichnungen:

D	großer Durchmesser	mm
d	kleiner Durchmesser	mm
L	Kegellänge	mm
L_W	Werkstücklänge	mm
C	Verjüngung	–
$C/2$	Neigung	–
α	Kegelwinkel	°
$\alpha/2$	Neigungswinkel;	
	Kegelerzeugungswinkel	°

4.5.1 | Kegelmaße

■ Verjüngung und Neigung

Ein Kegel ist durch seine Verjüngung C festgelegt. Sie ist der auf die Kegellänge 1 mm bezogene Durchmesserunterschied. **(Bild 1)**
Die Neigung ist gleich der halben Verjüngung.

Beispiel: Für den Kegel **(Bild 1)** sind
 a) die Verjüngung C und
 b) die Neigung $C/2$ zu bestimmen.

Lösung: $C = \dfrac{D-d}{L} = \dfrac{60\ mm - 46\ mm}{70\ mm} = \dfrac{1}{5} = \mathbf{1:5}$

$\dfrac{C}{2} = \dfrac{D-d}{2\cdot L} = \dfrac{14\ mm}{2\cdot 70\ mm} = \dfrac{1}{10} = \mathbf{1:10}$

■ Kegelwinkel

Der Neigungswinkel hängt von den Abmessungen des Kegels ab **(Bild 2)**.

$$\tan\frac{\alpha}{2} = \frac{\text{Gegenkathete}}{\text{Ankathete}} = \frac{\dfrac{D-d}{2}}{L}$$

Der Kegelwinkel kann nur über den Neigungswinkel berechnet werden.

Beispiel: Wie groß sind für den Kegel **(Bild 3)**
 a) der Durchmesser d,
 b) der Kegelwinkel α?

Lösung:

a) $C = \dfrac{D-d}{L}$; $d = D - C\cdot L$

 $d = 64\ mm - \dfrac{1}{5}\cdot 40\ mm = \mathbf{56\ mm}$

b) $\tan\dfrac{\alpha}{2} = \dfrac{C}{2} = \dfrac{1}{2\cdot 5} = 0{,}10$; $\dfrac{\alpha}{2} = 5{,}711°$

 $\alpha = 2\cdot\dfrac{\alpha}{2} = 2\cdot 5{,}711° = \mathbf{11{,}422°}$

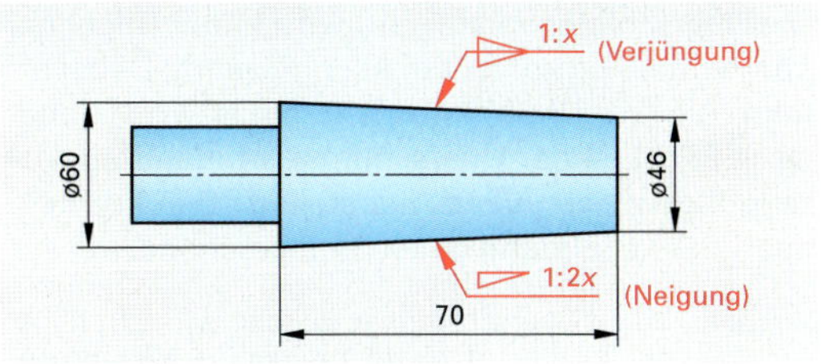

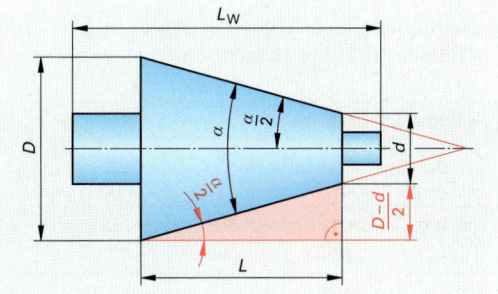

Bild 1: Verjüngung und Neigung

Verjüngung

$$C = \frac{D-d}{L}$$

Neigung

$$\frac{C}{2} = \frac{D-d}{2\cdot L}$$

Bild 2: Kegelwinkel

Neigungswinkel, Kegelerzeugungswinkel

$$\tan\frac{\alpha}{2} = \frac{D-d}{2\cdot L} \qquad \tan\frac{\alpha}{2} = \frac{C}{2}$$

Kegelwinkel

$$\alpha = 2\cdot\frac{\alpha}{2}$$

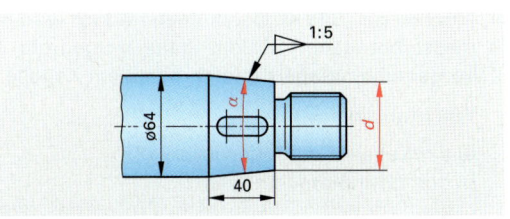

Bild 3: Kegel

4.5.2 | Kegeldrehen mit Oberschlittenverstellung

Die Oberschlittenverstellung wird in der Regel bei der Herstellung kurzer Kegel angewandt. Dabei erfolgt die Vorschubbewegung meist von Hand. Nach **Bild 1** ist der Oberschlitten um den Kegelerzeugungswinkel $\alpha/2$ zu verstellen. Die Formeln aus 4.5.1 Kegelmaße gelten entsprechend.

Beispiel: Durch Oberschlittenverstellung wird ein Kegel mit $D = 48$ mm, $d = 40$ mm und $L = 120$ mm gefertigt.

Lösung:

a) $C = \dfrac{D - d}{L} = \dfrac{48 \text{ mm} - 40 \text{ mm}}{120 \text{ mm}}$

$= \dfrac{8 \text{ mm}}{120 \text{ mm}} = \dfrac{1}{15} = \mathbf{1 : 15}$

b) $\dfrac{C}{2} = \dfrac{1}{30} = \mathbf{1 : 30}$

c) $\tan\dfrac{\alpha}{2} = \dfrac{C}{2} = 0{,}0333; \quad \dfrac{\alpha}{2} = \mathbf{1{,}91°}$

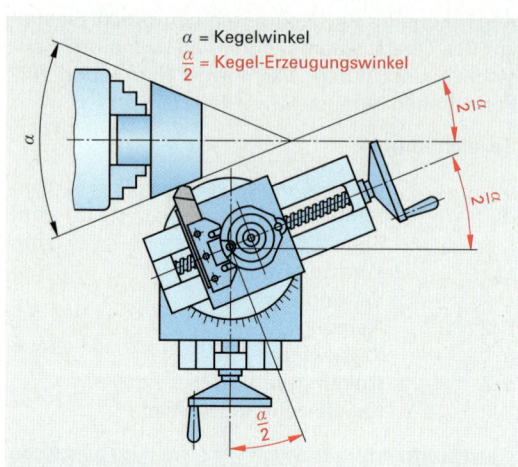

α = Kegelwinkel
$\dfrac{\alpha}{2}$ = Kegel-Erzeugungswinkel

Bild 1: Einstellen des Oberschlittens

Aufgaben | Kegeldrehen

1. Kegelmaße. Die fehlenden Werte in den Aufgaben a bis e der **(Tabelle 1)** sind zu berechnen.

Tabelle 1: Kegelmaße

	a	b	c	d	e
D in mm	64		60		40
d in mm		65	52	90	34
L in mm	80	120		200	180
C	1 : 20	1 : 8	1 : 10	1 : 20	
$C/2$					
$\alpha/2$					

2. Hülse (Bild 2). Berechnen Sie die Werte für $\alpha/2$ und $1 : x$ der Hülse.

3. Fräsdorn (Bild 3). Der Fräsdorn besitzt einen Steilkegel A40.

Zu berechnen sind

a) der Kegelerzeugungswinkel $\alpha/2$,
b) der Durchmesser d des Kegels.

4. Morsekegel (Bild 4). Der Aufnahmedorn wird mit 0,3 mm durch-
● messerbezogener Schleifzugabe vorgedreht. Die Prüfung des vorgedrehten Kegels erfolgt mit einem Kegellehrring.

Wie groß sind

a) der Kegelerzeugungswinkel $\alpha/2$,
b) der Vordrehdurchmesser D,
c) das Prüfmaß x, wenn beim Prüfen des geschliffenen Kegels die bezeichneten Flächen bündig sind?

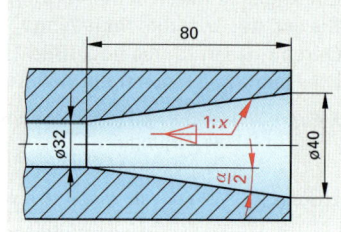

Bild 2: Hülse

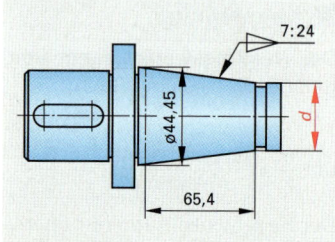

Bild 3: Fräsdorn

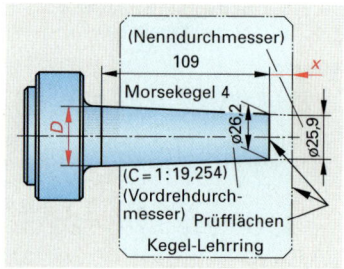

● **Bild 4: Morsekegel**

4.6 | Teilen mit Teilapparaten

Mit Teilapparaten können Werkstücke geschwenkt werden, um sie zu bearbeiten. Dabei wird eine Umdrehung des Werkstücks entsprechend der Teilzahl T z.B. in $T = 24$ gleiche Teile eingeteilt oder das Werkstück entsprechend der Winkelteilung α z.B. um $\alpha = 32°$ geschwenkt. Man unterscheidet direktes Teilen, indirektes Teilen und Ausgleichsteilen.

4.6.1 | Indirektes Teilen

Beim indirekten Teilen werden die für eine Werkstückumdrehung notwendigen Umdrehungen der Teilkurbel, meist $i = 40$, entsprechend der Teilzahl T bzw. der Winkelteilung α aufgeteilt (**Bild 1** und **Formel**). Der berechnete Teilschritt n_K muss an der Lochscheibe eingestellt werden (**Bild 2**).

Bezeichnungen:

T	Teilzahl	–	α Winkelteilung	°
i	Übersetzungsverhältnis			
	des Teilkopfes	–	n_K Teilschritt	–

Für Teilzahlen, durch die das Übersetzungsverhältnis ganzzahlig teilbar ist, ergeben sich ganze Umdrehungen der Teilkurbel. Alle anderen Teilzahlen erfordern entweder nur Teile einer Kurbelumdrehung oder ganze Umdrehungen und Teildrehungen. Dazu benötigt man passende Lochkreise auf den Lochscheiben (**Tabelle 1**).

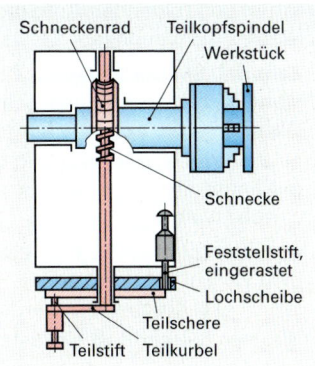

Bild 1: Indirektes Teilen

Teilschritt

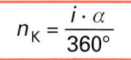

$$n_K = \frac{i}{T} \qquad n_K = \frac{i \cdot \alpha}{360°}$$

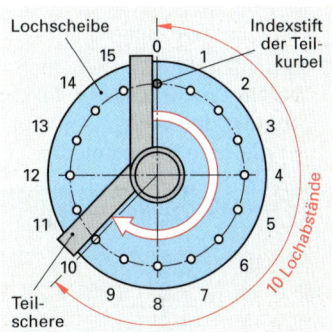

Bild 2: Einstellung des Teilschrittes

Tabelle 1: Lochkreise von Lochscheiben

Satz mit 2 Scheiben									Satz mit 3 Scheiben							
15	16	17	18	19	20	21	23	27	17	19	23	24	25	27	28	29
29	31	33	37	39	41	43	47	49	30	31	33	37	39	41	42	43
–	–	–	–	–	–	–	–	–	47	49	51	53	57	59	61	63

1. Beispiel: Ein Zahnrad mit 64 Zähnen ist mit Hilfe des Teilkopfes ($i = 40$) zu fräsen. Welcher Teilschritt ist einzustellen?

Lösung:
$$n_K = \frac{i}{T} = \frac{40}{64} = \frac{5}{8} = \frac{5 \cdot 2}{8 \cdot 2} = \frac{10}{16} \begin{array}{l} \rightarrow \text{Lochabstände} \\ \rightarrow \text{Lochkreis} \end{array}$$

Für jede Teilung ist die Kurbel um 10 Lochabstände auf dem 16er Lochkreis weiterzudrehen. Die Teilschere muss aber 11 Löcher enschließen, weil 10 Abstände durch 11 Löcher begrenzt sind.

Die Teilschere umschließt immer ein Loch mehr als Lochabstände berechnet werden.

2. Beispiel: Für eine Vorrichtung soll die Rastenscheibe **Bild 3** mit 30 Rasten angefertigt werden. Das Übersetzungsverhältnis des Teilkopfes ist $i = 40$. Wie groß ist n_K?

Lösung:
$$n_K = \frac{i}{T} = \frac{40}{30} = \frac{4}{3} = 1\frac{1}{3} \text{ Teilkurbelumdrehungen}$$

$$= 1\frac{1}{3} = 1\frac{6}{18} \begin{array}{l} \rightarrow \text{Lochabstände} \\ \rightarrow \text{Lochkreis} \end{array}$$

Für jeden Teilschritt muss die Teilkurbel um eine ganze Umdrehung und 6 Lochabstände auf dem 18er-Lochkreis gedreht werden.

3. Beispiel: **Teilung nach Winkelgraden**
An einen Flansch sind zwei Flächen unter dem Winkel $\alpha = 34°$ zu fräsen (**Bild 4**). Wie viel Teilkurbelumdrehungen sind zum Schwenken des Werkstückes notwendig, wenn das Übersetzungsverhältnis des Teilkopfes $i = 40$ beträgt?

Lösung:
$$n_K = \frac{i \cdot \alpha}{360°} = \frac{40 \cdot 34°}{360°} = \frac{34°}{9°} = 3\frac{7}{9} = 3\frac{21}{27} \begin{array}{l} \rightarrow \text{Lochabstände} \\ \rightarrow \text{Lochkreis} \end{array}$$

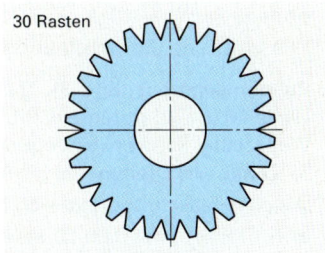

Bild 3: Rastenscheibe

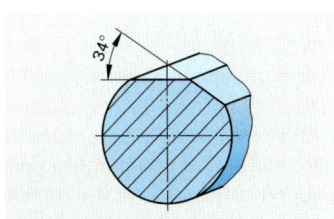

Bild 4: Flansch

Aufgaben | Indirektes Teilen

Wenn in den folgenden Aufgaben das Übersetzungsverhältnis des Teilkopfes nicht angegeben ist, soll mit $i = 40$ gerechnet werden.

1. **Zahnrad.** Ein beschädigtes Zahnrad mit 56 Zähnen muss ersetzt werden. Die Verzahnung soll durch indirektes Teilen auf einer Waagrechtfräsmaschine hergestellt werden.
   a) Wie groß ist der Teilschritt beim 49er Lochkreis?
   b) Könnte auch ein anderer als der angegebene Lochkreis benutzt werden?

2. **Anschlussplatte (Bild 1).** In eine Platte sind zwei Bohrungen unter dem Winkel 21° anzubringen. Dabei muss das Werkstück um diesen Winkel geschwenkt werden.
   Welcher Teilschritt ist einzustellen?

3. **Welle mit Sechskant.** An eine Welle soll ein Sechskantzapfen angefräst werden.
   a) Welche Lochkreise können dazu verwendet werden?
   b) Wie groß ist der jeweilige Teilschritt?

4. **Skalenscheibe.** Mit Hilfe eine Teilkopfes ist der Umfang einer Scheibe durch Ritzen gleichmäßig in 360 Teile zu teilen. Gesucht sind die geeigneten Lochkreise und die Anzahl der jeweils von der Teilschere eingeschlossenen Löcher.

5. **Reibahlen (Bild 2).** Reibahlen mit ungleicher Teilung sollen nach **Tabelle 1** mit Hilfe eines Teilkopfes gefräst werden. Nach der Verzahnung des halben Umfangs wiederholt sich der Teilvorgang in der gleichen Reihenfolge.

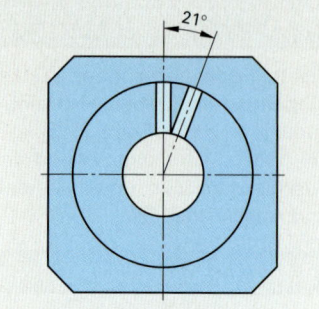

Bild 1: Anschlussplatte

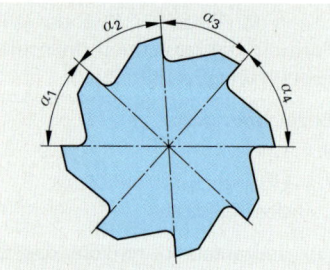

Bild 2: Reibahle

Tabelle 1: Winkelteilungen von Reibahlen

Nr.	Zähnezahl	Winkelteilungen				
		α_1	α_2	α_3	α_4	α_5
a	8	42°	44°	46°	48°	–
b	10	33°	34,5°	36°	37,5°	39°

Die Summe der Winkel ist für jede der zwei Reibahlen nachzuprüfen.
Wie groß sind die einzelnen Teilschritte?

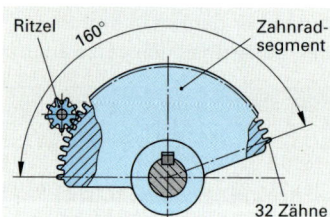

Bild 3: Zahnradsegment

6. **Zahnradsegment (Bild 3).** Das Zahnradsegment sitzt auf einer Welle und wird durch ein Ritzel angetrieben. Dadurch führt die Welle eine Schwenkbewegung aus. Das Zahnradsegment soll 32 Zähne (= 32 Teilungen) im Bereich von 160° erhalten.
   Welcher Teilschritt ergibt sich für jede Teilung, wenn
   a) ein Teilkopf mit dem Übersetzungsverhältnis $i = 40$,
   b) ein Teilkopf mit $i = 60$ eingesetzt wird?

7. **Klauenkupplung (Bild 4).** Die Aussparungen einer Klauenkupplung mit je 6 formgleichen Lücken und Klauen wird mit einem 10 mm breiten Scheibenfräser hergestellt. Zuerst werden die linken und danach die rechten Flanken gefräst.
   a) Welcher Teilschritt muss am Teilkopf eingestellt werden?
   b) Um welches Maß x muss das Werkstück nach dem Fräsen der linken Flanken verfahren werden?
   c) Wie breit darf der Fräser höchstens sein?
   d) Wie breit muss der Fräser mindestens sein, damit in den Lücken kein Werkstoff mehr stehen bleibt?

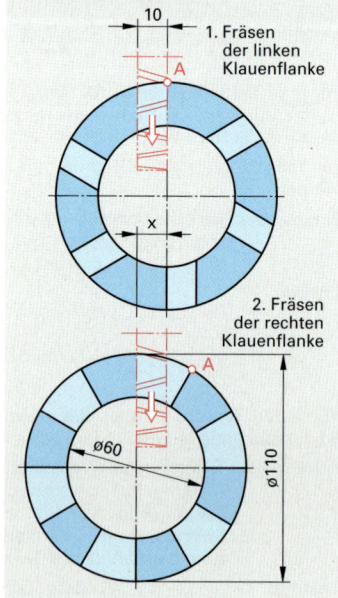

● **Bild 4: Klauenkupplung**

4.6.2 | Ausgleichsteilen (Differenzialteilen)

Beim Ausgleichsteilen wird die Teilkopfspindel wie beim indirekten Teilen von der Teilkurbel aus über Schnecke und Schneckenrad angetrieben (**Bild 1**). Gleichzeitig dreht aber die Teilkopfspindel über Wechselräder die Lochscheibe. Deshalb muss der Feststellstift der Lochscheibe gelöst sein.

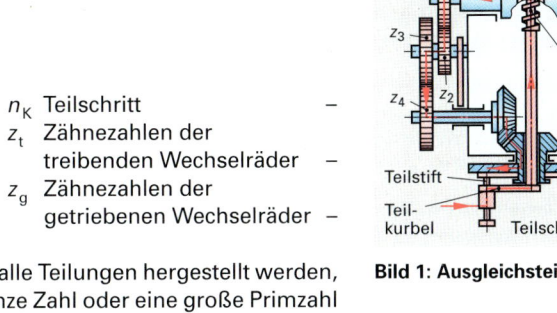

Bild 1: Ausgleichsteilen

Bezeichnungen:

T	Teilzahl	–
T'	Hilfsteilzahl	–
α	Winkelteilung	°
i	Übersetzungsverhältnis des Teilkopfes	–
n_K	Teilschritt	–
z_t	Zähnezahlen der treibenden Wechselräder	–
z_g	Zähnezahlen der getriebenen Wechselräder	–

Mit dem Ausgleichsteilen können alle Teilungen hergestellt werden, auch wenn die Teilzahl T keine ganze Zahl oder eine große Primzahl ist. Man wählt eine Hilfsteilzahl T', die größer oder kleiner als T sein kann. T' muss durch indirektes Teilen ausführbar sein. Die Differenz zwischen T' und T wird durch Wechselräder ausgeglichen. Für die Hilfsteilzahl T' wird der Teilschritt n_K wie beim indirekten Teilen berechnet. Beim Winkelteilen wird die Teilzahl T zu Beginn der Berechnung aus der Winkelteilung α berechnet.

Beispiel: Ein Stirnrad soll 127 Zähne erhalten. Der zum Ausgleichsteilen verwendete Universalteilkopf hat ein Übersetzungsverhältnis $i = 40$. Gesucht sind
a) der Teilschritt n_K,
b) die Drehrichtung der Lochscheibe,
c) die Zähnezahlen der Wechselräder.

Lösung mit Hilfsteilzahl T' größer als T

127 ist eine Primzahl und kann nicht durch indirektes Teilen hergestellt werden. Für die folgende Lösung wurde deshalb die Hilfsteilzahl $T' = 132$ gewählt.

a) $n_K = \dfrac{i}{T'} = \dfrac{40}{132} = \mathbf{\dfrac{10}{33}}$

b) Bei diesem Teilschritt würde man 132 Zähne erhalten, also 5 Zähne zu viel. Die Teilung am Werkstück wäre zu klein. Die Differenz $T' - T = 132 - 127 = 5$ wird durch eine Drehbewegung der Lochscheibe ausgeglichen. Die richtige, größere Teilung entsteht dadurch, dass das mit dem Teilstift der Teilkurbel zu erreichende Loch beim Teilen um einen gewissen Betrag davoneilt. Deshalb muss die Drehrichtung der Lochscheibe **gleich** der der Drehrichtung der Teilkurbel sein (Bild 1).

Teilschritt

$$n_K = \frac{i}{T'}$$

Zähnezahlen der Wechselräder

$$\frac{z_t}{z_g} = \frac{i}{T'} \cdot (T' - T)$$

Teilzahl beim Winkelteilen

$$T = \frac{360°}{\alpha}$$

Tabelle 1: Zähnezahlen gebräuchlicher Wechselräder

24	24	28	32	36	40	44	48
56	64	72	80	84	86	96	100

d) Die Drehung der Lochscheibe erreicht man durch Wechselräder zwischen der Teilkopfspindel und der Lochscheibe. Ihre Zähnezahlen werden nach der oben angegebenen Formel berechnet.

$$\frac{z_t}{z_g} = \frac{i}{T'} \cdot (T' - T) = \frac{40}{132} \cdot (132 - 127) = \frac{40}{132} \cdot 5 = \frac{10}{33} \cdot 5 = \frac{50}{33}$$

Für diese einfache Übersetzung $z_t/z_g = z_1/z_2$ sind keine geeigneten Wechselräder vorhanden. Man muss deshalb eine doppelte Übersetzung suchen. Dafür sind die folgenden Rechenschritte erforderlich:

Zerlegen des Bruches $\quad \dfrac{z_t}{z_g} = \dfrac{50}{33} = \dfrac{10 \cdot 5}{3 \cdot 11}$

Erweitern des neuen Bruches: $\quad \dfrac{z_t}{z_g} = \dfrac{z_1 \cdot z_3}{z_2 \cdot z_4} = \dfrac{10 \cdot 4 \cdot 5 \cdot 16}{3 \cdot 16 \cdot 11 \cdot 4} = \mathbf{\dfrac{40 \cdot 80}{48 \cdot 44}}$

Wenn mit der gewählten Hilfsteilzahl keine vorhandenen Wechselräder berechnet werden können, muss die Rechnung mit einer anderen Hilfsteilzahl wiederholt werden.

Lösung mit einer Hilfsteilzahl T' kleiner als T

Gewählt $T' = 120$

a) Teilkurbelumdrehung $n_K = \dfrac{i}{T'} = \dfrac{40}{120} = \dfrac{1}{3} = \dfrac{13}{39}$

b) Bei desem Teilschritt würde man 120 Zähne erhalten, also 7 Zähne zu wenig. Die Teilung am Werkstück wäre zu *groß*. Die *Differenz* $T' - T = 120 - 127 = -7$ wird durch eine Drehbewegung der Lochscheibe ausgeglichen. Die richtige, *kleinere* Teilung entsteht dadurch, dass das mit dem Teilstift der Teilkurbel zu erreichende Loch beim Teilen um einen gewissen Winkel der Teilkurbel entgegenkommt. Deshalb muss die Drehrichtung der Lochscheibe *entgegen* der Drehrichtung der Teilkurbel sein.

c) $\dfrac{z_t}{z_g} = n_K \cdot (T' - T) = \dfrac{1}{3} \cdot (120 - 127) = \dfrac{1}{3} \cdot (-7) = -\dfrac{7}{3} = -\dfrac{56}{24}$

Das Minuszeichen vor dem Verhältnis der Zähnezahlen der Wechselräder weist auf die entgegengesetzte Drehrichtung von Teilkurbel und Lochscheibe.

Lösungen für Aufgaben mit Winkelteilung:

Bei Aufgaben mit Winkelteilung, z.B. mit $\alpha = 31{,}25°$ wird zuerst die Teilzahl T berechnet:

$$T = \dfrac{360°}{\alpha} = \dfrac{360°}{31\frac{1}{4}°} = \dfrac{360° \cdot 4}{125°} = 11\dfrac{13}{25}$$

Danach wird die Hilfsteilzahl T' festgelegt, z.B. $T' = 12 \left(\dfrac{360°}{12} = 30° \right)$.

Aus T, T' und i können dann der Teilschritt n_K und die Zähnezahlen der Wechselräder ermittelt werden.

Aufgaben | Ausgleichsteilen

In den folgenden Aufgaben sollen die auf den Seiten 143 und 145 angegebenen Lochkreise und Wechselräder verwendet werden. Außerdem ist, wenn nicht anders angegeben, das Übersetzungsverhältnis des Teilkopfes $i = 40$.

1. **Lochscheibe.** Eine Lochscheibe mit 67 Bohrungen auf 360° soll zum Bohren durch Ausgleichsteilen gedreht werden. Zu berechnen sind
a) der Teilschritt n_K,
b) die einzusetzenden Wechselräder.

2. **Rastscheiben.** Gesucht sind der Teilschritt und die Wechselräder zur Herstellung einer Rastscheibe
a) mit 73 Nuten ($T' > T$),
b) mit 113 Nuten ($T' < T$).

Tabelle 1: Verschiedene Teilzahlen T		
Aufgaben-Nr.	a	b
Teilzahl T	71	97
Übersetzungs-verhältnis i	60	40

3. **Verschiedene Teilzahlen T (Tabelle 1).** Für die Aufgaben a und b der Tabelle 1 sind geeignete Hilfsteilzahlen festzulegen und die Teilschritte sowie die Zähnezahlen der Wechselräder zu berechnen.

4. **Verschiedene Winkelteilungen α (Tabelle 2).** Werkstücke sollen mit dem Teilkopf um die in Tabelle 2 angegebenen Winkel geschwenkt werden. Dafür sind die Teilschritte und die Zähnezahlen der Wechselräder zu ermitteln.

Tabelle 2: Verschiedene Winkelteilungen α		
Aufgaben-Nr.	a	b
Winkelteilung α	14°35′	96,75°
Übersetzungs-verhältnis i	40	40

5. **Einstellschraube (Bild 1).** Eine Einstellschraube mit der Gewindesteigung $P = 1/20$ inch soll am Kopf eine Skalenteilung mit 127er Teilung erhalten, damit die Verstellung je Teilstrich 0,01 mm beträgt. Die Teilstriche werden auf dem Teilkopf mit einem Stichel eingeritzt. Gesucht sind die Teilschritte und die Zähnezahlen der Wechselräder für
a) $T' > T$,
b) $T' < T$.

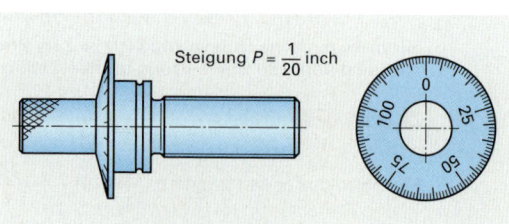

Steigung $P = \dfrac{1}{20}$ inch

Bild 1: Einstellschraube

4.7 | Schmelzschweißen

4.7.1 | Nahtquerschnitt und Elektrodenbedarf beim Lichtbogenschweißen

Bezeichnungen:

A Nahtquerschnitt mm^2 l_E nutzbare Elektrodenlänge mm
α Öffnungswinkel ° V_S Volumen der Schweißnaht mm^3
a Schweißnahtdicke mm V_E nutzbares Volumen einer
s Nahtspaltbreite mm Elektrode mm^3
L Schweißnahtlänge m Z Elektrodenbedarf –
l Elektrodenlänge mm

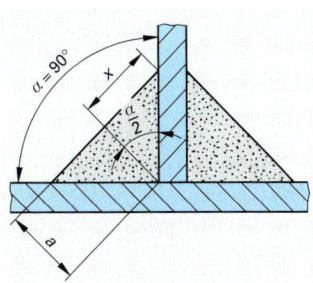

Bild 1: Kehlnaht

■ Elektrodenbedarf aus Volumenberechnung

Die Anzahl der verbrauchten Elektroden wird durch Vergleich des Nahtvolumens mit dem nutzbaren Volumen der Elektroden ermittelt. Beim Verschweißen der Elektroden entsteht durch das Einspannen immer ein Stummelverlust.

Nutzbare Elektrodenlänge

$$l_E = l - 30\ mm$$

1. Beispiel: Zwei Bleche werden beidseitig mit einer 625 mm langen Kehlnaht geschweißt (**Bild 1**). Die Nahtdicke beträgt a = 8 mm, die Elektrodenabmessung 5,0 x 450 mm. Wie groß sind

a) der Nahtquerschnitt A,
b) das Volumen der Schweißnaht V_S,
c) das nutzbare Volumen einer Elektrode V_E,
d) die Anzahl Z der verbrauchten Elektroden?

Elektrodenbedarf

$$Z = \frac{V_s}{V_E}$$

Lösung:

a) $\tan\frac{\alpha}{2} = \frac{x}{a}$; $x = a \cdot \tan\frac{\alpha}{2}$

$$A = \frac{2 \cdot x \cdot a}{2} = a^2 \cdot \tan\frac{\alpha}{2}$$

$$A = (8\ mm)^2 \cdot \tan 45° = \textbf{64 mm}^2$$

b) $V_s = 2 \cdot A \cdot L = 2 \cdot 64\ mm^2 \cdot 625\ mm$

$$= \textbf{80 000 mm}^3$$

c) $l_E = l - 30\ mm = 450\ mm - 30\ mm = 420\ mm$

$$V_E = \frac{\pi \cdot d^2}{4} \cdot l_E = \frac{\pi \cdot (5,0\ mm)^2}{4} \cdot 420\ mm = \textbf{8247 mm}^3$$

d) $Z = \frac{V_s}{V_E} = \frac{80\ 000\ mm^3}{8247\ mm^3} = 9,7 \triangleq \textbf{10 Elektroden}$

2. Beispiel: Der Nahtquerschnitt der 780 mm langen V-Naht und die Anzahl der verbrauchten Elektroden im **Bild 2** sind für eine Blechdicke a = 10 mm, eine Nahtspaltbreite s = 2 mm und einen Öffnungswinkel α = 60° zu berechnen. Die Elektroden haben die Abmessungen 4,0 x 450 mm.

Lösung: $\tan\frac{\alpha}{2} = \frac{x}{a}$; $x = a \cdot \tan\frac{\alpha}{2}$

$$A = \frac{2 \cdot x \cdot a}{2} + a \cdot s = a^2 \cdot \tan\frac{\alpha}{2} + a \cdot s =$$
$$= (10\ mm)^2 \cdot \tan 30° + 2\ mm \cdot 10\ mm = \textbf{77,7 mm}^2$$

$$V_S = A \cdot L = 77,7\ mm^2 \cdot 780\ mm = 60\ 606\ mm^3$$

$$l_E = l - 30\ mm = 450\ mm - 30\ mm = 420\ mm$$

$$V_E = \frac{\pi \cdot d^2}{4} \cdot l_E = \frac{\pi \cdot (4,0\ mm)^2}{4} \cdot 420\ mm = 5278\ mm^3$$

$$Z = \frac{V_s}{V_E} = \frac{60\ 606\ mm^3}{5\ 278\ mm^3} = 11,48 \triangleq \textbf{12 Elektroden}$$

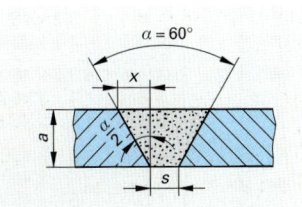

Bild 2: V-Naht

■ Elektrodenbedarf aus Tabellen

In der Praxis werden die Werte für Elektrodenabmessungen, spezifischen Elektrodenbedarf, Nahtmasse und Elektrodenverbrauch Tabellen entnommen.

Bezeichnungen:

Z	Anzahl der verbrauchten Elektroden	–		K_W	Faktor für den Öffnungswinkel	–
K_E	Faktor für die Ausbringung	–		z_S	Spezifischer Elektrodenbedarf	Stück pro m
K_L	Faktor für die Elektrodenlänge	–		L	Schweißnahtlänge	m

In **Tabelle 1** sind Richtwerte für Lichtbogenhandschweißen von S355JO für verschiedene Naht- und Blechdicken für Kehl- und V-Naht enthalten. Die Werte gelten nur für 100 % Ausbringung, Länge der Elektrode 450 mm und Öffnungswinkel 90° für Kehlnähte bzw. 60° für V-Nähte.

Elektrodenbedarf

$$Z = L \cdot z_s$$

Tabelle 1: Richtwerte für Lichtbogenhandschweißen

Nahtplanung für Kehlnähte (Bild 1)

Naht-dicke a mm	Spalt s mm	Anzahl und Art der Lagen[1]	Elektroden-abmessungen $d \times l$ mm	spez. Elek-trodenbedarf z_s Stück/m	Nahtmasse je Lagenart m_s g/m	Nahtmasse gesamt m g/m
3	–	1	3,2 x 450	3,2	80	80
4	–	1	4 x 450	3,6	140	140
5	–	3	3,2 x 450	8,6	215	215
6	–	3	4 x 450	8	310	310
8	–	1 W 2 D	4 x 450 5 x 450	3 7	120 430	550
10	–	1 W 4 D	4 x 450 5 x 450	3 12,3	120 745	865
12	–	1 W 4 D	4 x 450 5 x 450	3 18,5	120 1125	1245

[1] W Wurzellage; D Decklage

Nahtplanung für V-Nähte (Bild 2)

Naht-dicke a mm	Spalt s mm	Anzahl und Art der Lagen[1]	Elektroden-abmessungen $d \times l$ mm	spez. Elek-trodenbedarf z_s Stück/m	Nahtmasse je Lagenart m_s g/m	Nahtmasse gesamt m g/m
4	1	1 W 1 D	3,2 x 450 4 x 450	3 2	75 80	155
5	1,5	1 W 1 D	3,2 x 450 4 x 450	4 2,9	100 110	210
6	2	1 W 2 D	3,2 x 450 4 x 450	4 4,7	100 185	285
8	2	1 W 1 F 1 D	3,2 x 450 4 x 450 5 x 450	4 3,7 3,5	100 145 215	460
10	2	1 W 1 F 1 D	3,2 x 450 4 x 450 5 x 450	4 4 6,2	100 195 380	675

[1] W Wurzellage; F Fülllage; D Decklage

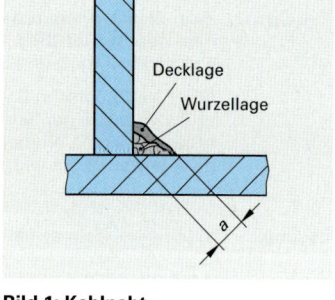

Bild 1: Kehlnaht

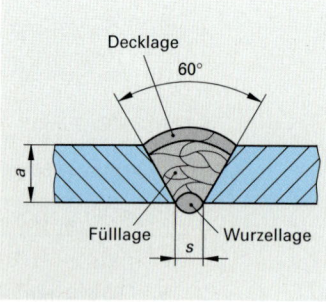

Bild 2: V-Naht

Beispiel: Für eine Blechdicke a = 10 mm ist eine 780 mm lange V-Naht mit einem Öffnungswinkel α = 60° und einer Spaltbreite s = 2 mm einseitig, in waagerechter Schweißposition zu schweißen. Mit Hilfe der **Tabelle 1 Seite 148** ist die Anzahl der verbrauchten Elektroden zu berechnen.

Lösung: Nach **Tabelle 1 Seite 148** Nahtplanung und Zahl der Elektroden:

1 Wurzellage: $Z = L \cdot z_s$ $\quad Z = \dfrac{0{,}78 \text{ m} \cdot 4 \text{ Elektr.}}{\text{m}} = 3{,}12 \approx 4$ Elektroden 3,2 x 450 mm

1 Fülllage: $Z = L \cdot z_s$ $\quad Z = \dfrac{0{,}78 \text{ m} \cdot 4 \text{ Elektr.}}{\text{m}} = 3{,}12 \approx 4$ Elektroden 4 x 450 mm

1 Decklage: $Z = L \cdot z_s$ $\quad Z = \dfrac{0{,}78 \text{ m} \cdot 6{,}2 \text{ Elektr.}}{\text{m}} = 4{,}83 \approx 5$ Elektroden 5 x 450 mm

Für Nähte anderer Ausbringung, Elektrodenlänge und Öffnungswinkel ist der Elektrodenbedarf mit entsprechenden Faktoren zu ermitteln.

1. Beispiel: Zwei Bleche werden beidseitig durch eine 6,5 m lange Kehlnaht verschweißt **(Bild 1)**. Die Schweißnahtdicke beträgt a = 8 mm.

a) Die Nahtplanung nach Tabelle 1 Seite 148 ist zu erstellen.

b) Mit Hilfe der **Tabelle 1** ist der Elektrodenbedarf bei 120% Ausbringung zu berechnen.

Lösung: a) Nach Tabelle 1 Seite 148 benötigt man eine Wurzellage mit Elektroden 4 x 450 mm und zwei Decklagen mit Elektroden 5 x 450 mm.

b) Elektrodenbedarf:
Nach **Tabelle 1:** K_E = 0,8; K_L = 1; K_W = 1

Wurzellage: z_s = 3 Stück/m mit 4 x 450 mm

Decklage: z_s = 7 Stück/m mit 5 x 450 mm

Anzahl der verbrauchten Elektroden:
$Z = K_E \cdot K_L \cdot K_W \cdot z_s \cdot L$

1 Wurzellage: $\quad Z = 0{,}8 \cdot 1 \cdot 1 \cdot 3$ Stück/m $\cdot$ 6,5 m $\cdot$ 2
$\quad\quad\quad\quad = 31{,}2$ Stück $\approx$ **32 Stück**

2 Decklagen: $\quad Z = 0{,}8 \cdot 1 \cdot 1 \cdot 7$ Stück/m $\cdot$ 6,5 m $\cdot$ 2 $\cdot$ 2
$\quad\quad\quad\quad = 145{,}6$ Stück $\approx$ **146 Stück**

2. Beispiel: Eine 3500 mm lange V-Naht **(Bild 2)** mit einem Öffnungswinkel α = 70° und einer Spaltbreite s = 2 mm ist in waagerechter Schweißposition zu schweißen. Die Nahtdicke beträgt 10 mm und die Ausbringung 120 %.

Gesucht sind

a) die Nahtplanung nach Tabelle 1 Seite 148

b) der Elektrodenbedarf.

Lösung: a) Nach Tabelle 1 Seite 148 benötigt man eine Wurzellage mit Elektrodendurchmesser 3,2 mm, eine Fülllage mit Elektrodendurchmesser 4 mm und eine Decklage mit Elektrodendurchmesser 5 mm, mit jeweils 450 mm Länge.

b) **Nach Tabelle 1:** K_E = 0,8; K_L = 1; K_W = 1,2

Spez. Elektrodenbedarf nach Tabelle 1 Seite 148

Wurzellage: $\quad z_s$ = 4 Stück/m mit 3,2 x 450 mm

Fülllage: $\quad z_s$ = 4 Stück/m mit 4 x 450 mm

Decklage: $\quad z_s$ = 6,2 Stück/m mit 5 x 450 mm

Anzahl der verbrauchten Elektroden:
$Z = K_E \cdot K_L \cdot K_W \cdot z_s \cdot L$

Wurzellage: $\quad Z = 0{,}8 \cdot 1 \cdot 1{,}2 \cdot 4$ Stück/m $\cdot$ 3,5 m $\approx$ **14 Stück**

Fülllage: $\quad Z = 0{,}8 \cdot 1 \cdot 1{,}2 \cdot 4$ Stück/m $\cdot$ 3,5 m $\approx$ **14 Stück**

Decklage: $\quad Z = 0{,}8 \cdot 1 \cdot 1{,}2 \cdot 6{,}2$ Stück/m $\cdot$ 3,5 m $\approx$ **21 Stück**

Elektrodenbedarf bei entsprechenden Faktoren

$$Z = K_E \cdot K_L \cdot K_W \cdot z_s \cdot L$$

Tabelle 1: Faktoren

Ausbringung				
Faktor	Ausbringung in %			
	100	120	140	160
K_E	1	0,8	0,7	0,65

Elektrodenlänge				
Faktor	Nennlänge/in mm			
	300	350	400	450
K_L	1,6	1,3	1,1	1

Öffnungswinkel				
Faktor	Öffnungswinkel α			
	V-Nähte			Kehlnähte
	50°	60°	70°	60°	90°
K_W	0,9	1	1,2	0,6	1

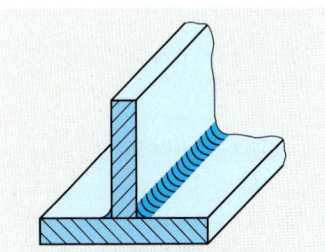

Bild 1: Beidseitige Kehlnaht

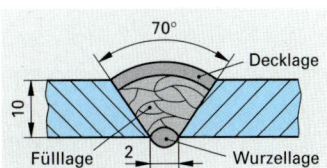

Bild 2: V-Naht

4.7.2 | Hauptnutzungszeit beim Lichtbogenschweißen

Für die Wurzel,- Füll- und Decklagen werden in der Regel verschiedene Elektrodendurchmesser verwendet. Die Hauptnutzungszeit ist deshalb für jede Lagenart gesondert zu ermitteln.

Die Hauptnutzungszeit hängt ab von der Nahtlänge, den Faktoren für Öffnungswinkel und Schweißposition, der Nahtmasse je Lagenart und der Abschmelzleistung.

Bezeichnungen:

t_h	Hauptnutzungszeit	min	α	Öffnungswinkel	°
m_s	Nahtmasse je Lagenart	g/m	K_W	Faktor für den	
p	Abschmelzleistung	g/min		Öffnungswinkel	–
L	Nahtlänge	m	K_p	Faktor für die	
				Schweißposition	–

Tabelle 1: Faktor für die Schweißposition

Faktor	V-Nähte Schweißposition				
	w PA	f PG	ü PE	s PF	q PC
K_p	1	1,1	1,9	1,5	1,2

Faktor	Kehlnähte Schweißposition				
	w PA	f PG	ü PE	s PF	h PB
K_p	1	1,2	1,7	1,4	1

Hauptnutzungszeit

$$t_h = K_W \cdot K_p \cdot \frac{m_s}{p} \cdot L$$

Beispiel: Berechnen Sie die Schweißzeit für das Beispiel 1 aus Seite 149 für $\alpha = 90°$, Schweißposition h (PB); Elektrodentyp E 42 0 RR 12.

Die fehlenden Werte sind Tabellen zu entnehmen.

Lösung: Schweißzeit für die Wurzellage:

Nach Tabelle 1 Seite 149: $K_W = 1$; nach **Tabelle 1:** $K_p = 1$

Nach Tabelle 1 Seite 148: $m_s = 120$ g/m; Elektrodendurchmesser $d = 4$ mm

nach **Tabelle 2:** $p = 29$ g/min

$$t_h = K_W \cdot K_p \cdot \frac{m_s}{p} \cdot L = 1 \cdot 1 \cdot \frac{120\frac{g}{m}}{29\frac{g}{min}} \cdot 6{,}5 \text{ m} \cdot 2 = \textbf{53,8 min}$$

Schweißzeit für die Decklage:

Nach Tabelle 1 Seite 149: $K_W = 1$; nach **Tabelle 1** $K_p = 1$

nach **Tabelle 1** Seite 148: $m_s = 430$ g/m; Elektrodendurchmesser $d = 5$ mm

nach **Tabelle 2:** $p = 38$ g/min

$$t_h = K_W \cdot K_p \cdot \frac{m_s}{p} \cdot L = 1 \cdot 1 \cdot \frac{430\frac{g}{m}}{38\frac{g}{min}} \cdot 6{,}5 \text{ m} \cdot 2 = \textbf{147,1 min}$$

Tabelle 2: Abschmelzleistung p von Stabelektroden in g/min

Elektrodentyp	Elektrodendurchmesser d in mm		
	3,2	4,0	5,0
E 42 0 RC 11	20	25	32
E 42 0 RR 12	21	29	38
E 38 2 RA 12	27	39	44
E 38 2 RB 12	19	26	36
E 42 0 RR 6	22	29	38
E 42 6 B 42 H10	23	32	43
E 42 4 B 32 H10	23	32	43
E 38 O RR 73	32	46	72

Aufgaben | Nahtquerschnitt, Elektrodenbedarf und Hauptnutzungszeit beim Lichtbogenschweißen

1. I–Naht (Bild 1, Seite 151). Das Volumen der I–Naht ist für eine Nahtlänge von 970 mm zu berechnen.

2. Kehlnaht. Zur Fertigung einer Kehlnaht mit der Nahtdicke $a = 12$ mm und der Länge $L = 9,7$ m sind zu ermitteln

a) die Faktoren K_E bei 160 % Ausbringung, K_L und K_W bei einem Öffnungswinkel von 90°,

b) die Nahtplanung und der Elektrodenbedarf nach Tabelle 1 Seite 148

c) Wie lange dauert die gesamte Schweißarbeit, wenn in Schweißposition ü (PE) mit Elektrodentyp E38 2RA12 gearbeitet wird?

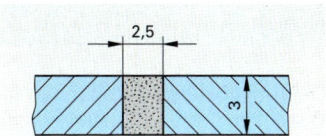

Bild 1: I-Naht

3. Abdeckplatte (Bild 2). Die Abdeckplatte der Säule wird durch eine Kehlnaht verbunden.

Wie groß sind

a) die Länge der Schweißnaht, der Nahtquerschnitt und das Volumen der Schweißnaht?

b) Planen Sie die Naht nach Tabelle 1 Seite 148

c) Berechnen Sie den Elektrodenbedarf bei 140 % Ausbringung.

d) Wie lange dauert die gesamte Schweißarbeit, wenn in Schweißposition ü (PE) mit Elektrodentyp E38 2RB12 geschweißt wird?

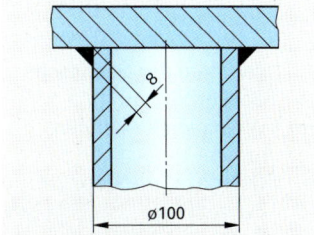

Bild 2: Abdeckplatte

4. Versteifungsblech (Bild 3). Eine Stahlkonstruktion erhält 4 Versteifungsbleche mit Kehlnähten $a = 10$ mm zur Stabilisierung.

a) Ermitteln Sie die Länge der Schweißnaht für eine Versteifungsrippe.

b) Es ist die Anzahl der Lagen nach Tabellen zu bestimmen.

5. Absperrgitter (Bild 4). In ein Absperrgitter von 16 m Länge werden Füllstäbe Hohlprofil 60 x 40 x 4 geschweißt.

Wie groß sind

a) die Anzahl der Stäbe bei einem Randabstand von je 150 mm und einem lichten Stababstand von 140 mm,

b) die gesamte Schweißnahtlänge

c) die gesamte Schweißnahtmasse nach Tabelle 1 Seite 148,

d) der Elektrodenbedarf bei 120 % Ausbringung,

e) die Hauptnutzungszeit bei Verwendung des Elektrodentyps E420 RR12 in Schweißposition h (PB)?

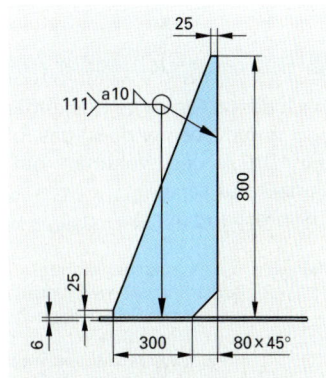

Bild 3: Versteifungsblech

6. V-Naht. Für eine Blechdicke $a = 10$ mm ist eine 12 m lange V-Naht mit einem Öffnungswinkel $\alpha = 60°$ und einer Spaltbreite $s = 2$ mm einseitig, in horizontaler Schweißposition zu schweißen.

Zu berechnen sind

a) der Nahtquerschnitt

b) das Volumen der Schweißnaht ohne Zuschläge.

c) Erstellen Sie die Nahtplanung und berechnen Sie den Elektrodenbedarf.

d) Berechnen Sie die Hauptnutzungszeit für den Elektrodentyp E420 RR12 bei 140 % Ausbringung.

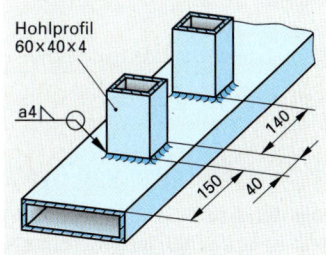

Bild 4: Absperrgitter

7. Doppel-V-Naht (Bild 5). Der Nahtquerschnitt der Doppel-V-Naht
● (X-Naht) ist zu berechnen.

Erstellen Sie die Nahtplanung und berechnen Sie den Elektrodenbedarf und die Hauptnutzungszeit für Elektrodentyp E382RB12 bei 120 % Ausbringung und Schweißposition w (PA) für 1 m Schweißnaht.

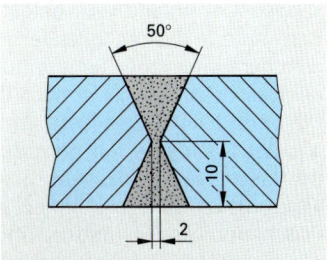

● **Bild 5: Doppel-V-Naht**

4.7.3 | Verbrauch technischer Gase

Beim Schweißen entspannen sich die aus der Gasflasche ausströmenden Gase. Als Gasverbrauch bezeichnet man das Volumen der ausgetretenen Gasmenge bei einem Luftdruck $p_{amb} = 1$ bar.

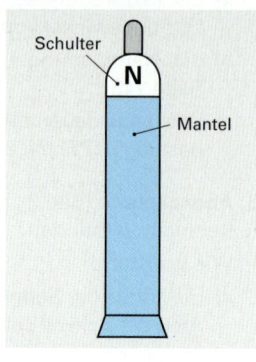

Bild 1: Druckgasflasche

Bezeichnungen:

V	Volumen der Gasflasche	l
ΔV	Gasverbrauch	l
Δm	Verbrauchte Acetylen-masse	kg
m_1	Gasmasse vor dem Schweißen	kg
m_2	Gasmasse nach dem Schweißen	kg

K	Umrechnungszahl	$\dfrac{l}{kg}$
p_1	Flaschendruck vor dem Schweißen	bar
p_2	Flaschendruck nach dem Schweißen	bar
p_{amb}	Luftdruck	bar

■ Gasverbrauch außer Acetylen

Nach dem Gesetz von Boyle-Mariotte gilt: Für eine bestimmte Gasmenge ist das Produkt aus absolutem Druck und Volumen bei gleichbleibender Temperatur konstant.
Entsprechend gilt: $\Delta V \cdot p_{amb} = V \cdot (p_1 - p_2)$

Beispiel: Das Inhaltsmanometer einer **Argonflasche Bild 1** mit einem Volumen $V = 50$ l zeigt bei Beginn einer Schweißarbeit $p_1 = 125$ bar, nach dem Schweißen $p_2 = 45$ bar an. Welche Gasmenge ΔV wurde entnommen? Der Luftdruck p_{amb} wird mit 1 bar angenommen.

Lösung: $\Delta V = \dfrac{V \cdot (p_1 - p_2)}{p_{amb}}$

$$= \dfrac{50\ l \cdot (125\ bar - 45\ bar)}{1\ bar} = \mathbf{4000\ l}$$

■ Gasverbrauch von Acetylen

Während sich Sauerstoff und Wasserstoff unmittelbar verdichten lassen, muss Acetylen aus Gründen der Sicherheit und um eine hohe Speicherkapazität zu erhalten, in den Flaschen in einem Lösungsmittel unter Druck gelöst werden. Bei der Berechnung des Acetylenverbrauchs ist außerdem der Einfluss der Temperatur auf den Druck in der Flasche zu berücksichtigen **(Bild 2)**.
Die verbrauchte Gasmasse Δm ist die Differenz aus der Gasmasse vor dem Schweißen m_1 und der Gasmasse nach dem Schweißen m_2. Die Werte für m_1 und m_2 können abhängig von den Flaschendrücken p_1 und p_2 und den Temperaturen dem Bild 2 entnommen werden.

Gasverbrauch außer Acetylen bei konstanter Temperatur

$$\Delta V = \dfrac{V \cdot (p_1 - p_2)}{p_{amb}}$$

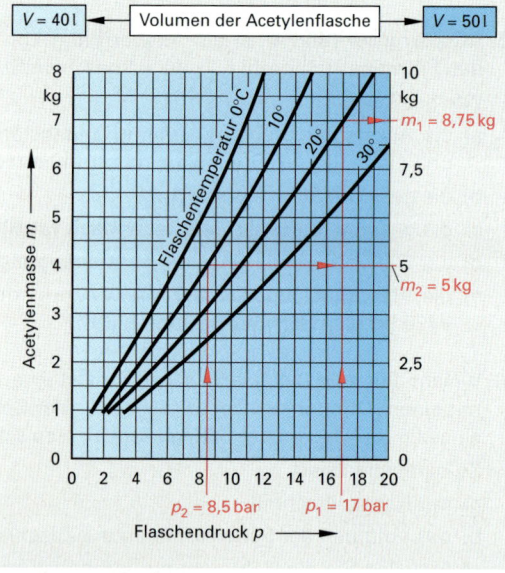

Bild 2: Acetylenverbrauch

Verbrauchte Gasmasse

$$\Delta m = m_1 - m_2$$

Acetylenverbrauch in l bei 15 °C und 1 bar

$$\Delta V = K \cdot \Delta m$$

Mit der **Umrechnungszahl K** kann die verbrauchte Acetylenmasse Δm in kg in die verbrauchte Gasmenge ΔV in l umgerechnet werden.

Umrechnungszahl

$$K = 910 \, \frac{l}{kg}$$

Beispiel: Vor dem Schweißen zeigt das Inhaltsmanometer einer Acetylenflasche mit einem Volumen $V = 50$ l einen Druck $p_1 = 17$ bar an, nach dem Schweißen $p_2 = 8,5$ bar. Die Flaschentemperatur t_1 vor dem Schweißen betrug 20 °C, die Flaschentemperatur t_2 nach dem Schweißen 10 °C.

Zu ermitteln sind

a) die Gasmasse m_1 vor dem Schweißen,
b) die Gasmasse m_2 nach dem Schweißen,

c) die verbrauchte Gasmasse Δm,
d) der Gasverbrauch ΔV.

Lösung: aus **Bild 152/2**   a) $m_1 = $ **8,75 kg**   b) $m_2 = $ **5 kg**   c) $\Delta m = m_1 - m_2 = 8,75 \text{ kg} - 5 \text{ kg} = $ **3,75 kg**

d) $\Delta V = K \cdot \Delta m = 910 \, \frac{l}{kg} \cdot 3,75 \text{ kg} = $ **3412,5 l**

Aufgaben | Verbrauch technischer Gase

■ Sauerstoff und Schutzgase

1. **Sauerstoffverbrauch.** In einer Sauerstoffflasche mit $V = 40$ l fiel bei einer Schweißarbeit der Druck um 45 bar.

   a) Wie groß war der Sauerstoffverbrauch in l?

   b) Welche Sauerstoffmenge befindet sich nach der Arbeit noch in der Flasche, wenn das Manometer bei Arbeitsbeginn $p_1 = 150$ bar anzeigte?

2. **Argonflasche.** Bei der Kontrolle einer angelieferten Argonflasche mit $V = 50$ l zeigt sich, dass der Druck nicht 200 bar, sondern 125 bar beträgt. Wie viel l Argon fehlen?

3. **Gasverbrauch.** Das Inhaltsmanometer einer Sauerstoffflasche ($V = 40$ l) zeigt 85 bar an. Wie viele Rohre der Abmessung DN 150 können verschweißt werden, wenn pro m Schweißnaht im Durchschnitt 165 l Sauerstoff verbraucht werden?

4. **Behälter.** Zum Schweißen eines Behälters wurde der restliche Inhalt einer Sauerstoffflasche mit $V = 40$ l verwendet und eine neue Flasche bis auf 60 bar geleert. Insgesamt wurden 5720 l verbraucht.

   a) Wie viel l Sauerstoff befanden sich in der ersten Flasche?

   b) Welcher Druck war in der ersten Flasche vorhanden?

5. **Druckabfall.** Ein Schweißbrenner der Größe 3 verbraucht stündlich 300 l Gasgemisch bei einem Verhältnis Sauerstoff zu Acetylen = 1:1. Welchen Druck zeigt das Inhaltsmanometer der Sauerstoffflasche nach 35 Minuten Arbeitszeit an, wenn der Druck in der Flasche mit $V = 40$ l bei Arbeitsbeginn $p_1 = 10,2$ bar betrug?

■ Acetylen

6. **Acetylenmenge.** Der Manometerstand vor einer Schweißarbeit war $p_1 = 19$ bar, nach Abschluss der Arbeit wurde ein Druck $p_2 = 9$ bar abgelesen.

   Welche Acetylenmenge wurde der Normalflasche mit $V = 40$ l entnommen, wenn die Temperatur der Flasche während der Schweißarbeit von 20 °C auf 10 °C sank?

7. **Knotenblech.** Zum Schweißen eines 6 mm dicken Knotenbleches wurden Sauerstoff und Acetylen im Mischungsverhältnis 1:1 verbraucht. Der Manometerstand der Sauerstoffflasche mit $V = 50$ l betrug vor der Arbeit $p_1 = 125$ bar, nach Beendigung des Schweißens $p_2 = 93$ bar.

   Wie viel l Acetylen wurden verbraucht?

8. **Gusseisen.** Beim Schweißen von Gusseisen wird mit Acetylenüberschuss, Acetylen zu Sauerstoff = 1,8 : 1, gearbeitet. Der Verbrauch beträgt 39 l Gasgemisch pro Minute.

   Wie viel l Acetylen werden in 1 h 35 min verbraucht?

4.7.4 | Schweißzeit und Gasverbrauch beim Gasschmelzschweißen

Die Zeit, die für Schweißarbeiten beim Gasschmelzschweißen benötigt wird, ist hauptsächlich abhängig von der Nahtform und der Nahtdicke **(Tabelle 1)**.

Bezeichnungen:

a	Nahtdicke	mm	t	Schweißzeit	min
s	Spalt	mm	t_1	Schweißzeit	min/m
L	Schweißnahtlänge	m	V_s	spez. Gasverbrauch	l/h
			ΔV	Gasverbrauch	l

Schweißzeit

$$t = L \cdot t_1$$

Gasverbrauch

$$\Delta V = t \cdot V_s$$

Tabelle 1: Richtwerte für das Gasschmelzschweißen (unlegierter Baustahl)

Nahtform	Nahtplanung			Einstellwerte		Verbrauchswerte V_s		Leistungswerte	
	Naht-dicke a mm	Spalt s mm		Brenner-größe	Stab-ø mm	Sauer-stoff l/h	Acetylen l/h	Ab-schmelz-leistung kg/h	Schweiß-zeit t_1 min/m
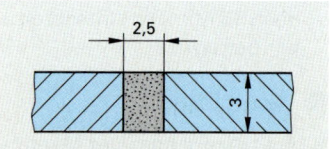 (I-Naht)	0,8	0		0,5…1	1,5	90	80	0,17	8,5
	1	0		0,5…1	2	100	90	0,19	7,6
	1,5	1,5		1… 2	2	150	135	0,25	10
	2	2		1… 2	2	165	150	0,25	11,5
	3	2,5		2… 4	2,5	260	235	0,36	12,3
60° (V-Naht)	4	2…4		2… 4	3	320	300	0,33	15
	6	2…4		4… 6	4	520	490	0,68	22
	8	2…4		6… 9	5	840	800	0,95	28
	10	2…4		9…14	6	1300	1250	1,2	35

Beispiel: Für die I-Naht **(Bild 1)** mit einer Nahtlänge von 970 mm ist die Schweißzeit und der Gasverbrauch zu bestimmen.

Lösung: Nach **Tabelle 1** beträgt die Schweißzeit 12,3 min/m, der spez. Gasverbrauch von O_2 260 l/h und von C_2H_2 235 l/h.

$t = L \cdot t_1 = 0{,}97$ m $\cdot$ 12,3 min/m = **12 min** $\mathrel{\widehat{=}}$ **0,2 h**

$\Delta V_{O_2} = t \cdot V_s = 0{,}2$ h $\cdot$ 260 l/h = **52 l**

$\Delta V_{C_2H_2} = t \cdot V_s = 0{,}2$ h $\cdot$ 235 l/h = **47 l**

Aufgaben | Schweißarbeit und Gasverbrauch beim Gasschmelzschweißen

1. Rohre. Drei Rohre DN 150 mit einer Wanddicke von 4 mm sollen zu einem Rohr zusammengeschweißt werden. Die Schweißzeit und der Sauerstoffverbrauch sind nach Tabelle 1 zu berechnen.

2. Abdeckblech (Bild 2). Das Abdeckblech soll durch eine umlaufende V-Naht mit einer Nahtdicke a = 4 mm aufgeschweißt werden.

Wie groß sind

a) die Schweißnahtlänge,

b) die Schweißzeit?

3. Sauerstoffflasche. In einer Sauerstoffflasche (V = 50 l) sank der Druck von 150 bar auf 2,5 bar. Geschweißt wurde eine 2 m dicke I-Naht.

a) Wie lange dauerte der Schweißvorgang?

b) Welche Nahtlänge konnte nach Tabelle 1 geschweißt werden?

Bild 1: I-Naht

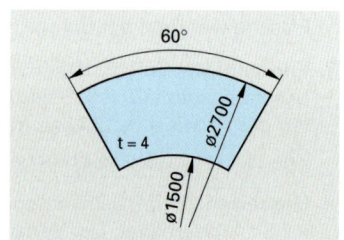

Bild 2: Abdeckblech

4.8 │ Schneiden und Umformen

4.8.1 │ Lage des Einspannzapfens

Der Einspannzapfen eines Schneidwerkzeuges verbindet das Oberteil des Werkzeuges mit dem Pressenstößel **(Bild 1)**.

Bezeichnungen:

F	Gesamtschneidkraft	N
$F_1, F_2, \dots$	Stempelschneidkräfte	N
$U_1, U_2, \dots$	Stempelumfänge	mm
$a_1, a_2, \dots$	Abstände der Schneidkräfte vom gewählten Drehpunkt	mm
x	Abstand des Einspannzapfens vom gewählten Drehpunkt	mm
M	Momente	N · m

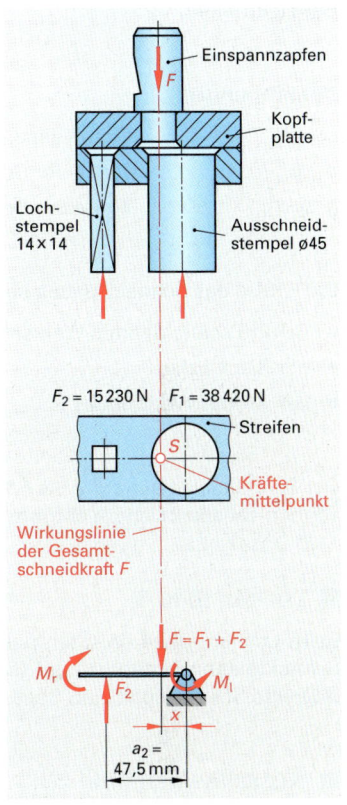

Bild 1: Lage des Einspannzapfens

Die Schneidkräfte der einzelnen Stempel erzeugen Kippmomente in der Kopfplatte, die zu einem Verkanten des Stempels führen können. Die Lage des Einspannzapfens muss deshalb so bestimmt werden, dass sich die rechts- und linksdrehenden Kippmomente gegenseitig aufheben.

Die Lage des Einspannzapfens wird über das Hebelgesetz berechnet. Nachdem die Schneidkräfte direkt proportional zu den Stempelumfängen sind, können statt der Schneidkräfte auch die Stempelumfänge in die Rechnung eingesetzt werden.

1. Beispiel: Für das Folgeschneidwerkzeug zum Herstellen von Scheiben ist das Maß x für die Lage des Einspannzapfens zu berechnen (Bild 1).

Lösung: Betrachtet man die Kopfplatte als einseitigen Hebel und legt den Drehpunkt auf die Wirkungslinie der Kraft F_1, so gilt nach dem Hebelgesetz:

$$\Sigma M_\mathrm{l} = \Sigma M_\mathrm{r}$$
$$F \cdot x = F_2 \cdot a_2$$
$$(F_1 + F_2) \cdot x = F_2 \cdot a$$
$$x = \frac{F_2 \cdot a_2}{F_1 + F_2} = \frac{15\,230\ \mathrm{N} \cdot 47{,}5\ \mathrm{mm}}{38\,420\ \mathrm{N} + 15\,230\ \mathrm{N}} = \textbf{13{,}5\ mm}$$

Abstand des Einspannzapfens vom gewählten Drehpunkt, berechnet über die Schneidkräfte

$$x = \frac{F_1 \cdot a_1 + F_2 \cdot a_2 + \dots}{F_1 + F_2 + \dots}$$

2. Beispiel: Die Lage des Einspannzapfens aus dem 1. Beispiel soll über die Stempelumfänge berechnet werden.

Lösung:
$$U_1 = \pi \cdot d = \pi \cdot 45\ \mathrm{mm} = 141{,}4\ \mathrm{mm}$$
$$U_2 = 4 \cdot a = 4 \cdot 14\ \mathrm{mm} = 56\ \mathrm{mm}$$
$$x = \frac{U_1 \cdot a_1 + U_2 \cdot a_2}{U_1 + U_2}$$
$$= \frac{141{,}4\ \mathrm{mm} \cdot 0\ \mathrm{mm} + 56\ \mathrm{mm} \cdot 47{,}5\ \mathrm{mm}}{141{,}4\ \mathrm{mm} + 56\ \mathrm{mm}} = \textbf{13{,}5\ mm}$$

Abstand des Einspannzapfens vom gewählten Drehpunkt, berechnet über die Stempelumfänge

$$x = \frac{U_1 \cdot a_1 + U_2 \cdot a_2 + \dots}{U_1 + U_2 + \dots}$$

4.8.2 | Schneidspalt

Bei Schneidwerkzeugen muss zwischen Schneidplattendurchbruch und Stempel ein Schneidspalt vorhanden sein, um Schnittteile mit möglichst geringem Grat und eine optimale Standzeit des Werkzeuges zu erhalten.

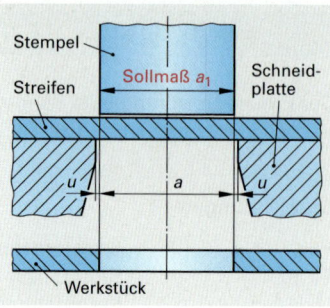

Bild 1: Lochen

Bezeichnungen:

u	Schneidspalt	mm
$a_1, b_1, c_1, \dots$	Maße der Schneidstempel	mm
$a, b, c, \dots$	Maße der Schneidplattendurchbrüche	mm

Die Größe des Schneidspaltes hängt ab von

- dem zu schneidenden Werkstoff,
- der Blechdicke,
- der Art des Werkzeuges

Der Schneidspalt beträgt 2 bis 5 % der Blechdicke. Erfahrungswerte können Tabellenbüchern entnommen werden.

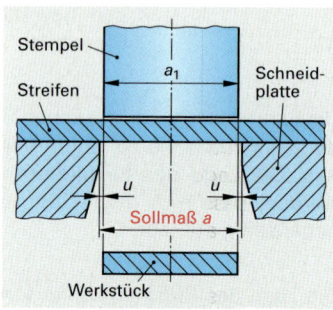

Bild 2: Ausschneiden

■ Lochen (Bild 1)

Beim Lochen erhält der Stempel die Sollmaße. Die Maße für den Schneidplattendurchbruch müssen berechnet werden, indem der doppelte Schneidspalt zum Stempelmaß addiert wird.

■ Ausschneiden (Bild 2)

Beim Ausschneiden erhält der Schneidplattendurchbruch die Sollmaße. Die Maße für den Lochstempel müssen berechnet werden, indem der doppelte Schneidspalt vom Maß des Schneidplattendurchbruchs subtrahiert wird.

Maß des Schneidplattendurchbruches beim Lochen

$$a = a_1 + 2 \cdot u$$

Maß des Schneidstempels beim Ausschneiden

$$a_1 = a - 2 \cdot u$$

Beispiel: Das Schnittteil **(Bild 3)** soll aus 2 mm dickem Stahlblech hergestellt werden.

Für einen Schneidspalt von 0,06 mm sind zu berechnen

a) der Durchmesser der Schneidplattendurchbrüche für das Lochen,

b) die Stempelmaße für das Ausschneiden.

Lösung: a) Lochen

$d = d_1 + 2 \cdot u = 8\ \text{mm} + 2 \cdot 0{,}06\ \text{mm} = \mathbf{8{,}12\ mm}$

b) Ausschneiden

$a_1 = a - 2 \cdot u = 25\ \text{mm} - 2 \cdot 0{,}06\ \text{mm} = \mathbf{24{,}88\ mm}$

$b_1 = b - 2 \cdot u = 30\ \text{mm} - 2 \cdot 0{,}06\ \text{mm} = \mathbf{29{,}88\ mm}$

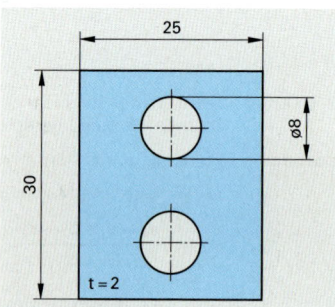

Bild 3: Schnittteil

Aufgaben | Lage des Einspannzapfens und Schneidspalt

1. **Scheibe (Bild 1)**. Mit einem Folgeschneidwerkzeug werden Scheiben aus Stahl mit einem Durchmesser $d = 58$ mm und einem Vierkantloch 18 x 18 mm mit der Schneidkraft $F_1 = 20\,570$ N vorgelocht und mit $F_2 = 52\,000$ N ausgeschnitten. Der Abstand der Stempelmittelpunkte beträgt 61,5 mm.

   Wie groß sind

   a) der Abstand x des Einspannzapfens vom Mittelpunkt des Ausschneidstempels,

   b) die Maße für den Ausschneidstempel und den Schneidplattendurchbruch des Lochstempels für den Schneidspalt $u = 0,1$ mm?

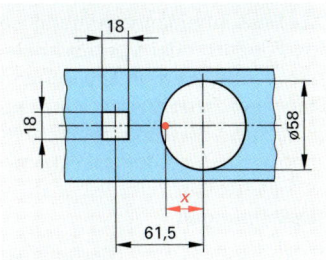

Bild 1: Scheibe

2. **Lasche (Bild 2)**. Mit einem Folgeschneidwerkzeug werden die Laschen erst vorgelocht und dann ausgeschnitten.

   Zu berechnen sind

   a) der Abstand des Einspannzapfens von der Mitte des Ausschneidstempels,

   b) die Maße für den Ausschneidstempel und die Schneidplattendurchbrüche der Lochstempel bei einem Schneidspalt von 3 % der Blechdicke.

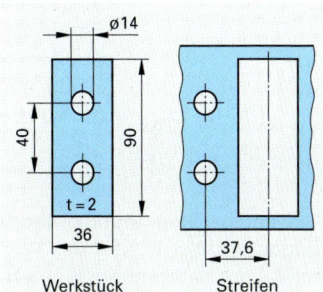

Bild 2: Lasche

3. **Unterlegscheiben (Bild 3)**. Aus einem Streifen werden Scheiben mit einem Folgeschneidwerkzeug dreireihig hergestellt. Zu berechnen ist der Abstand x des Einspannzapfens vom Ausschneidstempel.

4. **Joch- und Kernblech (Bild 4)**. Für Magnetkerne sind die Joch- und Kernbleche auszuschneiden. Der Schneidspalt soll 0,01 mm betragen. Wie groß sind die Stempelmaße a_1 bis e_1 für das Jochblech und das Kernblech?

5. **Halter (Bild 5)**. Aus 0,4 mm dickem Blechstreifen sollen Halter ausgeschnitten werden. Berechnen Sie die Maße a_1 bis d_1 des Stempels bei einem Schneidspalt von 2,5 % der Blechdicke.

6. **Platte (Bild 6)**. Für die Platte sollen bei einem Schneidspalt von
● 0,09 mm die Maße der Schneidplattendurchbrüche für die Löcher und für den Ausschnitt der Kontur berechnet werden.

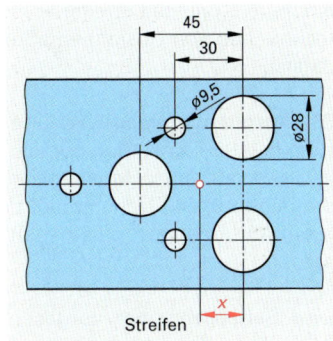

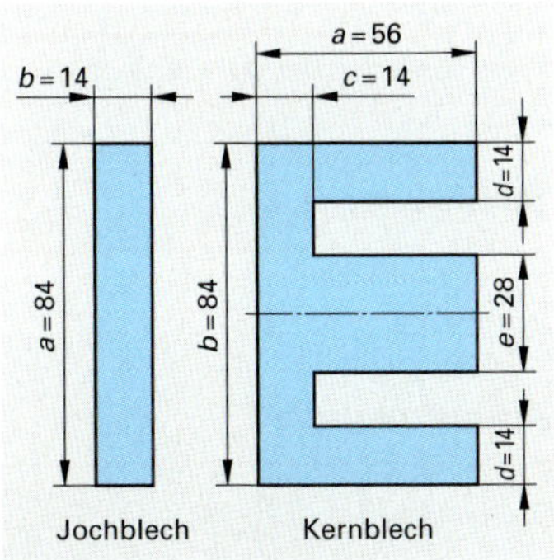

Bild 3: Unterlegscheiben

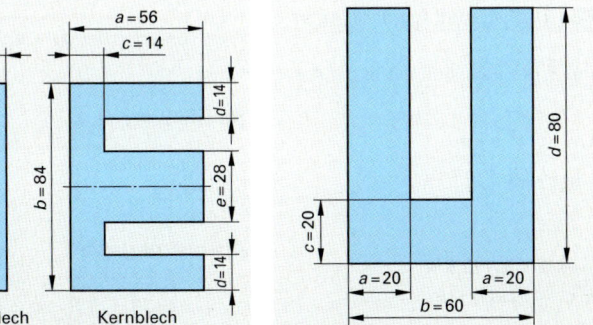

Bild 4: Joch- und Kernblech

Bild 5: Halter

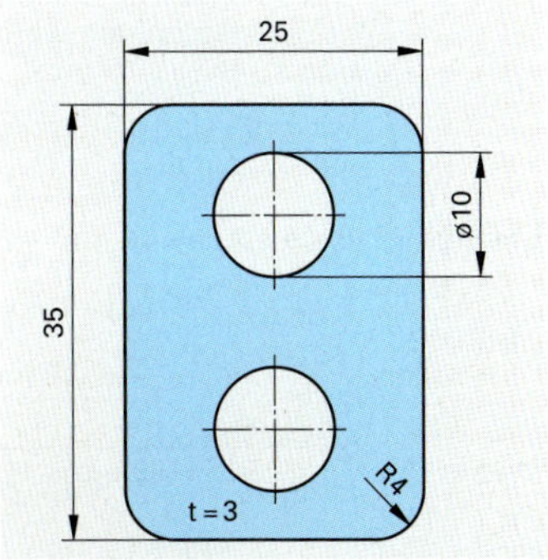

● **Bild 6: Platte**

4.8.3 │ Streifenausnutzung

Das Ausschneiden von metallischen Werkstücken erfolgt meistens aus Bändern oder vorgeschnittenen Streifen. Dabei sind zwischen den Werkstücken und zwischen Werkstück und Rand ausreichende Steg- und Randbreiten festzulegen, damit es bei zu kleiner Breite nicht zum Verkanten des Schnittteiles und bei zu großer Breite zu unnötigem Werkstoffabfall kommt **(Bild 1)**.

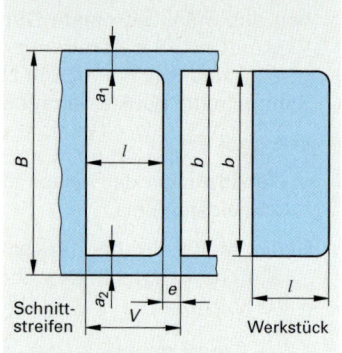

Bild 1: Ausschneiden

Bezeichnungen:

l	Werkstücklänge	mm
b	Werkstückbreite	mm
a, a_1, a_2	Randbreiten	mm
e	Stegbreite	mm
B	Streifenbreite	mm
V	Streifenvorschub	mm
A	Fläche eines Werkstückes ohne Abzug der Lochungen	mm^2
η[1]	Ausnutzungsgrad	–
R	Anzahl der Reihen	–

Notwendige **Steg- und Randbreiten** sind abhängig von den Abmessungen und der Kontur des Werkstückes. Die Maße können Tabellenbüchern entnommen werden.

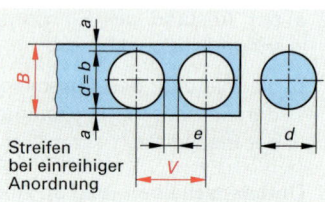

Bild 2: Einreihiges Ausschneiden

Die Werkstücke können **einreihig (Bild 2)** oder **mehrreihig (Bild 3)** aus dem Steifen ausgeschnitten werden. Zur Festlegung der Streifenbreite B und des Streifenvorschubes V sind dann zusätzliche Berechnungen von Abstandsmaßen zwischen den Schnittteilen erforderlich.

Der **Ausnutzungsgrad** η ist eine Maßzahl für die Werkstoffausnutzung des Streifens. Man berechnet ihn, indem man den Flächeninhalt aller auf einen Vorschub entfallenden Schnittteile durch den dazu benötigten Flächeninhalt des Streifens dividiert. Bei mehrreihiger Anordnungen erhält man oft einen höheren Ausnutzungsgrad.

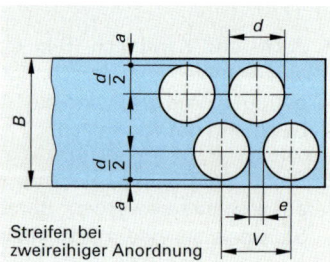

Bild 3: Zweireihiges Ausschneiden

Sind **Seitenschneider** vorgesehen, muss berücksichtigt werden, dass diese einen zusätzlichen Abfall verursachen und damit den Ausnutzungsgrad verringern.

Streifenbreite bei einreihiger Anordnung

$$B = b + a_1 + a_2$$

1. Beispiel: Aus einem Blechstreifen sollen Platinen mit 40 mm Durchmesser ausgeschnitten werden **(Bild 2)**. Steg- und Randbreiten betragen jeweils 0,9 mm.

Wie groß sind die Streifenbreite B, der Vorschub V und der Ausnutzungsgrad η?

Lösung: $B = b + 2 \cdot a = 40 \text{ mm} + 2 \cdot 0,9 \text{ mm} = \textbf{41,8 mm}$

$V = l + e = 40 \text{ mm} + 0,9 \text{ mm} = \textbf{40,9 mm}$

$$\eta = \frac{R \cdot A}{V \cdot B} = \frac{1 \cdot \dfrac{\pi (40 \text{ mm})^2}{4}}{40,9 \text{ mm} \cdot 41,8 \text{ mm}} = 0,735 \mathrel{\widehat{=}} \textbf{73,5 \%}$$

Streifenvorschub

$$V = l + e$$

Ausnutzungsgrad

$$\eta = \frac{R \cdot A}{V \cdot B}$$

---

[1] η, griechischer Kleibuchstabe eta

2. Beispiel: Aus 0,5 mm dicken Hartpapierbändern sollen Isolierstücke ausgeschnitten werden (**Bild 1**).

Für einreihige und zweireihige Anordnung sind jeweils zu bestimmen:

a) die Streifenbreite B bei $a_1 = 1,5$ mm, $a_2 = 2,2$ mm und $e = 1,5$ mm,

b) der Streifenvorschub V

c) der Ausnutzungsgrad η,

d) die Erhöhung $\Delta\eta$ des Ausnutzungsgrades bei der zweireihigen Anordnung.

Lösung: **Einreihige Anordnung**

a) $B = b + a_1 + a_2 = 26$ mm $+ 1,5$ mm $+ 2,2$ mm $=$ **29,7 mm**

b) $V = l + e = 24$ mm $+ 1,5$ mm $=$ **25,5 mm**

c) $A = 24$ mm $\cdot 8,2$ mm $+ 17,8$ mm $\cdot 8,2$ mm $= 342,8$ mm^2

$$\eta = \frac{R \cdot A}{V \cdot B} = \frac{1 \cdot 342,8 \text{ mm}^2}{25,5 \text{ mm} \cdot 29,7 \text{ mm}} = 0,453 \cong \textbf{45,3 \%}$$

Zweireihige Anordnung

a) $B = b + b' + 2 \cdot a_2 + e =$
$= 26$ mm $+ 8,2$ mm $+ 2 \cdot 2,2$ mm $+ 1,5$ mm $=$ **40,1 mm**

b) $V = l + e = 24$ mm $+ 1,5$ mm $=$ **25,5 mm**

c) $\eta = \dfrac{R \cdot A}{V \cdot B} = \dfrac{2 \cdot 342,8 \text{ mm}^2}{25,5 \text{ mm} \cdot 40,1 \text{ mm}} = 0,67 \cong \textbf{67 \%}$

d) $\Delta\eta = \dfrac{100 \% \cdot (0,67 - 0,453)}{0,453} = 47,9 \% \approx \textbf{48 \%}$

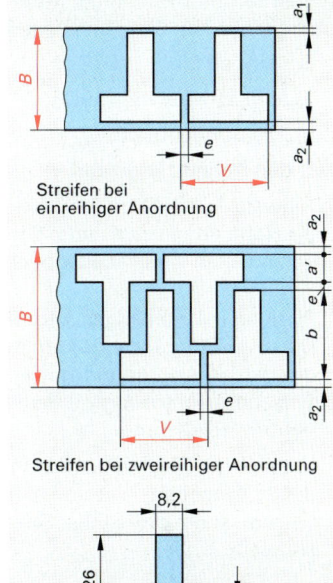

Streifen bei einreihiger Anordnung

Streifen bei zweireihiger Anordnung

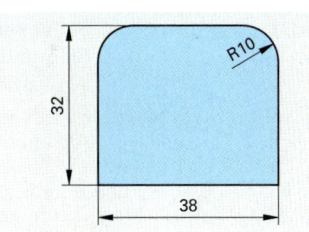

Bild 1: Isolierstücke

Aufgaben | Streifenausnutzung

1. Scheiben. Aus Stahlblech sind Scheiben mit 36 mm Außendurchmesser einreihig auszuschneiden. Die Steg- und Randbreiten betragen je 2,1 mm. Wie groß sind

a) die Streifenbreite B,

b) der Streifenvorschub V,

c) der Ausnutzungsgrad η?

2. Schilder (Bild 2). Aus 0,8 mm dickem Aluminiumblech sollen Schilder einreihig ausgeschnitten werden. Die Steg- und Randbreiten betragen jeweils 0,1 mm. Berechnen Sie

a) die Streifenbreite B,

b) den Streifenvorschub V,

c) den Ausnutzungsgrad η.

3. Klemme (Bild 3). Zur Herstellung von Klemmen sind Teile aus 0,75 mm dickem Stahlblech auszuschneiden. Die Symmetrieachse der Klemmen soll dabei senkrecht zum Vorschub liegen. Berechnen Sie die Streifenbreite, den Streifenvorschub und den Ausnutzungsgrad

a) für einreihige Anordnung mit Steg- und Randbreiten von jeweils 0,9 mm,

b) für zweireihige Anordnung mit Stegbreiten von 1,8 mm und Randbreiten von 0,9 mm.

c) Um wie viel Prozentpunkte erhöht sich der Ausnutzungsgrad bei zweireihiger Anordnung gegenüber der einreihigen Anordnung?

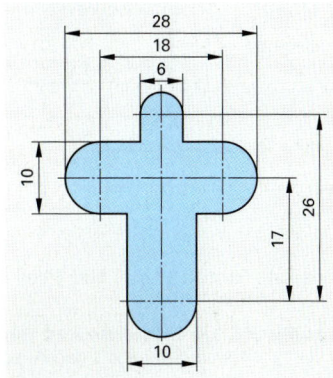

Bild 2: Schilder

Bild 3: Klemme

4. **Platinen in zweireihiger Anordnung (Bild 1).** Aus einem Blech-
● streifen sollen Platinen ausgeschnitten werden.

Berechnen Sie

a) den Streifenvorschub V,

b) die Streifenbreite B,

c) den Ausnutzungsgrad η.

Hinweis: Für die Streifenbreite ist zunächst der Reihenabstand a_R als Höhe im gleichseitigen Dreieck ABC zu berechnen. Steg- und Randbreiten sind Tabellenbüchern zu entnehmen.

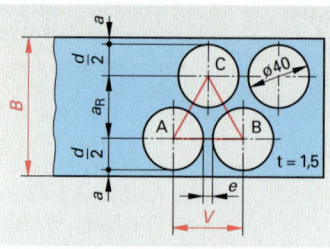

● **Bild 1: Platinen zweireihig**

5. **Platinen in dreireihiger Anordnung mit Seitenschneider (Bild 2).**
● Die in der Aufgabe 4. zu ermittelnden Werte a) bis c) sind für eine dreireihige Anordnung mit einem geraden Seitenschneider zur Vorschubbegrenzung zu berechnen. Der Seitenschneiderabfall beträgt $i = 2,2$ mm.

Vergleichen Sie die Ausnutzungsgrade der 4. Aufgabe mit denen dieser Aufgabe.

Warum ist der dreireihige Streifen mit Seitenschneider hier nicht sinnvoll?

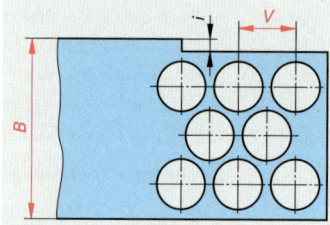

● **Bild 2: Platinen dreireihig**

4.8.4 | Zuschnittermittlung bei Biegeteilen

Bei Biegeteilen sind für die Abmessungen der Zuschnitte die gestreckten Längen zu ermitteln **(Bild 3)**.

Bezeichnungen:

L	gestreckte Länge	mm
$l_1, l_2, l_3, ...$	Schenkellängen	mm
r	Biegeradius	mm
s	Werkstückdicke	mm
v	Ausgleichswert	mm
n	Anzahl der Biegestellen	–

Bei kleinen Biegeradien entspricht die gestreckte Länge L nicht der Länge der neutralen Faser. Für 90°-Biegewinkel muss die gestreckte Länge bei kleinen Biegeradien über die Schenkellängen und den Ausgleichswert v berechnet werden **(Tabelle 1).**

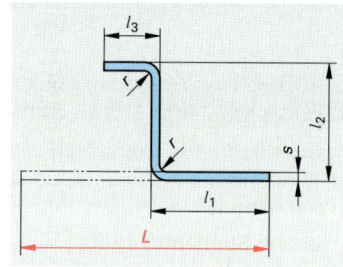

Bild 3: Zuschnitt beim Biegen

Gestreckte Länge bei 90°-Biege-winkel

$$L = l_1 + l_2 + l_3 + ... - n \cdot v$$

Tabelle 1: Ausgleichswert v in mm für 90°-Biegewinkel								
Biegeradius r in mm	Dicke s in mm							
	1	1,5	2	2,5	3	3,5	4	5
1	1,9	–	–	–	–	–	–	–
2,5	2,4	3,2	4,0	4,8	–	–	–	–
4	3,0	3,7	4,5	5,2	6,0	6,9	–	–
6	3,8	4,5	5,2	5,9	6,7	7,5	8,3	9,9

Beispiel: Für den Winkel **Bild 4** soll die gestreckte Länge L berechnet werden.

Lösung: Für die Blechdicke $s = 2$ mm und den Biegeradius $r = 4$ mm erhält man aus Tabelle 1 den Ausgleichswert $v = 4,5$ mm.

$$L = l_1 + l_2 - n \cdot v = 20 \text{ mm} + 25 \text{ mm} - 1 \cdot 4,5 \text{ mm} = \mathbf{40,5 \text{ mm}}$$

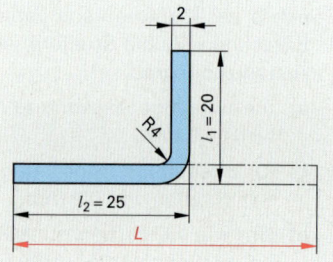

Bild 4: Winkel

Aufgaben | Zuschnittermittlung bei Biegeteilen

1. Gestreckte Längen (Tabelle 1). Für die Teile mit einem 90°-Biegewinkel und den Maßen nach Tabelle 1 sind die gestreckten Längen L zu berechnen.

Tabelle 1: Gestreckte Längen				
Nr.	Werkstoffdicke s in mm	Biegeradius r in mm	Schenkellängen in mm l_1	l_2
a	1,0	1,0	16	22
b	1,5	2,5	62	120
c	2,5	4,0	82	76

2. Winkel (Bild 1). Der Winkel soll aus 3 mm dickem Stahlblech gebogen werden.

Wie groß ist die gestreckte Länge L?

3. Halter (Bild 2). Berechnen Sie die gestreckte Länge L des Halters.

4. Kastenprofil (Bild 3). Aus einem 4 mm dicken Blechstreifen soll das Kastenprofil gebogen werden. Für die Schweißnaht ist ein Spalt von 2 mm vorgesehen.

Wie lang muss der Zuschnitt des Streifens sein?

5. Rohrschelle (Bild 4). Für die Rohrschelle ist die gestreckte Länge
● zu berechnen. Dabei ist die Länge des Bogens mit dem Radius 22 mm über die neutrale Faser zu ermitteln.

6. Befestigungwinkel (Bild 5). Für den Befestigungswinkel sind
● a) die Maße für den Zuschnitt zu berechnen, wenn alle Biegeradien 2,5 mm betragen,

   b) das ausgeschnittene, noch nicht gebogene Teil im Maßstab 2:1 zu skizzieren.

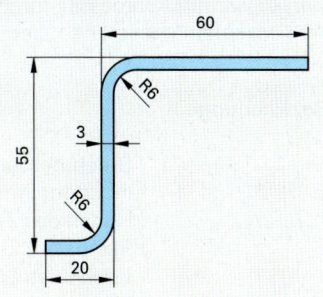

Bild 1: Winkel

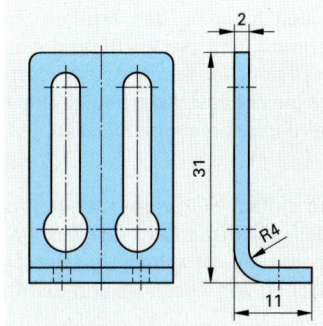

Bild 2: Halter

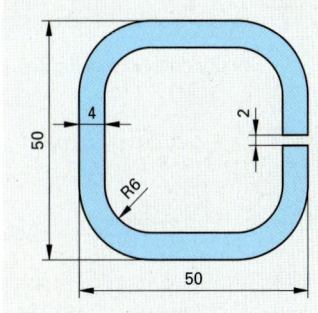

Bild 3: Kastenprofil

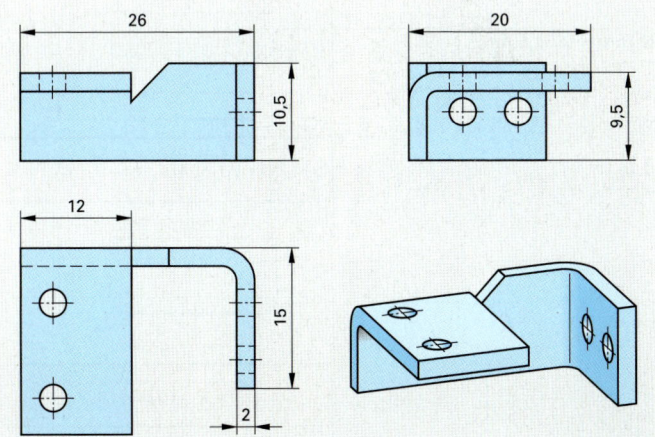

● **Bild 5: Befestigungswinkel**

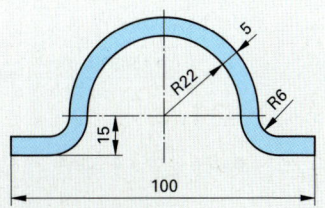

● **Bild 4: Rohrschelle**

4.8.5 | Zuschnittdurchmesser beim Tiefziehen

Der Zuschnittdurchmesser für zylindrische Ziehteile wird aus den Abmessungen des fertigen Ziehteils berechnet **(Bild 1)**.

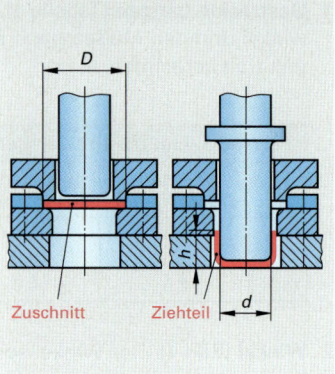

Bezeichnungen:

D	Durchmesser des Zuschnittes	mm
$d, d_1, d_2, \ldots$	Innendurchmesser des Ziehteiles	mm
$h, h_1, h_2, \ldots$	Höhen des Ziehteiles	mm
r	Radius am Ziehteil	mm
A	Fläche des Zuschnittes	mm^2
A_1	Innenmantelfläche des Ziehteiles	mm^2

Bild 1: Tiefziehen

Die ebene Fläche A des Zuschnittes ist annähernd gleich der Innenmantelfläche A_1 des fertigen Ziehteiles. Zur Ermittlung des Zuschnittdurchmessers muss deshalb zunächst die Innenmantelfläche des Ziehteiles berechnet werden und dann der Fläche des Zuschnittes gleichgesetzt werden. Kleine Radien, die fertigungsbedingt sind, werden dabei vernachlässigt.

Für einfache Grundformen von zylindrischen Ziehteilen gibt es Formeln zur Ermittlung des Zuschnittdurchmessers D **(Bild 2)**. Sie ersparen die oft schwierige Berechnung über die Gleichsetzung der Flächen von Zuschnitt und Ziehteil.

Beispiel: Für einen Napf (Bild 1) mit dem Innendurchmesser d = 55 mm und der Höhe h = 20 mm soll der Zuschnittdurchmesser D berechnet werden

a) über das Gleichsetzen der Flächen für Zuschnitt und Ziehteil,

b) über die Formel für den Zuschnittdurchmesser aus Bild 2.

Lösung: a) $A_1 = \dfrac{\pi \cdot d^2}{4} + \pi \cdot d \cdot h$

$= \dfrac{\pi \cdot (55 \text{ mm})^2}{4} + \pi \cdot 55 \text{ mm} \cdot 20 \text{ mm} = 5831{,}6 \text{ mm}^2$

$A = A_1$

$A = \dfrac{\pi \cdot D^2}{4}; \quad D = \sqrt{\dfrac{4 \cdot A}{\pi}}$

$D = \sqrt{\dfrac{4 \cdot 5831{,}6 \text{ mm}^2}{\pi}} = \mathbf{86{,}2 \text{ mm}}$

b) $D = \sqrt{d^2 + 4 \cdot d \cdot h}$

$= \sqrt{(55 \text{ mm}^2) + 4 \cdot 55 \text{ mm} \cdot 20 \text{ mm}} = \mathbf{86{,}2 \text{ mm}}$

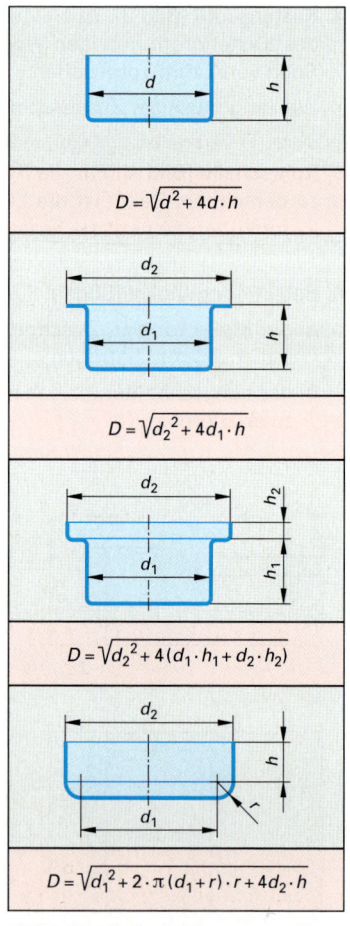

$$D = \sqrt{d^2 + 4 d \cdot h}$$

$$D = \sqrt{d_2{}^2 + 4 d_1 \cdot h}$$

$$D = \sqrt{d_2{}^2 + 4 (d_1 \cdot h_1 + d_2 \cdot h_2)}$$

$$D = \sqrt{d_1{}^2 + 2 \cdot \pi (d_1 + r) \cdot r + 4 d_2 \cdot h}$$

Bild 2: Zuschnittdurchmesser zylindrischer Ziehteile

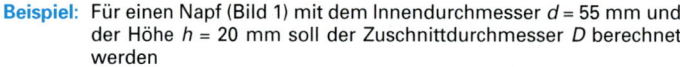

4.8.6 | Ziehstufen und Ziehverhältnisse

Das Umformungsvermögen eines Werkstoffes beim Tiefziehen ist begrenzt. Deshalb muss oft in mehreren Zügen (Stufen) umgeformt werden (Bild 1).

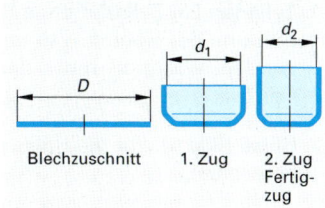

Bild 1: Tiefziehen in 2 Zügen

Bezeichnungen:

D	Zuschnittdurchmesser	mm
$d_1, d_2, \dots$	Stempeldurchmesser für den 1., 2., … Zug	mm
$\beta_1, \beta_2, \dots$	Ziehverhältnis für den 1., 2., … Zug	–

Das Ziehverhältnis β gibt das Verhältnis des Durchmessers des Teiles vor dem Ziehvorgang zum Durchmesser nach dem Ziehvorgang an. Es darf maximal zulässige Werte nicht überschreiten. Die Werte sind vom Werkstoff, von den Abmessungen, der Form und einer möglichen Wärmebehandlung des Werkstückes abhängig. Sie werden durch Versuche ermittelt.

Für das Ziehen zylindrischer Teile sind in **Tabelle 1** für einige Werkstoffe maximal zulässige Ziehverhältnisse angegeben. Sie wurden an Teilen mit 100 mm Durchmesser und 1 mm Dicke ohne Zwischenglühen ermittelt. Für andere Abmessungen ändern sich die Werte geringfügig.

Die Stempeldurchmesser der Zwischenzüge werden über die jeweils zulässigen Ziehverhältnisse schrittweise berechnet. Im Fertigzug muss der so berechnete Stempeldurchmesser kleiner oder gleich dem des Fertigteiles sein. Aus dieser Berechnung ergibt sich dann auch, wieviele Züge mindestens erforderlich sind.

Man wählt die Stempeldurchmesser so, dass die Werte der tatsächlichen Ziehverhältnisse unter denen der maximal zulässigen Ziehverhältnisse liegen.

Ziehverhältnis beim 1. Zug

$$\beta_1 = \frac{D}{d_1}$$

Ziehverhältnis beim 2. Zug

$$\beta_2 = \frac{d_1}{d_2}$$

Ziehverhältnis beim 3. Zug

$$\beta_3 = \frac{d_2}{d_3}$$

Beispiel: Eine zylindrische Hülse **(Bild 2)** aus DC04 mit dem Innendurchmesser $d = 50$ mm und der Länge $l = 65$ mm soll durch Tiefziehen hergestellt werden.

Zu ermitteln sind

a) der Zuschnittdurchmesser D,
b) die erforderliche Anzahl der Züge mit den jeweiligen Stempeldurchmessern nach Tabelle 1.

Lösung: a) $D = \sqrt{d^2 + 4 \cdot d \cdot h} = \sqrt{(50 \text{ mm})^2 + 4 \cdot 50 \text{ mm} \cdot 65 \text{ mm}}$

$$= 124{,}5 \text{ mm} \approx \textbf{125 mm}$$

b) nach Tabelle 1: $\beta_1 = 2{,}0$; $\beta_2 = 1{,}3$

$$\beta_1 = \frac{D}{d_1}; \quad d_1 = \frac{D}{\beta_1} = \frac{125 \text{ mm}}{2{,}0} = \textbf{62,5 mm}$$

$$\beta_2 = \frac{d_1}{d_2}; \quad d_2 = \frac{d_1}{\beta_2} = \frac{62{,}5 \text{ mm}}{1{,}3} = \textbf{48 mm}$$

Da der Durchmesser d_2 kleiner als der Ziehteildurchmesser d ist, kann in **2 Zügen** gezogen werden.

Tabelle 1: Maximal zulässige Ziehverhältnisse ohne Zwischenglühen		
Werkstoff	β_1	β_2
DC01	1,8	1,2
DC04	2,0	1,3
Cu	2,1	1,3
EN AW-Al99,5	2,1	1,0
EN AW-AlMg 1	1,9	1,3

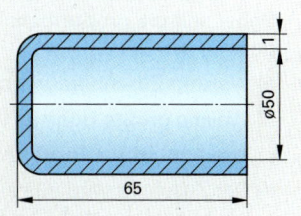

Bild 2: Hülse

Aufgaben | Zuschnittdurchmesser, Ziehstufen und Ziehverhältnisse

1. **Zylinder.** Ein Zylinder ohne Rand mit dem Durchmesser $d = 45$ mm und der Höhe $h = 40$ mm soll durch Tiefziehen hergestellt werden. Wie groß muss der Durchmesser D des Zuschnittes sein?

2. **Hülse (Bild 1).** Für die Hülse ist der Zuschnittdurchmesser D zu berechnen.

3. **Kugelhalbschale (Bild 2).** Berechnen Sie den Zuschnittdurchmesser D für die Kugelhalbschale

4. **Filtereinsatz (Bild 3).** Für den Filtereinsatz ist der Zuschnittdurchmesser zu berechnen.

5. **Napf.** Eine Ronde aus EN AW-Al 99,5 soll vom Zuschnittdurchmesser 140 mm auf einen Napf ohne Rand mit 100 mm Durchmesser gezogen werden.

   a) Wie groß ist das Ziehverhältnis?

   b) Kann der Napf in einem Zug gezogen werden.

6. **Ziehteildurchmesser.** Auf welchen kleinsten Ziehteildurchmesser kann ein Zuschnitt aus kaltgewalztem Blech DC01 mit einem Durchmesser von 117 mm in einem Zug ohne Rand gezogen werden?

7. **Zylinder.** Ein Zylinder ohne Rand mit 20 mm Durchmesser und 30 mm Höhe ist aus DC04 tiefzuziehen.

   a) Wie groß muss der Zuschnittdurchmesser sein?

   b) Wieviel Züge sind erforderlich?

8. **Relaisgehäuse.** Ein zylindrisches Relaisgehäuse ohne Rand aus EN AW-Al 99,5 soll durch Tiefziehen hergestellt werden. Der Durchmesser beträgt 15 mm, die Höhe 60 mm.

   a) Wie groß muss der Zuschnittdurchmesser sein?

   b) Wie groß sind die Stempeldurchmesser der Zwischenzüge und wie viele Züge sind erforderlich?
   Die maximal zulässigen Ziehverhältnisse sind $\beta_1 = 2{,}1$, $\beta_2 = 1{,}6$ und $\beta_3 = 1{,}4$.

   c) Wie groß ist das Ziehverhältnis beim Fertigzug?

9. **Kegeleinsatz (Bild 4).** Wie groß muss der Zuschnittdurchmesser für den Kegeleinsatz sein?

10. **Behälter.** Ein zylindrischer Kupferbehälter ohne Rand soll in einem Zug auf einen Durchmesser von 74 mm gezogen werden. Dabei soll die größtmögliche Höhe des Behälters erreicht werden.

    a) Welcher Zuschnittdurchmesser ist erforderlich?

    b) Welche größte Höhe ist möglich?

    c) Wie groß ist der Blechbedarf für einen Behälter?

    d) Der Zuschnitt wird aus einem 160 mm breiten Streifen einreihig ausgeschnitten. Die Stegbreite beträgt 2,5 mm. Wie groß ist der Ausnutzungsgrad in Prozent?

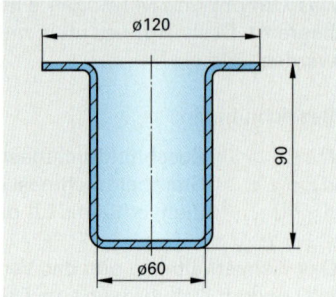

Bild 1: Hülse

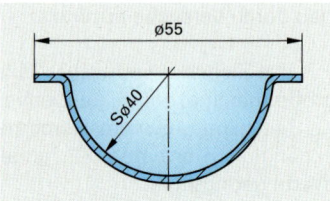

Bild 2: Kugelhalbschale

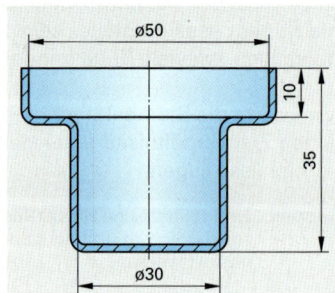

Bild 3: Filtereinsatz

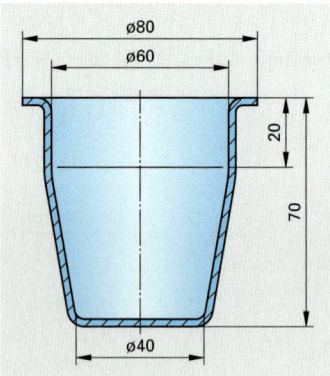

Bild 4: Kegeleinsatz

4.8.7 │ Exzenter- und Kurbelpressen

Der Einsatz mechanischer Pressen wird durch die Nenn-Presskraft und das Arbeitsvermögen der Maschinen begrenzt.

Bezeichnungen:

F_n	Nenn-Presskraft	kN	F	Schneidkraft,	N
H	Hub	mm		Umformkraft	
h	Arbeitshub	mm	W	Schneidarbeit,	N · m
r	Kurbelradius	mm		Umformarbeit	
α	Kurbelwinkel	°	S	Scherfläche	mm²
W_D	Arbeitsvermögen	N · m	τ_{aBmax}	maximale	N/mm²
	im Dauerhub			Scherfestigkeit	
W_E	Arbeitsvermögen	N · m	s	Blechdicke	mm
	im Einzelhub				

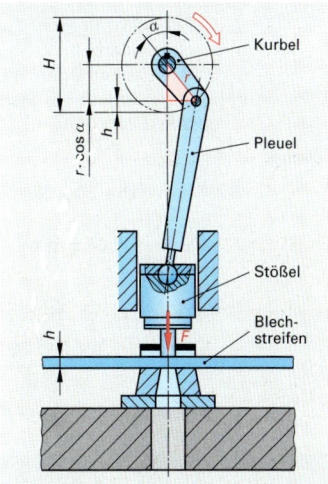

Bild 1: Pressenantrieb

■ Pressenauswahl

Die Antriebe mechanischer Pressen **(Bild 1)** sind in der Regel so ausgelegt, dass

- der Arbeitsbereich im Kurbelwinkelbereich $\alpha = 30°$ liegt,
- die Nenn-Presskraft F_n über den ganzen Arbeitshub h verfügbar ist,
- das Arbeitsvermögen W_D (W_E) als Umformarbeit W genutzt werden kann.

Das Arbeitsvermögen hängt von der Nenn-Presskraft F_n, dem Hub H und der Betriebsart der Presse **(Tabelle 1)** ab.

Tabelle 1: Betriebsarten/Arbeitsvermögen von Pressen

Betriebsart	Erläuterung, Arbeitsvermögen
Dauerhub	Die Presse arbeitet ohne Unterbrechung mit automatischem Vorschub. Bei jedem Arbeitshub kann die Presse eine Umformarbeit $W = F_n \cdot h$ abgeben. Diese Arbeit bezeichnet man als das Arbeitsvermögen W_D. Nach Bild 1 ist $h = r - r \cdot \cos 30° = r \cdot (1 - \cos 30°)$. Für $r = H/2$ erhält man das Arbeitsvermögen: $$W_D = F_n \cdot \frac{H}{2} \cdot (1 - \cos 30°) = F_n \cdot \frac{H}{2} \cdot 0{,}134 \approx \frac{F_n \cdot H}{15}$$
Einzelhub	Die Presse wird nach jedem Hub stillgesetzt. Arbeitsvermögen $W_E = 2 \cdot W_D$

Für einen störungsfreien Einsatz mechanischer Pressen müssen folgende Bedingungen erfüllt sein:

- die Umformkraft F darf die Nenn-Presskraft F_n nicht übersteigen
- die Umformarbeit W darf das Arbeitsvermögen W_D bzw. W_E der Maschine nicht übersteigen.

■ Schneidarbeit

Die zur Werkstofftrennung erforderliche Kraft wird durch Versuche ermittelt und in Abhängigkeit der Blechdicke s grafisch dargestellt **(Bild 2)**. Die Schneidkraft $F = S \cdot \tau_{aBmax}$ (siehe Seite 210) ist die maximale Trennkraft.

Die Fläche unter der Kraft-Hub-Linie entspricht der Schneidarbeit W. Sie kann näherungsweise durch ein flächengleiches Rechteck $W = 2/3 \cdot F \cdot s$ ersetzt werden.

Arbeitsvermögen im Dauerhub

$$W_D = \frac{F_n \cdot H}{15}$$

Arbeitsvermögen im Einzelhub

$$W_E = 2 \cdot W_D$$

Einsatzbedingungen

$$F \le F_n$$
$$W \le W_D \text{ oder } W \le W_E$$

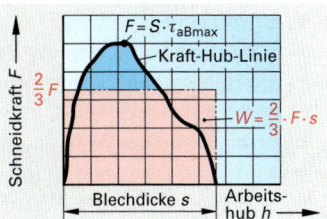

Bild 2: Schneidkraftverlauf

Schneidarbeit

$$W = \frac{2}{3} \cdot F \cdot s$$

Beispiel: Formstücke **Bild 1** sollen auf einer Exzenterpresse mit der Nenn-Presskraft F_n = 250 kN und dem Hub H = 30 mm im Dauerhub hergestellt werden.

Zu bestimmen sind
a) die Schneidkraft F bei τ_{aBmax} = 408 N/mm²,
b) die Schneidarbeit W,
c) das Arbeitsvermögen W_D der Presse im Dauerhub.
d) Kann die Presse zur Herstellung der Formstücke im Dauerhub eingesetzt werden?

Lösung: a) $F = \tau_{aBmax} \cdot S$

$$S = 4 \text{ mm} \cdot \left(25 + 30 + 25 + \frac{\pi \cdot 30}{2}\right) \text{mm} = 508{,}5 \text{ mm}^2$$

$$F = 408 \, \frac{N}{mm^2} \cdot 508{,}5 \text{ mm}^2 = 207466{,}2 \text{ N} = \mathbf{207{,}468 \text{ kN}}$$

b) $W = \dfrac{2}{3} \cdot F \cdot s = \dfrac{2}{3} \cdot 207{,}468 \text{ kN} \cdot 4 \text{ mm} = \mathbf{553{,}24 \text{ N} \cdot \text{m}}$

c) $W_D = \dfrac{F_n \cdot H}{15} = \dfrac{250 \text{ kN} \cdot 30 \text{ mm}}{15} = \mathbf{500 \text{ N} \cdot \text{m}}$

d) $F < F_n$ aber $W > W_D$; der Betrieb ist im Dauerhub nicht möglich!

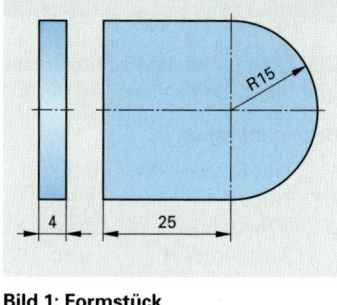

Bild 1: Formstück

Aufgaben | Exzenter- und Kurbelpressen

1. Sicherungsblech (Bild 2). Auf einem Stanzautomaten mit der Nenn-Presskraft F_n = 40 kN und dem Hub H = 20 mm sollen Sicherungsbleche aus DC04 hergestellt werden.

Wie groß sind
a) die Schneidkraft F bei τ_{aBmax} = 280 N/mm²,
b) die Schneidarbeit W,
c) das Arbeitsvermögen W_D des Stanzautomaten?
d) Kann die Presse zur Herstellung der Sicherungsbleche im Dauerhub eingesetzt werden?

2. Scheibe (Bild 3). Zur Herstellung von Scheiben aus S235JR stehen zwei Umformautomaten nach **Tabelle 1** zur Auswahl.

Zu bestimmen sind
a) Schneidkraft F bei τ_{aBmax} = 376 N/mm²,
b) die Schneidarbeit W,
c) der geeignete Stanzautomat.

3. Warmumformung. Eine Exzenterpresse mit der Nenn-Presskraft F = 400 kN und dem Hub H = 40 mm wird im Einzelhub zur Warmumformung eingesetzt.

Wie groß sind
a) das Arbeitsvermögen W_E der Presse,
b) die zulässige mittlere Umformkraft F bei H = 14 mm Umformweg?

4. Fließpressrohlinge. Auf einem Stanzautomaten mit der Nenn-Presskraft F_n = 80 kN und dem Hub H = 20 mm werden zylindrische Scheiben aus EN AW-Al99,5 mit der Dicke t = 3,5 mm als Fließpressrohlinge hergestellt.

Zu ermitteln sind
a) das Arbeitsvermögen W_D der Presse,
b) die Schneidkraft F,
c) die maximale Scherfestigkeit τ_{aBmax} bei einer Zugfestigkeit R_m = 60 ... 95 N/mm².
d) Bis zu welchem Scheibendurchmesser d ist der Automat im Dauerhub einsetzbar.

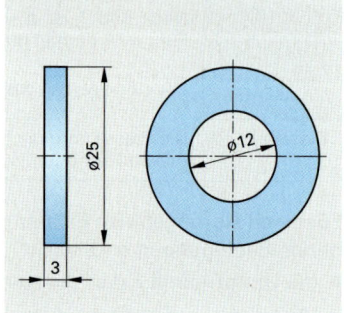

Bild 2: Sicherungsblech

Bild 3: Scheibe

Tabelle 1: Umformautomaten		
Umform-automat	Presskraft F_n in kN	Hub H in mm
A	160	15
B	250	30

4.8.8 | Rückfedern beim Biegen

In der Biegezone werden die Werkstoffe elastisch und plastisch verformt. Nach dem Biegevorgang bewirkt die elastische Verformung eine Rückfederung um den Winkel ε (**Bild 1**). Der Rückfederungswinkel nimmt zu mit

- dem Biegewinkel,
- der Streckgrenze des Werkstoffes,
- dem Biegeradius,
- der Blechdicke.

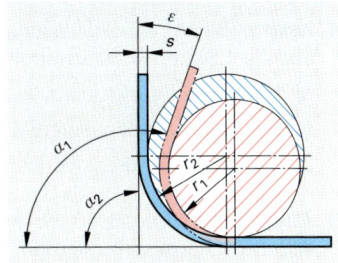

Bild 1: Winkel und Radien beim Biegen

Bezeichnungen:

α_1	Winkel am Biegewerkzeug	°
α_2	Biegewinkel (am Werkstück)	°
ε	Rückfederungswinkel	°
s	Blechdicke	mm
r_1	Radius am Biegewerkzeug	mm
r_2	Biegeradius am Werkstück	mm
k_R	Rückfederungsfaktor	–

Um maßgenaue Biegeteile zu erhalten, müssen die Werkstücke um den Rückfederungswinkel ε überbogen werden, damit die Rückfederung ausgeglichen wird. Der Rückfederungsfaktor k_R berücksichtigt den Werkstoff der Biegeteile sowie das Verhältnis Biegeradius r_s zu Blechdicke s. Er kann **Tabelle 1** oder dem Diagramm **Bild 3** entnommen werden.

Um eine Überbiegung um den Rückfederungswinkel ε zu ermöglichen, muß der Radius r_1 am Biegewerkzeug kleiner als der Biegeradius r_2 am Werkstück sein.

Beispiel: Für den Winkel **Bild 2** aus X12CrNi18-8 sind zu ermitteln

    a) der Rückfederungsfaktor k_R,

    b) der Winkel am Biegewerkzeug α_1,

    c) der Radius am Biegewerkzeug r_1.

Lösung: a) $\dfrac{r_2}{s} = \dfrac{10\ mm}{2,5\ mm} = 4$; aus Tabelle 1: $k_R = \mathbf{0,95}$

      b) $\alpha_1 = \dfrac{\alpha_2}{k_R} = \dfrac{90°}{0,95} = 94,7° \approx \mathbf{95°}$

      c) $r_1 = k_R \cdot (r_2 + 0,5 \cdot s) - 0,5 \cdot s$

          $= 0,95 \cdot (10\ mm + 0,5 \cdot 2,5\ mm) - 0,5 \cdot 2,5\ mm$

          $= \mathbf{9,4\ mm}$

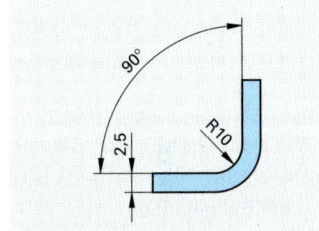

Bild 2: Winkel

Winkel am Biegewerkzeug

$$\alpha_1 = \frac{\alpha_2}{k_R}$$

Radius am Werkzeug

$$r_1 = k_R \cdot (r_2 + 0,5 \cdot s) - 0,5 \cdot s$$

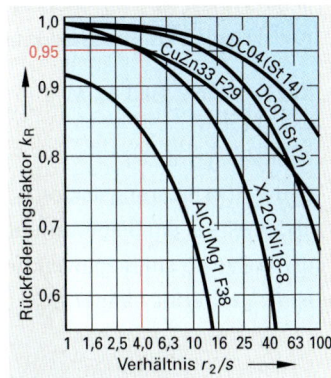

Bild 3: k_R-Diagramm

Tabelle 1: Rückfederungsfaktor k_R beim Biegen											
Werkstoff	**Rückfederungsfaktor k_R für Verhältnis $r_2 : s$**										
	1	1,6	2,5	4	6,3	10	16	25	40	63	100
DC04 (St 14)	0,99	0,99	0,99	0,98	0,97	0,97	0,96	0,94	0,91	0,87	0,83
DC01 (St 12)	0,99	0,99	0,99	0,97	0,96	0,96	0,93	0,90	0,85	0,77	0,66
X12CrNi18-8	0,99	0,98	0,97	0,95	0,93	0,89	0,84	0,76	0,63	–	–
CuZn33F29	0,97	0,97	0,96	0,95	0,94	0,93	0,89	0,86	0,83	0,77	0,73
AlCuMg1F38	0,98	0,98	0,98	0,98	0,97	0,97	0,96	0,95	0,93	0,91	0,87

Aufgaben | Rückfedern beim Biegen

1. Lasche (Bild 1). Für die Lasche aus CuZn33F29 sind mit Hilfe der Tabelle 1 Seite 167 zu ermitteln

a) der Rückfederungsfaktor k_R,

b) der Radius am Biegewerkzeug,

c) der Winkel am Biegewerkzeug.

2. Abdeckblech (Bild 2). Für ein Messgerät sollen Abdeckbleche aus AlCuMg1 hergestellt werden. Berechnen Sie mit Hilfe des Diagramms Bild 3 Seit 167

a) den Rückfederungsfaktor k_R,

b) die Radien am Biegewerkzeug,

c) die Winkel am Biegewerkzeug.

3. Befestigungswinkel (Bild 3) und Rohrschelle (Bild 4). Wie groß sind für den Befestigungswinkel aus X12CrNi18-8 und die Rohrschelle aus DCO1 (St 12)

a) die Biegewinkel,

b) der Rückfederungsfaktor k_R,

c) die Winkel am Biegewerkzeug,

d) die Radien am Biegewerkzeug?

4. Wandhaken (Bild 5). Berechnen Sie für den Wandhaken aus CuZn33F29 für die Biegewinkel 45° und 23° mit Hilfe der Tabelle 1 Seite 167

a) die Biegewinkel,

b) den Rückfederungsfaktor k_R,

c) die Winkel am Biegewerkzeug,

d) die Radien am Biegewerkzeug.

5. Kleiderhaken (Bild 6). Wie groß sind für den Kleiderhaken aus DCO1 (St 12)

a) die Biegewinkel,

b) der Rückfederungsfaktor k_R,

c) die Winkel am Biegewerkzeug,

d) die Radien am Biegewerkzeug,

e) die gestreckte Länge?

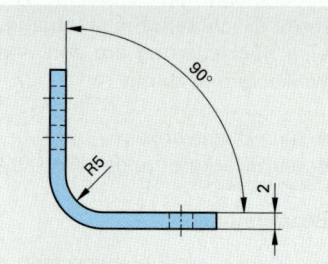

Bild 1: Lasche

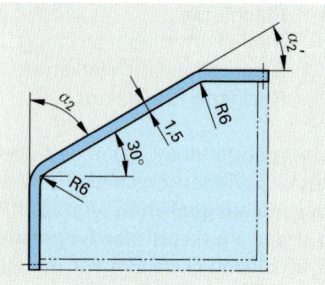

Bild 2: Abdeckblech

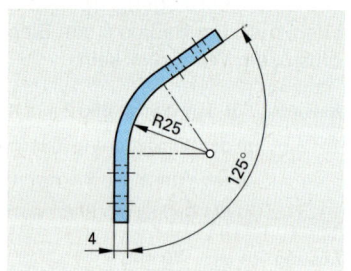

Bild 3: Befestigungswinkel

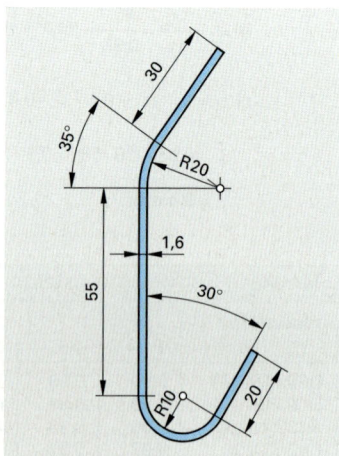

Bild 6: Kleiderhaken

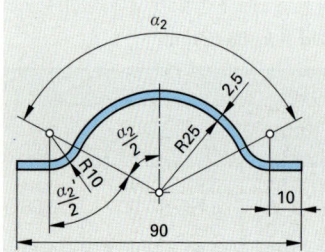

Bild 4: Rohrschelle

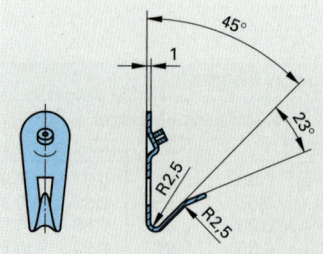

Bild 5: Wandhaken

4.8.9 | Volumenänderung beim Umformen

Beim Umformen durch Pressen oder Schmieden ist das Anfangsvolumen V_a des Vormaterials gleich dem Endvolumen V_e des Fertigteils, wenn dabei kein Grat oder Abbrand entsteht. Da es aber oft Grat- oder Abbrandverluste gibt, muss beim Berechnen des notwendigen Anfangsvolumens der Werkstoffverlust mit einem Zuschlag $q \cdot V_e$ zum Volumen des Fertigteiles berücksichtigt werden.

Bezeichnungen (Bild 1):

V_a	Anfangsvolumen	cm³	q	Zuschlagsfaktor für Grat-
V_e	Endvolumen	cm³		verluste oder Abbrand –

Beispiel: Nockenwellen **(Bild 2)** werden im Gelenk geschmiedet. Sie haben ein Volumen $V_e = 1000$ cm³.

a) Wie groß ist der Zuschlagsfaktor q, wenn das Volumen des Grates 60 cm³ beträgt?

b) Welche Länge muss der 40 mm dicke zylindrische Ausgangsstab haben?

Lösung: a) $q = 60 \text{ cm}^3 / 1000 \text{ cm}^3 = 0{,}06 = 6\,\%$

b) $V_a = V_e \cdot (1 + q)$

$A_1 \cdot l_1 = V_e \cdot (1 + q)$

$$l_1 = \frac{V_e \cdot (1 + q)}{A_1} = \frac{V_e \cdot (1 + q)}{\dfrac{\pi}{4} \cdot d^2}$$

$$= \frac{1000 \text{ cm}^3 \cdot (1 + 0{,}06)}{\dfrac{\pi}{4} \cdot (4 \text{ cm}^2)} = \mathbf{84{,}4 \text{ cm} = 844 \text{ mm}}$$

Aufgaben | Rohmaße von Press- und Schmiedeteilen

1. **Achse (Bild 3).** An einen Flachstahl 50 x 30 soll ein 80 mm langer Zapfen mit 25 mm Durchmesser angeschmiedet werden. Bei diesem Umformen entsteht ein Abbrand von 15 %. Welche Länge muss der Flachstahl vor dem Umformen haben?

2. **Hebel (Bild 4).** Ein Hebel aus Stahl wird aus einem rechteckigen Vormaterial durch Gesenkschmieden in zwei Stufen hergestellt. Für den Grat müssen 6 % Werkstoffverlust eingeplant werden. Wie groß sind das Volumen des fertig geschmiedeten Hebels und das notwendige Anfangsvolumen? Bei der Berechnung können Rundungen, Übergänge und Schrägen vernachlässigt werden.

3. **Rundstahlstücke.** An Stücke aus Rundstahl mit 48 mm Durchmesser werden 44 mm hohe Köpfe angestaucht. Dabei entsteht ein Verlust von 5 % des Endvolumens. Gesucht ist der Längenzuschlag am Ausgangsteil für

a) zylindrische Köpfe mit 96 mm Durchmesser,

b) Vierkantköpfe mit 76 mm Schlüsselweite,

c) Sechskantköpfe mit 88 mm Schlüsselweite.

4. **Rohteil für Zahnrad (Bild 5).** Beim Gesenkschmieden des Rohteiles für ein Zahnrad muss für den Grat ein Zuschlagsfaktor von 8 % vorgesehen werden. Zu berechnen sind

a) das Volumen des fertigen Zahnradrohteiles,

b) das Anfangsvolumen des Vormaterials,

c) die Masse des Stahles, die zum Schmieden von 8000 Rohteilen bereitzustellen ist.

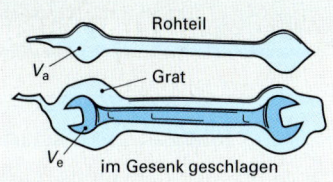

Bild 1: Volumenbezeichnungen beim Umformen

Volumen des Rohteiles

$$V_a = V_e + q \cdot V_e$$
$$V_a = V_e \cdot (1 + q)$$

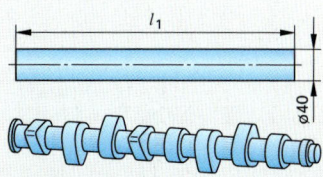

Bild 2: Nockenwelle

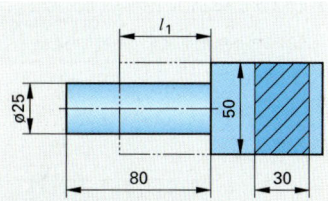

Bild 3: Achse

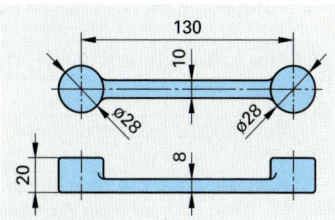

Bild 4: Hebel

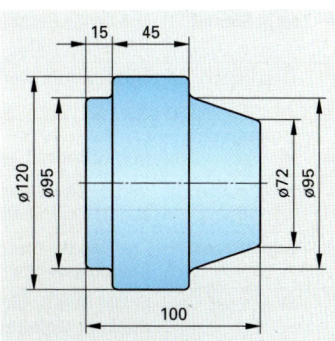

Bild 5: Rohteil für Zahnrad

5 | Fertigungsplanung

5.1 | Vorgabezeit

Die Vorgabezeit steht für die Ausführung eines Auftrages oder für das Belegen eines Betriebsmittels zur Verfügung. Sie wird ermittelt, um Arbeitsabläufe planen, steuern, kontrollieren und entlohnen zu können.

Gliederung der Vorgabezeit nach REFA [1]

Die Vorgabezeit heißt **Auftragszeit,** wenn sie für den arbeitenden Menschen ermittelt wird und **Belegungszeit,** wenn sie auf die Belegung eines Betriebsmittels bezogen ist. Vorgabezeiten werden aus einzelnen Zeiten zusammengesetzt **(Bild 1** und **Tabelle 1).**

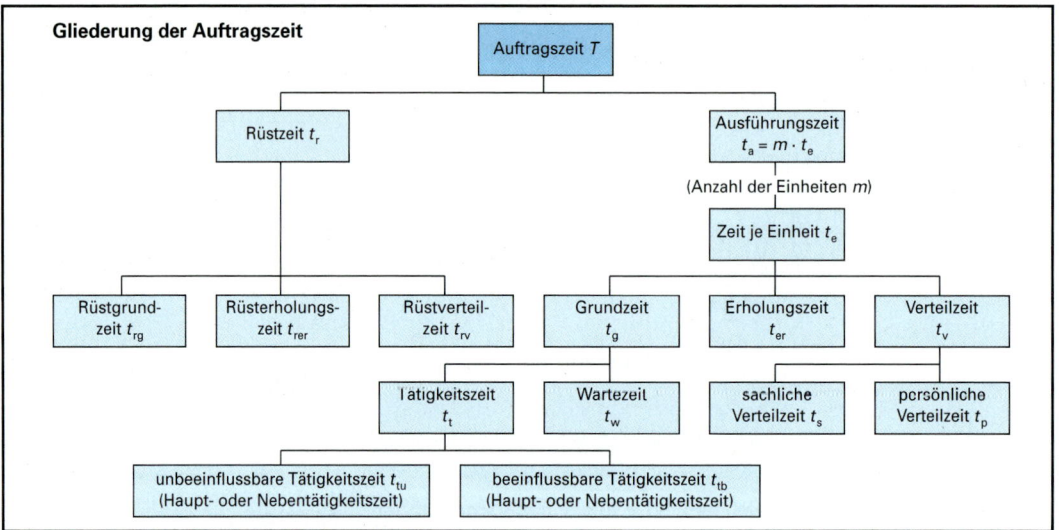

Bild 1: Gliederung der Auftragszeit nach REFA

Tabelle 1: Berechnung der Auftragszeit		
Zeitart	Berechnung	Formel
Auftragszeit T	Sie ist die Summe aus der Rüstzeit t_r und der Ausführungszeit t_a.	$T = t_r + t_a$
Rüstzeit t_r	Die Rüstzeit t_r setzt sich aus der Rüstgrundzeit t_{rg}, der Rüsterholungszeit t_{rer} und der Rüstverteilzeit t_{rv} zusammen.	$t_r = t_{rg} + t_{rer} + t_{rv}$
Ausführungszeit t_a	Sie wird aus der Zeit je Einheit t_e und der Anzahl der Einheiten m berechnet.	$t_a = m \cdot t_e$
Zeit je Einheit t_e	Die Zeit je Einheit t_e setzt sich aus der Grundzeit t_g, der Erholungszeit t_{er} und der Verteilzeit t_v zusammen.	$t_e = t_g + t_{er} + t_v$
Grundzeit t_g	Grundzeiten werden aus der Tätigkeitszeit t_t und der Wartezeit t_w gebildet.	$t_g = t_t + t_w$
Erholungszeit t_{er}	Erholungszeiten werden mit einem prozentualen Zuschlag z_{er} zur zugehörigen Grundzeit angegeben.	$t_{er} = 0{,}01 \cdot z_{er} \cdot t_g$
Verteilzeiten t_v und t_{rv}	Verteilzeiten werden auch mit einem prozentualen Zuschlag z_v bzw. z_{rv} zur zugehörigen Grundzeit berücksichtigt.	$t_v = 0{,}01 \cdot z_v \cdot t_g$ $t_{rv} = 0{,}01 \cdot z_{rv} \cdot t_{rg}$
Tätigkeitszeit t_t	Die Tätigkeitszeit t_t wird aus den unbeeinflussbaren und beeinflussbaren Tätigkeitszeiten gebildet.	$t_t = t_{tb} + t_{tu}$
Wartezeit t_w	In der Wartezeit warten Arbeitende auf das Ende von Arbeitsabschnitten, die ihrer weiteren Tätigkeit vorangehen.	–

[1] REFA – Verband für Arbeitsstudien und Betriebsorganisation e. V.

Beispiel: Gesucht ist die Auftragszeit T für das Drehen von 3 Wellen unter Verwendung von Erfahrungswerten.

Rüsten		Zeiten in min	Ausführen		Zeiten in min
Auftrag rüsten		= 4,5	Tätigkeitszeit	t_t	= 14,7
Maschine rüsten		= 10,0	Wartezeit	t_w	= 3,8
Werkzeuge rüsten		= 12,5	Grundzeit	$t_g = t_t + t_w$	= 18,5
Rüstgrundzeit t_{rg}		= 27,0	Erholungszeit	t_{er} durch t_w abgegolten	–
Rüsterholungszeit	t_{rer} = 4 % von t_{rg}	= 1,1	Verteilzeit	t_v = 8 % von t_g	= 1,5
Rüstverteilzeit	t_{rv} = 15 % von t_{rg}	= 4,1	Zeit je Einheit	$t_e = t_g + t_{er} + t_v$	= 20,0
Rüstzeit	$t_r = t_{rg} + t_{rer} + t_{rv}$	= 32,2	Ausführungszeit	$t_a = m \cdot t_e = 3 \cdot 20,0$	= 60,0
Auftragszeit	$T = t_r + t_a = 32,2 + 60,0 = 92,2$ min ≈ **93 min**				

Der Endwert der Auftragszeit wird auf volle Minuten aufgerundet.

Aufgaben | Vorgabezeit

1. **Schleifen einer Grundplatte.** Für das Schleifen einer Grundplatte wurden folgende Zeiten ermittelt: Rüstzeit t_r = 32 min, Grundzeit t_g = 25 min, Verteilzuschlag 10 % von t_g. Die Erholungszeit t_{er} ist durch die auftretenden Wartezeiten abgegolten.

   Wie groß sind

   a) die Ausführungszeit t_a,

   b) die Auftragszeit T?

2. **Bearbeitung eines Getriebegehäuses.** Ein Getriebegehäuse soll in folgenden Zeiten bearbeitet werden: Unbeeinflussbare Tätigkeitszeit 80 min, beeinflussbare Tätigkeitszeit 18 min, Wartezeit 2 min, Erholungs- und Rüsterholungszeit-Zuschlag je 5 % zur Grundzeit und Rüstgrundzeit, Verteilzeit 10 % der Grundzeit, Rüstgrundzeit 10 min, Rüstverteilzeit 18 % der Rüstgrundzeit.

   Ermitteln Sie

   a) die Tätigkeitszeit t_t,

   b) die Grundzeit t_g,

   c) die Ausführungszeit t_a,

   d) die Rüstzeit t_r,

   e) die Auftragszeit T.

3. **Fräsen von Spannbolzen.** Die Auftragszeit zum Fräsen von Schlitzen in Spannbolzen wird durch die Verwendung einer Vorrichtung von 16,5 min auf 10,0 min gesenkt. Von der eingesparten Zeit entfallen 4,5 min auf die ursprüngliche Rüstzeit von 8,3 min

   a) Wie viel Minuten werden an der Ausführungszeit eingespart?

   b) Wie viel Prozent beträgt die Zeitersparnis bei der Rüstzeit und bei der Ausführungszeit?

4. **Drehen von Wellen.** Die Auftragszeit für das Drehen von 2 Wellen beträgt 42 min. Darin ist eine Rüstzeit von 24,5 min enthalten. Bei einem weiteren Auftrag sind 16 Wellen zu bearbeiten.

   a) Wie groß sind die Ausführungszeit und die Zeit je Einheit (Welle) in beiden Fällen?

   b) Wie groß ist die Auftragszeit für den Auftrag von 16 Wellen?

   c) Wie viel Auftragszeit wird durch die größere Stückzahl bei jeder Welle eingespart?

   d) Wie groß wäre die gesamte Auftragszeit, wenn die 16 Wellen in 8 Einzelaufträgen von je 2 Stück gefertigt würden?

5. **Tabellenaufgabe.** Berechnen Sie die fehlenden Werte der Aufgaben a) bis d).

Tabelle 1: Berechnung von Auftragszeiten nach REFA

Nr.	Zeiten jeweils in Minuten oder in % der Grundzeiten bzw. Rüstgrundzeiten													
	t_{tb}	t_{tu}	t_t	t_w	t_g	z_{er}	z_v	t_e	m	t_a	t_{rg}	z_{rer}	z_{rv}	t_r	T
a	–	–	29	1,5		4 %	8 %		4		–	–	–	13	
b	4,2	3,9		1,4		3 %	10 %		50		15	3 %	12 %		
c	10		18,2	2,5		–	7 %		11		37	4 %	10 %		
d	82		135	–	135	2 %		150		750	300	5 %			1100

5.2 | Hauptnutzungszeit

Während der Hauptnutzungszeit werden Werkstücke planmäßig verändert. Beim Spanen mit automatischem Vorschub hängt die Hauptnutzungszeit von den Einstellwerten der Maschine, z.B. von der Schnittgeschwindigkeit, dem Vorschub und der Anzahl der Schnitte, ab.

5.2.1 | Hauptnutzungszeit beim Drehen

■ Drehen mit konstanter Drehzahl

Bezeichnungen:

t_h	Hauptnutzungszeit	min
d	Außendurchmesser	mm
d_1	Innendurchmesser	mm
d_m	mittlerer Durchmesser	mm
l	Werkstücklänge	mm
v_c	Schnittgeschwindigkeit	m/min
v_f	Vorschubgeschwindigkeit	mm/min

l_a	Anlauf	mm
l_u	Überlauf	mm
L	Vorschubweg	mm
n	Drehzahl	1/min
i	Anzahl der Schnitte	–
f	Vorschub	mm

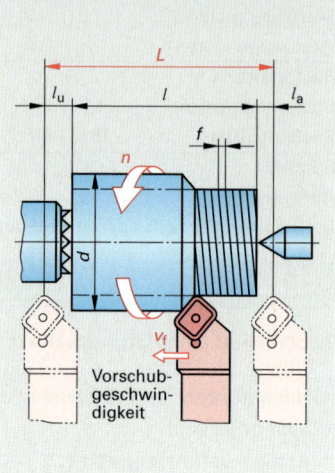

Bild 1: Drehen

Sind beim Drehen die Drehzahl n und der Vorschub f konstant, so gelten für die Berechnung der Hauptnutzungszeit t_h die Gesetze der gleichförmigen Bewegung (**Bild 1**).

$t = \dfrac{s}{v} = \dfrac{L}{v_f}$. Mit $v_f = n \cdot f$ erhält man $t = \dfrac{L}{n \cdot f}$. Werden i Schnitte

ausgeführt, so gilt: Hauptnutzungszeit $t = t_h = \dfrac{L \cdot i}{n \cdot f}$

Der Vorschubweg L setzt sich aus der Werkstücklänge l, dem Anlauf l_a und dem Überlauf l_u zusammen. Bei der Berechnung der **Drehzahl n** werden eingesetzt

- beim Längs-Runddrehen der Außendurchmesser d und
- beim Quer-Plandrehen der mittlere Durchmesser d_m.
  Der mittlere Durchmesser ergibt höhere Drehzahlen und bessere Schnittbedingungen im kleinen Durchmesserbereich.

Die Ermittlung der Drehlänge L, der Drehzahl n und des mittleren Durchmessers d_m erfolgt nach **Tabelle 1**.

Hauptnutzungszeit

$$t_h = \frac{L \cdot i}{n \cdot f}$$

Tabelle 1: Vorschubweg L, Drehzahl n, mittlerer Durchmesser d_m beim Drehen

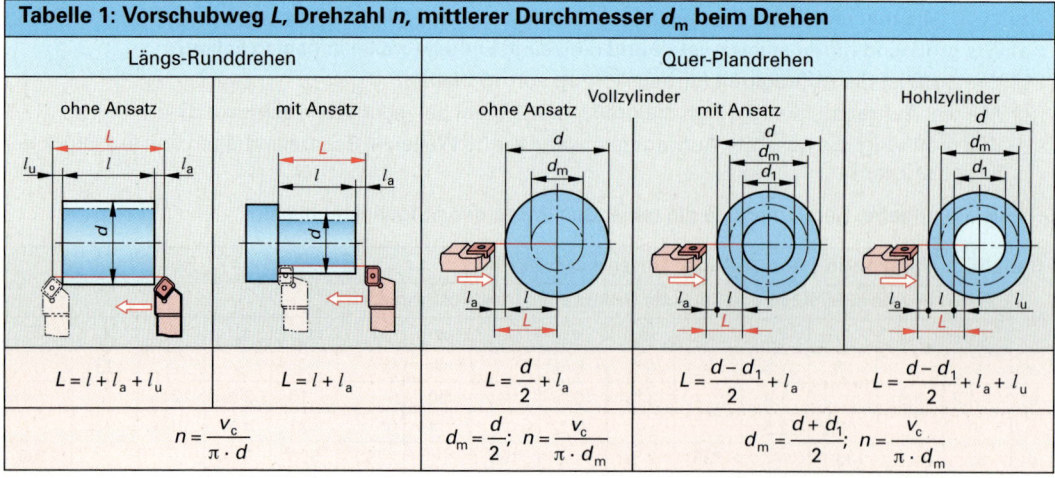

Längs-Runddrehen		Quer-Plandrehen		
ohne Ansatz	mit Ansatz	Vollzylinder ohne Ansatz	mit Ansatz	Hohlzylinder
$L = l + l_a + l_u$	$L = l + l_a$	$L = \dfrac{d}{2} + l_a$	$L = \dfrac{d - d_1}{2} + l_a$	$L = \dfrac{d - d_1}{2} + l_a + l_u$
$n = \dfrac{v_c}{\pi \cdot d}$		$d_m = \dfrac{d}{2};\ n = \dfrac{v_c}{\pi \cdot d_m}$	$d_m = \dfrac{d + d_1}{2};\ n = \dfrac{v_c}{\pi \cdot d_m}$	

Bei Drehmaschinen mit Stufenrädergetrieben ist die einstellbare Drehzahl in die Rechnung einzusetzen. Diese Drehzahl kann auch aus Schaubildern ermittelt werden (**Bild 1**). Bei Ergebnissen, die zwischen zwei vorhandenen Drehzahlen liegen, ist die nächst kleinere Drehzahl zu wählen.

1. Beispiel: Die Welle **Bild 2** aus E295 wird in zwei Schnitten überdreht. Wie groß sind für die Schnittgeschwindigkeit v_c = 120 m/min, den Vorschub f = 1,2 mm, den Anlauf l_a = 2 mm
a) die Drehzahl n bei stufenloser Drehzahleinstellung,
b) die einzustellende Drehzahl n nach Bild 1,
c) die Hauptnutzungszeit t_w bei stufenloser Drehzahleinstellung,
d) die Hauptnutzungszeit t_h für eine Drehmaschine mit Stufenrädergetriebe?

Lösung:

a) $n = \dfrac{v_c}{\pi \cdot d} = \dfrac{120 \frac{1}{min}}{\pi \cdot 0,06 \text{ m}} = \mathbf{637 \ \dfrac{1}{min}}$

b) einzustellende Drehzahl $n = \mathbf{500 \ \dfrac{1}{min}}$

c) $L = l + l_a = 400 \text{ mm} + 2 \text{ mm} = \mathbf{402 \text{ mm}}$

$t_h = \dfrac{L \cdot i}{n \cdot f} = \dfrac{402 \text{ mm} \cdot 2}{637 \frac{1}{min} \cdot 1,2 \text{ mm}} = \mathbf{1,05 \text{ min}}$

d) $t_h = \dfrac{L \cdot i}{n \cdot f} = \dfrac{402 \text{ mm} \cdot 2}{500 \frac{1}{min} \cdot 1,2 \text{ mm}} = \mathbf{1,34 \text{ min}}$

2. Beispiel: Der Flansch **Bild 3** wird an beiden Planseiten mit je einem Schnitt überdreht. Wie groß sind für die Schnittgeschwindigkeit v_c = 120 m/min, den Vorschub f = 0,1 mm, den An- und den Überlauf $l_a + l_u$ = 4 mm
a) der mittlere Durchmesser d_m,
b) die einzustellende Drehzahl n nach Bild 1,
c) die Hauptnutzungszeit t_h?

Lösung:

a) $d_m = \dfrac{d + d_1}{2} = \dfrac{(150 + 80) \text{ mm}}{2} = \mathbf{115 \text{ mm}}$

b) einzustellende Drehzahl $n = \mathbf{250/min}$

c) $L = \dfrac{d - d_1}{2} + l_a + l_u = \dfrac{(150 - 80) \text{ mm}}{2} + 4 \text{ mm} = 39 \text{ mm}$

$t_h = \dfrac{L \cdot i}{n \cdot f} = \dfrac{39 \text{ mm} \cdot 2}{250 \frac{1}{min} \cdot 0,1 \text{ mm}} = \mathbf{3,12 \text{ min}}$

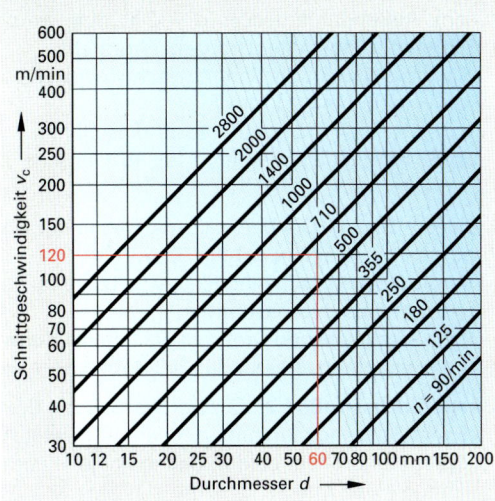

Bild 1: Drehzahldiagramm

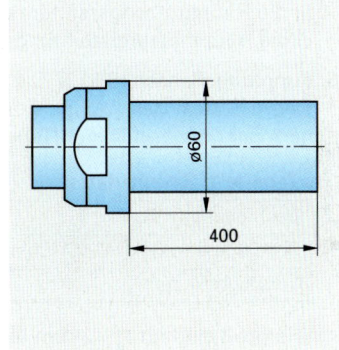

Bild 2: Welle

Aufgaben | Hauptnutzungszeit beim Drehen

1. Wie groß sind für die Aufgaben a bis d der **Tabelle 1** die Drehzahlen n nach **Bild 1** und die Hauptnutzungszeiten t_h für das Längs-Runddrehen?

Tabelle 1: Hauptnutzungszeit				
Teilaufgaben	a	b	c	d
Werkstückdurchmesser d in mm	50	100	80	200
Vorschubweg L in mm	80	120	50	150
Schnittgeschwindigkeit v_c in m/min	100	420	350	160
Vorschub f in mm	0,5	0,75	1,6	1,2
Anzahl der Schnitte i	2	2	1	3

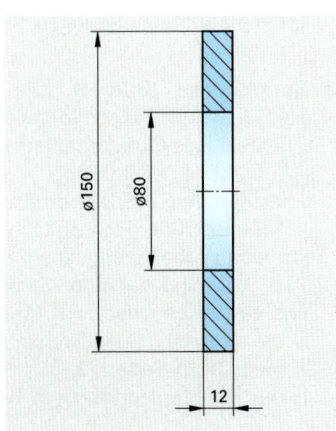

Bild 3: Flansch

2. Flansch. Die beiden Planseiten eines Flansches aus S235JR mit dem Außendurchmesser d = 200 mm werden mit je einem Schnitt bei konstanter Drehzahl überdreht.
Wie groß sind für die Schnittgeschwindigkeit v_c = 180 m/min und den Vorschub f = 0,1 mm
a) die Drehzahl n bei stufenloser Einstellung,
b) die Hauptnutzungszeit t_h für 15 Flansche bei einem Anlauf l_a = 2 mm?

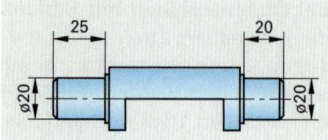

Bild 1: Bolzen

3. Bolzen (Bild 1). Die beiden Lagerstellen der Bolzen aus 15CrNi6 werden mit je einem Schnitt überdreht.
Für die Schnittgeschwindigkeit v_c = 120 m/min und den Vorschub f = 0,1 mm sind zu bestimmen
a) die einzustellende Drehzahl nach **Bild 1 Seite 173**,
b) die Hauptnutzungszeit für 200 Bolzen bei l_a = 1,5 mm.

4. Lagerbüchsen (Bild 2). Zur Vorbearbeitung der Lagerbüchse mit 45 mm Bohrungsdurchmesser liegt folgender Arbeitsplan vor:
– Quer-Plandrehen beider Seiten in je einem Schnitt auf die Länge l = 62 mm,
– Längs-Runddrehen in zwei Schnitten auf den Durchmesser d = 55 mm.

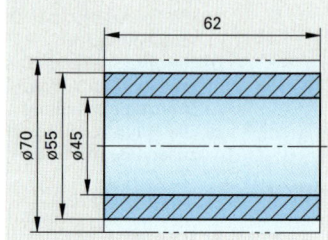

Bild 2: Lagerbüchse

Wie groß sind für die Schnittgeschwindigkeit v_c = 120 m/min und den Vorschub f = 0,4 mm
a) die einzustellende Drehzahl nach **Bild 1 Seite 173**,
b) die Hauptnutzungszeit für das Plandrehen bei $l_a = l_u$ = 1,5 mm,
c) die Hauptnutzungszeit für das Längsdrehen bei $l_a + l_u$ = 2 mm?

5. Kupplungsflansch (Bild 3). Die Planflächen A und B werden mit je einem Schnitt geschruppt. Anschließend wird die Fläche A in einem Schnitt geschlichtet **(Tabelle 1)**.

Tabelle 1: Schnittdaten		
Bearbeitung	Schruppen	Schlichten
Schnittgeschwindigkeit v_c in m/min	40	70
Vorschub f in mm	0,3	0,1

Wie groß sind für l_a = 2 mm und l_u = 1 mm
a) die einzustellende Drehzahl für den Schruppvorgang nach **Bild 1 Seite 173**,
b) die einzustellende Drehzahl für den Schlichtvorgang nach **Bild 1 Seite 173**,
c) die Hauptnutzungszeiten für den Schlicht- und den Schruppvorgang?

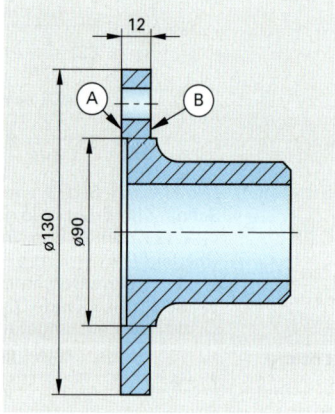

Bild 3: Kupplungsflansch

6. Bundbüchse (Bild 4). Die vorgedrehte Bundbüchse aus
● EN-GJL-200 wird nach folgendem Arbeitsplan fertiggestellt:
– beidseitiges Plandrehen auf die Länge l = 80 mm,
– Ausdrehen der Bohrung,
– Fertigdrehen des Durchmessers d = 75 mm,
– Plandrehen der Flanschfläche A.
Für jeden Arbeitsgang ist ein Schnitt erforderlich.
Wie groß sind bei einer Schnittgeschwindigkeit v_c = 75 m/min und einem Vorschub f = 0,1 mm
a) die einzustellenden Drehzahlen für die einzelnen Arbeitsgänge nach **Bild 1 Seite 173**,
b) die Hauptnutzungszeiten für die einzelnen Arbeitsgänge bei $l_a = l_u$ = 1 mm,
c) die gesamte Hauptnutzungszeit?

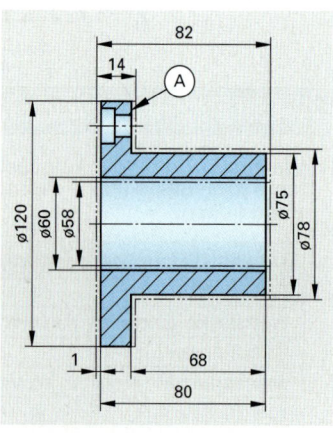

● **Bild 4: Bundbüchse**

■ Drehen mit konstanter Schnittgeschwindigkeit

Beim Drehen mit konstanter Schnittgeschwindigkeit wird die Drehzahl n automatisch so verändert, dass die Schnittgeschwindigkeit v_c an der Spitze des Drehwerkzeuges konstant bleibt (**Bild 1**).

Bezeichnungen:

t_h	Hauptnutzungszeit	min		f	Vorschub	mm
d	Außendurchmesser	mm		L	Vorschubweg	mm
d_1	Innendurchmesser	mm		l	Werkstücklänge	mm
d_m	mittlerer Durchmesser	mm		l_a	Anlauf	mm
d_g	Übergangsdurchmesser	mm		l_u	Überlauf	mm
v_c	Schnittgeschwindigkeit	m/min		a	Spanungstiefe	mm
n	Drehzahl	1/min		i	Anzahl der	–
n_m	mittlere Drehzahl	1/min			Schnitte	
n_g	Grenzdrehzahl	1/min				

Während der Spanabnahme wird die Drehzahl n automatisch so verändert, dass die Schnittgeschwindigkeit v_c an der Spitze des Drehwerkzeuges konstant bleibt (**Bild 1**).

Aus Sicherheitsgründen wird die Drehzahl der Drehmaschinen häufig durch Vorgabe einer Grenzdrehzahl n_g (Höchstdrehzahl) begrenzt.

Der Übergangsdurchmesser d_g teilt dann den Zerspanungsvorgang in zwei Bereiche (**Tabelle 1**).

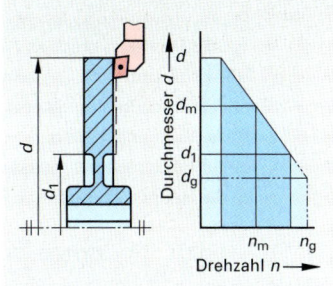

Bild 1: Quer-Plandrehen

Übergangsdurchmesser

$$d_g = \frac{v_c}{\pi \cdot n_g}$$

Hauptnutzungszeit

$$t_h = \frac{\pi \cdot d_m \cdot L \cdot i}{v_c \cdot f}$$

Spanungstiefe

$$a = \frac{d - d_1}{2 \cdot i}$$

Tabelle 1: Arbeitsbereiche durch Grenzdrehzahl n_g

Bereich	Bedingungen
$d_1 \geq d_g$	Zerspanung mit konstanter Schnittgeschwindigkeit v_c. Verwendet man die mittlere Drehzahl n_m, so gilt: $$n_m = \frac{v_c}{\pi \cdot d_m} \text{ und } t_n = \frac{L \cdot i}{n_m \cdot f} = \frac{L \cdot i}{\frac{v_c}{\pi \cdot d_m} \cdot f} = \frac{\pi \cdot d_m \cdot L \cdot i}{v_c \cdot f}$$
$d_1 < d_g$	Zwischen den Durchmessern d_g und d_1 wird mit konstanter Drehzahl n_g zerspant. Für diesen Durchmesserbereich wird die Hauptnutzungszeit mit den Formeln für das Drehen mit konstanter Drehzahl berechnet (**Seite 172**).

Beim **Längs-Runddrehen (Bild 2)** ist die Drehzahl während eines Schnittes konstant, sie wird von Schnitt zu Schnitt automatisch so verändert, dass v_c konstant bleibt. Die Berechnung des Vorschubweges L und des mittleren Durchmessers d_m erfolgt nach **Tabelle 2**.

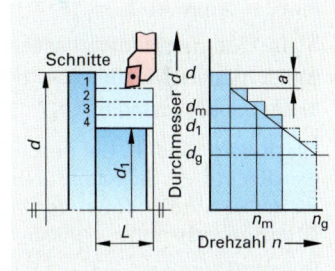

Bild 2: Längs-Runddrehen

Tabelle 2: Vorschubweg L, mittlerer Durchmesser d_m

Längs-Runddrehen ohne Ansatz	mit Ansatz	Quer-Plandrehen Vollzylinder mit Ansatz	Hohlzylinder
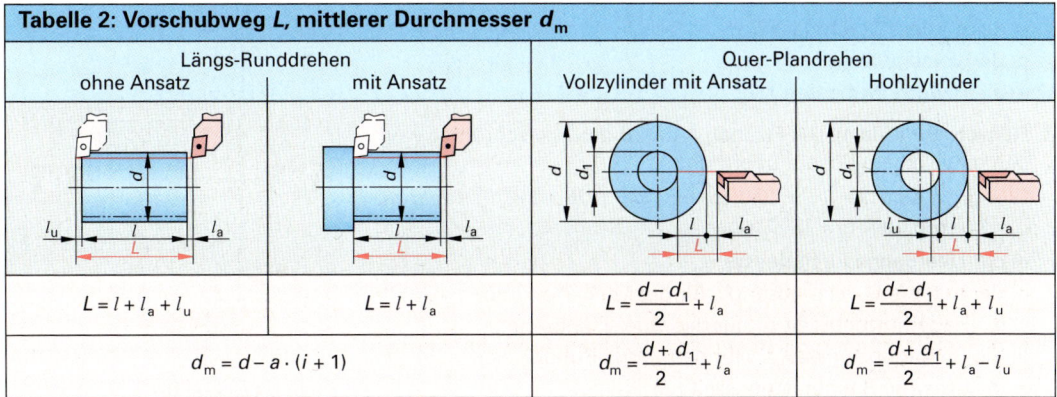			
$L = l + l_a + l_u$	$L = l + l_a$	$L = \frac{d - d_1}{2} + l_a$	$L = \frac{d - d_1}{2} + l_a + l_u$
$d_m = d - a \cdot (i + 1)$		$d_m = \frac{d + d_1}{2} + l_a$	$d_m = \frac{d + d_1}{2} + l_a - l_u$

Beispiel: Die Ritzelwelle **Bild 1** wird in $i = 6$ Schnitten vorgedreht. Im NC-Programm sind folgende Daten festgelegt: Schnittgeschwindigkeit $v_c = 220$ m/min, Vorschub $f = 0,2$ mm, Grenzdrehzahl $n_g = 3000$/min.

Wie groß sind für $l_a = 1$ mm

a) der Grenzdurchmesser d_g,

b) die Spanungstiefe a,

c) der mittlere Durchmesser d_m,

d) die Hauptnutzungszeit t_h?

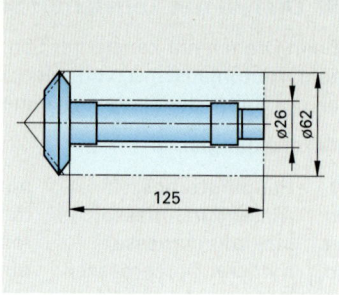

Bild 1: Ritzelwelle

Lösung: a) $d_g = \dfrac{v_c}{\pi \cdot n_g} = \dfrac{220\,000 \dfrac{mm}{min}}{\pi \cdot 3000 \dfrac{1}{min}} = \mathbf{23,3\ mm}\ (d_1 > d_g)$

b) $a = \dfrac{d - d_1}{2 \cdot i} = \dfrac{62\ mm - 26\ mm}{2 \cdot 6} = \mathbf{3\ mm}$

c) $d_m = d - a \cdot (i + 1) = 62\ mm - 3\ mm \cdot (6 + 1) = \mathbf{41\ mm}$

d) $L = l + l_a = 125\ mm + 1\ mm = 126\ mm$

$t_h = \dfrac{\pi \cdot d_m \cdot L \cdot i}{v_c \cdot f} = \dfrac{\pi \cdot 41\ mm \cdot 126\ mm \cdot 6}{220\,000 \dfrac{mm}{min} \cdot 0,2} = \mathbf{2,21\ min}$

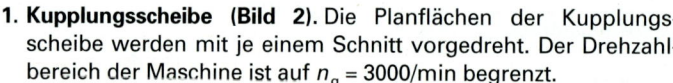

| Aufgaben | Drehen mit konstanter Schnittgeschwindigkeit |

1. Kupplungsscheibe (Bild 2). Die Planflächen der Kupplungsscheibe werden mit je einem Schnitt vorgedreht. Der Drehzahlbereich der Maschine ist auf $n_g = 3000$/min begrenzt.

Wie groß sind für die Schnittgeschwindigkeit $v_c = 180$ m/min, den Vorschub $f = 0,15$ mm, den Anlauf $l_a = 1$ mm und den Überlauf $l_u = 2$ mm

a) der Übergangsdurchmesser d_g,

b) der mittlere Durchmesser d_m,

c) die Hauptnutzungszeit t_h?

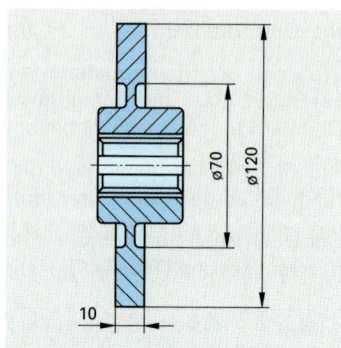

Bild 2: Kupplungsscheibe

2. Glättwalze (Bild 3). Die geschmiedeten Rohlinge der Glättwalze werden in $i = 2$ Schnitten überdreht. Die Schnittgeschwindigkeit ist mit $v_c = 160$ m/min, der Vorschub mit $f = 0,15$ mm und die Grenzdrehzahl mit $n_g = 2500$/min programmiert.

Wie groß sind für $l_a = l_u = 1,5$ mm

a) der Übergangsdurchmesser d_g,

b) die Spanungstiefe a,

c) der mittlere Durchmesser d_m,

d) der Vorschubweg L,

e) die Hauptnutzungszeit t_h?

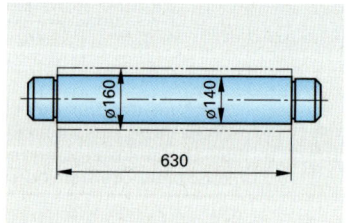

Bild 3: Glättwalze

3. Flanschrohr (Bild 4). Die Flächen A und B des Flanschrohres werden mit je einem Schnitt überdreht.

Wie groß sind für $v_c = 240$ m/min, $f = 0,25$ mm, $l_a = 1$ mm, $l_u = 1,5$ mm und $n_g = 1800$/min

a) der Übergangsdurchmesser d_g,

b) der mittlere Durchmesser d_m für das Quer-Plandrehen,

c) die Hauptnutzungszeit t_{hA} für das Quer-Plandrehen,

d) die Hauptnutzungszeit t_{hB} für das Längs-Runddrehen,

e) die gesamte Hauptnutzungszeit t_h?

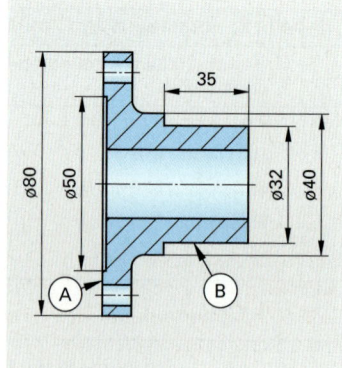

● **Bild 4: Flanschrohr**

5.2.2 | Hauptnutzungszeit beim Bohren, Senken, Reiben

Bezeichnungen:

t_h	Hauptnutzungszeit	min	L	Vorschubweg	mm
d	Werkzeug-	mm	f	Vorschub je Umdrehung	mm
	durchmesser		n	Drehzahl	1/min
l	Bohrungstiefe	mm	i	Anzahl der Schnitte	–
l_a	Anlauf	mm	v_c	Schnittgeschwindigkeit	m/min
l_u	Überlauf	mm	v_f	Vorschub-	mm/min
l_s	Anschnitt	mm		geschwindigkeit	
σ	Spitzenwinkel	°			

Beim Bohren, Senken und Reiben sind jeweils die Drehzahl n und der Vorschub f konstant. Die Berechnung der Hauptnutzungszeit t_h erfolgt nach den Regeln der gleichförmig geradlinigen Bewegung **(Bild 1)**:

$$t = \frac{s}{v} = \frac{L}{v_f}. \quad \text{Mit } v_f = n \cdot f \quad \text{erhält man} \quad t_h = \frac{L}{n \cdot f}$$

Werden i Schnitte ausgeführt, so gilt: $t_h = \frac{L \cdot i}{n \cdot f}$

Die **Drehzahl n** wird über die Formel $n = \frac{v_c}{\pi \cdot d}$ berechnet.

Der **Vorschubweg L** hängt vom Fertigungsverfahren, der Bohrungstiefe l, dem Anlauf l_a, dem Überlauf l_u und dem Anschnitt l_s ab. Beim Bohren und Reiben ist zwischen Durchgangs- und Grundlochbohrungen zu unterscheiden **(Tabelle 1)**.

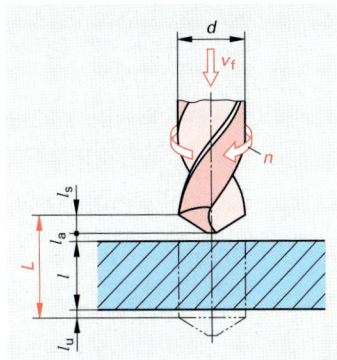

Bild 1: Bohren

Hautpnutzungszeit

$$t_h = \frac{L \cdot i}{n \cdot f}$$

Drehzahl

$$n = \frac{v_c}{\pi \cdot d}$$

Tabelle 1: Vorschubweg L beim Bohren, Senken und Reiben

Bohren, Reiben		Senken
Durchgangsbohrung	Grundlochbohrung	
$L = l + l_s + l_a + l_u$	$L = l + l_s + l_a$	$L = l + l_a$

Beim **Bohren** wird **der Anschnitt l_s** durch den Spitzenwinkel σ des Bohrers bestimmt **(Tabelle 2)**.

Die **Drehzahl n** wird über die Formel $n = v_c / (\pi \cdot d)$ berechnet.

Bei Maschinen mit Stufenrädergetrieben ist die einstellbare Drehzahl n in die Rechnung einzusetzen. Diese Drehzahl kann aus Schaubildern nach **Bild 1 Seite 178** ermittelt werden. Bei Ergebnissen, die zwischen zwei vorhandenen Drehzahlen liegen, ist die nächst kleinere Drehzahl zu wählen.

Tabelle 2: Anschnitt l_s beim Bohren

Spitzenwinkel σ	Anschnitt
80°	$l_s = 0,6 \cdot d$
118°	$l_s = 0,3 \cdot d$
130°	$l_s = 0,23 \cdot d$
140°	$l_s = 0,18 \cdot d$

Beispiel: Ein 45 mm dickes Werkstück aus S355JR erhält 18 Durchgangsbohrungen mit dem Durchmesser d = 20 mm.

Wie groß sind für die Schnittgeschwindigkeit v_c = 25 m/min, den Vorschub f = 0,12 mm und den Spitzenwinkel σ = 118°

a) der Vorschubweg L, wenn der Anlauf l_a = 1 mm und der Überlauf l_u = 2 mm sind,

b) die Drehzahl n bei stufenloser Drehzahleinstellung,

c) die Drehzahl n nach **Bild 1**,

d) die Hauptnutzungszeit t_h bei stufenloser Drehzahleinstellung,

e) die Hauptnutzungszeit t_h bei einer Bohrmaschine mit Stufenrädergetriebe?

Lösung: a) $L = l + l_s + l_a + l_u$; $l_s = 0,3 \cdot d$
$L = 45$ mm $+ 0,3 \cdot 20$ mm $+ 1$ mm $+ 2$ mm $=$
$= \mathbf{54}$ **mm**

b) $n = \dfrac{v_c}{\pi \cdot d} = \dfrac{25 \, \frac{m}{min}}{\pi \cdot 0,02 \, m} = \mathbf{398} \, \dfrac{\mathbf{1}}{\mathbf{min}}$

c) einzustellende Drehzahl $n = \mathbf{355} \, \dfrac{\mathbf{1}}{\mathbf{min}}$

d) $t_h = \dfrac{L \cdot i}{n \cdot f} = \dfrac{54 \, mm \cdot 18}{398 \, \frac{1}{min} \cdot 0,12 \, mm} = \mathbf{20,2}$ **min**

e) $t_h = \dfrac{l \cdot i}{n \cdot f} = \dfrac{54 \, mm \cdot 18}{355 \, \frac{1}{min} \cdot 0,12 \, mm} = \mathbf{22,8}$ **min**

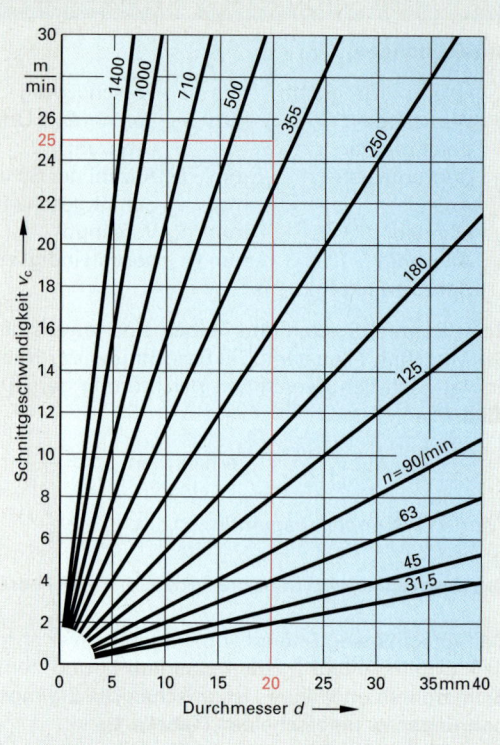

Bild 1: Drehzahldiagramm

Aufgaben | Hauptnutzungszeit beim Bohren, Senken und Reiben

1. Vorschubweg. Für die Aufgaben a bis d der **Tabelle 1** ist jeweils der Vorschubweg L zu berechnen.

Tabelle 1: Vorschubweg

Teilaufgaben	a	b	c	d
Bohrerdurchmesser d in mm	10	12	4	16
Spitzenwinkel σ	118°	130°	140°	80°
Bohrungstiefe l in mm	16	12	10	20
Anlauf l_a in mm	1,0	1,5	0,8	1,0
Überlauf l_u in mm	1,0	2,0	–	–
Bohrungsart	Durchgangsbohrung		Grundlochbohrung	

2. Flanschring (Bild 2). In 60 Flanschringe aus S235JR werden je 8 Bohrungen mit 25 mm Durchmesser gebohrt.

Wie groß sind für die Schnittgeschwindigkeit v_c = 18 m/min, den Vorschub f = 0,5 mm, den An- und Überlauf $l_a + l_u$ = 1,5 mm und den Spitzenwinkel des Bohrers σ = 118°

a) die Drehzahl n bei stufenloser Drehzahleinstellung,

b) die Hauptnutzungszeit t_h, wenn jeder Ring nach **Bild 2.1** einzeln gebohrt wird,

c) die Hauptnutzungszeit t_h, wenn jeweils drei Ringe nach **Bild 2.2** gebohrt werden?

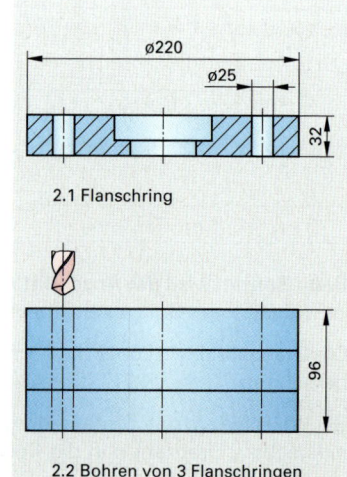

2.1 Flanschring

2.2 Bohren von 3 Flanschringen

Bild 2: Flanschring

3. **Getriebegehäuse (Bild 1).** Die Flanschseite eines Getriebes erhält 16 Gewindebohrungen M20. Die Kernlochbohrungen haben 17,5 mm Durchmesser. Sie werden mit der Schnittgeschwindigkeit v_c = 30 m/min, dem Vorschub f = 0,3 mm und einem Bohrer mit dem Spitzenwinkel des Bohrers σ = 118° gebohrt. Ermitteln Sie für den Anlauf l_a = 1,2 mm
   a) die Drehzahl n nach Bild 1 Seite 178,
   b) den Vorschubweg L,
   c) die Hauptnutzungszeit t_h.

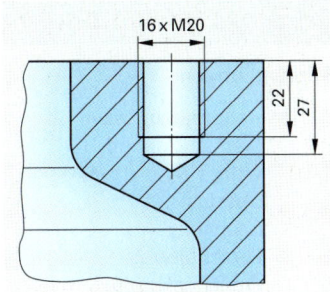

Bild 1: Getriebegehäuse

4. **Kettenrad (Bild 2).** Die Bohrungen von 200 Kettenrädern werden auf das Passmaß 25H7 gerieben.
   Für die Schnittgeschwindigkeit v_c = 8 m/min und den Vorschub f = 0,35 mm sind zu bestimmen
   a) die einzustellende Drehzahl n nach Bild 1 Seite 178,
   b) die Hauptnutzungszeit t_h bei l_a = 1 mm, l_u = 1,5 mm und l_s = 4 mm.

5. **Rohrflansch.** Zur Herstellung von Rohrverbindungen sind 80 Flansche aus Kunststoff (PA) mit je 20 mm Dicke erforderlich. Jeder Flansch erhält 4 Durchgangsbohrungen mit 18 mm Durchmesser. Für die Schnittgeschwindigkeit v_c = 16 m/min, den Vorschub f = 0,08 mm und den Spitzenwinkel σ = 80° sind zu bestimmen
   a) die einzustellende Drehzahl nach Bild 1 Seite 178,
   b) die Hauptnutzungszeit, wenn jeweils zwei Flansche aufeinander liegend gebohrt werden und l_a = l_u = 1 mm ist.

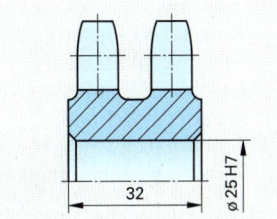

Bild 2: Kettenrad

6. **Bundbuchse (Bild 3).** Zur Befestigung der Bundbuchse sind vier Zylinderschrauben vorgesehen. Die erforderlichen Bohrungen und Senkungen werden auf einer Bohrmaschine mit stufenloser Drehzahleinstellung nach Werten der **Tabelle 1** hergestellt.

Tabelle 1: Schnittwerte				
Einstell-größen	v_c in m/min	f in mm	l_a in mm	l_u in mm
Bohren	14	0,1	0,8	1,0
Senken	9	0,05	0,5	–

Für das Bohren (Spitzenwinkel σ = 118°) und das Senken sind jeweils zu bestimmen
a) die einzustellende Drehzahl,
b) die Hauptnutzungszeit.

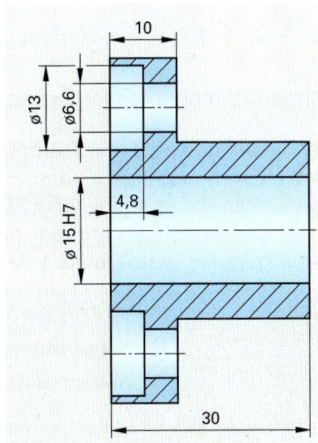

Bild 3: Bundbuchse

7. **Bundbuchse (Bild 3).** Die Bohrung 15H7 der Bundbuchse wird mit 14,75 mm Durchmesser bei v_c = 18 m/min, f = 0,1 mm und σ = 118° vorgebohrt und anschließend gerieben.
   Wie groß sind
   a) die Drehzahl beim Bohren nach Bild 1 Seite 178,
   b) die Hauptnutzungszeit für das Bohren bei $l_a + l_u$ = 1 mm,
   c) die Hauptnutzungszeit für das Reiben, wenn mit einer Schnittgeschwindigkeit v_c = 5 m/min und einem Vorschub f = 0,4 mm gearbeitet wird und $l_a + l_u + l_s$ = 22 mm ist?

8. **Leiste (Bild 4).** Die Bohrungen der Leiste mit d = 11 mm Durchmesser erhalten zylindrische Senkungen.
   Wie groß sind für die Schnittgeschwindigkeit v_c = 9 m/min, den Vorschub f = 0,09 mm und den Anlauf l_a = 1,0 mm
   a) die einzustellende Drehzahl bei stufenloser Einstellung,
   b) der Vorschubweg,
   c) die Hauptnutzungszeit für 15 Leisten?

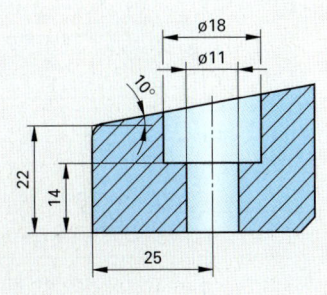

● **Bild 4: Leiste**

5.2.3 │ Hauptnutzungszeit beim Fräsen

Bezeichnungen:

t_h	Hauptnutzungszeit	min
l	Werkstücklänge	mm
l_a	Anlauf	mm
l_u	Überlauf	mm
l_s	Anschnitt	mm
L	Vorschubweg	mm
b	Werkstückbreite	mm
a	Spanungstiefe	mm
t	Nuttiefe	mm
d	Fräserdurchmesser	mm
n	Drehzahl	1/min
f	Vorschub je Fräserumdrehung	mm
f_z	Vorschub je Schneide	mm
z	Anzahl der Schneiden	–
i	Anzahl der Schnitte	–
v_c	Schnittgeschwindigkeit	m/min
v_f	Vorschubgeschwindigkeit	mm/min

Beim Fräsen sind die Drehzahl n und der Vorschub f konstant (**Bild 1**). Zur Berechnung der Hauptnutzungszeit t_h gelten die gleichen Bedingungen wie beim Drehen oder Bohren:

$$t = \frac{s}{v} = \frac{L}{v_f} . \text{ Mit } v_f = n \cdot f \text{ erhält man } t_h = \frac{L}{n \cdot f}$$

Werden i Schnitte ausgeführt, so gilt $t_h = \dfrac{L \cdot i}{n \cdot f}$

Der **Vorschubweg L** wird durch die Fräser- und Werkstückabmessungen, das Fräsverfahren, die Spanungstiefe und die Oberflächengüte beeinflusst. Die Berechnung erfolgt nach **Tabelle 1** beziehungsweise nach **Tabelle 1 Seite 181**.

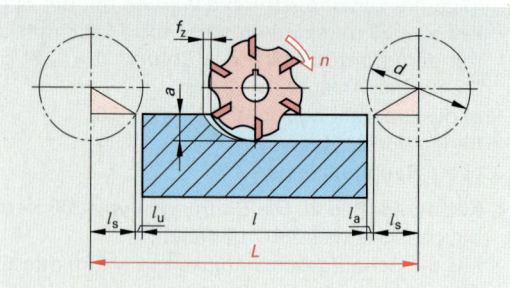

Bild 1: Umfangs-Planfräsen

Hauptnutzungszeit

$$t_h = \frac{L \cdot i}{v_f}$$

$$t_h = \frac{L \cdot i}{n \cdot f}$$

Drehzahl

$$n = \frac{v_c}{\pi \cdot d}$$

Vorschub je Fräserumdrehung

$$f = f_z \cdot z$$

Vorschubgeschwindigkeit

$$v_f = n \cdot f$$

$$v_f = n \cdot f_z \cdot z$$

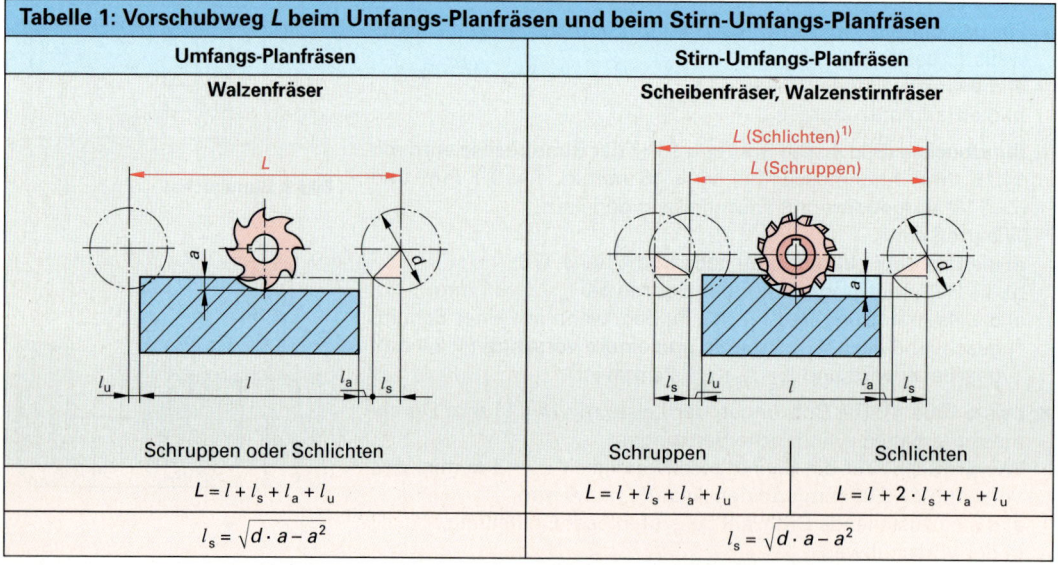

Tabelle 1: Vorschubweg L beim Umfangs-Planfräsen und beim Stirn-Umfangs-Planfräsen		
Umfangs-Planfräsen	**Stirn-Umfangs-Planfräsen**	
Walzenfräser	**Scheibenfräser, Walzenstirnfräser**	
Schruppen oder Schlichten	Schruppen	Schlichten
$L = l + l_s + l_a + l_u$	$L = l + l_s + l_a + l_u$	$L = l + 2 \cdot l_s + l_a + l_u$
$l_s = \sqrt{d \cdot a - a^2}$	$l_s = \sqrt{d \cdot a - a^2}$	

[1] Beim Schlichten ist der Vorschubweg L größer, weil der Fräser auf der ganzen Werkstücklänge l nachschneiden soll.

Tabelle 1: Vorschubweg L beim Stirn-Planfräsen und beim Nutenfräsen

Stirn-Planfräsen (mittig)		Nutenfräsen	
Walzenstirnfräser		Nutenfräser	
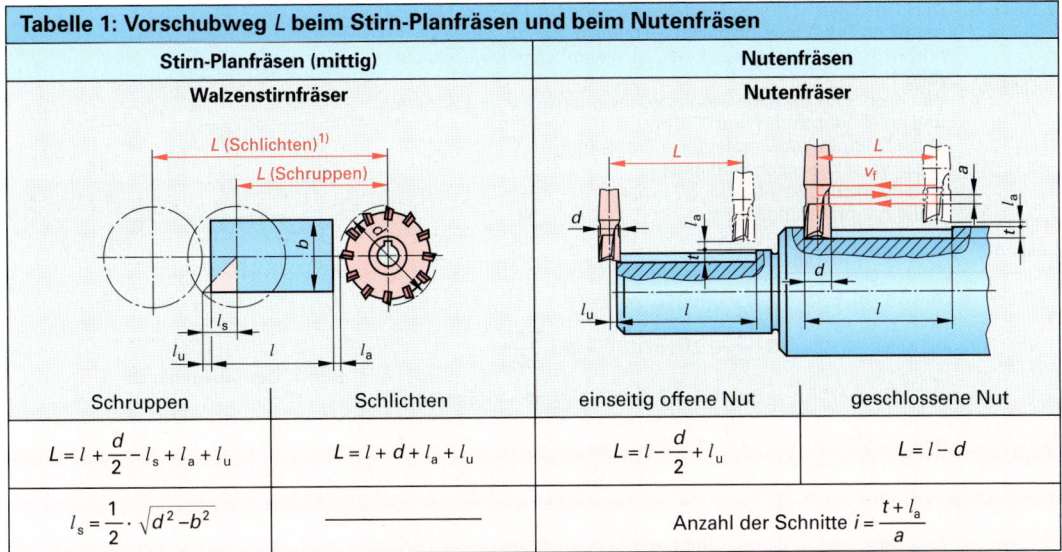			
Schruppen	Schlichten	einseitig offene Nut	geschlossene Nut
$L = l + \dfrac{d}{2} - l_s + l_a + l_u$	$L = l + d + l_a + l_u$	$L = l - \dfrac{d}{2} + l_u$	$L = l - d$
$l_s = \dfrac{1}{2} \cdot \sqrt{d^2 - b^2}$	——————	Anzahl der Schnitte $i = \dfrac{t + l_a}{a}$	

Die Drehzahl n des Fräsers wird über die Formel

$$n = \frac{v_c}{\pi \cdot d} \text{ ermittelt.}$$

Bei Fräsmaschinen mit Stufenrädergetrieben ist die einstellbare Drehzahl in die Rechnung einzusetzen. Diese Drehzahl kann auch aus Schaubildern ermittelt werden (**Bild 1**). Bei Ergebnissen, die zwischen zwei vorhandenen Drehzahlen liegen, ist die nächst kleinere Drehzahl zu wählen. Der Vorschub f und die Vorschubgeschwindigkeit v_f werden nach folgenden Formeln ermittelt:

$$f = f_z \cdot z \text{ und } v_f = n \cdot f = n \cdot f_z \cdot z$$

1. Beispiel: Die Grundplatte (**Bild 2**) wird in einem Schnitt überfräst. Der Walzenfräser hat 8 Schneiden und 120 mm Durchmesser. Wie groß sind für die Schnittgeschwindigkeit $v_c = 15$ m/min und den Vorschub $f_z = 0{,}1$ mm

    a) die einzustellende Drehzahl n nach **Bild 1,**

    b) der Vorschub f je Umdrehung,

    c) der Vorschubweg L bei $l_a = l_u = 1{,}5$ mm,

    d) die Hauptnutzungszeit t_h?

Lösung:

    a) einzustellende Drehzahl $n =$ **45/min**

    b) $f = f_z \cdot z = 0{,}1$ mm $\cdot 8 =$ **0,8 mm**

    c) $l_s = \sqrt{d \cdot a - a^2}$

$$= \sqrt{100 \text{ mm} \cdot 4 \text{ mm} - 16 \text{ mm}^2}$$

$$= 19{,}6 \text{ mm}$$

$$L = l + l_s + l_a + l_u$$

$$= 280 \text{ mm} + 19{,}6 \text{ mm} + 2 \cdot 1{,}5 \text{ mm}$$

$$= \textbf{302,6 mm}$$

    d) $t_h = \dfrac{L \cdot i}{n \cdot f} = \dfrac{302{,}6 \text{ mm} \cdot 1}{45 \frac{1}{\text{min}} \cdot 0{,}8 \text{ mm}} =$ **8,4 min**

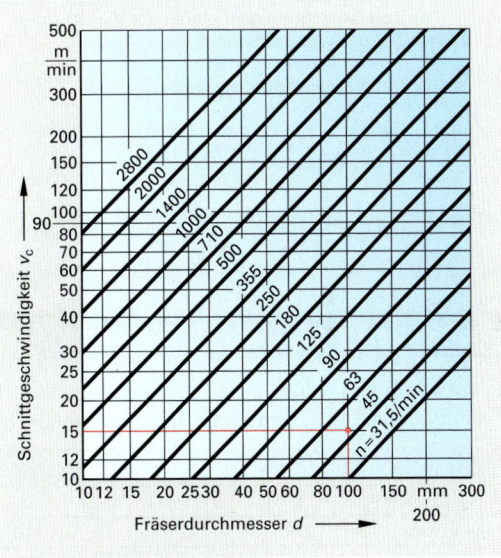

Bild 1: Drehzahldiagramm

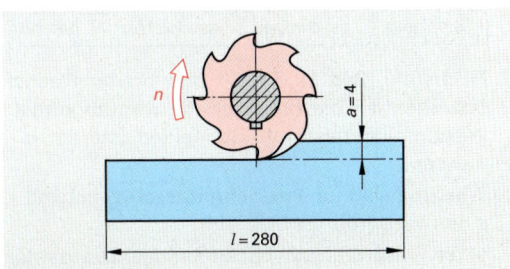

Bild 2: Grundplatte

[1] Beim Schlichten ist der Vorschubweg L größer weil der Fräser auf der ganzen Werkstücklänge l nachschneiden soll.

2. Beispiel: Die Flanschfläche eines Getriebegehäuses aus EN-GJL-150 wird mit einem hartmetallbestückten Fräskopf, der 18 Zähne besitzt und 315 mm Durchmesser hat, in einem Schnitt geschlichtet **(Bild 1).**
Wie groß sind für eine Schnittgeschwindigkeit v_c = 180 m/min und einen Vorschub f_z = 0,08 mm
a) die Drehzahl n bei stufenloser Einstellung,
b) die Vorschubgeschwindigkeit v_f,
c) der Vorschubweg L bei $l_a + l_u$ = 3 mm,
d) die Hauptnutzungszeit t_h?

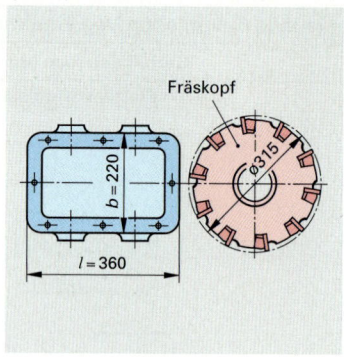

Lösung:

a) $n = \dfrac{v_c}{\pi \cdot d} = \dfrac{180\,\frac{m}{min}}{\pi \cdot 0{,}315\,m} = \mathbf{182}\,\dfrac{\mathbf{1}}{\mathbf{min}}$

b) $v_f = n \cdot f_z \cdot z = 182\,\dfrac{1}{min} \cdot 0{,}08\,mm \cdot 18 = \mathbf{262}\,\dfrac{\mathbf{mm}}{\mathbf{min}}$

c) $L = l + d + l_a + l_u$ = 360 mm + 315 mm + 3 mm = **678 mm**

d) $t_h = \dfrac{L \cdot i}{v_f} = \dfrac{678\,mm \cdot 1}{262\,\frac{mm}{min}} = \mathbf{2{,}6\ min}$

Bild 1: Getriebegehäuse

3. Beispiel: In eine Welle aus C45 soll eine l = 50 mm lange Nut für eine Passfeder gefräst werden **(Bild 2).** Die Zustellung je Schnitt beträgt a = 0,5 mm.
Wie groß sind für die Schnittgeschwindigkeit v_c = 24 m/min und die Vorschubgeschwindigkeit v_f = 80 mm/min
a) der Vorschubweg L,
b) die Anzahl i der Schnitte bei l_a = 0,5 mm,
c) die Hauptnutzungszeit t_h?

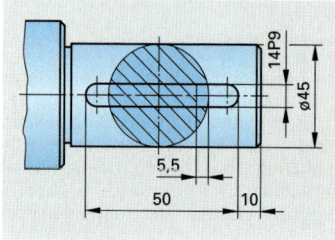

Lösung:

a) $L = l - d$ = 50 mm – 14 mm = **36 mm**

b) $i = \dfrac{t + l_a}{a} = \dfrac{5{,}5\,mm + 0{,}5\,mm}{0{,}5\,mm} = \mathbf{12}$

c) $t_h = \dfrac{L \cdot i}{n \cdot f} = \dfrac{L \cdot i}{v_f} = \dfrac{36\,mm \cdot 12}{80\,\frac{mm}{min}} = \mathbf{5{,}4\ min}$

Bild 2: Welle

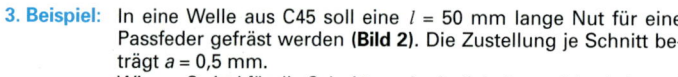 Aufgaben | Hauptnutzungszeit beim Fräsen

1. Vorschubweg L. Wie groß ist jeweils der Vorschubweg L für die Aufgaben a bis d der **Tabelle 1**, wenn $l_a = l_u$ = 1,5 mm ist?

Tabelle 1: Vorschubweg				
Aufgaben	a	b	c	d
l in mm	201	80	460	380
a in mm	3	2	10	1
d in mm	80	63	125	160
Fräserart	Walzenfräser		Scheibenfräser	
Oberfläche	geschruppt	geschlichtet	geschruppt	geschlichtet

2. Flachstahl (Bild 3). Ein 80 mm breiter Flachstahl wird in zwei Schnitten auf die Breite b = 72 mm abgefräst. Der verwendete Walzenfräser besitzt 10 Schneiden und hat d = 125 mm Durchmesser.

Wie groß sind für eine Schnittgeschwindigkeit v_c = 28 m/min und einen Vorschub f_z = 0,22 mm
a) die Fräserdrehzahl bei stufenloser Drehzahleinstellung,
b) der Vorschub f je Umdrehung
c) der Vorschubweg L bei $l_a = l_u$ = 2 mm,
d) die Hauptnutzungszeit t_h?

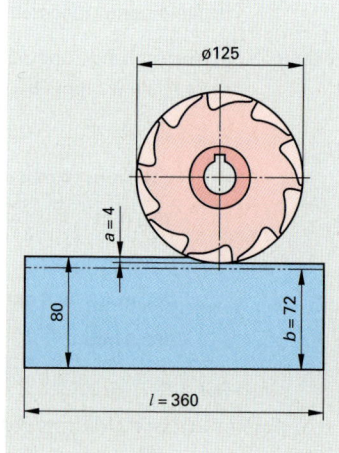

Bild 3: Flachstahl

3. **Führungsleiste (Bild 1).** Der Absatz 15 x 6 mm in der Führungsleiste wird mit einem Walzenstirnfräser in einem Schrupp- und einem Schlichtschnitt herausgefräst. Der eingesetzte Fräser arbeitet mit Schnittdaten nach **Tabelle 1**, hat 80 mm Durchmesser und 8 Schneiden.

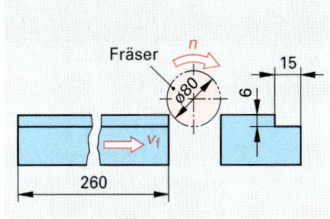

Bild 1: Führungsleiste

Tabelle 1: Schnittdaten		
Bearbeitung	Schruppen	Schlichten
Schnittgeschwindigkeit v_c in m/min	14	24
Vorschub f_z je Schneide in mm	0,15	0,05
Spanungstiefe a in mm	6	6

Für den Schrupp- und Schlichtschnitt sind jeweils zu bestimmen

a) die einzustellende Drehzahl n des Fräsers nach **Bild 1 Seite 181**,

b) die Vorschubgeschwindigkeit v_f,

c) der Vorschubweg L bei $l_a = l_u = 2$ mm,

d) die Hauptnutzungszeit t_h?

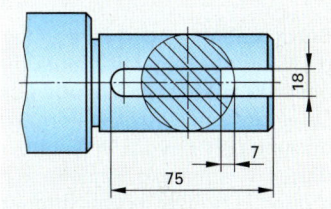

Bild 2: Passfedernut

4. **Passfedernut (Bild 2).** In eine Welle aus 42CrMo4 wird die zur Aufnahme einer Passfeder erforderliche Nut gefräst.

Wie groß sind bei einer Zustellung $a = 0,6$ mm je Schnitt und einer Vorschubgeschwindigkeit $v_f = 140$ mm/min

a) der Vorschubweg L, wenn der Überlauf $l_u = 1$ mm ist,

b) die Anzahl i der Schnitte bei $l_a = 0,4$ mm,

c) die Hauptnutzungszeit t_h?

5. **Schwalbenschwanzführung (Bild 3).** Die Gleitbahnen der Schwalbenschwanzführung werden mit einem Winkelfräser in $i = 3$ Schruppschnitten vorgefräst. Der Fräser hat 100 mm Durchmesser und 16 Schneiden.

Für Führungsleisten mit $l = 340$ mm Länge sind zu bestimmen

a) die Fräserdrehzahl n bei stufenloser Einstellung und einer Schnittgeschwindigkeit $v_c = 18$ m/min,

b) der Vorschub f je Fräserumdrehung bei $f_z = 0,16$ mm,

c) die Zustellung a, wenn die Gesamtfrästiefe auf 3 Schnitte gleichmäßig verteilt wird,

d) der Vorschubweg L bei $l_a = l_u = 2,5$ mm,

e) die Hauptnutzungszeit t_h für 10 Führungen.

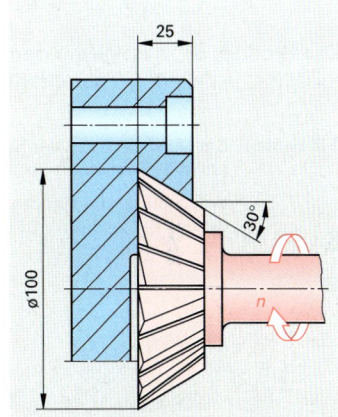

Bild 3: Schwalbenschwanzführung

6. **Keilwelle (Bild 4).** Das Profil der Keilwelle wird mit einem Scheibenfräser hergestellt. Die Nuten werden einzeln in je einem Schnitt gefräst. Der Fräser hat 80 mm Durchmesser und 14 Schneiden.

Wie groß sind

a) die Fräserdrehzahl bei stufenloser Drehzahleinstellung und einer Schnittgeschwindigkeit $v_c = 14$ m/min,

b) der Vorschub je Umdrehung bei $f_z = 0,08$ mm,

c) der Vorschubweg L bei $l_a = 2$ mm,

d) die Hauptnutzungszeit t_h für die 6 Nuten?

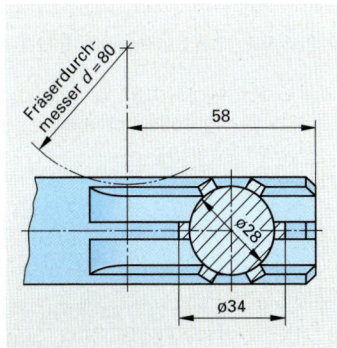

Bild 4: Keilwelle

5.2.4 │ Hauptnutzungszeit beim Abtragen

Bezeichnungen:

t_h	Hauptnutzungszeit	min
v_f	Vorschubgeschwindigkeit	mm/min
v	Drahtgeschwindigkeit	mm/min
L	Vorschubweg	mm
$l_1, l_2 \dots$	Teilstrecken	mm
S	abtragender Querschnitt der Elektrode	mm²
V	abzutragendes Volumen	mm³
V_w	spezifisches Abtragvolumen (Abtragrate)	mm³/min

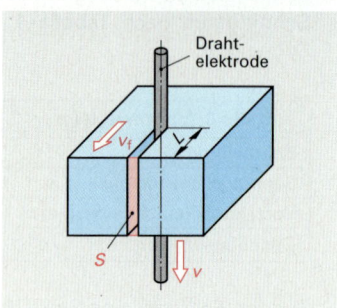

Bild 1: Funkenerosives Schneiden

Bei den abtragenden Fertigungsverfahren **(Bild 1 und Bild 2)** kann die Hauptnutzungszeit t_h über die Vorschubgeschwindigkeit v_f oder über das spezifische Abtragvolumen V_w berechnet werden.

Da es sich um eine gleichförmige Bewegung handelt, ist die Hauptnutzungszeit t_h vom Vorschubweg L und der Vorschubgeschwindigkeit v_f abhängig. Andererseits ist die Hauptnutzungszeit um so größer, je größer das abzutragende Volumen V ist und um so kleiner, je größer die Abtragungsrate V_w ist.

Mit $t_h = \dfrac{L}{v_f}$ und $L = \dfrac{V}{S} \Rightarrow t_h = \dfrac{V}{S \cdot v_f}$

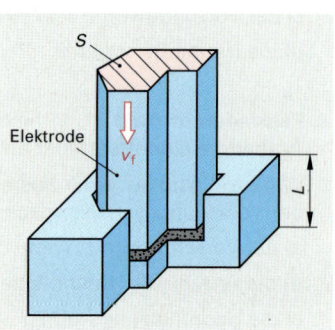

Bild 2: Funkenerosives Senken

Das Produkt $S \cdot v_f$ ist gleich dem spezifischen Abtragvolumen V_w. Es ist das je Zeiteinheit abgetragene Werkstückvolumen.

1. Beispiel: Der Durchbruch in der Schneidplatte **(Bild 3)** wird durch funkenerosives Schneiden hergestellt.

Wie groß ist die Hauptnutzungszeit für die Vorschubgeschwindigkeit $v_f = 2{,}45$ mm/min?

Lösung: $t_h = \dfrac{L}{v_f}$

$L = l_1 + l_2 + \widehat{l_3} + l_4$

$\quad = 28 \text{ mm} + 12 \text{ mm} + \dfrac{\pi \cdot 28 \text{ mm}}{2} + 12 \text{ mm} = 96 \text{ mm}$

$t_h = \dfrac{96 \text{ mm}}{2{,}45 \dfrac{\text{mm}}{\text{min}}} = \textbf{39{,}2 min}$

Hauptnutzungszeit

$t_h = \dfrac{L}{v_f}$
$t_h = \dfrac{V}{V_w}$
$t_h = \dfrac{V}{S \cdot v_f}$

2. Beispiel: Der Durchbruch **(Bild 3)** wird durch funkenerosives Senken hergestellt.

Wie groß ist die Hauptnutzungszeit für die Abtragrate $V_w = 185$ mm³/min?

Lösung: $t_h = \dfrac{V}{V_w}$; $V = S \cdot L$

$S = S_1 + S_2 = 28 \text{ mm} \cdot 12 \text{ mm} + \dfrac{\pi \cdot (28 \text{ mm})^2}{4 \cdot 2} = 643{,}88 \text{ mm}^2$

$t_h = \dfrac{S \cdot L}{V_w} = \dfrac{643{,}88 \text{ mm}^2 \cdot 18 \text{ mm}}{185 \dfrac{\text{mm}^3}{\text{min}}} = \textbf{62{,}65 min}$

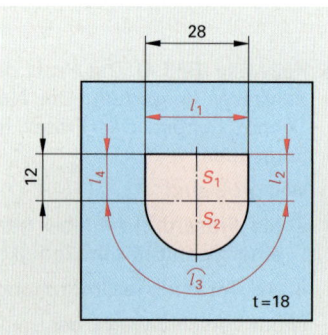

Bild 3: Schneidplatte

Aufgaben | Abtragen

1. Stempel (Bild 1). Aus einer Platte wird der Stempel durch Drahterodieren gefertigt.

Wie groß sind

a) der Vorschubweg L,

b) die Hauptnutzungszeit t_h bei einer Vorschubgeschwindigkeit $v_f = 0{,}85$ mm/min?

2. Spritzgießwerkzeug (Bild 2). Bei der Herstellung eines Spritzgießwerkzeuges wird die Außenform des Werkstücks in den Werkzeugkörper eingesenkt.

Wie groß ist die Hauptnutzungszeit t_h bei einer Abtragrate $V_w = 325$ mm³/min.

3. Untergesenk (Bild 3). Die Form des Untergesenks wird durch Senkerodieren hergestellt. Beim Einsenken des zylindrischen Ansatzes werden $V_w = 68$ mm³/min abgetragen. Ist die ganze Elektrode im Einsatz, so beträgt der Abtrag $V_w = 315$ mm³/min.

Zu bestimmen ist die Hauptnutzungszeit t_h zur Herstellung von vier Formen.

4. Armaturenplatte (Bild 4). Die Außen- und die Innenform der Armaturenplatte eines Schaltschrankes werden auf einer NC-gesteuerten Plasma-Schneidanlage herausgeschnitten.

Wie groß sind für $v_f = 380$ mm/min

a) die Hauptnutzungszeit t_h zur Herstellung der Außenform,

b) die Hauptnutzungszeit t_h zur Herstellung der Innenform?

5. Segment (Bild 5). Durch funkenerosives
● Schneiden werden 15 Segmente aus Werkzeugstahl einschließlich der Bohrung hergestellt.

Wie groß sind für $v_f = 5{,}7$ mm/min

a) die Hauptnutzungszeit t_h,

b) die Länge des durchlaufenden Erodierdrahtes bei $v = 180$ mm/min?

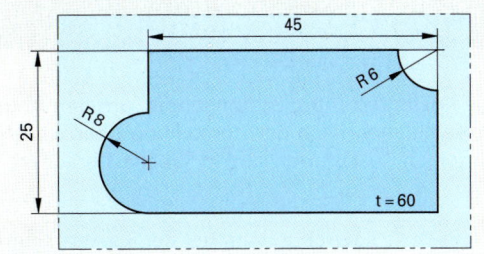

Bild 1: Stempel

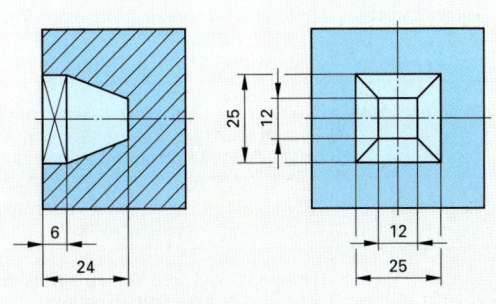

Bild 2: Spritzgießwerkzeug

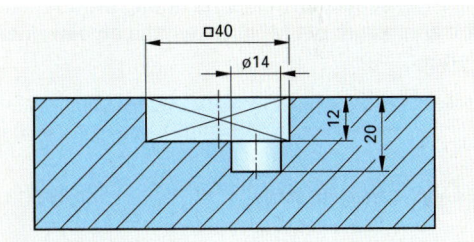

Bild 3: Untergesenk

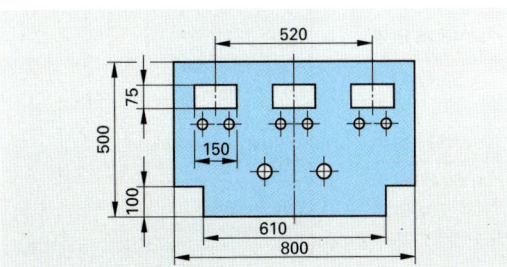

Bild 4: Armaturenplatte

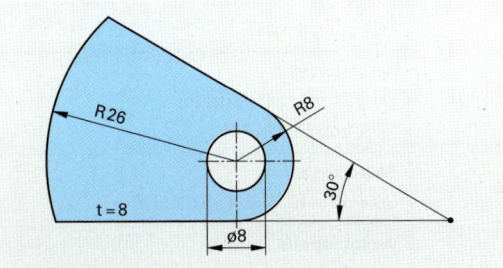

● **Bild 5: Segment**

5.3 | Kostenrechnung

Die Kostenrechnung ist notwendig, um den Angebotspreis für ein Produkt zu kalkulieren und um diese Vorkalkulation nach der Herstellung über eine Nachkalkulation zu überprüfen. Die Bezeichnungen der einzelnen Kostenarten sind in **Tabelle 1** erläutert.

Tabelle 1: Bezeichnungen bei der Kostenrechnung	
Begriff	**Erläuterung**
Verkaufspreis	Selbstkosten, zuzüglich Gewinn, ohne Mehrwertsteuer
Selbstkosten	Summe der Werkstoffkosten, Fertigungslöhne und Gemeinkosten
Werkstoffkosten	Kosten für die Werkstoffe eines Produktes, einschließlich Verschnitt und Abfall
Fertigungslöhne	Lohnkosten, die dem Produkt direkt zugeordnet werden können
Gemeinkosten	Kosten, die dem Produkt nicht direkt zugeordnet werden können, z.B. für Energie, Rechnungswesen, Vertrieb. Sie werden den Einzelkosten z.B. den Fertigungslöhnen, nach einem prozentualen Verteilerschlüssel zugeschlagen.
Platzkosten	Stundenlohn, zuzüglich des Gemeinkostenzuschlages für eine oder mehrere Arbeitsplätze einer Abteilung (Kostenstelle)
Gewinn	Differenz zwischen Verkaufspreis und Selbstkosten. Zur Berechnung des Geldwertes prozentual bezogen auf die Selbstkosten

■ Einfache Kostenrechnung

Mit einer einfachen Kostenrechnung (**Bild 1**) kann man den Verkaufspreis eines Produktes berechnen. Sie gibt aber kaum die Möglichkeit, die an einzelnen Stellen im Betrieb entstehenden Kosten kritisch zu bewerten.

Beispiel: Zu berechnen ist der Verkaufspreis für eine Hebelstange bei Aufteilung der Gemeinkosten in Werkstoffgemeinkosten (5 %), Fertigungsgemeinkosten (150 %) und Verwaltungs- und Vertriebsgemeinkosten (12 %).

Lösung:

Werkstoffkosten	= 4,92 EUR	
+ Werkstoffgemeinkosten		
= 5 % von 4,92 EUR	= 0,25 EUR	
= **Brutto-Werkstoffkosten**		= 5,17 EUR
+ Fertigungslöhne	= 19,30 EUR	
+ Fertigungsgemeinkosten		
= 150 % von 19,30 EUR	= 28,95 EUR	
= **Fertigungskosten**		= 48,25 EUR
Herstellkosten		= 53,42 EUR
+ Verwaltung und Vertrieb		
= 12 % von 53,42 EUR		= 6,41 EUR
= **Selbstkosten**		= 59,83 EUR
+ Gewinn = 10 % von 59,83 EUR		= 5,98 EUR
= **Verkaufspreis**		
ohne Mehrwertsteuer		**= 65,81 EUR**

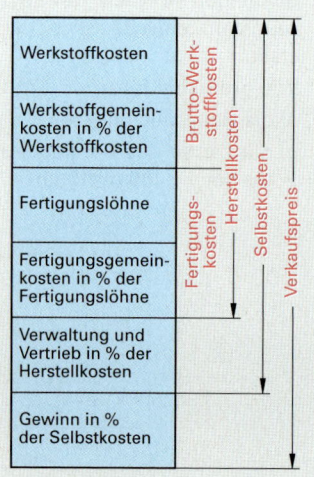

Bild 1: Einfache Kostenrechnung

■ Erweiterte Kostenrechnung

Mit einer erweiterten Kostenrechnung (**Bild 1**) ist es möglich, die für ein Produkt insgesamt entstehenden Kosten den einzelnen Kostenverursachern (Kostenstellen) genauer zuzuordnen. Dadurch erhält man einen besseren Überblick darüber, an welcher Stelle im betrieblichen Ablauf Optimierungen vorrangig sinnvoll und notwendig sind.

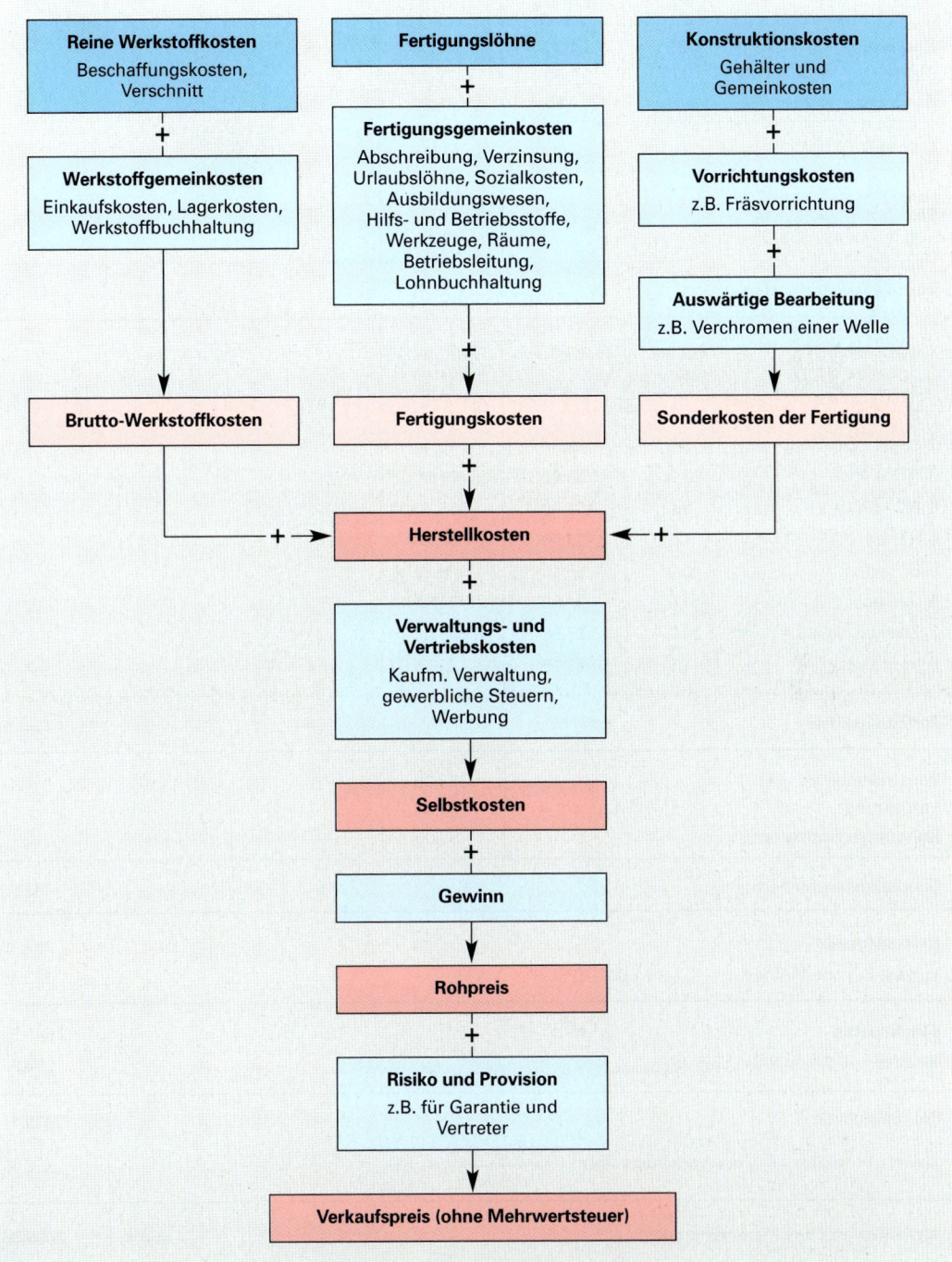

Bild 1: Schema einer erweiterten Kostenrechnung

Beispiel: Berechnung des Verkaufspreises für eine Spannvorrichtung nach der erweiterten Kostenrechnung.

| Stückzahl 1 | Spannvorrichtung | | | Auftrags-Nr.: 1245 Type: SV 205 |

Werkstoffart	Masse kg	Preis EUR/kg	Gesamtpreis EUR	
Gusseisen	165	1,50	247,50	
Stahl	60	1,20	72,00	
Zinnbronze	6	7,50	45,00	
Normteile			68,00	
Netto-Werstoffkosten			432,50	
Werkstoffgemeinkosten = 10 % von 432,50 EUR			43,25	
Brutto-Werkstoffkosten				475,75

Kostenstellen	Arbeits-zeit h	Platzkosten EUR/h	Fertigungs-kosten EUR	
1 Lager / Zuschnitt	0,5	20,80	10,40	
2 NC-Drehen	12,5	38,20	477,50	
3 NC-Fräsen	3,0	54,50	163,50	
4 Härten	1,5	33,50	50,25	
5 Schleifen	3,0	36,40	109,20	
6 Galvanik	1,0	34,80	34,80	
7 Zusammenbau	20,0	27,50	550,00	
8 Kontrolle	1,0	28,70	28,70	
Fertigungskosten				1 424,35
Konstruktion		378,00		
Vorrichtung		51,00		
Auswärtige Bearbeitung		33,00		
Sonderkosten der Fertigung				462,00

Herstellkosten		2 362,10
Verwaltung und Vertrieb = 12 % von 2 362,10 EUR		283,45
Selbstkosten		2 645,55
Gewinn = 10 % von 2 645,55 EUR		264,56
Rohpreis (94 %)		2910,11
Risiko + Provision = 6 % des Verkaufspreises = $\dfrac{2910,11 \cdot 6\,\%}{94\,\%}$		185,75
Verkaufspreis ohne Mehrwertsteuer	**EUR**	**3095,86**

Bild 1: Beispiel einer erweiterten Kostengliederung

Aufgaben | Kostenrechnung

1. **Gemeinkosten.** In einem Betrieb betrugen die Gemeinkosten eines Geschäftsjahres 172 200,00 EUR bei einer Jahreslohnsumme von 184 000,00 EUR.

   Welchen Gemeinkostensatz hat der Betrieb im nächsten Jahr bei der Kostenrechnung zu verwenden?

2. **Selbstkosten.** Berechnen Sie die Selbstkosten für ein Werkstück, wenn die Werkstoffkosten 70,00 EUR, die Fertigungslöhne 152,00 EUR und die Gemeinkosten 140 % der Fertigungslöhne betragen.

3. **Verkaufspreis.** Wie hoch ist der Verkaufspreis, wenn die Werkstoffkosten 78,00 EUR, die Fertigungslöhne 143,00 EUR, die Gemeinkosten 135 % der Fertigungslöhne und der Gewinn 9 % betragen?

4. **Gewinn.** Die Nachkalkulation für einen Auftrag ergibt, dass die Selbstkosten um 26,40 EUR höher sind als in der Vorkalkulation, bei der sie mit 1 280,00 EUR ermittelt wurden.

   Wie viel Prozent Gewinn verbleiben, wenn ursprünglich 12 % vorgesehen waren?

5. **Selbstkosten.** Ein Betrieb übernimmt einen Auftrag für 1000 Gelenke zum Preis von 6 400,00 EUR.

   Wie hoch dürfen die Selbstkosten sein, damit ein Gewinn von 10 % verbleibt?

6. **Provision.** Ein Hersteller muss vom Verkaufspreis 5 % Vertreterprovision bezahlen.

   Wie groß ist dieser Betrag und wie hoch wird der Verkaufspreis des Werkstücks, wenn die Selbstkosten 360,00 EUR und der Gewinn 10 % betragen?

7. **Platzkosten.** Ein Zerspanungsmechaniker hat einen Stundenlohn von 14,30 EUR. Die Gemeinkosten für seine Maschine betragen 550 % seines Lohnes.

   Mit welchen stündlichen Platzkosten sind die Arbeiten zu kalkulieren?

8. **Verkaufspreis.** Wie hoch ist der Verkaufspreis für eine Lagerbuchse nach den folgenden Angaben?

Werkstoffkosten	5,88 EUR	Verwaltung und Vertrieb	14 %
Werkstoffgemeinkosten	6 %	Gewinn	10 %
Fertigungslöhne	11,86 EUR	Risiko und Provision	5 %
Fertigungsgemeinkosten	310 %		

9. **Jahresabrechnung.** Bei der Jahresabrechnung eines Betriebes wurden für die Fertigungsabteilung die Summen nach **Tabelle 1** ermittelt:

   Wie groß sind für jede Abteilung der Gemeinkostenzuschlag auf die Fertigungslöhne und die Platzkosten?

Tabelle 1:	Sägerei	Dreherei	Schleiferei	Zusammenbau
Fertigungslöhne EUR	83 980,00	293 280,00	109 900,00	488 800,00
Gemeinkosten EUR	218 340,00	835 850,00	324 130,00	879 840,00
Jahresstunden h	11 280	37 843	13 136	62 355

10. **Getriebegehäuse.** Für die Bearbeitung eines Getriebegehäuses wurden folgende Fertigungszeiten ermittelt: Drehen 1,8 h, Fräsen 1,6 h, Schleifen 1,1 h. Die Platzkosten je Stunde betragen für die Dreherei 32,00 EUR, die Fräserei 43,00 EUR und die Schleiferei 60,00 EUR. Wie hoch ist der Verkauspreis, wenn die Brutto-Werkstoffkosten 70,20 EUR und die Zuschläge für Verwaltung und Vertrieb 12 %, für Gewinn 11 % und für Risiko und Provision insgesamt 7 % ausmachen?

5.4 | Lohnberechnung

Bei den Lohnarten wird zwischen Zeitlohn und Akkordlohn unterschieden. Die Höhe des Zeitlohnes ist unabhängig von der momentanen Arbeitsleistung. Die Höhe des Akkordlohnes hängt von der Arbeitsleistung für einen bestimmten Auftrag ab. Die Eckdaten für die Entlohnung sind in Tarifverträgen vereinbart. Die Begriffe der Lohnberechnung sind nicht genormt. Deshalb werden die in diesem Buch verwendeten Begriffe in **Tabelle 1** definiert.

Bezeichnungen:

V	Vergütung (Bruttolohn)	EUR		F	Leistungsfaktor	–
E	Ecklohn	EUR		T_v	Vorgabezeit	min
S	Lohngruppenschlüssel	%		T_t	tatsächliche Arbeitszeit	min
Z	Leistungszulage	%		R	Akkordrichtsatz	EUR
G	Leistungsgrad	%				

Tabelle 1: Lohnberechnung

Begriff	Definition
Vergütung	Bruttoentgelt, das für eine bestimmte Arbeitszeit (Zeitlohn) oder für eine bestimmte Leistung (Akkordlohn) berechnet wird.
Lohngruppe	Die Lohngruppe ist durch die Anforderungen an die Tätigkeit bestimmt, z.B. können Facharbeiterinnen oder Facharbeiter, deren Tätigkeit überdurchschnittliche Fachkenntnisse und Fähigkeiten erfordern, in die Lohngruppe 8 eingestuft werden. Die Einstufung ist tarifvertraglich geregelt.
Ecklohn	Durch Tarifvertrag festgelegter Mindestlohn einer bestimmten Lohngruppe. Nach ihm werden die Mindestlöhne anderer Lohngruppen berechnet.
Lohngruppenschlüssel	Prozentsatz, mit dem über den Ecklohn (100 %) die Löhne für andere Lohngruppen berechnet werden. Der Schlüssel ist tarifvertraglich vereinbart. Ein Beispiel ist in Tabelle 1 auf Seite 191 wiedergegeben.
Leistungszulage	Der Mindestlohn einer Lohngruppe wird entsprechend der gewährten Leistungszulage erhöht.
Normalleistung	Leistung, die bei Akkordarbeit auf Dauer erbracht und erwartet werden kann. Sie orientiert sich an den Vorgabezeiten.
Leistungsgrad	Der Prozentsatz gibt an, wie viel Prozent der Normalleistung die tatsächlich erbrachte Leistung ausmacht.
Leistungsfaktor	Entspricht dem Leistungsgrad, angegeben als Faktor (Dezimalbruch).
Vorgabezeit	Zeit, die zur Bearbeitung eines Auftrages bei Normalleistung zur Verfügung steht.
tatsächliche Arbeitszeit	Zeit, die tatsächlich gebraucht wurde, um einen Arbeitsauftrag abzuschließen.
Akkordrichtsatz	Vergütung für eine Stunde Vorgabezeit, wenn die Normalleistung erbracht wurde.

Aus dem Lohngruppenschlüssel lassen sich tarifvertraglich vereinbarte Bruttolöhne für die verschiedenen Lohngruppen berechnen. In **Tabelle 1** ist ein Beispiel für mögliche Zuordnungen dargestellt.

Tabelle 1: Lohngruppenschlüssel aus einem Tarifvertrag										
Lohngruppe	1	2	3	4	5	6	7	8	9	10
Lohngruppenschlüssel in %	76	81	87	87	90	97	100	110	120	133

Die Berechnung der Vergütung (des Bruttolohnes) erfolgt über die Formeln in **Tabelle 2**.

Tabelle 2: Formeln zur Lohnberechnung		
Berechnungsgröße	**Zeitlohn**	**Akkordlohn**
Leistungsgrad	———	$G = \dfrac{T_v}{T_t} \cdot 100\,\%$
Leistungsfaktor	———	$F = \dfrac{G}{100\,\%}$
Vergütung ohne Leistungszulage	$V = \dfrac{E \cdot S}{100\,\%}$	$V = \dfrac{R \cdot G}{100\,\%} = R \cdot F$
Vergütung mit Leistungszulage	$V = \dfrac{E \cdot S}{100\,\%} \cdot \left(1 + \dfrac{Z}{100\,\%}\right)$	———

1. Beispiel: Ein Werkzeugmechaniker in Lohngruppe 9 erhält eine Leistungszulage von 16 %. Der Ecklohn in Lohngruppe 7 beträgt 10,80 EUR/h.

Wie hoch ist sein Stundenlohn bei einem Lohngruppenschlüssel nach Tabelle 1?

Lösung: $V = \dfrac{E \cdot S}{100\,\%} \cdot \left(1 + \dfrac{Z}{100\,\%}\right) = \dfrac{10,80 \text{ EUR/h} \cdot 120\,\%}{100\,\%} \cdot \left(1 + \dfrac{16\,\%}{100\,\%}\right) = \mathbf{15,03 \text{ EUR/h}}$

2. Beispiel: Die Vorgabezeit für einen Auftrag beträgt 105 min. Der Akkordrichtsatz ist auf 10,10 EUR/h festgelegt. Der Auftrag wird tatsächlich in 92 min abgeschlossen.

Wie groß sind

a) der Leistungsgrad,

b) der Leistungsfaktor,

c) die Vergütung je Stunde und je Minute Arbeitszeit?

Lösung: a) $G = \dfrac{T_v}{T_t} \cdot 100\,\% = \dfrac{105 \text{ min}}{92 \text{ min}} \cdot 100\,\% = \mathbf{114\,\%}$

b) $F = \dfrac{G}{100\,\%} = \dfrac{114\,\%}{100\,\%} = \mathbf{1{,}14}$

c) $V = R \cdot F = 10,10 \text{ EUR/h} \cdot 1,14 = \mathbf{11,51 \text{ EUR/h}}$

$$\dfrac{11,51 \,\dfrac{\text{EUR}}{\text{h}}}{60 \,\dfrac{\text{min}}{\text{h}}} = \mathbf{0{,}192 \text{ EUR/min}}$$

Aufgaben | Lohnberechnung

1. Stundenlohn. Wie hoch ist der Mindeststundenlohn eines Arbeitnehmers in der Lohngruppe 6 mit dem Lohngruppenschlüssel 97 % bei einem Ecklohn von 7,25 EUR/h?

2. Wochenlohn. Zu berechnen ist der Brutto-Wochenlohn einer Facharbeiterin in Lohngruppe 8 mit dem Lohngruppenschlüssel 110 % bei einem Ecklohn von 7,10 EUR/h, einer Leistungszulage von 14 % und einer Arbeitszeit von 37 Stunden / Woche.

3. Ecklohn. Der tarifliche Ecklohn von 7,10 EUR/h wurde um 2,1 % erhöht.

   a) Wie hoch ist der neue Ecklohn?
   b) Welche Mindestlöhne ergeben sich für die Lohngruppen 6 und 8 nach dem Lohngruppenschlüssel aus Tabelle 1, Seite 191?

4. Leistungszulage. Ein Facharbeiter mit einer Leistungszulage von 12 % erhielt bisher einen Stundenlohn von 9,80 EUR. Nach einer Leistungsbeurteilung wurde die Zulage auf 14 % erhöht. Wie hoch ist der neue Stundenlohn?

5. Monatslohn. Wie hoch ist der monatliche Bruttolohn einer im Zeitlohn beschäftigten Arbeitnehmerin, wenn folgende Daten zu Grunde liegen?

Lohngruppe 9 mit dem Lohngruppenschlüssel nach Tabelle 1, Seite 191
Ecklohn 7,50 EUR/h
Leistungszulage 18 %
Arbeitszeit 163 Stunden

6. Leistungszulage. Ein Zerspanungsmechaniker erhielt bisher in der Lohngruppe 9 einen Mindestlohn von 8,91 EUR/h bei einer Leistungszulage von 26 %. Er wird in die Lohngruppe 10 mit einem Mindestlohn von 9,88 EUR/h und einer Leistungszulage von 18 % neu eingestuft. Um welchen Betrag erhöht sich sein Stundenlohn?

7. Akkordlohn. Für eine Akkordlohnberechnung wurden folgende Werte angegeben:

Vorgabezeit: 6 min/Stück
Akkordrichtzeit: 10,25 EUR/h
gefertigte Stückzahl: 503 Stück /Woche
Arbeitszeit: 37,5 Stunden / Woche

   a) Wie viel Stück / Woche hätten der Normalleistung entsprochen?
   b) Wie hoch war der Leistungsgrad?
   c) Welche Vergütung ergibt sich für diese Woche?

8. Akkordrichtsatz. Bei einer Neueinteilung der Lohngruppen wurde ein Arbeitsplatz an einer Drehmaschine von der Lohngruppe 6 zur Lohngruppe 8 an einer NC-Maschine umgestuft. Der Akkordrichtsatz der Lohngruppe 6 war 9,95 EUR/h bei einem Lohngruppenschlüssel von 95 %. Wie hoch wird der neue Akkordrichtsatz in der Lohngruppe 8 bei einem Lohngruppenschlüssel von 110 %.

9. Leistungsgrad. Ein Facharbeiter, der auch Jugendvertreter ist, hat in einer 8-Stundenschicht nach seinem Akkordlohnbericht die folgenden Arbeiten an einem Roboter-Modul ausgeführt:

Nr.	Arbeitsgang	Vorgabezeit in min	tatsächl. Arbeitszeit in min.
1	Werkzeug einstellen	120	95
2	Teil komplett fräsen	140	133
3	Herstellen von 40 Bohrungen	250	220
4	Besprechung beim Betriebsrat	–	25

Die Zeit für die Besprechung beim Betriebsrat wird nach dem durchschnittlichen Leistungsgrad des letzten Monats vergütet. Er beträgt 116 %. Für einen Akkordrichtsatz von 10,95 EUR/h sind zu berechnen

a) der durchschnittliche Leistungsgrad in dieser Schicht,
b) die Vergütung für diese Schicht.

6 | Werkstofftechnik

6.1 | Wärmetechnik

6.1.1 | Temperatur

Die Temperatur, die ein Körper besitzt, kennzeichnet seinen Wärmezustand. Die Temperatur wird in Grad Celsius[1] oder in Kelvin[2] angegeben **(Bild 1)**.

Bezeichnungen:

T Temperatur in Kelvin   K
t Temperatur in Grad Celsius   °C

Die tiefste Temperatur, die theoretisch erreicht werden könnte, beträgt –273 °C oder 0 K. Dies ist der absolute Nullpunkt der Temperatur. Die Temperatur 0 °C entspricht dem Schmelzpunkt des Eises, die Temperatur 100 °C dem Siedepunkt des Wassers bei Normalluftdruck.

Der Temperaturunterschied 1 K ist gleich dem Temperaturunterschied 1 °C.

Beispiel: Die Temperatur 20 °C soll in Kelvin umgerechnet werden.

Lösung: $T = t + 273 = (20 + 273)$ K = **293 K**

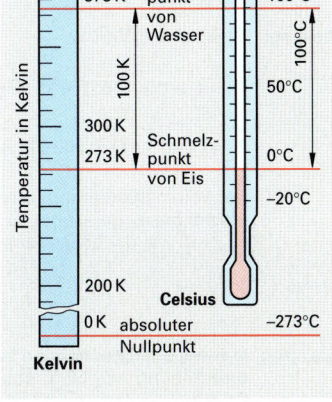

Bild 1: Temperaturskalen

Temperatur in Kelvin

$$T = t + 273$$

6.1.2 | Längen- und Volumenänderung

Die meisten Stoffe dehnen sich bei einer Erwärmung aus und schwinden bei einer Abkühlung. Dabei sind Längen- und Volumenänderungen zu unterscheiden.

Bezeichnungen:

l_1	Anfangslänge	mm
l_2	Endlänge	mm
Δl	Längenänderung	mm
t_1	Anfangstemperatur	°C oder K
t_2	Endtemperatur	°C oder K
Δt	Temperaturänderung	°C oder K

V_1	Anfangsvolumen	mm³
V_2	Endvolumen	mm³
ΔV	Volumenänderung	mm³
α_L	Längenausdehnungskoeffizient	1/°C oder 1/K
α_V	Volumenausdehnungskoeffizient	1/°C oder 1/K

Die Ausdehnung bzw. Schwindung der Stoffe hängt ab von

- dem Ausdehnungskoeffizienten des Werkstoffes,

- der Temperaturänderung,

- den Abmessungen des Werkstückes.

Längenänderung

$$\Delta l = \alpha_L \cdot l_1 \cdot \Delta t$$

Endlänge

$$l_2 = l_1 + \Delta l$$

[1] Celsius, schwedischer Astronom (1701-1744);   [2] Kelvin, englischer Physiker (1824-1907)

Der **Längenausdehnungskoeffizient** α_L eines Stoffes gibt die auf die Anfangslänge bezogene Längenänderung pro 1 °C oder 1 K Temperaturänderung an **(Tabelle 1)**.

Aluminium dehnt sich beispielsweise bei gleicher Erwärmung und gleichen Abmessungen doppelt so stark aus wie Stahl.

Beispiel: Das Rohr einer Dampfleitung aus Stahl **(Bild 1)** hat bei der Temperatur t_1 = 15 °C die Länge l_1 = 30 m. Um wie viel mm wird das Rohr länger, wenn es durch Dampf auf t_2 = 215 °C erwärmt wird?

Lösung: Stahl: $\alpha_L = 0{,}000\,012\,\dfrac{1}{°C}$

$\Delta t = t_2 - t_1 = 215\ °C - 15\ °C = 200\ °C$

$\Delta l = \alpha_L \cdot l_1 \cdot \Delta t = 0{,}000\,012\,\dfrac{1}{°C} \cdot 30\ m \cdot 200\ °C = 0{,}072\ m$

Bei Volumenänderungen wird mit dem **Volumenausdehnungskoeffizienten** α_V gerechnet. Er ist bei festen Stoffen ungefähr dreimal so groß wie der Längenausdehnungskoeffizient.

Beispiel: Um wie viel Liter dehnen sich 100 Liter Benzin bei einer Temperaturerhöhung Δt = 50 °C aus, wenn der Volumenausdehnungskoeffizient α_V = 0,001/°C ist? Wie groß ist das Volumen nach der Temperaturerhöhung?

Lösung: $\Delta V = \alpha_V \cdot V_1 \cdot \Delta t = 0{,}001\,\dfrac{1}{°C} \cdot 100\ l \cdot 50\ °C = 5\ l$

$V_2 = V_1 + \Delta V = 100\ l + 5\ l = \mathbf{105\ l}$

Tabelle 1: Längenausdehnungskoeffizienten

Werkstoff	α_L in 1 /°C oder 1/K
Stahl	0,000 012
Gusseisen	0,000 011
Aluminium	0,000 024
CuZn-Legierung	0,000 019

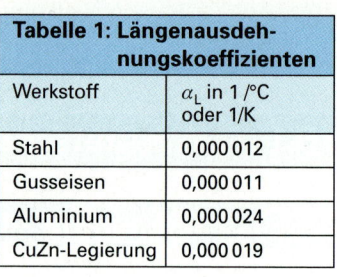

Bild 1: Rohr

Volumenausdehnungskoeffizient

$$\alpha_V \approx 3 \cdot \alpha_L$$

Volumenänderung

$$\Delta V = \alpha_V \cdot V_1 \cdot \Delta t$$

Endvolumen

$$V_2 = V_1 + \Delta V$$

6.1.3 | Schwindung beim Gießen

Nach dem Gießen schwinden die Werkstoffe bei der Abkühlung. Deshalb müssen die Modellmaße größer als die Maße des fertigen Gussstückes sein.

Bezeichnungen:

l Werkstücklänge mm l_1 Modelllänge mm S Schwindmaß %

Das Schwindmaß S eines Werkstoffes gibt an, um wie viel Prozent der Gusswerkstoff in seinen Längenmaßen schwindet. Bei der Berechnung wird die Modelllänge l_1 immer gleich 100 % gesetzt. Das Schwindmaß wird durch Versuche ermittelt und ist Tabellen zu entnehmen.

Beispiel: Es soll ein Stab aus Gusseisen mit Lamellengraphit EN-GJL-100 mit der Länge l = 760 mm gegossen werden. Das Schwindmaß beträgt S = 1 %. Wie groß muss die Modelllänge l_1 sein?`

Modelllänge

$$l_1 = \frac{l \cdot 100\ \%}{100\ \% - S}$$

Lösung: $l_1 = \dfrac{l \cdot 100\ \%}{100\ \% - S} = \dfrac{760\ mm \cdot 100\ \%}{100\ \% - 1\ \%} = \mathbf{767{,}7\ mm}$

Aufgaben | Temperatur, Längen- und Volumenänderung, Schwindung

1. **Umrechnung von Temperaturangaben.** Folgende Temperaturangaben sind umzurechnen:
   a) 35 °C; 250 °C; −20 °C; 15 °C; −8 °C in K
   b) 508 K; 318 K; 173 K; 35 K; 18 K in °C.

2. **Längenänderung.** Eine Stahlschiene hat bei der Temperatur $t_1 = 20$ °C eine Länge $l_1 = 20$ m.
   Welche Längenänderungen Δl ergeben sich
   a) im Sommer bei 38 °C,
   b) im Winter bei −15 °C?

3. **Pressverbindung.** Ein Kolbenbolzen aus Stahl hat bei der Temperatur $t_1 = 20$ °C den Durchmesser $d_1 = 18{,}000$ mm. Zur Montage in einer Pressverbindung muss er so weit gekühlt werden, dass sein Durchmesser $d_2 = 17{,}980$ mm beträgt.
   Auf welche Temperatur t_2 muss der Bolzen mindestens abgekühlt werden?

4. **Warmaufziehen.** Ein Messingring hat bei einer Bezugstemperatur von 20 °C einen Innendurchmesser von 250,00 mm. Er wird zum Warmaufziehen auf eine Welle auf 300 °C erwärmt.
   Wie groß wird dabei der mittlere Druchmesser des Ringes?

5. **Getriebewelle (Bild 1).** Eine Getriebewelle aus Stahl ist in einem Fest- und Loslager gelagert.
   Wie groß können die Längenänderungen des Lagerabstandes von 420 mm werden, wenn sich die Welle gegenüber der Einbautemperatur
   a) im Betrieb um 45 K erwärmt,
   b) im Stillstand um 15 K abkühlt?

6. **Volumenausdehnung.** Welches Volumen nehmen 1,5 m³ Wasser von 18 °C ein, wenn es auf 90 °C erwärmt wird und der Volumenausdehnungskoeffizient $\alpha_V = 0{,}00018$/K beträgt?

7. **Modelllänge.** Welche Länge muss die Spritzgießform für einen 75 mm langen Stab aus Polycarbonat (PC) haben, wenn das Schwindmaß $S = 0{,}8$ % beträgt?

8. **Schwungscheibe (Bild 2).** Die Maße der Schwungscheibe aus Gusseisen mit Lamellengraphit sind für ein Schwindmaß von 1 % in die Modellmaße umzurechnen.

9. **Stahlwelle.** Eine Stahlwelle, die den Durchmesser 35h6 erhalten soll, erwärmt sich beim Drehen auf 65 °C. Bei dieser Temperatur wird ein Durchmesser von 35,001 mm gemessen.
   a) Welcher Durchmesser ergibt sich für eine Bezugstemperatur von 20 °C?
   b) Um wie viel μm weicht der unter a) ermittelte Durchmesser vom zulässigen Mindestmaß ab?

10. **Toranlage (Bild 3).** Die Toranlage soll aus Stahlprofilen gefertigt
    • werden. Die angegebenen Maße gelten für eine Bezugstemperatur von 20 °C. Der Abstand $a = 5$ mm ändert sich mit der Temperatur. Der Schließmechanismus funktioniert aber nur bei einem Abstand zwischen 3 mm und 7 mm.
    In welchem Temperaturbereich ist ein Schließen möglich?

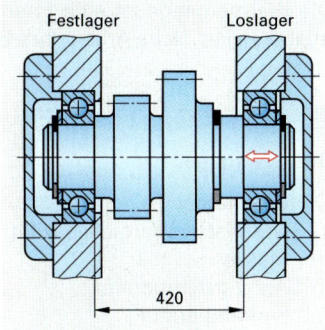

Bild 1: Getriebewelle

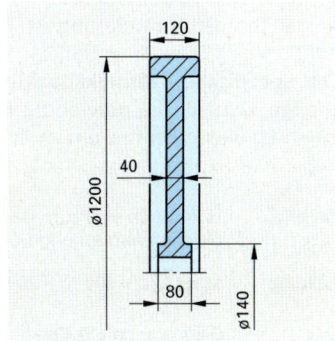

Bild 2: Schwungscheibe

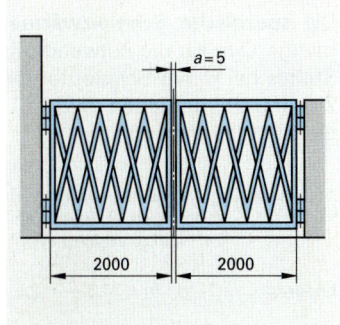

• **Bild 3: Toranlage**

6.1.4 │ Wärmemenge

Die Wärmemenge ist eine Energieform wie z.B. die mechanische oder die elektrische Arbeit. Ihre Einheit ist das Joule[1] (J).

$$1\,J = 1\,W \cdot s = 1\,N \cdot m$$
$$1\,W \cdot h = 3600\,W \cdot s = 3600\,J$$
$$1\,kW \cdot h = 3,6 \cdot 10^6\,J$$

■ Wärmemenge beim Erwärmen und Abkühlen

Bezeichnungen:

Q	Wärmemenge	kJ
c	spezifische Wärmekapazität	kJ / (kg · °C) oder kJ / (kg · K)
m	Masse	kg
t_1	Anfangstemperatur	°C
t_2	Endtemperatur	°C
Δt	Temperaturänderung	°C

Wärmemenge

$$Q = c \cdot m \cdot \Delta t$$

Um die Temperatur eines Stoffes zu ändern, ist ihm eine bestimmte Wärmemenge zuzuführen oder zu entziehen.

Die Wärmemenge ist abhängig von

- der spezifischen Wärmekapazität c
- der Masse m des Stoffes
- der Temperaturänderung Δt

Die **spezifische Wärmekapazität** c eines Stoffes ist die Wärmemenge Q in kJ, die notwendig ist, um die Temperatur der Masse $m = 1$ kg dieses Stoffes um $t = 1$ °C zu erhöhen **(Tabelle 1)**.

Tabelle 1: Spezifische Wärme-kapazität c	
Werkstoff	c in kJ / (kg · °C) oder kJ / (kg · K)
Stahl	0,49
Aluminium	0,94
Kupfer	0,39
Wasser	4,18

Beispiel: 15 kg Stahl sind zum Härten von 20 °C auf 900 °C zu erwärmen. Welche Wärmemenge Q ist hierfür erforderlich?

Lösung: $\Delta t = t_2 - t_1 = 900\,°C - 20\,°C = 880\,°C$

$$Q = c \cdot m \cdot \Delta t = 0,49\,\frac{kJ}{kg \cdot °C} \cdot 15\,kg \cdot 880\,°C = \mathbf{6468\,kJ}$$

■ Schmelzwärme

Bezeichnungen:

Q	Schmelzwärme	kJ
q	spezifische Schmelzwärme	kJ/kg

Die **spezifische Schmelzwärme** q eines Stoffes ist die Wärmemenge Q in kJ, die notwendig ist, um die Masse $m = 1$ kg dieses Stoffes bei seiner Schmelztemperatur vom festen in den flüssigen Zustand zu überführen **(Bild 1)**. Umgekehrt wird beim Erstarren die gleiche Wärmemenge frei.

Bild 1: Schmelzwärme

1. Beispiel: 2,5 kg Blei sollen bei der Schmelztemperatur von 327 °C geschmolzen werden. Die spezifische Schmelzwärme beträgt $q = 24,3$ kJ/kg. Welche Wärmemenge ist erforderlich?

Lösung: $Q = q \cdot m = 24,3\,\frac{kJ}{kg} \cdot 2,5\,kg = \mathbf{60,8\,kJ}$

Schmelzwärme

$$Q = q \cdot m$$

---

[1] Joule, englischer Physiker (1818-1889)

2. Beispiel: 3500 kg Stahlschrott von 20 °C sollen bei einer Schmelztemperatur von 1500 °C geschmolzen werden. Die spezifische Wärmekapazität beträgt c = 0,49 kJ/(kg · °C), die spezifische Schmelzwärme q = 205 kJ/kg.
Welche Wärmemenge ist erforderlich, wenn Verluste nicht berücksichtigt werden?

Lösung: Wärmemenge Q_1 bis zur Erwärmung auf Schmelztemperatur:

$$Q_1 = c \cdot m \cdot \Delta t = 0{,}49 \ \frac{kJ}{kg \cdot °C} \cdot 3500 \ kg \cdot (1500 - 20) \ °C = 2\,538\,200 \ kJ$$

Wärmemenge Q_2 zum Schmelzen bei Schmelztemperatur:

$$Q_2 = q \cdot m = 205 \ \frac{kJ}{kg} \cdot 3500 \ kg = 717\,500 \ kJ$$

Gesamte Wärmemenge Q:
$$Q = Q_1 + Q_2 = 2538200 \ kJ + 717500 \ kJ = 3255700 \ kJ = \mathbf{3\,256 \ MJ}$$

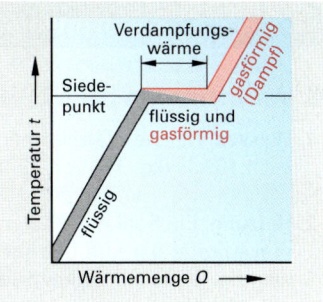

Bild 1: Verdampfungswärme

■ Verdampfungswärme

Bezeichnungen:

Q	Verdampfungswärme	kJ
r	spezifische Verdampfungswärme	kJ/kg
m	Masse	kg

Die **spezifische Verdampfungswärme** r eines Stoffes (**Tabelle 1**) ist die Wärmemenge Q in kJ, die notwendig ist, um die Masse m = 1 kg dieses Stoffes bei seiner Siedetemperatur vom flüssigen Zustand in Dampf zu überführen. Umgekehrt wird beim Kondensieren die gleiche Wärmemenge frei **(Bild 1)**.

Beispiel: 0,5 l Wasser sollen bei 100 °C verlustfrei verdampft werden. Welche Wärmemenge ist dazu erforderlich, wenn die spezifische Verdampfungswärme von Wasser r = 2256 kJ/kg beträgt?

Lösung: $Q = r \cdot m = 2256 \ \dfrac{kJ}{kg} \cdot 0{,}5 \ kg = \mathbf{1128 \ kJ}$

Verdampfungswärme

$$Q = r \cdot m$$

Tabelle 1: spezifische Verdampfungswärmen r

Stoff	kJ/kg
Wasser	2256
Benzin	419
Heizöl EL	628

■ Verbrennungswärme

Bezeichnungen:

Q	Verbrennungswärme	MJ
H	spezifischer Heizwert	MJ/kg bzw. MJ/m³
V	Volumen von Brenngasen	m³
m	Masse der Brennstoffe	kg

Der **spezifische Heizwert** H eines Brennstoffes (**Tabelle 2**) ist die Wärmemenge Q in MJ, die bei der vollständigen Verbrennung der Masse m = 1 kg eines festen oder flüssigen Brennstoffes bzw. des Volumens V = 1 m³ eines Brenngases frei wird.

Beispiel: Der spezifische Heizwert eines Erdgases beträgt 36 MJ/m³.
  a) Welche Verbrennungswärme Q_1 entsteht bei vollständiger Verbrennung von 0,8 m³ Erdgas?
  b) Welche Wärmemenge Q_2 kann nutzbar gemacht werden, wenn mit einem Wärmeverlust von 25 % zu rechnen ist?

Lösung: a) $Q_1 = H \cdot V = 36 \ \dfrac{MJ}{m^3} \cdot 0{,}8 \ m^3 = \mathbf{28{,}8 \ MJ}$

  b) $Q_2 = 28{,}8 \ MJ \cdot 0{,}75 = \mathbf{21{,}6 \ MJ}$

Tabelle 2: spezifische Heizwerte H

Brennstoff	Wert
Heizöl EL	40 MJ/kg
Steinkohle	30 MJ/kg
Holz	16 MJ/kg
Propan	93 MJ/m³
Erdgas	36 MJ/m³

Verbrennungswärme für feste und flüssige Stoffe

$$Q = H \cdot m$$

Verbrennungswärme für Gase

$$Q = H \cdot V$$

Aufgaben | Wärmemenge

■ Wärmemenge beim Erwärmen und Abkühlen

1. Wasser. Welche Wärmemenge ist notwendig, um 60 l Wasser mit einer spezifischen Wärmekapazität $c = 4{,}18$ kJ / (kg · °C) von 12 °C auf 95 °C verlustfrei zu erwärmen?

2. Heizung. Ein Saal mit 1000 m³ Volumen soll von 5 °C auf 20 °C erwärmt werden. Die spezifische Wärmekapazität der Luft beträgt 1,0 kJ / (kg · °C), ihre Dichte 1,29 kg/m³. Welche Wärmemenge ist notwendig, wenn ein verlustfreies Aufheizen angenommen wird?

3. Härten. In einem Behälter mit 800 l Öl von 20 °C werden 18 kg Stahlteil von 780 °C abgeschreckt. Welche maximale Temperatur bekommt das Öl, wenn seine spezifische Wärmekapazität 1,8 kJ / (kg · °C) und seine Dichte 0,91 kg/dm³ betragen?

4. Spritzgießwerkzeug. In einem Spritzgießwerkzeug werden pro Stunde 200 Abdeckhauben aus Polystrol hergestellt. Eine Haube wiegt 60 g. Die Schmelze hat eine Temperatur von 210 °C. Die Entformungstemperatur der Hauben beträgt 70 °C. Für diese Temperaturänderung sind bei Polystrol 210 kJ/kg Wärmemenge abzuführen.

a) Welche Wärmemenge muss in der Form je Stunde abgeführt werden?

b) Die Form wird mit Wasser abgekühlt. Welcher Volumenstrom in l/min ist erforderlich, wenn die Einlauftemperatur des Wassers 20 °C und die Auslauftemperatur 25 °C sind? Bei der Berechnung soll angenommen werden, dass die gesamte Wärmemenge vom Wasser abgeführt wird.

■ Schmelzwärme

5. Schmelzen. 1000 kg Aluminium mit einer spezifischen Schmelzwärme $q = 356$ kJ/kg werden bei der Schmelztemperatur von 658 °C geschmolzen. Welche Wärmemenge ist dazu erforderlich, wenn Verluste unberücksichtigt bleiben?

6. Stahlschrott. Es sollen 3000 kg Stahlschrott mit einer Temperatur von 20 °C gschmolzen werden. Der Schmelzpunkt beträgt 1450 °C, die spezifische Schmelzwärme 205 kJ/kg. Welche Wärmemenge ist erforderlich?

■ Verdampfungswärme

7. Destillation. In einer Laboranlage sollen 500 cm³ Wasser von 293 K destilliert werden. Die Siedetemperatur des Wassers beträgt 373 K, die spezifische Schmelzwärme 205 kJ/kg. Welche Wärmemenge ist erforderlich?

8. Warmwasserbereiter. In einem Warmwasserbereiter wird 1,7 l Wasser von 20 °C eine Wärmemenge von 1000 kJ zugeführt. Die Siedetemperatur des Wassers beträgt 100 °C, seine spezifische Verdampfungswärme 2256 kJ/kg. Welche Wassermenge verdampft nach dem Erreichen der Siedetemperatur?

■ Verbrennungswärme

9. Steinkohle. Wie viel Wärme in MJ wird bei der Verbrennung von 40 kg Steinkohle frei?

10. Erdgas. Wie viel m³ Erdgas sind erforderlich, um 500 l Wasser von 15 °C auf 55 °C bei 20 % Wärmeverlust zu erwärmen?

11. Heizöl. Wie viel Liter Heizöl mit einer Dichte von 0,83 kg/dm³ sind nötig, um 1600 l Wasser von 10 °C auf 95,5 °C zu erhitzen, wenn man einen Wärmeverlust von 30 % zu Grunde legt?

6.2 | Werkstoffprüfung

Die Werkstoffprüfung ermittelt Werkstoffkennwerte, zum Beispiel die Zugfestigkeit und die Dehnung. Sie prüft Werkstücke, zum Beispiel auf Risse oder Härtefehler, und sie stellt die Ursachen von Schäden fest.

6.2.1 | Zugversuch

Bezeichnungen:

F	Zugkraft	N
F_m	Höchstkraft, Maximalkraft	N
F_e	Zugkraft an der Streckgrenze	N
$F_{p0,2}$	Zugkraft an der Dehngrenze	N
L	Messlänge	mm
L_0	Anfangsmesslänge	mm
L_u	Messlänge nach dem Bruch	mm
ΔL	Längenänderung	mm
ΔL_e	elastische Längenänderung	mm
d_0	Anfangsdurchmesser der Probe	mm
S_0	Anfangsquerschnitt der Probe	mm²
ε	Dehnung	%
A	Bruchdehnung	%
σ_z	Zugspannung	N/mm²
R_m	Zugfestigkeit	N/mm²
R_e	Streckgrenze	N/mm²
$R_{p0,2}$	Dehngrenze	N/mm²

■ Spannungs-Dehnungs-Diagramm

Beim Zugversuch werden in der Regel genormte Zugproben (**Bild 1**) unter ständiger Erhöhung der Zugspannung gedehnt. Die Zugkraft F wird in Abhängigkeit der Längenänderung ΔL im Kraft-Verlängerungs-Diagramm (**Bild 2**) aufgezeichnet.

Zwischen den Punkten 0 und P_1 verformt sich die Probe elastisch, zwischen P_1 und P_3 enthalten alle Werte neben der plastischen Verlängerung auch den elastischen Anteil ΔL_e. Die Dreiecke $0P_1P_2$ und $P_3P_4P_5$ sind ähnlich. Daraus folgt: $0P_1 \approx P_3P_4$.

- Die Parallele zur Geraden $0P_2$ durch den Kurvenpunkt P_5 ergibt die plastische Gesamtverlängerung $\Delta L = (L_u - L_0)$.

Durch Umrechnung der Kraft- und der Verlängerungsachse entsteht das **Spannungs-Dehnungs-Diagramm (Bild 1 Seite 200)**.

- Die **Zugspannung** $\sigma_z = F/S_0$ wird immer auf den Anfangsquerschnitt S_0 bezogen. Die Kraft-Verlängerungs-Kurve entspricht dann der Spannungs-Dehnungs-Kurve.

- Bei der **Dehnung** $\varepsilon = (\Delta L/L_0) \cdot 100\,\%$ wird die Verlängerung ΔL der Probe als prozentualer Anteil der Anfangsmesslänge L_0 berechnet.

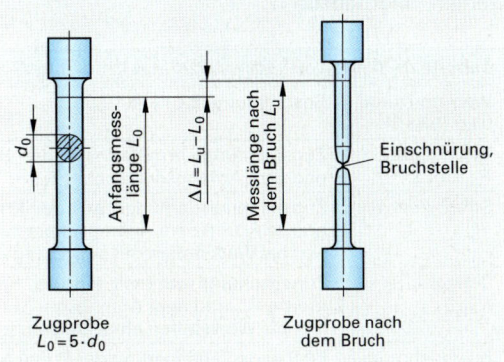

Bild 1: Zugproben

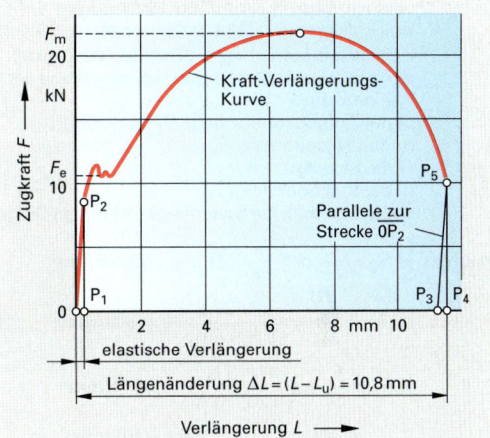

Bild 2: Kraft-Verlängerungs-Diagramm

Zugspannung

$$\sigma_z = \frac{F}{S_0}$$

Dehnung

$$\varepsilon = \frac{\Delta L}{L_0} \cdot 100\,\%$$

■ Werkstoffkennwerte

Die wichtigsten Werkstoffkennwerte, die im Zugversuch ermittelt werden, zeigt **Tabelle 1**.

Tabelle 1: Werkstoffkennwerte aus dem Zugversuch

Werkstoffkenn-wert (Bild 1)	Bestimmung, Bemerkungen
Zugfestigkeit R_m	Zugspannung, ermittelt aus der Höchstzugkraft F_m und dem Anfangsquerschnitt S_0.
Streckgrenze R_e	Zugspannung, ermittelt aus der Kraft an der Streck-grenze F_e und dem Anfangsquerschnitt S_0. Nur bei Werkstoffen mit ausgeprägter Streckgrenze.
Dehngrenze $R_{p0,2}$	Zugspannung, ermittelt aus der Kraft an der Dehn-grenze $F_{0,2}$ und dem Anfangsquerschnitt S_0 (Bild 2). Nur bei Werkstoffen ohne ausgeprägte Streckgrenze
Bruchdehnung A	Bleibende Verlängerung der Probe nach dem Bruch $\Delta L = (L_u - L_0)$, bezogen auf die Anfangsmesslänge L_0. Sie wird in % angegeben.

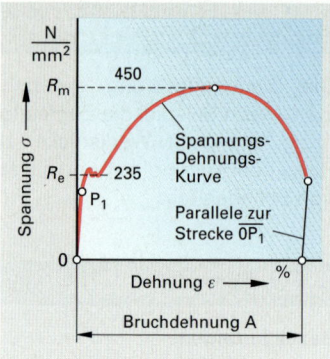

Bild 1: Spannungs-Dehnungs-Diagramm

Beispiel: Eine Zugprobe aus S235J2GR mit dem Anfangsdurchmesser $d_0 = 8$ mm und der Anfangsmesslänge $L_0 = 40$ mm wird im Zug-versuch geprüft. Während der Prüfung wird das Kraft-Verlänge-rungs-Diagramm **(Bild 2 Seite 199)** aufgezeichnet. Die ermittelte Höchstkraft beträgt $F_m = 22620$ N, die Zugkraft an der Streckgrenze $F_e = 11813$ N, die Messlänge nach dem Bruch der Probe $L_u = 50,80$ mm. Wie groß sind
a) der Anfangsquerschnitt S_0 der Probe,
b) die Zugspannung R_m,
c) die Streckgrenze R_e,
d) die Bruchdehnung A.
e) Das vereinfachte Spannungs-Dehnungs-Diagramm ist zu erstellen.

Lösung: a) $S_0 = \dfrac{\pi}{4} \cdot d^2 = \dfrac{\pi}{4} \cdot (8\ \text{mm})^2 = \mathbf{50{,}265\ mm^2}$

b) $R_m = \dfrac{F_m}{S_0} = \dfrac{22620\ \text{N}}{50{,}265\ \text{mm}^2} = \mathbf{450\ N/mm^2}$

c) $R_e = \dfrac{F_e}{S_0} = \dfrac{11813\ \text{N}}{50{,}265\ \text{mm}^2} = \mathbf{235\ N/mm^2}$

d) $A = \dfrac{L_u - L_0}{L_0} \cdot 100\ \% = \dfrac{(50,8 - 40)\ \text{mm}}{40\ \text{mm}} \cdot 100\ \% = 27\ \%$

e) Die Kraft-Verlängerungs-Kurve wird übernommen und auf den entsprechenden Achsen die Werte der Zugfestigkeit R_m, der Streckgrenze R_e und der Bruchdehnung A eingetragen (Bild 1).

Zugfestigkeit

$$R_m = \frac{F_m}{S_0}$$

Streckgrenze

$$R_e = \frac{F_e}{S_0}$$

Dehngrenze

$$R_{p\,0,2} = \frac{F_{p0,2}}{S_0}$$

Bruchdehnung

$$A = \frac{L_u - L_0}{L_0} \cdot 100\ \%$$

■ Dehngrenze bei Werkstoffen ohne ausgeprägte Streckgrenze

Bei Werkstoffen ohne ausgeprägte Streckgrenze R_e, zum Beispiel bei vergüteten Stählen, wird als Einsatz für die Streckgrenze die Dehngrenze $R_{p0,2}$ verwendet. An der Dehngrenze $R_{p0,2}$ weist die Probe eine bleibende Dehnung von $\varepsilon = 0,2\ \%$ auf.
Die Dehngrenze wird aus dem Kraft-Verlängerungs-Diagramm nach folgenden Schritten ermittelt **(Bild 2)**.
● Ausschnitt des Kraft-Verlängerungs-Diagrammes zeichnen.
● Verlängerungsachse in Dehnungsachse umrechnen.
● Parallele zur Geraden der Kurve durch $\varepsilon = 0,2\ \%$ zeichnen.
● Schnittpunkt der Parallelen mit der Kraft-Verlängerungskurve ist die Dehngrenzkraft $F_{p0,2}$.
● Dehngrenze $R_{p0,2}$ aus $F_{p0,2}$ und S_0 berechnen.

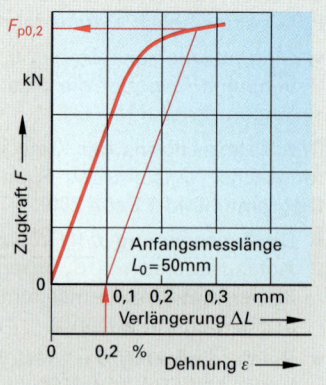

Bild 2: Dehngrenze $R_{p0,2}$

Beispiel: Zur Bestimmung der Dehngrenze $R_{p0,2}$ für den Werkstoff X2CrNi12 werden Punkte $P_1 \ldots P_5$ der Kraft-Verlängerungs-Kurve durch Feindehnungsmessung bestimmt **(Tabelle 1)**.

Tabelle 1: Feindehnungsmessung

Kurvenpunkt	P_1	P_2	P_3	P_4	P_5
F in kN	10	12,5	15	17,5	20
ΔL in mm	0,031	0,039	0,065	0,105	0,164

Für die Anfangsdurchmesser $d_0 = 10$ mm und die Anfangsmesslänge $L_0 = 50$ mm der Zugprobe sind zu bestimmen

a) das Kraft-Verlängerungs-Diagramm,
b) die Verlängerung ΔL für die Dehnung $\varepsilon = 0,2$ %,
c) die Zugkraft an der Dehnungsgrenze $R_{p0,2}$,
d) der Anfangsquerschnitt S_0 der Zugprobe,
e) die Dehngrenze $R_{p\,0,2}$.

Lösung: a) Kraft-Verlängerungs-Diagramm **(Bild 1)**.

b) $\varepsilon \dfrac{\Delta L}{L_0} \cdot 100\ \%;$

$$\Delta L = \frac{\varepsilon \cdot L_0}{100\ \%} = \frac{0,2\ \% \cdot 50\ \text{mm}}{100\ \%} = \mathbf{0,1\ mm}$$

c) Die Parallele zur Strecke $\overline{0P_2}$ schneidet die Kraft-Verlängerungs-Linie (Bild 1) im Punkt P_6. Ermittelte Zugkraft an der Dehngrenze $F_{p0,2} = 19,8$ kN.

d) $S_0 = \dfrac{\pi}{4} \cdot d^2 = \dfrac{\pi}{4} \cdot (10\ \text{mm})^2 = \mathbf{78,54\ mm^2}$

e) $R_{p0,2} = \dfrac{F_{p0,2}}{S_0} = \dfrac{19800\ \text{N}}{78,54\ \text{mm}^2} = \mathbf{252\ N/mm^2}$

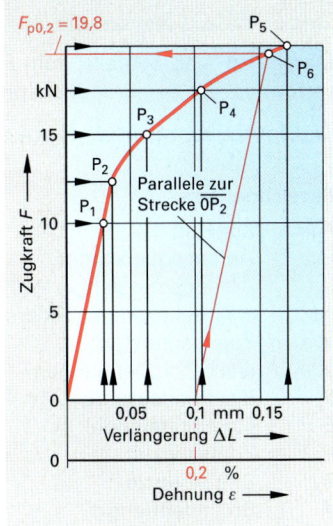

Bild 1: Kraft-Verlängerungs-Diagramm einer Feindehnungsmessung

Aufgaben | Zugversuch

1. Strebe (Bild 2). Die technologischen Eigenschaften von Streben aus S185 werden im Zugversuch überprüft. Die verwendete Probe besitzt einen Anfangsdurchmesser $d_0 = 8$ mm und eine Anfangsmesslänge $L_0 = 40$ mm. Die ermittelten Werte sind im Kraft-Verlängerungs-Diagramm dargestellt.
Wie groß sind
a) die Anfangsquerschnitte S_0,
b) die Zugfestigkeit R_m,
c) die Streckgrenze R_e,
d) die Bruchdehnung A?

2. Dehnschraube (Bild 3). Zur genauen Ermittlung der Dehngrenze $R_{p0,2}$ eines Schraubenwerkstoffes wird die Kraft-Verlängerungs-Kurve durch Feindehnungsmessung auf der Zugprüfmaschine ermittelt **(Tabelle 1)**. Zum Einsatz kommt ein Probestab mit $d_0 = 6$ mm und $L_0 = 30$ mm

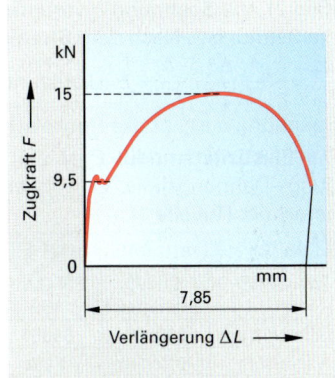

Bild 2: Kraft-Verlängerungs-Diagramm einer Strebe

Tabelle 1: Feindehnungsmessung

Kurvenpunkt	P_1	P_2	P_3	P_4	P_5	P_6
F in kN	5	10	12,5	15	17,5	20
ΔL in mm	0,026	0,052	0,065	0,078	0,109	0,192

Zu bestimmen sind
a) das Kraft-Verlängerungs-Diagramm,
b) die Verlängerung ΔL für die Dehnung $\varepsilon = 0,2$ %,
c) die Dehngrenzenkraft $F_{p0,2}$,
d) die Dehngrenze $R_{p0,2}$.

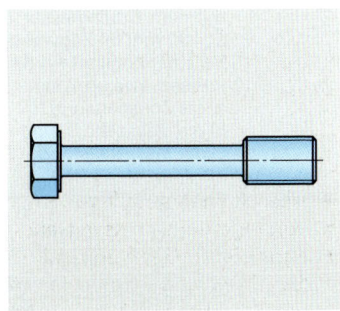

Bild 3: Dehnschraube

6.2.2 | Elastizitätsmodul und Hooke'sches Gesetz

Maschinen- und Bauteile, zum Beispiel Seile, Träger oder Federn, verformen sich bei ihrer Beanspruchung elastisch.

■ Elastizitätsmodul, Hooke'sches Gesetz bei Zugbeanspruchung

Bezeichnungen:

F	Zugkraft	N
S	Anfangsquerschnitt	mm
L_0	Anfangsmesslänge, Werkstücklänge	mm
ΔL	elastische Längenänderung	mm
$\sigma, \sigma_1, \sigma_2$	Zugspannungen	N/mm^2
$\varepsilon, \varepsilon_1, \varepsilon_2$	elastische Dehnungen	mm
σ_E	Elastizitätsgrenze	N/mm^2
E	Elastizitätsmodul	N/mm^2
R_m	Zugfestigkeit	N/mm^2
R_e	Streckgrenze	N/mm^2
A	Bruchdehnung	%

Das Spannungs-Dehnungs-Diagramm zeigt neben der Zugfestigkeit R_m, der Streckgrenze R_e und der Bruchdehnung A auch die elastische und die plastische Verformung der geprüften Werkstoffe (**Bild 1**). Da die meisten Maschinen- und Bauteile ausschließlich elastisch verformt werden, ist dieser Bereich von besonderer Bedeutung.

Bis zur Elastizitätsgrenze σ_E ist der Spannungsanstieg geradlinig (**Bild 2**), die Spannung σ verändert sich im gleichen Verhältnis wie die Dehnung ε. Nach dem Strahlensatz gilt:

$$\frac{\sigma_1}{\varepsilon_1} = \frac{\sigma_2}{\varepsilon_2} = \frac{\Delta\sigma}{\Delta\varepsilon} = \frac{\sigma}{\varepsilon} = E = \text{konstant.}$$ Die Umstellung nach der

Spannung σ ergibt das Hooke'sche Gesetz[1]: $\sigma = E \cdot \varepsilon$ mit $\varepsilon = \Delta L / L_0$.

Der **Elastizitätsmodul E** ist ein Maß für die Steigung der Spannungs-Dehnungslinie. Er wird aus Messwerten des Zugversuches berechnet (**Tabelle 1**).

Tabelle 1: Elastizitätsmodul E (Mittelwerte)					
Werkstoff	Stahl, Stahlguss	EN-GJL-150	EN-GJL 300	EN-GJMW 350	Ti-Leg.
E in N/mm^2	210000	85000	125000	170000	120000
Werkstoff	Aluminium	Al-Leg.	Kupfer	Cu-Leg.	Glas
E in N/mm^2	72000	70000	125000	90000	56000

Setzt man im Hooke'schen Gesetz für die Spannung $\sigma = F/S$ und für die Dehnung $\varepsilon = \Delta L / L_0$, so erhält man die elastische Verlängerung $\Delta L = (F \cdot L_0) / S \cdot E$.

1. Beispiel: Zur Ermittlung des Elastizitätsmodules E werden Rundproben mit dem Durchmesser $d = 6$ mm und der Anfangsmesslänge $L_0 = 30$ mm im Zugversuch geprüft. Im elastischen Bereich wird bei einer Zugkraft $F = 5$ kN die Verlängerung $\Delta L = 0,026$ mm gemessen. Wie groß sind
a) die Zugspannung σ,
b) die elastische Dehnung ε,
c) der Elastizitätsmodul E?

Lösung: a) $\sigma = \dfrac{F}{S} = \dfrac{F \cdot 4}{\pi \cdot d^2} = \dfrac{5000\ \text{N} \cdot 4}{\pi \cdot (6\ \text{mm})^2} = \mathbf{176{,}84}\ \dfrac{\mathbf{N}}{\mathbf{mm^2}}$

b) $\varepsilon = \dfrac{\Delta L}{L_0} = \dfrac{0{,}026\ \text{mm}}{30\ \text{mm}} = \mathbf{0{,}00086}$

c) $\sigma = E \cdot \varepsilon;\ E = \dfrac{\sigma}{\varepsilon} = \dfrac{176{,}84\ \text{N}}{0{,}00086\ \text{mm}^2} = \mathbf{205628}\ \dfrac{\mathbf{N}}{\mathbf{mm^2}}$

[1] R. Hooke, engl. Physiker (1635–1703)

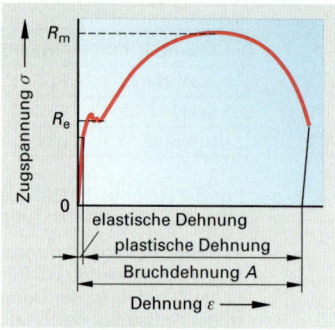

Bild 1: Spannungs-Dehnungs-Diagramm von Baustahl

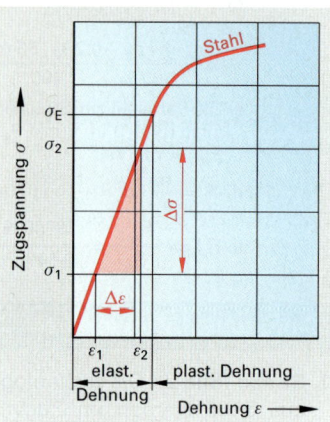

Bild 2: Elastischer Verformungsbereich imSpannungs-Dehnungs-diagramm

Zugspannung

$$\sigma = \frac{F}{S}$$

elastische Dehnung

$$\varepsilon = \frac{\Delta L}{L_0}$$

Hooke'sches Gesetz

$$\sigma = E \cdot \varepsilon$$

elastische Verlängerung

$$\Delta L = \frac{F \cdot L_0}{S \cdot E}$$

2. Beispiel: Ein Zugstab aus S235JR mit dem Durchmesser $d = 8$ mm und der Länge $L_0 = 950$ mm wird mit der Kraft $F = 9$ kN belastet. Wie groß sind

a) der Querschnitt S des Zugstabes,

b) der Elastizitätsmodul E,

c) die elastische Verlängerung ΔL?

Lösung:

a) $S = \dfrac{\pi \cdot d^2}{4} = \dfrac{\pi \cdot (8 \text{ mm})^2}{4} = \textbf{50,27 mm}^2$

b) $E = \textbf{210000 } \dfrac{\textbf{N}}{\textbf{mm}^2}$ (nach Tabelle 1, Seite 201)

c) $\Delta L = \dfrac{F \cdot L_0}{S \cdot E} = \dfrac{9000 \text{ N} \cdot 950 \text{ mm} \cdot \text{mm}^2}{50,27 \text{ mm}^2 \cdot 210\,000 \text{ N}} = \textbf{0,81 mm}$

■ Hooke'sches Gesetz bei Federn

Bezeichnungen:

F	Federkraft	N	ΔF	Federkraftänderung	N
R	Federrate	N/mm	Δs	Federwegänderung	mm
s	Federweg	mm			

Die Federkräfte F ändern sich im gleichen Verhältnis wie die Federwege s (**Bild 1**). Nach dem Strahlensatz gilt:

$$\frac{F_1}{s_1} = \frac{F_2}{s_2} = \frac{\Delta F}{\Delta s} = \frac{F}{s} = R = \text{konstant.}$$

Die **Federrate R** ist ein Maß

- für die Kraftänderung ΔF je mm Federweg und
- für die Steigung der Kraft-Weg-Linie.

Beispiel: Eine Druckfeder mit der Federrate $R = 7,24$ N/mm wird mit $s_1 = 5,5$ mm Vorspannung montiert. Im Betriebszustand wird sie um $\Delta s = 11$ mm weiter verformt.

Wie groß sind

a) die Vorspannkraft F der Feder,

b) die Federkraftänderung ΔF im Betriebszustand?

Lösung:

a) $F = R \cdot s = R \cdot s_1 = 7,24 \, \dfrac{\text{N}}{\text{mm}} \cdot 5,5 \text{ mm} = \textbf{39,3 N}$

b) $\Delta F = R + \Delta s = 7,24 \, \dfrac{\text{N}}{\text{mm}} \cdot 11 \text{ mm} = \textbf{79,64 N}$

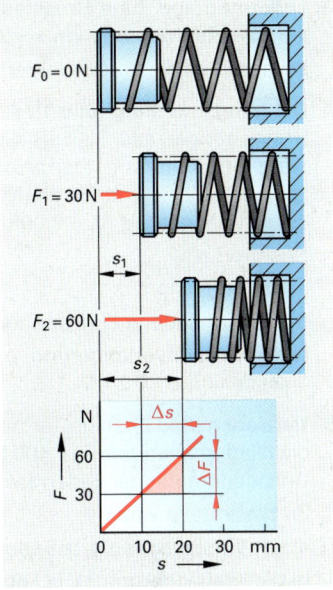

Bild 1: Kraft-Weg-Schaubild einer Druckfeder

Federkraft

$$F = R \cdot s$$

Federkraftänderung

$$\Delta F = R \cdot \Delta s$$

Aufgaben | Elastizitätsmodul und Hooke'sches Gesetz

1. Gummipuffer (Bild 2). Der Elastizitätsmodul von Gummipuffern wird im Druckversuch ermittelt. Bei einer Druckbelastung von $F = 850$ N verformt sich der Puffer um $\Delta L = 1,2$ mm.

Wie groß sind

a) die elastische Dehnung ε,

b) die Druckspannung σ,

c) der Elastizitätsmodul E?

2. Hubseil. Ein Brückenkran ist für eine Last $F = 30$ kN ausgelgt. Das Hubseil besteht aus 86 Einzeldrähten mit je 1,2 mm Durchmesser.

Wie groß sind für $E = 210\,000$ N/mm^2

a) der tragende Querschnitt S des Hubseiles,

b) die Zugspannung σ bei maximaler Belastung,

c) die elastische Verlängerung ΔL des Seiles bei $L_0 = 24$ m Länge?

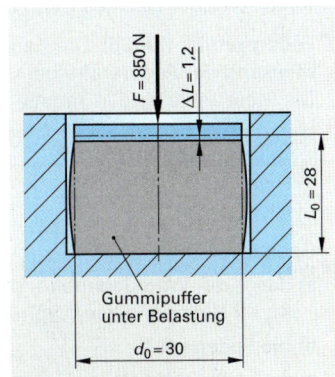

Bild 2: Gummipuffer

3. Federmontage. Eine Druckfeder mit der Federrate $R = 6$ N/mm wird bei der Montage um $s = 20$ mm vorgespannt.

Wie groß ist die Vorspannkraft F der Feder?

4. Dehnungsmessung (Bild 1). An einem durch Zug beanspruchten Brückenträger aus S235JR wird die Zugspannung durch Messung der Dehnung überprüft. Bei größter Verkehrsbelastung zeigt das Messgerät für die Messlänge $L_0 = 100$ mm eine elastische Verlängerung $\Delta L = 0{,}060$ mm an.

Wie groß sind

a) die Dehnung ε

b) die vorhandene Zugspannung σ,

c) die Gesamtverlängerung ΔL_g des Trägers bei einer Spannweite von $L = 9{,}2$ m?

5. Tiefziehen (Bild 2). Beim Tiefziehen eines zylindrischen Napfes ist die Niederhalterkraft $F_N = 400$ N erforderlich. Sie wird durch acht Druckfedern mit der Federrate $R = 17{,}7$ N/mm erzeugt.

Zu bestimmen sind

a) der Vorspannweg s_1 je Feder,

b) die Kraftänderung ΔF je Feder nach $s = 14$ mm Hub,

c) die Niederhalterkraft F_{N1} nach $s = 14$ mm Hub ?

6. Pendelstange (Bild 3). Das Zugseil einer Förderanlage wird über eine Rolle umgelenkt. Unter Belastung wird in der Pendelstange eine Dehnung $\varepsilon = 0{,}0012$ gemessen.

Für den Elastizitätsmodul $E = 210\,000$ N/mm² sind zu ermitteln

a) die Zugspannung σ in der Pendelstange,

b) die Zugkraft F in der Pendelstange,

c) die elastische Verlängerung ΔL der Pendelstange bei $L_0 = 1{,}8$ m,

d) die Belastung F_s des Zugseiles.

7. Flachriementrieb (Bild 4). Durch Verstellung des Achsabstandes um $\Delta L_a = 35$ mm wird der Flachriemen vorgespannt. Wie groß sind für den Riemenquerschnitt 100 mm x 5 mm und den Elastizitätsmodul $E = 80$ N/mm² ohne Berücksichtigung der Reibung zwischen Riemen und Riemenscheiben

a) die Verlängerung der Riemeninnenseite beim Spannen,

b) die elastische Dehnung des Riemens,

c) die Zugspannung im Riemen,

d) die Vorspannkraft im Riemen?

8. Federprüfung (Bild 5). Die Kennlinie einer Druckfeder wird durch Messung der Federkräfte bei vorgewählten Federwegen geprüft. Die Messwerte sind in **Tabelle 1** zusammengestellt.

Tabelle 1: Federprüfung

Federweg s in mm	2,0	3,5	5,0	6,5	8,0
Federkraft F in N	30	52,5	75	97,5	120

Gesucht sind

a) das Kraft-Weg-Schaubild der Feder für den Kräftemaßstab $M_k = 2$ N/mm und den Wegmaßstab $M_s = 5$ mm je mm Federweg,

b) die Federrate R,

c) die Federkraft F bei $s = 7{,}4$ mm Federweg. Die Kraft ist aus dem Kraft-Weg-Schaubild und durch Rechnung zu ermitteln.

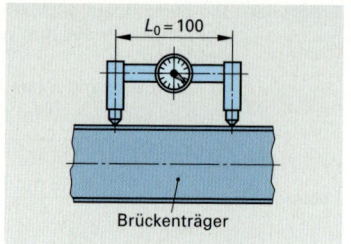

Bild 1: Dehnungsmessung

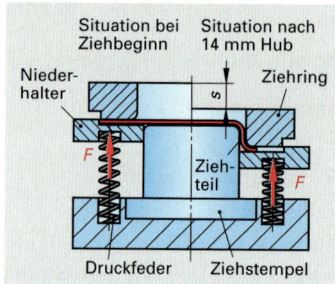

Bild 2: Tiefziehen

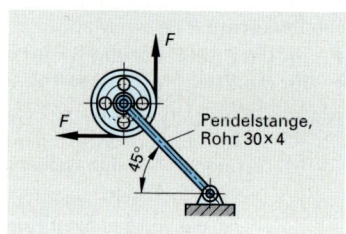

Bild 3: Pendelstange

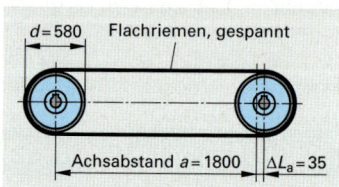

● **Bild 4: Flachriementrieb**

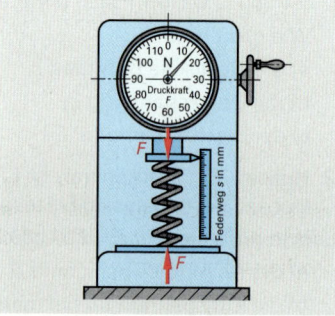

● **Bild 5: Federprüfung**

6.3 | Festigkeitsberechnungen

Kräfte, die auf ein Bauteil einwirken, verursachen Spannungen, die auf die Wahl des Werkstoffes, die Formgebung und die Abmessungen einen entscheidenden Einfluss haben.

6.3.1 | Beanspruchung auf Zug

Wird ein Bauteil durch eine Kraft auf Zug beansprucht, so setzt der Werkstoff dieser Beanspruchung einen Widerstand entgegen. Die Zugkraft je Flächeneinheit der Querschnittsfläche ist die Zugspannung. Die Querschnittsfläche liegt senkrecht zur Kraftrichtung **(Bild 1)**.

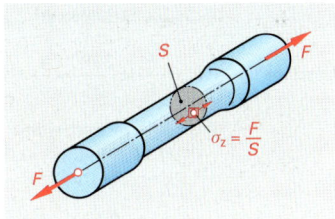

Bild 1: Zugbeanspruchung

Bezeichnungen:

F	Zugkraft	N	R_e	Streckgrenze	N/mm²
S	Querschnitts-		$R_{p0,2}$	Dehngrenze	N/mm²
	fläche,		σ_z [1]	Zugspannung	N/mm²
	Spannungs-		$\sigma_{z\,zul}$	zulässige	
	querschnitt	mm²		Zugspannung	N/mm²
R_m	Zugfestigkeit	N/mm²	ν [2]	Sicherheitszahl	–

Die angreifenden Kräfte sollen an den Bauteilen in der Regel keine bleibende Verformung bewirken. Bei statischer Belastung darf der Werkstoff deshalb höchstens bis zu seiner Streckgrenze R_e belastet werden **(Bild 2)**. Bei Werkstoffen ohne ausgeprägte Streckgrenze, z.B. bei vergütetem Stahl, wird an Stelle der Streckgrenze die Spannung in die Rechnungen eingesetzt, die 0,2 % bleibende Verformung hervorruft. Sie wird als 0,2 %-Dehngrenze $R_{p0,2}$ bezeichnet und aus dem Spannungs-Dehnungs-Diagramm ermittelt **(Bild 3)**.

Bei **Schrauben** wird als Querschnittsfläche S der Spannungsquerschnitt des Gewindes eingesetzt, der häufig auch mit A_s bezeichnet wird. Die Festigkeitswerte von Schrauben werden als **Festigkeitsklasse** durch zwei Zahlen angegeben, z.B. 12.9. Die erste Zahl ergibt, mit 100 multipliziert, die Zugfestigkeit in N/mm². Die Streck- oder Dehngrenze erhält man, wenn das Produkt beider Zahlen mit 10 multipliziert wird.

1. Beispiel: Wie groß sind die Zugfestigkeit R_m und die Streckgrenze R_e einer Schraube der Festigkeitsklasse 12.9?

Lösung: $R_m = 100 \cdot 12$ N/mm² = **1200 N/mm²**
$R_e = (12 \cdot 9) \cdot 10$ N/mm² = **1080 N/mm²**

■ Zulässige Spannung

Aus Sicherheitsgründen nutzt man bei Bauteilen die Spannungen R_e und $R_{p0,2}$ nicht aus. Die Zugspannung, mit der ein Werkstoff belastet werden darf, heißt **zulässige Zugspannung** $\sigma_{z\,zul}$. Sie wird berechnet, indem man die Streck- oder Dehngrenze durch die **Sicherheitszahl** ν dividiert.

[1] σ, griechischer Kleinbuchstabe sigma
[2] ν, griechischer Kleinbuchstabe nü

Zugspannung

$$\sigma_z = \frac{F}{S}$$

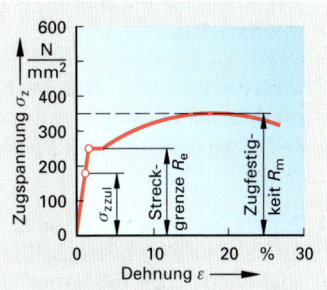

Bild 2: Streckgrenze

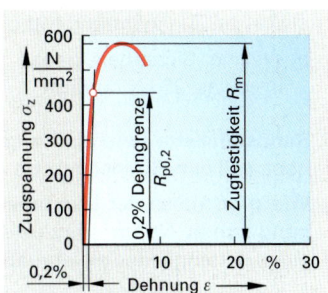

Bild 3: Dehngrenze

zulässige Zugspannung

$$\sigma_{z\,zul} = \frac{R_e}{\nu}$$

2. Beispiel: Ein Stab aus E295 mit einer Streckgrenze $R_e = 295$ N/mm² hat eine Querschnittsfläche $S = 285$ mm². Er wird mit der Kraft $F = 39\,900$ N auf Zug beansprucht.
Zu berechnen sind
a) die Zugspannung σ_z,
b) die Sicherheitszahl ν gegen bleibende Verformung bei dieser Zugspannung.

Lösung: a) $\sigma_z = \dfrac{F}{S} = \dfrac{39\,900\ \text{N}}{285\ \text{mm}^2} = \mathbf{140\ \dfrac{N}{mm^2}}$

b) Um die Sicherheitszahl ν zu berechnen, muss hier als zulässige Spannung $\sigma_{z\,zul}$ die tatsächlich vorhandene Spannung σ_z in die Rechnung eingesetzt werden.

$$\sigma_{z\,zul} = \sigma_z = \frac{R_e}{\nu};\ \ \nu = \frac{R_e}{\sigma_z} = \frac{295\ \dfrac{N}{mm^2}}{140\ \dfrac{N}{mm^2}} = \mathbf{2{,}1}$$

Aufgaben | Beanspruchung auf Zug

1. Zugstab. Wie groß ist die zulässige Zugspannung für einen Zugstab mit der Streckgrenze $R_e = 310$ N/mm², wenn die Sicherheitszahl $\nu = 1{,}5$ beträgt?

2. Strebe. Mit welcher Zugkraft F wird eine Strebe mit der Querschnittsfläche $S = 180$ mm² belastet, wenn eine Zugspannung $\sigma_z = 168$ N/mm² auftritt?

3. Mastverspannung. Das Verbindungsstück einer Mastverspannung besteht aus Stahl mit der Streckgrenze $R_e = 330$ N/mm². Die zulässige Zugspannung beträgt $\sigma_{z\,zul} = 85$ N/mm². Wie groß ist die Sicherheitszahl?

4. Zugstange. Wie groß muss die Streckgrenze des Werkstoffes für eine auf Zug belastete Stange sein, wenn die zulässige Zugspannung $\sigma_{z\,zul} = 168$ N/mm² nicht überschritten werden darf und 1,3 fache Sicherheit verlangt ist?

5. Drahtseil (Bild 1). Das Drahtseil besteht aus 6 Litzen mit je 19 Drähten von 0,4 mm Durchmesser.

a) Welche Zugspannung tritt bei einer Belastung von 3 000 N auf?

b) Welche Sicherheit gegen Bruch ist vorhanden, wenn die Bruchlast 22 kN beträgt?

6. Rundstahlkette (Bild 2). Für einen Kran, der eine Last von 10 kN hebt, soll eine Rundstahlkette ausgewählt werden.

Wie groß muss der Durchmesser d bei einer zulässigen Spannung von 64 N/mm² mindestens sein, wenn beide Querschnitte eines Kettengliedes gleichmäßig tragen?

7. Schlüsselweite. Ein Sechskantstahl nach DIN 176 wird mit 38 kN auf Zug belastet. Die Zugspannung darf 76 N/mm² nicht überschreiten.

Wählen Sie die kleinste geeignete Schlüsselweite aus.

8. Schraubenverbindung (Bild 3). Wie groß darf bei der Schraube die durch das Anziehen erzeugte Vorspannkraft F_v sein, wenn die Spannung im Spannungsquerschnitt der Schraube höchstens 70 % der Dehngrenze betragen darf?

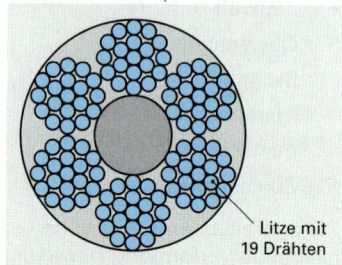

Litze mit 19 Drähten

Bild 1: Drahtseil

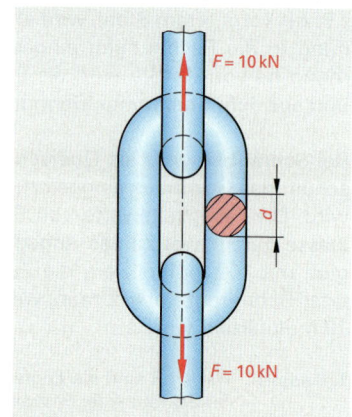

$F = 10$ kN

d

$F = 10$ kN

Bild 2: Rundstahlkette

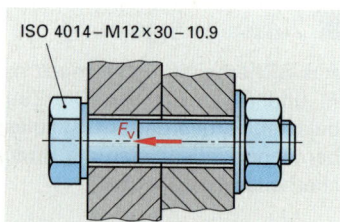

ISO 4014 – M12 × 30 – 10.9

F_v

Bild 3: Schraubenverbindung

9. Profilstahl. Welche Zugkraft kann eine Stange aus einem T-Profil nach DIN EN 10 055-T50 aus S235JRG1 mit der Streckgrenze $R_e = 235$ N/mm^2 bei 2,4 facher Sicherheit aufnehmen?

10. Stempelkopf (Bild 1). Der Stempelkopf eines Schneidwerkzeuges wird durch 4 Schrauben der Festigkeitsklass 10.9 zusammengehalten. Die Abstreifkraft beträgt 10 % der Schneidkraft, die mit 150 kN errechnet wurde.

Ohne Berücksichtigung der Vorspannkraft der Schrauben sind für die Sicherheitszahl $\nu = 4$

a) der erforderliche Spannungsquerschnitt einer Schraube zu berechnen,

b) das entsprechende metrische ISO-Gewinde auszuwählen.

11. Druckluftzylinder (Bild 2). Der Deckel eines Druckluftzylinders soll mit Sechskantschrauben ISO 4014-M 10 x 60-8.8 befestigt werden. Im Zylinder wirkt ein Überdruck von 8 bar. Wie viele Schrauben sind erforderlich, wenn die Sicherheit gegen die Streckgrenze 1,8 sein soll und die Vorspannung der Schrauben nicht berücksichtigt wird?

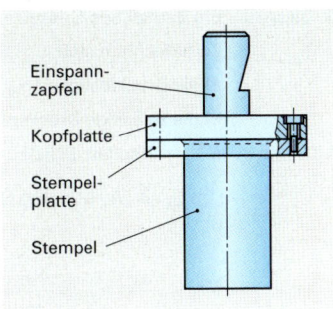

● **Bild 1: Stempelkopf**

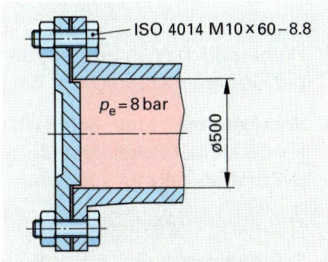

● **Bild 2: Druckluftzylinder**

6.3.2 | Beanspruchung auf Druck

Wird ein Bauteil statisch auf Druck beansprucht **(Bild 3)**, berechnet man die Spannungen sinngemäß wie bei einer Beanspruchung auf Zug.

Bezeichnungen:

F	Druckkraft	N	σ_{dF}	Quetschgrenze	N/mm^2
S	Querschnittsfläche	mm^2	σ_{dB}	Druckfestigkeit	N/mm^2
			R_e	Streckgrenze	N/mm^2
σ_d	Druckspannung	N/mm^2	$R_{p0,2}$	Dehngrenze	N/mm^2
$\sigma_{d\,zul}$	zulässige Druckspannung	N/mm^2	R_m	Zugfestigkeit	N/mm^2
			ν	Sicherheitszahl	–

Bei zähen Werkstoffen, z.B. bei Stahl, ist die Quetschgrenze σ_{dF} gleich der Streckgrenze R_e bzw. der Dehngrenze $R_{p0,2}$, wenn keine ausgeprägte Streckgrenze vorhanden ist (s. auch 6.3.1).

Bei spröden Werkstoffen, z.B. bei Gusseisen mit Lamellengraphit, setzt man zur Berechnung der zulässigen Spannungen für die Quetschgrenze σ_{dF} die Druckfestigkeit $\sigma_{dB} \approx 4 \cdot R_m$ ein.

1. Beispiel: Eine Säule aus Baustahl mit der Querschnittsfläche $S = 138$ cm^2 wird mit der Druckkraft $F = 3,5$ MN belastet. Wie groß ist die Druckspannung σ_d?

Lösung: $\sigma_d = \dfrac{F}{S} = \dfrac{3\,500\,000 \text{ N}}{13\,800 \text{ mm}^2} = 254 \ \dfrac{\text{N}}{\text{mm}^2}$

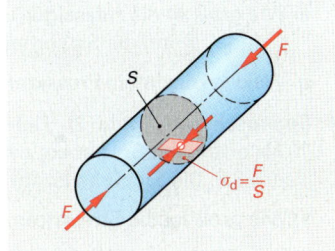

Bild 3: Druckbeanspruchung

Druckspannung

$$\sigma_d = \frac{F}{S}$$

zulässige Spannung

$$\sigma_{d\,zul} = \frac{\sigma_{dF}}{\nu}$$

zähe Werkstoffe

$$\sigma_{dF} = R_e$$

spröde Werkstoffe

$$\sigma_{dB} \approx 4 \cdot R_m$$

2. Beispiel: Ein Bauteil aus Gusseisen EN-GJL-100 wird statisch auf Druck belastet.

Zu berechnen sind

a) die Druckfestigkeit σ_{dB},

b) die zulässige Druckspannung $\sigma_{z\,zul}$ bei der Sicherheitszahl $\nu = 3{,}5$.

Lösung: a) Aus Tabellen: EN-GLJ-100: $R_m = 100 \ \text{N/mm}^2$

$$\sigma_{dB} \approx 4 \cdot R_m = 4 \cdot 100 \ \text{N/mm}^2 = \mathbf{400 \ N/mm^2}$$

b) $\nu = \dfrac{\sigma_{dB}}{\sigma_{d\,zul}}; \quad \sigma_{dzul} = \dfrac{\sigma_{dB}}{\nu} = \dfrac{400 \ \dfrac{\text{N}}{\text{mm}^2}}{3{,}5} = \mathbf{114 \ \dfrac{N}{mm^2}}$

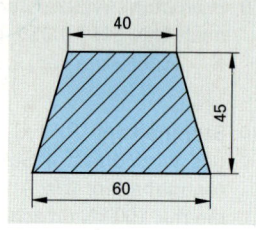

Bild 1: Profil

Aufgaben | Beanspruchung auf Druck

1. Profil (Bild 1). Wie groß ist die Druckspannung σ_d in einem Profil mit trapezförmigem Querschnitt bei der Druckkraft $F = 180 \ \text{kN}$?

2. Schubstange. Eine Schubstange aus Stahlrohr 60 x 3 mm wird mit $F = 56 \ \text{kN}$ auf Druck beansprucht. Die Quetschgrenze σ_{dF} des verwendeten Stahles beträgt 210 N/mm².

Wie groß sind die Druckspannung σ_d und die Sicherheitszahl ν?

3. Spindelpresse. Bei einer Spindelpresse wird die Presskraft durch eine Spindel mit dem Trapezgewinde Tr 32 x 6 nach DIN 103 erzeugt. Die Quetschgrenze σ_{dF} des Gewindewerkstoffes beträgt 295 N/mm².

a) Wie groß ist die zulässige Druckspannung $\sigma_{d\,zul}$ im Kernquerschnitt der Spindel, wenn die Sicherheitszahl $\nu = 2{,}5$ sein soll?

b) Welche maximale Presskraft F ist zulässig?

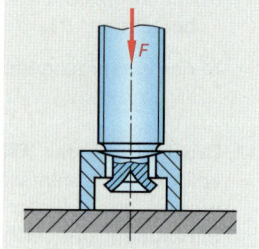

Bild 2: Spannschraube

4. Spannschraube (Bild 2). Die Spannschraube soll eine Druckkraft von 10 kN erzeugen. Sie hat ein metrisches ISO-Gewinde mit der Festigkeitsklasse 8.8. Die Sicherheitszahl ist $\nu = 3{,}5$.

a) Wie groß ist die Streckgrenze R_e des Schraubenwerkstoffes?

b) Wie groß muss der Spannungsquerschnitt S des Gewindes mindestens sein?

c) Welches metrische ISO-Gewinde kann verwendet werden?

5. Dehnschraube (Bild 3). Die Dehnschraube wird so verspannt, dass im Schaft eine Zugspannung von 550 N/mm² auftritt.

Wie groß sind

a) die Vorspannkraft,

b) die Druckspannung in der Distanzhülse aus Stahlrohr 25 x 6?

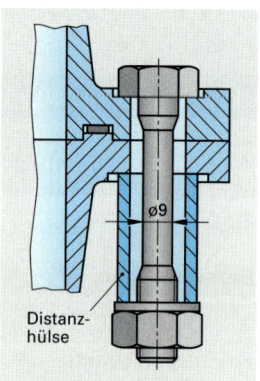

Bild 3: Dehnschraube

6. Gummielement. Eine Presse mit der Gewichtskraft $F = 30 \ \text{kN}$ wird auf 4 Schwingungsdämpfern mit jeweils einem Gummielement von 100 mm Durchmesser gelagert.

a) Welche Druckspannung entsteht in jedem Element?

b) Wie groß ist die Sicherheit gegenüber einer zulässigen Druckspannung von 3 N/mm²?

7. Säule (Bild 4). Die Säule aus EN-GJL-200 wird mit 95 kN auf Druck beansprucht.

Welche Wanddicke s muss die Säule haben, wenn die Sicherheitszahl $\nu = 3$ gefordert ist?

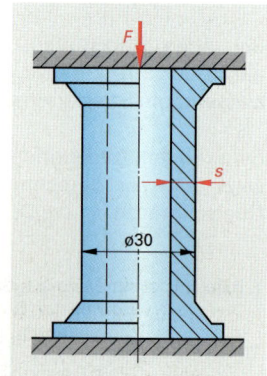

● **Bild 4: Säule**

6.3.3 | Beanspruchung auf Flächenpressung

Sind die Berührungsflächen zweier Bauteile auf Druck beansprucht, so bezeichnet man die dort auftretende Druckspannung als **Flächenpressung**, bei Verbindungen mit Passschrauben, Bolzen und Nieten auch als Lochleibung **(Bild 1)**.

Bezeichnungen:

F Kraft   N
A Berührungsfläche,
      projizierte Fläche   mm^2
p Flächenpressung   N/mm^2

Steht die Berührungsfläche nicht senkrecht zur Kraftrichtung oder ist sie gekrümmt, wird in die Rechnung die in Kraftrichtung projizierte Fläche eingesetzt **(Bild 2)**.

Beispiel: Das Gleitlager einer Welle soll eine Lagerkraft F = 50 kN aufnehmen (Bild 2). Das Lager hat die Länge l = 90 mm und den Durchmesser d = 45 mm. Wie groß ist die Flächenpressung p in der Lagerschale?

Lösung: Projizierte Fläche: $A = l \cdot d$ = 90 mm · 45 mm = 4050 mm^2

$$p = \frac{F}{A} = \frac{50\,000\ \text{N}}{4050\ \text{mm}^2} \approx 12\ \frac{\text{N}}{\text{mm}^2}$$

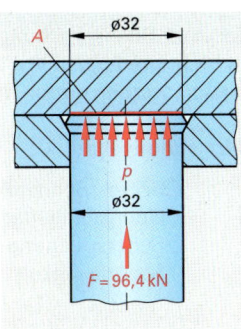

Bild 1: Flächenpressung

Flächenpressung

$$p = \frac{F}{A}$$

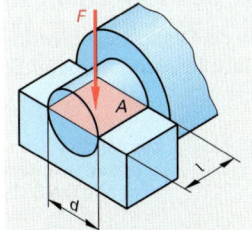

Bild 2: Gleitlager

Aufgaben | Beanspruchung auf Flächenpressung

1. **Schneidstempel.** Ein rechteckiger Schneidstempel 32 × 20 wird mit einer Kraft F = 80 kN belastet.

   Wie groß ist die Flächenpressung p zwischen Druckplatte und Stempelkopf?

2. **Schneidkraft.** Die Flächenpressung am Kopf eines Schneidstempels mit 5 mm Durchmesser darf p = 200 N/mm^2 nicht übersteigen.

   Wie groß darf die Schneidkraft F werden?

3. **Nietverbindung.** Zwei je 5 mm dicke Bleche, die eine Zugkraft von 1 kN übertragen sollen, werden durch eine einreihige Überlappungsnietung durch 4 Niete mit 10 mm Durchmesser verbunden.

   Berechnen Sie die Flächenpressung (Lochleibung) p in einem Niet.

4. **Bolzenverbindung (Bild 3).** An der 10 mm dicken Lasche aus E360 hängt eine Last von 14 kN.

   Welchen Durchmesser muss der Bolzen mindestens haben, wenn die Flächenpressung in der Lasche 105 N/mm^2 nicht übersteigen darf?

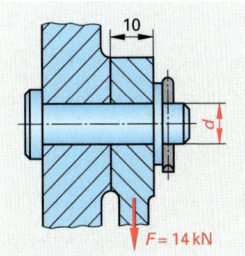

Bild 3: Bolzenverbindung

5. **Passfeder (Bild 4).** Die Passfederverbindung soll das Drehmoment M = 200 N · m übertragen.

   Berechnen Sie die Flächenpressung zwischen Passfeder und Nabe.

6. **Gleitlager.** Ein Gleitlager mit der Länge l und dem Durchmesser d hat ein Bauverhältnis l/d = 0,6. Es soll eine radial wirkende Lagerkraft von 20 kN aufnehmen. Die zulässige Flächenpressung (Lagerdruck) für den Lagerwerkstoff SnSb12Cu6Pb beträgt 15 N/mm^2.

   Wie groß müssen der Durchmesser und die Länge des Lagers sein?

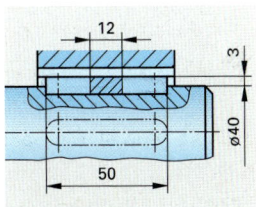

● **Bild 4: Passfeder**

6.3.4 | Beanspruchung auf Abscherung, Schneidkraft

Bei einer Beanspruchung auf Abscherung entstehen Spannungen in einer Querschnittsfläche, die parallel zur angreifenden Kraft liegt **(Bild 1)**. Während Bauteile, die auf **Abscherung** beansprucht werden, nicht zerstört werden dürfen, muss beim **Schneiden** von Blechen der Werkstoff getrennt werden.

Bezeichnungen:

F	Scher-, Schneidkraft	N
S	Querschnittsfläche	mm²
τ_a [1]	Scherspannung	N/mm²
τ_{aB}	Scherfestigkeit	N/mm²

$\tau_{aB\,max}$	maximale Scherfestigkeit	N/mm²
$R_{m\,max}$	maximale Zugfestigkeit	N/mm²
ν	Sicherheitszahl	–

Für die Querschnittsfläche S ist die Summe aller Scherflächen einzusetzen, die im Falle des Trennens zu Bruchflächen werden würden.

Bei der Wahl der Spannungsgrenzwerte ist zwischen Abscherung und Schneiden zu unterscheiden.

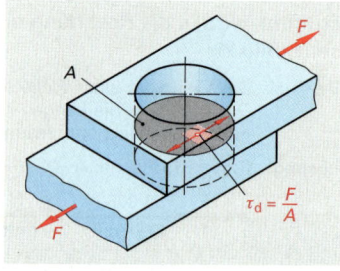

Bild 1: Abscherung

■ Beanspruchung auf Abscherung

In die Festigkeitsberechnungen ist die durch Versuche ermittelte oder Tabellen entnommene Scherfestigkeit τ_{aB} des Werkstoffes einzusetzen.

Beispiel: Mit welcher Kraft F darf der **Gelenkbolzen Bild 2** aus S275JR beansprucht werden, wenn die Scherfestigkeit τ_{aB} = 340 N/mm² beträgt und die Sicherheitszahl ν = 1,4 sein soll?

Scherspannung

$$\tau_a = \frac{F}{S}$$

Lösung:

$$\tau_{a\,zul} = \frac{\tau_{aB}}{\nu} = \frac{340\,\dfrac{N}{mm^2}}{1,4} = 242,86\,\frac{N}{mm^2}$$

Die Verbindung ist zweischnittig, d.h. als Querschnittsfläche S muss zwei mal der Bolzenquerschnitt eingesetzt werden, weil beide Querschnitte die Kraft aufnehmen.

zulässige Scherspannung

$$\tau_{a\,zul} = \frac{\tau_{aB}}{\nu}$$

$$F = 2 \cdot S \cdot \tau_{a\,zul}\,;\quad S = \frac{\pi \cdot d^2}{4}$$

$$F = \frac{2 \cdot \pi \cdot (16\,mm)^2 \cdot 242,86\,\dfrac{N}{mm^2}}{4}$$

F = 97 660 N

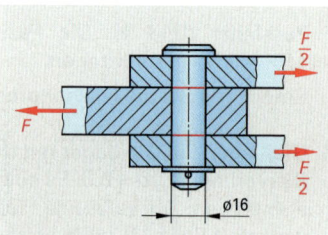

Bild 2: Gelenkbolzen

[1] τ, griechischer Kleinbuchstabe tau

■ Schneiden von Werkstoffen

Zur Berechnung der Schneidkraft F ist die maximale Scherfestigkeit $\tau_{aB\,max}$ einzusetzen. Ist diese nicht bekannt, kann näherungsweise auch mit dem Wert $0,8 \cdot R_{m\,max}$ gerechnet werden.

Beispiel: Eine Scheibe mit einem Durchmesser $d = 20$ mm wird aus Stahlblech S275J2G3 mit einer Dicke $s = 5$ mm ausgeschnitten (**Bild 1**). Die Zugfestigkeit R_m dieses Stahles liegt zwischen 410 N/mm² und 560 N/mm².

Wie groß ist die erforderliche Scherkraft F?

Lösung: $S = U \cdot s = \pi \cdot d \cdot s = \pi \cdot 20\ \text{mm} \cdot 5\ \text{mm} = 314\ \text{mm}^2$

Die größte Festigkeit $R_{m\,max} = 560$ N/mm² ist in die Rechnung einzusetzen.

$$\tau_{aB\,max} \approx 0,8 \cdot R_{m\,max} = 0,8 \cdot 560\ \frac{\text{N}}{\text{mm}^2} = 448\ \frac{\text{N}}{\text{mm}^2}$$

$$F = S \cdot \tau_{aB\,max} = 314\ \text{mm}^2 \cdot 448\ \frac{\text{N}}{\text{mm}^2} = 140\,672\ \text{N} \approx \textbf{141 kN}$$

Schneidkraft

$$F = S \cdot \tau_{aB\,max}$$

maximale Scherfestigkeit

$$\tau_{aB\,max} \approx 0,8 \cdot R_{m\,max}$$

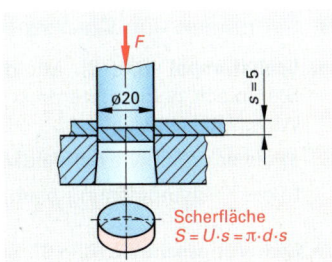

Bild 1: Ausschneiden

Aufgaben	Beanspruchung auf Abscherung, Schneidkraft

■ Abscherung

1. Seilrolle (Bild 2). Die Achse der Seilrolle hat einen Durchmesser $d = 20$ mm.

Wie groß ist die Scherspannung τ_a bei einer Belastung $F = 25$ kN?

2. Scherversuch (Bild 3). Eine Probe aus Baustahl S275 wurde im Scherversuch bei 19,3 kN abgeschert.

Wie groß ist die Scherfestigkeit τ_{aB} dieses Baustahles?

3. Laschenkette (Bild 4). Die Laschenkette wird mit 60 kN auf Zug beansprucht.

Wie groß muss der Durchmesser d der Gelenkbolzen bei einer zulässigen Scherspannung von 48 N/mm² mindestens sein?

4. Scherstift (Bild 5). Um ein Getriebe vor Überlastung zu schützen, soll der Scherstift E295 bei einem Drehmoment $M_{max} = 200$ N · m abgeschert werden. Der Werkstoff des Scherstiftes hat eine Zugfestigkeit von 610 N/mm².

Welcher Stiftdurchmesser muss gewählt werden?

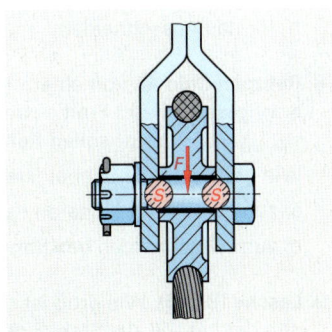

Bild 2: Seilrolle

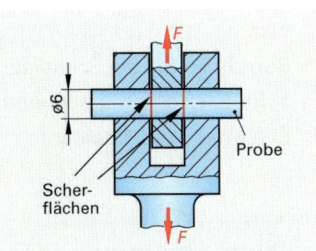

Bild 3: Scherversuch

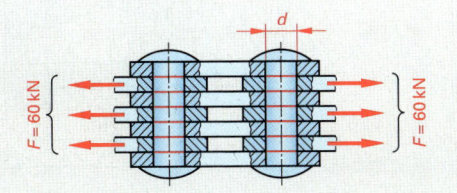

Bild 4: Laschenkette

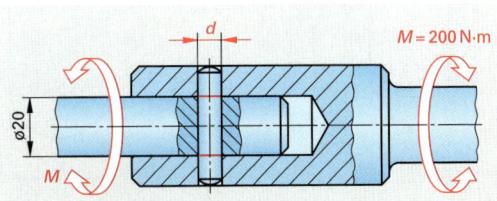

Bild 5: Scherstift

5. Passschraube (Bild 1). Eine Laschenverbindung mit einer Passschraube DIN 7999-M20x75 wird mit der Zugkraft F = 130 kN beansprucht. Der Werkstoff hat eine Scherfestigkeit von 640 N / mm².

Ohne Berücksichtigung der Vorspannkraft der Schraube sind zu
berechnen

a) die zulässige Zugkraft F_{zul} für eine Sicherheit von 1,6,

b) die höchste auftretende Flächenpressung in dieser Verbindung.

Schneiden von Werkstoffen

6. Lochstempel (Bild 2). Mit dem Stempel soll 0,8 mm dickes
Stahlblech gelocht werden. Die maximale Scherfestigkeit des
Werkstoffes beträgt $\tau_{aB\,max}$ = 320 N/mm². Berechnen Sie

a) die erforderliche Schneidkraft F,

b) die Flächenpressung p am Kopf des Stempels.

7. Sicherungsscheibe (Bild 3). Berechnen Sie die Schneidkräfte für
die Sicherungsscheibe aus Baustahl mit der maximalen Zugfestigkeit $R_{m\,max}$ = 510 N/mm²

a) für das Vorlochen,

b) für das Ausschneiden.

8. Rahmen (Bild 4). Von einem auf 60 mm Fertigbreite gerichteten
Acrylglasstreifen mit der maximalen Scherfestigkeit
$\tau_{aB\,max}$ = 66 N/mm² sollen Rahmen hergestellt werden.

Wie groß sind die Schneidkräfte

a) zum Lochen der inneren Kontur,

b) zum Abschneiden des Rahmens?

9. Lasche (Bild 5). Wie groß ist die Schneidkraft für das Ausschneiden der Lasche aus Stahl E295?

10. Halteblech (Bild 6). Das Halteblech soll aus AlMgSi mit einer
maximalen Zugfestigkeit $R_{m\,max}$ = 200 N/mm² hergestellt werden.

Berechnen Sie die Schneidkräfte

a) für das Lochen der Innenformen,

b) für das Ausschneiden.

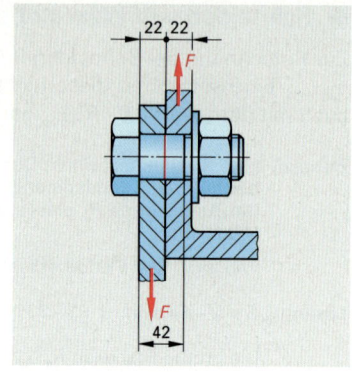

● **Bild 1: Passschraube**

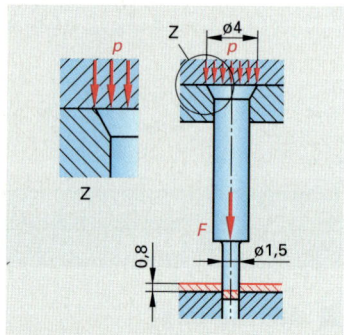

Bild 2: Lochstempel

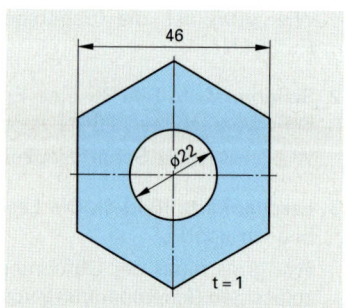

Bild 3: Sicherungsscheibe

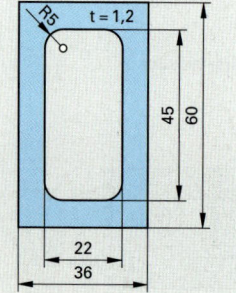

Bild 4: Rahmen

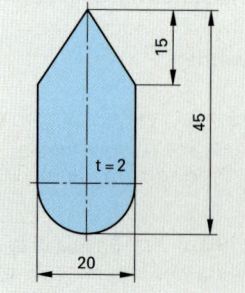

● **Bild 5: Lasche**

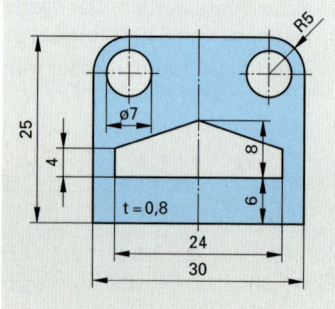

● **Bild 6: Halteblech**

6.3.5 │ Beanspruchung auf Biegung

Wird ein Bauteil auf Biegung beansprucht und dadurch elastisch verformt, entstehen im Querschnitt Zug- und Druckspannungen **(Bild 1)**. Die in den Randzonen des Querschnittes auftretende größte Spannung wird als Biegespannung berechnet.

Bezeichnungen:

σ_b	Biegespannung	N/mm²
$\sigma_{b\,zul}$	zulässige Biegespannung	N/mm²
v	Sicherheitszahl	–
M_b	Biegemoment	N · cm
W	axiales Widerstandsmoment	cm³

F	Kraft	N
l	wirksame Hebellänge der Kraft	mm
b	Breite des Träger	mm
h	Höhe des Trägers	mm

■ Biegespannung σ_b

In der Berechnung der Biegespannung gehen das Biegemoment M_b und das axiale Widerstandsmoment W ein **(Tabelle 1)**.

Tabelle 1: Einflussgrößen auf die Biegespannung σ_b

Einflussgrößen	die Einflussgrößen sind abhängig von:
Biegemoment M_b	der Kraft F der Hebellänge l der Auflagerart des Trägers
axiales Widerstandsmoment W	der Form des Trägerquerschnittes den Maßen des Trägerquerschnittes der Lage der Biegeachse zur Kraftrichtung

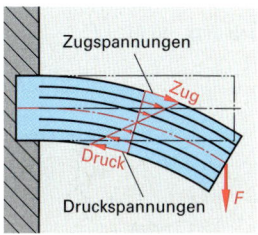

Bild 1: Spannungen im Querschnitt

■ Biegemoment M_b

Für einfache Belastungsfälle sind in **Tabelle 2** Formeln für die Berechnung des Biegemomentes W angegeben. Für andere Belastungsfälle sind die Formeln einem Tabellenbuch zu entnehmen.

Biegespannung

$$\sigma_b = \frac{M_b}{W}$$

zulässige Biegespannung

$$\sigma_{b\,zul} = \frac{\sigma_b}{v}$$

Tabelle 2: Biegemomente M_b bei Belastung mit einer Einzelkraft

Träger einseitig eingespannt	Träger auf zwei Stützen liegend	Träger doppelseitig eingespannt
$M_b = F \cdot l$	$M_b = \dfrac{F \cdot l}{4}$	$M_b = \dfrac{F \cdot l}{8}$

■ Axiales Widerstandsmoment W

Für einfache Querschnitte sind in **Tabelle 1 (Seite 214)** Formeln für die Berechnung des axialen Widerstandsmomentes angegeben. Für andere Querschnitte sind die Formeln bzw. die Werte für Normprofile einem Tabellenbuch zu entnehmen.

Zu beachten ist dabei die Lage der senkrecht zur Kraft liegenden Biegeachse, die mit $x - \cdot -x$ bzw. $y - \cdot -y$ bezeichnet wird. So hat z.B. derselbe Flachstahl **Bild 2** unterschiedliche Widerstandsmomente W, abhängig davon, in welcher Lage zur Kraft er beansprucht wird.

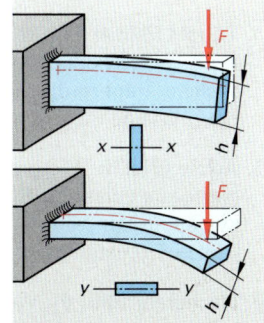

Bild 2: Widerstandsmoment

Tabelle 1: Axiale Widerstandsmomente *W*

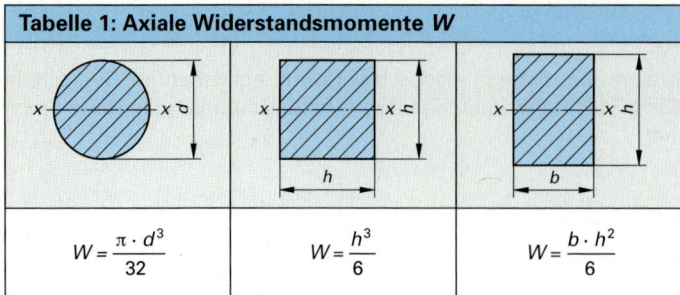

$W = \dfrac{\pi \cdot d^3}{32}$	$W = \dfrac{h^3}{6}$	$W = \dfrac{b \cdot h^2}{6}$

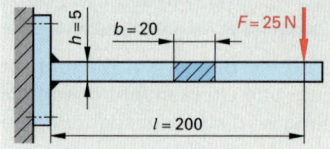

Bild 1: Flachstahl

Beispiel: Der Flachstahl **Bild 1** wird durch die Kraft F auf Biegung belastet.
Wie groß sind die Biegespannung σ_b
a) für die Einspannung nach Bild 1,
b) für den Fall, dass der Stab hochkant eingespannt wird?

Lösung: a) $M_b = F \cdot l = 25$ N $\cdot$ 20 cm $= 500$ N $\cdot$ cm

$$W = \frac{b \cdot h^2}{6} = \frac{2 \text{ cm} \cdot (0,5 \text{ cm})^2}{6} = 0,0833 \text{ cm}^3$$

$$\sigma_b = \frac{M_b}{W} = \frac{500 \text{ N} \cdot \text{cm}}{0,0833 \text{ cm}^3} = 6002 \; \frac{\text{N}}{\text{cm}^2} \approx \mathbf{60} \; \frac{\mathbf{N}}{\mathbf{mm^2}}$$

b) $W = \dfrac{b \cdot h^2}{6} = \dfrac{0,5 \text{ cm} \cdot (2 \text{ cm})^2}{6} = 0,33 \text{ cm}^3$

$$\sigma_b = \frac{M_b}{W} = \frac{500 \text{ N} \cdot \text{cm}}{0,33 \text{ cm}^3} = 1515 \; \frac{\text{N}}{\text{cm}^2} \approx \mathbf{15} \; \frac{\mathbf{N}}{\mathbf{mm^2}}$$

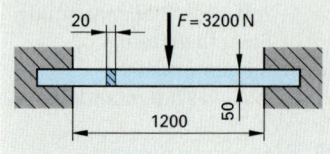

Bild 2: Träger

Aufgaben | Beanspruchung auf Biegung

1. **Widerstandmoment.** Wie groß muss das Widerstandsmoment W eines auf Biegung beanspruchten Stabes sein, wenn das Biegemoment $M_b = 527\,000$ N $\cdot$ cm und die Biegespannung $\sigma_b = 68$ N/mm² betragen?

2. **Träger (Bild 2).** Ein beidseitig eingespannter Träger wird in der Mitte mit der Kraft $F = 3200$ N belastet.
Wie groß ist die Biegespannung σ_b?

3. **Profil (Bild 3).** Ein Profil DIN 1025-IPB 280 hat eine zulässige Biegespannung $\sigma_{b\,zul} = 82$ N/mm². Wie groß darf die Kraft F werden, wenn das Profil
a) wie in Bild 3, Fall 1,
b) wie in Bild 3, Fall 2, eingespannt ist?

4. **T-Stahl (Bild 4).** Ein Träger aus T-Stahl DIN EN 10 055 wird mit der Kraft $F = 5$ kN beansprucht.
Welche Trägergröße muss mindestens gewählt werden, wenn die zulässige Biegespannung $\sigma_{b\,zul} = 165$ N/mm² beträgt?

5. **Achse (Bild 5).** Wie groß muss der Durchmesser der Achse sein, wenn die zulässige Biegespannung 76 N/mm² beträgt und die Kraft F in der Mitte angreift? Die Achse ist als Träger auf zwei Stützen zu betrachten.

6. **Flachstahl (Bild 6).** Welche Abmessungen muss der Flachstahl
● mit einer zulässigen Biegespannung $\sigma_{b\,zul} = 6200$ N/cm² erhalten, wenn das Verhältnis Breite b zu Höhe h gleich 2 : 3 ist?

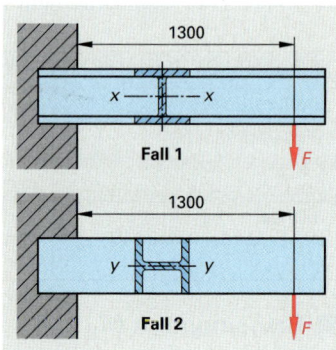

Bild 3: Profil

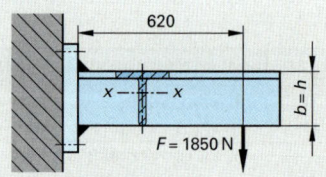

Bild 4: T-Stahl

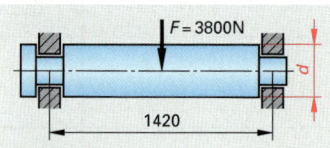

Bild 5: Achse

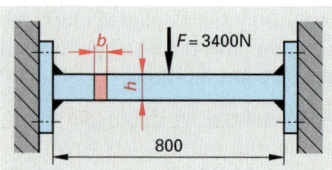

● **Bild 6: Flachstahl**

7 | Steuerungstechnik

7.1 | Druck

Maschinen und Geräte können mit Hilfe von Druckflüssigkeiten oder Druckluft angetrieben und gesteuert werden. Bei der Hydraulik[1] verwendet man meistens Öle, seltener Wasser, während bei der Pneumatik[2] als Übertragungsmittel Luft verwendet wird.

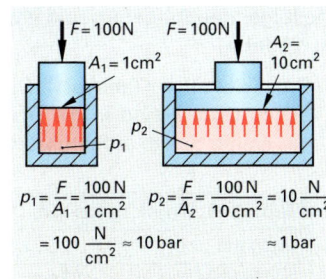

$$p_1 = \frac{F}{A_1} = \frac{100\,N}{1\,cm^2} \qquad p_2 = \frac{F}{A_2} = \frac{100\,N}{10\,cm^2} = 10\,\frac{N}{cm^2}$$

$$= 100\,\frac{N}{cm^2} \approx 10\,bar \qquad\qquad \approx 1\,bar$$

Bei gleich großer Kraft F gilt:

kleine Fläche ergibt großen Druck

große Fläche ergibt kleinen Druck

Bild 1: Druckentstehung

7.1.1 | Druckarten, Druckeinheiten

Bezeichnungen:

p	Druck, allgemein	bar
p_{abs}	absoluter Druck	bar
p_{amb}	Luftdruck	bar

p_e	Überdruck	bar
F	Kraft	daN, N
A	Fläche	cm², m²

Die Indices haben folgenden Ursprung:

$_{abs}$ = absolut, unbeschränkt

$_e$ = excedens = überschreitend

$_{amb}$ = ambiens = umgebend

Unter Druck versteht man die Kraft je Flächeneinheit (**Bild 1**). Die Druckeinheit ist Pascal[3]. In der Technik wird meist bar[4] verwendet.

Druck

$$p = \frac{F}{A}$$

■ Luftdruck, absoluter Druck, Überdruck

Der Luftdruck (Atmosphärendruck) ist abhängig von der Höhe über der Meeresoberfläche und von der Wetterlage. Der Mittelwert wird als Normalluftdruck bezeichnet. Er beträgt p_{amb} = 1,013 bar ≈ 1 bar. Der absolute Druck p_{abs} ist der Druck gegenüber dem Vakuum (luftleerer Raum). Den Druckunterschied zwischen dem absoluten Druck p_{abs} und dem jeweiligen Luftdruck p_{amb} bezeichnet man als Überdruck p_e (**Bild 2**). Der Überdruck p_e ist positiv, wenn der absolute Druck größer als der Luftdruck ist. Der Überdruck p_e ist negativ, wenn der absolute Druck kleiner als der Luftdruck ist (Bild 2).

Umrechnungen

$$1\,Pa = 1\,\frac{N}{m^2} = \frac{1}{100\,000}\,bar$$

$$1\,bar = 10\,\frac{N}{cm^2} = 1\,\frac{daN}{cm^2} = 10^5\,Pa$$

$$1\,mbar = 100\,Pa = 1\,hPa\,(Hektopascal)$$

Überdruck

$$p_e = p_{abs} - p_{amb}$$

Beispiel: Berechnen Sie jeweils den Überdruck und stellen Sie den absoluten Druck und den Überdruck grafisch dar, wenn
a) in einem Reifen ein Überdruck von p_{abs} = 3,4 bar herrscht.
b) im Ansaugrohr eines Ottomotors ein Druck von p_{abs} = 0,6 bar gemessen wird.

Lösung: $p_e = p_{abs} - p_{amb}$ = 3,4 bar – 1 bar = **2,4 bar**
$p_e = p_{abs} - p_{amb}$ = 0,6 bar – 1 bar = **–0,4 bar**

Die verschiedenen Drücke sind in **Bild 3** als Balkendiagramm dargestellt.

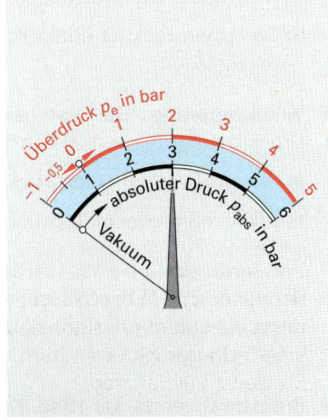

Bild 2: Absoluter Druck und Überdruck

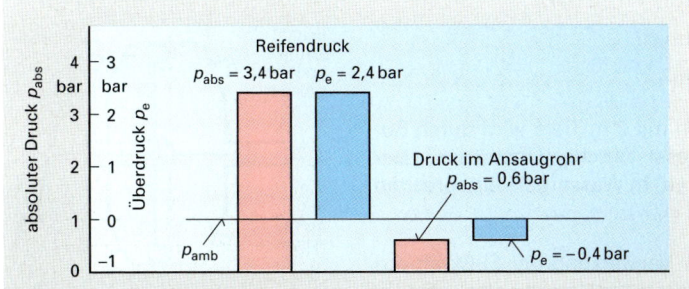

Bild 3: Positiver und negativer Überdruck

[1] von hydro (griech.) Wasser, [2] von pneuma (griech.) Luft, [3] nach Pascal, franz. Physiker (1623-1652) [4] von barys (griech.) schwer

Aufgaben | Druck, Druckeinheiten

Die folgenden Aufgaben sind jeweils mit dem Luftdruck $p_{amb} = 1$ bar zu rechnen.

1. Druckeinheiten (Tabelle 1). Die in den Aufgaben a bis c angegebenen Drücke sind in die Druckeinheiten zu verwandeln, die in der ersten Spalte aufgeführt sind.

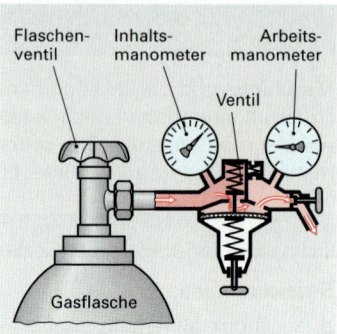

Bild 1: Sauerstoffflasche

Tabelle 1: Druckeinheiten			
Umwandlung	a	b	c
p_{abs} in bar	p_e = 1,5 bar	p_e = – 0,8 bar	p_e = 150 bar
p_e in bar	p_{abs} = 8,2 bar	p_e = 300 000 Pa	p_e = 120 N/cm²
p_e in bar	p_{abs} = 0,4 bar	p_{abs} = 0,12 bar	p_{abs} = 0,53 bar

2. Positiver Überdruck. Welchem absoluten Druck p_{abs} entspricht der Überdruck p_e = 1,25 bar?

3. Negativer Überdruck. Im Ansaugrohr eines Ottomotors wird ein Überdruck p_e = – 0,45 bar gemessen. Wie groß ist der absolute Druck?

4. Sauerstoffflasche (Bild 1). Das Inhaltsmanometer einer 50-Liter-Sauerstoffflasche zeigt einen Überdruck von 130 bar an, das Arbeitsmanometer ist auf p_e = 2,5 bar eingestellt.

a) Wie groß ist der Druckunterschied in bar?

b) Wie groß ist der Druckunterschied in Pa?

c) Wie groß ist der Sauerstoffverbrauch, wenn nach einer Schweißarbeit das Inhaltsmanometer noch 115 bar anzeigt? 1 bar Druckabnahme entspricht bei der 50-Liter-Flasche ungefähr einer Sauerstoffentnahme von 50 Litern.

5. Quecksilberbarometer (Bild 2). Ein Quecksilberbarometer zeigt einen Druck von 700 mm Quecksilbersäule an.

a) Wie groß ist der Überdruck in Pa und bar? (735,5 mm Quecksilbersäule entsprechen 1 bar).

b) Der Überdruck ist entsprechend Bild 3 Seite 215 zeichnerisch darzustellen.

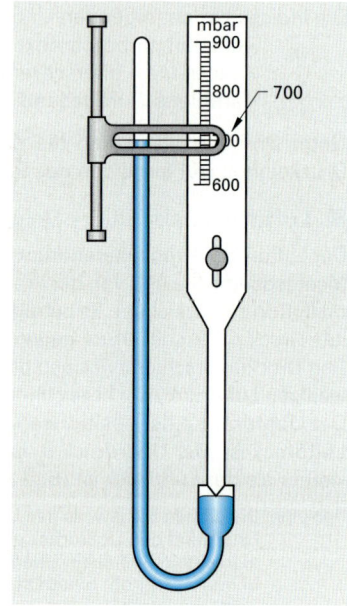

Bild 2: Quecksilberbarometer

6. Vakuumpumpe. Der von einer Hochvakuumpumpe erzeugte Druck beträgt p_{abs} = 0,001 Torr (1 Torr = 1,33 bar).

a) Wie groß ist der Überdruck in mbar?

b) Wie groß ist der Überdruck in Pa?

7. Wasserdruck. In ein Wasserbecken mit 2 m Tiefe wird durch Bodendüsen Luft in das Wasser gepresst. Welchen Überdruck in bar muss die Luft mindestens haben? (10 m Wassertiefe entsprechen einem Überdruck von 1 bar).

8. Bremskraftverstärker (Bild 3). Zur Verstärkung der Fußkraft auf das Bremspedal wird bei Ottomotoren der Unterdruck des Saugrohrs genutzt. Wie groß ist die nutzbare Druckdifferenz in bar, wenn im Saugrohr ein Druck p_{abs} = 0,65 bar herrscht?

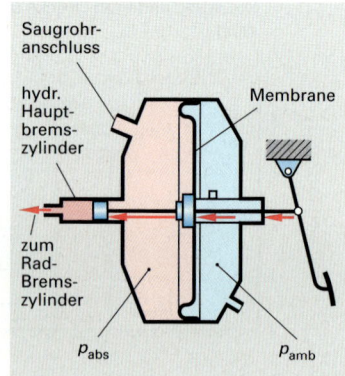

Bild 3: Bremskraftverstärker

7.1.2 Kolbenkraft

Der Druck, der auf eine Flüssigkeit oder auf ein Gas ausgeübt wird, breitet sich in alle Richtungen gleichmäßig aus **(Bild 1)**. Er ist an allen Stellen des Behälters so groß wie an der Druckfläche des Kolbens.

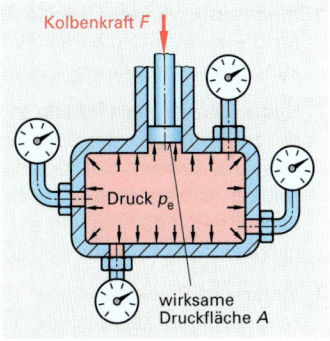

Bild 1: Druckausbreitung

Bezeichnungen:

p_e, p	Überdruck [1]	bar
η	Wirkungsgrad	–
F_{th}	theoretische Kolbenkraft	daN
F	wirksame Kolbenkraft	daN
A	wirksame Kolbenfläche	cm²

Das Produkt aus Überdruck und wirksamer Kolbenfläche ergibt die theoretische Kolbenkraft.

$$F_{th} = p_e \cdot A$$

Durch Reibungskräfte zwischen Kolben und Zylinder **(Bild 2)** wird nur ein Teil der theoretisch berechneten Kolbenkraft an der Kolbenstange wirksam. Diese Reibungskräfte werden durch den Wirkungsgrad des Zylinders berücksichtigt. Die wirksame Kolbenkraft ergibt sich aus dem Produkt von Überdruck, Fläche und Wirkungsgrad.

Wirksame Kolbenkraft

$$F = p_e \cdot A \cdot \eta$$

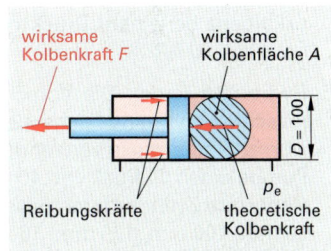

Bild 2: Wirksame Kolbenkraft

1. Beispiel: Der Kolben eines Hydrozylinders mit D = 100 mm wird mit dem Druck p_e = 80 bar beaufschlagt (Bild 2). Wie groß ist die wirksame Kolbenkraft F, wenn der Wirkungsgrad η = 0,85 beträgt?

Lösung: $F = p_e \cdot A \cdot \eta = 80 \, \dfrac{daN}{cm^2} \cdot \dfrac{\pi \cdot (10 \, cm)^2}{4} \cdot 0,85 = 5340 \, daN =$ **53,4 kN**

2. Beispiel: Welcher Druck ist notwendig, wenn der Kolben **Bild 3** auf der Kolbenstangenseite (d = 40 mm) mit Drucköl beaufschlagt wird und die gleiche wirksame Kolbenkraft wie im ersten Beispiel verlangt wird? Der Wirkungsgrad des Zylinders beträgt 85 %.

Lösung: Die wirksame Kolbenfläche ist eine Kreisringfläche.

$$A = \frac{\pi}{4} \cdot (D^2 - d^2) = \frac{\pi}{4} \cdot (10^2 \, cm^2 - 4^2 \, cm^2) = 66 \, cm^2$$

$$F = p_e \cdot A \cdot \eta; \quad p_e = \frac{F}{A \cdot \eta} = \frac{5340 \, daN}{66 \, cm^2 \cdot 0,85} = \textbf{95 bar}$$

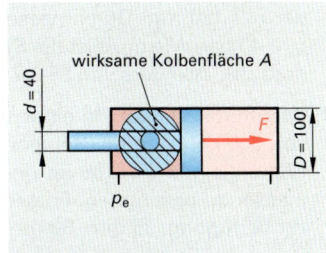

Bild 3: Hydrozylinder

3. Beispiel: Der Zylinder der hydraulischen Spannvorrichtung **Bild 4** wird mit 25 bar Druck beaufschlagt. Wie groß muss der Durchmesser des Zylinders sein, wenn eine Spannkraft F_1 = 4000 N verlangt wird? Der Wirkungsgrad beträgt 90 %.

Lösung: $F_1 \cdot l_1 = F_2 \cdot l_2$;

$$F_2 = \frac{F_1 \cdot l_1}{l_2} = \frac{4000 \, N \cdot 85 \, mm}{100 \, mm} \, 3400 \, N$$

$$F_2 = p_e \cdot A \cdot \eta; \quad A = \frac{F_2}{p_e \cdot \eta} = \frac{3400 \, N}{250 \, \dfrac{N}{cm^2} \cdot 0,9} = 15,11 \, cm^2$$

$$A = \frac{\pi \cdot d^2}{4}; \quad d = \sqrt{\frac{4 \cdot A}{\pi}} = \sqrt{\frac{4 \cdot 1511 \, mm^2}{\pi}} = 43,9 \, mm \approx \textbf{44 mm}$$

[1] Der Überdruck wird in der Hydraulik oft mit p bezeichnet.

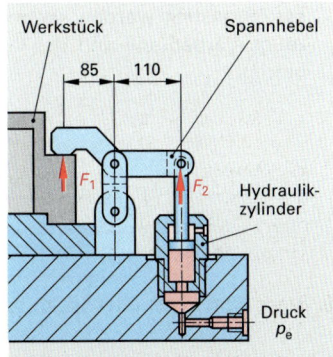

Bild 4: Spannvorrichtung

Aufgaben | Kolbenkraft

1. Pneumatikzylinder (Tabelle 1). Wie groß sind die Kolbenkräfte für die einfach wirkenden Pneumatikzylinder a bis c? Der Wirkungsgrad der Zylinder beträgt jeweils 85 %.

2. Hydraulikzylinder (Tabelle 2). Wie groß sind die Kolbenkräfte der Hydraulikzylinder a bis c beim Aus- und Einfahren des Kolbens? Es handelt sich um doppelt wirkende Zylinder mit einseitiger Kolbenstange. Das Drucköl strömt einmal von der Kolbenseite und danach von der Kolbenstangenseite in den Zylinder. Der Wirkungsgrad beträgt 0,9.

3. Senkrecht-Räummaschine (Bild 1). Die Räummaschine hat zwei Zylinder mit jeweils 125 mm Durchmesser. Wie groß muss der am Druckventil eingestellte Öldruck sein, damit die bei der Räumarbeit benötigte Schnittkraft F_c = 85 kN bei einem Wirkungsgrad von 85 % erreicht wird?

4. Pneumatikzylinder (Bild 2). Wie groß sind die wirksame Kolbenkraft F_1, und die wirksame Rückzugskraft F_2 des Pneumatikkolbens bei einem Druck von 5,5 bar und einem Wirkungsgrad von 80 %?

5. Hydraulikzylinder. Die Vorschubkraft einer Mehrspindelbohrmaschine soll mindestens 42,5 kN betragen. Welcher kleinste Normzylinder muss verwendet werden, wenn die vorhandene Pumpe einen Öldruck von 40 bar liefert? Genormte Zylinderdurchmesser sind: 40 mm, 50 mm, 65 mm, 80 mm, 100 mm, 125 mm, 160 mm, 200mm. Der Wirkungsgrad des Zylinders beträgt η = 0,9.

6. Kaltkreissäge (Bild 3). Eine Kaltkreissäge hat einen Spannzylinder mit 180 mm Durchmesser. Der Druck im Zylinder beträgt p_e = 40 bar. Wie groß ist die Spannkraft F_2 bei einem Wirkungsgrad des Zylinders von 85 %?

7. Pneumatikzylinder. In einer Vorrichtung wird eine Spannkraft von 3500 N benötigt. Bei einem Druck von 6,5 bar und einem Wirkungsgrad η = 0,85 ist der kleinstmögliche Zylinderdurchmesser zu bestimmen. Folgende Zylinderdurchmesser stehen zur Verfügung: 35 mm, 50 mm, 70 mm, 100 mm, 140 mm.

8. Druckbegrenzung. Auf welchen Druck muss das Druckbegrenzungsventil vor einem Druckluftzylinder mit 60 mm Durchmesser eingestellt werden, wenn eine Druckkraft von 1200 N erzeugt werden soll und der Wirkungsgrad des Zylinders 83 % beträgt?

Tabelle 1	a	b	c
D in mm	70	50	25
p_e in bar	6	9	4

Tabelle 2	a	b	c
p_e in bar	40	60	100
D in mm	100	160	50
d in mm	60	120	30

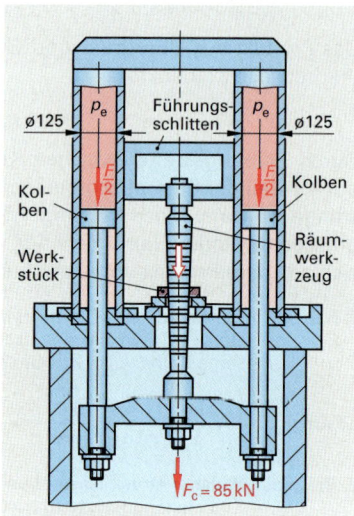

Bild 1: Senkrechträummaschine

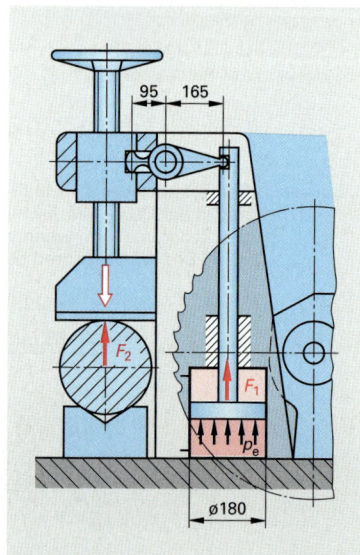

Bild 3: Kaltkreissäge

Bild 2: Pneumatikzylinder

9. **Pneumatische Spannvorrichtung (Bild 1).** Für einen Wirkungsgrad $\eta = 88\,\%$ sind zu berechnen
a) die wirksame Kolbenkraft F_1, wenn der Kolbendurchmesser 35 mm beträgt,
b) die wirksame Spannkraft F_2.

10. **Pneumatische Spannvorrichtung (Bild 2).** Für die pneumatische Spannvorrichtung sind bei einem Wirkungsgrad $\eta = 0,86$ zu berechnen
a) die wirksame Kolbenkraft F_1 bei einem Kolbendurchmesser von 22 mm,
b) die wirksame Spannkraft F_2, wenn das Übersetzungsverhältnis des Hebels $i = l_1 : l_2 = 2,5 : 1$ beträgt.

11. **Lkw-Druckluftbremse (Bild 3).** Der genormte Höchstdruck für Lkw-Druckluftbremsen beträgt 7,3 bar. Welche wirksame Kolbenkraft F ergibt sich bei diesem Druck, wenn für die Überwindung der Rückholfederkraft 0,4 bar notwendig sind und der Bremszylinderdurchmesser 70 mm beträgt? Der Wirkungsgrad des Bremszylinders beträgt $\eta = 85\,\%$.

12. **Dieselmotor.** Der Verbrennungshöchstdruck beträgt bei einem Dieselmotor $p_e = 85$ bar. Welche Kolbenkraft ergibt sich bei diesem Druck, wenn der Kolbendurchmesser 75 mm und der Wirkungsgrad 85 % betragen?

13. **Druckübersetzer (Bild 4).** Der Überdruck in Druckluftanlagen
● liegt meist bei 6 bar. Große Kolbenkräfte erreicht man daher nur durch ensprechend große Zylinderdurchmesser. Mit dem Druckübersetzer werden auch bei kleinen Zylinderdurchmessern große Kolbenkräfte erzielt. Der Wirkungsgrad am Pneumatikzylinder beträgt 80 %, der an den Hydraulikzylindern jeweils 90 %.
Gesucht sind
a) die wirksame Kolbenkraft F_1,
b) der Druck p_{e2},
c) die wirksame Kolbenkraft F_2,
d) das Druckübersetzungsverhältnis $i = p_{e1} : p_{e2}$.

14. **Zweibacken-Druckluftfutter (Bild 5).** Das Spannfutter wird mit
● 6 bar Überdruck betrieben. Wie groß sind bei einem Wirkungsgrad $\eta = 0,75$
a) die wirksame Zugkraft F_1 in der Verbindungsstange,
b) die wirksame Spannkraft F_2?

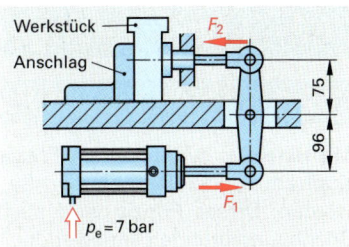

Bild 1: Pneumatische Spannvorrichtung

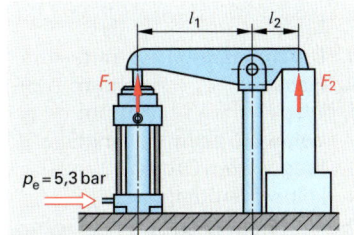

Bild 2: Pneumatische Spannvorrichtung

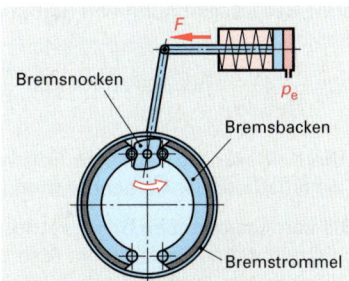

Bild 3: Lkw-Druckluftbremse

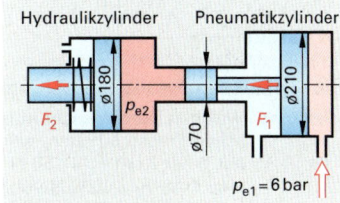

● **Bild 4: Druckübersetzer**

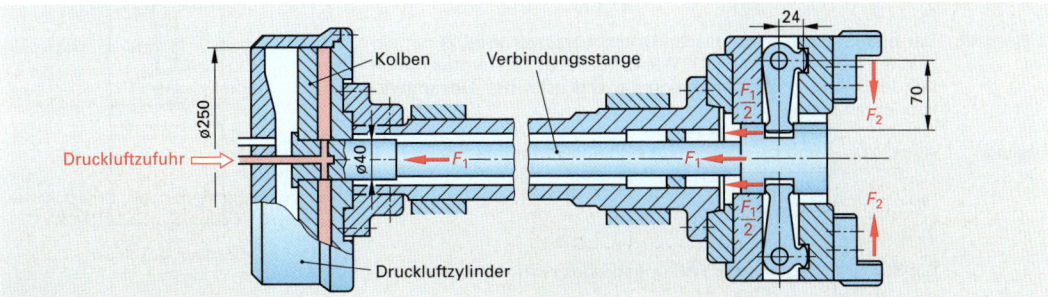

Bild 5: Zweibacken-Druckluftfutter

7.2 | Berechnungen zur Hydraulik

7.2.1 | Hydraulische Presse

Mit Hilfe der hydraulischen Presse **Bild 1** kann mit einer kleinen Kraft am Druckkolben eine große Kraft am Arbeitskolben erzeugt werden. Dieses Prinzip wird auch bei hydraulischen Hebe- und Spannvorrichtungen angewandt.

Bezeichnungen:

Druckkolben

F_1 Kraft　N
d_1 Durchmesser　mm
A_1 Fläche　mm^2
s_1 Weg　mm
V_1 Volumen, beim　mm^3
　Weg s_1 vom Druck-
　kolben verdrängt
p_e Überdruck　bar

Arbeitskolben

F_2 Kraft　N
d_2 Durchmesser　mm
A_2 Fläche　mm^2
s_2 Weg　mm
V_2 Volumen, das den　mm^3
　Arbeitskolben um s_2
　bewegt
p_e Überdruck　bar

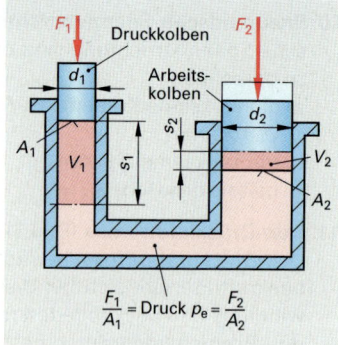

$$\frac{F_1}{A_1} = \text{Druck } p_e = \frac{F_2}{A_2}$$

Bild 1: Hydraulische Presse

■ **Kolbenkräfte und Kolbenflächen**

Da der Öldruck im Druck- und Arbeitszylinder gleich groß ist, gilt ohne Berücksichtigung von Reibungs- und Leckverlusten:

$$p_e = \frac{F_1}{A_1} = \frac{F_2}{A_2}; \text{ hieraus ergibt sich } \frac{F_1}{F_2} = \frac{A_1}{A_2} = \frac{\dfrac{\pi \cdot d_1^2}{4}}{\dfrac{\pi \cdot d_2^2}{4}} = \frac{d_1^2}{d_2^2}$$

Die Kolbenkräfte verhalten sich wie die Kolbenflächen oder wie die Quadrate der Kolbendurchmesser.

Die vom Druckkolben Bild 1 verdrängte Flüssigkeit V_1 wird vom Arbeitszylinder aufgenommen. Also ist das Volumen der verdrängten Flüssigkeit im Druckzylinder V_1 gleich groß wie das Volumen V_2 der zugeführten Flüssigkeit im Arbeitszylinder ($V_1 = V_2$).
Mit $V_1 = A_1 \cdot s_1$ und $V_2 = A_2 \cdot s_2$ sowie $V_1 = V_2$ ergibt sich $A_1 \cdot s_1 = A_2 \cdot s_2$
und daraus $\dfrac{s_1}{s_2} = \dfrac{A_2}{A_1}$

Die Kolbenwege verhalten sich umgekehrt wie die Kolbenflächen.

Kraft- und Flächenverhältnis

$$\frac{F_1}{F_2} = \frac{A_1}{A_2}$$

Kraft- und Durchmesserverhältnis

$$\frac{F_1}{F_2} = \frac{d_1^2}{d_2^2}$$

Weg- und Flächenverhältnis

$$\frac{s_1}{s_2} = \frac{A_2}{A_1}$$

1. Beispiel: Welchen Durchmesser muss der Arbeitszylinder einer hydraulischen Presse erhalten, wenn der Druckkolben mit $d_1 = 20$ mm mit einer Kraft $F_1 = 150$ N bewegt wird und am Arbeitskolben eine Kraft $F_2 = 4000$ N verlangt wird? Die Reibungsverluste sollen unberücksichtigt bleiben.

Lösung: $\dfrac{F_1}{F_2} = \dfrac{d_1^2}{d_2^2}; \; d_2 = \sqrt{\dfrac{d_1^2 \cdot F_2}{F_1}} = \sqrt{\dfrac{(20 \text{ mm})^2 \cdot 4000 \text{ N}}{150 \text{ N}}} = \mathbf{103{,}3 \text{ mm}}$

2. Beispiel: Der pneumatisch-hydraulische Druckübersetzer **(Bild 2)** hat ein Flächenverhältnis von 64 : 1. Wie groß ist bei einem maximalen Luftdruck von 8 bar der maximale Öldruck? Der Gesamtwirkungsgrad beträgt 75 %.

Lösung: Aus $p_{e1} = \dfrac{F_1}{A_1}$ und $p_{e2} = \dfrac{F_1}{A_2}$ ergibt sich das Verhältnis

$$\frac{p_{e2}}{p_{e1}} = \frac{F_1 \cdot A_1}{A_2 \cdot F_1}$$

Bei Berücksichtigung des Wirkungsgrades wird

$$p_{e2} = \frac{p_{e1} \cdot A_1}{A_2} \cdot \eta = \frac{8 \text{ bar} \cdot 64}{1} \cdot 0{,}75 = \mathbf{384 \text{ bar}}$$

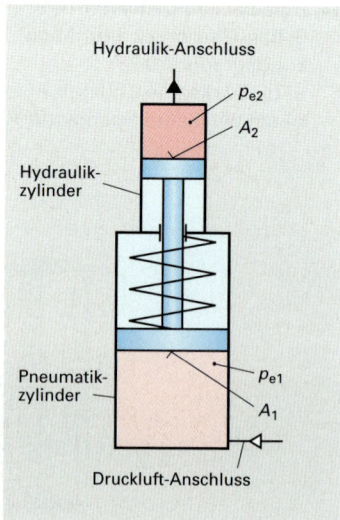

Hydraulik-Anschluss

p_{e2}

A_2

Hydraulik-zylinder

Pneumatik-zylinder

p_{e1}

A_1

Druckluft-Anschluss

Bild 2: Druckübersetzer

Aufgaben | Hydraulische Presse

1. **Hydraulische Bremsanlage (Bild 1).** Folgende Werte sind gegeben: Durchmesser des Hauptbremszylinders d_1 = 25,4 mm, Kolbenstangenkraft F_1 = 2000 N, Radzylinderdurchmesser d_2 = 36 mm.
   Berechnen Sie
   a) den Druck p_e in der Leitung
   b) die Spannkraft F_2 eines Radzylinderkolbens.

2. **Doppelkolbenzylinder (Bild 2).** Der Zylinder wird an eine Druckölleitung von p_e = 40 bar angeschlossen.
   Wie groß sind die Kräfte F_1 und F_2?

3. **Hydraulische Handhebelpresse (Bild 3).** Auf den Betätigungshebel der hydraulischen Presse wirkt eine Handkraft von 100 N. Die Fläche des Druckkolbens beträgt 25 cm², die des Arbeitskolbens 125 cm².
   a) Welche Kraft F_2 wird am Arbeitskolben erzeugt?
   b) Wie groß ist der Weg des Druckkolbens, wenn der Arbeitskolben einen Hub von 52 mm zurücklegen soll?

4. **Hydraulische Wälzlagerpresse (Bild 4).** Mit der Vorrichtung werden Wälzlager aufgepresst. Zu berechnen sind
   a) die Kolbenkraft F_2,
   b) die Kraft F_3 am Ringkolben, mit der das Lager aufgepresst wird. Der Wirkungsgrad des Zylinders beträgt 85 %.
   c) Das Wälzlager soll auf eine Breite von 20 mm aufgepresst werden. Wie viel Hübe der Handpumpe sind hierfür notwendig, wenn der Druckkolben einen Hub von 34 mm hat?

5. **Hydraulische Spannvorrichtung (Bild 5).** Für die Spannvorrichtung sind zu berechnen
   a) die Spindelkraft F_2 bei einem Wirkungsgrad der Spindel von 60 %,
   b) die Spannkraft F_3 bei einem Wirkungsgrad des Zylinders von 85 %,
   c) das Übersetzungsverhältnis $F_1 : F_3$,
   d) der Weg der Spannkolben bei einer Umdrehung des Spannhebels.

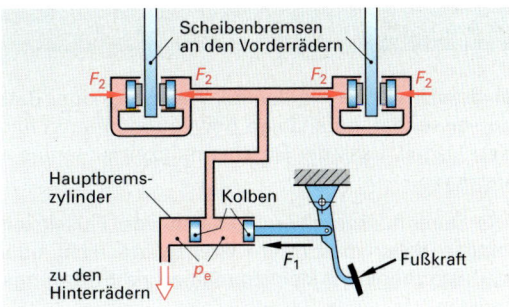

Bild 1: Hydraulische Bremsanlage

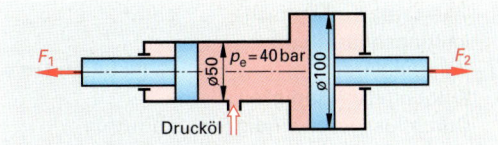

Bild 2: Doppelkolbenzylinder

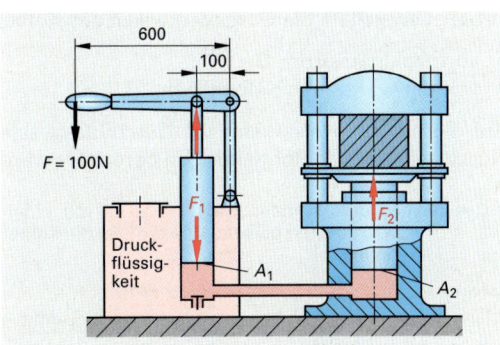

Bild 3: Hydraulische Handhebelpresse

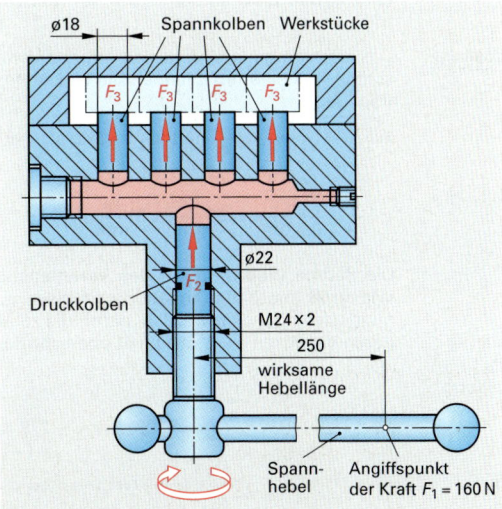

Bild 5: Hydraulische Spannvorrichtung

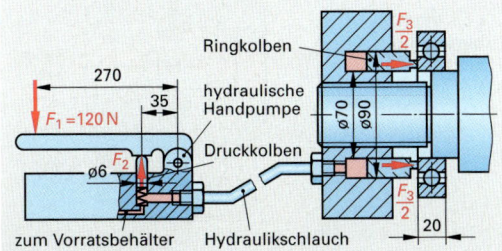

Bild 4: Hydraulische Wälzlagerpresse

7.2.2 │ Kolben- und Durchflussgeschwindigkeiten

Hydraulikzylinder werden bei Werkzeug- oder Baumaschinen dazu verwendet, geradlinige Bewegungen auszuführen. Sie haben den Vorteil, dass die Geschwindigkeit stufenlos eingestellt werden kann.

Die Durchflussgeschwindigkeiten von Flüssigkeiten in Rohrleitungen sollen bestimmte Grenzwerte nicht überschreiten, um Verluste möglichst klein zu halten und Strömungsabrisse zu vermeiden.

Bezeichnungen:

A Wirksame Kolbenfläche, dm^2
     Leitungsquerschnitt
Q Volumenstrom $l/min = dm^3/min$
v Kolbengeschwindigkeit,
     Durchflussgeschwindigkeit dm/min

Der Volumenstrom Q ist die Ölmenge in Litern, die dem Zylinder je Minute zugeführt wird. Der Kolben (**Bild 1**) muss dem Volumenstrom ausweichen. Die Geschwindigkeit des Kolbens hängt ab

- vom Volumenstrom Q
- von der wirksamen Kolbenfläche A

Auf die gleiche Weise kann die Durchflussgeschwindigkeit von Flüssigkeiten durch Rohrleitungen berechnet werden.

1. Beispiel: In den Zylinder **Bild 1** wird Öl mit einem Volumenstrom $Q = 20\ l/min$ geleitet. Wie groß ist die Kolbengeschwindigkeit in m/min?

Lösung:

$$v = \frac{Q}{A} = \frac{20\ \frac{dm^3}{min}}{\frac{\pi}{4} \cdot (1\ dm)^2} = \frac{4 \cdot 20\ \frac{dm^3}{min}}{\pi \cdot 1\ dm^2} = 25,5\ \frac{dm}{min} = \mathbf{2,55\ \frac{m}{min}}$$

2. Beispiel: Wie groß ist die Rücklaufgeschwindigkeit des Hydraulikkolbens in **Bild 2**, wenn das Öl auf der Kolbenstangenseite eintritt?

Lösung: Das einströmende Öl füllt den um das Volumen der Kolbenstange verkleinerten Zylinder. Die wirksame Kolbenfläche beträgt daher

$$A = \frac{\pi}{4} \cdot (D^2 - d^2) = \frac{\pi}{4} \cdot (10^2\ cm^2 - 7^2\ cm^2) = 40\ cm^2 = 0,4\ dm^2$$

$$v = \frac{Q}{A} = \frac{20\ \frac{dm^3}{min}}{0,4\ dm^2} = 50\ \frac{dm}{min} = \mathbf{5\ \frac{m}{min}}$$

3. Beispiel: Die Pumpe (**Bild 3**) liefert den Volumenstrom $Q = 50\ l/min$. Wie groß muss der Innendurchmesser d der Rohrleitung mindestens gewählt werden, damit die zulässige Durchflussgeschwindigkeit $v = 3\ m/s$ nicht überschritten wird?

Lösung:

$$A = \frac{Q}{v} = \frac{50\ \frac{dm^3}{min}}{3 \cdot 60 \cdot 10\ \frac{dm}{min}} = 0,0278\ dm^2 = 278\ mm^2$$

$$d = \sqrt{\frac{4 \cdot A}{\pi}} = \sqrt{\frac{4 \cdot 278\ mm^2}{\pi}} = 18,8\ mm \approx \mathbf{20\ mm}$$

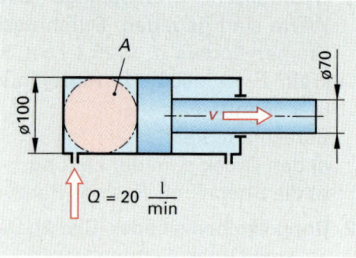

Bild 1: Hydraulikkolben, Vorlauf

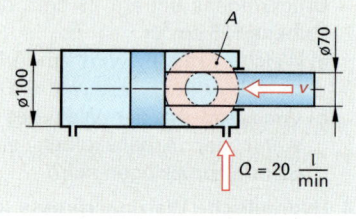

Bild 2: Hydraulikkolben, Rücklauf

Kolbengeschwindigkeit, Durchflussgeschwindigkeit

$$v = \frac{Q}{A}$$

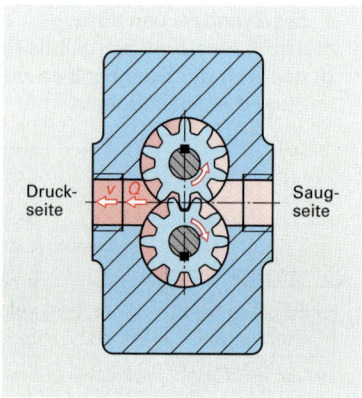

Bild 3: Zahnradpumpe

Aufgaben | Kolben- und Durchflussgeschwindigkeiten

1. **Kolbengeschwindigkeiten (Tabelle 1).** Für die einfach wirkenden hydraulischen Zylinder sind die Kolbengeschwindigkeiten zu berechnen.

Tabelle 1: Kolben-geschwindigkeiten			
	a	b	c
Q in l/min	40	20	15
Kolbendurch-messer in mm	50	100	25

2. **Durchflussgeschwindigkeiten (Tabelle 2).** Für die Rohrleitungen sind die Durchflussgeschwindigkeiten in $\frac{m}{s}$ zu berechnen.

3. **Vorschubzylinder (Bild 1).** Der Zylinder ist an eine Pumpe angeschlossen, die Hydrauliköl mit dem Volumenstrom Q = 10 l/min liefert. Beim Vorlauf tritt das Öl auf der Kolbenseite, beim Rücklauf auf der Kolbenstangenseite ein. Gesucht sind

a) die Vorlaufgeschwindigkeit,

b) die Rücklaufgeschwindigkeit,

c) die Zeit für den Vorlaufweg,

d) die Zeit für den Rücklaufweg.

Tabelle 2: Durchfluss-geschwindigkeiten			
	a	b	c
Q in l/min	25	25	40
Innendurch-messer in mm	22	55	70

4. **Vorschubzylinder.** Welcher Volumenstrom ist erforderlich, damit ein Vorschubzylinder eine Geschwindigkeit v = 100 mm/min erreicht? Der Zylinderdurchmesser beträgt 80 mm.

5. **Hydraulikzylinder.** Eine Zahnradpumpe liefert einen Volumenstrom Q = 32 l/min an einen Hydraulikzylinder. Verlangt wird eine Kolbengeschwindigkeit von 5 m/min. Gesucht sind

a) der hierfür notwendige Zylinderdurchmesser,

b) die Zeit für einen Kolbenweg von 325 mm.

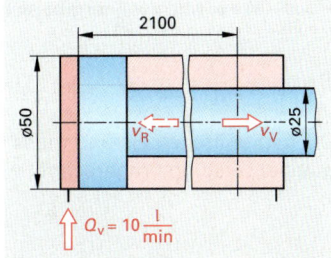

Bild 1: Vorschubzylinder

6. **Vorschubsystem (Bild 2).** Das hydraulische Vorschubsystem besteht u.a. aus zwei Pumpen. Für den Arbeitsvorschub wird die kleine Pumpe mit einem Volumenstrom Q_1 = 5 l/min verwendet. Für den Eilgang steht zusätzlich eine Pumpe mit Q_2 = 20 l/min zur Verfügung. Wie groß sind

a) die Geschwindigkeit des Arbeitsvorschubs für einen Zylinderdurchmesser D = 100 mm,

b) die Eilganggeschwindigkeit, wenn beide Volumenströme zusammen in den Zylinder geleitet werden,

c) die Rücklaufgeschwindigkeit, wenn beide Pumpen die Kolbenstangenseite des Zylinders mit Drucköl beaufschlagen und der Kolbenstangendurchmesser 70 mm beträgt,

d) die Zeit für einen Arbeitstakt, wenn der Eilgangweg 130 mm und der Vorschubweg 62 mm betragen und Umsteuerzeiten nicht berücksichtigt werden?

7. **Hydraulikrohrleitung.** Ein Hydraulikrohr mit dem Innendurchmesser d = 50 mm ist an eine Hydraulikpumpe angeschlossen, die einen Volumenstrom von 250 l/min liefert.

a) Wie groß ist die Durchflussgeschwindigkeit des Hydrauliköls?

b) Wie groß wird die Geschwindigkeit, wenn ein Rohr mit dem Innendurchmesser 100 mm benützt wird?

c) Es ist zu untersuchen, bei welchem Innendurchmesser der Hydraulikleitung die zulässige Strömungsgeschwindigkeit des Hydrauliköls von 3 m/s erreicht wird. Aus den in einem Lager vorrätigen Stahlrohren der Innendurchmesser 25 mm; 32 mm; 40 mm; 50 mm; 70 mm ist ein passendes Rohr auszuwählen.

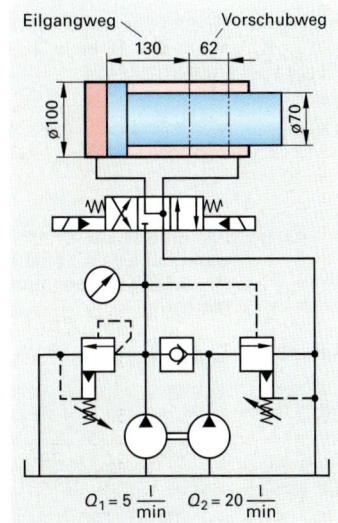

● **Bild 2: Vorschubsystem**

7.2.3 | Leistungsberechnung in der Hydraulik

Die Leistung P eines Hydromotors, einer Hydropume oder eines Hydrozylinders ist vom Volumenstrom Q und vom Druck p_e abhängig. Wie bei der mechanischen Leistung muss auch bei der hydraulischen Leistung der Wirkungsgrad berücksichtigt werden. Hierin sind Reibungs- und Schlupfverluste enthalten.

Bezeichnungen:

P	Leistung, allgemein	kW
P_1	zugeführte Leistung	kW
P_2	abgegebene Leistung	kW
η	Wirkungsgrad	–
p_e	Druck, Überdruck	bar
Q	Volumenstrom	l/min

Aus der mechanischen Leistung am Zylinder $P = F \cdot v$ folgt

$P = p_e \cdot A \cdot v$. Mit $v = \dfrac{Q}{A}$ ergibt sich

$$P = p_e \cdot A \cdot \frac{Q}{A} = p_e \cdot Q$$

Die hydraulische Leistung muss in die mechanische (allgemeingültige) Leistung umgerechnet werden.

$$1 \frac{dm^3 \cdot bar}{min} = \frac{1000\,cm^3 \cdot 10\,N}{min \cdot cm^2} = 100 \frac{N \cdot m}{min} = \frac{100}{60} \cdot \frac{N \cdot m}{s} = \frac{10}{6}\,W = \frac{1}{600}\,kw$$

1. Beispiel: Eine Pumpe soll bei einem Druck $p = 40$ bar einen Volumenstrom $Q = 12$ l/min liefern. Wie groß ist die Leistung der Pumpe in kW?

Lösung: $P = \dfrac{Q \cdot p_e}{600} = \dfrac{12 \cdot 40}{600}\,kW = \mathbf{0{,}8\ kW}$

2. Beispiel: Wie groß ist der Druck p_e der Radialkolbenpumpe **(Bild 2)**, wenn bei einem Volumenstrom $Q = 12$ l/min eine Leistung $P_1 = 1{,}6$ kW aufgenommen wird und der Wirkungsgrad 75 % beträgt?

Lösung: $P_2 = \eta \cdot P_1 = 0{,}75 \cdot 1{,}6\ kW = 1{,}2\ kW$

$$P = \frac{Q \cdot p_e}{600}$$

$$p_e = \frac{600 \cdot P}{Q} = \frac{600 \cdot 1{,}2}{12}\ bar = \mathbf{60\ bar}$$

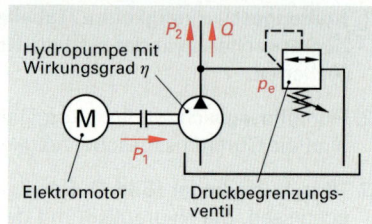

Bild 1: Leistung einer Hydropumpe

Hydraulische Leistung (Größengleichung)

$$P = Q \cdot p_e$$

Umwandlung der Einheiten

$$1 \frac{dm^3 \cdot bar}{min} = \frac{10}{6} \cdot \frac{N \cdot m}{s} = \frac{1}{600}\,kW$$

Hydraulische Leistung (Zahlenwertgleichung)

$$P = \frac{Q \cdot p_e}{600}$$

Zugeordnete Einheiten		
P	Leistung	kW
p_e	Druck	bar
Q	Volumenstrom	l/min

Zugeführte Leistung

$$P_1 = \frac{P_2}{\eta}$$

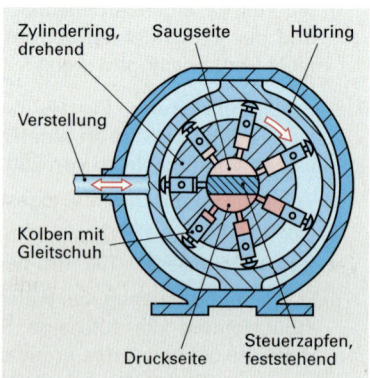

Bild 2: Radialkolbenpumpe

Aufgaben | Leistungsberechnung Hydraulik

1. Leistung (Tabelle 1). Für die Aufgaben a bis c ist jeweils die hydraulische Leistung in kW zu berechnen.

Tabelle 1	a	b	c
Q in l/min	35	86	36
p_e in bar	16	6	20

2. Hydromotor. Ein Hydromotor wird mit einem Volumenstrom von 72 l/min und einem Druck von 23 bar betrieben.

Wie groß ist seine abgegebene Leistung in kW bei einem Wirkungsgrad von 78 %?

3. Schaufelbagger. Ein hydraulisch betätigter Schaufelbagger fördert in 10 Sekunden 0,4 m³ nassen Sand von der Dichte 2 kg/dm³ auf eine Höhe von 2,75 m. Wie groß sind

a) die abgegebene Leistung des Hydrozylinders in kW,

b) der Druck p_e der Hydraulikpumpe, wenn mit dem Volumenstrom Q = 14 l/min gearbeitet wird?

4. Hydraulikeinheit. Ein Elektromotor nimmt eine Leistung von 0,6 kW auf. Wie groß sind

a) die Leistungsabgabe der Ölpumpe, die mit dem Elektromotor gekoppelt ist, wenn der Wirkungsgrad des Elektromotors 0,85 und der Wirkungsgrad der Pumpe 0,8 betragen?

b) der Volumenstrom der Pumpe bei einem Druck von 60 bar?

5. Kolbenpumpe. Eine Kolbenpumpe liefert einen Volumenstrom von 25 l/min bei einem Öldruck von 200 bar. Der Wirkungsgrad der Pumpe beträgt 65 %, der Wirkungsgrad des Antriebsmotors 85 %.

Welche Energiekosten entstehen bei einer jährlichen Betriebszeit von 1500 Stunden, wenn eine Kilowattstunde 0,13 EUR kostet?

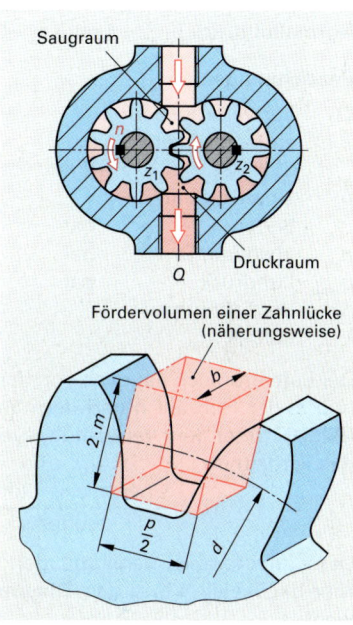

● **Bild 1: Zahnradpumpe**

6. Zahnradpumpe (Bild 1). Die Pumpe hat folgende Abmessungen: Zähnezahlen $z_1 = z_2 = 10$; Modul m = 2 mm; Zahnbreite b = 16 mm; Drehzahl n = 1500 1/min. Wie groß sind

a) der theoretische Volumenstrom der Pumpe, wenn das Fördervolumen einer Zahnlücke $V_1 = p/2 \cdot m \cdot b$ beträgt?

b) die Leistungsaufnahme der Pumpe, wenn das Druckbegrenzungsventil auf 32 bar eingestellt ist und der Gesamtwirkungsgrad der Pumpe 73 % beträgt?

7. Axialkolbenpumpe (Bild 2). Der Hub und damit der Volumenstrom der Axialkolbenpumpe kann durch Schwenken der Trommel stufenlos geregelt werden. Für eine Drehzahl n = 1500 1/min, einen Druck p_e = 45 bar und einen Volumenstrom Q = 136 l/min sind zu berechnen

a) die der Pumpe zugeführte Leistung bei einem Wirkungsgrad der Pumpe von 75 %,

b) der Volumenstrom für den Schwenkwinkel α = 30°. Weitere Angaben: Anzahl der Kolben z = 9, Lochkreisdurchmesser d_L = 120 mm, Kolbendurchmesser d = 16 mm, Drehzahl n = 1500 1/min.

Die Berechnungsformel für den Volumenstrom lautet:
$$Q = A \cdot d_L \cdot n \cdot z \cdot \sin \alpha$$

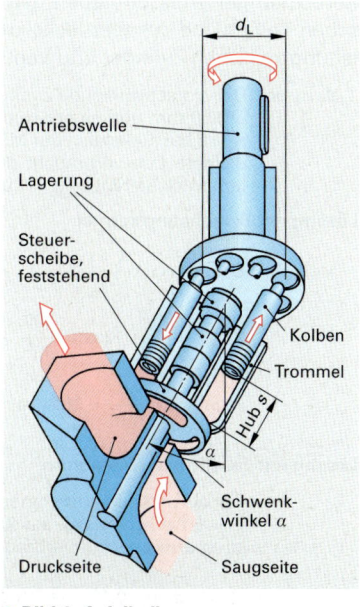

● **Bild 2: Axialkolbenpumpe**

7.3 | Berechnungen zur Pneumatik

7.3.1 | Luftverbrauch pneumatischer Anlagen

Der erforderliche Volumenstrom des Verdichters einer Druckluft-
anlage hängt vom Luftverbrauch der an ihn angeschlossenen
pneumatischen Geräte ab. Er kann berechnet oder aus Tabellen
entnommen werden. Der Volumenstrom wird bezogen auf den
Normalluftdruck p_{amb} = 1 bar (p_e = 0 bar) der angesaugten Luft.

Bezeichnungen:

Q	Luftverbrauch für einfach wirkende Zylinder	l/min	q	spezifischer Luftverbrauch je 1 cm Kolbenhub	l/cm
p_e	Überdruck im Zylinder	bar	s	Kolbenhub	cm
p_{abs}	absoluter Druck	bar	n	Hubzahl	–
p_{amb}	Luftdruck	bar	A	Kolbenfläche	cm²
Δp	Verdichtungsver-hältnis	–			

Der Luftverbrauch hängt ab von der Kolbenfläche A, dem Kolbenhub s, der Hubzahl n und dem Verdichtungsverhältnis der Luft
(Bild 1). Unter dem Verdichtungsverhältnis der Luft versteht man
das Verhältnis

$$\Delta p = \frac{\text{Überdruck} + \text{Luftdruck}}{\text{Luftdruck}} = \frac{p_e + p_{amb}}{p_{amb}}$$

Der Luftverbrauch kann mit der Berechnungsformel oder mit
Hilfe der **Tabelle 1** bzw. dem **Diagramm (Bild 1 Seite 227)** ermittelt
werden.

Bei **doppelt wirkenden Zylindern** ist der Luftverbrauch rund doppelt so groß wie bei einfach wirkenden Zylindern. Bei genaueren
Berechnungen müssen neben den Leckverlusten der Raum zwischen Kolben und Zylinderdeckel und das Volumen der Druckluft-
leitung zwischen Zylinder und Ventilen berücksichtigt werden.

1. Beispiel: Der einfach wirkende Zylinder **Bild 2** mit einem Druchmesser
D = 50 mm und einem Hub s = 120 mm wird mit dem Druck
p_e = 6 bar 100 mal in der Minute betätigt. Wie viel Liter unver-
dichtete Luft verbraucht der Zylinder in einer Minute? Der
Luftdruck beträgt p_{amb} = 1 bar.

Lösung mit Berechnungsformel:

$$Q = A \cdot s \cdot n \cdot \frac{p_e + p_{amb}}{p_{amb}}$$

$$= \frac{\pi \cdot (5 \text{ cm})^2}{4} \cdot 12 \text{ cm} \cdot \frac{100}{\text{min}} \cdot \frac{6 \text{ bar} + 1 \text{ bar}}{1 \text{ bar}}$$

$$= 164933{,}6 \; \frac{\text{cm}^3}{\text{min}} \approx \textbf{165 l/min}$$

Lösung mit Tabelle bzw. Diagramm

Für einen Kolbendurchmesser D = 50 mm und einen Druck
p_e = 6 bar ergibt sich aus **Tabelle 1** bzw. aus **Bild 1 Seite 227**
ein spezifischer Luftverbrauch q = 0,134 l pro 1 cm Kolbenhub.

$$Q = q \cdot s \cdot n = 0{,}134 \; \frac{\text{l}}{\text{cm}} \cdot 12 \text{ cm} \cdot 100 \; \frac{1}{\text{min}} = \textbf{160,8} \; \frac{\textbf{l}}{\textbf{min}}$$

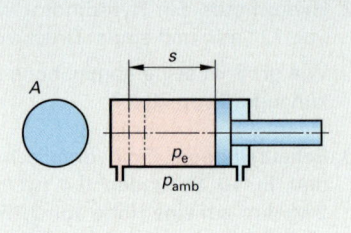

Bild 1: Doppelt wirkender Zylinder

Luftverbrauch mit Berechnungsformel

$$Q = A \cdot s \cdot n \cdot \frac{p_e + p_{amb}}{p_{amb}}$$

Luftverbrauch mit q-Werten aus Tabelle bzw. Diagramm

$$Q = q \cdot s \cdot n$$

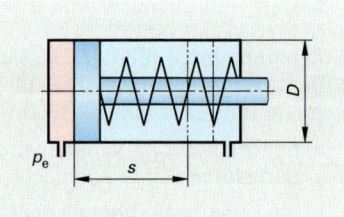

Bild 2: Einfach wirkender Zylinder

Tabelle 1 : Spezifischer Luftver-brauch q für einfach wirkende Zylinder

Zylin-der-Ø	Betriebsdruck p_e in bar		
	4	6	8
D	q in Liter je cm Hub		
25	0,024	0,033	0,043
35	0,047	0,066	0,084
50	0,096	0,134	0,172
70	0,19	0,26	0,34
100	0,383	0,54	0,69

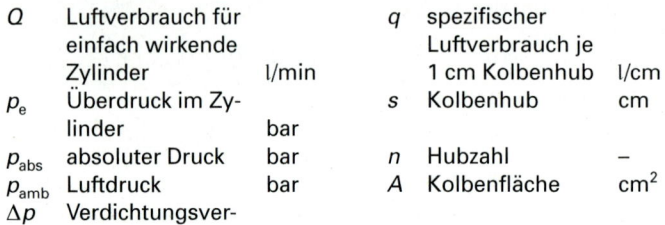

2. Beispiel: Für einen doppelt wirkenden Zylinder mit $D = 70$ mm, $s = 25$ mm und $n = 40$/min ist der Luftverbrauch für einen Druck $p_e = 8$ bar zu berechnen. Der Luftdruck beträgt 1 bar.

Lösung:

$$Q = 2 \cdot A \cdot s \cdot n \cdot \frac{p_e + p_{amb}}{p_{amb}}$$

$$= 2 \cdot \frac{\pi \cdot (7\,\text{cm})^2}{4} \cdot 2{,}5\,\text{cm} \cdot \frac{40}{\text{min}} \cdot \frac{(8 + 1)\,\text{bar}}{1\,\text{bar}}$$

$$= 69272{,}1\,\frac{\text{cm}^3}{\text{min}} \approx \mathbf{69{,}3\,\frac{l}{min}}$$

Aufgaben | Luftverbrauch pneumatischer Anlagen

1. Luftverbrauch (Tabelle 1). Wie groß ist jeweils der Luftverbrauch für die einfach wirkenden Zylinder?

2. Leckstelle in Pneumatikanlage. Aus einer Leckstelle, deren Querschnitt einem Loch von 0,5 mm Durchmesser entspricht, entweichen 10 Liter Luft je Minute.

Wie viel Verlust entsteht im Jahr, wenn 1 m³ Druckluft 0,04 EUR kostet und die Leitung dauernd unter Druck steht?

3. Pneumatischer Antrieb (Bild 2). Mit Hilfe des doppelt wirkenden Pneumatikzylinders wird durch das Zahnstangengetriebe eine Drehbewegung erzeugt. Folgende Daten sind bekannt: Modul $m = 2{,}5$ mm; Zähnezahl $z = 36$; Betriebsdruck $p_e = 4$ bar, Hub $s = 25$ mm; Hubzahl $n = 35$/min; Kolbendurchmesser $D = 70$ mm.

Zu berechnen sind

a) der Luftverbrauch an einem achtstündigen Arbeitstag bei einem Nutzungsgrad von 90 %,

b) die Kraft F in der Zahnstange bei einem Wirkungsgrad von 90 %,

c) das Drehmoment des Zahnrades,

d) der Drehwinkel α für den Hub $s = 25$ mm.

4. Pneumatische Hubeinrichtung (Bild 3). Behälter, die auf der unteren Rollbahn ankommen, werden durch den Sperrzylinder 1A1 gestoppt. Nach dem Startsignal fährt der Zylinder 1A1 zurück, der Behälter rollt auf die Hubplattform. Dort löst er ein Signal aus, das bewirkt, dass der Zylinder 1A1 wieder in Sperrstellung fährt und der Hubzylinder 2A1 ausfährt. In dessen Endstellung wird der Verschiebezylinder 3A1 betätigt, der den Behälter auf die obere Rollbahn schiebt. Danach fahren die Zylinder 2A1 und 3A1 wieder zurück. Der Zyklus ist geschlossen.

Berechnen Sie den Luftverbrauch für 350 Zyklen. Die Daten der Pneumatikzylinder sind **Tabelle 2** zu entnehmen.

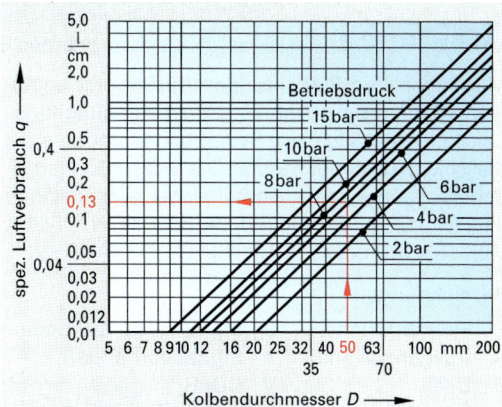

Bild 1: Diagramm für Luftverbrauch

Tabelle 1	a	b	c
Kolbendurchmesser in mm	35	70	100
Druck p_e in bar	4	4	8
Hub in mm	15	90	85
Hubzahl in 1/min	30	15	12

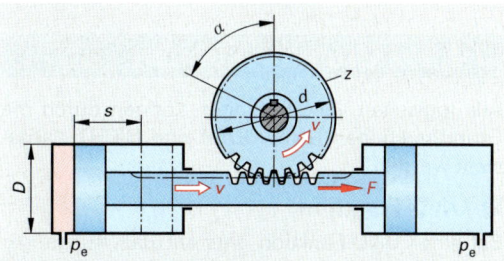

Bild 2: Pneumatischer Antrieb

Tabelle 2	Zylinder		
	1A1	2A1	3A1
Kolbendurchmesser in mm	25	50	35
Hub in mm	100	850	520
Druck in bar	4,5 bar		

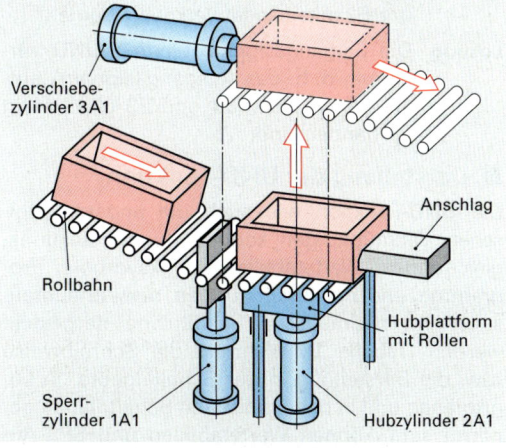

Bild 3: Pneumatische Hubeinrichtung

7.4 | Logische Verknüpfungen

Maschinen und Einrichtungen dürfen erst anlaufen, wenn verschiedene Eingangsbedingungen erfüllt sind. Entfallen diese Bedingungen, müssen die Maschinen gestoppt werden. Die binären Eingangs- und Ausgangssignale nehmen dabei zwei Zustände an: EIN oder AUS, 1 oder 0, JA oder NEIN, DRUCK VORHANDEN oder DRUCK NICHT VORHANDEN.

Bezeichnungen:

E	Eingangssignal	0	Signal nicht vorhanden
A	Ausgangssignal	1	Signal vorhanden
$\wedge$	UND	V	ODER
$\bar{E}$	E NICHT	$\bar{A}$	A NICHT

Beispiel: Bei einer NC-Maschine darf der Vorschubmotor erst einschalten, wenn das Werkzeug gespannt ist (E1) und die Arbeitsspindel läuft (E2) **(Bild 1)**. Wie müssen die beiden Eingangssignale miteinander verknüpft werden?

Lösung: Die beiden Eingangssignale E1 und E2 müssen gleichzeitig vorhanden sein, bevor das Ausgangssignal A ausgelöst wird.

7.4.1 | Grundfunktionen

Alle logischen Verknüpfungen können durch die Grundfunktionen UND, ODER und NICHT dargestellt werden.

■ UND-Funktion

Bei einer UND-Funktion entsteht das Ausgangssignal A nur dann, wenn die beiden Eingangssignale E1 und E2 gleichzeitig anstehen. Die UND-Funktion kann z.B. durch ein pneumatisches Zweidruckventil verwirklicht werden.

Beispiel: Der Kolben einer Prägepresse **(Bild 2)** darf erst ausfahren (A), wenn die beiden Tastschalter der Steuerung mit beiden Händen gedrückt werden (E1, E2). Wie müssen E1 und E2 miteinander verknüpft werden?

Lösung: Die Eingangssignale werden UND verknüpft, d. h. das Ausgangssignal A entsteht erst, wenn E1 und E2 gleichzeitig vorhanden sind.

■ Darstellung der UND-Funktion

Die UND-Funktion wie auch die anderen logischen Verknüpfungen können durch Funktionsgleichungen, Wertetabellen, Logiksymbole, Programme und Relaisschaltungen bzw. pneumatische und hydraulische Schaltpläne dargestellt werden **(Tabelle 1)**. Während die Schreibweise bzw. die Darstellung in der Schaltalgebra, in Logikplänen und in den fluidischen Schaltplänen genormt sind, können Wertetabellen und SPS-Anweisungslisten verschieden gestaltet werden.

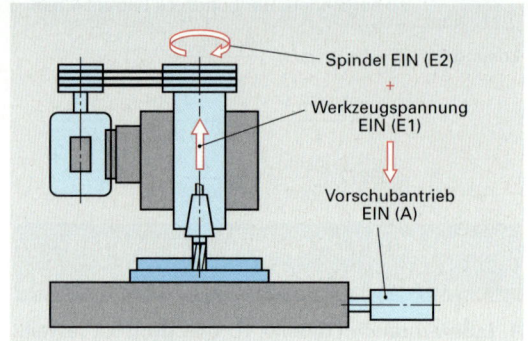

Bild 1: NC-Fräsmaschine

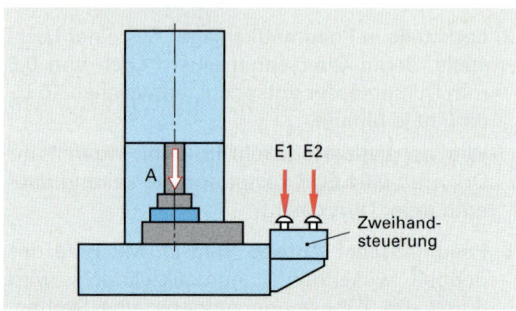

Bild 2: Prägepresse mit vereinfachter Zweihandsteuerung

Tabelle 1: UND-Funktion, Darstellungsformen

Schaltalgebra	Wertetabelle	Logikplan
Funktionsgleichung **E1 $\wedge$ E2 = A** (E1 UND E2 ist gleich A) $\wedge$ Zeichen für UND-Verknüpfungen	E1 E2 A / 0 0 0 / 0 1 0 / 1 0 0 / 1 1 1	2 Eingangssignale / 3 Eingangssignale

SPS-Anweisungsliste	Relais-Schaltung	Pneumatischer Schaltplan
Adresse / Anweisung: 001 UE1, 002 UE2, 003 = A, 004 PE. PE = Programmende	L+, S1 Schließer (E1), S2 Schließer (E2), Relais, Schließer, L–	mit Wegeventilen: E1, E2 / mit Zweidruckventil: E1, E2

Die **Schaltalgebra** kann benutzt werden, um Relaisschaltungen oder kontaktlose Schaltungen zu entwerfen oder zu vereinfachen. Die Verknüpfungen werden dabei durch Funktionsgleichungen beschrieben.

In **Wertetabellen** wird zu allen möglichen Kombinationen der Eingangsgrößen der Zustand der Ausgangsgrößen dargestellt. Bei n Eingangsgrößen ergeben sich 2^n Kombinationsmöglichkeiten. Da bei 4 Eingangsgrößen schon 16 Kombinationen möglich sind, werden oft nur die Möglichkeiten aufgelistet, welche das Ausgangssignal „1" ergeben.

Im **Logikplan** wird die Verknüpfung der Signale mit genormten Logiksymbolen dargestellt. Sie werden von links nach rechts aufgebaut und gelesen. Die logischen Verknüpfungen können auch durch **Programme** beschrieben werden. Diese Programme werden in besonderen Sprachen, z.B. SPS-Sprachen oder in allgemeinen Programmiersprachen geschrieben. Die Ausgangssignale werden dann über Schnittstellen an die zu steuernden Geräte ausgegeben. Bei Relaisschaltungen und pneumatischen oder hydraulischen Steuerungen können die Signale auch direkt durch die Steuerungselemte miteinander verknüpft werden.

Beispiel: Ein Hubtisch darf erst dann ausfahren (Ausgangssignal A), wenn ein Werkstück auf dem Tisch liegt (E1), die Schutzvorrichtung geschlossen ist (E2) und mit dem Fußschalter das Startsignal (E3) gegeben wird.
Zu entwickeln sind der Logikplan und die Wertetabelle.

Lösung: Die drei Eingangssignale E1, E2 und E3 sind durch UND zu verknüpfen **(Tabelle 1)**
E1 = 1 Werkstück vorhanden
E2 = 0 Schutzvorrichtung geschlossen
E3 = 1 Fußschalter EIN
A = 1 Hubmotor EIN

■ ODER-Funktion

Bei einer ODER-Funktion ist das Ausgangssignal A nur vorhanden, wenn entweder das Eingangssignal E1 oder das Eingangssignal E2 oder auch beide Eingangssignale vorhanden sind **(Tabelle 2)**. Die ODER-Funktion wird z.B. durch ein pneumatisches Wechselventil erfüllt.

Beispiel: Das Hubtor einer Halle soll entweder durch die Signale E1 bzw. E2 der beiden Tastschalter S1 und S2 oder durch das Funksignal E3 geöffnet werden können.
Zu entwickeln sind der Logikplan und die Wertetabelle.

Lösung: Die Eingangssignale werden durch die ODER-Funktion verknüpft **(Tabelle 3)**.
E1 = 1 Tastschalter S1 EIN
E2 = 1 Tastschalter S2 EIN
E3 = 1 Funksignal vorhanden
A = 1 Hubmotor EIN

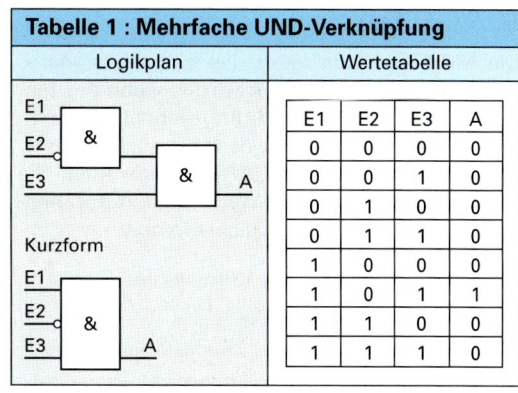

Tabelle 1 : Mehrfache UND-Verknüpfung

Logikplan	Wertetabelle

E1	E2	E3	A
0	0	0	0
0	0	1	0
0	1	0	0
0	1	1	0
1	0	0	0
1	0	1	1
1	1	0	0
1	1	1	0

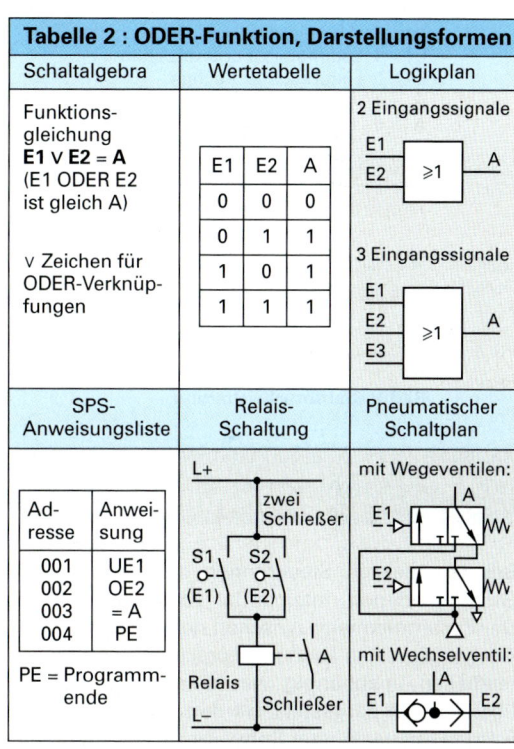

Tabelle 2 : ODER-Funktion, Darstellungsformen

Schaltalgebra	Wertetabelle	Logikplan

Funktionsgleichung
E1 ∨ E2 = A
(E1 ODER E2 ist gleich A)

∨ Zeichen für ODER-Verknüpfungen

E1	E2	A
0	0	0
0	1	1
1	0	1
1	1	1

SPS-Anweisungsliste	Relais-Schaltung	Pneumatischer Schaltplan

Adresse	Anweisung
001	UE1
002	OE2
003	= A
004	PE

PE = Programmende

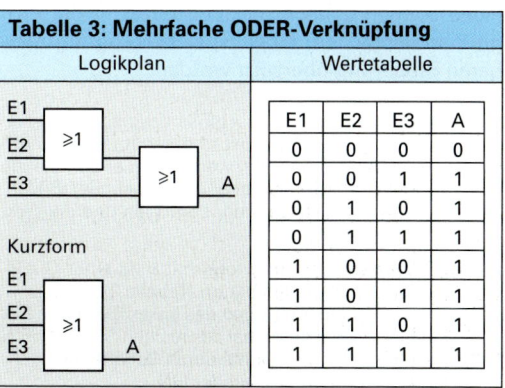

Tabelle 3: Mehrfache ODER-Verknüpfung

Logikplan	Wertetabelle

E1	E2	E3	A
0	0	0	0
0	0	1	1
0	1	0	1
0	1	1	1
1	0	0	1
1	0	1	1
1	1	0	1
1	1	1	1

■ NICHT-Funktionen

Die NICHT-Funktion kehrt das Eingangssignal E um. Das Ausgangssignal A wird 1, wenn das Eingangssignal E = 0 ist und umgekehrt **(Tabelle 1)**. Die NICHT-Funktion wird deshalb auch als UM-KEHR-Funktion oder NEGATION bezeichnet. Sie kann z.B. durch ein 3/2-Wegeventil mit Durchgangs-Nullstellung verwirklicht werden.

Beispiel: Eine Alarmleuchte soll aufleuchten (A = 1), wenn eine elektrische Leitung durch Bruch spannungslos wird (E = 0). Zu entwerfen ist der Stromlaufplan.

Lösung: Wenn die Leitung im Strompfad 1 unterbrochen wird, wird das Relais stromlos **(Bild 1)**. Der Öffnerkontakt des Relais im Strompfad 2 schließt und die Alarmleuchte wird eingeschaltet.
E1 = 1 Leitung nicht unterbrochen
E1 = 0 Leitung unterbrochen
A = 1 Alarmleuchte EIN
A = 0 Alarmleuchte AUS

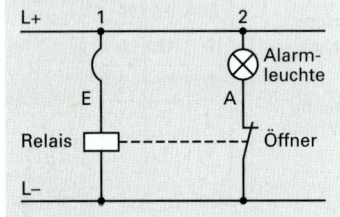

Bild 1: Drahtbruchsicherung

Tabelle 1 : NICHT-Funktion, Darstellungsformen		
Schaltalgebra	Wertetabelle	Logikplan
Funktionsgleichung $\bar{E} = A$ E NICHT ist gleich A oder $E = \bar{A}$ E ist gleich NICHT A	E A 0 1 1 0	E —[1]— A oder E —o[1]— A
SPS-Anweisungsliste	Relais-Schaltung	Pneumatischer Schaltplan

SPS-Anweisungsliste:

Adresse	Anweisung
001	UNE 1
002	= A
003	PE

PE = Programmende

Relais-Schaltung:
L+
S1 o--/ Schließer (E)
Relais
A Öffner
L–

Pneumatischer Schaltplan:
Wegeventil:

7.4.2 | Verknüpfung mehrerer logischer Grundfunktionen

Bei den meisten Steuerungen müssen mehrere Grundfunktionen miteinander verknüpft werden. Der Zusammenhang zwischen den Eingangs- und Ausgangsgrößen kann mit Logikplänen und Wertetabellen unabhängig von dem Steuerungsart übersichtlich dargestellt werden. Die Logikpläne werden mit geeigneter Software am Computer erstellt und durch grafische Simulation getestet. Die Pläne können danach oft auch direkt in die Programmiersprachen einer speicherprogrammierbaren Steuerung übersetzt werden.

Beispiel: Der Schieber einer Abfüllanlage soll von zwei Stellen aus ausgelöst und pneumatisch geöffnet werden können, wenn sich der zu füllende Behälter genau unter dem Silo befindet **(Bild 2)**. Zu entwickeln sind der Logikplan und die Wertetabelle.

Lösung: Die Verknüpfung erfolgt mit Hilfe einer ODER- und einer UND-Funktion **(Tabelle 2)**.
E1 = 1 Eingangssignal des linken Schalters EIN
E2 = 1 Eingangssignal des rechten Schalters EIN
E3 = 1 Eingangssignal durch Behälter EIN
A = 1 Pneumatikzylinder EIN

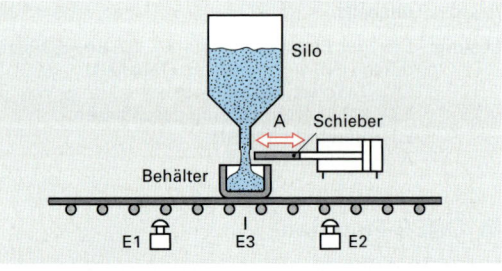

Bild 2: Abfüllanlage

Tabelle 2: Verknüpfung mehrerer Grundfunktionen	
Logikplan	Wertetabelle

Logikplan:
E1
E2 —[≥1]
E3 —————[&]— A

E1	E2	E3	A
0	0	0	0
0	0	1	0
0	1	0	0
0	1	1	1
1	0	0	0
1	0	1	1
1	1	0	0
1	1	1	1

Aufgaben | Logische Verknüpfungen

Bei den folgenden Aufgaben sind jeweils die Wertetabelle und der Logikplan zu entwickeln.

1. **Hubeinrichtung (Bild 1).** Der Hubzylinder darf nur ausfahren (A), wenn sich der Kolben in der hinteren Endlage befindet (E2), ein Werkstück vorhanden ist (E3) und das Startventil gedrückt wird (E1).

2. **Tafelschere.** Die Antriebskupplung einer Tafelschere soll nur schalten (A = 1), wenn das Signal der Lichtschranke durch das herabgelassene Schutzgitter reflektiert wird (E1 = 1) und beide Taster der Zweihandbedienung gedrückt sind (E2 = 1, E3 = 1).

3. **Turbine.** Die Wasserzufuhr zu einer Turbine wird gesperrt (A1 = 1), wenn eine bestimmte Drehzahl überschritten wird (E1 = 1) oder die Temperatur eines Lagers zu hoch ist (E2 = 1) oder die Schmiermittelpumpe ausfällt (E3 = 1). Mit der Sperrung der Wasserzufuhr wird gleichzeitig eine Warnlampe eingeschaltet (A2 = 1).

4. **Sortierweiche (Bild 2).** Auf einem Transportband werden kurze und lange Werkstücke, die voneinander einen gewissen Abstand haben, sortiert. Die langen Werkstücke überdecken kurzzeitig alle drei Sensoren (E1, E2, E3), die kurzen einmal nur den mittleren Sensor allein.

5. **Vorschubantrieb (Bild 3).** Der Vorschubantrieb (A) einer Bohrmaschine kann in der Betriebsart „Einrichten" (E1) und „Bohren" (E2) betrieben werden.
   Beim „Einrichten" befindet sich das Schutzgitter oben (E6). Der Vorschub wird durch den Taster S1 (E3) gestartet, wenn der Spindelmotor und die Kühlschmierpumpe abgeschaltet sind (E4, E5).
   In der Betriebsart „Bohren" wird der Vorschub ebenfalls durch den Taster S1 ausgelöst. Spindelmotor und Kühlschmierpumpe müssen dabei eingeschaltet und das Schutzgitter geschlossen sein. Die Aufgabe ist für beide Betriebsarten getrennt zu lösen.

6. **Schließanlage.** Für die Schließanlage eines Tresors gibt es 5 unterschiedliche Schlüsselcodes („Schlüssel"), die von einem Rechner gelesen werden. Je ein „Schlüssel" gehören dem Direktor (E1) und dem Prokuristen (E2), die anderen drei je einem Angestellten (E3, E4, E5).
   Zum Öffnen (A) benötigt man jeweils zwei „Schlüssel", von denen einer dem Direktor oder dem Prokuristen gehören muss.
   Für die „Schlüsselkombinationen", die den Tresor öffnen, sind die Wertetabelle und der Logikplan zu entwickeln.

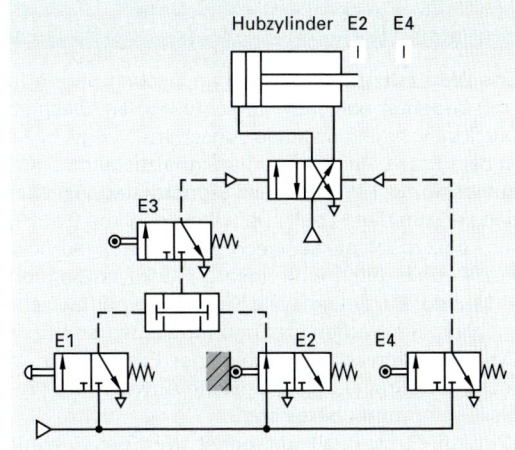

Bild 1: Hubeinrichtung

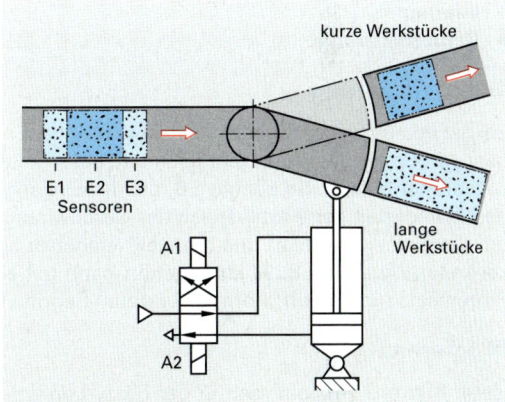

Bild 2: Sortierweiche

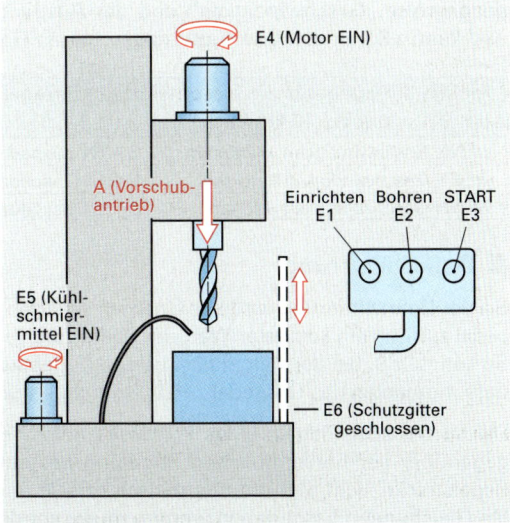

Bild 3: Vorschubantrieb

7.5 | Fuzzy-Logik und Fuzzy-Control

Das Wort Fuzzy stammt vom englischen Begriff fuzzy (sprich fassi) und bedeutet unscharf, verschwommen. Deshalb wird die Fuzzy-Logik sehr häufig auch als „unscharfe" Logik bezeichnet.

In der Fuzzy-Logik gibt es die Signalzustände 0 (0 % eines Signalzustandes) und 1 (100 % eines Signalzustandes) wie in der herkömmlichen „scharfen" Logik. Der Übergang von 0 auf 1, der in der scharfen Logik durch die senkrechte Flanke ausgedrückt wird, wird in der Fuzzy-Logik durch eine lineare Flanke vollzogen **(Bild 1)**. Deshalb sind in der Fuzzy-Logik alle Signalzustände zwischen 0 % und 100 % möglich. Sie werden als Zugehörigkeitsgrad bezeichnet.

Das Hauptanwendungsgebiet der Fuzzy-Logik ist die Regelungstechnik. Die regelungstechnische Anwendung der Fuzzy-Logik wird als Fuzzy-Control bezeichnet.

Wird mit Fuzzy-Logik gearbeitet, wird der zu steuernde oder zu regelnde Prozess in drei Hauptgruppen eingeteilt

- **Fuzzifizierung**
- **Inferenz**
- **Defuzzifizierung**

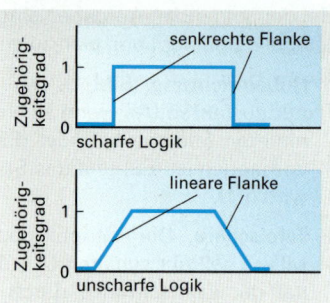

Bild 1: Flanke beim Ändern des Signalzustandes

■ Fuzzifizierung

Bei der Fuzzifizierung wird der Wertebereich einer Eingangs- oder Ausgangsgröße mit Worten beschrieben und bestimmten Funktionstypen zugeordnet **(Bild 2)**. So könnte z.B. bei der Eingangsgröße Fahrzeuggeschwindigkeit der Wertebereich der Geschwindigkeit mit den Worten „langsam", „normal" und „schnell" eingeteilt werden **(Bild 3)**. Ein konkreter Wert wie z.B. 90 km/h gehört dann mit einem bestimmten Prozentsatz zum Begriff „normal" und zum Begriff „schnell".

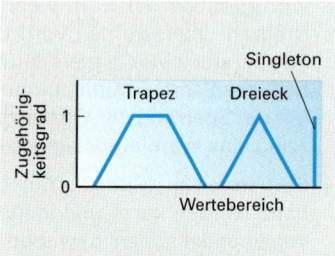

Bild 2: Funktionstypen

■ Inferenz

Unter Inferenz versteht man in der Fuzzy-Logik die Zuordnung der Eingangsgrößen zu den Ausgangsgrößen durch WENN – DANN Regeln mit Hilfe des „gesunden" Menschenverstands. Die Inferenz zur Regelung der Fahrzeuggeschwindigkeit eines Autos mit der Eingangsgröße „Geschwindigkeit" und der Ausgangsgröße „Gaspedal" kann z.B. mit drei Verknüpfungen erfolgen **(Tabelle 1)**.

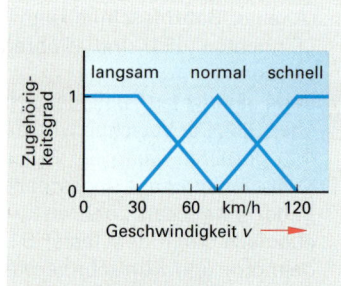

Tabelle 1: Regeln für die Geschwindigkeitsregelung eines Autos bei 70 km/h	
WENN Geschwindigkeit = langsam	DANN Gaspedal = durchdrücken
WENN Geschwindigkeit = normal	DANN Gaspedal = halten
WENN Geschwindigkeit = schnell	DANN Gaspedal = zurück

Bild 3: Fuzzifizierung der Fahrzeuggeschwindigkeit

■ Defuzzifizierung

Bei der Defuzzifizierung wird aus einem unscharfen Begriff wie „Gaspedal zurück" ein konkreter Wert der Stellgröße zugeordnet **(Bild 4)**. So könnte z.B. bei der Defuzzifizierung als Ergebnis herauskommen, dass momentan das Gaspedal zu 32 % durchgedrückt sein soll.

Der Vorteil beim Regeln eines Prozesses mit Hilfe der Fuzzy-Logik gegenüber der herkömmlichen Regelung besteht darin, dass die Regelstrecke nicht mehr mathematisch erfasst und mit komplizierten Gleichungen beschrieben werden muss, sondern mit einfachen WENN – DANN Regeln beschrieben wird.

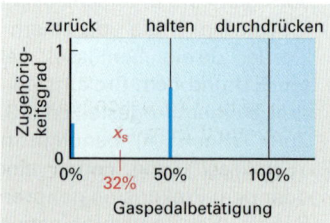

Bild 4: Stellgrößenzuordnung bei der Defuzzifizieung

7.5.1 Scharfe und unscharfe Werte

Um einen Wert aus einer Menge anzugeben, kann dieser exakt (scharf) oder allgemein (unscharf) formuliert werden **(Tabelle 1)**. Betrachtet man die einstellbaren Drehzahlen an einer Drehmaschine, so kann z.B. für einen Schlichtvorgang die Drehzahl mit $n = 2800$/min (scharf) oder mit dem Begriff „hoch" (unscharf) angegeben werden **(Bild 1)**.

Bezeichnungen:

scharf   konkreter, fester Wert
unscharf   Adjektiv, Sammelbegriff

Beispiel: Für die scharfen Werte bzw. Begriffe 20 °C, 24 V, 30 km/h, 420 m/min, Strommessgerät, Stanze sind unscharfe Werte zu finden.

Lösung: Die Lösungen sind für den Betrachter sowohl relativ als auch subjektiv zu sehen. So gilt für den scharfen Wert 20 °C (Kühlmitteltemperatur) der unscharfe Wert **kalt**, für 20 °C (Raumtemperatur) der unscharfe Wert **warm** bei körperlicher Arbeit, jedoch **angenehm** bei sitzender Tätigkeit.

24 V (Steuerteil) – unscharfer Wert **Niederspannung** oder auch **24 V ± 1 %**

30 km/h (Geschwindigkeit eines Autos auf einer Landstraße) – unscharfer Wert **langsam**

30 km/h (Geschwindigkeit in einer verkehrsberuhigten Zone) – unscharfer Wert **äußerst schnell**

420 m/min (Drehen; Schnitttiefe 2 mm; Vorschub 0,25 mm) – unscharfer Wert **angepasst**

Strommessgerät – unscharfer Wert **Messgerät**

Stanze – unscharfer Wert **Maschine**

Soll ein scharfer Wert, wie z.B. die Drehzahl 720 1/min, beim Drehen in einen unscharfen Wert umgewandelt werden, so ist es unbedingt erforderlich, Zusatzinformationen wie etwa Schnitttiefe und Vorschub mitzuliefern, damit für die Anwendung korrekte Ergebnisse erzielt werden.

Aufgaben | Scharfe und unscharfe Werte

1. **Scharfe Werte.** Für die scharfen Werte ist jeweils ein unscharfer Wert anzugeben.

   a) 130 km/h (Geschwindigkeit eines Autos auf der Autobahn),

   b) Schnittgeschwindigkeit $v = 420$ m/min (Drehen, Werkstoff 15S10, Wendeschneidplatte HC-P20, Schnitttiefe 2 mm, Vorschub 0,25 mm).

2. **Unscharfe Werte (Tabelle 2).** Zu den unscharfen Werten sind scharfe Werte gesucht.

3. **Fuzzy-Werte (Tabelle 3).** Die fehlenden unscharfen und scharfen Werte sind zu vervollständigen.

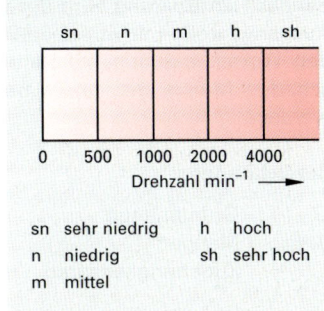

sn	sehr niedrig	h	hoch
n	niedrig	sh	sehr hoch
m	mittel		

Bild 1: Unscharfe und scharfe Angaben von Drehzahlen

Tabelle 1: Scharfe und unscharfe Werte

scharfe Werte	unscharfe Werte
90 °C	heiß
110 kV	Hochspannung
320 km/h	schnell

Tabelle 2: Unscharfe Werte

unscharfe Werte	scharfe Werte
groß (Mensch)	
schnell (Mensch)	
heiß (Härten)	
gebraucht (Auto)	

Tabelle 3: Fuzzy-Werte

unscharfe Werte	scharfe Werte
Übersetzung in das Schnelle	
	$\eta = 0{,}7$ (Pumpe)
	10,0 % Verlust (Elektromotor)
Zugfestigkeit (S235JR)	
sehr hoch (Bild 1)	
	800/min (Bild 1)
	250/min (Bohren, $d = 20$ mm, $v_c = 16$m/min)

7.5.2 | Fuzzifizierung

Bei der Fuzzifizierung wird der Wertebereich einer Eingangs- oder Ausgangsgröße mit verschiedenen, dem Sachverhalt entsprechenden Worten beschrieben. Dann können scharfe Werte einer unscharfen Menge mit einem bestimmten Prozentsatz zugeordnet werden.

Bezeichnungen:

G Grundmenge
$A, B, \ldots$ Mengen
$\mu^{1)}$ Zugehörigkeitsgrad

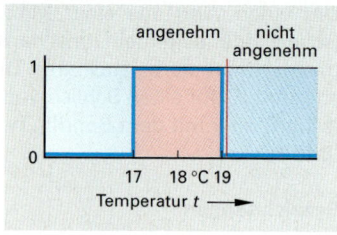

Bild 1: Scharfe Menge

■ Scharfe Mengen

Als scharfe Menge kann z.B. die Temperatur in einer Fertigungshalle betrachtet werden. Dabei wird eine Temperatur von 17 °C bis 19 °C als angenehm empfunden (**Bild 1**). Dies bedeutet allerdings auch, dass eine Temperatur von z.B. $t = 19{,}1$ °C als nicht angenehm erfasst wird.

■ Unscharfe Mengen

Bei einer unscharfen Menge beginnt bzw. endet die Zugehörigkeit eines Wertes zur Menge nicht sofort mit 100 % bzw. 0 %. Der Übergang ist „gleitend" (**Bild 2**). Die Temperatur $t = 19{,}1$ °C in der Fertigungshalle gehört größtenteils noch zur Menge „angenehm".

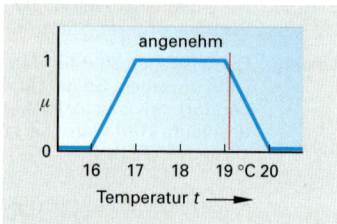

Bild 2: Unscharfe Menge

■ Zugehörigkeitsgrad

Der Zugehörigkeitsgrad μ gibt an, mit welchem Prozentsatz der betrachtete Wert x einer Grundmenge G zur unscharfen Menge A gehört (**Bild 3**). Der ermittelte Zugehörigkeitsgrad liegt zwischen 0 und 1.

Die Gleichung $\mu_A(x) = 0{,}7$ bedeutet, dass der Wert x mit 70 % der Menge A angehört.

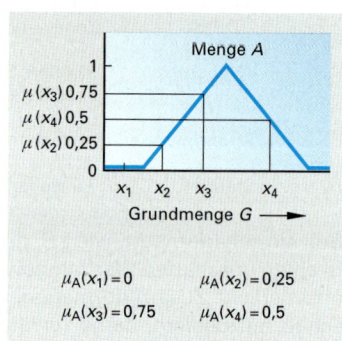

$$\mu_A(x_1) = 0 \qquad \mu_A(x_2) = 0{,}25$$
$$\mu_A(x_3) = 0{,}75 \qquad \mu_A(x_4) = 0{,}5$$

Bild 3: Zugehörigkeitsgrad

Beispiel: In einer Fertigungshalle wird es als angenehm empfunden, wenn die Raumlufttemperatur zwischen 17 °C und 19 °C ist. Temperaturen kleiner 17 °C werden als kalt empfunden, Temperaturen größer 19 °C werden als warm empfunden (**Bild 4**). Gesucht sind die Zugehörigkeitsgrade μ_{kalt}, $\mu_{angenehm}$ und μ_{warm} für die Temperatur $t = 19{,}5$ °C.

Lösung: Um den Zugehörigkeitsgrad der Temperatur $t = 19{,}5$ °C zu den Mengen „kalt", „angenehm" und „warm" ermitteln zu können, wird die Temperatur $t = 19{,}5$ °C eingezeichnet und die Schnittpunkte mit den Mengen betrachtet und ausgewertet (**Bild 4**).
Die Temperatur $t = 19{,}5$ °C gehört sowohl zur Menge „angenehm" als auch zur Menge „warm", aber nicht zur Menge „kalt".

μ_{kalt} (19,5 °C) = **0**   d.h. die Temperatur 19,5 °C gehört mit 0 % zur Menge „kalt"

$\mu_{angenehm}$ (19,5 °C) = **0,75** d.h. die Temperatur 19,5 °C gehört mit 75 % zur Menge „angenehm"

μ_{warm} (19,5 °C) = **0,25**   d.h. die Temperatur 19,5 °C gehört mit 25 % zur Menge „warm".

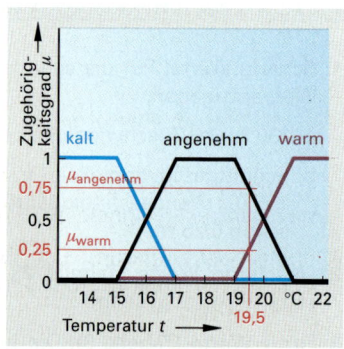

Bild 4: Raumtemperatur

$^{1)}$ μ griechischer Kleinbuchstabe my

■ Zugehörigkeitsfunktionen

Um in der Fuzzy-Logik den Zugehörigkeitsgrad μ eines Elements x aus einer bestimmten Menge A exakt bestimmen zu können, wird versucht, die Form der Fuzzy-Menge A mit möglichst einfachen Funktionen zu beschreiben. Dabei greift man meist auf konstante Funktionen und lineare Funktionen zurück (**Bild 1**).

Die am häufigsten verwendeten Funktionstypen werden als Funktionsgleichungen in Computerprogrammen benützt, um genaue Werte für $\mu(x)$ zu ermitteln (**Tabelle 1**).

Beispiel: Für die in **Bild 2** dargestellte Abstandsmessung sind zu bestimmen
a) die unscharfen Werte,
b) die Funktionstypen.

Lösung: a) Die unscharfen Werte heißen **„sehr klein"**, **„klein"**, **„normal"**, **„groß"** und **„sehr groß"**

b) 1: **Z-Typ**, 2 und 4: **Lambda-Typ**; 3: π**-Typ**, 5: **S-Typ**

■ Linguistische[1] Variable

Die Eingangs- oder Ausgangsgrößen bei einer Steuerung oder Regelung, z.B. Temperatur, Geschwindigkeit, Druck, Drehzahl usw., werden in der Fuzzy-Logik als linguistische Variablen bezeichnet.

Beispiel: Die Drehzahl einer durch Wasserkraft angetriebenen Turbine soll bei 300/min liegen, darf jedoch 350/min nicht überschreiten. Mit fünf unscharfen Werten soll eine Fuzzifizierung durchgeführt werden.

Gesucht sind
a) die linguistische Variable
b) fünf unscharfe Werte,
c) geeignete Zugehörigkeitsfunktionen,
d) der Zugehörigkeitsgrad μ bei 310/min.

Lösung: a) Die linguistische Variable lautet **Drehzahl**.

b) Als unscharfe Wert werden **sehr niedrig, niedrig, normal, hoch** und **sehr hoch** gewählt.

c) Als Zugehörigkeitsfunktionen werden der **Z-Typ**, der **Lambda-Typ** und der **S-Typ** gewählt (**Bild 3**).

d) $\mu_{normal}(310) = \mathbf{0{,}5} \triangleq \mathbf{50\,\%}$; $\mu_{hoch}(310) = \mathbf{0{,}5} \triangleq \mathbf{50\,\%}$.

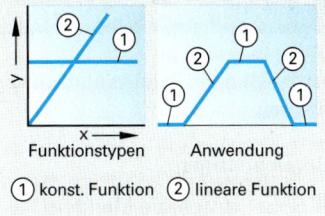

Funktionstypen Anwendung
① konst. Funktion ② lineare Funktion

Bild 1: Einfache Funktionen

Tabelle 1: Funktionstypen

Bezeichnung	Aussehen
Z-Typ	
Lambda-Typ oder Dreieck-Typ	
π (Pi)-Typ oder Trapez-Typ	
S-Typ	

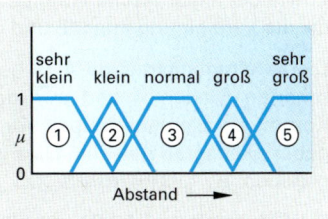

Bild 2: Zugehörigkeitsfunktionen

1. Zugehörigkeitsgrad (Bild 3). Gesucht ist der Zugehörigkeitsgrad
a) für die Drehzahlen 270/min, 300/min und 335/min,
b) $\mu_{niedrig}(200)$, $\mu_{niedrig}(270)$, $\mu_{niedrig}(280)$, $\mu_{niedrig}(310)$.

2. Unscharfe Werte (Bild 3). Wählen Sie statt der fünf unscharfen Werte sieben geeignete Ausdrücke.

3. Abstandsfuzzifizierung. Der Abstand zwischen zwei fahrenden Autos von 0 m bis 120 m soll mit fünf unscharfen Werten fuzzifiziert werden.

[1] lingua (lat.) = Sprache, Zunge

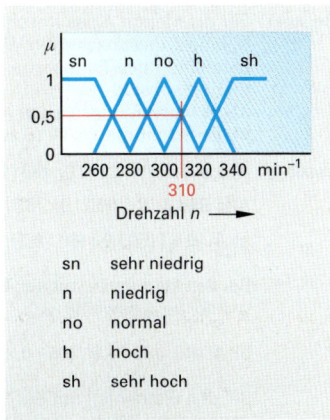

sn	sehr niedrig
n	niedrig
no	normal
h	hoch
sh	sehr hoch

Bild 3: Fuzzifizierung einer Drehzahl

7.5.3 | Mengenverknüpfungen

Fuzzy-Mengen können ähnlich wie scharfe Mengen logisch verknüpft werden.

Bezeichnungen:

$A, B, \ldots$ unscharfe Mengen
μ Zugehörigkeitsgrad

■ Mengendarstellung

Damit linguistische Variablen verarbeitet werden können, wird jedes Mengenelement in der Form $(x \mid \mu(x))$ angegeben. Die Mengendarstellung $A = \{(x_i \mid \mu(x_i))\}$ bedeutet: A ist die Menge aller x mit dem jeweiligen Zugehörigkeitsgrad μ.

Beispiel: Die Menge A des unscharfen Wertes normal für die Lagertemperatur in einer Turbine (**Bild 1**) ist für die Temperaturen 50 °C, 60 °C, 70 °C, 80 °C, 85 °C und 90 °C in Mengenschreibweise anzugeben.

Lösung: **Bild 1** ergibt: $\mu_{normal}(50) = 0$; $\mu_{normal}(60) = 0,5$; $\mu_{normal}(70) = 1$; $\mu_{normal}(80) = 0,5$; $\mu_{normal}(85) = 0,25$; $\mu_{normal}(90) = 0$ und somit
$A = \{(50 \mid 0); (60 \mid 0,5); (70 \mid 1); (80 \mid 0,5); (85 \mid 0,25); (90 \mid 0)\}$

■ Mengenoperationen

Wie in der algebraischen Mengenlehre gibt es auch in der Fuzzy-Logik die Vereinigungsmenge und die Schnittmenge.

Die **Vereinigungsmenge** $A \cup B$ beinhaltet alle Elemente aus der unscharfen Menge A und aus der unscharfen Menge B (**Bild 2**). Kommt ein Element doppelt vor, so wird das mit dem größten Zugehörigkeitsgrad gewählt. Dies wird durch die Abkürzung *max* angegeben: $\mu_{A \cup B}(x) = \max\{\mu_A(x); \mu_B(x)\}$.

Die **Schnittmenge** $A \cap B$ beinhaltet nur die Elemente, die sowohl in der Menge A als auch in der Menge B enthalten sind (**Bild 2**). Kommt ein Element doppelt vor, so wird das Element mit dem kleinsten Zugehörigkeitsgrad gewählt. Dies wird durch die Abkürzung *min* angegeben: $\mu_{A \cap B}(x) = \min\{\mu_A(x); \mu_B(x)\}$.

Beispiel: Für die Menge A des unscharfen Wertes „normal" (**Bild 1**) und die Menge B des unscharfen Wertes „warm" (**Bild 3**), die sich aus den Elementen der Temperatur 70 °C, 80 °C; 85 °C; und 90 °C zusammensetzen sind
a) die Vereinigungsmenge $A \cup B$
b) die Schnittmenge $A \cap B$ zu bilden.

Lösung: Aus **Bild 1:** $A = \{(50 \mid 0); (60 \mid 0,5); (70 \mid 1); (80 \mid 0,5); (85 \mid 0,25); (90 \mid 0)\}$

Aus **Bild 3:** $B = \{(70 \mid 0); (80 \mid 0,5); (85 \mid 0,75); (90 \mid 1)\}$

a) $A \cup B = \{(50 \mid 0); (60 \mid 0,5); (70 \mid 1); (80 \mid 0,5); (85 \mid 0,75); (90 \mid 1)\}$

Bei den Elementen mit der Temperatur 70 °C, 80 °C, 85 °C und 90 °C wurde μ_{max} gewählt.

b) $A \cap B = \{(80 \mid 0,5); (85 \mid 0,25)\}$

Bei den Elementen mit der Temperatur 80 °C und 85 °C wurde μ_{min} genommen. Werte, bei denen $\mu_{min} = 0$ ergibt, werden in der Schnittmenge nicht angegeben.

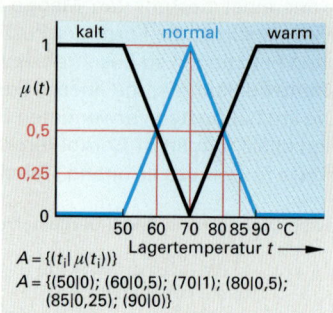

$A = \{(t_i \mid \mu(t_i)\}$
$A = \{(50 \mid 0); (60 \mid 0,5); (70 \mid 1); (80 \mid 0,5);$
$(85 \mid 0,25); (90 \mid 0)\}$

Bild 1: Unscharfe Menge „normal"

Mengendarstellung

$$A = \{(x_i \mid \mu(x_i))\}$$

Vereinigungsmenge der Zugehörigkeitsgrade

$$\mu_{A \cup B}(x) = \max\{\mu_A(x); \mu_B(x)\}$$

Schnittmenge der Zugehörigkeitsgrade

$$\mu_{A \cap B}(x) = \min\{\mu_A(x); \mu_B(x)\}$$

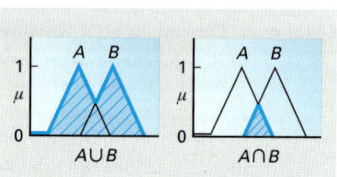

Bild 2: Vereinigungs- und Schnittmenge

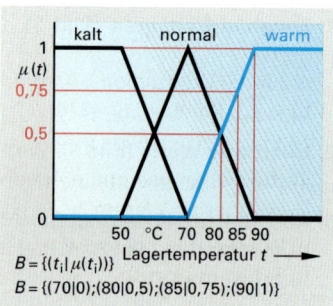

$B = \{(t_i \mid \mu(t_i)\}$
$B = \{(70 \mid 0); (80 \mid 0,5); (85 \mid 0,75); (90 \mid 1)\}$

Bild 3: Unscharfe Menge „warm"

■ Unscharfe Logik

Wie in der scharfen Logik, gibt es auch in der Fuzzy-Logik die logischen Verknüpfungen ODER und UND.

Die **ODER-Verknüpfung** wird von der Vereinigungsmenge abgeleitet. Deshalb gilt für zwei Zugehörigkeitsgrade μ_A (x) und μ_B (x) die Gleichung: $\mu_{A\,ODER\,B}$ (x) = max { μ_A (x); μ_B (x)}. Diese Gleichung bedeutet, dass der Wert mit dem größten Zugehörigkeitsgrad gewählt wird.

Dieser Sachverhalt wird als **Maximum-Operator** bezeichnet.

Die **UND-Verknüpfung** wird von der Schnittmenge abgeleitet. Deshalb gilt für zwei Zugehörigkeitsgrade μ_A (x) und μ_B (x) die Gleichung: $\mu_{A\,UND\,B}$ (x) = min { μ_A (x); μ_B (x)}. Diese Gleichung bedeutet, dass der Wert mit dem kleinsten Zugehörigkeitsgrad gewählt wird.

Dieser Sachverhalt wird als **MInimum-Operator** bezeichnet.

Beispiel: Gegeben sind die Zugehörigkeitsgrade μ_{kalt} (55) = 0,75 und μ_{normal} (55) = 0,25 bei 55 °C im Lager einer Turbine (**Bild 1**).

Gesucht sind

a) die ODER-Verknüpfung bei 55 °C

b) die UND-Verknüpfung bei 55 °C

Lösung: a) $\mu_{k\,ODER\,n}$ (55) = max {0,75; 0,25} = **0,75**

b) $\mu_{k\,UND\,n}$ (55) = min {0,75; 0,25} = **0,25**

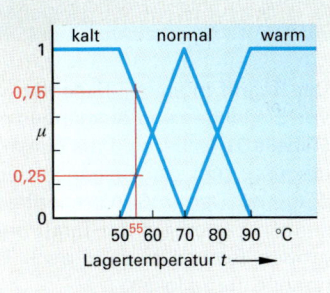

Bild 1: Lagertemperatur

ODER-Verknüpfungen

$$\mu_{A\,ODER\,B}\ (x) = \max\ \{\mu_A\ (x);\ \mu_B\ (x)\}$$

UND-Verknüpfungen

$$\mu_{A\,UND\,B}\ (x) = \min\ \{\mu_A\ (x);\ \mu_B\ (x)\}$$

Aufgaben │ Mengenverknüpfungen

1. **Verknüpfungen.** Gegeben sind die Mengen *A* und *B* mit

A = {(50 | 0); (60 | 0,5); (70 | 1); (85 | 0,25); (90 | 0)}
B = {(50 | 1); (60 | 0,5); (70 | 0); (85 | 0,75); (90 | 1)}

Bilden Sie

a) die logische Verknüpfung $\mu_{A\,ODER\,B}$ (x),

b) die logische Verknüpfung $\mu_{A\,UND\,B}$ (x).

2. **Drehrichtung (Bild 2).** Ein Schieber kann von der Mittelstellung aus nach links bzw. nach rechts gedreht werden.

Gesucht sind

a) die Zugehörigkeitsgrade μ_{links}, μ_{mitte}, μ_{rechts} bei -30, -10, 10, 30,

b) die ODER-Verknüpfung bei -30 und 10,

c) die UND-Verknüpfung bei -30 und 10.

3. **Geschwindigkeit (Bild 3).** Die Geschwindigkeit eines U-Bahn-Triebwagens ist fuzzifiziert dargestellt.

a) Warum ist es vorteilhaft mit einer ungeradzahligen Anzahl von unscharfen Werten zu arbeiten?

b) Warum ist es sinnvoll als Randfunktionen den Z-Typ bzw. den S-Typ zu wählen?

c) Geben Sie die ODER-Verknüpfung für die Geschwindigkeit 75 km/h an.

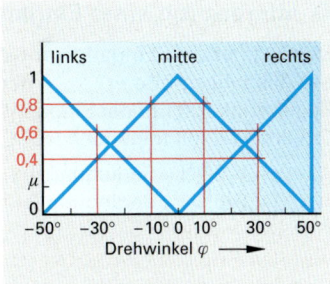

Bild 2: Drehrichtung

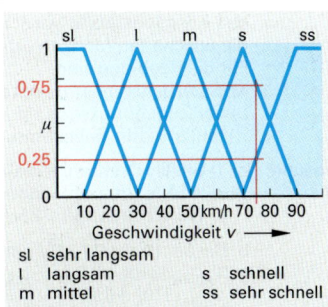

sl sehr langsam
l langsam   s schnell
m mittel   ss sehr schnell

Bild 3: Geschwindigkeit

7.5.4 | Inferenz

Der Begriff Inferenz[1] bedeutet in der Fuzzy-Logik die Verknüpfung von Eingängen und Ausgängen mit einfachen WENN–DANN Regeln **(Tabelle 1)**. Dabei sind die Eingänge der Bedingungteil (WENN-Bedingung) und die Ausgänge der Schlussfolgerungsteil (DANN-Bedingung). Der große Vorteil dieser einfachen WENN–DANN Zuweisungen basiert auf der Erfahrung des Praktikers und erlaubt ohne großen Rechenaufwand auch komplexe Regelkreisprobleme mit hoher Güte zu lösen.

Bezeichnungen:

$A, B, \dots$	Mengen	–
μ	Zugehörigkeitsgrad	–
x_i	Koordinaten	%, bar, …
x_s	Schwerpunkts-koordinate	%, bar, …

■ Ausgangsgröße

Die Ausgangsgröße im Schlussfolgerungsteil ist die Stellgröße, die durch die Eingangsgröße im Bedingungsteil geregelt werden soll. Auch die Ausgangsgröße ist eine linguistische Variable, deren Stellbereich mit unscharfen Mengen beschrieben wird. Als Zugehörigkeitsfunktion werden Singletons verwendet **(Bild 1)**. Bei den Singletons wird dem unscharfen Wert der Ausgangsvariable nur eine Linie zugeordnet.

■ Inferenz mit einer Eingangsgröße

Existiert nur eine Eingangsgröße, so wird dem Zugehörigkeitsgrad der Ausgangsgröße $\mu_{\text{Ergebnis 1}}$ der gleiche Wert zugeordnet, den der Zugehörigkeitsgrad der Eingangsgröße $\mu_A(x)$ besitzt.
Es wird also mit folgenden REGELN gearbeitet:

WENN < Bedingung 1 > DANN < Schlussfolgerung 1 >
WENN < Bedingung 2 > DANN < Schlussfolgerung 2 >
$$\bullet$$
$$\bullet$$
WENN < Bedingung n > DANN < Schlussfolgerung n >

Beispiel: Die Drehzahl einer mit Wasserkraft angetriebenen Turbine soll geregelt werden. Die linguistische Variable Drehzahl wird in die unscharfen Mengen „niedrig", „normal" und „hoch" eingeteilt **(Bild 2)**. Die Regelung erfolgt über das zuströmende Wasser, das durch einen Schieber beeinflusst wird. Die linguistische Variable der Ausgangsgröße wird als Schieberstellung bezeichnet und in die unscharfen Mengen „zu", „mitte" und „auf" eingeteilt **(Bild 3)**. Für die Regelung sind
a) die Arbeitsregeln zu erstellen,
b) der Zugehörigkeitsgrad μ für die Ausgangsgröße bei der Drehzahl 310/min zu bestimmen.

Lösung: a) 1) **WENN** Drehzahl = **niedrig**   **DANN** Schieberstellung = **auf**
        2) **WENN** Drehzahl = **normal**   **DANN** Schieberstellung = **mitte**
        3) **WENN** Drehzahl = **hoch**   **DANN** Schieberstellung = **zu**

        b) Bei der Drehzahl 310/min greifen die Regeln 2) und 3) **(Bild 4)**.
$$\mu_{\text{normal}}(310) = 0{,}80 \Rightarrow \mu_{\text{mitte}} = \mathbf{0{,}80}$$
$$\mu_{\text{hoch}}(310) = 0{,}20 \Rightarrow \mu_{\text{zu}} = \mathbf{0{,}20}$$

[1] lat. interferire = sich gegenseitig betreffen

Tabelle 1: Inferenz zwischen Werkstückdicke und Vorschub
Eingangsgröße: Werkstückdicke t Ausgangsgröße: Vorschub f
WENN t = dünn   **DANN** f = schnell **WENN** t = mitteldick **DANN** f = normal **WENN** t = dick   **DANN** f = lansam

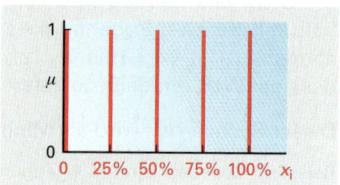

Bild 1: Singletons

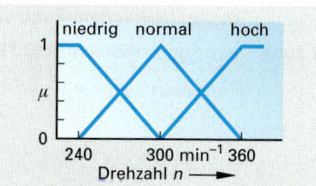

Bild 2: Drehzahl

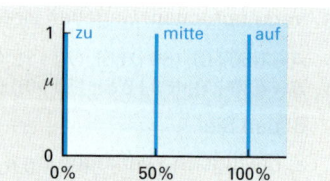

Bild 3: Schieberstellung

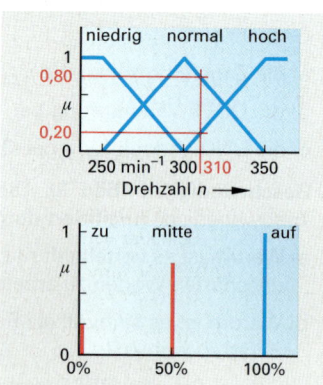

Bild 4: Auswertung

■ Inferenz mit mehreren Eingangsgrößen

Handelt es sich um eine Regelung mit z.B. zwei Eingangsgrößen, so wird dem Zugehörigkeitsgrad der Ausgangsgröße $\mu_{Ergebnis}$ der durch die logische Verknüpfung ermittelte Wert der Eingangsgrößen $\mu_A(x)$ UND/ODER $\mu_B(x)$ zugeordnet **(Bild 1)**.
Es wird dann mit folgenden Regeln gearbeitet

WENN < Bedingung 1 UND/ODER Bedingung 2 >
DANN < Schlussfolgerung 1 > usw.

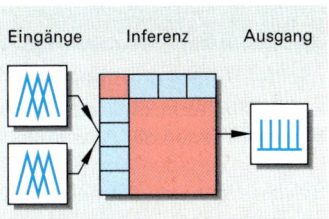

Bild 1: Inferenz mit zwei Eingängen

Beispiel: Bei der Ausgangsgröße „Schieberstellung" (Beispiel Seite 238) soll aus Sicherheitsgründen auch noch die Temperatur im Gleitlager mit einbezogen werden. Deshalb kommt zur linguistischen Variable „Drehzahl" noch die linguistische Variable „Lagertemperatur" hinzu, die in die unscharfen Werte „kalt", „normal" und „heiß" eingeteilt wird **(Bild 2)**.

Für die Ausgangsgröße „Schieberstellung" **(Bild 3)** sind zu bestimmen

a) die Inferenzregeln,

b) der Zugehörigkeitsgrad μ für die Ausgangsgröße bei der Drehzahl 310/min und der Lagertemperatur 65 °C.

Lösung: a) Die Inferenzregeln bei zwei Eingängen lassen sich übersichtlich in einer Tabellenform darstellen **(Tabelle 1)**. Die Verknüpfung hängt davon ab, was als wichtig eingestuft wird, da bei ODER der Maximum-Operator und bei UND der Minimum-Operator verwendet wird. So lautet z.B. die Regel für Drehzahl „normal" und Temperatur „normal":

WENN Drehzahl = **normal UND** Temperatur = **normal DANN** Schieber = **mitte**.

Es ist zu beachten, dass alle auftretenden Bedingungen abgedeckt werden.

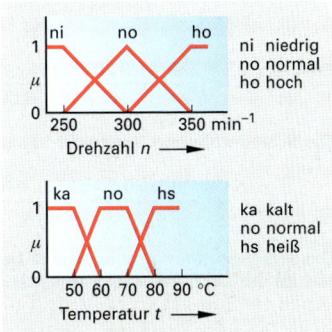

Bild 2: Eingangsgrößen

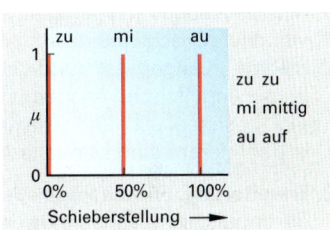

Bild 3: Ausgangsgröße

Tabelle 1: Inferenzregeln für zwei Eingänge

Temperatur \ Drehzahl	niedrig	normal	hoch
kalt	UND Schieber auf	UND Schieber mitte	UND Schieber zu
normal	UND Schieber auf	UND Schieber mitte	UND Schieber zu
heiß	UND Schieber zu	UND Schieber zu	UND Schieber zu

b) Bei Temperatur 65 °C und Drehzahl 310/min sind zwei Regeln aktiv **(Bild 4)**.

1. WENN Temperatur = normal UND Drehzahl = normal DANN Schieber = mitte

2. WENN Temperatur = normal UND Drehzahl = hoch DANN Schieber = zu

1. $\mu_{mi} = \min\{\mu_{no}(65); \mu_{no}(310)\}$
   $= \min\{1,0; 0,8\} = \mathbf{0,8}$

2. $\mu_{zu} = \min\{\mu_{no}(65); \mu_{hs}(310)\}$
   $= \min\{1,0; 0,2\} = \mathbf{0,2}$

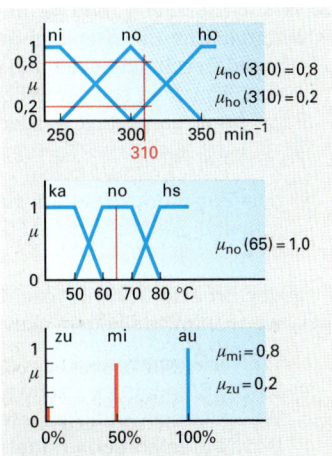

Bild 4: Inferenzzuordnung

7.5.5 │ Defuzzifizierung

Die Defuzzifizierung **(Bild 1)** ist die Umsetzung eines unscharfen Sachverhaltes in konkrete Zahlen und Werte. Dabei werden den unscharfen Werten der Ausgangsgröße mit Hilfe der Schwerpunktmethode ein scharfer Wert für die Stellgröße zugeordnet.
Bei der Schwerpunktmethode wird die Summe der mit dem Zugehörigkeitsgrad multiplizierten Abszissenwerte durch die Summe der Zugehörigkeitsgrade dividiert.

Beispiel: Für die Ausgangsgröße Schieberstellung aus

  a) Beispiel Seite 238 **(Bild 2)** und

  b) Beispiel Seite 239 **(Bild 3)** ist die Defuzzifizierung durchzuführen.

Lösung: a) $x_s = \dfrac{0\,\% \cdot 0{,}20 + 50\,\% \cdot 0{,}80 + 100\,\% \cdot 0}{0{,}20 + 0{,}80 + 0} = \dfrac{40{,}0\,\%}{1{,}0} = \mathbf{40{,}0\,\%}$

Die Schieberöffnung muss 40,0 % betragen.

  b) $x_s = \dfrac{0\,\% \cdot 0{,}2 + 50\,\% \cdot 0{,}8 + 100\,\% \cdot 0}{0{,}2 + 0{,}8 + 0} = \dfrac{40{,}0\,\%}{1{,}0} = \mathbf{40{,}0\,\%}$

Die Schieberöffnung muss 40,0 % betragen. Dieses Ergebnis war zu erwarten, da die Temperatur im Bereich „normal" ist.

Aufgaben │ Inferenz und Defuzzifizierung

1. **Inferenzregeln.** Die Geschwindigkeit eines mit Strom betriebenen Fahrzeuges soll geregelt werden. Die linguistische Eingangsvariable „Geschwindigkeit" ist in die drei unscharfen Werte „zu niedrig", „angepasst" und „zu hoch" eingeteilt. Die Singletons für die linguistische Ausgangsvariable Stromzufuhr lauten „minimal", „angepasst" und „maximal".
In der Inferenz sind sinnvolle Arbeitsregeln zu bilden.

2. **Erweiterung.** Für die linguistische Variable Geschwindigkeit und die linguistische Variable Stromzufuhr aus Aufgabe 1 sind

  a) jeweils fünf unscharfe Werte zu bilden,

  b) in der Inferenz sinnvolle Arbeitsregeln zu bilden.

3. **Versuchsfahrzeug (Bild 4).** In einem Versuchsfahrzeug soll eine automatische Bremsanlage getestet werden. Abhängig von der eigenen Geschwindigkeit und dem Abstand zu einem vorausfahrenden Fahrzeug soll der Druck auf das Bremspedal mit Hilfe der Fuzzy-Logik dargestellt werden.

  Zu ermitteln sind

  a) der Zugehörigkeitsgrad für die linguistische Variable Geschwindigkeit bei aktuell 50 km/h und bei einem Abstand von 25 m.

  b) der Bremsdruck in Prozent nach der Schwerpunktmethode, wenn folgende Regeln aktiv sind:

  WENN Geschwindigkeit = niedrig UND Abstand = klein
  DANN Bremsdruck = schwach
  WENN Geschwindigkeit = mittel UND Abstand = mittel
  DANN Bremsdruck = mittel

  c) für alle Kombinationen die Inferenz in Tabellenform.

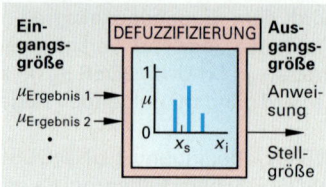

Bild 1: Defuzzifizierung

Schwerpunktskoordinate

$$x_s = \frac{\displaystyle\sum_{i=1}^{n} x_i \cdot \mu_i}{\displaystyle\sum_{i=1}^{n} \mu_i}$$

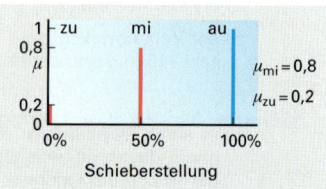

Bild 2: Schieberstellung mit einem Eingang

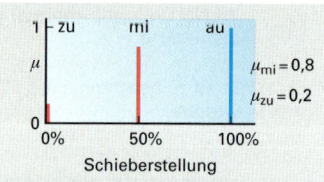

Bild 3: Schieberstellung mit zwei Eingängen

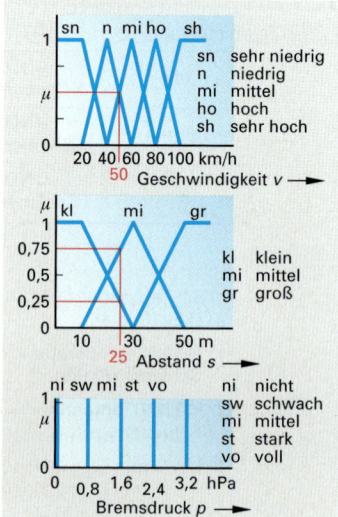

Bild 4: Versuchsfahrzeug

8 | Elektrotechnik

8.1 | Ohmsches Gesetz

Das Ohmsche Gesetz drückt den Zusammenhang zwischen Stromstärke, Spannung und Widerstand in einem geschlossenen Stromkreis aus.

Bezeichnungen:

I Stromstärke, Strom   A (Ampere) [1]
U Spannung   V (Volt) [2]
R Widerstand Ω (Ohm) [3]

In einem geschlossenen Stromkreis ist die Stromstärke I umso größer, je größer die anliegende Spannung U und je kleiner der Widerstand R ist **(Bild 1)**. Dabei gilt: Der Strom I ist direkt proportional zur Spannung U und umgekehrt proportional zum Widerstand R.

Beispiel: Am Motor eines Akku-Bohrschraubers liegt eine Spannung von $U = 24$ V. Der Widerstand der Wicklung beträgt $R = 9{,}6\ \Omega$. Wie groß ist der Strom I bei geschlossenem Stromkreis?

Lösung: $I = \dfrac{U}{R} = \dfrac{24\ \text{V}}{9{,}6\ \Omega} = \mathbf{2{,}5\ A}$

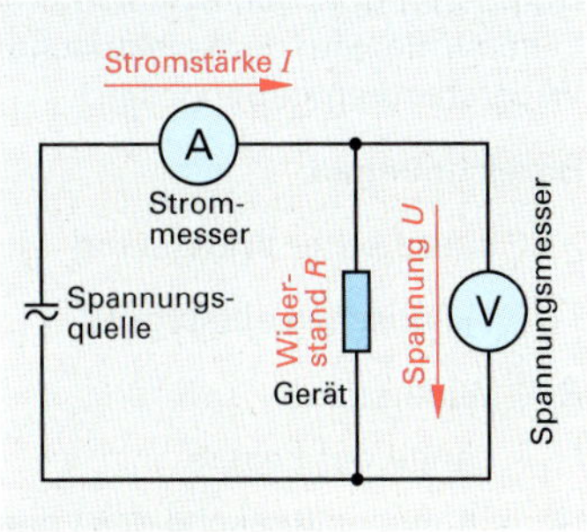

Aufgaben | Ohmsches Gesetz

1. **Spannung.** In einem Leiter mit dem Widerstand 12 Ω fließen 4,2 A. Wie groß ist die angelegte Spannung?

2. **Strom.** Der Widerstand einer Kraftfahrzeug-Scheinwerfer-Lampe beträgt 4 Ω. Die Lampe liegt an 12 Volt Spannung.

   Welcher Strom fließt durch die Lampe?

3. **Widerstand (Bild 2).** Durch den Widerstand fließt ein Strom von 6,4 A; er liegt an einer Spannungsquelle von 230 V.

   a) Wie groß ist die Maßzahl des Widerstands?

   b) Was würde sich ändern, wenn der Widerstand bei gleicher Spannung durch einen halb so großen ersetzt wird?

4. **Spannungs-Strom-Schaubild (Bild 3).** Beim Prüfen eines unbekannten Widerstandes mit verschiedenen Spannungen erhält man ein Spannungs-Strom-Schaubild.

   a) Welche zugehörigen Stromstärken können aus dem Schaubild für die Spannungen 20 V, 30 V, 40 V, 70 V und 85 V abgelesen werden?

   b) Wie groß ist der jeweilige Widerstand R?

   c) Übertragen Sie das Schaubild auf ein Blatt Papier und zeichnen Sie die Graphen für zwei weitere Widerstände mit $R = 12{,}5\ \Omega$ und $R = 50\ \Omega$ in das Spannungs-Strom-Schaubild.

[1] Ampère, französischer Physiker (1775-1836);
[2] Volta, italienischer Physiker (1745-1827)
[3] Ohm, deutscher Physiker (1787-1854)

Bild 1: Stromkreis

Ohmsches Gesetz

$$I = \frac{U}{R}$$

Einheiten

$1\ \text{A} = \dfrac{1\ \text{V}}{1\ \Omega}$
$1\ \text{V} = 1\ \Omega \cdot 1\ \text{A}$
$1\ \Omega = \dfrac{1\ \text{V}}{1\ \text{A}}$

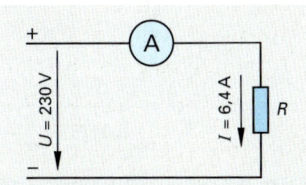

Bild 2: Widerstand

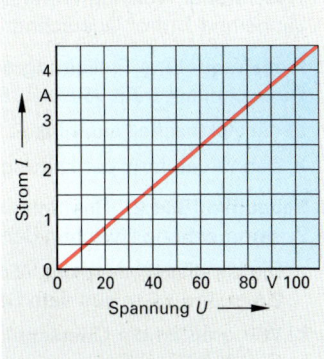

Bild 3: Spannungs-Strom-Schaubild

8.2 | Leiterwiderstand

Durch den unterschiedlichen atomaren und kristallinen Aufbau der Leiterstoffe wird dem elektrischen Strom ein unterschiedlich großer Widerstand entgegengesetzt.

Bezeichnungen:

ϱ [1]	spezifischer Widerstand	$\dfrac{\Omega \cdot \text{mm}^2}{\text{m}}$
γ [2]	elektrische Leitfähigkeit	$\dfrac{\text{m}}{\Omega \cdot \text{mm}^2}$
R	Widerstand	Ω
l	Länge des Leiters	m
A	Querschnittsfläche des Leiters	mm^2

Der Widerstand eines Leiters hängt ab

- vom spezifischen Widerstand ϱ des Leiterwerkstoffes
- von der Leiterlänge l
- von der Querschnittsfläche A des Leiters

Der **spezifische Widerstand (Tabelle 1)** gibt den Widerstand eines Leiters mit 1 Meter Länge und 1 mm^2 Leiterquerschnitt bei einer Temperatur von 20 °C an **(Bild 1)**.

Die **elektrische Leitfähigkeit** gibt an, welche Länge in Metern ein Leiter mit einem Leiterquerschnitt von 1 mm^2 haben muss, damit er den Wiederstand von 1 Ohm hat. Es gilt: $\gamma = 1 / \varrho$

Beispiel: Aus einem Kupferdraht mit $d = 1$ mm soll eine Spule mit dem Widerstand $R = 3{,}5\ \Omega$ gewickelt werden.
a) Geben Sie die elektrische Leitfähigkeit γ für Kupfer an.
b) Welche Länge muss der Kupferdraht haben?

Lösung: a) $\gamma = \dfrac{1}{\varrho}$; $\gamma = \dfrac{1}{0{,}0178\ \frac{\Omega \cdot \text{mm}^2}{\text{m}}} = \mathbf{56{,}18}\ \dfrac{\text{m}}{\mathbf{\Omega \cdot \text{mm}^2}}$

b) $A = \dfrac{\pi \cdot d^2}{4} = \dfrac{\pi \cdot 1^2\ \text{mm}^2}{4} = 0{,}785\ \text{mm}^2$; $R = \dfrac{\varrho \cdot l}{A}$

$l = \dfrac{R \cdot A}{\varrho} = \dfrac{3{,}5\ \Omega \cdot 0{,}785\ \text{mm}^2}{0{,}0178\ \frac{\Omega \cdot \text{mm}^2}{\text{m}}} = 154{,}35\ \text{m} \approx \mathbf{154\ m}$

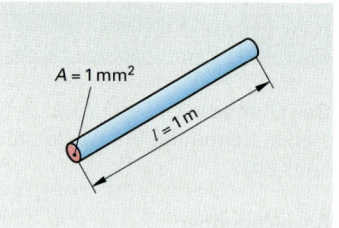

Bild 1: Spezifischer Widerstand

Widerstand

$$R = \frac{\varrho \cdot l}{A}$$

Leitfähigkeit

$$\gamma = \frac{1}{\varrho}$$

Tabelle 1: Spezifischer Wider- stand ϱ in $\frac{\Omega \cdot \text{mm}^2}{\text{m}}$	
Silber	0,015
Kupfer	0,0178
Gold	0,022
Aluminium	0,028
CuNi30Mn	0,40
CuMn12Ni	0,43
CuNi44	0,49
CrAl20 5	1,37

Aufgaben | Leiterwiderstand

1. **Widerstand.** Welchen Widerstand hat ein Kupferdraht von 44 m Länge und 1 mm^2 Querschnitt?

2. **Freileitung.** Eine Freileitung aus Aluminium ist 25 km lang. Ihr Querschnitt beträgt 95 mm^2. Berechnen Sie

   a) die elektrische Leitfähigkeit für Aluminium,

   b) den Widerstand der Leitung.

3. **Schaubild (Bild 2).** Das Schaubild für einen Heizleiter zeigt den Zusammenhang zwischen der Länge l und dem Widerstand R.

   a) Die jeweiligen Werte des Widerstandes R sind für $l = 5$ m, 4,5 m, 2,8 m und 1,6 m aus dem Schaubild zu ermitteln.

   b) Wie groß ist die Querschnittsfläche des Heizleiterdrahtes aus CrAl20 5?

[1] ϱ griechischer Kleinbuchstabe, rho   [2] γ griechischer Kleinbuchstabe, gamma

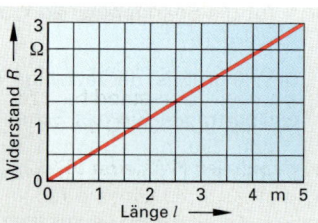

Bild 2: Schaubild

8.3 | Temperaturabhängige Widerstände

Der Widerstand eines Leiters hängt nicht nur vom Leitermaterial und den geometrischen Daten, sondern auch von der Temperatur ab.

Bezeichnungen:

R_t	Widerstandswert bei der Temperatur t	Ω
R_{20}	Widerstandswert bei 20 °C	Ω
ΔR	Widerstandsänderung	Ω
α	Temperaturkoeffizient (T_k-Wert)	K^{-1}
t	Temperatur	°C
Δt	Temperaturdifferenz	K, °C

Temperaturabhängige Widerstände (Thermistoren) ändern ihren Widerstand mit der Temperatur. Die Änderung hängt vom Werkstoff ab **(Tabelle 1)**. Es wird zwischen Kaltleitern und Heißleitern unterschieden.

Kaltleiter (Bild 1) werden auch als PTC[1]-Widerstände bezeichnet. Ihr Widerstand nimmt bei Erwärmung zu.

Heißleiter (Bild 2) werden auch als NTC[2]-Widerstände bezeichnet. Ihr Widerstand nimmt bei Erwärmung ab.

Beispiel: Eine Kupferspule hat bei 20 °C einen Widerstand von 80 Ω. Bei Stromdurchfluss erwärmt sich die Spule auf 42 °C. Welchen Widerstand hat die Spule bei dieser Temperatur?

Lösung: $\Delta t = 42\ °C - 20\ °C = 22\ °C \triangleq 22\ K;$

$\Delta R = R_{20} \cdot \alpha \cdot \Delta t = 80\ \Omega \cdot 0{,}0039\ 1/K \cdot 22\ K = 6{,}87\ \Omega$

$R_t = R_{20} + \Delta R = 80\ \Omega + 6{,}87\ \Omega = \mathbf{86{,}87\ \Omega}$

Aufgaben | Temperaturabhängige Widerstände

1. **Widerstandsänderung.** Ein Kupferleiter hat bei 20 °C einen Widerstand von 220 Ω. Im Betrieb stellt sich beim stromdurchflossenen Leiter eine Temperatur von 48 °C ein.

   Welche Widerstandsänderung tritt ein?

2. **Temperaturkoeffizient α.** Bei einem Temperaturfühler mit Platinmesselement wird bei 20 °C ein Widerstand von 107,79 Ω und bei 40 °C ein Widerstand von 115,54 Ω gemessen.

   Welchen Temperaturkoeffizient α hat Platin?

3. **Widerstandserhöhung.** Eine Kupferspule hat bei 20 °C einen Widerstand von 30 Ω.

   Bei welcher Temperatur hat sich der Widerstand um 10 % erhöht?

4. **Kennlinien Kaltleiter (Bild 1).** Für den PTC-Widerstand P390-14 sind der Widerstand bei 120 °C und die Widerstandsänderung im Bereich von 130 °C bis 140 °C zu ermitteln.

5. **Kennlinien Heißleiter (Bild 2).** Für die NTC-Widerstände R_{20} = 10 kΩ und R_{20} = 40 kΩ sind die zugehörigen Temperaturen bei 60 kΩ und die Widerstände bei 60 °C zu ermitteln.

[1] PTC (Positive Temperature Coefficient);   [2] NTC (Negative Temperature Coefficient)

Tabelle 1: Temperaturkoeffizient α in 1/K

Werkstoff	α in 1/K
Aluminium	0,0040
Blei	0,0039
Gold	0,0037
Kupfer	0,0039
Silber	0,0038
Wolfram	0,0044
Zinn	0,0045
Konstantan	± 0,00001
Grafit	– 0,0013

Widerstandsänderung

$$\Delta R = R_{20} \cdot \alpha \cdot \Delta t$$

Temperaturabhängiger Widerstand

$$R_t = R_{20} + \Delta R$$

$$R_t = R_{20}\,(1 + \alpha \cdot \Delta t)$$

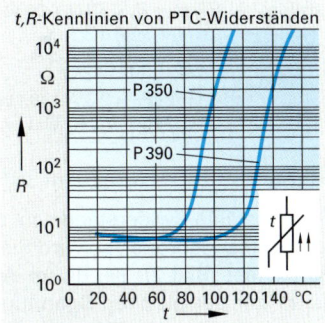

Bild 1: Kennlinien Kaltleiter

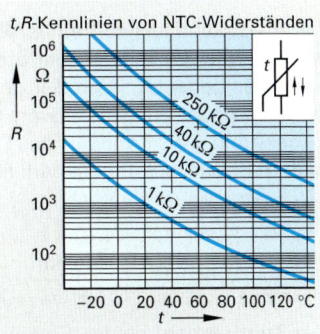

Bild 2: Kennlinien Heißleiter

8.4 | Schaltung von Widerständen

Befinden sich in einem Stromkreis mehrere Widerstände, so handelt es sich meist um eine Reihen- oder Parallelschaltung. Treten beide Schaltungen kombiniert auf, spricht man von einer gemischten Schaltung.

Bezeichnungen:

I	Gesamtstrom	A	U	Gesamtspannung	V
I_1, I_2	Teilströme	A	U_1, U_2	Teilspannungen	V
R	Gesamtwiderstand	Ω	G	Leitwert	S
R_1, R_2	Einzelwiderstände	Ω	G_1, G_2	Einzelleitwerte	S

■ Reihenschaltung von Widerständen

Sind in einem Stromkreis mehrere Einzelwiderstände hintereinander (in Reihe) angeordnet, so nennt man diese Schaltung Reihenschaltung **(Bild 1)**. Dabei fließt durch jeden Einzelwiderstand derselbe Strom, während sich die Gesamtspannung in Teilspannungen aufteilt und der Gesamtwiderstand aus der Summe der Teilwiderstände besteht.

Beispiel: Die Einzelwiderstände $R_1 = 40\ \Omega$ und $R_2 = 60\ \Omega$ werden in Reihe geschaltet und liegen an einer Gesamtspannung $U = 230$ V

Gesucht sind

a) der Gesamtwiderstand R,

b) der Gesamtstrom I,

c) die Teilspannungen U_1 und U_2.

Lösung: a) $R = R_1 + R_2 = 40\ \Omega + 60\ \Omega =$ **100 Ω**

b) $I = \dfrac{U}{R} = \dfrac{230\ \text{V}}{100\ \Omega} =$ **2,3 A**

c) $U_1 = I \cdot R_1 = 2,3\ \text{A} \cdot 40\ \Omega =$ **92 V**
$U_2 = I \cdot R_2 = 2,3\ \text{A} \cdot 60\ \Omega =$ **138 V**

■ Parallelschaltung von Widerständen

Sind die Einzelwiderstände in einem Stromkreis nebeneinander (parallel) angeordnet, so wird diese Schaltung als Parallelschaltung bezeichnet **(Bild 2)**. Bei dieser Anordnung wird jeder Einzelwiderstand mit der gleichen Spannung versorgt, während sich der Gesamtstrom aus den Teilströmen durch die einzelnen Widerstände zusammensetzt und der Gesamtwiderstand aus der Summe der Leitwerte der einzelnen Widerstände gebildet wird.

Der elektrische Leitwert eines Verbrauchers im Stromkreis gibt an, wie gut oder wie schlecht der Strom durch den Verbraucher geleitet wird. Das bedeutet, je größer der Widerstand des Verbrauchers ist, desto geringer ist der Leitwert und umgekehrt. Deshalb wird der Widerstand R als Kehrwert des Leitwertes G bezeichnet. Die Einheit wird in Siemens S angegeben. Für n Widerstände gilt:

$G = G_1 + G_2 + \ldots + G_n$ bzw. $\dfrac{1}{R} = \dfrac{1}{R_1} + \dfrac{1}{R_2} + \ldots + \dfrac{1}{R_n}$

Für zwei Widerstände gilt: $\dfrac{1}{R} = \dfrac{1}{R_1} + \dfrac{1}{R_2} = \dfrac{R_2 + R_1}{R_1 \cdot R_2}$

Der Kehrwert auf beiden Seiten der Gleichung ergibt den Gesamtwiderstand R für zwei parallel geschaltete Widerstände.

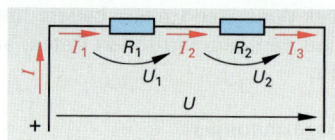

Bild 1: Reihenschaltung

Gesamtstrom, Reihenschaltung

$$I = I_1 = I_2 = \ldots I_n$$

Gesamtspannung, Reihenschaltung

$$U = U_1 + U_2 + \ldots + U_n$$

Gesamtwiderstand, Reihenschaltung

$$R = R_1 + R_2 + \ldots + R_n$$

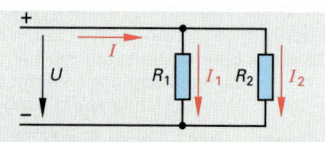

Bild 2: Parallelschaltung

Gesamtspannung, Parallelschaltung

$$U = U_1 = U_2 = \ldots = U_n$$

Gesamtstrom, Parallelschaltung

$$I = I_1 + I_2 + \ldots + I_n$$

Leitwert

$$G = \frac{1}{R}$$

Kehrwert des Gesamtwiderstandes, Parallelschaltung

$$\frac{1}{R} = \frac{1}{R_1} + \frac{1}{R_2} + \ldots + \frac{1}{R_n}$$

Gesamtwiderstand für zwei parallele Widerstände

$$R = \frac{R_1 \cdot R_2}{R_1 + R_2}$$

Beispiel: Die Einzelwiderstände $R_1 = 4\,\Omega$ und $R_2 = 6\,\Omega$ liegen parallel an einer Spannung von 12 V (**Bild 1**). Gesucht sind

a) der Gesamtwiderstand R,

b) der Gesamtleitwert G,

c) der Gesamtstrom I,

d) die Teilströme I_1 und I_2.

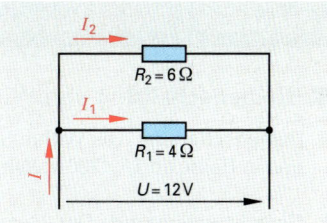

Bild 1: Parallelschaltung

Lösung:
a) $\dfrac{1}{R} = \dfrac{1}{R_1} + \dfrac{1}{R_2} = \dfrac{1}{4\,\Omega} + \dfrac{1}{6\,\Omega} = \dfrac{3+2}{12\,\Omega} = \dfrac{5}{12\,\Omega}$

$R = \dfrac{12\,\Omega}{5} = \mathbf{2{,}4\,\Omega}$

b) $G = \dfrac{1}{R} = \dfrac{1}{2{,}4\,\Omega} = \mathbf{0{,}416\,S}$

c) $I = \dfrac{U}{R} = \dfrac{12\,V}{2{,}4\,\Omega} = \mathbf{5\,A}$

d) $I_1 = \dfrac{U}{R_1} = \dfrac{12\,V}{4\,\Omega} = \mathbf{3\,A}$; $I_2 = \dfrac{U}{R_2} = \dfrac{12\,V}{6\,\Omega} = \mathbf{2\,A}$

■ Gemischte Schaltungen

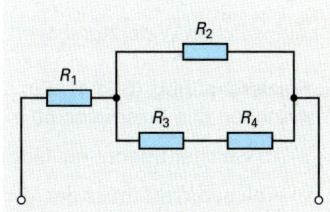

Bild 2: Gemischte Schaltung

In Stromkreisen kommen oft Kombinationen aus Reihenschaltungen und Parallelschaltungen vor (**Bild 2**). Solche Schaltungen bezeichnet man als gemischte Schaltungen.

Bei der Berechnung von gemischten Schaltungen wendet man das Ohmsche Gesetz und die Gesetze der Reihenschaltung und Parallelschaltung in einzelnen Stromzweigen an. Deshalb versucht man Widerstände in einzelnen Zweigen zu einem Ersatzwiderstand zusammenzufassen und dies so lange fortzuführen, bis nur noch ein Widerstand vorhanden ist (**Bild 3**).

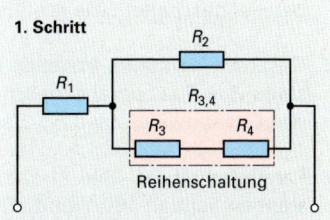

Beispiel: Die Widerstände $R_1 = 220\,\Omega$, $R_2 = 40\,\Omega$, $R_3 = 10\,\Omega$, $R_4 = 30\,\Omega$ liegen an 24 V Spannung an und sind nach **Bild 2** geschaltet.

Zu berechnen sind

a) der Gesamtwiderstand R,

b) die Teilspannungen U_1 bis U_4,

c) der Gesamtstrom I und die Teilströme I_1 bis I_4.

Lösung:
a) Um den Gesamtwiderstand zu berechnen, werden die einzelnen Widerstände schrittweise zusammengefasst (**Bild 3**).

1. Schritt: $R_{3,4} = R_3 + R_4 = 10\,\Omega + 30\,\Omega = 40\,\Omega$

2. Schritt: $R_{2,3,4} = \dfrac{R_{3,4} \cdot R_2}{R_{3,4} + R_2} = \dfrac{40\,\Omega \cdot 40\,\Omega}{40\,\Omega + 40\,\Omega} = \dfrac{1600\,\Omega^2}{80\,\Omega} = 20\,\Omega$

3. Schritt: $R = R_1 + R_{2,3,4} = 220\,\Omega + 20\,\Omega = \mathbf{240\,\Omega}$

b) U_1 kann über das Ohmsche Gesetz berechnet werden, da der Gesamtstrom I durch R_1 fließen muss.

$U_1 = I_1 \cdot R_1 = I \cdot R_1 = 0{,}1\,A \cdot 220\,\Omega = \mathbf{22\,V}$

Am Parallelzweig liegen 24 V – 22 V = 2 V an, deshalb gilt

$U_2 = \mathbf{2\,V}$ und $U_3 + U_4 = 2\,V$. $U_3 / R_3 = 2\,V / R_{3,4}$;

$U_3 = 10\,\Omega \cdot 2\,V / 40\,\Omega = \mathbf{0{,}5\,V}$

$U_4 = 2\,V - 0{,}5\,V = \mathbf{1{,}5\,V}$

c) $I = \dfrac{U}{R} = \dfrac{24\,V}{240\,\Omega} = 0{,}1\,A = \mathbf{100\,mA}$; $I_1 = I = \mathbf{100\,mA}$;

$I_2 = U_2 / R_2 = 2\,V / 40\,\Omega = 0{,}05\,A = \mathbf{50\,mA}$

$I_2 + I_{3,4} = 100\,mA$; $I_{3,4} = I_3 = I_4 = 100\,mA - 50\,mA = \mathbf{50\,mA}$

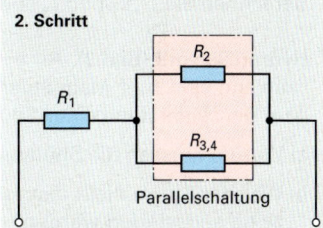

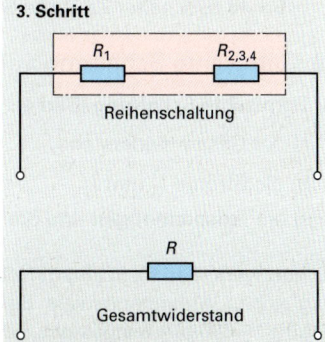

Bild 3: Vereinfachen einer gemischten Schaltung

1. Schritt — Reihenschaltung

2. Schritt — Parallelschaltung

3. Schritt — Reihenschaltung — Gesamtwiderstand

Aufgaben │ Schaltung von Widerständen

■ Reihenschaltung von Widerständen

1. Reihenschaltung. Die Widerstände $R_1 = 100\ \Omega$ und $R_2 = 150\ \Omega$ liegen in Reihe an $U = 230\ V$. Wie groß ist der Gesamtstrom I?

2. Gesamtwiderstand. Der Gesamtwiderstand einer Reihenschaltung soll $R = 1300\ \Omega$ betragen. In der Schaltung sind die Einzelwiderstände $R_1 = 1\ k\Omega$, $R_2 = 200\ \Omega$ und ein veränderbarer Widerstand R_3 eingebaut.

Auf welchen Widerstandswert ist R_3 einzustellen?

3. Relaisschaltung (Bild 1). Ein 24-V-Relais benötigt zum sicheren Anziehen den Strom von 60 mA; als Haltestrom genügen 45 mA.

a) An welcher Spannung liegt die Spule im Betriebszustand?

b) Welchen Wert muss der Vorwiderstand R_v haben?

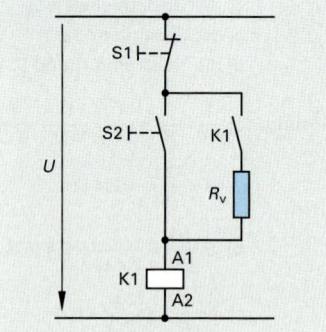

● **Bild 1: Relaisschaltung**

■ Parallelschaltung von Widerständen

4. Zwei Widerstände. Zwei gleiche Widerstände mit je 30 Ω sind parallel geschaltet. Wie groß ist der Gesamtwiderstand R?

5. Gesamtwiderstand. Welcher Widerstand R_2 muss dem Widerstand $R_1 = 7\ k\Omega$ parallel geschaltet werden, damit die Schaltung den Gesamtwiderstand $R = 5\ k\Omega$ hat?

6. Parallelschaltung (Bild 2). Die Parallelschaltung mit drei Widerständen liegt an 100 V und nimmt 2 A auf. Bekannt sind die Widerstände $R_1 = 80\ \Omega$ und $R_2 = 200\ \Omega$.
Berechnen Sie I_1, I_2 und I_3 sowie R_3.

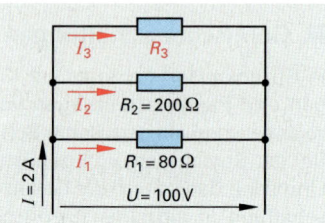

Bild 2: Parallelschaltung

7. Hydraulikventil (Bild 3). An einer elektrisch gesteuerten Hydraulikanlage sind fünf Magnetventile eingebaut, die an 24 V anliegen. Der Widerstand einer Spule beträgt 48 Ω.

a) Warum müssen die Spulen parallel geschaltet sein?

b) Welcher Strom fließt insgesamt, wenn alle fünf Ventile gleichzeitig angesteuert werden?

c) Ist eine Kontrolllampe mit $R = 8\ \Omega$ parallel oder in Reihe zur Spule zu schalten? Führen Sie die Berechnung durch.

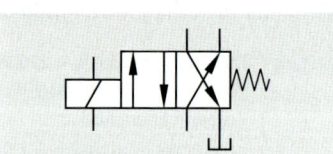

● **Bild 3: Hydraulikventil**

■ Gemischte Schaltung von Widerständen

8. Gemischte Schaltung (Bild 4). Für die Gemischte Schaltung sind

a) der Gesamtwiderstand,

b) die Ströme I_1 und I_2,

c) die Teilspannungen und die Gesamtspannung zu berechnen.

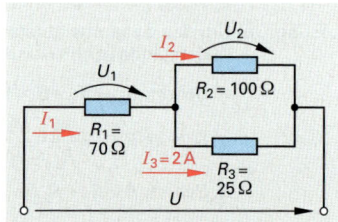

Bild 4: Gemischte Schaltung

9. Netzwerk (Bild 5). In einem Netzwerk haben alle Widerstände den gleichen Widerstandswert. Bei einer Messung werden $U = 12\ V$ und $I = 600\ mA$ festgestellt. Berechnen Sie

a) die Einzelwiderstände,

b) die Spannung an R_1, R_3 und R_5.

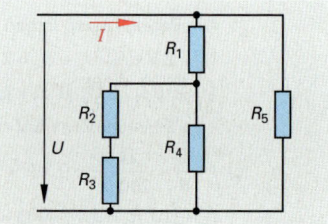

● **Bild 5: Netzwerk**

8.5 │ Elektrische Leistung bei Gleichspannung

Die elektrische Leistung, die von Spannungserzeugern abgegeben und von elektrischen Geräten und Maschinen aufgenommen wird, ist ein Maß für deren Leistungsfähigkeit.
Bei elektrischen Geräten, z.B. Tauchsiedern und Heizöfen wird die zugeführte elektrische Leistung, bei elektrischen Maschinen die abgegebene mechanische Leistung auf dem Leistungsschild (**Bild 1**) angegeben.

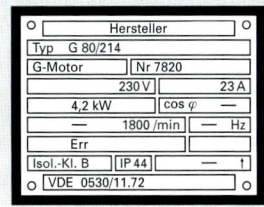

Bild 1: Leistungsschild

Bezeichnungen:

P	Leistung	W	U	Spannung	V
P_1	zugeführte Leistung	W	I	Strom	A
P_2	abgegebene Leistung	W	R	Widerstand	Ω
η [1]	Wirkungsgrad	–			

Die grafische Darstellung der Leistung ergibt im Spannungs-Strom-Schaubild eine Hyperbel (**Bild 2**), die als Leistungshyperbel bezeichnet wird. Mit ihr lassen sich die zulässigen Spannungen und die zulässigen Ströme für Widerstände mit vorgegebener zulässiger Leistung ablesen.

Die elektrische Leistung ist um so größer,

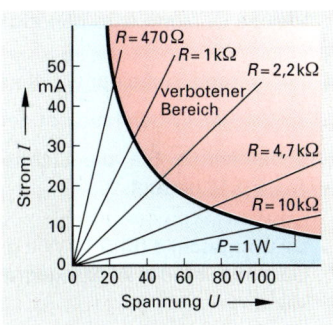

Bild 2: Leistungshyperbel für 1-W-Widerstände

- je größer die anliegende Spannung ist,

- je größer der fließende Strom ist.

Für die elektrische Leistung gilt: $P = U \cdot I$.

Mit Hilfe des Ohmschen Gesetzes kann in der Formel $P = U \cdot I$

a) die Spannung U durch $I \cdot R$ ersetzt werden und man erhält

$P = I \cdot R \cdot I = I^2 \cdot R$

b) der Strom I durch $\dfrac{U}{R}$ ersetzt werden und man erhält

$P = U \cdot \dfrac{U}{R} = \dfrac{U^2}{R}$.

Leistung bei Gleichspannung

$$P = U \cdot I$$

$$P = I^2 \cdot R$$

$$P = \frac{U^2}{R}$$

Beispiel: Das Leistungsschild eines Gleichstrommotors (**Bild 1**) enthält die Angaben $U = 230$ V und $I = 23$ A.
Wie groß ist die aus dem Netz zugeführte elektrische Leistung?

Lösung: $P = U \cdot I = 230$ V $\cdot 23$ A $= 5290$ W $\approx$ **5,3 kW**

Die abgegebene Leistung P_2 ist wegen Reibungsverlusten in den Lagern und Wärmeverlusten durch den Stromfluss immer kleiner als die zugeführte Leistung P_1. Dies wird durch den Wirkungsgrad η ausgedrückt (siehe Seite 108)

Wirkungsgrad

$$\eta = \frac{P_2}{P_1}$$

Für die abgegebene Leistung P_2 gilt: $P_2 = \eta \cdot P_1$.

Beispiel: Der Starter eines Lkw-Motors nimmt bei einer Klemmenspannung von $U = 9{,}8$ V einen Strom von $I = 700$ A auf.
Wie groß ist bei einem Wirkungsgrad $\eta = 0{,}48$ die abgegebene Leistung P_2?

Lösung: $P_1 = U \cdot I = 9{,}8$ V $\cdot 700$ A $= 6860$ W
$P_2 = \eta \cdot P_1 = 0{,}48 \cdot 6860$ W $= 3292{,}8$ W $\approx$ **3,3 kW**

Einheiten

1 W $= 1$ V $\cdot 1$ A
1 kW $= 1000$ W
1 MW $= 1 \cdot 10^6$ W
1 W $= 1 \dfrac{\text{N} \cdot \text{m}}{\text{s}} = 1 \dfrac{\text{J}}{\text{s}}$

[1] η griechischer Buchstabe, eta

Aufgaben | Elektrische Leistung bei Gleichspannung

1. **Fahrradfrontbeleuchtung.** Bei einer U = 10,5-V-Fahrradfrontbeleuchtung wird ein Strom von I = 0,57 A gemessen.
Wie groß ist die elektrische Leistung?

2. **Halogenlampe.** Eine Halogenlampe nimmt bei einer Spannung von U = 12 V einen Strom von I = 6,25 A auf. Zu berechnen sind

   a) der Betriebswiderstand und

   b) die Nennleistung der Lampe.

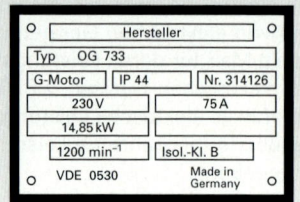

Bild 1: Leistungsschild

3. **Leistungsberechnung.** Ein Widerstand von 4 kΩ wird von Gleichstrom mit der Stromstärke I = 0,3 A durchflossen.
Welche Leistung wird benötigt?

4. **Widerstand.** Auf einer Glühlampe ist angegeben 60 W; 230 V.

   a) Welchen Widerstand hat der Glühfaden?

   b) Berechnen Sie die Lichtleistung, wenn der Wirkungsgrad η = 0,18 beträgt.

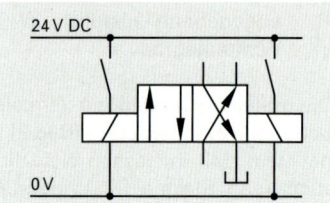

Bild 2: Magnetventil

5. **Leistungsschild (Bild 1).** Wie groß sind die zugeführte elektrische Leistung und der Wirkungsgrad des Gleichstrommotors?

6. **Magnetventil (Bild 2).** In einer elektrisch gesteuerten Hydraulikanlage befindet sich ein Magnetventil, das an 24 V Gleichspannung angeschlossen ist. Die Leistungsaufnahme der Spule beträgt 12 W.

   a) Welcher Strom fließt durch die Spule?

   b) Berechnen Sie den Stromfluss, wenn vor eine der Spulen eine Kontrolllampe mit 2 W geschaltet wird (Reihenschaltung).

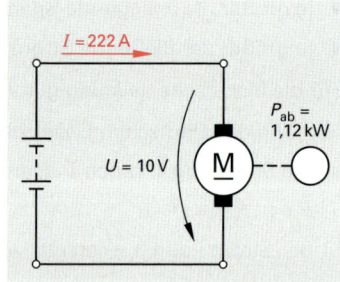

Bild 3: Starter

7. **Starter (Bild 3).** Ein Starter liegt an 10 V Gleichspannung an und nimmt dabei einen Strom von 222 A auf. Gleichzeitig gibt er 1,12 kW an den Zahnkranz weiter.

   a) Welche Leistung wird dem Starter zugeführt?

   b) Welcher Wirkungsgrad liegt beim Start vor?

8. **Gemischte Schaltung (Bild 4).** Für das Schaltbild sind

   ● a) die Gesamtspannung und

   b) die Gesamtleistung zu berechnen.

9. **Leistungshyperbel (Bild 2 Seite 247).** Ein Kohleschichtwiderstand
   ● mit 2,2 kΩ darf höchstens mit 1 Watt belastet werden.

   a) Bestimmen Sie grafisch aus der Hyperbel die höchstzulässige Spannung und den höchstzulässigen Strom.

   b) Erstellen Sie eine Leistungshyperbel für 0,5-Watt-Widerstände und ermitteln Sie die höchstzulässige Spannung und den höchstzulässigen Strom für die Widerstände 1 kΩ und 5 kΩ sowohl grafisch als auch rechnerisch (Maßstab: 1 cm = 5 V, 1 cm = 5 mA).

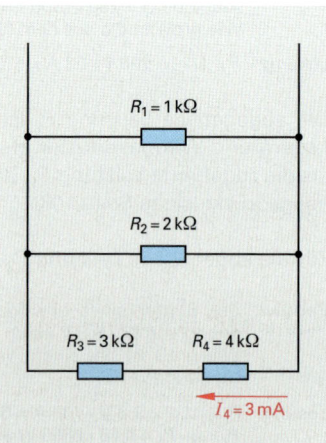

Bild 4: Gemischte Schaltung

8.6 │ Wechselspannung und Wechselstrom

Wechselspannung und Wechselstrom unterscheiden sich grundlegend von Gleichspannung und Gleichstrom **(Bild 1)**. Während bei der Gleichspannung immer der gleiche Wert, z.B. 24 V, anliegt und der Strom immer in die gleiche Richtung fließt, ändert sich bei der Wechselspannung fortlaufend der Wert der Spannung nach einer Sinusfuktion von z.B. – 325 V bis + 325 V und der Strom fließt eine halbe Periodendauer in die eine Richtung und dann in die andere Richtung.

Bezeichnungen:

U, U_{eff}	Effektivwert der Spannung	V
u	Momentanwert der Spannung	V
U_{max}	Maximalwert der Spannung	V
I, I_{eff}	Effektivwert der Stromstärke	A
i	Momentanwert des Stromes	A
I_{max}	Maximalwert des Stromes	A

f	Frequenz	1/s
T	Periodendauer	s
ω	Kreisfrequenz	1/s
t	Zeit	s

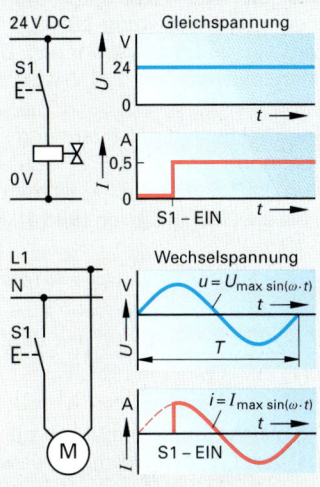

Bild 1: Gleichspannung und Wechselspannung

■ Periodendauer, Frequenz und Kreisfrequenz

Unter Periodendauer oder Periode T versteht man die Zeit, die eine Sinuswelle für einen Durchlauf benötigt **(Bild 1)**. Die Anzahl der Perioden je Sekunde wird als Frequenz bezeichnet und in Hertz (Hz = 1/s) angegeben. Die Frequenz ist der Kehrwert der Periodendauer ($f = 1/T$). Die Winkelgeschwindigkeit ist der pro Zeiteinheit überstrichene Winkel einer Leiterschleife bei der Erzeugung der Wechselspannung. Sie wird auch als Kreisfrequenz bezeichnet und es gilt: $\omega = 2 \cdot \pi \cdot f$. Wird für $f = 1/T$ gesetzt, erhält man $\omega = 2 \cdot \pi/T$.

Beispiel: Unser Versorgungsnetz wird mit einer Wechselspannung gespeist, deren Frequenz $f = 50$ Hertz beträgt.
Wie groß sind die Periodendauer T und die Kreisfrequenz ω?

Lösung: Periodendauer: $T = \dfrac{1}{f} = \dfrac{1}{50 \text{ s}} = 0,020 \text{ s} = \textbf{20 ms}$

Kreisfrequenz: $\omega = 2 \cdot \pi \cdot f = 2 \cdot \pi \cdot 50 \text{ s}^{-1} = \textbf{314 s}^{-1}$

Periodendauer

$$T = \frac{1}{f}$$

Kreisfrequenz

$$\omega = 2 \cdot \pi \cdot f$$

$$\omega = \frac{2 \cdot \pi}{T}$$

■ Momentanwert von Spannung bzw. Strom

Wechselspannung bzw. Wechselstrom haben den Verlauf einer Sinusfunktion und haben somit innerhalb einer Periode fortlaufend andere Momentanwerte u bzw. i **(Bild 1)**. Für den Momentanwert u der Wechselspannung gilt: $u = U_{max} \cdot \sin(\omega \cdot t)$.
Ersetzt man ω durch $2 \cdot \pi \cdot f$ und f durch $1/T$ so gilt:

$u = U_{max} \cdot \sin(2 \cdot \pi \cdot f \cdot t) = U_{max} \sin\left(\dfrac{2 \cdot \pi}{T} \cdot t\right)$.

Für den Momentanwert des Wechselstromes gilt ensprechend:

$i = I_{max} \sin(\omega \cdot t) = I_{max} \cdot \sin(2 \cdot \pi \cdot f \cdot t) = I_{max} \cdot \sin\left(\dfrac{2 \cdot \pi}{T} \cdot t\right)$.

(Der Taschenrechner muss bei der Berechnung von u und i vom Modus **DEG** auf **RAD** umgestellt werden).

Beispiel: Ein Versorgungsnetz liefert bei einer Frequenz $f = 50$ Hz eine Maximalspannung von 325 V. Wie groß ist der Momentanwert der Spannung u nach $t = 2,5$ ms nach dem Nulldurchgang?

Lösung: (Rechner in Modus RAD) $u = U_{max} \cdot \sin(\omega \cdot t) = U_{max} \cdot \sin(2 \cdot \pi \cdot f \cdot t) =$
$= 325 \text{ V} \cdot \sin(2 \cdot \pi \cdot 50 \text{ 1/s} \cdot 0,0025 \text{ s}) = \textbf{229,8 V.}$

Momentanwert der Spannung

$$u = U_{max} \cdot \sin(\omega \cdot t)$$

$$u = U_{max} \cdot \sin(2 \cdot \pi \cdot f \cdot t)$$

$$u = U_{max} \cdot \sin\left(\frac{2 \cdot \pi}{T} \cdot t\right)$$

Momentanwert des Stroms

$$i = I_{max} \cdot \sin(\omega \cdot t)$$

$$i = I_{max} \cdot \sin(2 \cdot \pi \cdot f \cdot t)$$

$$i = I_{max} \cdot \sin\left(\frac{2 \cdot \pi}{T} \cdot t\right)$$

■ Effektivwert und Maximalwert von Spannungen und Strom

Wird von einer Wechselspannung an einem Ohmschen Widerstand R die gleiche Leistung erbracht wie von einer Gleichspannung, so wird sie als Effektivspannung U_{eff} bezeichnet. Bei Angaben in der Energietechnik, z.B. 230 V, wird der Effektivwert genannt.

Der Effektivwert der Spannung U_{eff} ist mit dem Momentanwert der Spannung u bei sin (45°) identisch. Der Scheitelwert oder Maximalwert der Spannung U_{max} ist mit dem Momentanwert der Spannung u bei sin (90°) identisch **(Bild 1)**. Es gilt:

$$U_{max} = \sin (90°) = 1; \quad U_{eff} = \sin (45°) = 0{,}707 = \frac{\sqrt{2}}{2}$$

$$\frac{U_{max}}{U_{eff}} = \frac{2}{\sqrt{2}} = \sqrt{2}; \Rightarrow U_{max} = \sqrt{2} \cdot U_{eff}$$

Die gleiche Gesetzmäßigkeit gilt für den Effektivwert I_{eff} und Maximalwert I_{max} des Wechselstroms.

Beispiel: Nach Auskunft eines Energieversorgers beträgt die Netzspannung U_{eff} = 230 V. Wie groß ist der Maximalwert U_{max}?

Lösung: $U_{max} = \sqrt{2} \cdot U_{eff} = \sqrt{2} \cdot 230 \text{ V} = \textbf{325 V}$

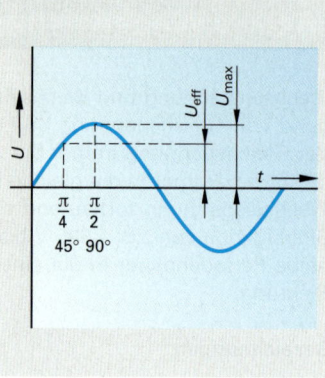

Bild 1: Effektivwert und Maximalwert

Maximalwert der Spannung

$$U_{max} = \sqrt{2} \cdot U_{eff}$$

Maximalwert des Stroms

$$I_{max} = \sqrt{2} \cdot I_{eff}$$

Aufgaben │ Wechselspannung und Wechselstrom

1. Frequenz der DB. Das Netz der Deutsche Bahn hat eine Frequenz von $16\frac{2}{3}$ Hz. Zu berechnen sind

a) die Periodendauer T und

b) die Kreisfrequenz ω.

2. Periodendauer. Die Periodendauer einer Wechselspannung beträgt T = 50 ms. Berechnen Sie

a) die Frequenz f und

b) die Kreisfequenz ω.

3. Kreisfrequenz. Zu ermitteln ist die Kreisfrequenz ω einer Spannung mit f = 100 Hz.

4. Oszillogramm (Bild 2). Aus dem Oszillogramm einer Wechselspannung sind

a) die Periodendauer T,

b) die Frequenz f und

c) die Kreisfrequenz ω zu berechnen.

5. Autoradio (Bild 3). Der Frequenzbereich der Ultrakurzwelle (UKW) eines Autoradios reicht von 87,5 MHz bis 108 MHz.

Berechnen Sie

a) die Kreisfrequenz ω von Anfangs- und Endfrequenz,

b) die Periodendauer T von Anfangs- und Endfrequenz.

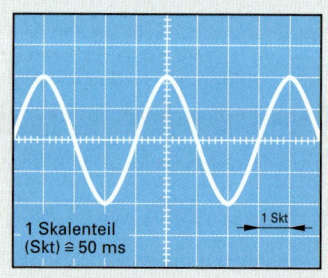

1 Skalenteil (Skt) ≙ 50 ms

1 Skt

Bild 2: Oszillogramm

Bild 3: Autoradio

6. Momentanwert der Stromstärke (Bild 1). Berechnen Sie den Momentanwert des sinusförmigen Wechselstroms für $t = 17$ ms nach dem Nulldurchgang.

7. Sinusförmige Wechselspannung (Tabelle 1). Für eine sinusförmige Wechselspannung mit $f = 50$ Hz und $U_{max} = 325$ V sind

a) der Momentanwert der Wechselspannung zu berechnen,

b) die Kennlinie der Wechselspannung zu zeichnen
(Maßstab: 1 cm ≙ 2 ms; 1 cm ≙ 100 V).

8. Momentanwert der Spannung. Berechnen Sie die Zeitpunkte nach dem Nulldurchgang für den Momentanwert $u = 110$ V einer Wechselspannung mit $f = 60$ Hz und $U_{max} = 155{,}5$ V.

9. Effektivwerte (Tabelle 2). Für die Effektivwerte sind die Maximalwerte der Spannung in Volt und die Maximalwerte des Stroms in Ampere zu berechnen.

10. Maximalwert. Eine Maximalspannung von 34 V verursacht einen maximalen Stromfluss von 0,6 A. Der Effektivwert der Spannung und der Effektivwert des Stroms sind zu berechnen.

11. Sinusförmiger Wechselstrom. Ein Wechselstrom mit $f = 50$ Hz hat 2 ms nach dem Nulldurchgang einen Momentanwert von 20 A.

Wie groß sind

a) der Maximalwert des Stroms,

b) der Effektivwert des Stroms,

c) der Momentanwert nach 3 ms,

d) die Zeit nach dem Nulldurchgang, in der der Momentanwert $i = 10$ A zum ersten Mal erreicht wird?

12. Zündtrafo. Die Isolation eines Zündtrafos mit $U = 10$ kV für einen Brenner an einer Heizungsanlage wird mit der 2,5 fachen Nennspannung geprüft. Für welche maximale Spannung muss die Isolation ausgelegt sein?

13. Oszillogramm (Bild 2). Aus dem Oszillogramm mit dem Maßstab 1 Skt ≙ 5 ms und 1 Skt ≙ 10 V sind zu ermitteln

a) der Maximalwert der Spannung,

b) der Effektivwert der Spannung,

c) die Frequenz der Wechselspannung.

14. Wechselstrom (Bild 3). Eine Spannung von 230 V und einer Frequenz von 50 Hz verursacht an einem ohmschen Widerstand einen maximalen Stromfluss von 150 mA. Zu berechnen sind:

a) die Stromgröße 5 ms nach dem Nulldurchgang

b) der Maximalwert der Spannung,

c) die Zeiten nach dem Nulldurchgang, bei denen die Spannung die Werte 100 V und 230 V erreicht,

d) der Effektivwert des Stroms,

e) der ohmsche Widerstand.

Tabelle 1: Zeit für Momentanwerte					
Zeitpunkt	t_1	t_2	t_3	t_4	t_5
Zeit in ms	1	3	5	7	10
u in Volt					
Zeitpunkt	t_6	t_7	t_8	t_9	t_{10}
Zeit in ms	11	13	15	17	20
u in Volt					

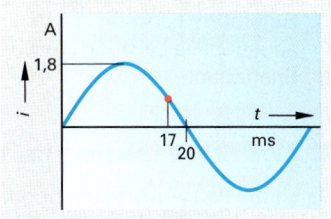

Bild 1: Momentanwert

Tabelle 2: Effektivwerte			
	a	b	c
U_{eff}	0,6 V	110 V	10 kV
I_{eff}	2 A	3 mA	100 µA

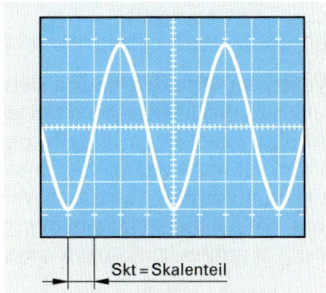

Skt = Skalenteil

Bild 2: Oszillogramm

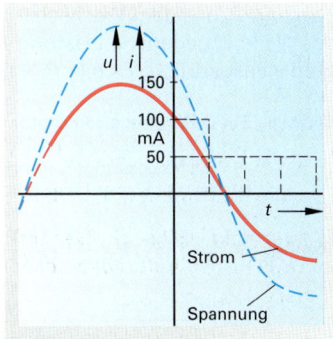

Strom

Spannung

Bild 3: Wechselstrom

8.7 | Elektrische Leistung bei Wechselstrom und Drehstrom

Befindet sich in einem Wechselstromkreis eine induktive Last, z.B. eine Spule, oder eine kapazitive Last, z.B. ein Kondensator, so sind Spannung und Strom nicht mehr phasengleich wie bei rein ohmscher Belastung. Es kommt dann zwischen Wechselspannung und Wechselstrom zu einer Phasenverschiebung φ (**Bild 1**).

Bezeichnungen:

P	Leistung, Wirkleistung	W		I	Strom	A
P_1	zugeführte Leistung	W		R	Widerstand	Ω
P_2	abgegebene Leistung	W		η	Wirkungsgrad	–
U	Spannung	V		$\cos \varphi^{1)}$	Leistungsfaktor	–

Elektrische Leistung bei Wechselstrom

Durch die Phasenverschiebung kommt es zu einer geringeren Leistung als bei rein ohmscher Belastung. Diese Leistungsminderung wird durch den Leistungsfaktor $\cos \varphi$ berücksichtigt. Der Leistungsfaktor $\cos \varphi$ liegt zwischen 0,5 und 1.
Die elektrische Leistung P errechnet sich aus $P = U \cdot I \cdot \cos \varphi$. Bei rein ohm'scher Belastung ist $\cos \varphi = 1$ und somit $P = U \cdot I$

Beispiel: Bei einem Wechselstrommotor (**Bild 2**) für $U = 230$ V mit einem Leistungsfaktor $\cos \varphi = 0{,}85$ fließt ein Strom $I = 7{,}25$ A. Welche Leistung in kW nimmt der Motor auf?

Lösung: $P = U \cdot I \cdot \cos \varphi = 230\text{ V} \cdot 7{,}25\text{ A} \cdot 0{,}85 = 1417\text{ W} \approx \textbf{1,42 kW}$

Elektrische Leistung bei Drehstrom

Drehstrom (Dreiphasenwechselstrom) wird durch drei um 120° versetzte Wechselspannungen erzeugt (**Bild 3**). Dabei fließt in den einzelnen Leitern ein Einphasenwechselstrom, der eine Wechselstromleistung erzeugt. Die Zusammenfassung dieser drei Einzelleistungen erfolgt durch den Verkettungsfaktor $\sqrt{3}$. Dies bedeutet, dass die Leistung gegenüber dem Einphasenwechselstrom um ca. 73 % größer ist. Es gilt für die Leistung $P = \sqrt{3} \cdot U \cdot I \cdot \cos \varphi$.

Wirkungsgrad

Die vom Drehstrom- bzw. Wechselstrommotor aufgenommene Leistung P_1 aus dem Wechselstromnetz ist immer größer als die an der Welle abgegebene Leistung P_2. Dies wird durch den Wirkungsgrad η ausgedrückt. Es gilt: $P_2 = \eta \cdot P_1$.

Beispiel: Ein 3-kW Drehstrommotor ist an 400 V angeschlossen. Der Leistungsfaktor ist $\cos \varphi = 0{,}75$, der Wirkungsgrad $\eta = 0{,}82$.
a) Welche Leistung P_1 nimmt der Motor auf?
b) Wie viel Strom I fließt dabei durch die Motorwicklung?

Lösung: a) $P_2 = \eta \cdot P_1$; $P_1 = \dfrac{P_2}{\eta} = \dfrac{3\text{ kW}}{0{,}82} = \textbf{3,66 kW}$

b) $I = \dfrac{P_1}{\sqrt{3} \cdot U \cdot \cos \varphi} = \dfrac{3660\text{ W}}{\sqrt{3} \cdot 400\text{ V} \cdot 0{,}75} = \textbf{7,04 A}$

$^{1)}$ φ, griechischer Buchstabe phi

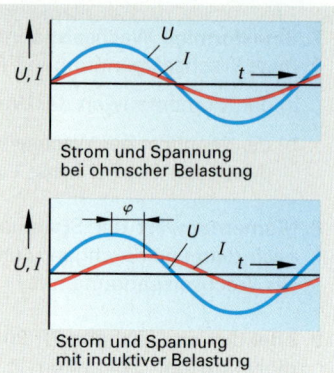

Bild 1: Phasenverschiebung

Leistung bei Wechselstrom

$$P = U \cdot I \cdot \cos \varphi$$

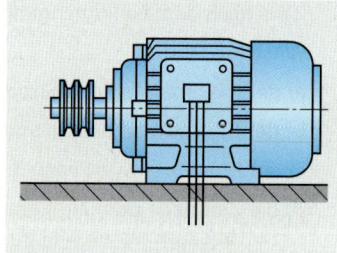

Bild 2: Wechselstrommotor

Leistung bei Drehstrom

$$P = \sqrt{3} \cdot U \cdot I \cdot \cos \varphi$$

Wirkungsgrad

$$\eta = \frac{P_2}{P_1}$$

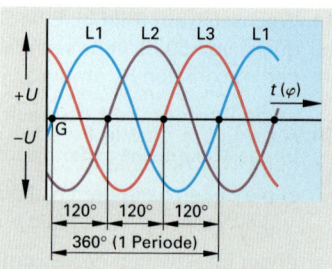

Bild 3: Drehstom

Aufgaben | **Elektrische Leistung bei Wechselstrom und Drehstrom**

■ Elektrische Leistung bei Wechselstrom

1. **Verbraucher.** Ein Verbraucher nimmt bei einem Leistungsfaktor $\cos \varphi = 0,7$ eine Leistung von 60 W auf. Wie groß ist die Stromstärke bei $U = 230$ V?

2. **Leistungsschild (Bild 1).** Berechnen Sie mit Hilfe des Leistungsschildes

   a) die dem Netz entnommene Leistung des Motors,

   b) den Wirkungsgrad des Motors.

3. **Wechselstrommotor.** Ein Wechselstrommotor nimmt bei 230 V und 6,8 A eine Leistung von 0,95 kW auf. Welchen Leistungsfaktor hat der Motor?

4. **Wechselstromnetz (Bild 2).** Berechnen Sie für den angeschlossenen Wechselstrommotor

   a) die zugeführte Leistung,

   b) die abgegebene Leistung.

5. **Schweißumformer.** Der Motor eines Schweißumformers entnimmt dem Netz eine Leistung von 7,5 kW. Der Leistungsfaktor ist 0,75, der Wirkungsgrad 0,85. Wie groß ist die größte Schweißspannung, wenn der Strom höchstens 350 A bei einem Generator-Wirkungsgrad von 0,9 betragen darf?

■ Elektrische Leistung bei Drehstrom

6. **Leistungsschild (Bild 3).** Berechnen Sie aus dem Leistungsschild des Drehstrommotors einer Werkzeugmaschine die aufgenommene Leistung.

7. **Fräsmaschinenmotor.** Ein Fräsmaschinenmotor für 400 V steht im Katalog mit folgenden Angaben: $P = 5,5$ kW; $\eta = 0,81$; $\cos \varphi = 0,83$

   Wie groß sind

   a) die zugeführte Leistung,

   b) der Strom in der Leitung?

8. **Vierleiter-Drehstromnetz (Bild 4).** Ein Getriebemotor ist am Vierteiler-Drehstromnetz angeschlossen. Berechnen Sie

   a) die vom Netz entnommene Leistung,

   b) den Wirkungsgrad des Motors.

9. **Schweißaggregat.** Der Drehstrommotor eines Schweißaggregates soll bei $U = 400$ V, $\cos \varphi = 0,8$ und $\eta = 0,9$ eine Leistung von 18 kW abgeben. Wie groß ist die Stromstärke?

10. **Aufzug.** Ein Aufzug für 3 kN Höchstbelastung soll in 20 Sekunden einen Höhenunterschied von 18 m überwinden.

   a) Welche Leistung muss der Antriebsmotor abgeben, wenn der Wirkungsgrad des Aufzugs 69 % beträgt?

   b) Welchen Strom nimmt der Drehstrommotor mit den Daten $U = 400$ V; $\eta = 0,85$ und $\cos \varphi = 0,9$ auf?

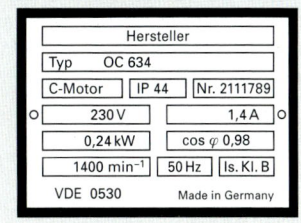

Bild 1: Leistungsschild Wechselstrommotor

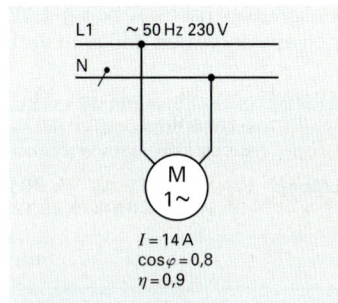

Bild 2: Wechselstromnetz

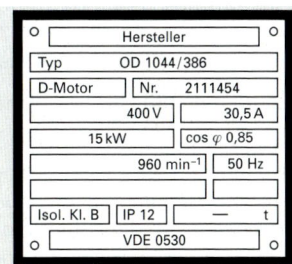

Bild 3: Leistungsschild Drehstrommotor

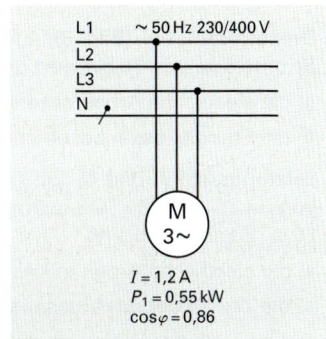

Bild 4: Vierleiter-Drehstromnetz

8.8 | Elektrische Arbeit und Energiekosten

Die Energie-Versorgungs-Unternehmen (EVU) berechnen dem Abnehmer die verbrauchte elektrische Arbeit.

Bezeichnungen:

P	Leistung	W		K	Kosten	EUR
W	Arbeit	Ws		K_p	Verbrauchs-	$\dfrac{EUR}{kW \cdot h}$
t	Zeit	s			preis	

Die an einem Gerät geleistete elektrische Arbeit ist abhängig

- von der zugeführten Leistung P: $W \sim P$
- von der Zeitdauer t, während der Arbeit verrichtet wird: $W \sim t$.

Für die elektrische Arbeit gilt $W = P \cdot t$ und die Kosten errechnen sich aus der Arbeit und dem Verbrauchspreis zu $K = W \cdot K_p$.

Beispiel: Ein Heizofen mit der Leistung P = 1,5 kW ist 4 Stunden lang eingeschaltet. Wie groß ist die elektrische Arbeit und welche Kosten entstehen bei einem Verbrauchspreis von 0,12 EUR/kW·h?

Lösung: $W = P \cdot t$ = 1,5 kW · 4h **= 6 kW·h**
$K = W \cdot K_p$ = 6 kW · h · 0,12 EUR/kW·h = **0,72 EUR**.

Arbeit

$$W = P \cdot t$$

Kosten

$$K = W \cdot K_p$$

Einheiten

1 W · s = 1 J
1 kW · h = 3600 J
1 kW · h = 3,6 · 10^6 W · s

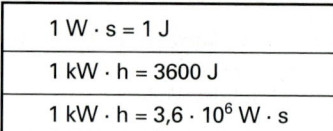

Bild 1: Glühlampe

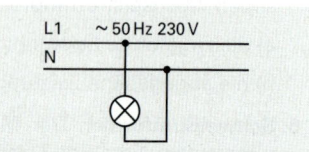

Bild 2: Leistungsschild Wechselstrommotor

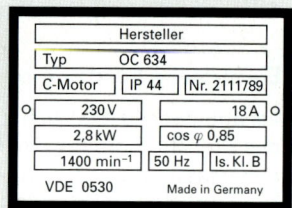

Bild 3: Drehstrommotor

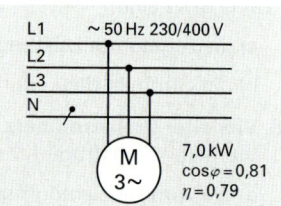

● **Bild 4: Leistungsschild Schnellkocher**

Aufgaben | Elektrische Arbeit und Energiekosten

1. Elektromotor. Der Elektromotor für den Antrieb einer Drehmaschine entnimmt dem Netz 3,5 kW. Er ist insgesamt 8,5 h in Betrieb. Wie groß ist die elektrische Arbeit?

2. Glühlampe (Bild 1). In welcher Zeit hat eine 60-Watt-Glühlampe, die an eine 230-V-Netz angeschlossen ist, 1 kW·h verbraucht?

3. Standby. Ein Fernsehgerät befindet sich pro Tag 15 Stunden im Standby-Betrieb und hat dabei eine Leistungsaufnahme von 3 W. Berechnen Sie die dafür anfallenden Kosten pro Jahr (365 Tage), wenn ein Verbrauchspreis von 0,12 EUR/kW·h zu bezahlen ist.

4. Leistungsschild (Bild 2). Mit Hilfe der Daten des Leistungsschildes für einen Wechselstrommotor sind die Kosten für eine 6,5 h lange Einschaltzeit zu berechnen. Der Verbrauchspreis beträgt 0,11 EUR/kW·h.

5. Drehstrommotor (Bild 3). Ein Drehstrommotor hat bei einer Stromstärke von 15,8 A eine Leistung von 7,0 kW. Wie groß sind

a) die elektrische Arbeit bei einer Laufzeit von 8 h 20 min,

b) die Energiekosten bei einem Preis von 0,16 EUR/kW·h.

6. Leistungsschild (Bild 4). Ein gefüllter Schnellkocher soll Wasser
● von 14 °C auf 100 °C erwärmen. Die Wärmeverluste betragen 20 %. Zu ermitteln sind

a) die elektrische Arbeit in kWh,

b) die Zeit, in der das Wasser auf 100 °C erwärmt wird,

c) die Länge des Widerstandsdrahtes mit ϱ = 1,4 Ω · mm^2/m und d = 0,8 mm.

8.9 | Transformator

Wechselspannung kann mit einem Transformator (Umspanner) von niedriger Spannung auf hohe Spannung und umgekehrt umgeformt werden. Gleichspannung dagegen nicht. Aus diesem Grund wird heute in der Leistungselektrik überwiegend Wechselspannung verwendet. Der Transformator besteht aus einer Primär- und einer Sekundärspule auf einem geschlossenen Eisenkern (**Bild 1**).
Wird an der Primärspule eine Wechselspannung angelegt, entsteht durch elektromagnetische Induktion in der Sekundärspule eine von den Windungszahlen der Spulen abhängige Wechselspannung.

Bezeichnungen:

U_1	Primärspannung	V	U_2	Sekundärspannung	V
N_1	Windungszahl der		N_2	Windungszahl der	
	Primärspule	–		Sekundärspule	–
I_1	Primärstromstärke	A	I_2	Sekundärstrom-	
ü	Übersetungsverhältnis	–		stärke	A

Werden die Verluste vernachlässigt, so gilt beim Transformator
- für Spannungen und Windungszahlen: $U_1 : U_2 = N_1 : N_2$
- Primärleistung = Sekundärleistung: $U_1 \cdot I_1 = U_2 \cdot I_2$

und somit $U_1 : U_2 = I_2 : I_1$. Diese Zusammenhänge werden als Übersetzungsverhältnis ü bezeichnet.

Beispiel: Eine Handlampe für U_2 = 42 V soll aus Sicherheitsgründen über einen Schutztransformator an die Netzspannung U_1 = 230 V angeschlossen werden (**Bild 2**). Welches Übersetzungsverhältnis ü muss der Transformator haben?

Lösung: $ü = \dfrac{U_1}{U_2} = \dfrac{230\ V}{42\ V} = 5{,}476 \approx \mathbf{5{,}5}$

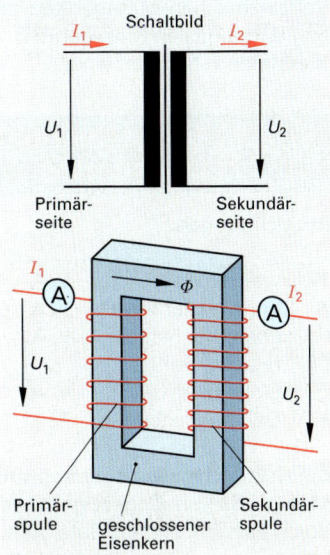

Bild 1: Transformator

Übersetzungsverhältnis

$$ü = \frac{U_1}{U_2} = \frac{N_1}{N_2}$$

$$ü = \frac{U_1}{U_2} = \frac{I_2}{I_1}$$

Aufgaben | Transformator

1. **Schutztransformator.** Bei einem Schutztransformator mit der Spannungsangabe 230/42 V hat die Sekundärspule 913 Windungen. Wie viele Windungen hat die Primärspule?

2. **Leerlaufspannung.** Welche Leerlaufspannung besitzt ein Schweißtransformator mit der Primärwindungszahl 160 und der Sekundärwindungszahl 70, wenn er an 230 V angeschlossen wird?

3. **Schweißtransformator.** Ein Schweißtransformator ist primärseitig an U_1 = 230 V angeschlossen und gibt sekundärseitig eine Leerlaufspannung U_2 = 58 V ab. Die Sekundärspule hat 70 Windungen.

   Berechnen Sie

   a) das Übersetzungsverhältnis ü,

   b) die Windungszahl N_1 der Primärspule.

4. **Klingeltransformator (Bild 3).** Bei einem Klingeltransformator fließen auf der Sekundärseite 2,5 A Strom bei 12 V Spannung.

   Zu berechnen sind

   a) der Primärstrom I_1,

   b) die Sekundärstromstärken und Übersetzungsverhältnisse für die Anschlüsse 10 V und 8 V.

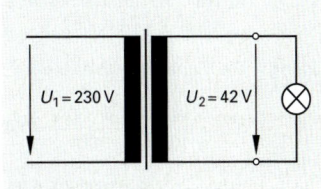

Bild 2: Schutztransformator

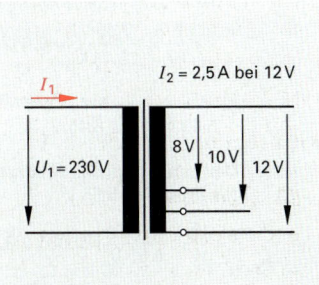

Bild 3: Klingeltransformator

8.10 | Messfehler elektrischer Messgeräte

Bei elektrischen Messgeräten unterscheidet man zwischen analogen und digitalen Messgeräten, die jedoch alle bei Messungen mit Messfehlern behaftet sind.

8.10.1 | Messfehler analoger elektrischer Messgeräte

Bezeichnungen:

W	wahrer Wert	V, A
A	angezeigter Wert	V, A
F	absoluter Fehler	V, A
f	relativer Fehler	%
E	Skalenendwert	V, A
k	Genauigkeitsklasse	%

Bei elektrischen Messgeräten (**Bild 1**) weicht der wahre Wert W der Messgröße vom angezeigten Wert A nach oben oder unten ab. Dadurch entsteht ein absoluter Fehler F. Der zulässige absolute Fehler hängt von der Genauigkeitsklasse k (**Tabelle 1**) des Messgerätes ab. Bei einem Messgerät der Genauigkeitsklasse $k = 1,5$ darf der wahre Wert W um höchstens ± 1,5 % vom Skalenendwert abweichen.
Der absolute Fehler F ist über den gesamten Messbereich konstant, deshalb soll die Messung im letzten Drittel des Messbereiches vorgenommen werden, damit der relative Fehler f möglichst gering bleibt.

Beispiel: Ein Vielfachmessgerät (**Bild 2**) wird im 30 V-Bereich benützt und ein Wert von $U = 26,6$ V abgelesen.
a) Wie groß ist der absolute Messfehler F?
b) Zwischen welchen Grenzen liegt der wahre Wert W?
c) Wie groß ist der relative Fehler f?
d) Welcher relative Fehler ergibt sich bei der Messung von $U = 6$ V im 30 V – Bereich?

Lösung: Die Genauigkeitsklasse $k = 1,5$ ist am Gerät abzulesen.

a) $F = \dfrac{k \cdot E}{100} = \dfrac{1,5 \cdot 30\ \text{V}}{100} = \mathbf{0,45\ V}$

b) $W = A \pm F = 26,6\ \text{V} \pm 0,45\ \text{V}$;
26,15 V ≤ W ≤ 27,05 V

c) Der größtmögliche relative Fehler ergibt sich beim kleinsten wahren Wert $W = 26,15$ V

$f = \dfrac{F}{W} = \dfrac{0,45\ \text{V}}{26,15\ \text{V}} = \mathbf{0,017 = 1,7\ \%}$

d) $W = A \pm F = 6\ \text{V} \pm 0,45\ \text{V}$
5,55 V ≤ W ≤ 6,45 V

Der größtmögliche relative Fehler ergibt sich beim kleinsten wahren Wert $W = 5,55$ V

$f = \dfrac{F}{W} = \dfrac{0,45\ \text{V}}{5,55\ \text{V}} = \mathbf{0,081 = 8,1\ \%}$

Der relative Fehler wird umso größer, je weiter man bei der Messung vom Skalenendwert entfernt ist.

——	Gleichstrom
∼	Wechselstrom
⊓	waagerechte Lage
☆ 2	Prüfspannung 2 kV
⌂	Drehspulmesswerk mit Dauermagnet
⌇	Dreheisenmesswerk
⌒	Bimetallmesswerk

Bild 1: Bildzeichen für Analogmessgeräte

Tabelle 1: Genauigkeitsklassen k von Messgeräten

Gerätetypen	k			
Feinmessgeräte	0,1	0,2	0,5	–
Betriebsmessgeräte	1	1,5	2,5	5

Wahrer Wert

$$W = A \pm F$$

Absoluter Fehler

$$F = \frac{k \cdot E}{100}$$

Relativer Fehler

$$f = \frac{F}{W}$$

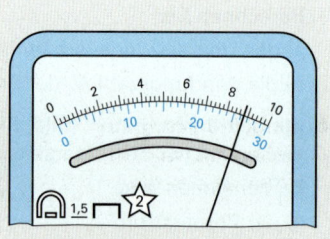

Bild 2: Spannungsmessung

8.10.2 | Messfehler digitaler elektrischer Messgeräte

Der Messfehler bei digitalen Messgeräten setzt sich aus dem Grundfehler und aus dem Quantisierungsfehler zusammen (**Bild 1**). Daraus wird der wahre Fehler ermittelt.

- Der **Grundfehler** ist ein Fehler in den Bauteilen des Analog-Digitalwandlers und wird in Prozent vom angezeigten Messwert angegeben. Der Grundfehler liegt meist zwischen 0,5 % und 1,5 %.

- Der **Quantisierungsfehler** beruht auf der Auflösung des Analog-Digitalwandlers und liegt zwischen 1 und 5 Digits.

Die Fehlergrenzen werden vom Hersteller angegeben.

Bezeichnungen:

W	wahrer Wert	V, A	f	relativer Fehler	%
A	angezeigter Wert	V, A	x	Fehlergrenze	% + Digits
E	Anzeigenbereich	V, A	n	Anzahl der Digits	–
F	absoluter Fehler	V, A	D	Auflösung	V, A

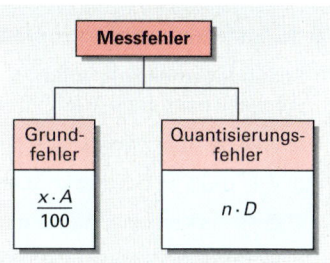

Bild 1: Messfehler digitaler Messgeräte

Wahrer Wert

$$W = A \pm F$$

Absoluter Fehler

$$F = \frac{x \cdot A}{100} + n \cdot D$$

Relativer Fehler

$$f = \frac{F}{W}$$

Beispiel 1: Ein Digitalmessgerät hat im Bereich AC[1] 750 V nach Herstellerangaben folgenden Fehler:

± (Auflösung 1 V; 0,75 % v. Mw.[2] + 3 Digits)

Für die Anzeige 240,0 V sind zu berechnen

a) der absolute Fehler F,

b) die Bereiche für den wahren Wert W,

c) der größtmögliche relative Fehler f.

Lösung: a) $F = \dfrac{x \cdot A}{100} + n \cdot D = \dfrac{0,75 \cdot 240,0\ \text{V}}{100} + 3 \cdot 1\ \text{V} = \textbf{4,8 V}$

b) $W = A \pm F = 240,0\ \text{V} \pm 4,8\ \text{V};$ **235,2 V ≤ W ≤ 244,8 V**

c) Der größtmögliche relative Fehler ergibt sich beim kleinsten wahren Wert $W = 235,2$ V

$f = \dfrac{F}{W} = \dfrac{4,8\ \text{V}}{235,2\ \text{V}} = \textbf{0,020 = 2 \%}$

Beispiel 2: Ein elektrisches Vielfachmessgerät mit Digitalanzeige (Herstellerangaben **Tabelle 1**) zeigt eine Gleichspannung von 161,3 V im 200-Volt-Bereich an.

Zu berechnen sind

a) der absolute Fehler F,

b) die Bereiche für den wahren Wert W,

c) der größtmögliche relative Fehler f.

Lösung: Die Werte x, D und n sind **Tabelle 1** zu entnehmen.

a) $F = \dfrac{x \cdot A}{100} + n \cdot D = \dfrac{0,2 \cdot 161,3\ \text{V}}{100} + 1 \cdot 0,1\ \text{V}$

$F = 0,3226\ \text{V} + 0,1\ \text{V} = \textbf{0,4226 V} \approx \textbf{0,4 V}$

b) $W = A \pm F = 161,3\ \text{V} \pm 0,4\ \text{V};$ **160,9 V ≤ W ≤ 161,7 V**

c) Der größtmögliche relative Fehler ergibt sich beim kleinsten wahren Wert $W = 160,9$ V

$f = \dfrac{F}{W} = \dfrac{0,4\ \text{V}}{160,9\ \text{V}} = \textbf{0,0025 = 0,25 \%}$

Tabelle 1: Vielfachmessgerät DC[3]		
Spannungsmessung		
Mess-bereich	Auf-lösung D	Fehler-grenze x % v. Mw. / Digits
± 0,2 V	100 µV	0,2 / 1
± 2 V	1 mV	0,2 / 1
± 20 V	10 mV	0,2 / 1
± 200 V	100 mV	0,2 / 1
± 1 000 V	1 V	0,2 / 1
Strommessung		
Mess-bereich	Auf-lösung D	Fehler-grenze x % v. Mw. / Digits
± 20 mA	10 µA	0,75 / 1
± 200 mA	100 µA	0,75 / 1
± 2 A	1 mA	0,75 / 1
± 10 A	10 mA	1 / 1

[1] AC Alternating Current (engl.) = Wechselstrom
[2] v. Mw. (Abkürzung) = vom Messwert
[3] DC Direct Current (englisch) = Gleichstrom

Aufgaben | Messfehler elektrischer Messgeräte

■ Messfehler analoger elektrischer Messgeräte

1. Spannungsmessung (Bild 1). Das Dreheisenmessgerät wird im Wechselspannungs-Messbereich 130 V betrieben.

a) Welche Spannung U wird angezeigt?

b) Wie groß ist bei dieser Spannung der absolute Fehler F?

c) Zwischen welchen Werten liegt der wahre Wert W?

d) Der größtmögliche relative Fehler f ist zu berechnen.

2. Strommessung. Ein Strommessgerät der Güteklasse 1,5 hat einen Messbereich von 10 A.

a) Zwischen welchen Werten kann der wahre Wert liegen, wenn der Zeiger einen Strom von $I = 8,0$ A anzeigt?

b) Wie groß ist bei dieser Anzeige der größtmögliche relative Fehler f?

c) Welcher größtmögliche relative Fehler f würde sich ergeben, wenn eine Stromstärke von $I = 2,5$ A gemessen wird?

3. Messergebnisse. Eine Spannung von 240 V wird mit einem Spannungsmesser der Genauigkeitsklasse $k = 2,5$ gemessen. Welche möglichen Messergebnisse können sich einstellen, wenn

a) der Messbereich 300 V,

b) der Messbereich 1 000 V gewählt wird?

c) Für beide Bereiche ist der größtmögliche relative Fehler zu berechnen.

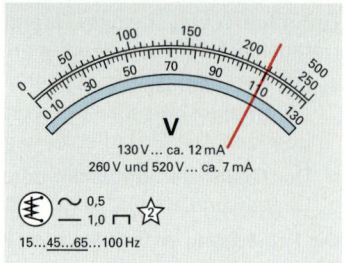

Bild 1: Spannungsmessung

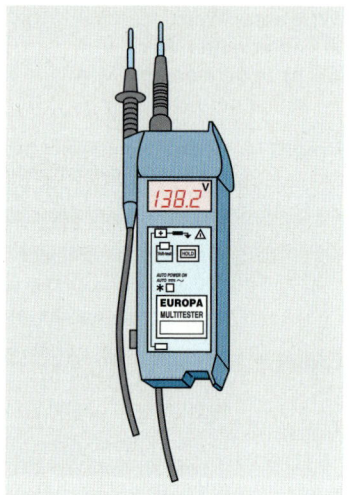

Bild 2: Digitalmessgerät

■ Messfehler digitaler elektrischer Messgeräte

4. Digitalmessgerät (Bild 2). Mit einem Digitalmessgerät wird im eingestellten 200-Volt-Bereich eine Gleichspannung von 138,2 V gemessen. Der Hersteller gibt für diesen Messbereich folgende Daten an: Auflösung 100 mV; Fehlergrenze 0,2 % vom Messwert + 1 Digit.

Für die gemessene Spannung sind zu berechnen:

a) der absolute Fehler,

b) die Bereiche für den wahren Wert,

c) der größtmögliche relative Fehler.

5. Messbereich (Tabelle 1). Mit einem Digitalmessgerät wird die Netzwechselspannung gemessen und ein Wert von 231,2 V abgelesen.

a) Welcher Messbereich muss eingestellt werden?

b) In welchen Grenzen liegt der wahre Wert der Spannung?

6. Messfehler (Tabelle 1 Seite 257). Mit einem Multimeter wird eine Gleichspannung von 18,1 V im 20-Volt-Bereich und im 200 V-Bereich gemessen. Für beide Fälle ist der absolute Fehler und der größtmögliche relative Fehler zu berechnen.

Tabelle 1: Digitalmessgerät AC		
Spannungsmessung		
Mess-bereich 0 bis...	Auf-lösung D	Fehler-grenze x % v. Mw. Digits
200 mV	100 µV	0,75 3
2 V	1 mV	0,75 3
20 V	10 mV	0,75 3
200 V	100 mV	0,75 3
750 V	1 V	0,75 3
Strommessung		
Mess-bereich 0 bis ...	Auf-lösung D	Fehler-grenze x % v. Mw. Digits
20 mA	10 µA	1,5 3
200 mA	100 µA	1,5 3
2 A	1 mA	1,5 3
10 A	10 mA	1,5 3
30 A	100 mA	1,5 3

9 | Aufgaben zur Wiederholung und Vertiefung

9.1 | Mathematische Grundlagen

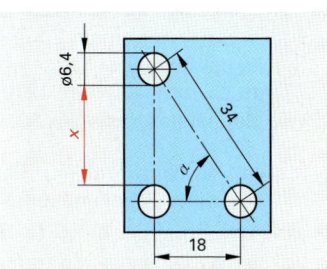

Bild 1: Platte

■ Winkelfunktionen und Satz des Pythagoras

1. Platte (Bild 1). Die Platte erhält 3 Bohrungen mit je 6,4 mm Durchmesser. Ihre Mittelpunkte bilden ein rechtwinkliges Dreieck mit den Seitenlängen 18,0 mm und 34,0 mm.

Wie groß

a) ist das Kontrollmaß x,

b) wird x, wenn die Bohrung versehentlich mit 6,6 mm Durchmesser gefertigt wird,

c) ist der Winkel α?

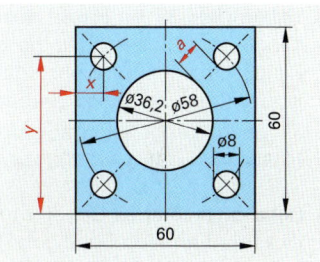

Bild 2: Flansch

2. Flansch (Bild 2). Ein Flansch erhält eine Bohrung mit 36,2 mm Durchmesser und 4 Bohrungen mit je 8,0 mm Durchmesser, die symmetrisch zur senkrechten und waagrechten Achse des Flansches liegen.

Wie groß sind

a) die Kontrollmaße x und y,

b) das Kontrollmaß a?

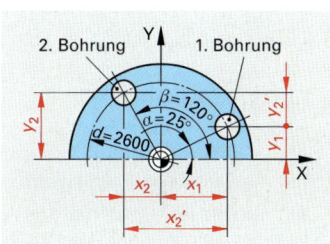

Bild 3: Deckscheibe

3. Deckscheibe (Bild 3). Eine Deckscheibe erhält zwei Bohrungen auf dem Teilkreisdurchmesser $d = 2600$ mm unter den Winkeln $\alpha = 25°$ und $\beta = 120°$.

Für das NC-Programm sind zu berechnen

a) die Koordinatenmaße x_1, x_2, y_1 und y_2 bezogen auf den Werkstücknullpunkt,

b) die Koordinatenmaße x'_2 und y'_2 bezogen auf die 1. Bohrung.

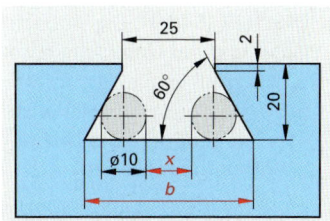

● **Bild 4: Schwalbenschwanzführung**

4. Schwalbenschwanzführung (Bild 4). Bei einer Schwalben-
● schwanzführung kann der Abstand der beiden seitlichen Gleitflächen nur mit Hilfe von Prüfzylindern bestimmt werden.

Berechnen Sie

a) die Breite b der Führung, wenn man annimmt, dass die Ecken völlig spitz sind.

b) das Kontrollmaß x, wenn die Prüfzylinder 10,00 mm Durchmesser haben.

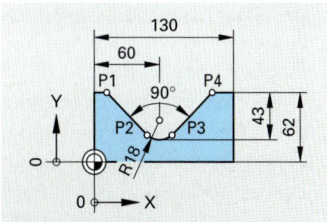

● **Bild 5: Schablone**

5. Schablone (Bild 5). Die obere Kante und das ausgerundete
● Prisma werden auf einer NC-Fräsmaschine mit einem Schaftfräser hergestellt. Der Schaftfräser hat einen Durchmesser von 25 mm.

Zu berechnen sind die X- und Y-Koordinaten der Konturpunkte P1 bis P4 mit einer Genauigkeit von drei Stellen nach dem Komma.

9.2 Längen, Flächen, Volumen, Masse

1. Aufteilen eines Flachstabes. Von einem 3000 mm langen Flachstab werden mit einem 2,5 mm breiten Sägeblatt nacheinander Stücke mit folgender Länge abgeschnitten:
25 mm, 90 mm, 137 mm, 1210 mm, 685 mm und 792 mm
Wie lang ist das Reststück?

2. Masse von Normprofilen, Blechen und Rohren. Berechnen Sie mit Hilfe eines Tabellenbuches die Masse von
a) 40 m L-Profil EN 10056-1 – S235 – 70x50x6,
b) 125 m² Stahlblech, 4,5 mm dick,
c) 85 m Rohr DIN 8074 – 40x2,4 PEHD.

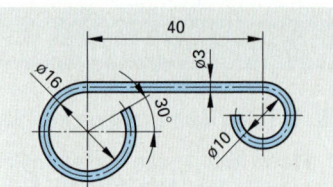

Bild 1: Haken

3. Haken (Bild 1). An Haken aus verzinktem Stahl werden die Vorhänge einer Schweißkabine aufgehängt. Der Draht wird in der Biegemaschine von einer Rolle abgezogen, gerade gerichtet, abgeschnitten und danach gebogen.
a) Welche Länge muss abgeschnitten werden?
b) Wie viel g wiegen 2500 Haken?

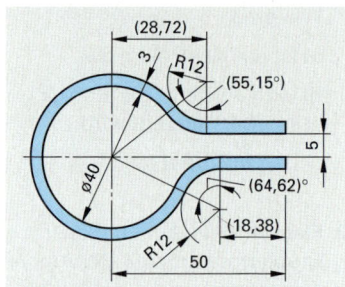

Bild 2: Rohrhalter

4. Rohrhalter (Bild 2). Der 30 mm breite Rohrhalter wird aus 3 mm dickem Aluminiumband gebogen. Um die Berechnung zu vereinfachen, sind die Maße (28,72), (55,15°), (64,62°) und (18,38) angegeben, obwohl sie sich aus den anderen Maßen ergeben.
a) Wie groß ist die gestreckte Länge des Rohrhalters?
b) Wie viel wiegt ein Halter?

5. Abschreckbehälter (Bild 3). Der rechteckige Behälter dient zum Abschrecken von Werkstücken beim Härten. Er hat die Innenmaße 2 m x 1,2 m x 0,7 m und wird mit 1450 l Öl gefüllt. Das Öl hat die Dichte $\varrho = 0,85$ kg/dm³.
a) Welches Volumen hat das Abschreckbecken?
b) Wie viel mm liegt der Ölspiegel unter dem Beckenrand?
c) Welche Masse hat das eingegossene Öl?

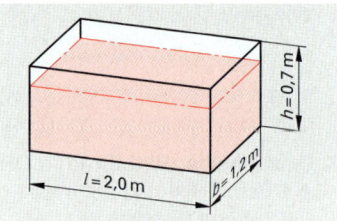

Bild 3: Abschreckbehälter

6. Blechteil (Bild 4). Die trapezförmigen Blechteile werden auf der Ober- und der Unterseite 5 μm dick verkupfert.
a) Wie groß ist die verkupferte Fläche?
b) Wieviel Gramm Kupfer werden für den Überzug von 1650 Blechteilen benötigt? Die Dichte von Kupfer soll dem Tabellenbuch entnommen werden.

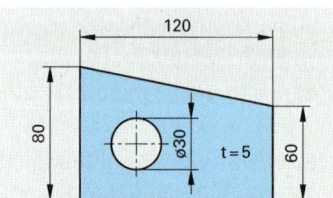

Bild 4: Blechteil

7. Blasenspeicher (Bild 5). In Blasenspeichern wird unter Druck stehende Hydraulikflüssigkeit gespeichert, die eine im Speicher eingebaute stickstoffgefüllte Blase zusammendrückt. Der Mantel des Blasenspeichers besteht aus einem zylindrischen Teil, der an beiden Enden durch einen Kugelabschnitt abgeschlossen wird.
Zu berechnen sind
a) das Volumen des Speichers ohne Berücksichtigung der Blase,
b) die Gewichtskraft des eigentlichen Gehäuses, wenn dieses aus Stahl besteht und durchschnittlich 5 mm dick ist.
Zur Vereinfachung der Berechnung soll angenommen werden, dass der zylindrische Teil des Speichers beidseitig durch je eine vollständige Halbkugel abgeschlossen ist.

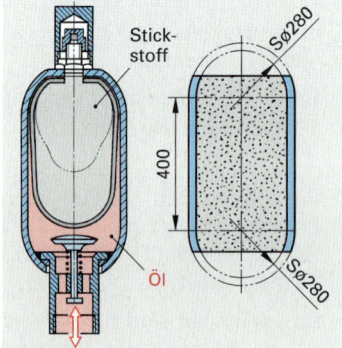

Bild 5: Blasenspeicher

9.3 | Maschinen- und Gerätetechnik: Bewegungen, Getriebe

1. **Umfangsgeschwindigkeit.** Eine Schleifscheibe mit 250 mm Durchmesser und einer zulässigen Umfangsgeschwindigkeit von 35 m/s soll auf eine Schleifspindel mit der Drehzahl $n = 2800$/min montiert werden.
   a) Wird die zulässige Umfangsgeschwindigkeit überschritten?
   b) Bis zu welchem Durchmesser kann die Schleifscheibe abgenutzt werden, wenn als kleinste wirtschaftliche Schnittgeschwindigkeit 25 m/s angenommen wird?

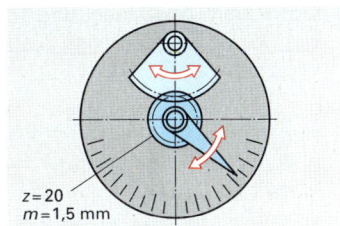

Bild 1: Zeigerantrieb

2. **Zeigerantrieb (Bild 1).** Das Ritzel auf der Zeigerwelle eines groben Messtasters hat 20 Zähne und einen Modul von 1,5 mm.
   Wie groß sind
   a) der Außendurchmesser des Ritzels,
   b) die Frästiefe für ein Kopfspiel von $0,25 \cdot m$,
   c) die zum Verzahnen des Zahnsegmentes einzustellende Zähnezahl, wenn dieses beim Schwenken um 60° die Zeigerwelle einmal drehen soll,
   d) der Achsabstand?

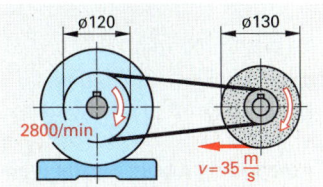

Bild 2: Riementrieb

3. **Riementrieb (Bild 2).** Ein Elektromotor mit der Drehzahl $n_1 = 2800$/min treibt über einen Flachriemen eine Schleifspindel. Der Durchmesser der treibenden Riemenscheibe beträgt $d_1 = 120$ mm.
   Wie groß sind bei einem Schleifscheibendurchmesser $d = 130$ mm und eine Umfangsgeschwindigkeit der Schleifscheibe von 35 m/s
   a) die Drehzahl der Schleifscheibe,
   b) der Durchmesser der getriebenen Riemenscheibe,
   c) das Übersetzungsverhältnis des Riementriebes?

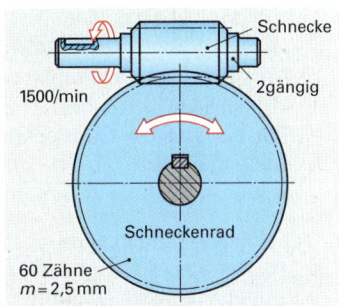

Bild 3: Schneckentrieb

4. **Schneckentrieb (Bild 3).** Eine zweigängige Schnecke treibt mit 1500 Umdrehungen je Minute ein Schneckenrad mit 60 Zähnen an. Der Modul beträgt $m = 2,5$ mm.
   Zu berechnen sind
   a) die Drehzahl des Schneckenrades,
   b) das Übersetzungsverhältnis,
   c) Teilkreis- und Kopfkreisdurchmesser des Schneckenrades.

5. **Gewindespindelantrieb (Bild 4).** Ein Schlitten wird durch eine Kugelgewindespindel mit 6 mm Steigung verfahren. Sie selbst wird über Zahnriemen ($z_1 = 24$, $z_2 = 32$) angetrieben.
   a) Wieviel Umdrehungen muss die Gewindespindel machen, damit der Schlitten 180 mm zurücklegt?
   b) Wie groß ist die Vorschubgeschwindigkeit des Schlittens, wenn der Motor eine Drehzahl von 500/min hat?

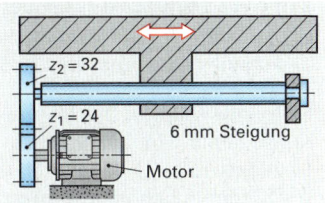

Bild 4: Gewindespindelantrieb

6. **Kranantrieb (Bild 5).** Die Laufkatze eines Krans wird von einem
● Elektromotor mit der Drehzahl $n_1 = 1420$/min über ein zweistufiges Stirnradgetriebe angetrieben. Die Laufkatze soll mit der Geschwindigkeit 150 m/min verfahren. Der Laufraddurchmesser beträgt 630 mm.
   Zu berechnen sind
   a) die notwendige Drehzahl des Laufrades,
   b) die Zähnezahl z_3,
   c) das Gesamtübersetzungsverhältnis und die Einzelübersetzungsverhältnisse des Zahnradgetriebes,
   d) die Schubkraft am Umfang des Laufrades, wenn der Motor eine Leistung von 2,5 kW abgibt und Reibungsverluste vernachlässigt werden.

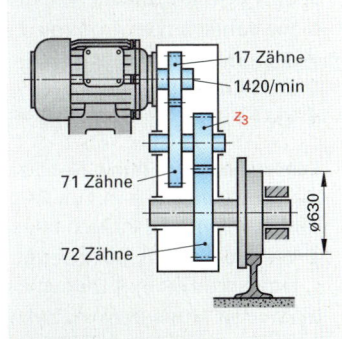

● **Bild 5: Kranantrieb**

9.4 | Maschinen- und Gerätetechnik: Kräfte, Arbeit, Leistung

1. Kräfte beim Zerspanen (Bild 1). Auf einen Stechdrehmeißel wirken beim Einstechdrehen die Schnittkraft F_c = 1600 N und die Vorschubkraft F_f = 500 N.
Ermitteln Sie

a) die Größe der Resultierenden aus den Kräften F_c und F_f,

b) den Winkel zwischen der Resultierenden und der Vorschubkraft F_f.

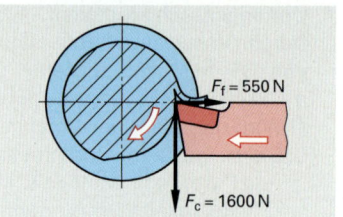

Bild 1: Kräfte beim Zerspanen

2. Tragkette (Bild 2). Ein 29 kN schweres Rohr hängt an einer Kette, die das Rohr umschlingt und am Haken des Baggerseiles aufgehängt ist.
Zu bestimmen sind

a) die Zugkraft im Baggerseil,

b) die Zugkraft in den beiden zum Haken gehenden Kettensträngen.

Anmerkung: Lösen Sie die Frage b) zeichnerisch und rechnerisch.

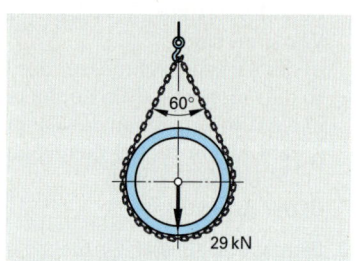

Bild 2: Tragkette

3. Spannpratze (Bild 3). Mit einer Spannpratze werden gleichzeitig zwei Werkstücke gespannt. Die Spannmutter drückt mit der Kraft F = 4000 N auf die Spannpratze.

a) Wie groß sind die Spannkräfte F_1 und F_2 auf die Werkstücke?

b) Mit welcher Kraft muss beim Anziehen der Mutter am 300 mm langen Gabelschüssel gedreht werden, wenn der Reibungsverlust im Gewinde und an der Auflagefläche der Mutter zusammen 90 % beträgt?

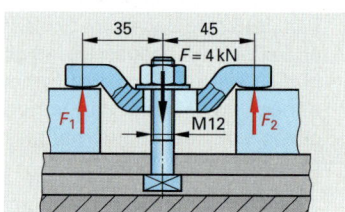

Bild 3: Spannpratze

4. Gabelstapler (Bild 4). Ein Gabelstapler wiegt 17 kN. Der Schwerpunkt des Staplers liegt 2100 mm rechts, der Schwerpunkt der anzuhebenden Last 1200 mm links von der Vorderachse.
Zu berechnen sind

a) die Größe der Last F, bei der der Stapler kippen würde,

b) die Kräfte auf die Vorderachse und auf die Hinterachse beim Anheben einer Last von 20,5 kN.

5. Seilwinde (Bild 5). Die Trommel einer Seilwinde wird mit einer Kurbel über ein Zahnradpaar angetrieben. Die Last mit der Gewichtskraft G = 1200 N soll mit der Geschwindigkeit v = 12 m/min gehoben werden.
Wie groß sind

a) die notwendige Zahl der Kurbelumdrehungen je Minute,

b) die Arbeit an der Trommel bei 8,5 m Hubhöhe,

c) die notwendige Arbeit an der Kurbel, wenn der Wirkungsgrad der Winde 65 % beträgt,

d) die Leistung an der Kurbel in kW?

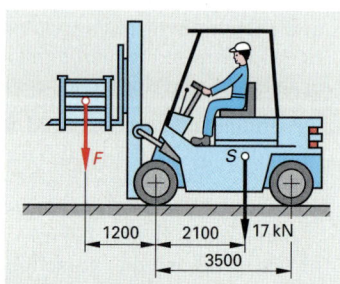

Bild 4: Gabelstapler

6. Schraubenverbindung. Der Deckel eines Hydraulikzylinders wird mit 10 Zylinderschrauben M8 befestigt. Jede wird mit einem Drehmoment von 20 N·m angezogen.

a) Welche Spannkraft erzeugt jede Schraube, wenn der Wirkungsgrad beim Anziehen der Schraube 15 % beträgt?

b) Welcher Innendruck im Zylinder mit der Bohrung d = 125 mm würde die gleiche Kraft erzeugen wie die gesamte Spannkraft der Schrauben?

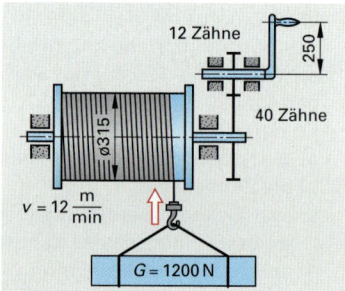

Bild 5: Seilwinde

9.5 | Fertigungs- und Prüftechnik

1. **Wellenlagerung (Bild 1).** Das Rillenkugellager 61910 wird durch einen Deckel gehalten und dient als Festlager. Die Aufnahmebohrung des Gehäuses wird mit der Tiefe 18 ± 0,2 mm gefertigt. Die Breite des Lagers ist vom Hersteller mit $b = 12 - 0,25$ mm angegeben.
Welches Höchst- bzw. Mindestmaß x kann der Absatz des Deckel aufweisen, wenn der Deckel spaltfrei am Gehäuse anliegen muss?

2. **Spritzgießwerkzeug (Bild 2).** Bei dem Spritzgießwerkzeug werden die beiden Formplatten (Pos. 1 und 2) durch 4 Führungsbolzen (Pos. 3) und 4 Führungsbuchsen (Pos. 4) gegeneinander zentriert.
Für die angegebenen Fertigungstoleranzen der Bohrungen und Außendurchmesser sind die Grenzpassungen zu berechnen zwischen
a) Führungsbolzen (3) und Formplatte (2),
b) Führungsbolzen (3) und Führungsbuchse (4),
c) Führungsbuchse (4) und Formplatte (1).

3. **Angussbüchse (Bild 2, Pos. 5).** Die Bohrung in der Angussbüchse ist kegelig, damit sich der Anguss beim Öffnen der Form gut entformen lässt. Der Innenkegel der Bohrung hat folgende Maße: Länge 40 mm, kleiner Durchmesser 3,5 mm, Neigungswinkel 1,2 °C.
Für die Herstellung sind zu berechnen
a) der Kegelwinkel,
b) der große Durchmesser der Bohrung,
c) das Kegelverhältnis.

4. **Skalenring (Bild 3).** Der Skalenring für eine Einstellspindel erhält am Umfang 100 Teilstriche in gleichem Abstand. Dazu wird der Skalenring im Spannfutter eines Teilkopfes gespannt. Die Striche werden mit einem Stichel eingeritzt. Die Drehung erfolg durch indirektes Teilen.
a) Wie groß ist der Teilschritt?
b) Welche Lochkreise sind möglich?

5. **Drehbearbeitung.** Beim Drehen der Skalenringe (Bild 3) aus E295 wird zuerst der Zapfen ø 32 x 25 angedreht, danach der Außendurchmesser durch einen Schrupp- und einen Schlichtschnitt.
Ermitteln Sie für den Schruppschnitt mit der Schnitttiefe $a = 2,5$ mm, dem Einstellwinkel $\varkappa = 60°$ und dem Vorschub 0,4 mm
a) den Spanungsquerschnitt,
b) die spezifische Schnittkraft,
c) die Drehzahl für die Schnittgeschwindigkeit 200 m/min,
d) die Schnittleistung,
e) die notwendige Antriebsleistung der Drehmaschine, wenn der Wirkungsgrad 70 % beträgt.

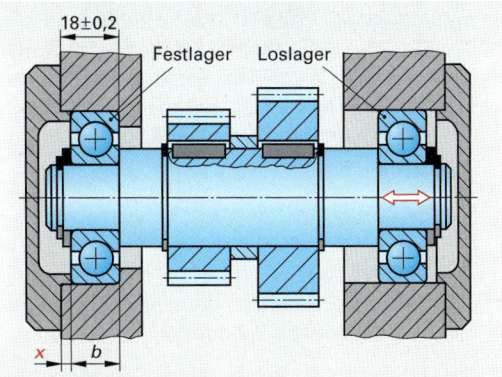

Bild 1: Wellenlagerung

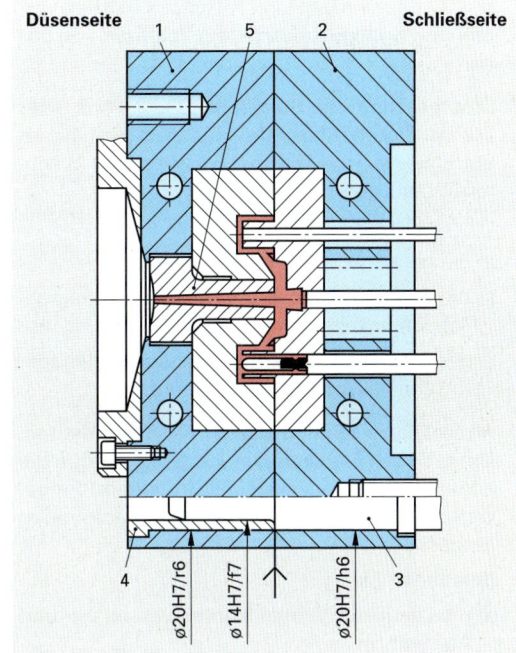

Bild 2: Spritzgießwerkzeug

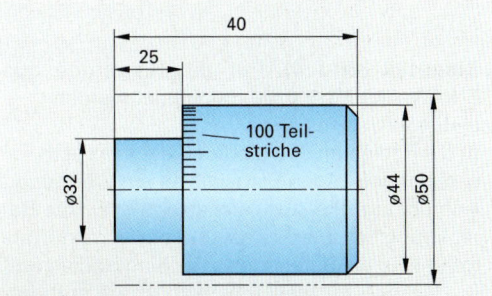

Bild 3: Skalenring

9.6 │ Fertigungs- und Prüftechnik

1. **Auflageschiene (Bild 1).** Die Auflageschienen einer Zuführbahn erhalten insgesamt 40 Auflagepunkte mit je 25 mm Durchmesser. Diese werden durch MAG-Schweißen mit einer 5 mm dicken Kehlnaht mit der Schiene verbunden.

   Zu berechnen sind

   a) die gesamte Schweißnahtlänge,

   b) das Volumen und die Masse der Nähte ohne Zuschläge,

   c) die Hauptnutzungszeit bei einer Schweißgeschwindigkeit von 2,0 m/min.

2. **Gasverbrauch.** Zu Beginn einer Schweißarbeit zeigt das Manometer der Mischgasflasche einen Druck von p_1 = 132 bar, nach der Arbeit p_2 = 77 bar. Wie viel Liter Mischgas wurden verbraucht, wenn die Flasche ein Volumen von 50 l hat?

3. **Lasergeschnittene Blechteile (Bild 2).** Aus einer 2 mm dicken Blechtafel aus nichtrostendem Stahl werden mit einem 1,5-kW-Laser 4 Blechteile herausgeschnitten.

   Wie groß sind

   a) die gesamte Schneidkantenlänge,

   b) die Hauptnutzungszeit bei einer Schneidgeschwindigkeit von 4 m/min,

   c) der Verbrauch an Schneidgas, wenn der spezifische Verbrauch 1,6 m³/h beträgt?

4. **Abdeckblech (Bild 3).** Aus 170 mm breiten, 2 mm dicken Blechstreifen aus S235 werden die abgebildeten Abdeckbleche in einem Folgewerkzeug durch Vorlochen und Ausschneiden hergestellt.

   Berechnen Sie

   a) die Länge der Schneidkanten von Innen- und Außenform,

   b) die Scherquerschnitte,

   c) die Scherfestigkeit des Werkstoffes,

   d) die Schneidkraft.

5. **Biegeteil (Bild 4).** Für die Biegeteile aus EN AW-AlCuMg1 sollen berechnet werden
   a) die gestreckte Länge,
   b) die Radien an den beiden Biegestempeln,
   c) die notwendigen Biegewinkel am Werkzeug.
   Anmerkung: Die Ausgleichswerte *v* für die Berechnung des Zuschnittes und die Korrekturfaktoren *k* für die Berechnung der Biegeradien und Biegewinkel müssen Tabellenbüchern entnommen werden.

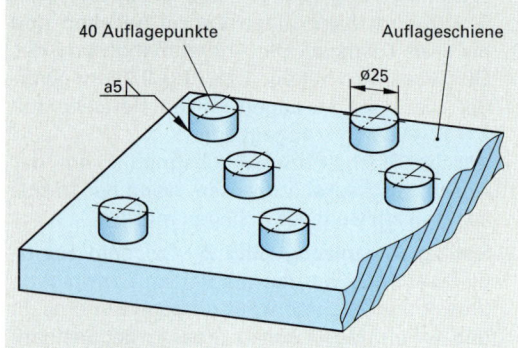

Bild 1: Auflageschiene

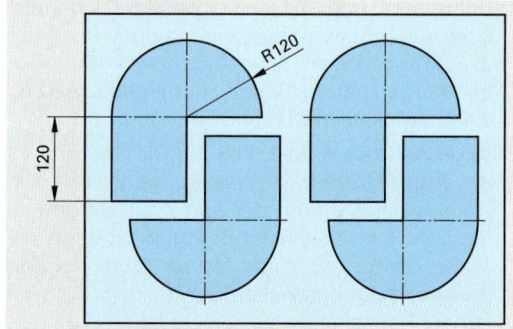

Bild 2: Lasergeschnittene Blechteile

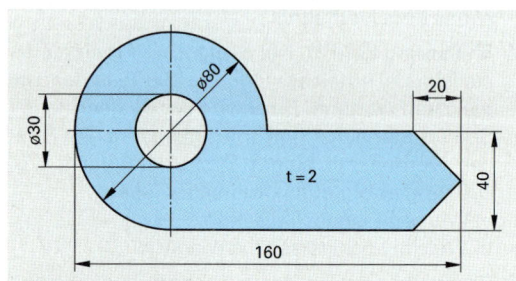

Bild 3: Abdeckblech

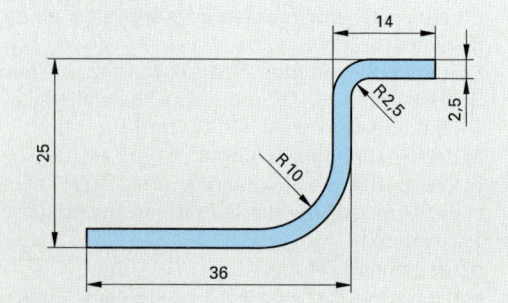

Bild 4: Biegeteil

9.7 | Fertigungsplanung

1. Hauptnutzungszeit beim Bohren (Bild 1). In einen 28 mm dicken Flansch aus EN-GJL-200 werden 15 Bohrungen mit je 22 mm Durchmesser gebohrt. Anlauf und Überlauf betragen zusammen 5 mm. Als Schnittgeschwindigkeit werden 25 m/min und als Vorschub 0,2 mm gewählt.

Ermitteln Sie
a) den gesamten Vorschubweg,
b) die Bohrerdrehzahl bei stufenloser Einstellung,
c) die Hauptnutzungszeit.

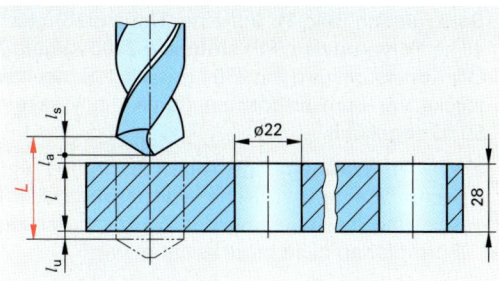

Bild 1: Bohrbearbeitung

2. Hauptnutzungszeit beim Fräsen (Bild 2). Die Oberfläche einer Platte 750 mm x 160 mm aus unlegiertem Baustahl soll einmal geschruppt werden. Der 14-zähnige Wendeplattenfräser lässt einen Vorschub von 2,8 mm je Fräserumdrehung zu. Die Schnittgeschwindigkeit soll 160 m/min betragen. Die Drehzahl des Fräsers ist stufenlos einstellbar.

Zu ermitteln sind
a) der Fräsweg L,
b) die Drehzahl des Fräsers,
c) die Vorschubgeschwindigkeit des Tisches,
d) die Hauptnutzungszeit.

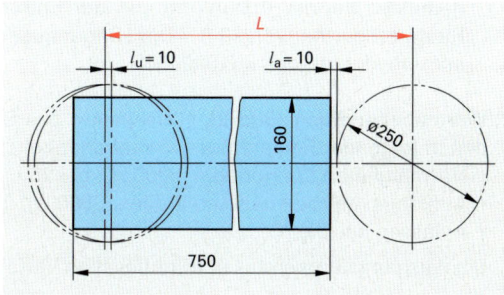

Bild 2: Fräsbearbeitung

3. Hauptnutzungszeit beim Drehen. Eine Welle aus E295 hat 125 mm Durchmesser und ist 750 mm lang. Sie soll in zwei Schnitten mit einer Schnittgeschwindigkeit von 250 m/min und einem Vorschub von 0,5 mm überdreht werden. An der Drehmaschine stehen die folgenden Spindeldrehzahlen zur Verfügung: 45 – 63 – 90 – 125 – 180 – 250 – 355 – 710 – 1000 – 1400 und 2000 /min.
a) Vergleichen Sie die angegebenen Schnittdaten mit den in Ihrem Tabellenbuch angegebenen Werten.
b) Wie groß ist die Drehzahl, die genau der Schnittgeschwindigkeit entspricht?
c) Welche Drehzahl ist einzustellen?
d) Wie groß ist die Hauptnutzungszeit für die genannte Drehbearbeitung?

4. Auftragszeit. Für das Bohren der Befestigungsbohrungen an 50 Zylinderdeckeln wird eine Auftragszeit von 240 min ermittelt. Darin sind eine Rüstgrundzeit von 25 min und eine Rüstverteilzeit von 15 % der Rüstgrundzeit enthalten. Die Erholungszeiten sind durch auftretende Wartezeiten abgegolten.
Wie groß sind
a) die Rüstzeit,
b) die Ausführungszeit,
c) die Zeit je Einheit,
d) die Grundzeit, wenn der Verteilzeitsatz 10 % der Grundzeit beträgt?

5. Kostenberechnung. Für die Berechnung des Verkaufspreises eines Kupplungsteiles stehen folgende Kalkulations-Unterlagen zur Verfügung:

Rüstzeit	32 min
Zeit je Einheit	8 min
Brutto-Werkstoffkosten	5,70 EUR
Fertigungslohn	8,28 EUR/Stunde
Fertigungsgemeinkosten-Satz	230 % der Fertigungslöhne
Geplanter Gewinn	10 % der Selbstkosten

Welcher Verkaufspreis ergibt sich für ein Kupplungsteil,
a) wenn nur ein Stück hergestellt wird,
b) wenn 45 Stück in Serie hergestellt werden?

9.8 | Werkstofftechnik

1. Spritzgießen (Bild 1). Auf einer Spritzgießmaschine werden aus 40 kg Polypropylen (PP) stündlich 2500 Kegelhülsen hergestellt. Der Kunststoff wird mit 230 ° gespritzt. Danach werden die Werkstücke vor dem Entformen durch ein Wasser-Kühlsystem auf 50 °C abgekühlt.

a) Welche Wärmemenge muss je Stunde abgeführt werden, wenn PP eine spezifische Wärmekapazität von 1,3 kJ/kg·K besitzt und die Ableitung der Wärme durch den Werkstoff der Formplatten nicht berücksichtigt wird?

b) Um wie viel °C erwärmt sich dabei das durchströmende Kühlwasser (100 l/h)?

c) Um wie viel mm schwinden die angegebenen Maße der Kegelhülsen bei der Abkühlung von der Entformungs- auf die Raumtemperatur von 20 °C? Der Längenausdehnungskoeffizient von PP beträgt $\alpha = 0,00008$/K.

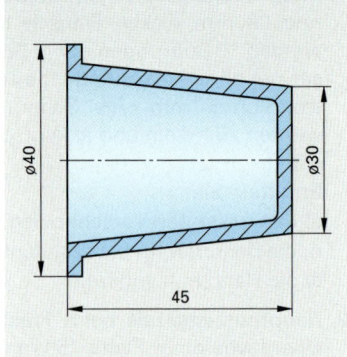

Bild 1: Becher aus PP

2. Wärmebehandlung (Bild 2). Ritzelwellen aus Einsatzstahl werden in folgender Reihenfolge wärmebehandelt:
- Normalglühen der Rohteile (6000 kg) bei 950 °C,
- Aufkohlen der bearbeiteten Wellen (3800 kg) bei 940 °C,
- Anlassen bei 180 °C.

Die Ausgangstemperatur beträgt bei allen Verfahren 20 °C.

Berechnen Sie ohne Berücksichtigung von Wärmeverlusten

a) die benötigte Wärmemenge zum Aufheizen bei den einzelnen Verfahren,

b) die gesamte Wärmemenge,

c) die zum Beheizen notwendige Erdgasmenge. Das Ergas hat einen Heizwert von 35 MJ/m³, der Kessel einen Wirkungsgrad von 90 %.

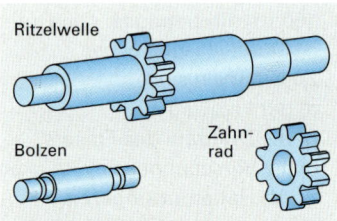

Bild 2: Wärmebehandlung

3. Schraubenverbindung (Bild 3). Sechskantschrauben ISO 4017 – M8 x 40 – 10.9 werden mit einem Drehmoment von 20 N·m angezogen.

a) Wie groß wäre die je Schraube entstehende Klemmkraft, wenn keine Reibung im Gewinde und an der Kopfauflage vorhanden wäre?

b) Wie groß ist die tatsächliche Klemmkraft, wenn die vorhandene Reibung einen Verlust von 90 % und damit einen Wirkungsgrad von nur $\eta = 0,1$ zur Folge hat?

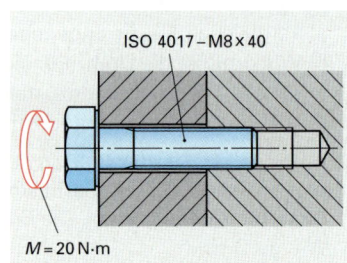

Bild 3: Schraubenverbindung

4. Zugversuch (Bild 4). Eine Zugprobe ($d_0 = 10$ mm, $L_0 = 50$ mm) wird auf einer Universalprüfmaschine geprüft. Dabei ergeben sich die im Diagramm angegebenen Messwerte.

Zu berechnen sind

a) der Probenquerschnitt,

b) die Streckgrenze und die Zugfestigkeit,

c) die Bruchdehnung in %,

d) der Elastizitätsmodul des Werkstoffes, wenn sich bei der Zugkraft $F = 20$ kN die Zugprobe elastisch um 0,061 mm gedehnt hat.

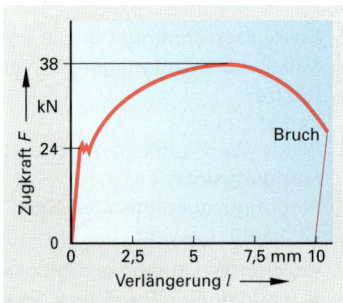

Bild 4: Zugversuch

9.9 | Steuerungstechnik

1. **Auswerfzylinder.** Ein einfachwirkender Druckluftzylinder mit einseitig wirkender Kolbenstange hat einen Kolbendurchmesser von 70 mm und einen Hub von 50 mm. Er wirft in einer Montagemaschine in einer Minute 45 fertige Werkstücke aus.
   a) Mit welcher Kraft schiebt der Kolben bei einem Druck p_e = 6 bar, wenn der Wirkungsgrad des Zylinders 85 % beträgt?
   b) Wie groß ist der Luftverbrauch des Zylinders je Minute?
   c) Wie viele solcher Zylinder könnten an einen Verdichter mit einer Leistung von 9 m³/min Ansaugluft angeschlossen werden?

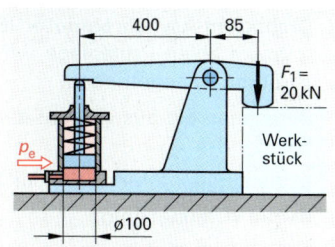

Bild 1: Spannzylinder

2. **Spannzylinder (Bild 1).** Ein Druckluftzylinder mit 100 mm Kolbendurchmesser spannt über einen Hebel Werkstücke in einer Montagevorrichtung. Der Zylinder hat einen Wirkungsgrad von 80 %.
   Wie groß muss der Anschlussdruck sein, wenn die Spannkraft am Werkstück 20 kN betragen soll und die Kräfte der Rückholfedern nicht berücksichtigt werden?

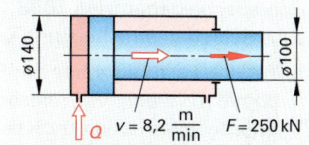

Bild 2: Vorschubzylinder

3. **Vorschubzylinder (Bild 2).** Ein Vorschubzylinder (Kolbendurchmesser 140 mm, Kolbenstangendurchmesser 100 mm, Hub 500 mm) soll mit der Geschwindigkeit v = 8,2 m/min ausfahren und dabei eine Kraft von 250 kN aufbringen.
   Zu berechnen sind
   a) der notwendige Volumenstrom Q,
   b) der Druck in der Zuleitung, wenn mit einem Zylinderwirkungsgrad von 86 % gerechnet werden muss,
   c) die Zeiten für das Aus- und das Einfahren des Kolbens,
   d) die Leistung des Pumpenmotors bei einem Pumpenwirkungsgrad von 83 %.

4. **Radialkolbenpumpe (Bild 3).** Eine Radialkolbenpumpe mit 8 Kolben von je 12 mm Durchmesser wird mit einer Drehzahl von 1380/min angetrieben. Die Kolben machen dabei einen Hub von je 22 mm.
   a) Welchen Volumenstrom fördert die Pumpe?
   b) Welche Leistung gibt die Pumpe bei einem Druck von 500 bar ab?
   c) Welchen Durchmesser müssen die Anschlussleitungen für eine maximale Ölgeschwindigkeit von 1,6 m/s haben?

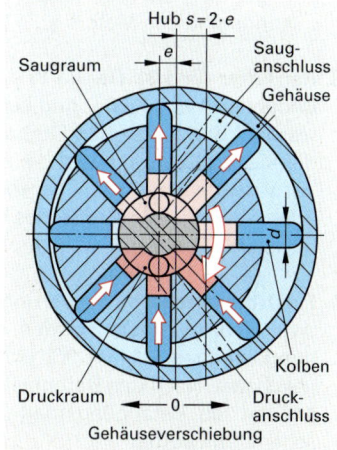

Bild 3: Radialkolbenpumpe

5. **Hydraulische Presse (Bild 4).** Eine hydraulische Presse soll bei
• 200 bar Druck eine nutzbare Kolbenkraft von 250 kN erzeugen.
   a) Wie groß muss der Zylinderdurchmesser sein, wenn der Zylinder einen Wirkungsgrad von 90 % hat?
   b) Welcher Zylinder muss aus der zur Verfügung stehenden Durchmesserreihe (50, 70, 100, 140, 200, 280, 400 mm) ausgewählt werden?
   c) Welchen Volumenstrom braucht der Zylinder, wenn der Kolben mit 2,5 m/min ausfahren soll?
   d) Wie schnell fährt der Kolben bei dem unter c) berechneten Volumenstrom ein, wenn der Durchmesser der Kolbenstange halb so groß wie der des Kolbens ist?
   e) Welcher Druck baut sich auf der Kolbenstangenseite auf, wenn der Abflussanschluss z.B. durch ein Ventil ganz gesperrt wird?

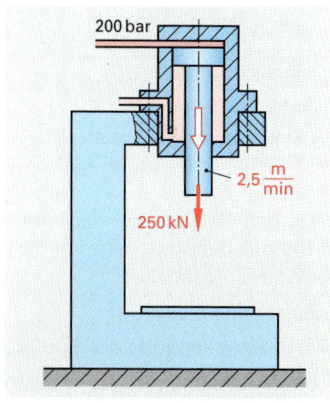

• **Bild 4: Hydraulische Presse**

9.10 | Elektrotechnik

1. Drehstrom-Asynchronmotor (Bild 1). Der Kleinverdichter einer transportablen Prüfanlage wird durch einen Drehstrom-Asynchronmotor angetrieben.

Berechnen Sie aus den auf dem Typenschild angegebenen Daten

a) die aufgenommene Wirkleistung im Nennbetrieb,

b) den Wirkungsgrad,

c) den Schlupf in %,

d) das Nenndrehmoment.

(Hersteller)	
Typ D 130 C 90/2	Baujahr: 2002
U_N = 400 V	I_N = 4,83 A
P_N = 2,2 kW	$\cos \varphi_N$ = 0,82
n_N = 2820 / min	η = 92 %

Bild 1: Drehstrom-Asynchronmotor

2. Schleifscheibenantrieb (Bild 2). An einer Schleifscheibe wird zum Schleifen eine Leistung von 2 kW benötigt.

a) Welche Leistung muss der Elektromotor an die Schleifspindel abgeben, wenn von dieser Leistung durch Reibung in den Spindellagern und durch Luftwiderstand 5 % verloren gehen?

b) Wie groß ist die Stromstärke in den Zuleitungen des Drehstrommotors, wenn dieser an einer Spannung von U = 400 V liegt? Der Leistungsfaktor $\cos \varphi$ beträgt 0,80 und der Wirkungsgrad des Motors η_M = 0,90.

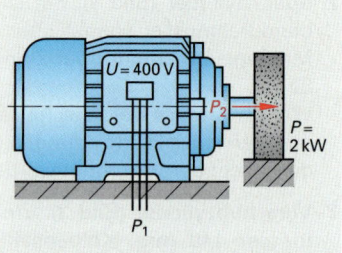

Bild 2: Schleifscheibenantrieb

3. Heizlüfter (Bild 3). Der 50 W-Motor eines Heizlüfters hat einen Widerstand von 1200 Ω und kann mit zwei Drehzahlen betrieben werden. Bei der großen Drehzahl liegt der Motor an 230 V. Bei der kleinen Drehzahl wird die Spannung am Motor durch einen Vorwiderstand auf 125 V herabgesetzt.
Berechnen Sie die Größe des Vorwiderstandes für den Betrieb bei kleiner Drehzahl.

4. Elektrohydraulische Steuerung (Bild 4). Bei der Steuerung von zwei Hydrozylindern werden durch das Relais K1 die Betätigungsmagnete Y1 und Y2 von zwei Wegeventilen gleichzeitig geschaltet. Nach den Datenblättern haben die Spulen des Relais K1 und der Betätigungsmagnete Y1 und Y2 folgende elektrischen Kennwerte:

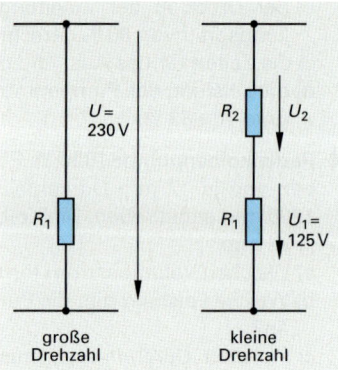

Bild 3: Heizlüfter-Schaltung

Werte beim Schalten	Spulen		
	K1	Y1	Y2
Spannung in V	24	24	24
Stromstärke in mA	200	500	500
Leistungsaufnahme in W	4,8	12	12

Da das Relais nach dem Anziehen nur einen Haltestrom von 100 mA benötigt, wird vor den Selbsthaltekontakt ein Vorwiderstand R_v geschaltet.

Zu ermitteln sind

a) die Widerstände der Spulen,

b) der Gesamtwiderstand beim Schalten

c) die Größe des Vorwiderstandes.

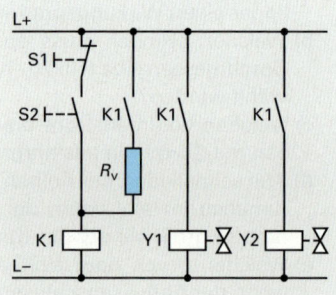

Bild 4: Elektrohydraulische Steuerung

9.11 | Aufgaben aus mehreren Bereichen des Rechenbuches

Hinweis: Fehlende Werte für die Lösung der Aufgaben müssen Tabellenbüchern entnommen werden.

1. **Scherschneiden (Bild 1).** Aus kaltgewalztem Band DC01 sollen Abdeckbleche herausgeschnitten werden.

   Wie groß sind

   a) die Schneidkantenlänge,

   b) die erforderliche Schneidkraft,

   c) die erforderliche Schneidarbeit?

2. **Drehbearbeitung (Bild 2).** Eine Welle aus E295 soll mit einem Hartmetall-Drehmeißel einmal geschruppt und einmal geschlichtet werden.

   Zu berechnen bzw. Tabellen zu entnehmen sind

   a) die einzustellenden Drehzahlen und Vorschübe,

   b) die gesamte Hauptnutzungszeit,

   c) das Zeitspanungsvolumen beim Schruppen,

   d) die Schnittkraft beim Schruppen.

3. **Keilriemenantrieb.** Mit einem 12,7 mm breiten Schmalkeilriemen soll eine Übersetzung $i = 2,85 : 1$ geschaffen werden. Der Außendurchmesser der treibenden Scheibe ist 220 mm, die Antriebsdrehzahl 1420 / min.

   Zu ermitteln sind

   a) die Abtriebsdrehzahl,

   b) die Wirk- und Außendurchmesser der beiden Scheiben,

   c) die Zugkraft im Riemen, wenn eine Leistung von 3,2 kW übertragen werden soll.

4. **Schwindung beim Gießen (Bild 3).** Das Lager wird gegossen. Wie groß sind die Maße des Holzmodells

   a) wenn das Werkstück aus EN-GJL-200,

   b) aus CuZn40 bestehen soll?

5. **Indirektes Teilen (Bild 4).** In die Skalenscheibe sollen 38 Teilstriche auf 360° Umfang eingraviert werden.

   a) Welcher Teilschritt ist am Teilkopf einzustellen?

   b) Welche Lochkreise sind außerdem noch möglich?

6. **Längen- und flächenbezogene Masse.** Wie groß sind die Gewichtskräfte von

   a) 40 m L-Profil EN10056-1-S235JR – 70 x 50 x 6,

   b) 125 m^2 Blech EN 10029-S235JRG2 – 4,5,

   c) 6,3 m Sechskantstahl SW 32 ($m' = 6,96$ kg/m),

   d) 85 m Rohr DIN 8074 – 40 x 1,8 – PE,

7. **Schraubverbindung (Bild 5).** Die Sechskantmutter ISO 4032-M12 wird mit einem Drehmoment von 15 N·m angezogen.

   a) Mit welcher Kraft werden die beiden Stäbe aufeinandergepresst, wenn beim Anziehen mit einem Wirkungsgrad von 32 % gerechnet werden muss?

   b) Welche Kraft F kann durch Reibung zwischen den beiden blankgezogenen, trocken montierten Stäben übertragen werden?

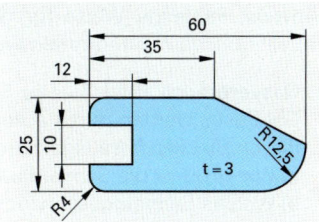

Bild 1: Abdeckblech

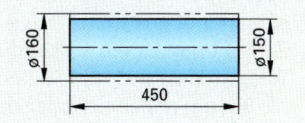

Bild 2: Welle

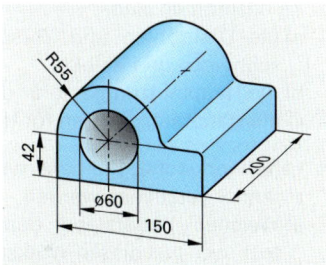

Bild 3: Lager

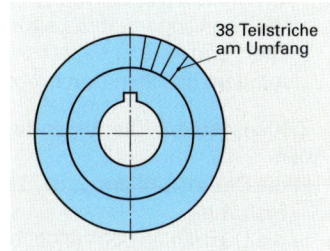

Bild 4: Skalenscheibe

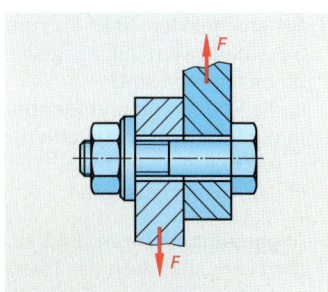

Bild 5: Schraubverbindung

9.12 | Aufgaben aus mehreren Bereichen des Rechenbuches

Hinweis: Fehlende Werte für die Lösung der Aufgaben müssen Tabellenbüchern entnommen werden.

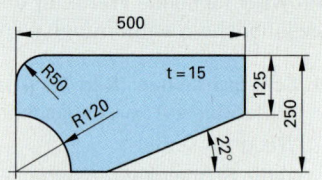

Bild 1: Seitenteil

1. **Gasverbrauch (Bild 1).** Die Seitenteile eines zu schweißenden Gehäuses werden durch autogenes Brennschneiden aus 15 mm dicken Blechen herausgeschnitten.
   a) Wie groß ist die Schneidlänge?
   b) Welche Schneidgeschwindigkeit ist einzustellen?
   c) Wie lange dauert das Schneiden von 16 Seitenteilen?
   d) Wie viel Sauerstoff und Acetylen werden verbraucht?

2. **Passungen.** Die Toleranzklassen der ISO-Toleranzen sind gegeneinander abgestuft.
   Zu zeichnen ist ein Balkendiagramm, in dem die Toleranzen der Toleranzklassen 5, 6, 7, 8 und 9 für den Nennmaßbereich 50 mm bis 80 mm nebeneinander dargestellt werden.

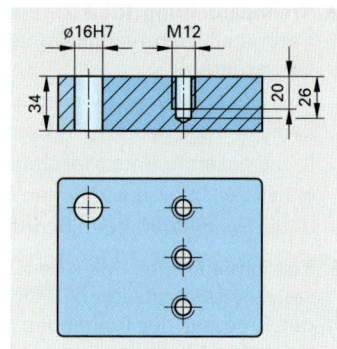

Bild 2: Ventilplatte

3. **Bohrbearbeitung (Bild 2).** Ventil-Anschlussplatten aus EN-GJL-250 müssen mit je 4 Bohrungen versehen werden.
   Zu bestimmen sind
   a) die Drehzahlen und Vorschübe für das Bohren, Gewindeschneiden und Reiben,
   b) die Hauptnutzungszeit für das Bohren,
   c) die Hauptnutzungszeit für das Reiben.

4. **Leiterwerkstoffe.** Die Leiterwerkstoffe Ag, Cu und Al sollen miteinander verglichen werden.
   a) Welchen Widerstand haben jeweils 120 m lange Leiter (ø 1 mm) aus diesen Werkstoffen?
   b) Welchen Durchmesser müssen Leiter aus Cu und Al haben, wenn ihr Widerstand gleich groß wie der eines gleich langen Leiters aus Silber mit dem Durchmesser 1 mm sein soll?
   c) Welche Länge hätten Leiter aus Ag und Al, wenn sie den gleichen Widerstand haben sollen wie ein 10 m langer Cu-Leiter mit dem gleichen Durchmesser $d = 1$ mm?

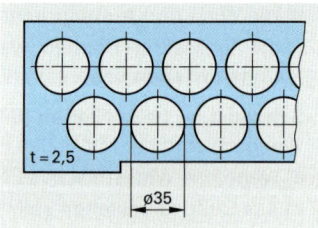

Bild 3: Scherschneiden

5. **Zahlensysteme.** Die folgenden Zahlen sollen umgerechnet werden
   a) die Dezimalzahlen 22, 57, 280 und 1024 in Dual- und Hexadezimalzahlen,
   b) die Dualzahlen 0001 0000, 0011 1010, 0111 1110 und 1111 1111 in Dezimalzahlen,
   c) die Hexadezimalzahlen 10, 3A, 75 und E4 in Dezimalzahlen.

6. **Scherschneiden (Bild 3).** Aus einem Blechstreifen sollen runde Scheiben zweireihig ausgeschnitten werden.
   Zu bestimmen sind
   a) die Randbreite und Stegbreite,
   b) die Streifenbreite, wenn mit einem Seitenschneider gearbeitet wird,
   c) der Ausnutzungsgrad.

7. **Allgemeintoleranzen (Bild 4).** Die Längenmaße der Teile 1 und 2 der Lehre sind nach der Toleranzklasse „fein" der Allgemeintoleranzen gefertigt.
   Welche Grenzmaße kann dadurch das Kontrollmaß x erhalten?

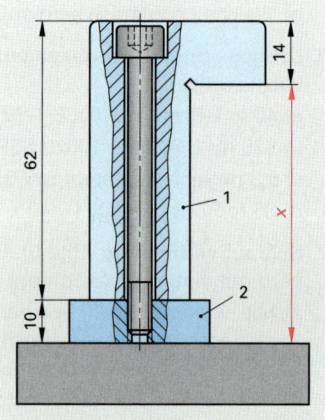

Bild 4: Lehre

9.13 │ Aufgaben aus mehreren Bereichen des Rechenbuches

Berechnungen bei der Herstellung einer Zahnradwelle (Bild 1)

Hinweis: Fehlende Werte für die Lösung der Aufgaben müssen Tabellenbüchern entnommen werden.

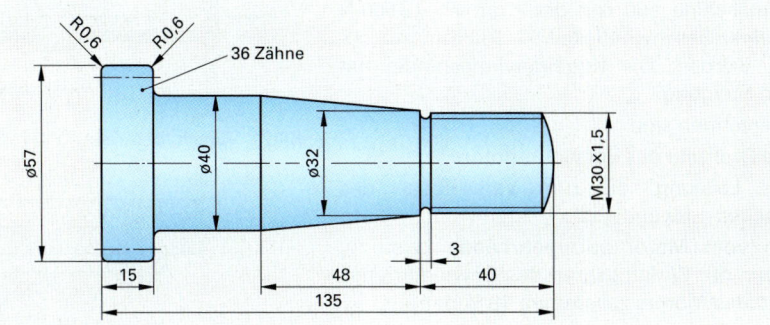

Bild 1: Zahnradwelle

1. **Masse.** Welche Masse hat das Rohteil ø 60 x 137 der Zahnradwelle aus 16 MnCr5, wenn dessen Dichte $\varrho = 7{,}85$ g/cm³ beträgt?

2. **Zahnrad.** Für die Verzahnung der Zahnradwelle sind folgende Maße gesucht:
   a) Modul,
   b) Teilkreisdurchmesser,
   c) Teilung,
   d) Frästiefe für ein Kopfspiel von $0{,}25 \cdot m$.

3. **Kegel.** Für das kegelige Zwischenstück der Zahnradwelle sind
   a) die Kegelverjüngung,
   b) der Einstellwinkel für den Oberschlitten,
   c) der Kegelwinkel zu bestimmen.

4. **Indirektes Teilen.** Die Verzahnung der Zahnradwelle soll im Einzelteilverfahren durch indirektes Teilen hergestellt werden. Der Teilkopf hat eine Übersetzung von 40. Die Lochscheiben haben folgende Lochkreise: 15, 16, 17, 18, 19, 20, 21, 23, 27, 29, 31, 33, 37, 39, 41, 43, 47, 49. Wie groß sind

   a) die Anzahl der Teilkurbelumdrehungen je Teilschritt,
   b) die von der Schere einzuschließende Lochzahl?

5. **Schnittgeschwindigkeit.** Ein Modulfräser mit 55 mm Durchmesser wird zum Fräsen der Zahnradwelle verwendet. Die Schnittgeschwindigkeit beträgt 18 m/min.
   a) Welche Drehzahl muss eingestellt werden?
   b) Das kegelige Zwischenstück der Zahnradwelle wird mit einer Schleifscheibe von 400 mm Durchmesser bei einer Drehzahl von 1550/min geschliffen. Wie groß ist die Schnittgeschwindigkeit der Schleifscheibe?

6. **Schraube.** Auf den Kegel der Zahnradwelle wird mit einer Mutter M 30 x 1,5 ein Rad aufgezogen. Der wirksame Hebelarm des Schraubenschlüssels beträgt 160 mm und die Handkraft 70 N. Mit welcher Kraft wird das Rad in Achsrichtung auf den Kegel gepresst, wenn die Reibung nicht berücksichtigt wird?

7. **Mechanische Leistung.** Beim Kopierdrehen der Zahnradwelle wird ein Spanungsquerschnitt von 5 mm² mit einer Schnittgeschwindigkeit von 85 m/min abgenommen. Die spezifische Schnittkraft beträgt 3150 N/mm², der Wirkungsgrad der Drehmaschine $\eta = 0{,}75$.
   Welche Leistung muss der Drehmaschine vom Motor zugeführt werden?

9.14 | Aufgaben aus mehreren Bereichen des Rechenbuches

Hinweis: Fehlende Werte für die Lösung der Aufgaben müssen Tabellenbüchern entnommen werden.

1. **Vorschubantrieb (Bild 1).** Der Tisch einer Werkzeugmaschine soll mit der Kraft $F = 18\,000$ N und einer Geschwindigkeit $v = 560$ mm/min bewegt werden. Die Kugelgewindespindel hat 8 mm Steigung.

   Zu berechnen sind

   a) die Drehzahl des Vorschubmotors,

   b) die Leistung, die zum Verschieben des Tisches notwendig ist,

   c) die vom Motor aufzunehmende Leistung, wenn der Wirkungsgrad des Gewindetriebes und des Motors zusammen 78 % beträgt,

   d) die Verzögerung des Schlittens, wenn dieser in 0,6 s bis zum Stillstand abgebremst wird.

2. **Umlenkrolle (Bild 2).** An dem Seil eines Lastaufzuges hängt ein Gewicht von 500 kg. Das Seil besteht aus 64 Drähten mit je 0,5 mm Durchmesser. Die Konsole der Umlenkrolle ist mit 4 Schrauben der Festigkeitsklasse 8.8 befestigt.

   Wie groß sind

   a) die Zugkraft und die Zugspannung im Seil,

   b) die Sicherheit gegen Bruch, wenn die Bruchlast des Seiles 12 kN beträgt,

   c) der notwendige Durchmesser der Schrauben, wenn eine 4fache Sicherheit gegen die Streckgrenze verlangt wird,

   d) die Beschleunigung der Last, wenn sie in 1,6 s vom Stillstand auf die Geschwindigkeit 80 m/min beschleunigt wird.

3. **Fräsbearbeitung (Bild 3).** In eine Führungsplatte aus E335 wird in einem Schnitt eine 80 mm breite und 16 mm tiefe Nut gefräst.
   Der Fräser hat 8 Schneiden und soll bei einer Schnittgeschwindigkeit $v_c = 125$ m/min und einem Vorschub $f_z = 0,1$ mm/Schneide eingesetzt werden.

   Zu ermitteln sind

   a) die einzustellende Drehzahl und die Vorschubgeschwindigkeit bei stufenlosem Spindelantrieb,

   b) die Hauptnutzungszeit,

   c) die gesamte erforderliche Spannkraft der 4 Spannelemente bei 3facher Sicherheit gegen Verschieben, wenn der Fräser versucht, das Werkstück mit einer Kraft $F = 2250$ N zur Seite zu schieben. Die Reibungszahl zwischen Tisch und Werkstück kann mit $\mu = 0,25$ angenommen werden.

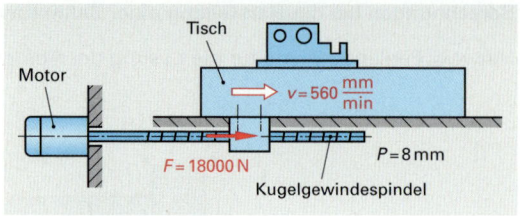

Bild 1: Vorschubantrieb

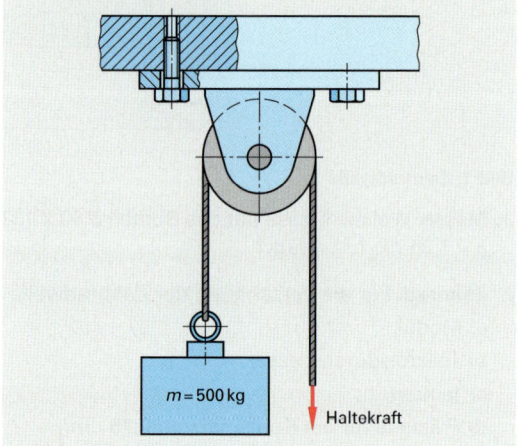

Bild 2: Umlenkrolle

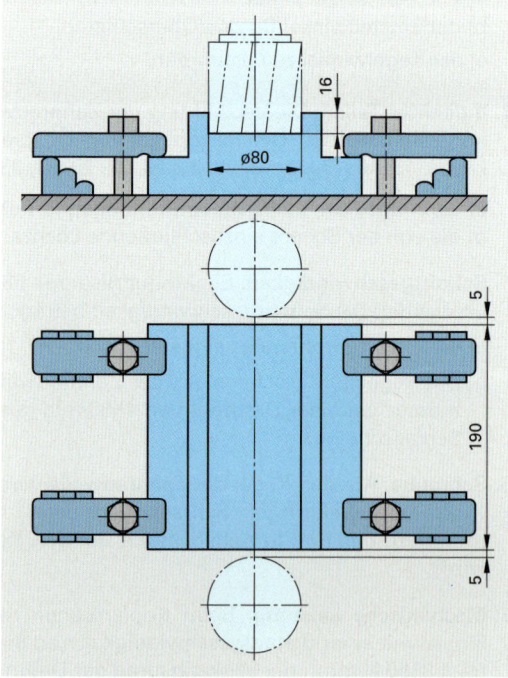

Bild 3: Fräsbearbeitung

9.15 | Aufgaben aus mehreren Bereichen des Rechenbuches

Hinweis: Fehlende Werte für die Lösung der Aufgaben müssen Tabellenbüchern entnommen werden.

1. **Getriebeplatte (Bild 1).** In einem Getriebegehäuse sollen die Lagerbohrungen für die Wellen zweier schrägverzahnter Zahnräder gebohrt werden. Die Zahnräder haben $z_1 = 34$ und $z_2 = 47$ Zähne, einen Normalmodul $m_n = 2,5$ mm und einen Schrägungswinkel $\beta = 18,20°$.

Zu berechnen sind

a) Teilkreis- und Kopfkreisdurchmesser für beide Räder,

b) die Frästiefe für ein Kopfspiel $c = 0,1 \cdot m$,

c) der Achsabstand,

d) die Koordinaten der Bohrung P2, absolut zum Werkstücknullpunkt sowie inkremental zur Bohrung P1,

e) die Gewichtskraft der fertig gebohrten Platte,

f) die Grenzpassungen der Bohrung P1, wenn das eingebaute Lager mit der Toleranzklasse k6 gefertigt wurde.

2. **Hydraulische Spannvorrichtung (Bild 2).** Bei einem hydraulischen Spannelement kann die Spannpratze um jeweils 20 mm gegenüber dem Drehpunkt verstellt werden. Der einfachwirkende Spannzylinder hat einen Kolbendurchmesser von 63 mm und einen Wirkungsgrad von 80 %.

Wie groß sind

a) die nutzbare Kolbenkraft bei einem Druck von 200 bar,

b) die Spannkraft am Werkstück in der gezeichneten Stellung des Drehpunktes der Spannpratze,

c) die Spannkräfte in den anderen Stellungen der Spannpratze?

d) Zu zeichnen ist ein Schaubild, bei dem die Spannkräfte abhängig vom Drehpunkt dargestellt werden.

3. **Drehbearbeitung (Bild 3).** An einem zylindrischen Werkstück soll ein Absatz mit kegeligem Übergang zum Rohteildurchmesser in 3 Schnitten geschruppt und danach geschlichtet werden.

a) Wie groß sind die Längen der Schruppschnitte, wenn für das Schlichten eine Schnitttiefe $a = 0,5$ mm übrigbleiben soll?

b) Welche Schnittleistung muss beim Schruppen bei einer Schnittgeschwindigkeit $v_c = 180$ m/min, einem Vorschub $f = 0,8$ mm und einer spezifischen Schnittkraft $k_c = 2750$ N/mm² aufgebracht werden?

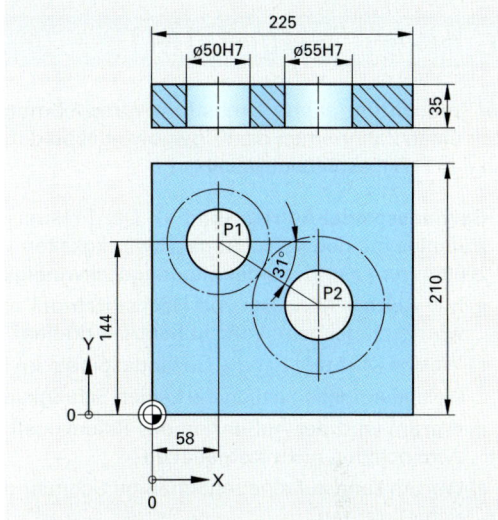

● **Bild 1: Getriebeplatte**

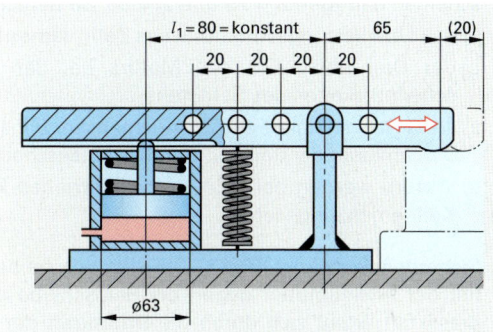

● **Bild 2: Hydraulische Spannvorrichtung**

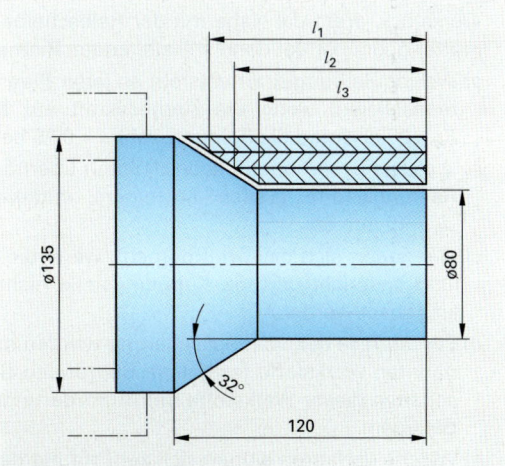

● **Bild 3: Drehbearbeitung**

10 | Projektaufgaben

10.1 | Vorschubantrieb einer CNC-Fräsmaschine (Seite 276)

Der frequenzgesteuerte Drehstrom-Vorschubmotor (Pos. 1) treibt über einen Zahnriemen die Kugelgewindespindel (Pos. 10) und damit den Fräsmaschinentisch an.

1. **Gewindespindel-Antrieb (Bild 1).** Der Fräsmaschinentisch fährt stufenlos mit den Vorschubgeschwindigkeiten v_f = 1 mm/min bis 2000 mm/min und mit der Eilganggeschwindigkeit v_E = 5 m/min.
   a) Mit welcher Mindest- und Höchstdrehzahl muss sich die Gewindespindel beim Vorschubantrieb drehen?
   b) Welche Drehzahl hat die Gewindespindel im Eilgang?
   c) Welche Aufgaben haben die beiden Schrägkugellager (Pos. 14)?
   d) Warum wird der Außenring des Rillenkugellagers (Pos. 17) in Achsrichtung nicht festgehalten?
   e) Warum kann auf eine regelmäßige Schmierung der Lager verzichtet werden?

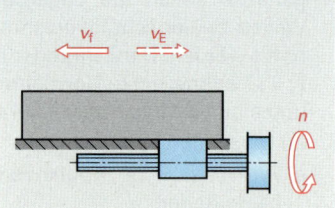

Bild 1: Gewindespindel-Antrieb

2. **Zahnriemen-Antrieb (Bild 2).** Die Zähnezahlen der Zahnriemenscheiben betragen z_1 = 25 und z_2 = 36. Zu berechnen sind
   a) das Übersetzungsverhältnis des Zahnriemenantriebes,
   b) der Drehzahlbereich des Motors bei den geforderten Geschwindigkeiten des Schlittens,
   c) die Geschwindigkeit des Zahnriemens im Eilgang. Der wirksame Durchmesser der treibenden Zahnriemenscheibe beträgt 40 mm.
   d) Warum werden bei NC-Vorschubantrieben keine Flach- oder Keilriemen eingesetzt?

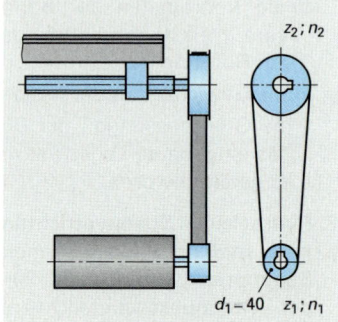

Bild 2: Zahnriemen-Antrieb

3. **Sicherheitskupplung (Bild 3).** Die Riemenscheibe des Motors wird mit der Anstellmutter gegen die Reibscheibe gedrückt. Die Anpresskraft ergibt sich durch die Druckkraft der Tellerfedern. Die Riemenscheibe wird durch die Reibungskräfte an ihren beiden Planseiten mitgenommen. Steigt die Vorschubkraft des Schlittens sehr stark an, z.B. durch Kollision der Arbeitsspindel mit dem Werkstück, dreht die Nabe mit der Reibscheibe und der Anstellmutter gegüber der dann still stehenden Riemenscheibe durch.
   a) Welche Reibungskraft entsteht an jeder Planseite der Zahnriemenscheibe, wenn die Anpresskraft auf beiden Seiten je F_N = 2500 N und die Reibungszahl μ = 0,25 betragen?
   b) Welches Drehmoment kann dadurch übertragen werden? Die Reibungskräfte greifen an einem mittleren Druchmesser d_R = 55 mm an.
   c) Wie ändert sich das Drehmoment, wenn die Sicherheitskupplung anspricht und die Kupplungsteile nicht öl- oder fettfrei eingebaut werden?
   d) Für die Teile der Überlastsicherung wurden die in **Tabelle 1** genannten Werkstoffe festgelegt. Begründen Sie, ob die Eigenschaften dieser Werkstoffe den Anforderungen der Kupplung genügen.
   e) Welche Verfahren eignen sich zur Prüfung der Härte der Reibscheibe und der Anstellmutter?

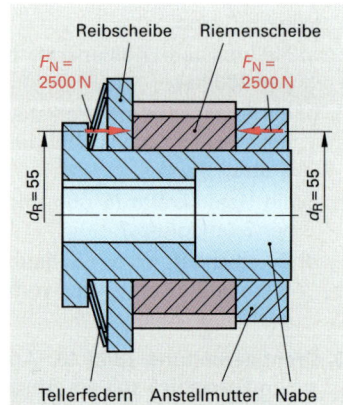

Bild 3: Sicherheitskupplung

Tabelle 1: Gewählte Werkstoffe	
Nabe	16MnCr5
Reibscheibe	16MnCr5, gehärtet
Anstellmutter	16MnCr5, gehärtet
Riemenscheibe	AC-AlMg5Si

4. Bearbeitung des Lagerflansches (Bild 1). Der Lagerflansch (Pos. 20) wird mit 4 Zylinderschrauben an den Maschinenständer geschraubt. Der gegossene Flansch aus EN-GJL-200 wird vorher auf einer CNC-Senkrechtfräsmaschine komplett bearbeitet. Die Zeichnung Bild 1 enthält alle dafür notwendigen Maße und Oberflächenangaben.

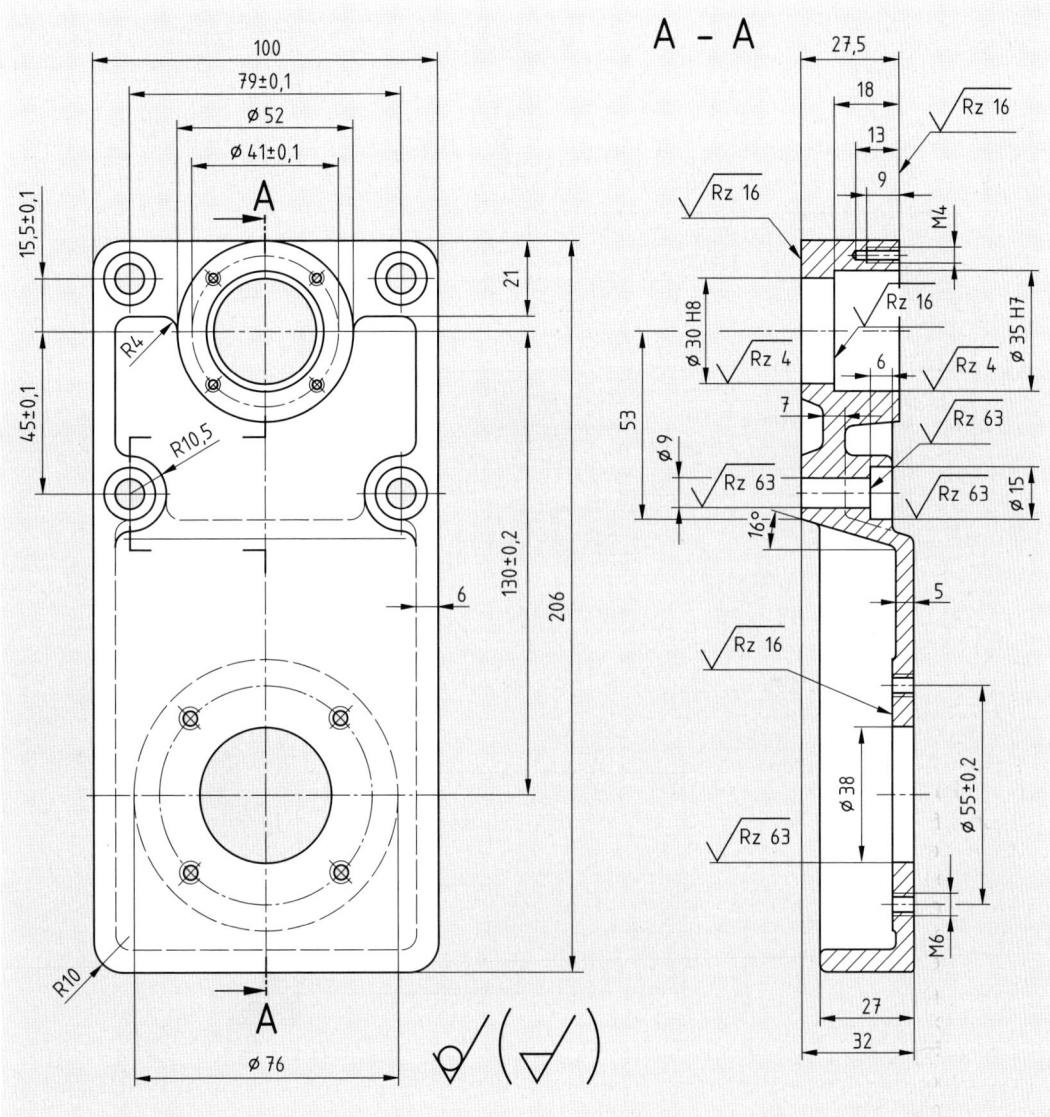

Bild 1: Lagerflansch

a) Beschreiben Sie in Stichworten den Ablauf der Fertigung von der Auftragserteilung bis zum einbaufertigen Teil.

b) Legen Sie fest, wie viele Aufspannungen für die spanende Bearbeitung notwendig sind und welche Arbeitsgänge in den Aufspannungen durchgeführt werden.

c) Welche Vorteile hat die Komplettbearbeitung in einer Aufspannung und welche Ausstattung müssen die Fräsmaschinen dafür haben?

d) Wie sind NC-Programme aufgebaut? Geben Sie für die einzelnen Programmbestandteile jeweils einige typische Beispiele an.

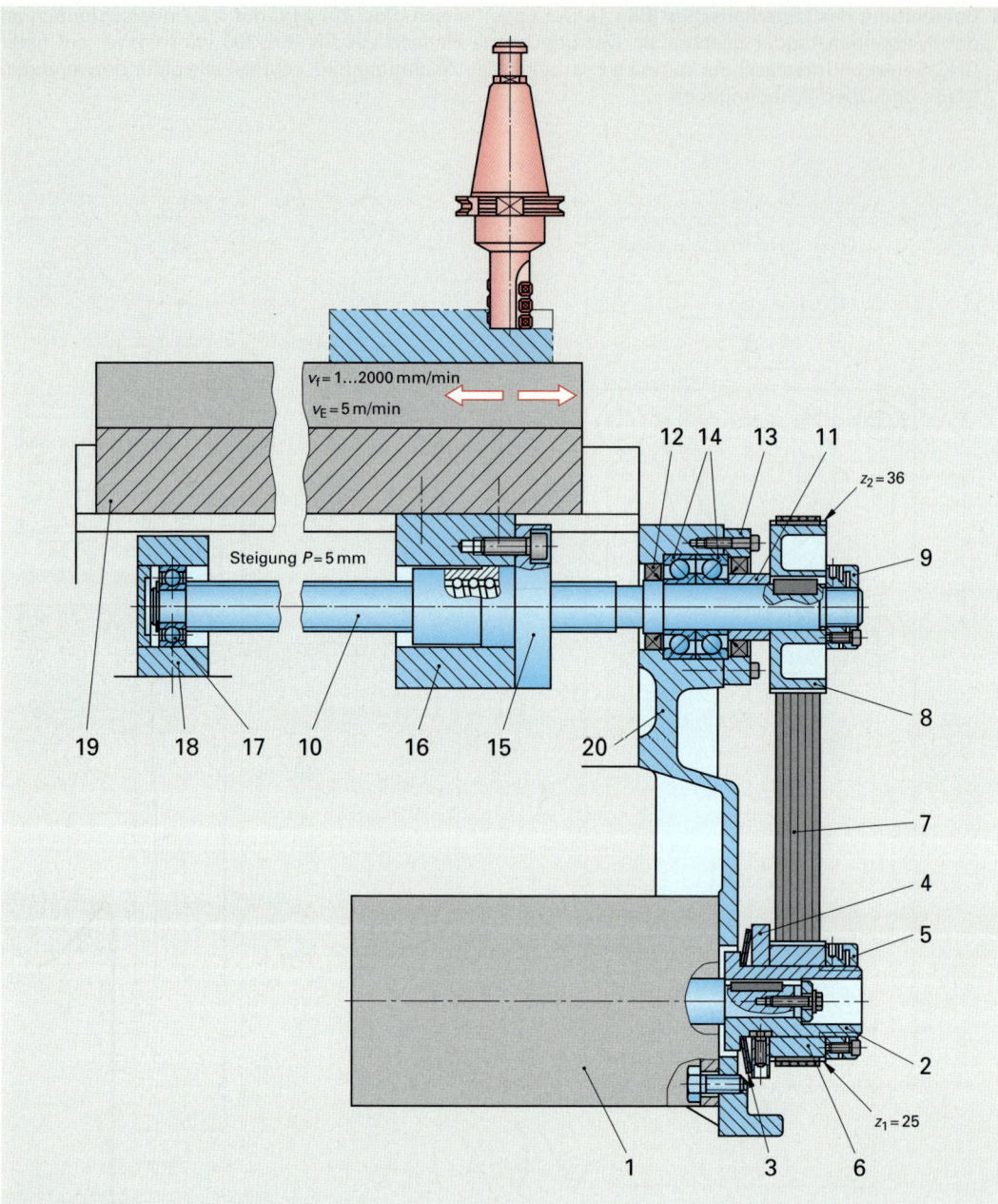

Bild 1: Vorschubantrieb einer CNC-Fräsmaschine

Teileliste (Auszug)					
Pos.	**Benennung**	**Pos.**	**Benennung**	**Pos.**	**Benennung**
1	Drehstrommotor	8	Spindel-Riemenscheibe	15	Kugelgewindemutter
2	Nabe	9	Obere Anstellmutter	16	Lagerbock
3	Tellerfeder	10	Kugelgewindespindel	17	Rillenkugellager
4	Reibscheibe	11	Distanzhülse	18	Loslagerbock
5	Untere Anstellmutter	12	Radialdichtring	19	Maschinentisch
6	Motor-Riemenscheibe	13	Lagerdeckel	20	Lagerflansch
7	Zahnriemen	14	Schrägkugellager		

10.2 | Hubeinheit (Seite 279)

Mit der Hubeinheit **Seite 279** werden Motorblöcke um $s = 750$ mm angehoben und einer Montagelinie zugeführt. Der Schlitten wird von einem Reversiermotor[1] über ein Schneckengetriebe und eine Rollenkette gehoben und gesenkt.

1. **Übersetzung, gleichförmige Bewegung.** Der Kettentrieb wandelt die Drehbewegung der Antriebswelle (Pos. 5) in eine Hubbewegung um.
   Wie groß sind
   a) die Drehzahl der Antriebswelle (Pos. 5),
   b) die Hubgeschwindigkeit des Schlittens?

2. **Beschleunigte Bewegung.** Die Hubbewegung des Schlittens wird mit der Beschleunigung $a = 0,9$ m/s² eingeleitet und mit der Verzögerung $a = 1,2$ m/s² abgeschlossen. **Bild 1** zeigt den Geschwindigkeitsverlauf des gesamten Hubes.
   Wie groß sind
   a) die Beschleunigungszeit t_1,
   b) die Verzögerungszeit t_3,
   c) der Beschleunigungsweg s_1,
   d) der Verzögerungsweg s_3,
   e) der Weg s_2 und die Zeit t_2, die mit der konstanten Geschwindigkeit v zurückgelegt werden,
   f) die gesamte Hubzeit t?

3. **Lagerkräfte (Bild 2).** Das Kettenrad (Pos. 7) überträgt die Kettenkraft $F_K = 450$ N auf die Kettenradwelle.
   Wie groß sind die Lagerkräfte F_A und F_B?

4. **Arbeit, Leistung.** Der Schlitten wird in 4,1 Sekunden angehoben. Dabei wirkt an der Rollenkette die mittlere Kraft $F_K = 450$ N.
   Wie groß sind
   a) die Hubarbeit W,
   b) der Gesamtwirkungsgrad η,
   c) die Antriebsleistung P des Motors?

5. **Gehäusepassungen.** Für die Rillenkugellager (Pos. 9 und Pos. 12) sind im Kettengehäuse (Pos. 1) folgende Passungen vorgesehen:
   – Festlager: leichte Übergangspassung
   – Loslager: enge Spielpassung.
   Der Lagerhersteller empfiehlt Toleranzklassen nach **Tabelle 1**. Die Außendurchmesser D der Rillenkugellager werden nach den in **Tabelle 2** angegebenen Abmaßen gefertigt.
   Bestimmen Sie
   a) das Fest- und das Loslager aus **Bild 1 Seite 279**,
   b) die Toleranzklasse für die engste Spielpassung der Loslagerbohrung,
   c) die Toleranzklasse für die Festlagerbohrung.

6. **Montagetechnik.** Die Antriebswelle (Pos. 5) wird als Baugruppe komplett vormontiert und anschließend in das Kettengehäuse (Pos. 1) eingebaut.
   Begründen Sie warum
   a) das Rillenkugellager (Pos. 9) als Loslager gewählt wurde und
   b) Lager mit verschiedenen Durchmessern verwendet werden.
   c) Legen Sie in einer Tabelle die Reihenfolge der Montageschritte für die Baugruppe und den Einbau fest.

[1] von reversibel (lat.) = umkehrbar, d.h. Motordrehrichtung ist umkehrbar

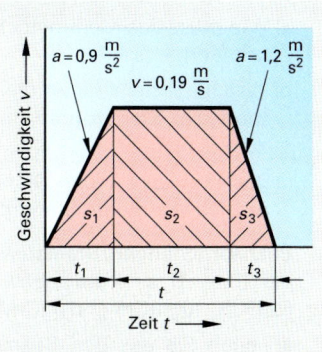

Bild 1: Geschwindigkeits-Zeitschaubild

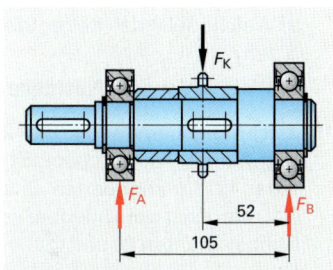

Bild 2: Lagerkräfte

Tabelle 1: Toleranzklassen für Gehäusebohrungen

Lastfall	Toleranzklassen
Punktlast	F6, F7, G6, G7, H6, H7, J6, J7
Umfangslast	K6, K7, M6, M7

Tabelle 2: Lageraußendurchmesser D

Lager	Nennmaß D in mm	Abmaße in µm
6007-2RS1	62	0
6208-2RS1	80	−13

7. Befestigungstechnik (Bild 1). Das Kettengehäuse (Pos. 1) wird über das Klemmstück (Pos. 3) und den Spannring (Pos. 2) auf dem Standrohr (Pos. 16) befestigt.

a) Wie muss das Klemmstück (Pos. 3) ausgeführt sein, damit es montierbar ist?

b) Welche Vorteile bietet diese Verbindungsart für die Bearbeitung des Standrohres und die Ausrichtung des Antriebes zum Schlitten?

c) Beschreiben Sie den Montagevorgang beim Befestigen des Antriebes auf dem Standrohr.

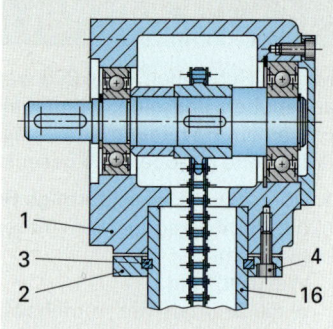

Bild 1: Befestigungstechnik

8. Beanspruchungen/Stahlauswahl. Zur Herstellung der Kettenräder (Pos. 7) sind warmgewalzte Stangen in den Stahlsorten S235JR, 16MnCr5 und 42CrMo4 vorrätig.

a) Leiten Sie aus den Beanspruchungen der Kettenzähne die notwendigen Werkstoffeigenschaften ab.

b) Wählen Sie einen geeigneten Stahl und begründen Sie die Wahl.

9. Zahnriementrieb. Die Rollenkette soll durch einen Zahnriemen ersetzt werden.

a) Welche Teile des Kettentriebes sind von der Änderung betroffen?

b) Welche Vor- und Nachteile bringt diese Änderung?

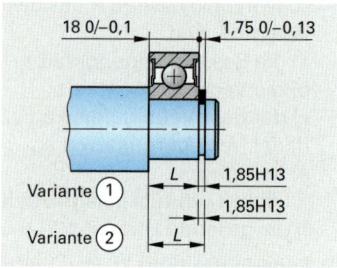

Bild 2: Zeichnungsbemaßung

10. Zeichnungsbemaßung (Bild 2). Der Einstich für den Sicherungsring (Pos. 13) soll so bemaßt werden, dass das Rillenkugellager (Pos. 12) im montierten Zustand um das Mindestspiel $P_{SM} = 0{,}1$ mm axial verschiebbar ist. Zur Auswahl stehen die Bemaßungsvarianten ① und ②.

a) Wählen Sie die günstigste Bemaßungsvariante und begründen Sie die Wahl.

b) Berechnen Sie das Nennmaß L und die Grenzabmaße, wenn L mit der Toleranz $T = 0/+0{,}1$ mm gefertigt wird.

c) Berechnen Sie das Höchstspiel P_{SH}.

11. Passfederverbindung (Bild 3). Die Passfeder (Pos. 6) überträgt das Drehmoment von der Kettenradwelle auf das Kettenrad.

Wie groß sind

a) das Drehmoment auf die Kettenradwelle,

b) die Umfangskraft F, bezogen auf den Wellendurchmesser,

c) die Flächenpressung zwischen Passfeder und Kettenrad,

d) die Sicherheit gegen plastische Verformung bei einer zulässigen Flächenpressung $p = 125$ N/mm^2?

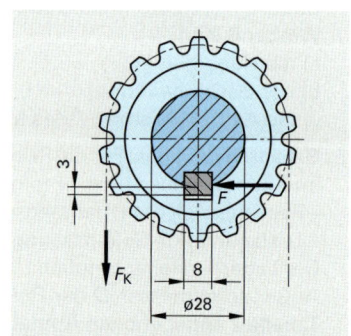

Bild 3: Passfederverbindung

12. Hauptnutzungszeit. Der Spannring **Bild 4** wird auf jeder Seite in einem Schnitt plangedreht. Bis zur Grenzdrehzahl $n_g = 3000$/min arbeitet die Maschine mit konstanter Schnittgeschwindigkeit $v_c = 240$ m/min. Für alle Drehdurchmesser $d < d_g$ wird mit der Grenzdrehzahl n_g zerspant.

Wie groß sind für $f = 0{,}2$ mm, $l_a = l_u = 1$ mm

a) der Grenzdurchmesser d_g,

b) die Vorschubwege L_1 und L_2,

c) die Hauptnutzungszeit t_h?

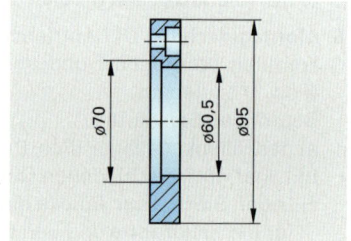

Bild 4: Spannring

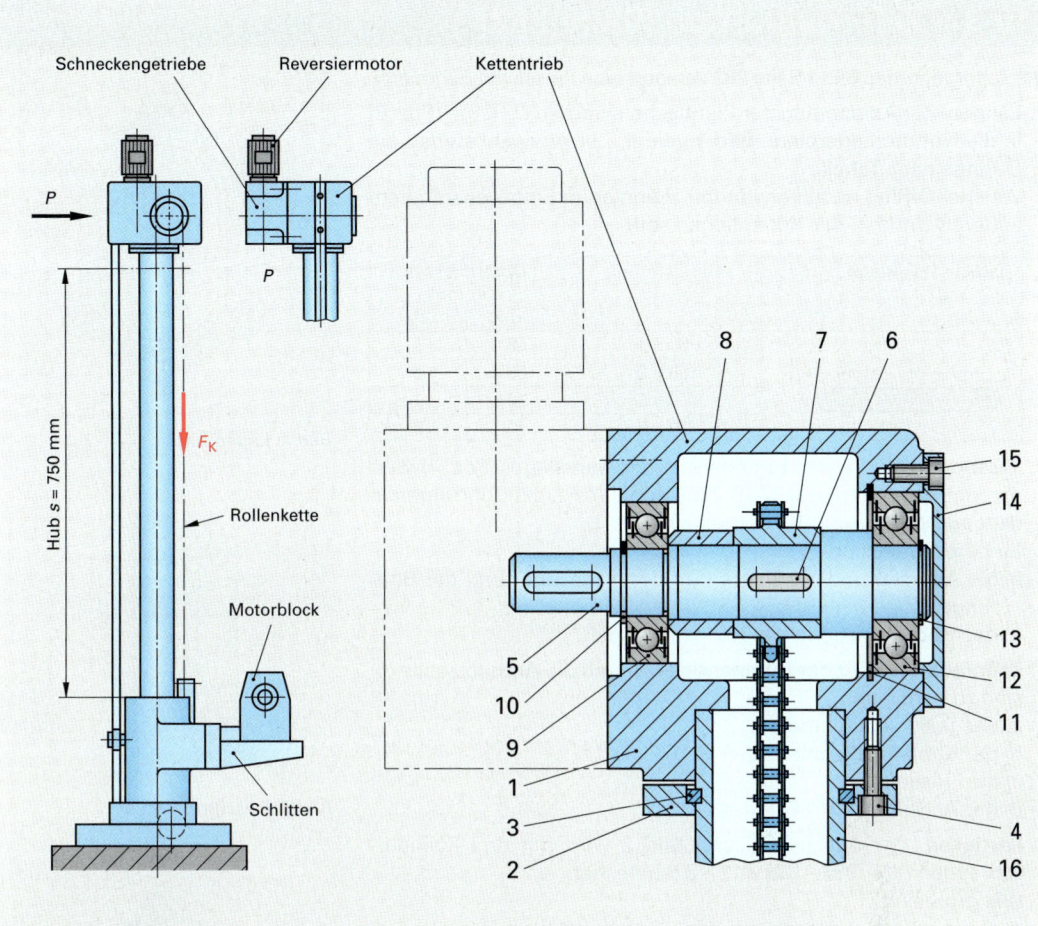

Bild 1: Hubeinheit

Technische Daten			
Motor: Drehzahl $n = 750/\text{min}$		**Kettentrieb:** Zähnezahl $z = 18$	
		Teilkreisdurchmesser $d = 54{,}85$ mm	
Schnecken- Übersetzung $i = 11{,}25$		Wirkungsgrad $\eta = 0{,}80$	
getriebe: Wirkungsgrad $\eta = 0{,}83$			

Teileliste (Auszug)			
Pos.	**Benennung**	**Pos.**	**Benennung**
1	Kettengehäuse	9	Rillenkugellager DIN 625-6007-2RS1
2	Spannring	10	Sicherungsring DIN 471 – 35 x 1,5
3	Klemmstück	11	Sicherungsring DIN 471 – 80 x 2
4	Zylinderschraube ISO 4762-M8 x 20 – 8.8	12	Rillenkugellager DIN 625-6208-2RS1
5	Antriebswelle	13	Sicherungsring DIN 471 – 40 x 1,75
6	Passfeder DIN 6885-A8 x 7 x 30	14	Lagerdeckel
7	Kettenrad	15	Zylinderschraube ISO 4762 – M5 x 15 – 8.8
8	Hülse	16	Standrohr

10.3 | Zahnradpumpe (Seite 282)

Die Zahnradpumpe **Bild 1 Seite 282** versorgt eine Presse mit Schmieröl.

1. **Längen.** Zur Abdichtung der Planflächen werden O-Ringe (Pos. 2) in die Nut der Lagerplatte **Bild 1** gelegt. Zur Auswahl stehen die O-Ringe nach **Tabelle 1**.
Welcher O-Ring ist zu verwenden, wenn er im Einbauzustand am äußeren Umfang der Nut anliegen soll?

Tabelle 1: O-Ringe	Bezeichnung	Durchmesser d in mm	
		d	d_1
	68 x 1	68	1
	68 x 2	68	2
	70 x 1	70	1
	70 x 2	70	2

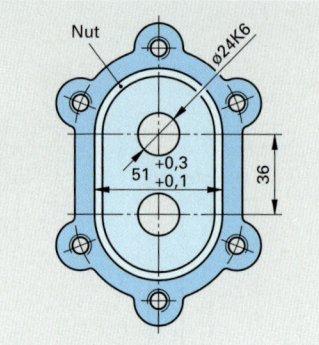

Bild 1: Lagerplatte

2. **Passungen.** Die Außendurchmesser der Nadellager (Pos. 7) werden mit dem tolerierten Maß 24h6 angeliefert, die Bohrungen in der Lagerplatte mit 24K6 hergestellt (Bild 1).
Zu bestimmen sind
a) die Abmaße und die Toleranzen der Nadellager und der Bohrungen,
b) das Höchstspiel und das Höchstübermaß.

3. **Zahnradmaße.** Für das Pumpenritzel (8) und die Antriebswelle (6) sind zu berechnen
a) der Teilkreisdurchmesser,
b) der Kopfkreisdurchmesser,
c) die Frästiefe,
d) der Achsabstand.

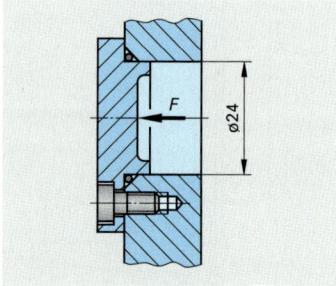

Bild 2: Abschlussdeckel

4. **Festigkeit.** Der Abschlussdeckel **Bild 2** wird mit drei Zylinderschrauben DIN 7984 – M5 x 12 – 8.8 befestigt.
Wie groß sind
a) die vom Öldruck hervorgerufene Druckkraft F am Deckel,
b) die vom Öldruck hervorgerufene zusätzliche Zugspannung in den Schrauben?

5. **Konturpunkte.** Die Innenkontur des Pumpengehäuses **Bild 3** wird auf einer NC-Fräsmaschine gefertigt. Für die Programmerstellung sind zu ermitteln
a) der Durchmesser D und die Grenzabmaße, wenn die Bohrungen nach der Toleranzklasse H7 gefertigt werden,
b) der Achsabstand a der Bohrungen,
c) die Koordinaten der Punkte P1 und P2, bezogen auf den Werkstücknullpunkt.

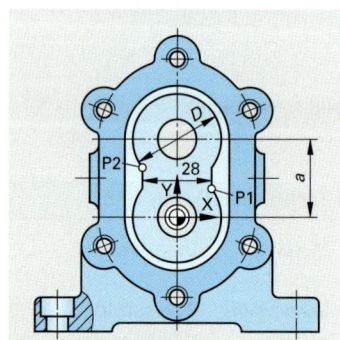

Bild 3: Pumpengehäuse

6. **Kegeldrehen.** Der Kegel der Antriebswelle **Bild 4** dient zur Aufnahme einer Zahnriemenscheibe.
Wie groß sind
a) der Kegelwinkel,
b) der Neigungswinkel,
c) der Kegeldurchmesser d?

7. **Hydraulik.** Bei einem Betriebsdruck p_e = 12 bar liefert die Zahnradpumpe den Volumenstrom Q = 0,6 l/min. Für die Druckleitung wird ein Rohr 8 x 0,5 verwendet.
Wie groß sind
a) die Strömungsgeschwindigkeit des Öles in der Druckleitung,
b) die Leistung der Zahnradpumpe?

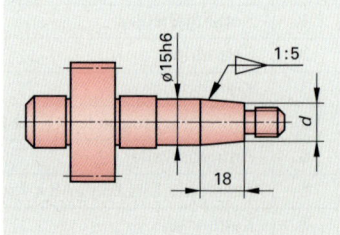

Bild 4: Antriebswelle

8. **Warmumformung.** Die Rohteile der Antriebswelle (Pos. 6) aus 16MnCr5 werden im Gesenk geschmiedet. Der Temperaturbereich für die Warmumformung liegt zwischen 950 °C und 1430 °C.

a) Begründen Sie den Temperaturbereich der Warmumformung auf der Grundlage des Eisen-Kohlenstoff-Diagrammes.

b) Welche Vorteile bietet das Schmieden der Rohteile im Vergleich zur spanenden Fertigung?

9. **Stahlauswahl/Wärmebehandlung.** Die Nadellager (Pos. 7) werden ohne Innenring eingebaut. Das Pumpenritzel (Pos. 4) und die Antriebswelle (Pos. 5) sind aus 16MnCr5 und werden einsatzgehärtet. Die geforderten Qualitätsmerkmale der Lagerlaufbahnen auf Wellen sind in **Tabelle 1** festgelegt.

a) Beschreiben Sie die Wärmebehandlung und erörtern Sie die Gefügeumwandlungen.

b) Wie werden die Härte und die Einhärtetiefe in der Zeichnung angegeben?

c) Durch welches Fertigungsverfahren lässt sich die geforderte Oberflächenqualität erreichen?

10. **Zahnradpumpe.** Die Pumpe versorgt alle Lagerstellen und Führungsbahnen der Presse mit Schmieröl der Sorte CL68 nach DIN 51502.

a) Beschreiben Sie die Funktion der Zahnradpumpe.

b) Bestimmen Sie die Drehrichtung der Antriebswelle (Pos. 6) und des Pumpenritzels (Pos. 8).

c) Erklären Sie die Bezeichnung des Schmieröles.

11. **Kegelverbindung (Bild 1).** Die Zahnriemenscheibe (Pos. 14) wird über einen Kegel und eine Scheibenfeder (Pos. 15) mit der Antriebswelle verbunden.

a) Welche Vorteile hat diese Verbindung gegenüber einer Passfederverbindung?

b) Welche Aufgabe hat die Scheibenfeder?

c) Welchen Einfluss hat der Kegelwinkel α auf die Normalkräfte F_N am Kegel und auf die Größe der übertragbaren Drehmomente?

12. **Schraubenverbindung (Bild 2).** Die Lagerplatte (Pos. 3) wird mit dem Pumpengehäuse (Pos. 1) durch sechs Zylinderschrauben ISO 4762 – M8 x 20 – 8.8 verschraubt. Die Schrauben sollen durch Senkschrauben mit Innensechskant ersetzt werden.

a) Entwerfen Sie die geänderte Schraubenverbindung.

b) Legen Sie die normgerechte Bezeichnung der Senkschrauben fest.

13. **Dichtung (Bild 3).** Aus Kostengründen soll der O-Ring (Pos. 2) durch eine Flachdichtung ersetzt werden.

Wie wirkt diese Änderung

a) auf das Spiel S_p zwischen dem Pumpenritzel (Pos. 8) und der Lagerplatte (Pos. 3) und

b) auf den Wirkungsgrad der Zahnradpumpe aus?

Tabelle 1: Qualitätsmerkmale für Lagerlaufbahnen auf Wellen	
Qualitätsmerkmal	Werte
Härte	HRC = 58 + 4
Einhärtetiefe	E_{ht} = 0,5 + 0,3
Rauheit	$R_a \leq 0,2\,\mu m$

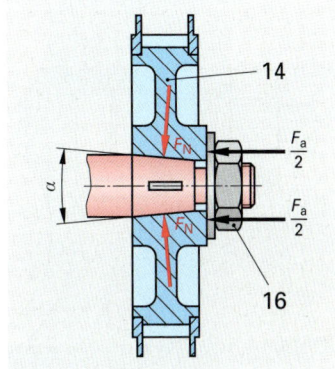

Bild 1: Kegelverbindung

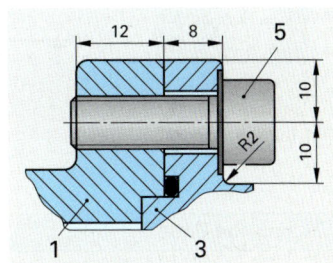

Bild 2: Schraubenverbindung

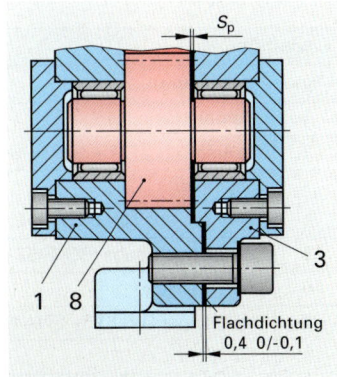

Bild 3: Dichtung

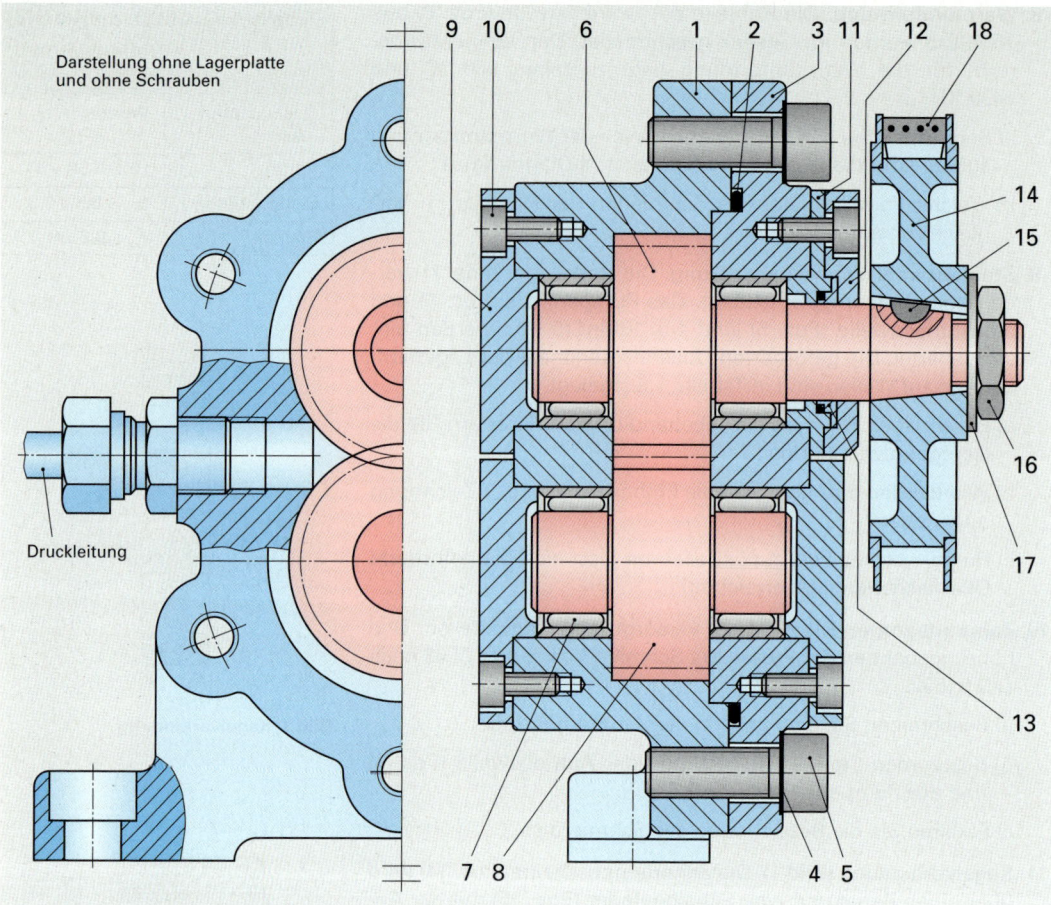

Bild 1: Zahnradpumpe

Technische Daten			
Pumpe: Volumenstrom Q = 0,6 l/min Betriebsdruck p_e = 12 bar		**Zahnräder:** Modul $\quad\quad m$ = 1,5 mm Zähnezahl $\quad z$ = 24 Kopfspiel $\quad\; c$ = 0,25 · m	

Teileliste (Auszug)			
Pos.	**Benennung**	**Pos.**	**Benennung**
1	Pumpengehäuse	10	Zylinderschraube DIN 7984 – M5 x 12 – 8.8
2	O-Ring DIN 3771 – ... x 2 – S – NBR70	11	Stützring
3	Lagerplatte	12	Zentrierdeckel
4	Zahnscheibe DIN 6797 – A8, 4 – FSt	13	Wellen-Gleitdichtring
5	Zylinderschraube ISO 4762 – M8 x 20 – 8.8	14	Zahnriemenscheibe
6	Antriebswelle	15	Scheibenfeder
7	Nadellager DIN 617 – RNA4901	16	Scheibe
8	Pumpenritzel	17	Sechskantmutter
9	Abschlussdeckel	18	Zahnriemen

10.4 | Hydraulische Spannklaue (Seite 285)

1. Hydrozylinder (Bild 1). Der Hydrozylinder (Pos. 13) hat einen Kolbendurchmesser $d = 25$ mm. Er spannt über den Spannhebel (Pos. 8) das Werkstück, wenn er mit dem Überdruck $p_e = 250$ bar beaufschlagt wird.

a) Welche wirksame Kolbenkraft steht beim Ausfahren zur Verfügung, wenn der Wirkungsgrad des Zylinders $\eta = 0{,}88$ beträgt?

b) Welcher Volumenstrom Q ist erforderlich, wenn der Spannhub $s = 65$ mm in der Zeit $t = 2{,}5$ s durchfahren werden soll?

c) Welche Strömungsgeschwindigkeit tritt in dem Anschlussrohr 8 x 1 auf, wenn 1,3 l Druckflüssigkeit je Minute zufließen?

d) Der Hydrozylinder wird durch 4 Schrauben (Pos. 14) festgehalten. Wie groß muss die Spannkraft einer Schraube sein, wenn der Zylinder durch die Kolbenkraft gegenüber der Auflage nicht verschoben werden darf? Als Reibungszahl kann $\mu = 0{,}20$ angenommen werden.

2. Spannhebel (Bild 2). Der Spannhebel (Pos. 8) spannt das Werkstück in waagrechter Stellung.

a) Wie groß ist die Spannkraft F_{Sp} auf das Werkstück?

b) Welche Kraft F tritt im Gelenk A auf?

c) Welche Flächenpressung entsteht in der Buchse des Gelenkes A (**Bild 3**)?

d) Wie groß ist die Scherspannung im Bolzen (Pos. 16) des Gelenkes A?

e) Wie groß ist die Zugspannung in den beiden Laschen (Pos. 15) (**Bild 4**)?

3. Gabel (Bild 5). Der Spannhebel (Pos. 8) ist in der Gabel (Pos. 4) geführt.

a) Welches Höchst- und Mindestspiel können auftreten, wenn die Ausfräsung der Gabel mit 12H8 und die Breite des Spannhebels mit 12e8 angegeben sind?

b) Wie viel g wiegt die Gabel aus E295?

c) Wie viel Prozent des Rohteils 22 x 22 x 62 sind zerspant worden?

4. Geometrische Grundlagen (Bild 1 Seite 285).
● Wenn die Kolbenstange des Zylinders einfährt, schwenkt der Spannhebel (Pos. 8) nach oben, damit das Werkstück besser entnommen werden kann. Außerdem schwenken die Laschen (Pos. 15) nach links. Wie groß sind die Schwenkwinkel α und β?

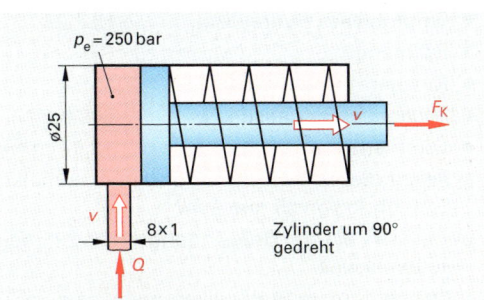

Bild 1: Hydrozylinder

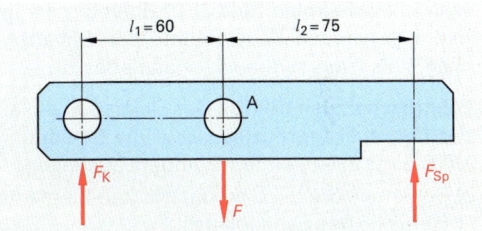

Bild 2: Spannhebel

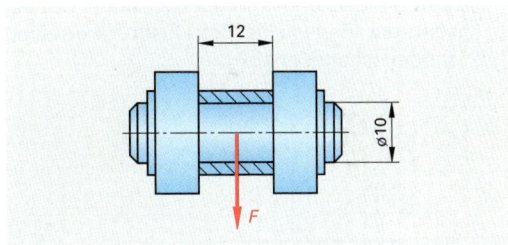

Bild 3: Gelenk

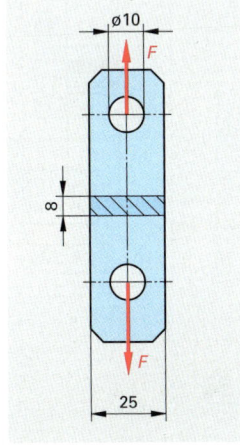

Bild 4: Lasche

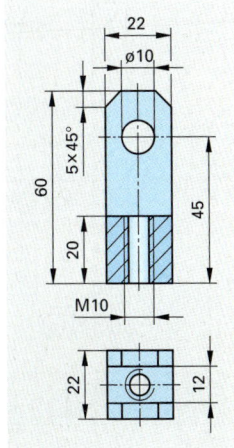

Bild 5: Gabel

5. Hydraulikaggregat (Bild 1). Der Hersteller gibt für dieses Aggregat u.a. die folgenden hydraulischen Kenngrößen an:

- Empfohlenes Hydrauliköl   HLP 22
- Füllmenge   3,8 l
- Nutzbares Ölvolumen   1,75 l
- Maximaler Betriebsdruck   500 bar
- Volumenstrom   13,67 cm^3/s

a) Reicht dieses Ölvolumen für den maximalen Spannhub von 65 mm aus?

b) Erklären Sie die Bezeichnung „HLP 22" des Hydrauliköles.

c) Warum wird im Hydraulikaggregat eine Radialkolbenpumpe und keine Zahnradpumpe verwendet?

6. Hydraulikschaltplan (Bild 2). Ordnen Sie die im Bild 1 genannten Bauelemente den Schaltzeichen 1 bis 8 des Hydraulikschaltplanes zu.

7. Elektroschaltplan (Bild 3). Der Elektroschaltplan des Hydraulikaggregates ist für die Betätigung eines einfach wirkenden Zylinders ausgelegt.

a) Benennen Sie die blau unterlegten Elemente E1 bis E6 des Schaltplanes.

b) Erläutern Sie die im Schaltplan grau unterlegten technischen Daten D1 bis D3.

c) Läuft bei diesem Aggregat der Motor weiter, wenn der eingestellte Betriebsdruck erreicht ist oder schaltet er ab?

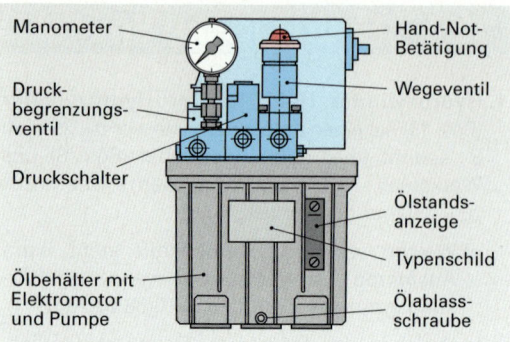

Bild 1: Hydraulikaggregat

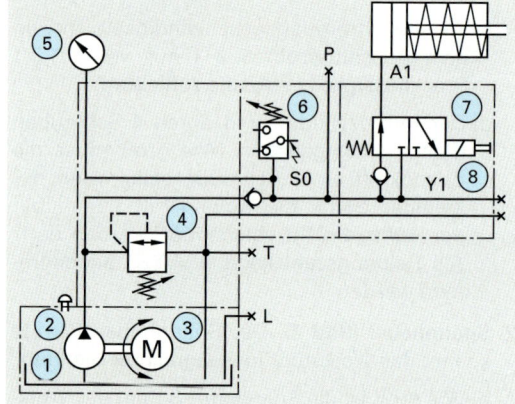

Bild 2: Hydraulikschaltplan

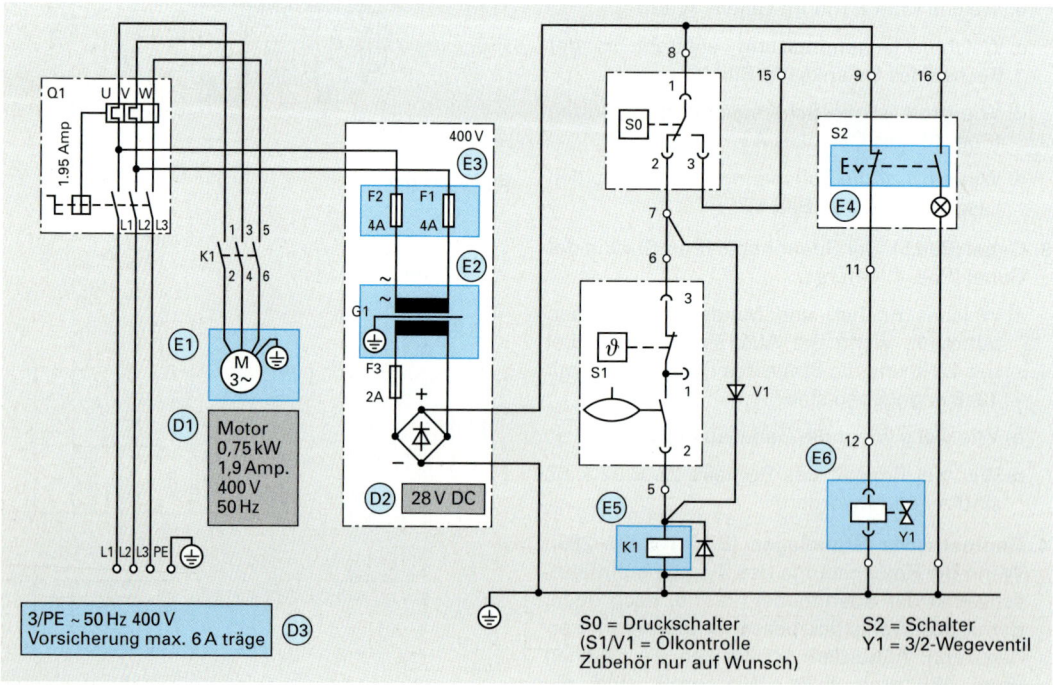

Bild 3: Elektroschaltplan

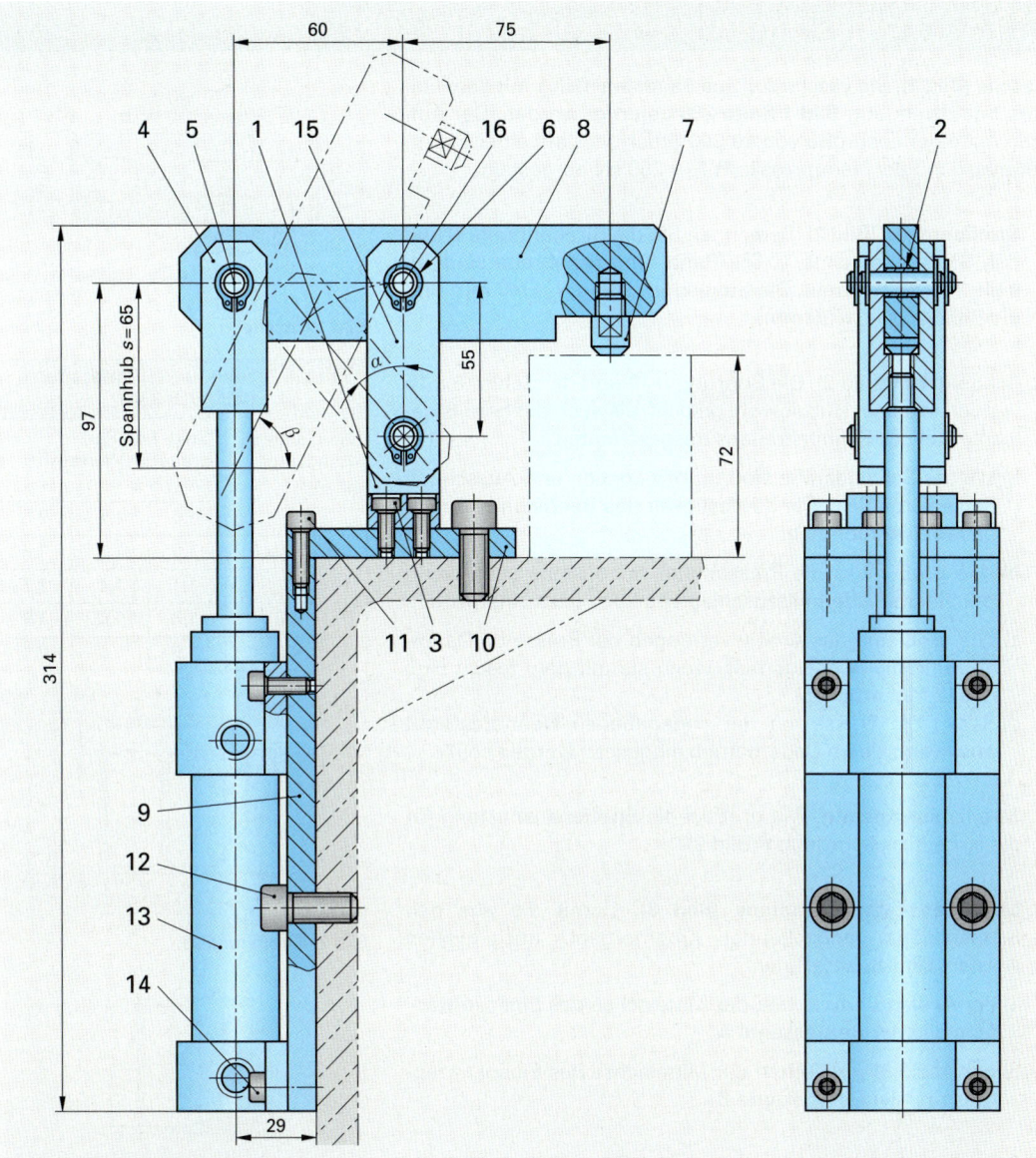

Bild 1: Hydraulische Spannklaue

Pos.	Benennung	Pos.	Benennung
1	Lagerbock	9	Winkelplatte, vertikal
2	Buchse	10	Winkelplatte, horizontal
3	Zylinderschraube ISO 4762 – M6 x 18	11	Zylinderschraube ISO 4762 – M6 x 20
4	Gabel	12	Zylinderschraube ISO 4762 – M10 x 22
5	Bolzen Ø 10 x 28	13	Hydrozylinder ø 25 / ø 12 x 70
6	Sicherungsring DIN 471-10x1	14	Zylinderschraube ISO 4762 – M6 x 20
7	Pendelauflage	15	Lasche
8	Spannhebel	16	Bolzen ø 10 x 34

Teileliste (Auszug)

10.5 | Folgeschneidwerkzeug (Seite 288)

Lasche (Bild 1). Die Lasche soll aus Bandstahl DC01 mit dem Folgeschneidwerkzeug **Bild 1 Seite 288** gefertigt werden. Der Auftrag mit einer Losgröße von 10 000 Stück wird auf einer Exzenterpresse mit der Nennpresskraft F_n = 250 kN hergestellt.

1. Streifenmaße (Bild 2). Berechnen Sie die Streifenbreite B und den Streifenvorschub V. Die Rand- und Stegbreite sind **Tabelle 1** zu entnehmen. Die Steglänge beträgt l_e = 40 mm und die Randlänge l_a = 20 mm.

2. Schneidkraft (Bild 2). Die Bohrung ø 10 und der Schlitz 8 x 15 werden in einem Hub sowohl gelocht, als auch der bereits gelochte Teil des Schnittstreifens ausgeschnitten.

  a) Welche Schneidkräfte sind für das Lochen und Ausschneiden erforderlich? Die Zugfestigkeit des Bandstahles ist Tabellen zu entnehmen.

  b) Wie groß muss die Pressenkraft mindestens sein, wenn mit einem Sicherheitszuschlag von 20 % gerechnet wird?

  c) Wie groß sind das Arbeitsvermögen der Presse im Dauerhub und die Schneidarbeit, wenn sie mit dem festen Hub H = 12 mm arbeitet?

  d) Reicht die Presse mit der angegebenen Nennpresskraft aus, wenn sie im Dauerbetrieb eingesetzt werden soll?

3. Streifenausnutzung. Wie groß ist die Streifenausnutzung für die einreihige Anordnung (Bild 2)?

4. Lage des Einspannzapfens (Bild 3). Damit die aus den Schneidkräften entstehenden Kippmomente ausgeglichen werden, sind zu berechnen:

  a) der Abstand x zwischen der Mittelachse des Einspannzapfens und der Bezugskante A

  b) der Abstand y zwischen der Mittelachse des Einspannzapfens und der Bezugskante B

5. Schneidspalt. Für die Herstellung der Schneidplatte (Pos. 2) sind zu ermitteln:

  a) der Schneidspalt für die Blechdicke s = 1,5 mm ist Tabellen zu entnehmen

  b) die Maße für den Schneidplattendurchbruch der Außenform und für die Lochstempel sind zu berechnen

6. Druckplatte (Bild 4). Bei einer Flächenpressung zwischen Lochstempel und Druckplatte von über 250 N/mm² sind gehärtete Druckplatten erforderlich. Es ist nachzuprüfen, ob eine ungehärtete Druckplatte ausreicht.

7. Masse der Schnittteile. Wie groß ist die Masse von 10 000 fertigen Laschen?

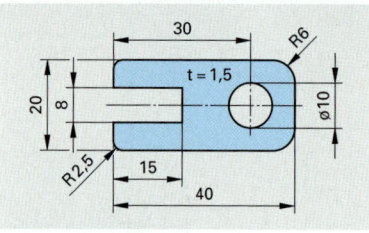

Bild 1: Lasche

Tabelle 1: Steg- und Randbreiten nach VDI 3367

Steglänge l_e Randlänge l_a in mm	Steg- und Randbreite für Werkstoffdicke s in mm		
	1,0	1,5	2,0
bis 10	1,0	1,3	1,6
11 ... 50	1,1	1,4	1,7
51 ... 100	1,3	1,6	1,9
über 100	1,5	1,8	2,1

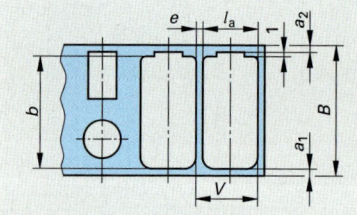

Bild 2: Streifenmaße

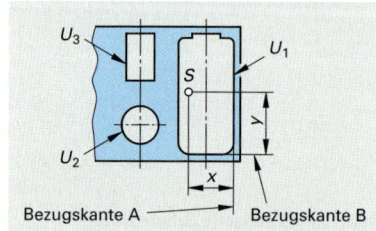

Bild 3: Lage des Einspannzapfens

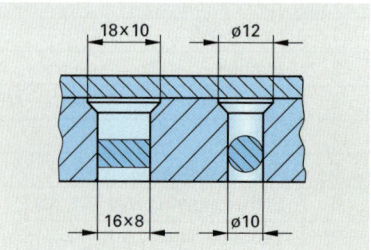

Bild 4: Druckplatte

8. Werkzeugführung (Bild 1).

a) Beschreiben Sie die Funktion eines Schneidwerkzeuges mit Plattenführung (Bild 1 Seite 288).

b) Welche Vorteile hat das Schneidwerkzeug mit Säulenführung **Bild 1** gegenüber einem Werkzeug mit Plattenführung?

9. Arbeitsverfahren

a) Warum ist es vorteilhaft, dass beim Folgeschneidwerkzeug (Bild 1 Seite 288) der Schlitz (8 x 15) und die Bohrung (ø 10) zusammen gelocht werden?

b) Unter welchen Voraussetzungen könnte zur Herstellung der Lasche ein Gesamtschneidwerkzeug vorteilhafter eingesetzt werden?

10. Schneidplatte (Bild 2). Der Freiwinkel der Schneidplatte beträgt $\alpha = 0,25°$.

a) Welchen Zweck hat der Freiwinkel?

b) Um welches Maß Δu vergrößert sich der Schneidspalt u, wenn die Schneidplatte um das Maß $b = 0,2$ mm nachgeschliffen wird?

11. Schneidspalt.

a) Wovon hängt die Größe des Schneidspaltes ab?

b) Welche Folgen ergeben sich, wenn der Schneidspalt zu groß gewählt wurde?

12. Schneidstempel (Bild 3). Für ein Schneidwerkzeug mit zwei Schneidstempeln soll ein 3 mm dickes Blech aus S235JR gelocht werden.

a) Warum sind die Lochstempel meist mit einem kegeligen Kopf ausgeführt?

b) Berechnen Sie die Abstreifkraft, wenn diese 20 % der Schneidkraft beträgt.

13. Normalien. Welchen Vorteil hat der Einsatz von Normalien im Werkzeugbau?

14. Werkstoffe. Wählen Sie für die in der **Tabelle 1** aufgeführten Bauteile des Schneidwerkzeuges Bild 1 Seite 288 jeweils einen geeigneten Werkstoff aus und erläutern Sie die Normbezeichnung.

15. Arbeitssicherheit. Beschreiben Sie mehrere Unfallverhütungsmaßnahmen an Schneidwerkzeugen und Pressen.

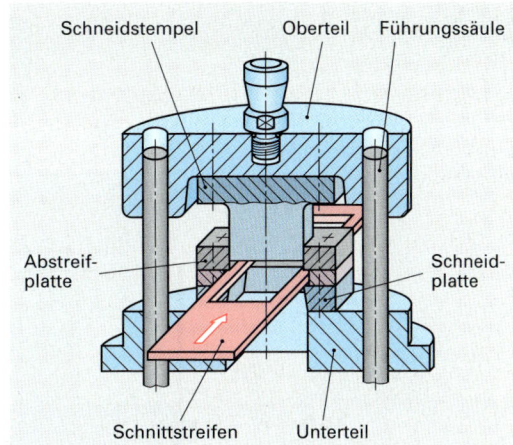

Bild 1: Schneidwerkzeug mit Säulenführung

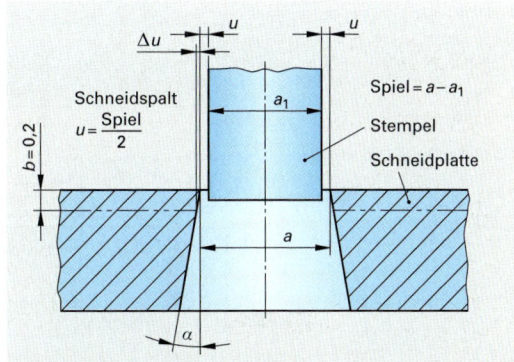

Bild 2: Schneidplatte

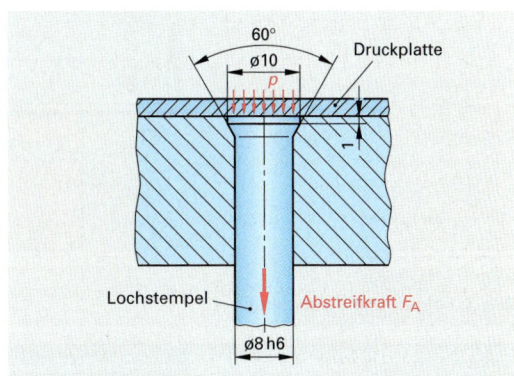

Bild 3: Schneidstempel

Tabelle 1: Teileliste (Auszug)			
1	Grundplatte	5	Druckplatte
2	Schneidplatte	6	Kopfplatte
3	Führungsplatte	7	Zwischenlage
4	Stempelplatte	9	Ausschneidstempel

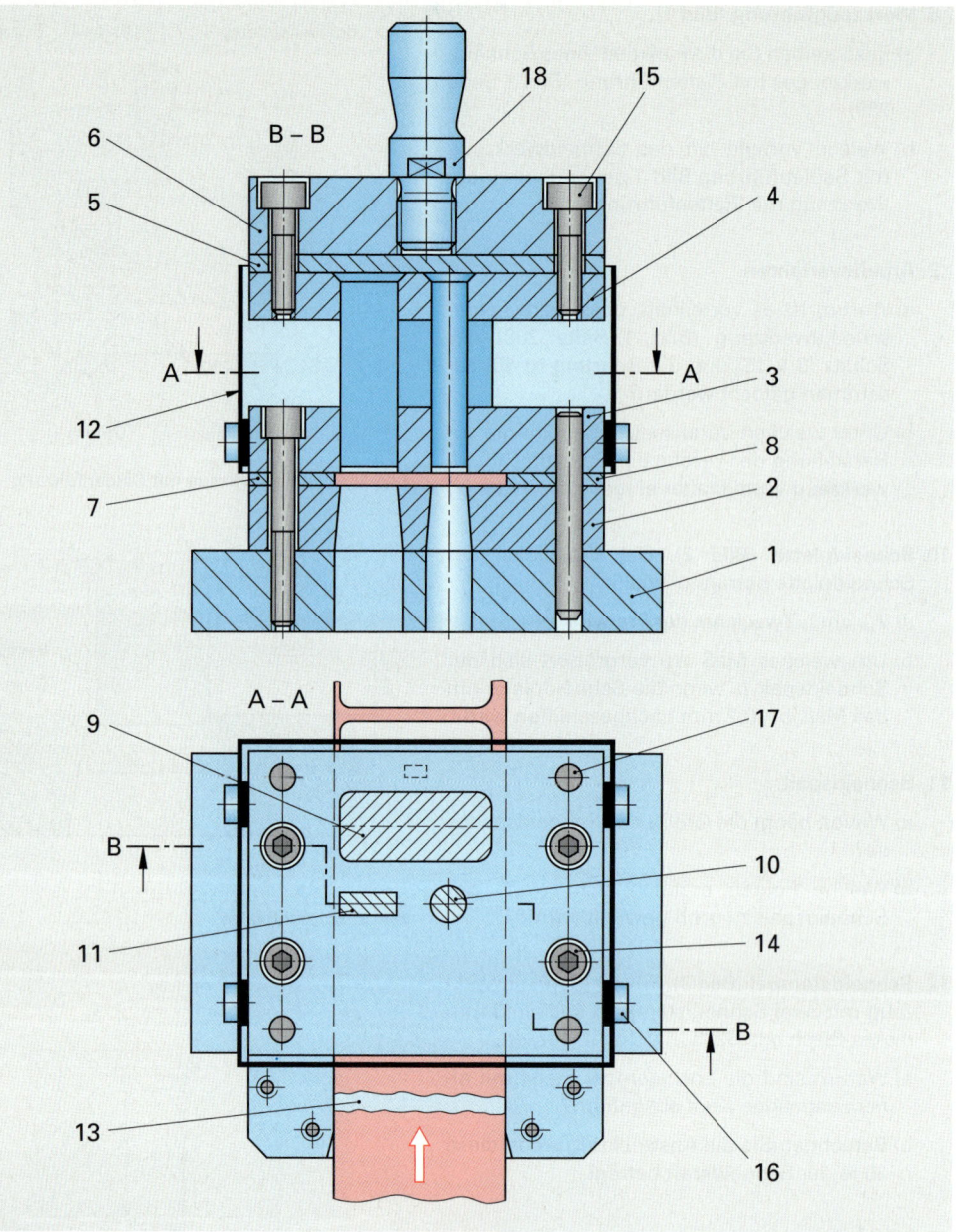

Bild 1: Folgeschneidwerkzeug

Pos.	Benennung	Pos.	Benennung	Pos.	Benennung
1	Grundplatte	7	Zwischenlage	13	Auflage
2	Schneidplatte	8	Zwischenlage	14	Zylinderschraube ISO 4762 – M6 x 40 – 8.8
3	Führungsplatte	9	Ausschneidstempel	15	Zylinderschraube ISO 4762 – M6 x 25 – 8.8
4	Stempelplatte	10	Lochstempel	16	Zylinderschraube ISO 4762 – M4 x 12 – 8.8
5	Druckplatte	11	Lochstempel	17	Zylinderstift ISO 8734-6 x 45-A-St
6	Kopfplatte	12	Schutzgitter	18	Einspannzapfen ISO 10242-1 A-20 x M16 x 1,5

Teileliste (Auszug)

10.6 | Tiefziehwerkzeug (Seite 291)

Der Napf **Bild 1** aus kaltgewalztem Blech DC04, Zugfestigkeit $R_m = 390$ N/mm^2, soll aus einem Blechzuschnitt (Ronde) ohne Zwischenglühen durch Tiefziehen hergestellt werden **(Bild 1, Seite 291)**.

1. **Tiefziehen (Bild 2).** Beim Tiefziehen wird der Werkstoff umgeformt. Dabei kommt es zu Werkstoffbeanspruchungen.

   a) Beschreiben Sie das Tiefziehverfahren.

   b) Welche Beanspruchungen treten beim Tiefziehen im Blech auf?

   c) Mit welchen anderen Fertigungsverfahren könnte der Napf auch hergestellt werden?

   d) Nennen Sie außer dem Tiefziehen weitere Ziehverfahren.

2. **Zuschnittermittlung.** Der Napf (Bild 1) wird aus einem runden Zuschnitt hergestellt.

   a) Welchen Durchmesser muss der Zuschnitt haben?

   b) Könnte ein anderer Durchmesser gewählt werden, wenn das Blech mit Tiefziehweißlack überzogen wird?

3. **Oberflächenbehandlung des Zuschnittwerkstoffes.** Der Werkstoff DC04 kann oberflächenbehandelt werden.

   a) Welche Behandlungsverfahren werden angewandt?

   b) Welche Vorteile haben die oberflächenbehandelten Bleche gegenüber den unbehandelten Blechen?

4. **Ziehverhältnis.** Das Ziehverhältnis β drückt die Formänderung eines Bleches beim Tiefziehen aus.

   a) Für den Ziehwerkstoff DC04 gilt für den Erstzug $\beta_1 = 2{,}0$. Welche Bedeutung hat das Ziehverhältnis, wenn der Zuschnitt den Durchmesser $D = 120$ mm hat?

   b) Warum muss ein Werkstück oft in mehreren Ziehstufen hergestellt werden?

   c) Von welchen Eigenschaften hängt das zulässige Ziehverhältnis ab?

5. **Ziehverhältnis und Stufenfolge.** Die maximal zulässigen Ziehverhältnisse für FeP04 sind $\beta_{1max} = 2{,}0$; $\beta_{2max} = 1{,}3$ und $\beta_{3max} = 1{,}2$. Über die maximal zulässigen Ziehverhältnisse β_{max} für den Napf (Bild 1) sind zu bestimmen

   a) die Anzahl der erforderlichen Züge,

   b) die kleinsten zulässigen Druchmesser der Ziehstempel für jeden Zug.

   c) Wie groß sind die Ziehverhältnisse, wenn folgende Stempeldurchmesser gewählt werden, damit das Tiefziehblech nicht bis an die Grenze der Umformbarkeit beansprucht wird: $d_1 = 35$ mm, $d_2 = 28$ mm, $d_3 = 24$ mm?

   d) Wie groß ist das Gesamtziehverhältnis?

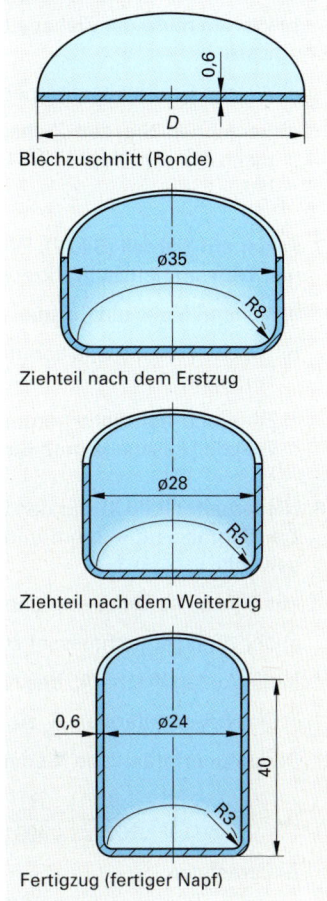

Blechzuschnitt (Ronde)

Ziehteil nach dem Erstzug

Ziehteil nach dem Weiterzug

Fertigzug (fertiger Napf)

Bild 1: Ziehstufen eines Napfes

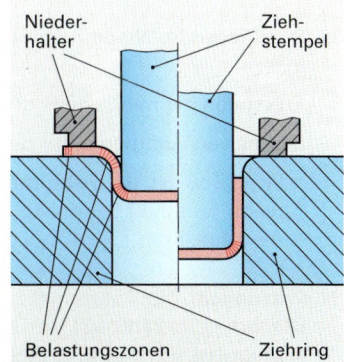

Bild 2: Beanspruchung des Werkstoffes beim Tiefziehen

6. Ziehspalt (Bild 1). Die Qualität eines Ziehteiles hängt wesentlich vom richtigen Ziehspalt ab.

a) Was versteht man unter dem Ziehspalt?

b) Warum muss der Ziehspalt w etwas größer als die Blechdicke s sein?

c) Welche Größen bestimmen den Ziehspalt?

d) Berechnen Sie den Ziehspalt w nach **Tabelle 1**, wenn das Blech für den Napf **(Bild 1 Seite 289)** eine Dicke $s = 0,6$ mm hat.

7. Fehler am Ziehteil (Bild 2). Fehler, die am Ziehteil auftreten, können Werkstofffehler, Werkzeugfehler oder Verfahrensfehler sein.

a) Nennen Sie je ein Beispiel für die drei Fehlerarten.

b) Welche Fehlerquelle könnte für die Falten am Ziehteil (Bild 2) vorliegen?

c) Ein durch Tiefziehen hergestellter Napf zeigt am Boden Risse. Welche Ursache könnte für diesen Fehler vorliegen?

8. Niederhalter (Bild 3). Für den Erstzug (Bild 1 Seite 289) wurde ein Ziehringradius $r_r = 2$ mm und eine Ziehspaltbreite $w = 0,77$ mm gewählt.

Mit Hilfe eines Tabellenbuches sind

a) der Auflagedurchmesser d_N des Niederhalters,

b) die Auflagefläche A_N des Niederhalters auf der Ronde,

c) die Niederhalterkraft F_N zu Beginn des Ziehens zu berechnen.

Der dafür erforderliche Niederhalterdruck p_N ist nach der Formel

$$p_N = \left[(\beta_1 - 1)^2 + \frac{d_1}{200 \cdot s} \right] \cdot \frac{R_m}{400}$$

zu berechnen.

9. Schmierstoffe. Schmierstoffen kommt beim Tiefziehen eine besondere Bedeutung zu.

a) Welche Aufgaben haben die Schmierstoffe?

b) Welche Schmierstoffe werden eingesetzt?

10. Druckfeder. Im Niederhalter (Bild 3) befinden sich sechs Druckfedern.

a) Nennen Sie mindestens drei Federarten.

b) Was versteht man unter der Federrate R?

c) Wie groß ist die Federrate R einer Feder im Niederhalter, wenn für einen Federweg $s = 30$ mm für alle Federn zusammen eine Kraft $F = 5400$ N erforderlich ist?

11. Passungen. Die Führungssäule (5) Bild 1 Seite 291 mit dem Durchmesser 24h6 soll im Untergestell mit der Bohrung 24S7 eingepresst werden. Gleichzeitig soll sie in der Buchse (9) mit dem Durchmesser 24F8 gleiten.

Wie groß sind die Grenzpassungen für beide Passungen?

Tabelle 1: Abhängigkeit des Ziehspaltes w vom Werkstoff	
Stahl	$w = s + 0,07 \cdot \sqrt{10 \cdot s}$
Aluminium	$w = s + 0,02 \cdot \sqrt{10 \cdot s}$
NE-Metalle	$w = s + 0,04 \cdot \sqrt{10 \cdot s}$

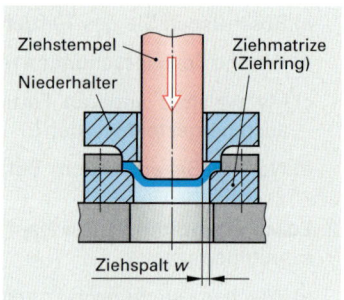

Bild 1: Ziehspalt

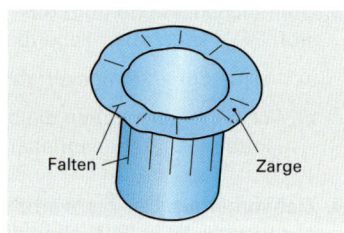

Bild 2: Ziehteil

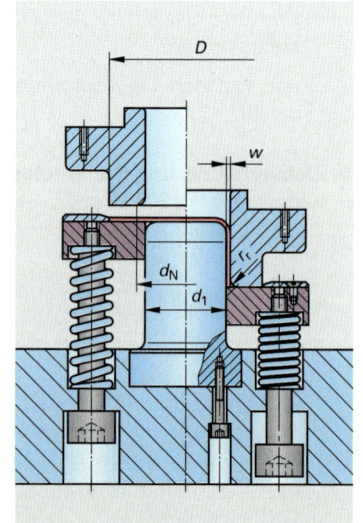

Bild 3: Niederhalter

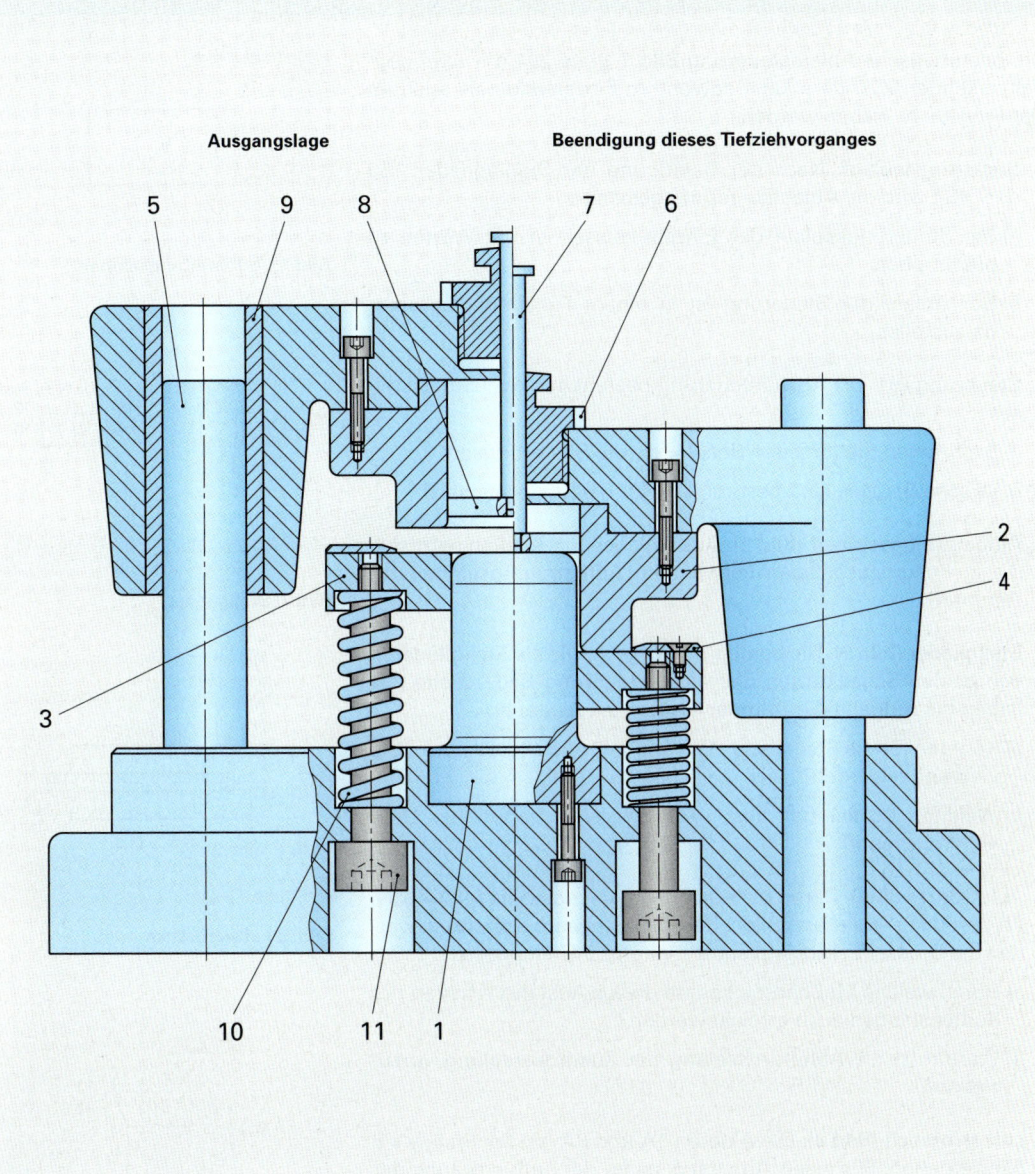

Bild 1: Tiefziehwerkzeug

Teileliste (Auszug)			
Pos.	Benennung	Pos.	Benennung
1	Ziehstempel	7	Ausstoßerstift
2	Ziehmatrize	8	Ausstoßer
3	Niederhalter	9	Buchse
4	Aufnahmeblech	10	Druckfeder
5	Führungssäule	11	Ansatzschraube
6	Kupplungszapfen		

10.7 | Pneumatische Steuerung (Seite 294)

Die pneumatische Ablaufsteuerung **Bild 1 Seite 294** mit zwei doppelwirkenden Zylindern kann sowohl im Einzelzyklus als auch im Dauerzyklus betrieben werden.

1. Steuerungsablauf. Nach der Betätigung der Signalglieder 1S3 oder 1S4 wird die Ablaufsteuerung gestartet.

a) Der Steuerungsablauf des Einzelzyklusses ist mit Worten zu beschreiben.

b) Der Ablauf der Steuerung ist in einem Funktionsdiagramm darzustellen.

2. Steuerungsart. Die Ablaufsteuerung besteht aus zwei Schaltkreisen.

a) Bestimmen Sie für jeden Schaltkreis die Steuerungsart.

b) Welche Bauteile sind bestimmend für die Steuerungsart?

3. Aufbereitungseinheit (Bild 1). Aus welchen Einzelteilen setzt sich die in Pneumatikanlagen verwendete Aufbereitungseinheit zusammen?

4. Stellglieder (Bild 2). Die beiden 5/2 Wegeventile als Stellglieder in den beiden Schaltkreisen der Ablaufsteuerung Bild 1 Seite 294 haben die Aufgabe die Zylinder 1A bzw. 2A zu steuern.

a) Könnten für die Stellglieder 1V3 und 2V2 auch 4/2 Wegeventile verwendet werden?

b) Welchen Vorteil hat das 5/2 Wegeventil gegenüber dem 4/2 Wegeventil?

5. Abluftdrosselung. Damit die Kolbenstangen der Zylinder 1A bzw. 2A der Ablaufsteuerung Bild 1 Seite 294 langsam ausfahren, werden die Drosselrückschlagventile 1V4 und 2V3 eingesetzt.

a) Durch welche Maßnahme könnte dieses Ausfahrverhalten der Kolbenstangen auch erreicht werden?

b) Warum ist die Abluftdrosselung der Zuluftdrosselung vorzuziehen?

6. Luftverbrauch (Bild 3). Die Aktoren 1A und 2A werden mit $p_e = 6$ bar betrieben. Für einen Arbeitszyklus ist der Luftverbrauch der Zylinder zu berechnen.

7. Kolbenkräfte. Der doppeltwirkende Zylinder 1A wird mit einem absoluten Druck $p_{abs} = 7,2$ bar beaufschlagt ($p_{amb} = 1$ bar). Wie groß sind die nutzbaren Kolbenkräfte beim Vorhub und beim Rückhub. Der Wirkungsgrad des Zylinders beträgt $\eta = 0,85$.

8. Logische Verknüpfung (Bild 4). Beim beidseitig impulsbetätigten Stellglied 1V3 ist für das Eingangssignal E14

a) die gegebene Wertetabelle zu vervollständigen,

b) die schaltalgebraische Gleichung zu erstellen,

c) der Logikplan zu zeichnen.

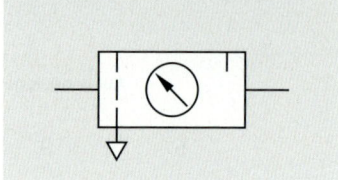

Bild 1: Aufbereitungseinheit

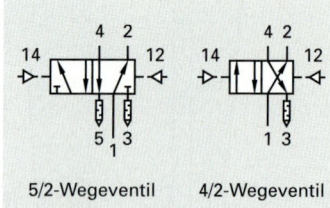

5/2-Wegeventil   4/2-Wegeventil

Bild 2: Stellglieder

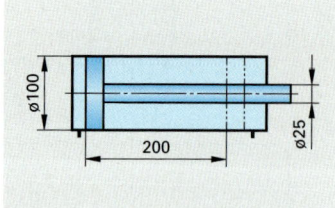

Bild 3: Luftverbrauch

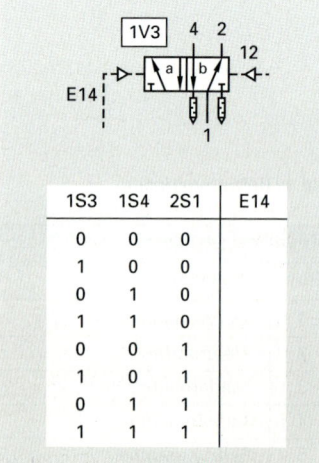

1S3	1S4	2S1	E14
0	0	0	
1	0	0	
0	1	0	
1	1	0	
0	0	1	
1	0	1	
0	1	1	
1	1	1	

Bild 4: Logische Verknüpfung

9. **Selbsthalteschaltung.** Ein Teil der Ablaufsteuerung **Bild 1 Seite 294** soll als elektropneumatische Steuerung realisiert werden. Für das monostabile Stellglied 2V2 ist eine Selbsthalteschaltung erforderlich, die mit einem Relais K1 verwirklicht werden soll. Mit Hilfe der Zuordnungstabelle **Tabelle 1** ist für das Relais K1

a) die schaltalgebraische Gleichung zu erstellen,

b) der Logikplan anzufertigen,

c) der Stromlaufplan zu zeichnen.

10. **Elektropneumatische Steuerung.** Die ganze pneumatische Ablaufsteuerung Bild 1 Seite 294 soll durch eine elektropneumatische Steuerung ersetzt werden. Die Zuordnung der Signalglieder und Stellglieder für den elektropneumatischen Schaltplan ist Tabelle 1 zu entnehmen. Für die elektropneumatische Steuerung, die mit 24 V Gleichspannung betrieben wird, sind

a) der Pneumatikschaltplan zu zeichnen und

b) der Stromlaufplan zu erstellen.

Tabelle 1: Zuordnungstabelle		
Pneumatik	Elektrik	SPS
1S1	S0	E0.0
1S2	S1	E0.1
1S3	S2	E0.2
1S4	S3	E0.3
2S1	S4	E0.4
2S2	S5	E0.5
1A+[1]	Y1	A0.0
1A-[2]	Y2	A0.1
2A+	Y3	A0.2

[1] 1A+ Zylinder 1A fährt aus
[2] 1A- Zylinder 1A fährt ein

11. **Wirkungen des elektrischen Stroms.** Der Steuerkolben im Stellglied 1V1 **(Bild 1)** wird durch die Spulen Y1 bzw. Y2 bewegt.

a) Welche Wirkung des elektrischen Stroms verursacht die Schaltung des Stellgliedes

b) Geben Sie weitere Wirkungen des elektrischen Stroms an.

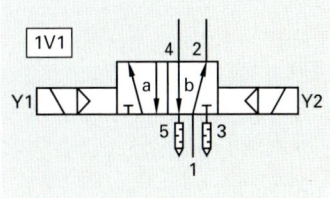

Bild 1: Stellglied

12. **Gemischte Schaltung (Bild 2).** Bei Arbeiten an elektropneumatischen Steuerungen wird häufig die anliegende Energieversorgung von 24 V Gleichspannung nicht freigeschaltet. Deshalb kann bei Arbeiten an der Steuerung durch den menschlichen Körper ein elektrischer Strom fließen.

Berechnen Sie den ohmschen Widerstand, den ein menschlicher Körper bildet, wenn der Strom von

a) A nach C,

b) A nach CD,

c) AB nach C,

d) AB nach CD fließt.

e) Welcher größtmögliche Strom kann durch den menschlichen Körper fließen, wenn eine Gleichspannung von 24 V anliegt?

13. **Anweisungsliste für eine SPS.** Die Ablaufsteuerung Bild 1 Seite 294 soll mit einer Speicherprogrammierbaren Steuerung realisiert werden. Um die SPS programmieren zu können, ist mit Hilfe der Zuordnungstabelle Tabelle 1 die Anweisungsliste anzufertigen.

14. **SPS-Programmiersprachen.** Die Norm IEC 61131 weist fünf Programmiersprachen aus, mit der die Steuerungsaufgaben für die Automatisierungsgeräte dargestellt werden können.

Geben Sie

a) mindestens drei verschiedene Programmiersprachen an,

b) ein kurzes Merkmal der jeweiligen Sprache.

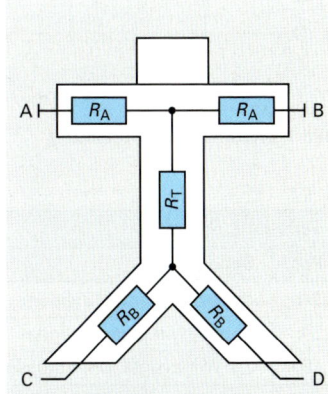

$R_A = 500\,\Omega$ (Widerstand eines Armes)
$R_T = 20\,\Omega$ (Widerstand des Torsos)
$R_B = 800\,\Omega$ (Widerstand eines Beines)

Bild 2: Gemischte Schaltung

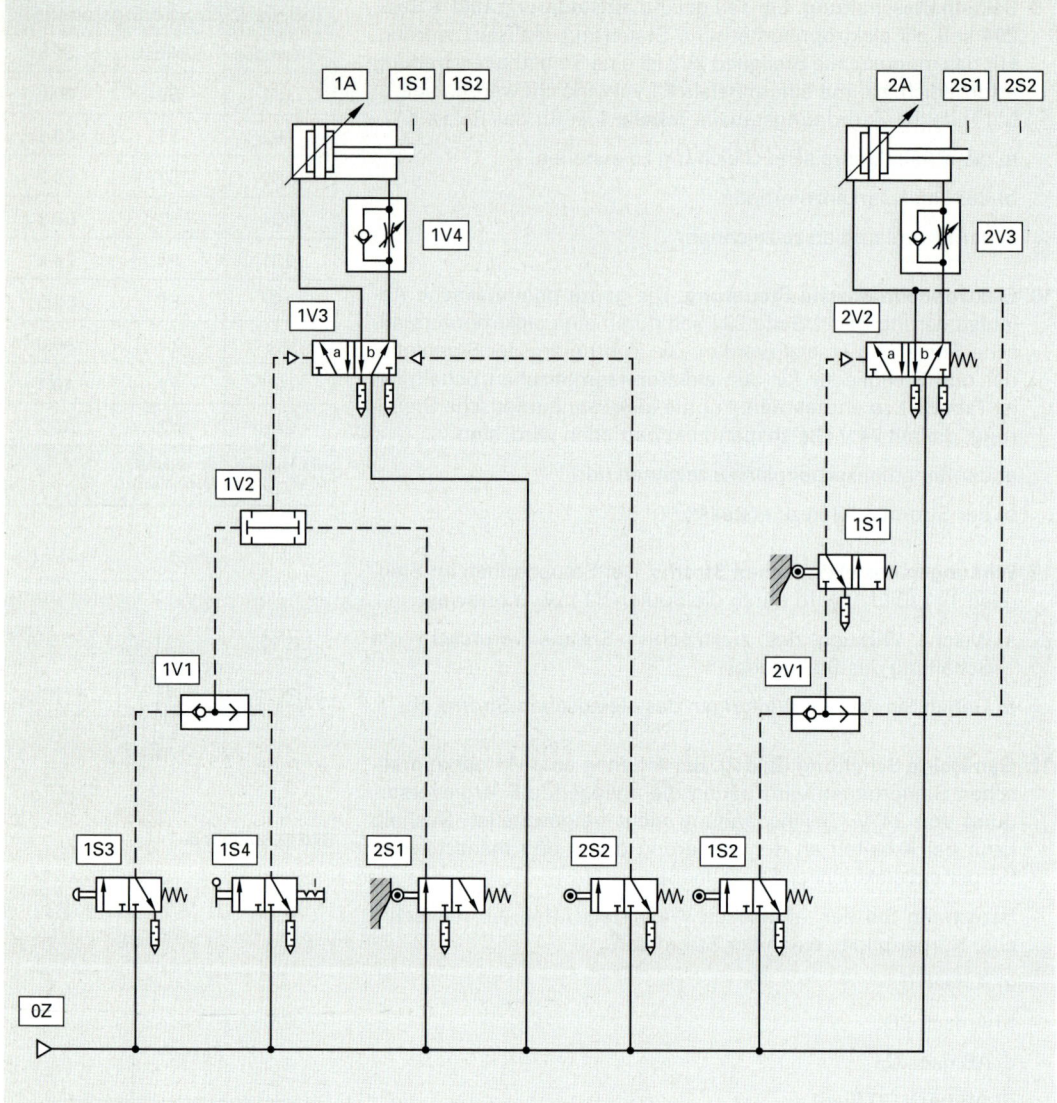

Bild 1: Pneumatische Steuerung

Teileliste (Auszug)			
Pos.	**Benennung**	**Pos.**	**Benennung**
1A	doppeltwirkender Zylinder	1V1	Wechselventil
2A	doppeltwirkender Zylinder	1V2	Zweidruckventil
1S1	3/2-Wegeventil, Durchflussnullstellung	1V3	5/2 Wegeventil; bistabil
1S2	3/2-Wegeventil; Sperrnullstellung	1V4	Drosselrückschlagventil
1S3	3/2-Wegeventil; Sperrnullstellung	2V1	Wechselventil
1S4	3/2-Wegeventil; Sperrnullstellung	2V2	5/2-Wegeventil; monostabil
2S1	3/2-Wegeventil; Sperrnullstellung	2V3	Drosselrückschlagventil
2S2	3/2-Wegeventil; Sperrnullstellung		

Sachwortverzeichnis